CAX工程应用丛书

AutoCAD

2018 中文版 室内装潢设计

从入门到精通

CAX应用联盟　编著

清華大学出版社
北京

内 容 简 介

本书详细讲述了利用 AutoCAD 2018 进行室内装修设计的全过程。全书共分 15 章，分别讲解了 AutoCAD 2018 软件基础入门，绘图环境设置与图形控制，家装平面施工图的绘制，家装立面施工图的绘制，家装剖面图和节点施工图的绘制，家装水电施工图的绘制，宾馆装修施工图的绘制，售楼部装修施工图的绘制，家具专卖店装修施工图的绘制，娱乐会所装修施工图的绘制，汽车销售中心装修施工图的绘制，茶餐厅装修施工图的绘制，面包店装修施工图的绘制，火锅店装修施工图的绘制。

本书配有语音视频教学，播放时长超过 24 小时，读者观看视频即可轻松学习，从而大幅提高学习效率。

本书内容全面、条理清晰、实例丰富、讲解详细、图文并茂，可作为广大工程技术人员的 AutoCAD 自学教程和参考书，也可作为大中专院校学生和各类培训学校学员的 CAD/CAM 课程及上机练习教材。

图书在版编目（CIP）数据

AutoCAD 2018 中文版室内装潢设计从入门到精通/CAX 应用联盟编著. —北京：清华大学出版社，2018
（CAX 工程应用丛书）
ISBN 978-7-302-51083-3

Ⅰ. ①A… Ⅱ. ①C… Ⅲ. ①室内装饰设计－计算机辅助设计－AutoCAD 软件 Ⅳ. ①TU238.2-39

中国版本图书馆 CIP 数据核字(2018)第 195640 号

责任编辑：王金柱
封面设计：王　翔
责任校对：闫秀华
责任印制：沈　露

出版发行：清华大学出版社
网　　址：http://www.tup.com.cn，http://www.wqbook.com
地　　址：北京清华大学学研大厦 A 座　　**邮　　编**：100084
社 总 机：010-62770175　　**邮　　购**：010-62786544
投稿与读者服务：010-62776969，c-service@tup.tsinghua.edu.cn
质量反馈：010-62772015，zhiliang@tup.tsinghua.edu.cn
印 装 者：北京鑫海金澳胶印有限公司
经　　销：全国新华书店
开　　本：203mm×260mm　　**印　　张**：25　　**字　　数**：640 千字
版　　次：2018 年 10 月第 1 版　　**印　　次**：2018 年 10 月第 1 次印刷
定　　价：79.00 元

产品编号：074645-01

[前言]
Preface

AutoCAD是由美国Autodesk（欧特克）公司于 20 世纪 80 年代初为微机上应用CAD（Computer Aided Design，计算机辅助设计）技术而开发的绘图程序软件包，经过不断完善，现已经成为国际上广为流行的绘图工具，被广泛应用于机械、建筑、室内装修、电子、航天、造船、石油化工、木土工程、冶金、地质、气象、纺织、轻工、商业等领域。

1. 本书特点

由浅入深，循序渐进：本书以初中级读者为对象，首先简单介绍AutoCAD的基础知识，再辅以大量的AutoCAD工程应用案例帮助读者尽快掌握AutoCAD的室内设计相关操作。本书给出了部分高难度的案例，提升读者的应用水平。在此基础上举一反三，达到精通的目的。

步骤详尽，内容新颖：本书结合作者多年AutoCAD使用经验和工厂培训经验，将AutoCAD软件的使用方法与技巧通过案例表现，再结合视频讲解，帮助用户快速入门。本书在讲解过程中步骤详尽、内容新颖，讲解过程辅以相应的点拨，使读者快速地掌握其关键的技巧，逐步达到精通的目的。

实例典型，轻松易学：本书以实例为主，理论为辅，以知识点为主线，轻松易学，并选取大量的典型案例，使读者的学习不再枯燥，更易掌握。

视频教学，快捷上手：方便广大读者直观地学习本书，特随书配赠下载资源，其中包含全书实例操作过程（即配音录屏AVI文件）和实例源文件等。

2. 本书内容

全书共分为 15 章，各章内容安排如下：

第 1 章：AutoCAD 2018 软件基础入门。主要讲解了AutoCAD的基本功能，AutoCAD 2018 的启动与退出，操作界面，工作空间，命令调用方式，文件操作等。

第 2 章：AutoCAD 2018 绘图环境设置与图形控制。主要讲解了AutoCAD坐标系，设置绘图环境，AutoCAD精确捕捉与追踪，AutoCAD的视图操作，图层的设置与控制等。

第 3 章：家装平面施工图的绘制。主要讲解了家装建筑平面图的绘制，家装拆墙、砌墙图的绘制，家装平面布置图的绘制，家装地面布置图的绘制，家装顶棚布置图的绘制等。

第 4 章：家装立面施工图的绘制。主要讲解了客厅电视背景墙立面图的绘制，客厅沙发背景墙立面图的绘制，卧室立面图的绘制，卫生间立面图的绘制，厨房立面图的绘制等。

第 5 章：家装剖面和节点施工图的绘制。主要讲解了主卧衣柜剖面图的绘制，其他剖面图效果，厨房门大样图的绘制，其他大样图的效果等。

第 6 章：家装水电施工图的绘制。主要讲解了家装给水和排水施工图的绘制，家装开关插座布置图的绘制，家装灯具布置图的绘制，家装灯具与开关线路图的绘制等。

第 7 章：宾馆装修施工图的绘制。主要讲解了宾馆平面布置图的绘制，宾馆地面布置图的绘制，宾馆顶棚布置图的绘制，宾馆立面图与剖面图的绘制等。

第 8 章：售楼部装修施工图的绘制。主要讲解了售楼部平面布置图的绘制，地面布置图的绘制，顶棚布置图的绘制，开关插座布置图的绘制，各立面图和剖面图预览等。

第 9 章：家具专卖店装修施工图的绘制。以某家具专卖店为例，主要讲解了专卖店平面布置图、地面布置图、天花布置图以及A、C立面图的绘制。

第 10 章：娱乐会所装修施工图的绘制。以某会所为例，主要讲解了会所平面布置图、舞台大样图及会所大厅B立面图的绘制。

第 11 章：汽车销售中心装修施工图的绘制。以某汽车销售中心为例，主要讲解了汽车销售中心一层平面布置图、一层地面布置图、一层天花布置图、二层平面布置图、销售中心大门外立面图、营业区电视幕墙立面图及电视幕墙A-A剖面图的绘制。

第 12 章：茶餐厅装修施工图的绘制。以某茶餐厅为例，主要讲解了茶餐厅平面布置图、天花布置图、1 厅D立面图、2 厅C立面图、3 厅B立面图及包厢C立面图的绘制。

第 13 章：面包店装修施工图的绘制。以某面包店为例，主要讲解了面包店平面布置图、天花布置图、插座平面图、插座电箱系统图及面包店A立面图的绘制。

第 14 章：火锅店装修施工图的绘制。以某火锅店为例，主要讲解了火锅店一层平面布置图、一层地面布置图、二层平面布置图、二层地面布置图、建筑立面图、一层大厅C立面图、一层明档区F立面图、二层柱子立面图及二层包房六装修图的绘制。

3. 视频教学和案例源文件

为了让广大读者朋友更快捷地学习和使用本书，本书提供了视频教学和案例源文件下载。

读者可以从以下地址下载本书的文件及素材（注意区分数字和英文字母大小写），也可扫描二维码进行下载。

源文件：https://pan.baidu.com/s/13Vv0VimtRplOaisFf-OvYw
视频文件 01：https://pan.baidu.com/s/1-drRSY7D4IbdOg3xy0Ef8w
视频文件 02：https://pan.baidu.com/s/1rm--n18bDa3jVKbLXx-Jfw
视频文件 03：https://pan.baidu.com/s/11yojg08mHcWu655wD8bv8Q
视频文件 04：https://pan.baidu.com/s/1evDf43-CNrTnTRIstpXffw

源文件

视频文件 01

视频文件 02

视频文件 03

视频文件 04

如果下载有问题，请发送电子邮件至booksaga@126.com获得帮助，邮件标题为“AutoCAD 2018 中文版室内装潢设计从入门到精通配书文件及素材”。

4. 读者对象

本书适用于AutoCAD 2018 初学者和期望提高AutoCAD室内设计能力的读者，具体说明如下：

- ★ 室内设计/建筑设计从业人员
- ★ 初学AutoCAD 2018 的技术人员
- ★ 大中专院校的教师和在校生
- ★ 相关培训机构的教师和学员
- ★ 参加工作实习的“菜鸟”
- ★ AutoCAD爱好者
- ★ 广大科研工作人员
- ★ 初中级AutoCAD从业人员

5. 读者服务

本书主要由CAX应用联盟编著，同时高玉山、张樱枝、丁伟、王广、孔玲军、高飞、张迪妮、丁金滨、李战芬、郭海霞、王君、唐家鹏、乔建军、刘冰也参与了本书的编写。虽然作者在本书的编写过程中力求叙述准确、完善，但由于水平有限，书中欠妥之处在所难免，希望读者和同仁能够及时指出，共同促进提高本书的质量。

为了方便解决本书疑难问题，读者在学习过程中遇到与本书有关的技术问题，可以发邮件至3113088@qq.com或comshu@126.com，编者会尽快给予解答。最后，在此与大家共勉！

编 者

2018 年 6 月

目录 Contents

第1章 AutoCAD 2018 软件基础入门

AutoCAD是由美国Autodesk公司开发的一款绘图程序软件，是世界上使用广泛的计算机辅助设计平台之一，普遍应用于建筑设计、装饰装潢、园林设计、电子电路、机械设计、服装鞋帽、航空航天、轻工化工等领域。

用户要想更加快速、高效地掌握AutoCAD 2018 软件的使用方法，必须对其操作界面、文件的操作方法、命令的调用与输入方法等熟练掌握。本章将基于这些要点进行详细讲解。

主要内容

- 简要讲解AutoCAD的基本功能
- 掌握AutoCAD 2018 的安装、启动与退出方法
- 熟悉AutoCAD 2018 的工作空间及界面
- 掌握AutoCAD 2018 中文件的创建与管理方法

1.1 AutoCAD 的基本功能

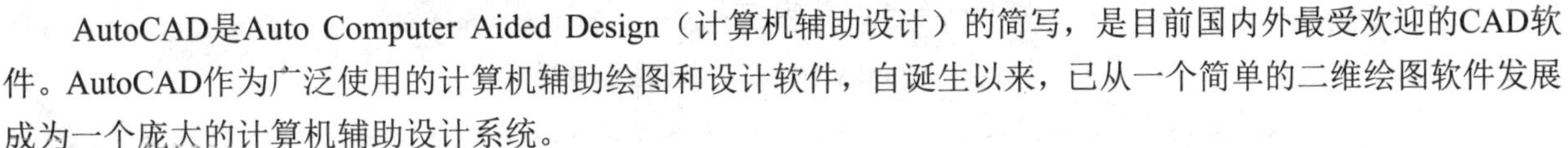

AutoCAD是Auto Computer Aided Design（计算机辅助设计）的简写，是目前国内外最受欢迎的CAD软件。AutoCAD作为广泛使用的计算机辅助绘图和设计软件，自诞生以来，已从一个简单的二维绘图软件发展成为一个庞大的计算机辅助设计系统。

1.1.1 绘图功能

AutoCAD从最初的简易二维绘图发展成为现在的计算机辅助绘图设计软件包，集三维设计、真实感显示、通用数据库和Internet通信为一体。在它强大的技术平台框架上构成了充满活力而又轻松好用的设计环境，还能与 3D Studio、Lightscape、Photoshop等软件相结合，制作出具有真实感的三维透视效果和动画。

绘图功能是AutoCAD的核心，其二维绘图功能尤其强大，提供了一系列二维图形绘制命令，可以绘制直线、多段线、样条曲线、矩形、多边形等基本图形；也可以将绘制的图形转换为面域，对其进行填充，如剖面线、非金属材料、涂黑、砖、砂石、渐变色等填充。

在建筑与室内设计领域中，利用AutoCAD 2018 可以创建出尺寸精确的建筑结构图与施工图，为以后的施工提供参照依据，如图 1-1 所示。同时，设计人员还可以配合使用 3ds Max，结合现实的环境场景制作出建筑效果图，使客户可以直接感受到工程竣工后的效果。

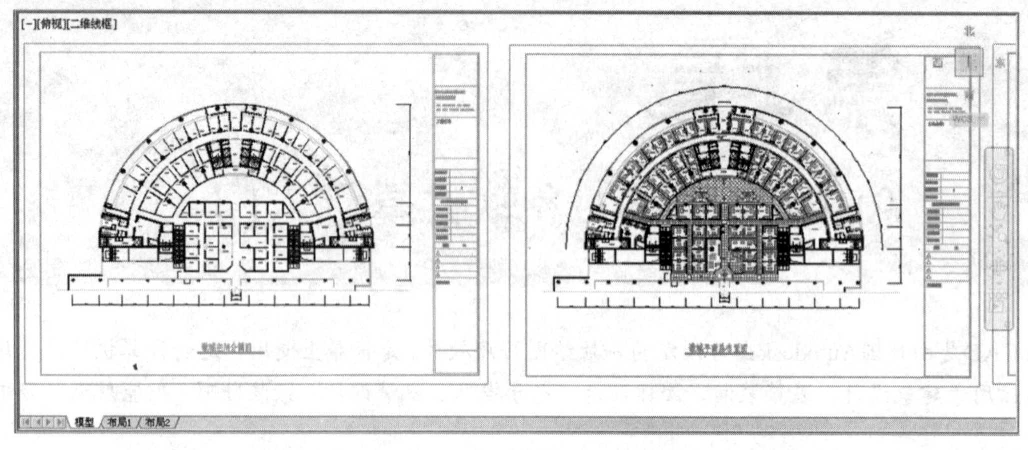

图 1-1　AutoCAD 室内装潢的绘图效果

在工业设计领域中，AutoCAD 2018 作为产品开发设计的有效工具，为设计师在构思和创作方面提供了极大的帮助。在新产品的设计开发过程中，可以利用AutoCAD 2018 进行辅助设计，模拟产品实际的工作情况，监测其造型与机械在实际使用中的缺陷，如图 1-2 所示。

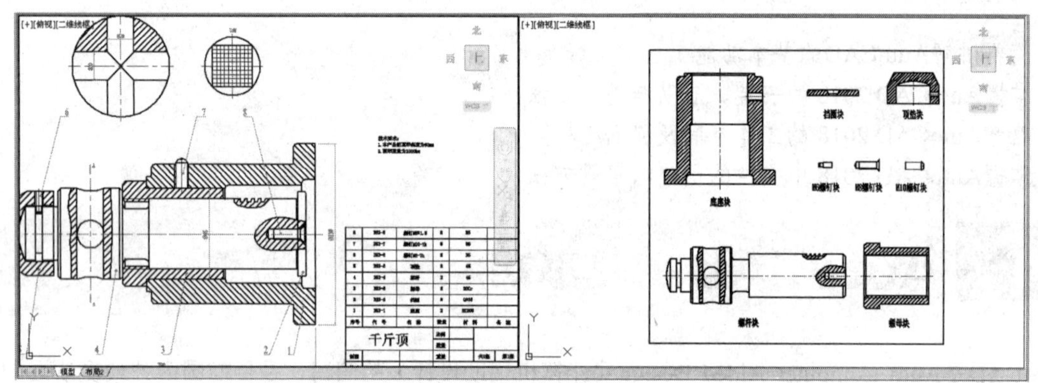

图 1-2　AutoCAD 机械设计的绘图效果

1.1.2　修改和编辑功能

AutoCAD在提供绘图命令的同时，还提供了丰富的图形编辑和修改功能，如移动、旋转、缩放、延长、修剪、倒角、圆角、复制、阵列、镜像、删除等，用户可以灵活、方便地对选定的图形对象进行修改和再次编辑，如图 1-3 所示。

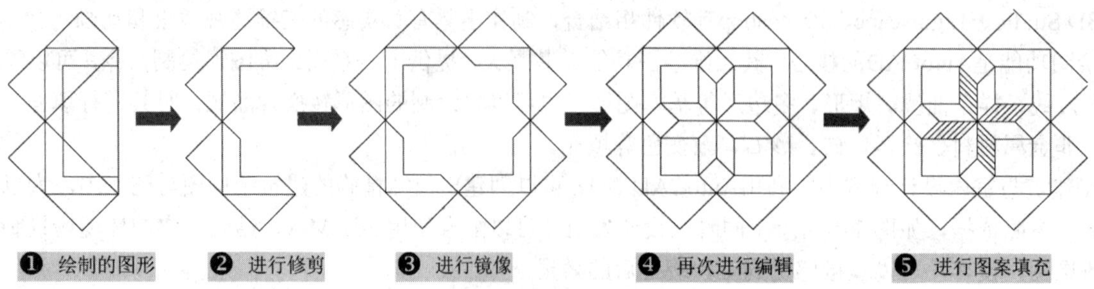

图 1-3　编辑的图形

1.1.3 标注功能

图形标注分为文字标注、尺寸标注等内容。

- 文字标注不仅对图形起到注释、说明的作用，还表达了一些图形无法表达的内容，如设计说明、施工图中的图例、符号注释、技术要求等，如图 1-4 所示。
- 尺寸标注是在图形中添加测量注释的过程，显示的是对象的测量值，对象之间的距离、角度或特征，是整个绘图过程中十分重要的步骤。

AutoCAD 提供了线性、半径、直径、角度等基本的标注类型，可以进行水平、垂直、对齐、旋转、坐标、基线、连续、圆心、弧长等标注。除此之外，也可以进行引线标注、公差标注、极限标注以及自定义粗糙度标注、标高标注等。无论是二维还是三维图形，均可进行标注。使用AutoCAD标注的二维图形如图 1-5 所示。

施工图设计说明

1 设计依据

1.1 经批准的本工程初步设计或方案设计文件，建设方的意见

1.2 现行的国家有关建筑设计规范、规程和规定

2 项目概况

2.1 本工程为某镇卫生院门诊楼，建设地点位于2

2.2 本工程建筑面积1289m ， 建筑基底面积 578 m

2.3 建筑层数为三层，建筑高度11.0m

2.4 建筑结构形式为三层框架结构，建筑结构的类别为三类，合理使用年限为50年，抗震设防烈度为七度，抗震设防分类为丙类

2.5 建筑耐火等级为二级

图 1-4 文字标注

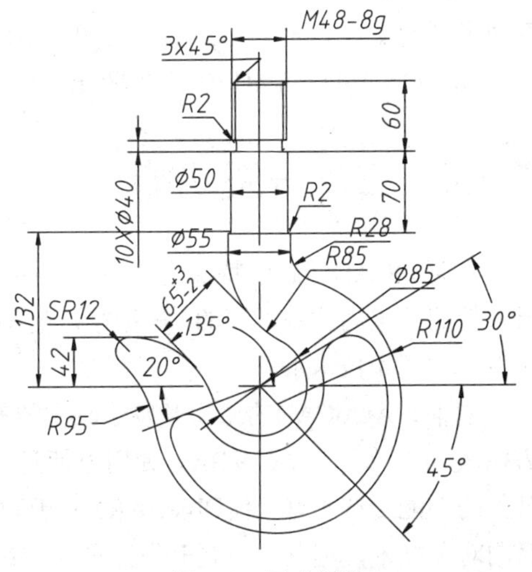

图 1-5 尺寸标注

1.1.4 三维渲染功能

三维功能的作用是建立、观察和显示各种三维模型，其中包括线框模型、曲面模型和实体模型。

AutoCAD 提供了很多三维绘图命令，不但可以将二维图形通过拉伸、设置标高和厚度转换为三维图形，或者将平面图形经回转和平移分别生成回转扫描体和平移扫描体，还可以创建长方体、圆柱体、球等三维实体，绘制三维曲面、三维网格、旋转面等模型，如图 1-6 所示。

同时，AutoCAD可以为三维造型设置光源和材质，通过渲染处理得到像照片一样具有三维真实感的图像。经渲染处理的室内布置图如图 1-7 所示。

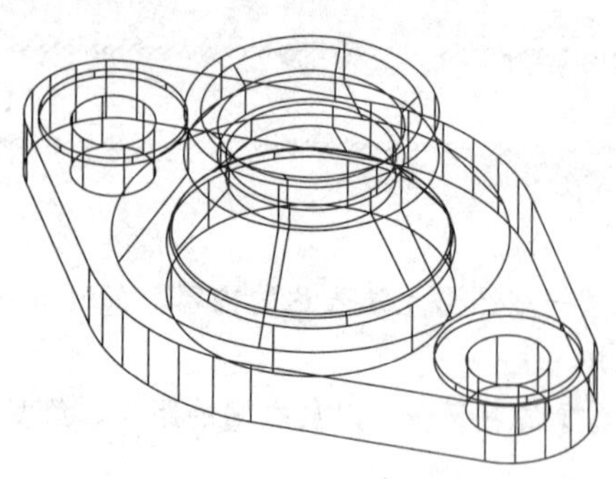

图 1-6　三维图形

图 1-7　渲染处理后的图像

1.1.5　输出与打印功能

AutoCAD不仅允许将所绘图形的部分或全部以任意比例或不同样式通过绘图仪或打印机输出，还可以将不同类型的文件导入AutoCAD，将图形中的信息转化为AutoCAD图形对象，或者转化为一个单一的块对象。

AutoCAD可以将图形输出为图元文件、位图文件、平版印刷文件、AutoCAD块和 3D Studio文件。

1.1.6　二次开发功能

在复杂CAD问题或特殊用途的设计中，依靠原有软件的功能往往难以解决问题，在这种情况下，只会使用软件的基本功能是不够的。根据客户的特殊用途进行软件的客户化定制和二次开发往往能够大大提高企业的生产效率和技术水平。

当前，AutoCAD的二次开发工具主要有VisualLisp、VBA、ObjectARX和.NET API。其中，VisualLisp与VBA较为简单，特别是VBA，使用方便且开发速度较快，但其功能相比ObjectARX有所不足，尤其是对面向对象的功能支持不好。而ObjectARX基于VC平台，在C++的支持下，其功能非常强大，可以很好地运用各种面向对象技术，但其缺点是开发速度比较慢，同时对开发人员的能力要求较高。

1.2　AutoCAD 2018 的启动与退出

与大多数应用软件一样，要想在AutoCAD 2018 上进行图形的设计工作，就必须先启动该软件，以此进入操作环境中。如果结束当前的图形操作或者退出该绘图环境，就应该退出其操作环境。

1.2.1　启动 AutoCAD 2018

用户在电脑上成功安装AutoCAD 2018 软件后，即可启动并运行该软件。要启动AutoCAD 2018 软件，可通过以下几种方式：

- 双击桌面上的AutoCAD 2018 快捷图标A。
- 执行“开始”｜“所有程序”｜“Autodesk”｜“AutoCAD 2018-Simplified Chinese”命令。
- 右击桌面上的AutoCAD 2018 快捷图标A，从弹出的快捷菜单中选择“打开”命令。

默认情况下，系统进入准备界面，而后单击“开始绘制”，即可进入如图 1-8 所示的绘图界面。

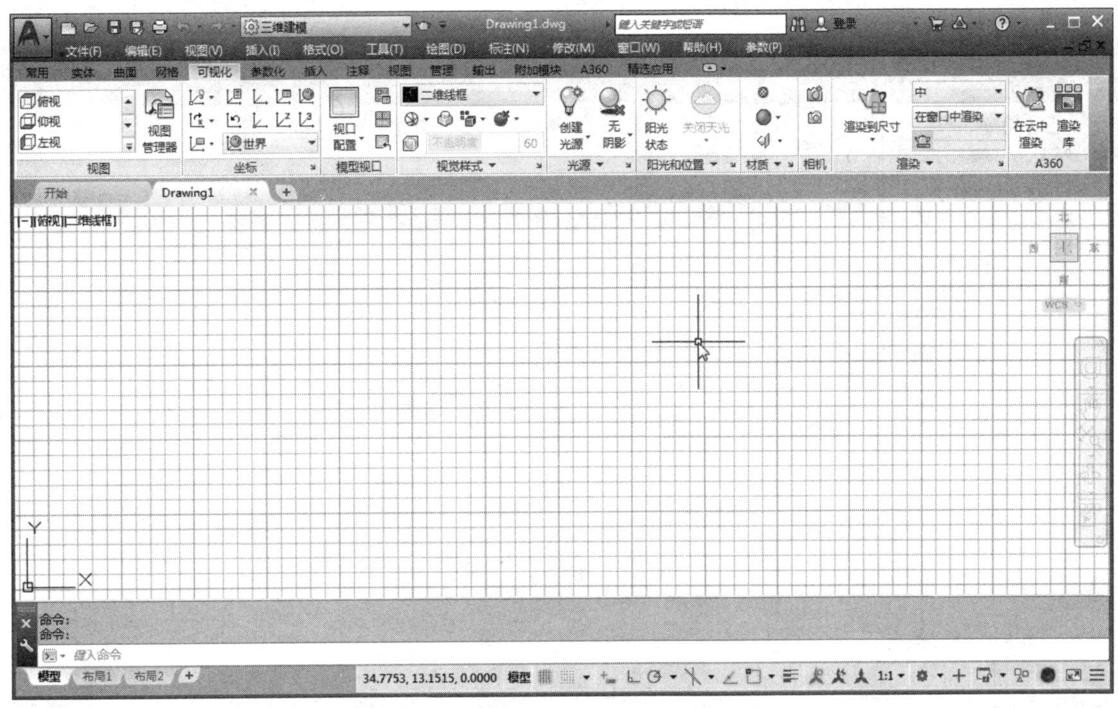

图 1-8　AutoCAD 2018 绘图界面

1.2.2　退出 AutoCAD 2018

当用户需要退出AutoCAD 2018 软件系统时，可采用以下几种方法：

- 在AutoCAD 2018 菜单栏中选择“文件”｜“关闭”命令。
- 在命令行中输入QUIT（或EXIT）。
- 单击工作界面右上角的“关闭”应用程序按钮☒。

1.3　AutoCAD 2018 的操作界面

AutoCAD 2018 提供了多种工作空间模式，有“草图与注释”“三维基础”和“三维建模”。当正常安装并首次启动AutoCAD 2018 软件时，系统将以默认的“草图与注释”界面显示，如图 1-9 所示。

其界面主要由菜单浏览器按钮、功能区选项、快速访问工具栏、绘图区、命令行窗口、状态栏等元素组成。在该空间中，可以方便地使用“默认”选项卡中的绘图、修改、图层、标注、文字、表格等面板进行二维图形的绘制。

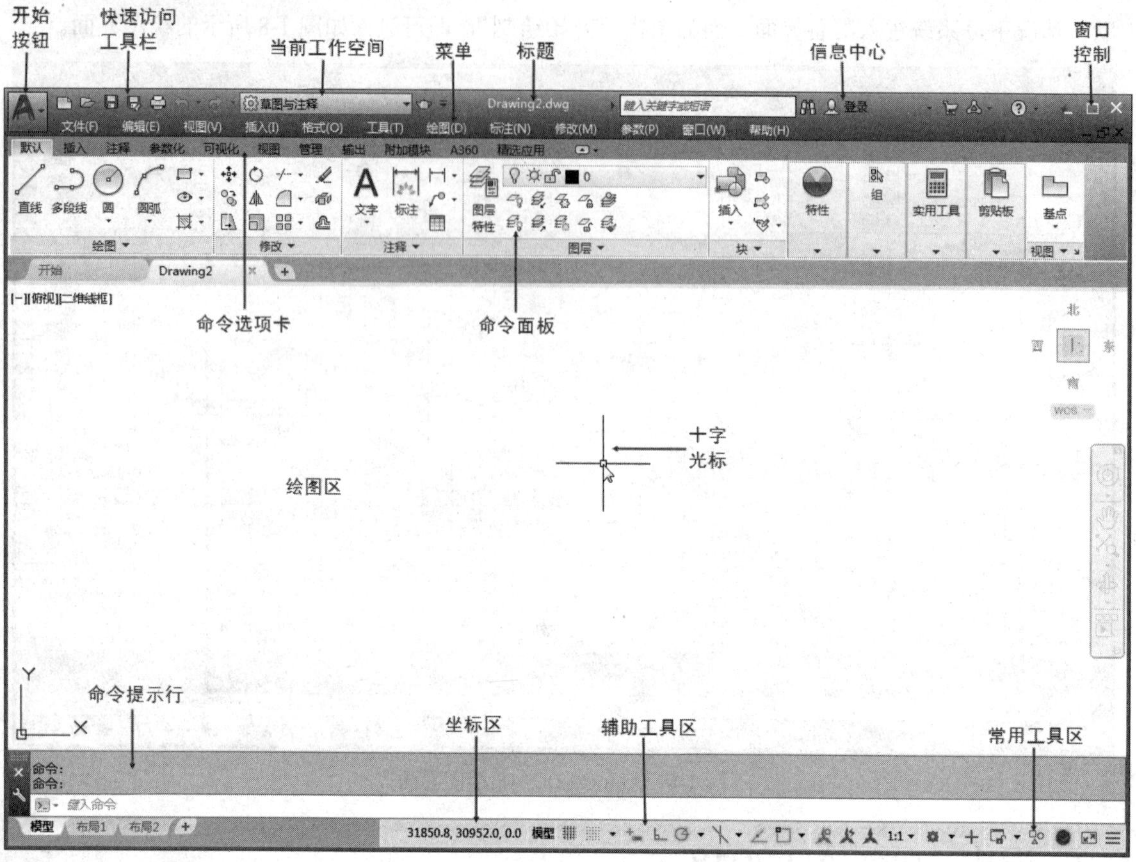

图 1-9　AutoCAD 2018 的“草图与注释”界面

1.3.1　标题栏

标题栏显示当前操作文件的名称，从左向右依次为“新建”“打开”“保存”“另存为”“打印”“放弃”和“重做”按钮；往后是“工作空间”列表，用于工作空间界面的选择；再往后是软件名称、版本号和当前文档名称信息；接着是“搜索”“登录”“交换”按钮，并新增“帮助”功能；最右侧则是当前窗口的“最小化”“最大化”和“关闭”按钮，如图 1-10 所示。

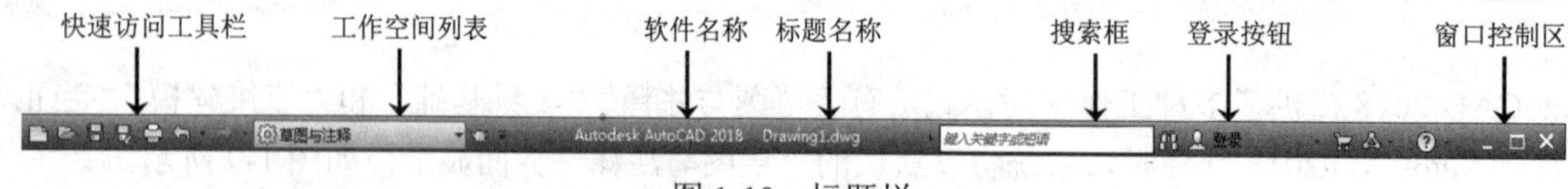

图 1-10　标题栏

1.3.2　快速访问工具栏

默认的快速访问工具栏中集成了新建、打开、保存、另存为、Cloud选项、打印、放弃、重做和工作空间切换 9 个工具，主要的作用在于快速单击使用，如图 1-11 所示。

如果单击“倒三角”▼按钮，将打开如图 1-12 所示的菜单列表，可根据需要添加一些工具按钮到快速访问工具栏中。

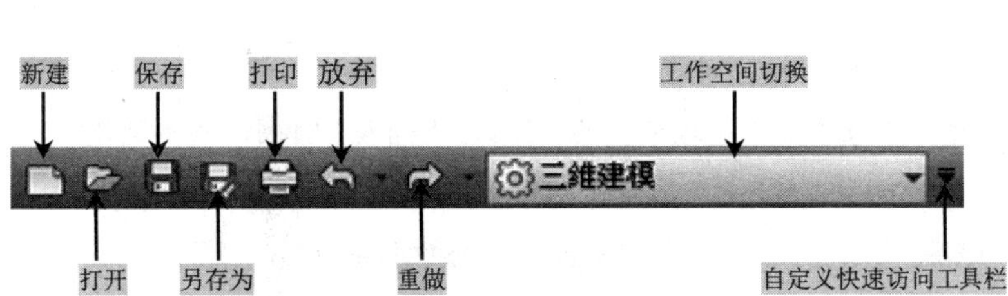

图 1-11 快速访问工具栏

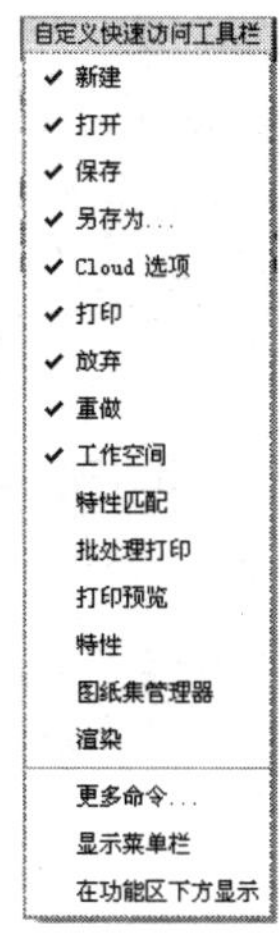

图 1-12 自定义快速访问工具栏

1.3.3 菜单浏览器和快捷菜单

窗口左上角的大A按钮为“菜单浏览器”按钮，单击该按钮会出现下拉菜单，有“新建”“打开”“保存”“另存为”“输出”“打印”“发布”等选项。另外，还增加了很多新项目，如“最近使用的文档”、“打开文档”、“选项”和“退出Autodesk AutoCAD 2018”按钮，如图 1-13 所示。

在AutoCAD 2018 中，在绘图区、状态栏、工具栏、模型或布局选项卡上右击时，系统会弹出一个快捷菜单，该菜单中显示的命令与右击对象及当前状态相关，会根据不同的情况出现不同的快捷菜单命令，如图 1-14 所示。

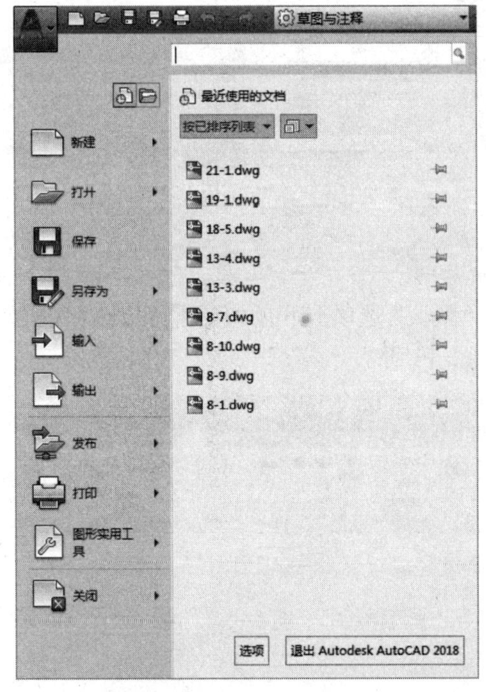

图 1-13 菜单浏览器

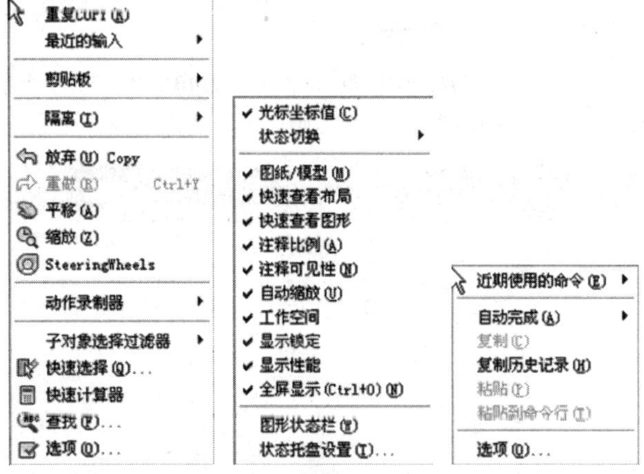

图 1-14 右击快捷菜单

提示

在菜单浏览器中，其后面带有 ▸ 符号的命令表示还有级联菜单，如果命令为灰色，就表示该命令在当前状态下不可用。

1.3.4 选项卡和面板

使用AutoCAD命令的另一种方式是应用选项卡，选项卡包括“默认”“插入”“注释”“参数化”“视图”“管理”“输出”“附加模块”“A360”（Autodesk360）“精选应用”等，如图 1-15 所示。

默认 插入 注释 参数化 视图 管理 输出 附加模块 A360 精选应用

图 1-15 选项卡

提示

在“联机”右侧显示了一个倒三角按钮，单击此按钮将弹出快捷菜单，可以选择相应的选项，如图 1-16 所示。

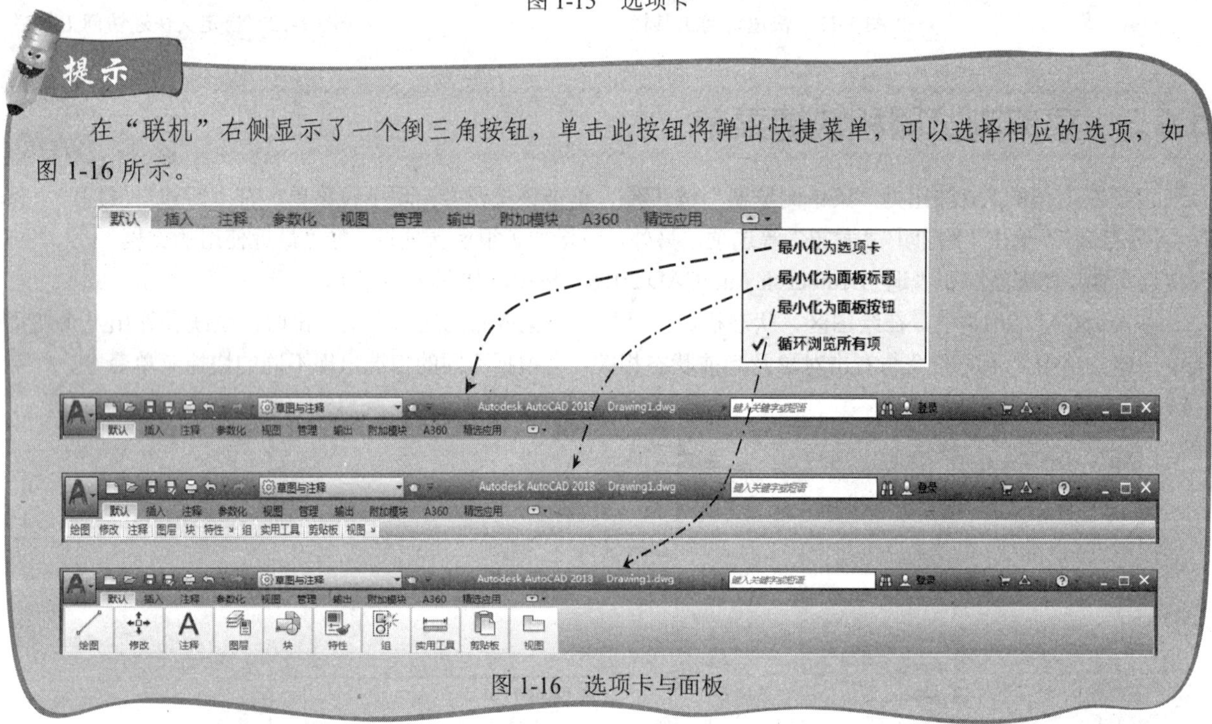

图 1-16 选项卡与面板

单击相应的选项卡即可分别调用相应的命令。例如，在“默认”选项卡下有“绘图”“修改”“图层”“注释”“块”“特性”“组”“实用工具”“剪贴板”等面板，如图 1-17 所示。

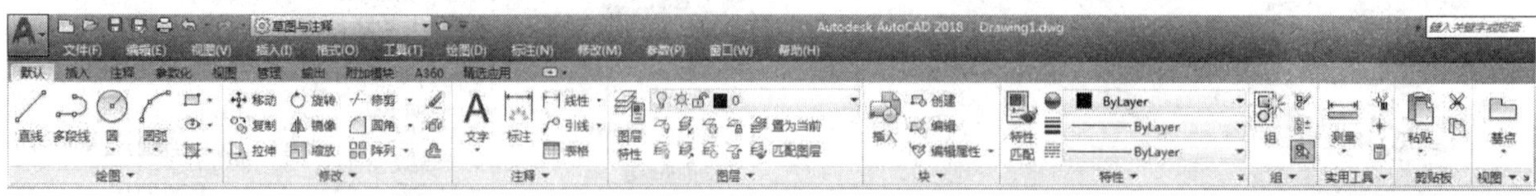

图 1-17 “默认”选项卡

提示

有的面板上下侧的按钮右侧有一个倒三角按钮▾，单击该按钮会展开与该面板相关的操作命令，如单击“修改”面板右侧的倒三角按钮▾会展开其相关命令，如图 1-18 所示。

图 1-18　展开后的“修改”面板

1.3.5　菜单栏

在AutoCAD 2018 的环境中，默认状态下其菜单栏和工具栏处于隐藏状态，这也是与以往版本不同的地方。

在AutoCAD 2018 的“草图与注释”工作空间状态下，如果要显示其菜单栏，可在标题栏的“工作空间”右侧单击倒三角按钮（“自定义快速访问工具栏”列表），从弹出的列表中选择“显示菜单栏”，即可显示AutoCAD的常规菜单栏，如图 1-19 所示。

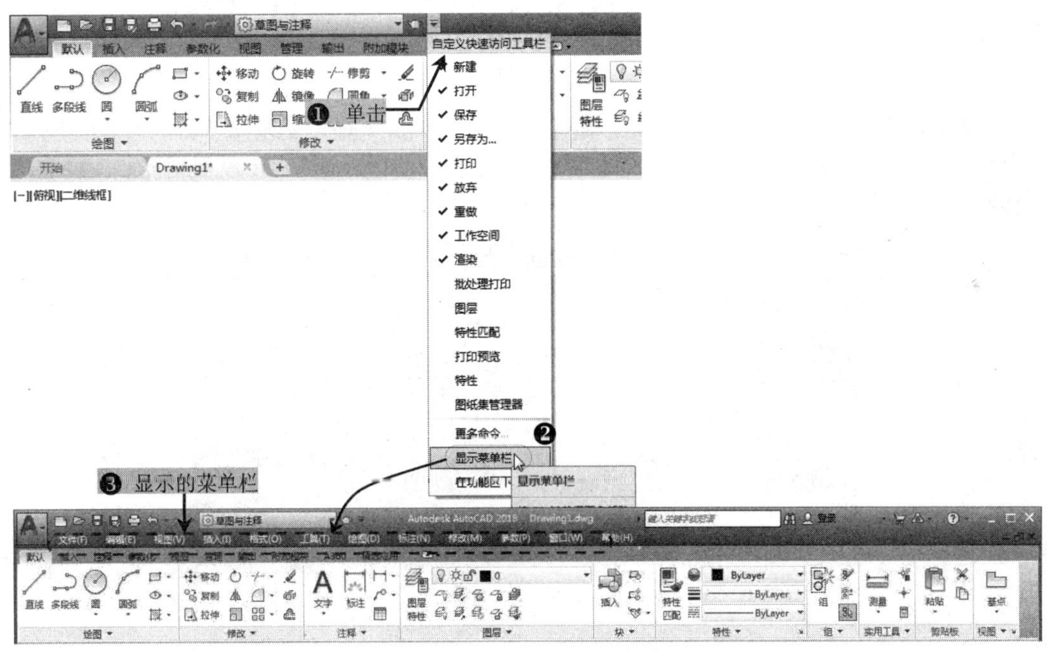

图 1-19　显示菜单栏

1.3.6　绘图区

绘图窗口是用户进行绘图的工作区域，所有的绘图结果都反映在这个窗口中。在绘图窗口中不仅显示当前的绘图结果，还显示用户当前使用的坐标系图标，表示该坐标系的类型和原点、X轴和Y轴的方向，如图 1-20 所示。

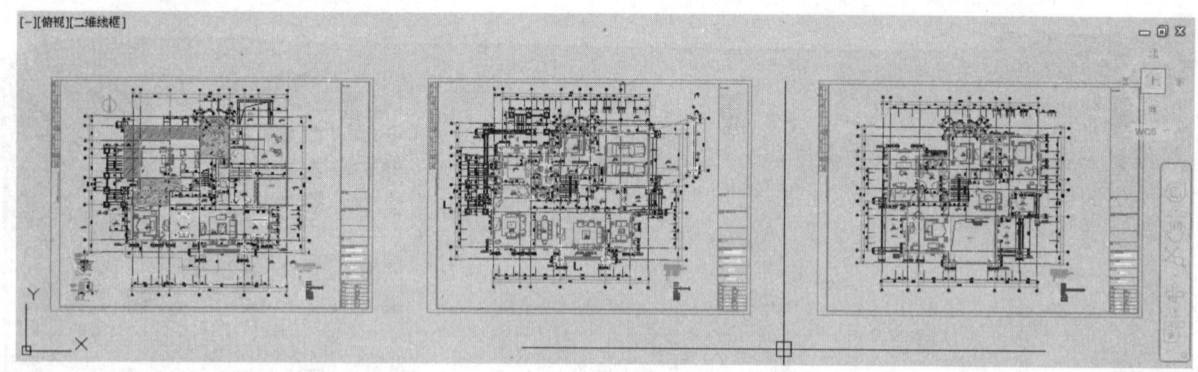

图 1-20　绘图窗口

1.3.7　命令行

默认情况下，命令行位于绘图区的下方，用于输入系统命令或显示命令的提示信息。用户在面板区、菜单栏或工具栏中选择某个命令时，也会在命令行中显示提示信息，如图 1-21 所示。

```
当前线宽为 0
指定下一个点或 [圆弧(A)/半宽(H)/长度(L)/放弃(U)/宽度(W)]:
指定下一点或 [圆弧(A)/闭合(C)/半宽(H)/长度(L)/放弃(U)/宽度(W)]:
命令:
```

图 1-21　命令行

在键盘上按F2 键会显示出“AutoCAD文本窗口”，此文本窗口也称专业命令窗口，用于记录在窗口中操作的所有命令。若在此窗口中输入命令，按Enter键可以执行相应的命令。用户可以根据需要改变窗口的大小，也可以将其拖动为浮动窗口，如图 1-22 所示。

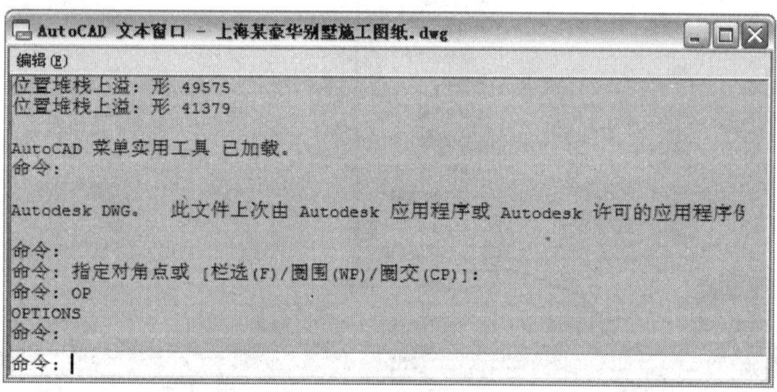

图 1-22　文本窗口

1.3.8　状态栏

状态栏位于AutoCAD 2018 窗口的最下方，用于显示当前光标的状态，如X、Y、Z的坐标值。从左到右为“推断约束”“捕捉模式”“栅格显示”“正交模式”“极轴追踪”“对象捕捉”“三维对象捕捉”“对象捕捉追踪”“允许｜禁止动态UCS”“动态输入”“显示｜隐藏线宽”“显示｜隐藏透明度”“快捷特性”“选择循环”，以及“模型”“快速查看布局”“快速查看图形”“注释比例”“注释可见性”“切换空间”“锁定”“硬件加速关”“隔离对象”“全屏显示”等按钮，如图 1-23 所示。

图 1-23 状态栏

1.4 AutoCAD 2018 的工作空间

为满足不同用户的需求，Autodesk公司提供了“草图与注释”“三维基础”和“三维建模”3 种工作空间，用户可根据实际工作需要转换不同的空间。

1.4.1 切换工作空间

当首次启动AutoCAD 2018 软件时，系统将以默认的“草图与注释”界面显示，用户可以根据自己的需要选择不同的空间，在“快速访问”工具栏中单击“工作空间”后面的倒三角按钮，或者在默认工作界面的状态栏中单击右下侧的“切换工作空间”按钮，都可弹出空间列表，从而切换相应的工作空间，如图 1-24 和图 1-25 所示。

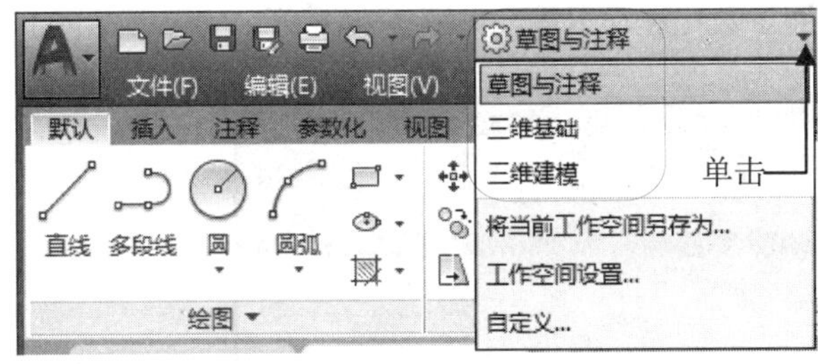

图 1-24 切换工作空间（1）

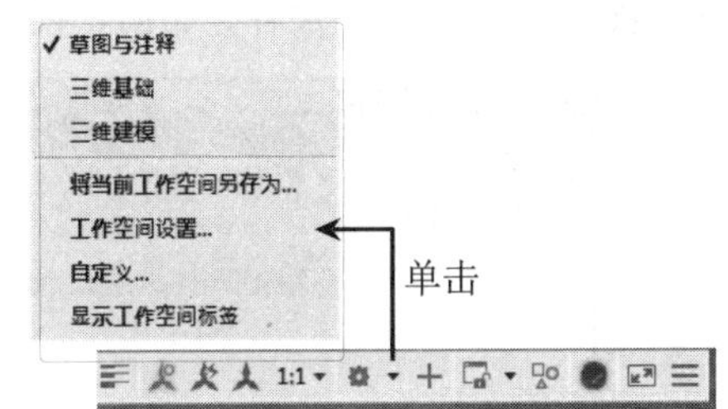

图 1-25 切换工作空间（2）

1.4.2 草图与注释空间

本书主要采用 AutoCAD 2018 的“草图与注释”界面来贯穿全文进行讲解。

1.4.3 三维基础空间

使用“三维基础”空间可以方便地在三维空间中绘制图形，其提供了默认、可视化、插入、视图、管理、输出、附加模块、Autodesk 360 和精选应用等多个选项卡，从而为绘制三维图形、观察图形、创建动画、设置光源、三维对象附加材质等操作提供基础的绘图环境，如图 1-26 所示。

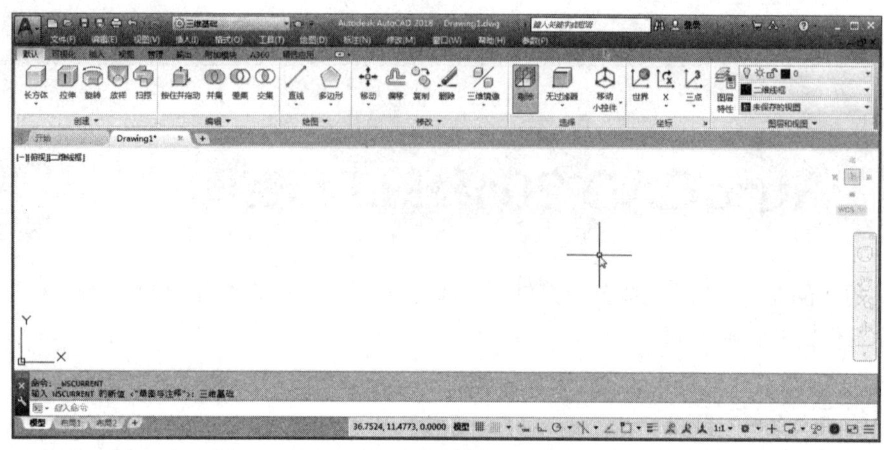

图 1-26 “三维基础”空间

1.4.4 三维建模空间

使用“三维建模”空间可以更加方便地在三维空间中绘制图形。除了“三维基础”空间中默认的几种选项卡外，还包括实体、曲面、注释、布局、视图、网格和参数化选项卡等，如图 1-27 所示。

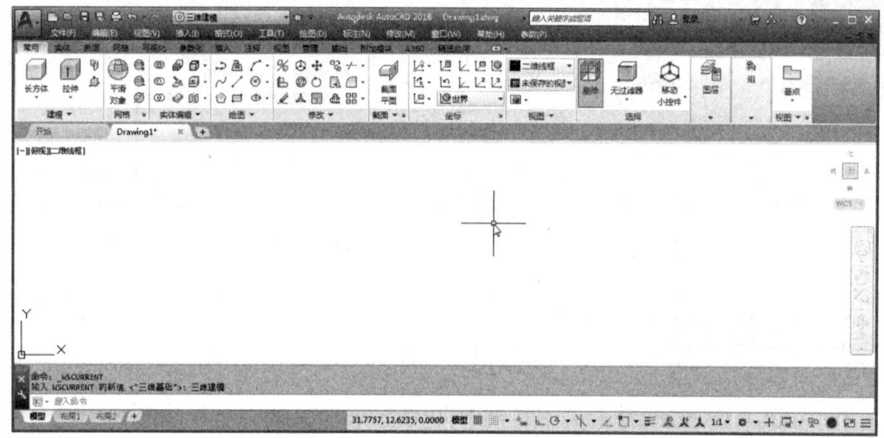

图 1-27 “三维建模”空间

1.5 命令调用方式

在AutoCAD 2018 的操作中，有一些基本输入操作方法将使AutoCAD 2018 的应用变得更加简单，这些也是学习AutoCAD 2018 必备的知识。

1.5.1 命令调用的 5 种方法

1. 下拉菜单

在“草图与注释”模式的绘图窗口中，单击“文件”“编辑”“视图”“插入”“格式”“工具”“绘图”

“标注”“修改”“参数”“窗口”“帮助”等任何一个菜单，将打开下拉菜单。例如，单击“绘图”菜单，将打开如图 1-28 所示的下拉菜单，然后根据需要选择相应的命令，即可执行该命令。

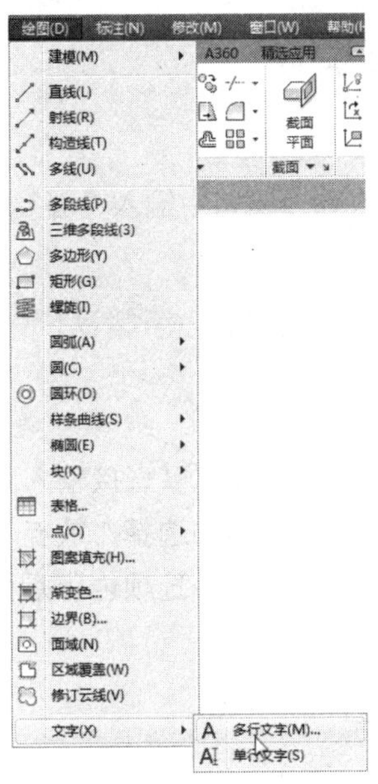

图 1-28　下拉菜单

2．输入命令

在绘图区域左下侧命令行窗口中输入“矩形”命令（Rectang）会出现以下提示：

```
命令: Rectang
指定第一个角点或 [倒角(C)/标高(E)/圆角(F)/厚度(T)/宽度(W)]:
指定另一个角点或 [面积(A)/尺寸(D)/旋转(R)]:
```

3．快捷键

如果用户要重复前面所使用过的命令，那么可以直接在绘图区右击，弹出快捷菜单，如图 1-29 所示。菜单第一项就是重复前一步所执行的命令，在菜单第二项“最近的输入”的子菜单中可选择最近使用过的多步命令。

图 1-29　在绘图区中右击

1.5.2 命令行输入的方法

AutoCAD 中命令的输入方法有以下几种。

1. 在命令行窗口输入命令

输入命令时字符不分大小写。例如，在命令窗口中输入“圆”命令（Circle），命令行中将提示如下信息：

```
命令: Circle
指定圆的圆心或 [三点(3P)/两点(2P)/切点、切点、半径(T)]:
\\在屏幕上指定一点或输入一点的坐标
指定圆的半径或 [直径(D)] <100.00>:
```

选项中没有带“[]”提示的为默认选项，所以可以直接输入直线段的起点坐标或在屏幕中指定一点，若要选择其他选项，则可直接输入其标识字符，例如选择“放弃”选项，应该输入其标识字符“U”，然后按系统提示输入数据即可。有些命令行中，提示命令选项内容后面会带有尖括号，尖括号内的数值为默认数值。

2. 在命令行窗口中输入命令缩写

AutoCAD中的快捷键是绘图人员必须要掌握的，基本上AutoCAD中的命令都有相应的快捷键，即命令缩写，如L（Line）、C（Circle）、A（Arc）、PL（Pline）、Z（Zoom）、AR（Array）、M（Move）、CO（Copy）、RO（Rotate）、E（Erase）等。

3. 在面板中选取相应的命令

用户可以直接在选项卡面板中单击相应的按钮，这时会在命令行窗口中给出相应的提示选项，如图 1-30 所示。

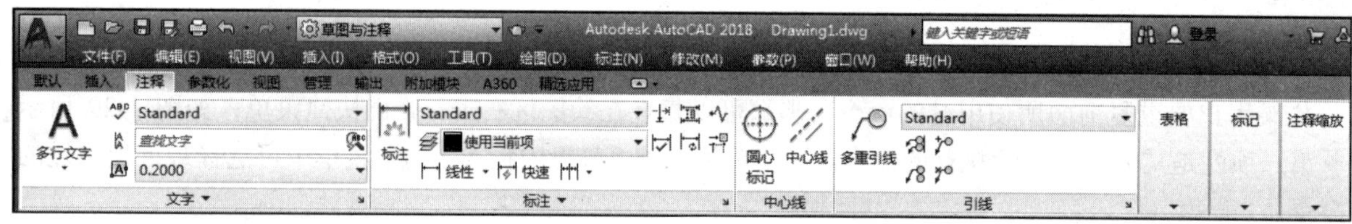

图 1-30 “注释”选项卡

1.5.3 命令中止和重做

在AutoCAD环境中绘制图形时，对所执行的操作可以进行中止和重做操作。

1. 中止命令

在执行命令的过程中，用户可以对任何命令进行中止，可使用以下方法。

- 快捷键：按Esc键。
- 右键：右击，从弹出的快捷菜单中选择“取消”命令。

2. 重做命令

如果误撤销了正确的操作，那么可以通过“重做“命令进行还原，可使用以下方法。

- 工具栏：单击“快速访问”工具栏中的“重做”按钮。
- 快捷键：按Ctrl+Y组合键，撤销最近一次的操作。
- 命令行：在命令行中输入Redo命令并按Enter键。

提示——命令的重复

在命令行中直接按Enter键或空格键，可重复调用上一个命令，无论上一个命令是已经完成还是被取消。

1.5.4 取消操作

在命令执行的任何时刻都可以取消命令的执行，可使用以下方法。

- 工具栏：单击“快速访问”工具栏中的“放弃”按钮。
- 快捷键：按Ctrl+Z组合键。
- 命令行：在命令行中输入Undo命令并按Enter键。

1.6 AutoCAD 文件操作

只要是进行文件操作，都需要对文件进行新建、打开、保存、输出等操作。下面就来详细讲解AutoCAD软件中文件的这些基本操作。

1.6.1 文件的新建

通常用户在绘制图形之前，首先要创建新图的绘图环境和图形文件，可使用以卜方法。

- 工具栏：在“快速访问”工具栏中单击“新建”按钮。
- 快捷键：按Ctrl+N组合键。
- 命令行：在命令行中输入New命令并按Enter键。

执行上述命令后，系统会自动弹出“选择样板”对话框，如图 1-31 所示。在“文件类型”下拉列表中有 3 种格式的图形样板，分别以“.dwt”“.dwg”和“.dws”为后缀。用户根据需要选择所需的样板文件，然后单击“打开”按钮即可。

每种图形样板文件中，系统都会根据所绘图形任务要求进行统一的图形设置，包括绘图单位类型和精度要求、捕捉、栅格、图层、图框等前期准备工作。

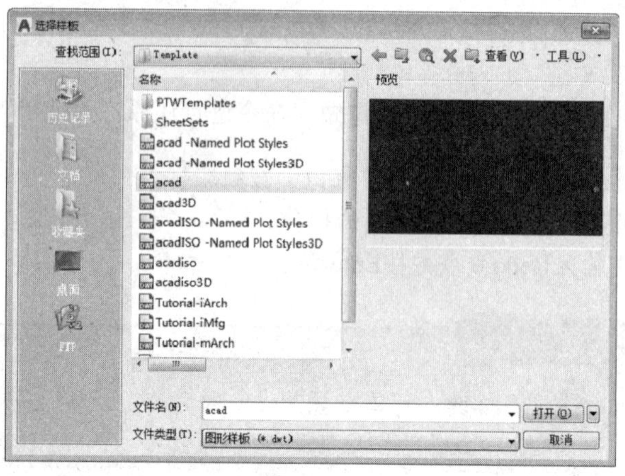

图 1-31 “选择样板”对话框

使用样板文件绘图可以使用户所绘制的图形设置统一，大大提高工作效率。当然，用户可以根据需要自行创建新的所需的样板文件。

提示——样板文件的类型

.dwt格式的文件为标准样板文件，通常将一些规定的标准性样板文件设置为.dwt格式文件，.dwg格式文件是普通样板文件，.dws格式文件是包含标准图层、标准样式、线性和文字样式的样板文件。

1.6.2 文件的打开

要将已存在的图形文件打开，可使用以下方法。

- 工具栏：单击“快速访问”工具栏中的“打开”按钮。
- 快捷键：按Ctrl+O组合键。
- 命令行：在命令行中输入Open命令并按Enter键。

执行上述命令后，系统将自动弹出“选择文件”对话框，如图 1-32 所示，在“文件类型”下拉列表中有.dwg、.dwt、.dxf和.dws格式供用户选择。

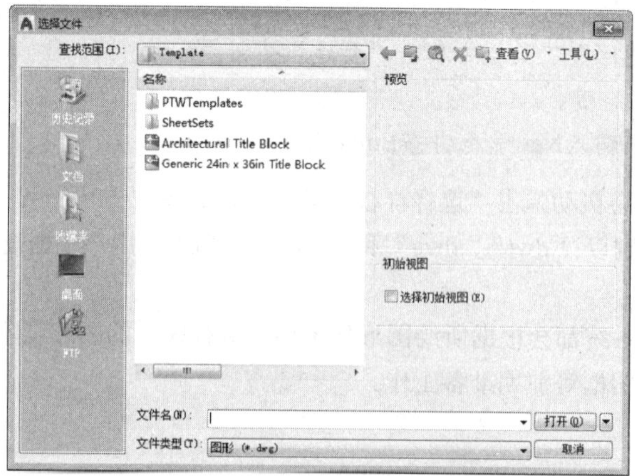

图 1-32 “选择文件”对话框

提示——文件的局部打开

在“选择文件”对话框的“打开”按钮右侧有一个倒三角按钮，单击它将显示出 4 种打开文件的方式，即“打开”“以只读方式打开”“局部打开”和“以只读方式局部打开”，如图 1-33 所示。

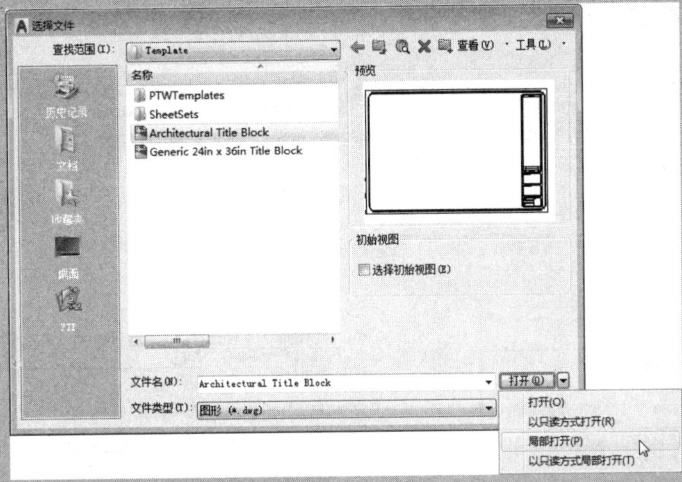

图 1-33　局部打开图形文件

.dxf格式的文件是用文本形式存储图形文件，能够被其他程序读取。

1.6.3　文件的保存

对文件操作的时候，要养成随时保存文件的好习惯，避免出现电源故障或发生其他意外情况时图形文件及其数据丢失。

要保存当前视图中的文件，可使用以下方法。

- 工具栏：在“快速访问”工具栏中单击“保存”按钮。
- 快捷键：按Ctrl+S组合键。
- 命令行：在命令行中输入Save命令并按Enter键。

执行上述命令后，若需要保存的文件在绘制前已命名，则系统会自动将内容保存到命名的文件中，若该文件未命名（即为默认名drawing1.dwg），则系统会弹出“图形另存为”对话框，如图 1-34 所示，用户可以将其命名保存。保存路径可以在“保存于”下拉列表中选择，保存格式可以在“文件类型”下拉列表中选择。

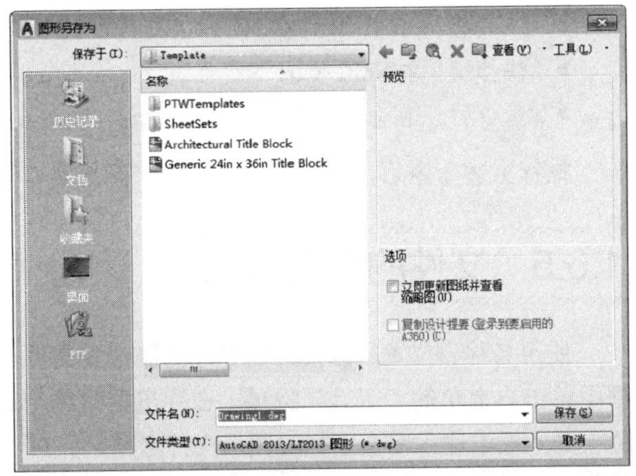

图 1-34　“图形另存为”对话框

提示——设置文件自动保存间隔时间

在绘制图形时，可以设置为自动定时来保存图形。选择“工具”|“选项”菜单命令，在打开的“选项”对话框中选择“打开和保存”选项卡，选择“自动保存”复选框，然后在“保存间隔分钟数”文本框中输入定时保存的时间（分钟），如图 1-35 所示。

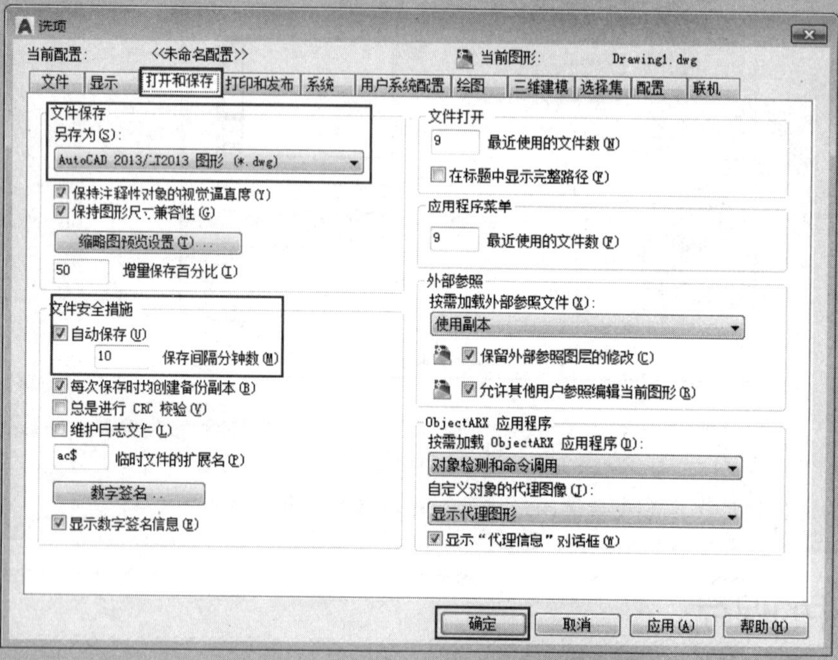

图 1-35　定时保存图形文件

1.6.4　文件的另存为

如果想将当前文件另存为一个新文件，可以使用以下方法。

- 工具栏：单击“快速访问”工具栏中的“另存为”按钮。
- 快捷键：按Shift+Ctrl+S组合键。
- 命令行：在命令行中输入Saves命令并按Enter键。

执行上述命令后，系统同样会弹出“图形另存为”对话框，与图 1-34 相同。

1.6.5　文件的查找

使用名称、位置、修改日期等过滤器搜索文件，首先应执行“打开”命令，在弹出的“选择文件”对话框中单击右上角的“工具”选项，在弹出的菜单中选择“查找”选项；此时打开“查找：”对话框，在“名称”文本框中输入需要查找的图形文件名称，并对“类型”“查找范围”等进行设置，最后单击“开始查找”按钮，如图 1-36 所示。

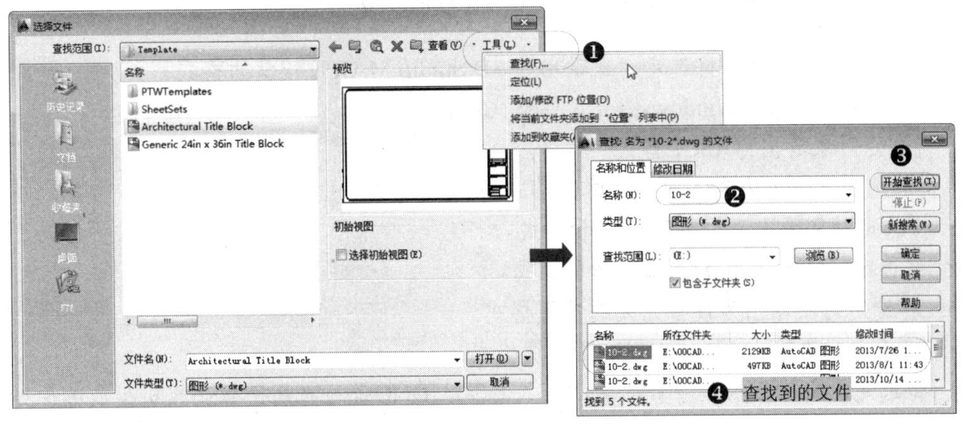

图 1-36　文件的查找

1.6.6　文件的输出

绘制好AutoCAD图形文件后，可以进行不同格式的输出。用户可以使用以下方法。

- 菜单栏：单击窗口左上角的大A按钮，在出现的下拉菜单中选择“输出”命令，提供如.DWF、.PDF、.DGN、.FBX等格式，如图 1-37 所示。
- 命令行：在命令行中输入或动态输入Export命令。

执行命令后，打开“输出数据”对话框，在“文件类型”下拉列表中选择文件的输出类型，如图元文件、ACIS、平版印刷、封装PS、DXX提取、位图等，然后单击“保存”按钮，如图 1-38 所示。将切换到绘图窗口中，可以选择以指定的格式保存对象。

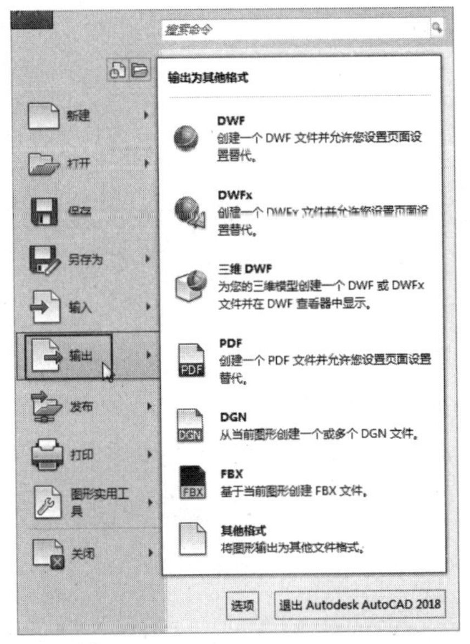

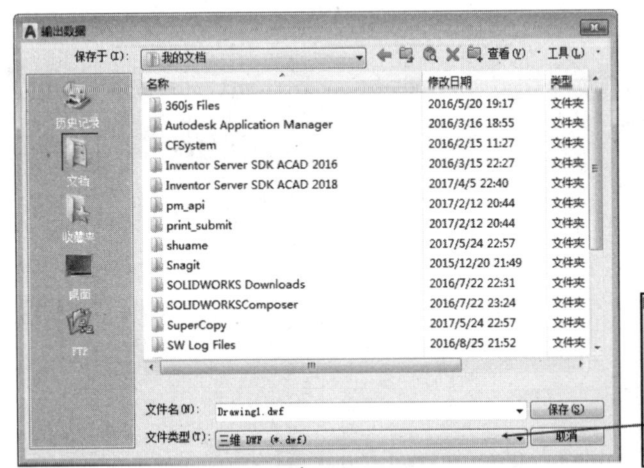

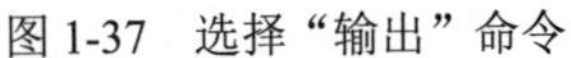

图 1-37　选择“输出”命令

图 1-38　文件的输出

输出AutoCAD图形文件时，支持多种输出格式，其具体含义如下。

- dwf：同dwfx格式一样，将选定对象输出为 3D Studio MAX可接受的格式。
- wmf：将选定的对象以Windows图元文件格式保存。
- sat：将选定对象输出为ASCII格式。
- stl：将选定对象输出为实体对象立体画格式。
- eps：将选定对象输出为封装PostScript格式。
- dxx：将选定对象输出为DXX属性抽取格式。
- bmp：将选定对象输出为设备无关的位图格式。
- dwg：将选定对象输出为AutoCAD 图形块格式。
- dng：将选定对象输出为数字负片（DNG）格式。DNG是一种用于数码相机生成的原始数据文件的公共存档格式。

第 2 章 AutoCAD 2018 绘图环境设置与图形控制

在进行工程图设计之前，要有一个好的绘图环境，并养成良好的绘图习惯，这样在后面设计工程图的过程中才能达到事半功倍的效果。

前面已经学习了AutoCAD 2018 软件操作界面、文件的操作方法、命令的输入与调用方法，本章讲解AutoCAD的坐标系统、绘图环境的设置方法、捕捉与追踪的设置以及AutoCAD中图形对象的显示与缩放、图层的操作方法与控制显示。

主要内容

- 掌握各种坐标的输入方法
- 掌握绘图环境的设置
- 掌握精确捕捉与追踪设置
- 掌握视图的缩放
- 掌握图层的设置和控制

2.1 AutoCAD 坐标系

AutoCAD的图形定位主要是由坐标系进行确定的。使用AutoCAD的坐标系首先要了解AutoCAD坐标系概念和坐标输入方法。

2.1.1 认识 AutoCAD 中的坐标系

坐标系又叫编程坐标系，由X轴、Y轴和原点构成。坐标原点可以自由选择，原则是方便计算、能简化编程，尽可能选在零件的设计基准或工艺基准上。AutoCAD中包括 3 种坐标系，分别是笛卡尔坐标系、世界坐标系和用户坐标系。

1. 笛卡尔坐标系

AutoCAD采用笛卡尔坐标系来确定位置，该坐标系也称绝对坐标系。在进入AutoCAD绘图区时，系统自动进入笛卡尔坐标系第一象限，其原点在绘图区内的左下角。

2. 世界坐标系

世界坐标系（World Coordinate System，WCS）是AutoCAD的基础坐标系统，由相互垂直相交的坐标轴X、坐标轴Y和坐标轴Z组成。在绘制和编辑图形的过程中，WCS是预设的坐标系统，其坐标原点和坐标轴都不会改变。

在默认情况下，X轴以水平向右为正方向，Y轴以垂直向上为正方向，Z轴以垂直屏幕向外为正方向，坐标原点在绘图区左下角，世界坐标轴的交汇处显示方形标记“□”，如图 2-1 所示。

提示——二维图形中Z轴的坐标值

在二维平面绘图中绘制和编辑图形时，只需输入X轴和Y轴坐标，而Z轴的坐标值由系统自动赋值为 0。

3. 用户坐标系

在绘制三维图形时，需要经常改变坐标系的原点和坐标方向，使绘图更加方便。AutoCAD提供了可改变坐标原点的坐标方向的坐标系，即用户坐标系，简称UCS。

在用户坐标系中，可以任意指定或移动原点和选择坐标轴，从而将世界坐标系改为用户坐标系，用户坐标轴的交汇处没有方形标记“□”，如图 2-2 所示。

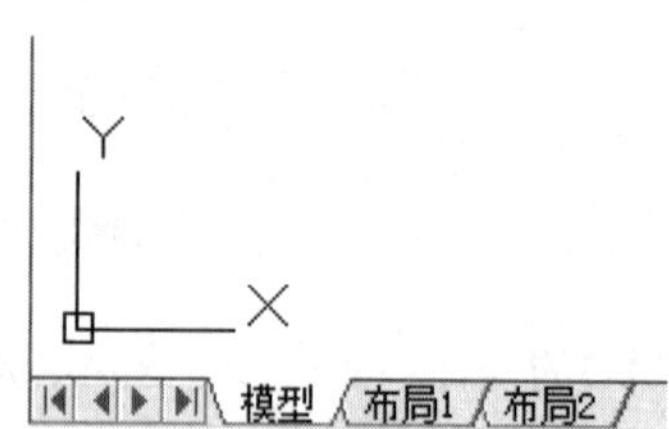

图 2-1　世界坐标系

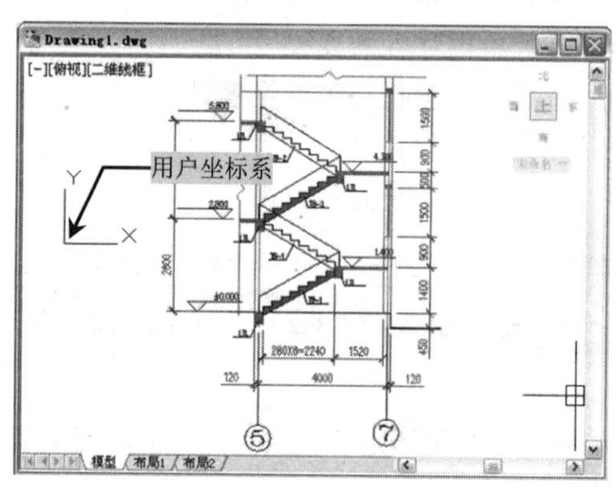

图 2-2　用户坐标系

提示——WCS与UCS坐标系的转换

用户要改变坐标的位置，首先在命令行中输入“UCS”命令，此时使用鼠标将坐标移至新的位置，然后按Enter键即可。若要将用户坐标系改为世界坐标系，则在命令行中输入“UCS”命令，然后在命令行中选择“世界（W）”选项，其坐标轴位置会回到原点。

2.1.2　坐标的输入

用户在绘制图形的过程中，要确定相应的位置点时，除了采用捕捉关键特征点外，最主要的就是通过键盘的方式来输入坐标位置点。在AutoCAD中，坐标的输入主要有 3 种：输入绝对坐标、输入相对坐标、输入相对极坐标。

1. 绝对坐标

绝对坐标分为绝对直角坐标和绝对极轴坐标两种。其中绝对直角坐标以笛卡尔坐标系的原点（0，0，0）为基点定位，用户可以通过输入（x、y、z）坐标的方式来定义一个点的位置。

例如，在如图 2-3 所示的图形中，A点的绝对坐标为原点坐标（0，0，0），B点的绝对坐标为（20，0，0），C点的绝对坐标为（20，20，0），D点的绝对坐标为（0，20，0）。

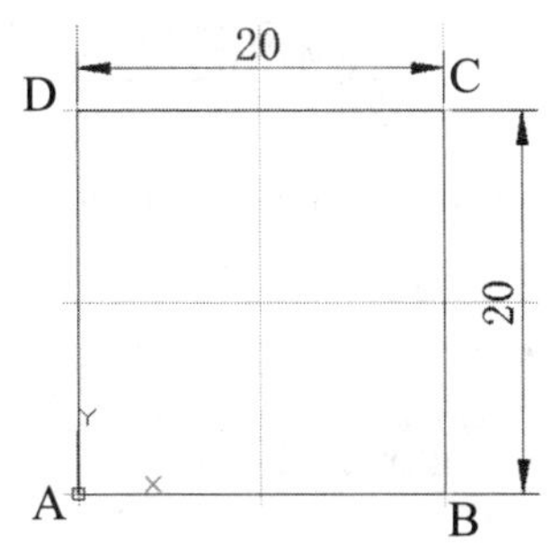

图 2-3　绝对坐标示意图

2. 相对坐标

相对坐标是以上一个点为坐标原点确定下一个点的位置。输入相对于一点坐标（x、y、z）增量为（X+，Y+，Z+）的坐标时，格式为（@X+，Y+，Z+）。其中“@”字符用于指定与上一个点的偏移量。在输入“@”字符时，在英文输入法状态下，在键盘上按Shift+2 组合键即可得到该字符。

例如，在如图 2-4 所示的图形中，A点相对于原点的坐标为（@25，25），B点相对于A点坐标为（@125，0），C点相对于B点的坐标为（@0，75），D点相对于C点坐标为（@-125，0）。

3. 相对极坐标

相对极坐标是以上一个点为参考极点，通过输入极距增量和角度值来定义下一个点的位置。其输入格式为（@距离<角度）。

例如，在如图 2-5 所示的图形中，A点相对于原点的坐标为（@25，25），B点相对于A点的极坐标为（@100<30），C点相对于B点的极坐标为（@60<160）。

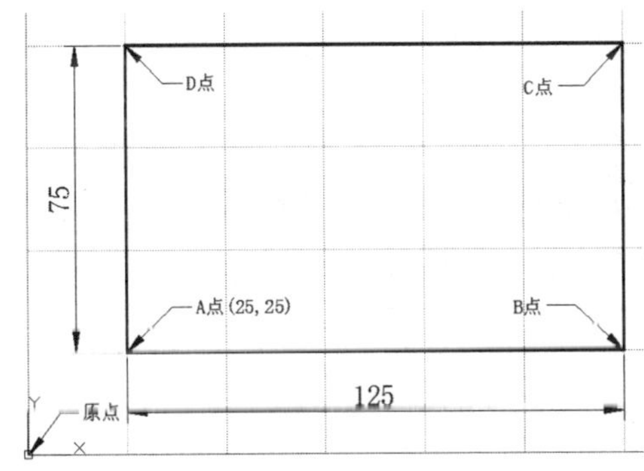

图 2-4　相对坐标示意图

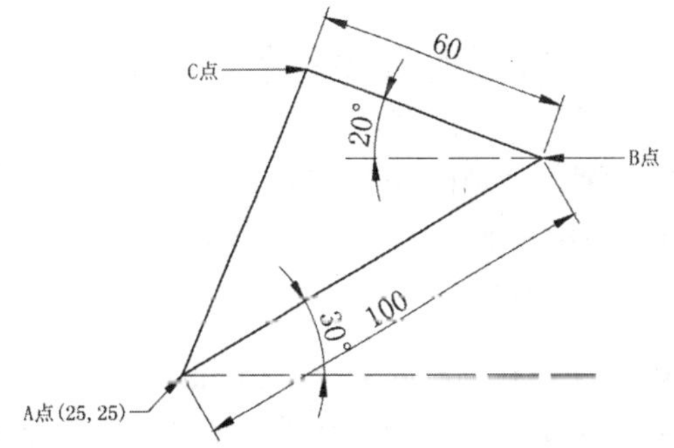

图 2-5　相对极坐标示意图

提示——坐标的输入

在使用AutoCAD 2018 进行绘图的过程中，使用多种坐标输入方式可以使绘图操作更随意、灵活，再配合目标捕捉、夹点编辑等方式，可以在很大程度上提高绘图的效率。

AutoCAD 2018 不能连续地输入绝对坐标，用绝对坐标输入基点后，将会使用相对坐标输入其他点，当图形确定后，相对坐标值就很清楚了，这样绘图更加方便，不用再计算绝对坐标值。

在输入的坐标值中，（10，10）和（40，10）都是相对于坐标原点（0，0）而定的，称为绝对值坐标；而（@30,<120）是相对于第二点来定的，称为相对值坐标，前面有个“@”符号，是相对符号，“30”代表距离，“<120”代表角度。

2.1.3 坐标值的显示

在AutoCAD中，坐标的显示方式有 3 种，取决于所选择的方式和程序中运行的命令。用户可单击状态栏的坐标显示区域，在这 3 种方式之间进行切换，如图 2-6 所示。

模式 0：静态显示	模式 1：动态显示	模式 2：距离和角度显示
[illegible]	0.7330, -3.9760, 0.0000	2.4359< 151 , 0.0000

图 2-6 坐标的 3 种显示方式

- 模式 0：显示上一个拾取点的绝对坐标。此时，指针坐标不能动态更新，只有在拾取一个新点时，显示才会更新。但是，从键盘输入一个新点的坐标时，不会改变显示方式。
- 模式 1：显示光标的绝对坐标，该值是动态更新的。默认情况下，显示方式是打开的。
- 模式 2：显示一个相对极坐标。当选择该方式时，如果当前处于拾取点状态，系统将显示光标所在位置相对于上一个点的距离和角度。当离开拾取点状态时，系统将恢复到模式 1。

2.2 设置习惯的绘图环境

为了提高绘图的效率，在使用AutoCAD 绘图之前，首先应该设置绘图环境，即适合用户习惯的操作环境。设置绘图环境包括图形界限的设置、图形单位的设置以及改变绘图区的颜色、绘图系统的配置、图形的显示精度等。

2.2.1 设置图形界限

图形界限就是标明绘图的工作区域和边界。就像用户画画的时候，先想想怎么画图，画多大才合适。由于AutoCAD的空间是无限大的，设置图形界限是为了方便我们在这个无限大的模型空间中布置图形。

在AutoCAD中，可以通过以下方法设置图形格式。

- 命令行：输入命令“Limits”。
- 菜单栏：选择“格式 | 图形界限”菜单命令。

执行“图形界限”命令后，在命令行中将提示设置左下角点和右上角点的坐标值。例如，要设置A3 幅面的图形界限，其操作提示如图 2-7 所示。

```
命令: '_limits ❶                                                  \\ 执行“图形界限”命令
重新设置模型空间界限:
指定左下角点或 [开(ON)/关(OFF)] <0.0000,0.0000>:        ❷          \\ 按回车键，以默认的原点作为左下角点坐标
指定右上角点 <420.0000,297.0000>: 297,420 ❸                       \\ 设置纵向的 A3 图纸的幅面大小
```

图 2-7 设置图形界限

2.2.2　设置绘图单位

在 AutoCAD 中，用户可以采用 1:1 的比例因子绘图，也可以指定单位的显示格式。对绘图单位的设置一般包括长度单位和角度单位的设置。

在AutoCAD中，可以通过以下方法设置图形格式。

- 命令行：输入命令“Units”（快捷键“UN”）。
- 菜单栏：选择“格式 | 单位”菜单命令。

使用上面任何一种方法都可以打开如图 2-8 所示的“图形单位”对话框，在该对话框中可以对图形单位进行设置。单击“方向”按钮，弹出“方向控制”对话框，如图 2-9 所示，在对话框中可以设置起始角度（OB）的方向。在AutoCAD的默认设置中，OB方向是指向右（正东）的方向，逆时针方向为角度增加的正方向。

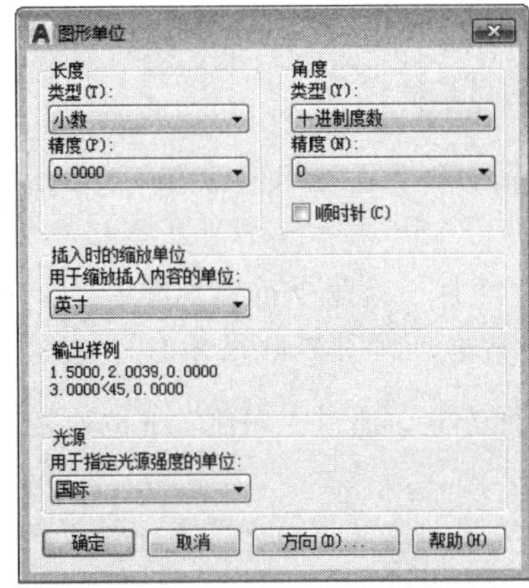

图 2-8　“图形单位”对话框

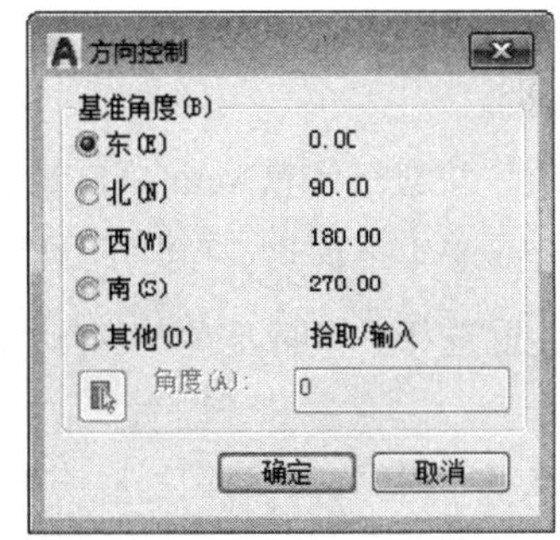

图 2-9　“方向控制”对话框

提示——绘图单位与出图比例

用于创建对象、测量距离及显示坐标位置的单位格式，与创建的标注单位设置是分开的。角度的测量可以使正值以顺时针测量或逆时针测量，0° 角可以设置为任意位置。

一般情况下，AutoCAD采用实际的测量单位来绘制图形，等完成图形绘制后，再按一定的缩放比例来输出图形。

AutoCAD与工程制图中默认的单位均是毫米（mm）。

2.2.3　设置绘图环境

在绘制图形之前，用户应对绘图的环境进行设置，包括线型、线宽和线条颜色、屏幕背景、选择模式等。不同的图形对象对AutoCAD的绘图环境有不同的要求。

1. 显示配置

在命令行输入“OP”命令，将打开“选项”对话框，切换到“显示”选项卡，用户可以设置绘图工作界面的显示格式、图形显示精度等，如图 2-10 所示。

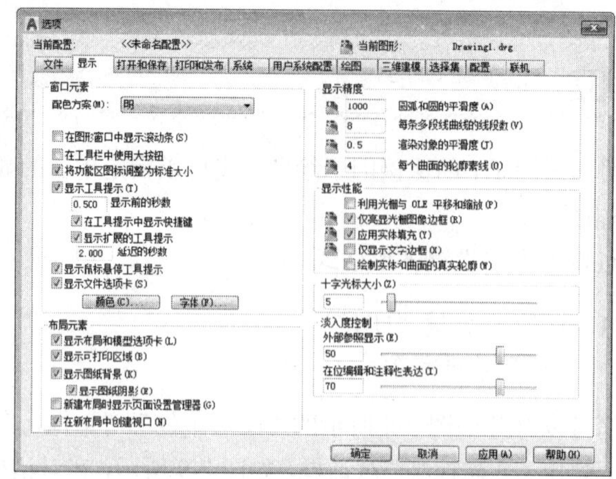

图 2-10 “显示”选项卡

在“显示”选项卡中，主要选项的含义如下。

(1)“窗口元素”选项组：设置绘图工作界面各个窗口元素的显示样式。

- “在图形窗口中显示滚动条”复选框：用于确定是否在绘图工作界面显示滚动条，选中则显示，否则不显示。
- “颜色”按钮：设置AutoCAD工作界面中各个窗口元素的颜色（如命令行背景颜色、命令行文字颜色等）。单击该按钮，AutoCAD弹出“图形窗口颜色”对话框，如图 2-11 所示。

用户可通过选择“界面元素”列表中的选项确定要修改的界面元素，通过“颜色”下拉列表确定该元素的颜色。

给某一窗口元素设置新的颜色后，在AutoCAD中，与该窗口元素对应的“模型”选项卡或“布局”选项卡图像框将以新的颜色显示该元素。“恢复当前元素”按钮用于将绘图工作界面中的全部窗口元素设置成AutoCAD的默认颜色。

- “字体”按钮：设置命令行的字体。单击此按钮将弹出“命令行窗口字体”对话框，可利用此对话框设置命令行的字体、字形、字号等，如图 2-12 所示。

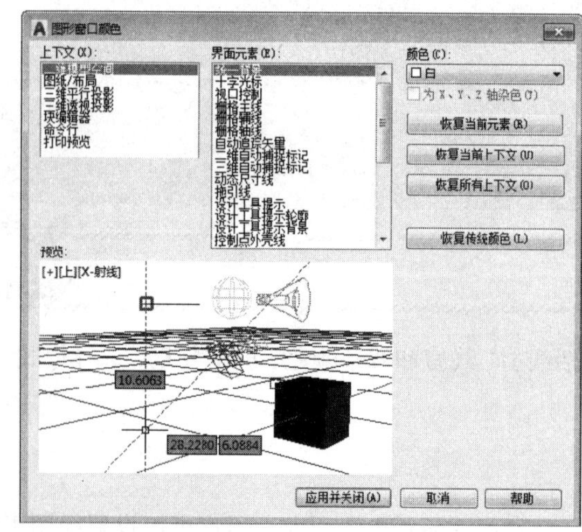

图 2-11 “图形窗口颜色”对话框

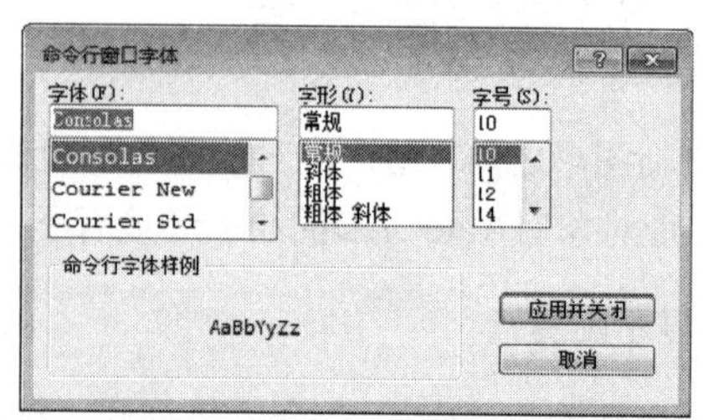

图 2-12 “命令行窗口字体”对话框

（2）“布局元素”选项组：设置布局中的有关元素，包括是否显示布局与模型选项卡、是否显示打印区域、是否显示图纸背景、是否在新布局中创建视口等。

（3）“显示精度”选项组：控制对象的显示效果。

- “圆弧和圆的平滑度”文本框：用于控制圆、圆弧、椭圆、椭圆弧的平滑度，有效取值范围是1~20000，默认值为 100。值越大，所显示图形对象就越光滑，但AutoCAD实现重新生成、显示缩放、显示移动时用的时间就越长。
- “每条多段线曲线的线段数”文本框：设置每条多段线曲线的线段数，有效取值范围是-32767~32767，默认值为 8。
- “渲染对象的平滑度”文本框：确定实体对象着色或渲染时的平滑度，有效取值范围是 0.01~10.00，默认值为 0.5。
- “每个曲面的轮廓索线”文本框：确定对象上每个曲面的轮廓索线数，有效取值范围是 0~2047，默认值为 4。

（4）“显示性能”选项组：控制影响AutoCAD性能的显示设置。

- “使用光栅和OLE进行平移和缩放”复选框：控制实时平移和缩放时光栅图像的显示方式。选中此复选框，用户进行实时平移或缩放操作时，光栅图像同步进行平移或缩放；如果不选中此复选框，当进行实时平移或缩放操作时，光栅图像用其边框表示并实现平移或缩放，完成平移或缩放后，再显示出整个图像。
- “仅亮显光栅图像边框”复选框：确定当选择光栅图像时，光栅图像的显示形式。选中此复选框，选择光栅图像后仅亮显光栅图像的边框，否则亮显整个图像。
- “应用实体填充”复选框：控制是否显示所填充对象的填充效果，这些对象包括具有宽度的多段线、填充的图案等。
- “仅显示文字边框”复选框：控制是否用表示文字对象的边框代替所标注的文字对象。
- “绘制实体和曲面的真实轮廓”复选框：控制三维实体的轮廓曲线是否以线框形式显示。

（5）“十字光标大小”选项组：确定光标十字线的长度，该长度用绘图区域宽度的百分比表示，有效取值范围是 0~100。用户可直接在文本框中输入具体数值，也可以通过拖动滑块来调整。

（6）“淡入度控制”选项组：确定外部参照、在位编辑和注释性表示时的淡入度效果。

提示——显示精度与性能的设置

“显示精度”和“显示性能”选项组参数用于设置着色对象的平滑度、每个曲面轮廓线数等。所有设置均会影响系统的刷新时间与速度，从而影响用户操作程序时的流畅性。

2. 系统配置

在“选项”对话框的“系统”选项卡中，可以设置AutoCAD的一些系统参数，如图 2-13 所示。

在“系统”选项卡中，主要选项的含义如下。

（1）“当前定点设备”选项组：确定与定点设备有关的选项。该下拉列表中列出了当前可以使用的定点设备，用户可根据需要选择。

（2）“布局重生成选项”选项组：确定在模型和布局选项卡中所显示内容的更新方式。

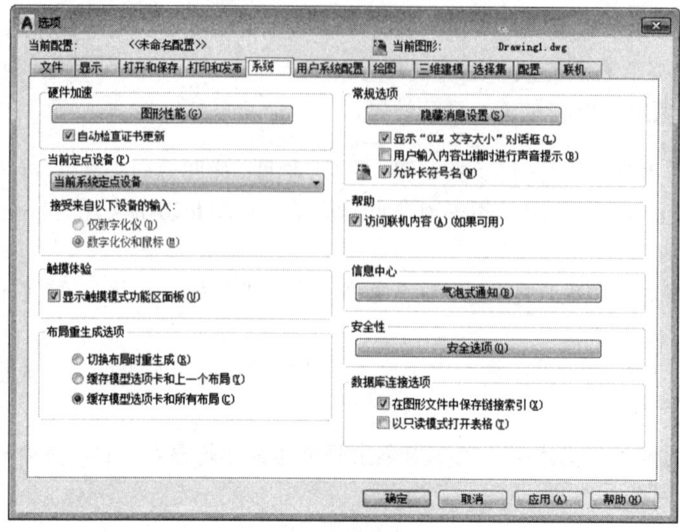

图 2-13 “系统”选项卡

（3）“数据库连接选项”选项组：控制与数据库连接有关的设置。可通过该选项组确定是否在图形中保存链接索引，是否以只读模式打开数据库表格。

（4）“常规选项”选项组：控制与系统设置有关的基本选项。

- “显示‘OLE文字大小’对话框”复选框：确定在AutoCAD图形中插入OLE对象时，是否显示“OLE特性”对话框。
- “用户输入内容出错时进行声音提示”复选框：确定当用户输入错误时AutoCAD是否给出声音提示。
- “允许长符号名”复选框：选中该复选框，AutoCAD命名对象的名称可以使用长达 255 个符号，且这些符号可以是字符、数据、空格以及没有用于Windows和AutoCAD特殊任务的任意符号。这里所指的命名对象包括图层、块、线型、文字样式、标注样式、UCS名称、视图、视口配置等。

3．系统绘图

“选项”对话框中的“绘图”选项卡用来进行自动捕捉、自动追踪功能等设置，如图 2-14 所示。

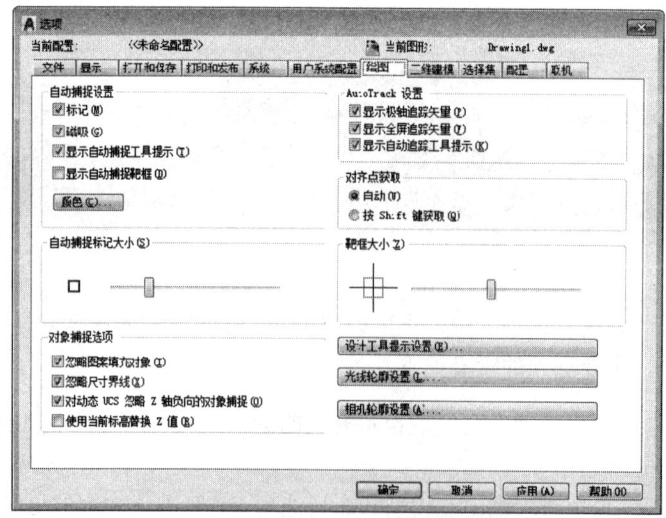

图 2-14 “绘图”选项卡

在“绘图”选项卡中，主要选项的含义如下。

（1）“自动捕捉设置”选项组：控制与自动捕捉有关的一些设置。

- “标记”复选框：当利用对象捕捉功能捕捉点时，确定当光标捕捉到指定点时是否显示出捕捉标记。
- “磁吸”复选框：选中该复选框，当利用对象捕捉功能捕捉点且光标接近捕捉点时，会被自动吸附到该捕捉点位置。
- “显示自动捕捉工具提示”复选框：控制当利用对象捕捉功能捕捉点且捕捉到指定点时，是否出现描述当前捕捉到对象哪一部分的小标签。

（2）“自动捕捉标记大小”滑块：确定自动捕捉时的捕捉标记大小，用户可通过相应的滑块进行调整。

（3）“AutoTrack设置”选项组：控制与极轴追踪有关的设置。

- “显示极轴追踪矢量”复选框：确定当启用极轴追踪功能后，是否沿追踪方向显示出追踪矢量。
- “显示全屏追踪矢量”复选框：控制当启用对象捕捉追踪功能后，是否显示全屏追踪矢量。
- “显示自动追踪工具提示”复选框：控制当捕捉到相应的矢量方向时，是否浮动出描述当前追踪矢量的小标签。

（4）“对齐点获取”选项组：确定启用对象捕捉追踪功能后，AutoCAD是自动进行追踪还是按Shift键后再进行追踪。

（5）“靶框大小”滑块：确定靶框大小，通过移动滑块的方式进行调整。

4. 系统选择集

“选项”对话框中的“选择集”选项卡用来进行选择集模式、夹点功能等设置，如图 2-15 所示。

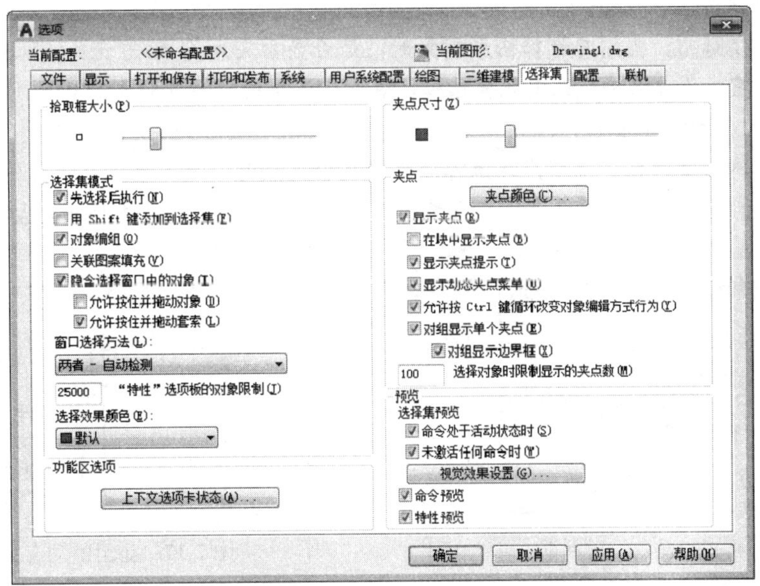

图 2-15 “选择集”选项卡

在“选择集”选项卡中，主要选项的含义如下。

（1）“拾取框大小”滑块：确定拾取框的大小，通过移动滑块的方式调整。

（2）“选择集模式”选项组：确定构成选择集的可用模式。

- “先选择后执行”复选框：选中该复选框可以实现先选择操作的对象，然后通过选择菜单命令、单击工具栏按钮或直接在命令窗口输入命令的方式进行操作。通常把这种操作方式称为主谓操作方式。
- “用Shift键添加到选择集”复选框：选中该复选框，当在“选择对象:”提示下选择一系列对象时，必须先按Shift键，再选择对象，否则最后选择的对象会取代前面选择的对象。
- “对象编组”复选框：选中该复选框，当在“选择对象:”提示下选择已定义的对象组中的某一对象时，属于该组的全部对象都选中；关闭此功能，组中的其他对象则不会被选中。
- “关联图案填充”复选框：确定已填充的图案是否与其边界关联，选中该复选框则可建立关联，否则不会关联。
- “隐含选择窗口中的对象”复选框：选中该复选框，可以用默认窗口方式选择对象，否则不能使用默认窗口功能。
- “允许按住并拖动对象”复选框：选中该复选框，允许以矩形窗口方式选择对象，拾取窗口的第一角点后，不能松开拾取键，当将光标拖动到矩形窗口的另一角点位置后松开拾取键，即可选中位于拾取窗口内的各个对象。
- “窗口的选择方法”下拉列表：更改Pickdrag系统变量的设置，包括“两者－自动检测”“按住并拖动”和“两次单击”3个选项。
- “‘特性’选项卡的对象限制”文本框：确定可以使用“特性”和“快捷特性”选项卡一次更改对象数的限制（PROPOBJLIMIT系统变量），默认值为25000。

(3)“夹点尺寸”滑块：确定夹点的大小，通过相应的滑块调整即可。

(4)“夹点”选项组：确定与采用“夹点”功能进行编辑操作的有关设置。

- “夹点颜色”按钮：单击该按钮将打开“夹点颜色”对话框，从中设置夹点在不同状态下的颜色，如图2-16所示。
- “显示夹点”复选框：当用户选择图形对象时，是否显示夹点符号。
- “在块中显示夹点”复选框：选中此复选框，用户在选择块中的各对象时均显示对象本身的夹点，否则只将插入点作为夹点显示。
- “显示夹点提示”复选框：当用户在选择对象的某个夹点时，是否显示其夹点的提示功能。
- “显示动态夹点菜单”复选框：当用户在选择对象的某个夹点时，是否显示其动态夹点菜单功能，如图2-17所示。

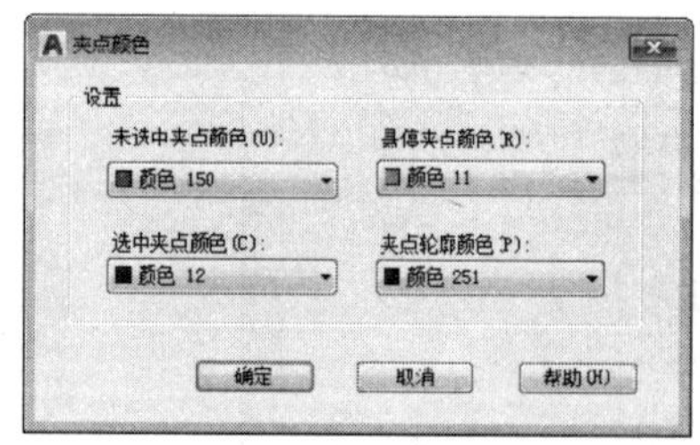

图2-16 “夹点颜色”对话框

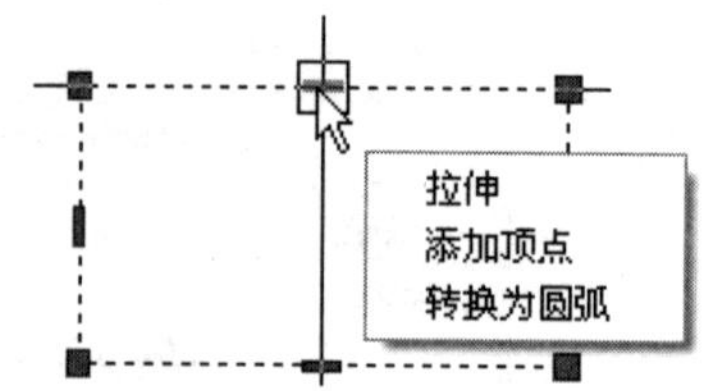

图2-17 显示的动态夹点菜单

- “允许按Ctrl键循环改变对象编辑方式行为”复选框：确定是否可按Ctrl键来改变对象的编辑方式。
- “对组显示单个夹点”复选框：确定是否显示对象组的单个夹点。
- “对组显示边界框”复选框：确定是否围绕编组对象的范围显示边界框。
- “选择对象时限制显示的夹点数”文本框：当选择复杂对象时，确定所显示的最多夹点数量。默认值为100，大于默认值则不显示夹点。

2.3 AutoCAD 精确捕捉与追踪

在实际绘图中，用鼠标定位虽然方便快捷，但精度不高，绘制的图形很不精确，远不能够满足制图的要求，这时可以使用系统提供的绘图辅助功能。

在使用这些辅助绘图功能之前，首先应对其辅助功能进行设置。用户可采用以下方法打开“草图设置”对话框进行设置。

- 状态栏：在状态栏的“辅助工具区”的任意一个按钮位置右击，在弹出的快捷菜单中选择“捕捉设置”命令，如图 2-18 所示。
- 命令行：在命令行中输入“Dsettings”命令（快捷键“SE”)。
- 执行命令后，将打开【草图设置】对话框，如图 2-19 所示。

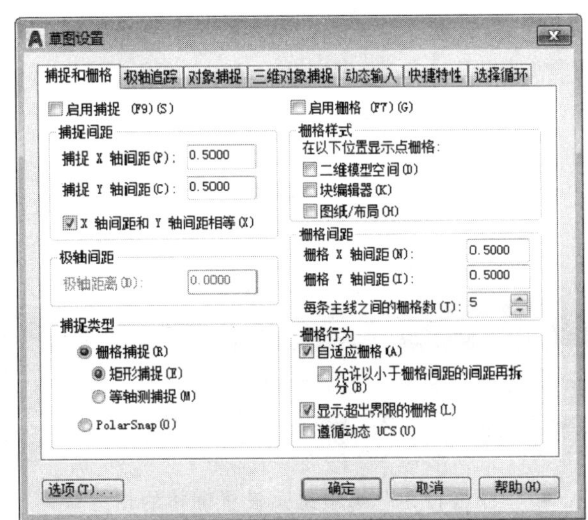

图 2-18　右击选择“捕捉设置”命令

图 2-19　“草图设置”对话框

2.3.1　捕捉与栅格的设置

“捕捉”用于设置鼠标光标移动的间距；“栅格”是一些标定的位置小点，使用它可以提供直观的距离和位置参照。

在“草图设置”对话框的“捕捉和栅格”选项卡中，可以启动或关闭“捕捉”和“栅格”功能，其快捷键分别为F9 和F7，并且可以设置“捕捉”和“栅格”的间距与类型。

在“捕捉和栅格”选项卡中，各个选项的含义如下。

- “启用捕捉”复选框：用于打开或关闭捕捉方式，快捷键为F9。
- “捕捉间距”选项组：用于设置X轴和Y轴的捕捉间距。
- “启用栅格”复选框：用于打开或关闭栅格的显示，快捷键为F7。
- “栅格样式”选项组：用于设置在二维模型空间、块编辑器、图纸/布局位置中显示点栅格，如图 2-20 所示。

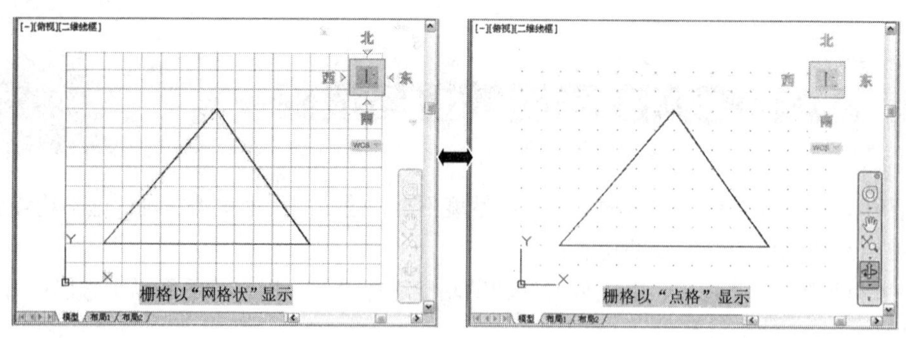

图 2-20　栅格的两种显示样式

- "栅格间距"选项组：用于设置X轴和Y轴的栅格间距以及每条主线之间的栅格数量，如图 2-21 所示。

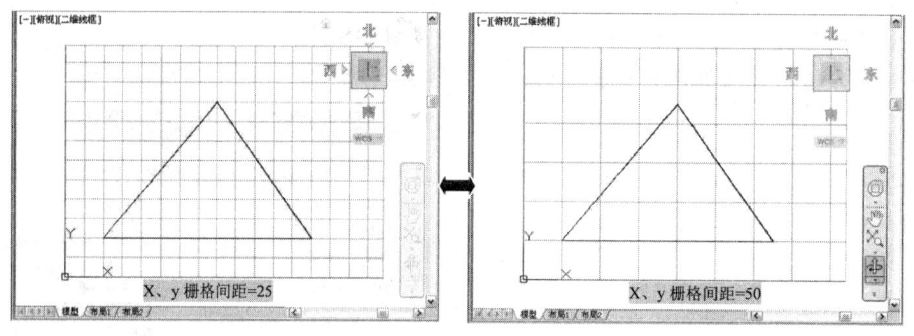

图 2-21　不同栅格间距

提示——栅格的显示

栅格的显示是以当前图形界限区域来显示的。如果用户要将当前设置的栅格满屏显示，那么在命令行中依次输入Z→A即可。

- "栅格行为"选项组：设置栅格的相应规则。
    - "自适应栅格"复选框：用于限制缩放时栅格的密度。缩小时，限制栅格的密度。
    - "允许以小于栅格间距的间距再拆分"复选框：放大时，生成更多间距更小的栅格线。主栅格线的频率确定这些栅格线的频率。只有当选中"自适应栅格"复选框时，此选项才有效。
    - "显示超出界限的栅格"复选框：用于确定是否显示图形界限之外的栅格，如图 2-22 所示。
    - "遵循动态 UCS"复选框：随着动态 UCS 的 XY 平面而改变栅格平面。

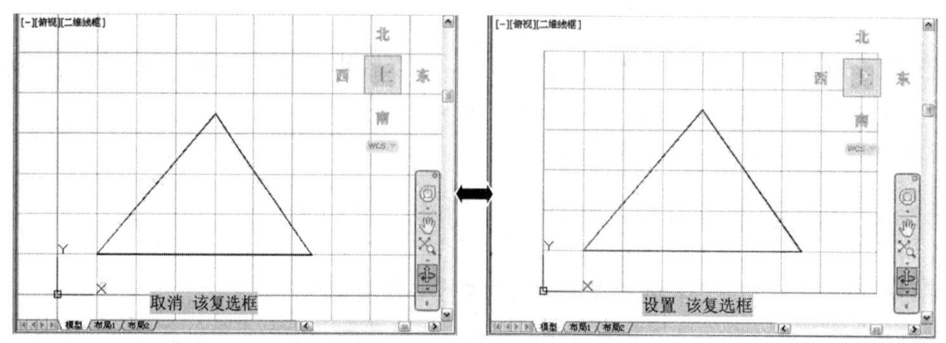

图 2-22　是否显示超出界限的栅格

2.3.2 正交功能

“正交”是指在绘制图形时指定第一个点后，连续光标和起点的直线总是平行于X轴或Y轴。捕捉设置为等轴测模式时，正交还迫使直线平行于三个轴中的一个。

在“正交”模式下，绘图时只能使用光标绘制平行于坐标线的水平直线或垂直直线，此时只要输入直线的长度即可，为绘图带来很多方便。

用户可通过以下方法来打开或关闭“正交”模式。

- 状态栏：单击状态栏中的“正交限制光标”按钮。
- 快捷键：按F8 键。
- 命令行：在命令行中输入或动态输入Ortho命令，然后按Enter键。

2.3.3 对象捕捉

用户可通过以下方法打开或关闭“对象捕捉”模式。

- 状态栏：单击“对象捕捉”按钮。
- 快捷键：按F3 键。
- 组合键：按Ctrl+F组合键。

在“草图设置”对话框中单击“对象捕捉”选项卡，分别选中要设置的捕捉模式，如图 2-23 所示。启用对象捕捉后，将光标放在一个对象上，系统自动捕捉到对象上所有符合条件的几何特征点，并显示出相应的标记。如果光标放在捕捉点达 3 秒以上，那么系统将显示捕捉的提示文字信息，如图 2-24 所示。

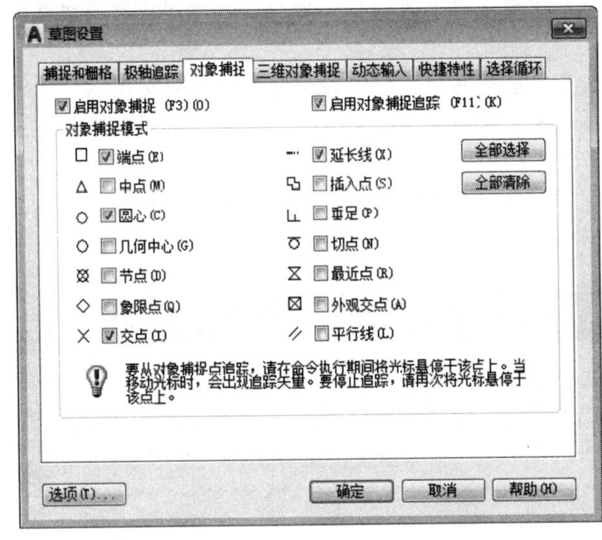

图 2-23 “对象捕捉”设置

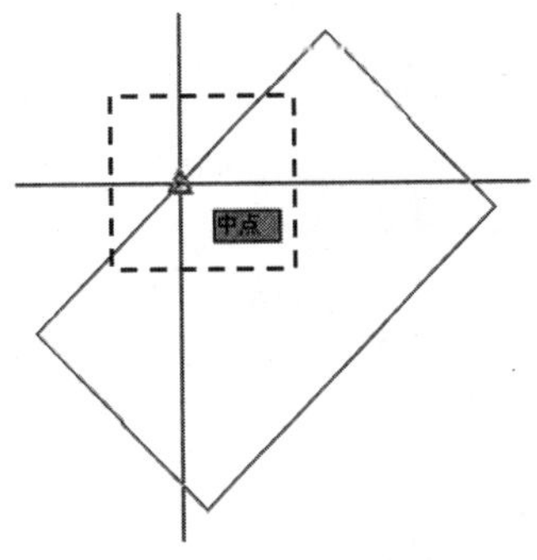

图 2-24 捕捉的提示文字信息

在“对象捕捉”选项卡中，各个选项的含义如下。

- 启用对象捕捉：打开或关闭对象捕捉功能。当对象捕捉打开时，在“对象捕捉模式”区域中选定的对象捕捉模式处于活动状态。

- 启用对象捕捉追踪：打开或关闭对象捕捉追踪。使用对象捕捉追踪，在命令行中指定点时，光标可以沿基于其他对象捕捉点的对齐路径进行追踪。要使用对象捕捉追踪，必须打开一个或多个对象捕捉点。
- 端点：捕捉到圆弧、椭圆弧、直线、多线、多段线线段、样条曲线、面域或射线最近的端点，或者捕捉宽线、实体或三维面域的最近角点。
- 中点：捕捉到圆弧、椭圆、椭圆弧、直线、多线、多线段、面域、实体、样条曲线或参照线的中点。
- 圆心：捕捉到圆弧、圆、椭圆或椭圆弧的圆点。
- 节点：捕捉到点对象、标注定义点或标注文字起点。
- 象限点：捕捉到圆弧、圆、椭圆或椭圆弧的象限点。
- 交点：捕捉到圆弧、圆、椭圆、椭圆弧、直线、多线、多段线、射线、面域、样条曲线或参照线的交点。
- 延长线：当光标经过对象的端点时，显示临时延长线或圆弧，以便用户在延长线或圆弧上指定点。注意在透视视图中进行操作时，不能沿圆弧或椭圆弧的尺寸界线进行追踪。
- 插入点：捕捉到属性、块、形或文字插入点。
- 垂足：捕捉圆弧、圆、椭圆、椭圆弧、直线、多线、多段线、射线、面域、实体、样条曲线或参照线的垂足。当正在绘制的对象需要捕捉多个垂足时，将自动打开“递延垂足”捕捉模式。可以用直线、圆弧、圆、多段线、射线、参照线、多线或三维实体的边作为绘制垂直线的基础对象。可以用“递延垂足”模式在这些对象之间绘制垂直线。当靶框经过“递延垂足”捕捉点时，将显示AutoSnap提示和标记。
- 切点：捕捉到圆弧、圆、椭圆、椭圆弧或样条曲线的切点。当正在绘制的对象需要捕捉多个垂足时，将自动打开“递延垂足”捕捉模式。可以使用“递延切点”模式来绘制与圆弧、多段线圆弧或圆相切的直线或构造线。当靶框经过“递延切点”捕捉时，将显示标记和AutoSnap提示。
- 最近点：捕捉到圆弧、圆、椭圆、椭圆弧、直线、多线、点、多段线、射线、样条曲线或参照线的最近点。
- 外观交点：捕捉到不在同一平面但是可能看起来在当前视图中相交的两个对象的外观交点。
- 平行线：将直线段、多段线线段、射线或构造线限制为其他线性对象平行。指定线性对象的第一点后，需指定平行对象捕捉。与在其他对象捕捉模式中不同，用户可以将光标悬停移至其他线性对象，直到获得角度。然后将光标移回正在创建的对象，如果对象的路径与上一个线性对象平行，就会显示对齐路径，用户可将其用于创建平行对象。

提示——“对象捕捉”与“捕捉”的区别

“对象捕捉”是将光标锁定在已有图形的特殊点上，不是独立的命令，是在执行命令过程中结合使用的模式；而“捕捉”是将光标锁定在可见或不可见的栅格点上，是可以单独执行的命令。

2.3.4 极轴追踪

要设置极轴追踪的角度或方向，在“草图设置”对话框中选择“极轴追踪”选项卡，然后启用极轴追踪并设置极轴的角度即可，如图 2-25 所示。

在“极轴追踪”选项卡中，主要选项的含义如下。

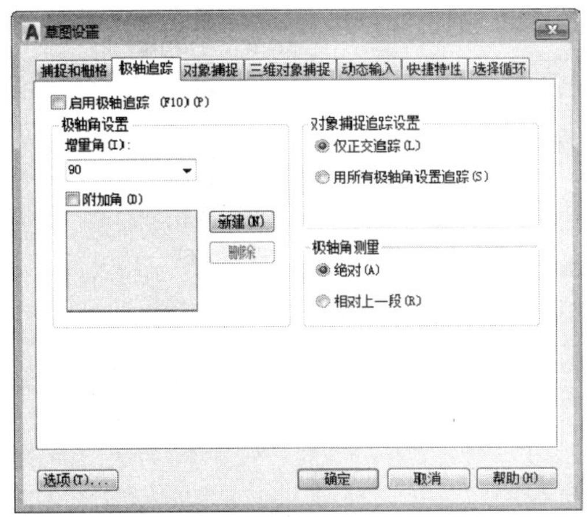

图 2-25 “极轴追踪”选项卡

- “极轴角设置”选项组：用于设置极轴追踪的角度。默认的极轴追踪角度是 90°，用户可以在“增量角”下拉列表中选择角度增加量。若该下拉列表中的角度不能满足用户的要求，则可将下面的“附加角”复选框选中。用户也可以单击“新建”按钮并输入一个新的角度值，将其添加到附加角的列表框中。
- “对象捕捉追踪设置”选项组：若选择“仅正交追踪”单选按钮，则可在启用对象捕捉追踪的同时，显示获取的对象捕捉的正交对象捕捉追踪路径；若选择“用所有极轴角设置追踪”单选按钮，则可以将极轴追踪设置应用到对象捕捉追踪上。
- “极轴角测量”选项组：用于设置极轴追踪对其角度的测量基准。若选择“绝对”单选按钮，则表示当用户坐标UCS和X轴正方向为 0 时计算极轴追踪角；若选择“相对上一段”单选按钮，则可以基于最后绘制的线段确定极轴追踪角度。

使用自动追踪（包括极轴追踪和对象捕捉追踪）时，可以采用以下几种方式。

- 与对象捕捉追踪一起使用“垂足、端点、中点”对象捕捉模式，以绘制垂直于对象端点或中点的点。
- 与临时追踪点一起使用对象捕捉追踪。在提示输入点时，输入tt，然后指定一个临时追踪点。该点上将出现一个小加号“+”，如图 2-26 所示。移动光标时，将相对于这个临时点显示自动追踪对齐路径。

图 2-26 临时追踪点效果

- 获取对象捕捉点之后，使用直接距离沿对齐路径（始于已获取的对象捕捉点）在精确距离处指定点。要指定点提示，可以选择对象捕捉点，移动光标以显示对齐路径，然后在命令提示下输入距离值，如图 2-27 所示。
- 在“选项”对话框的“绘图”选项卡中设置“自动”或“按Shift键获取”单选按钮，管理点的获取方式，如图 2-28 所示。点的获取方式默认设置为“自动”。当光标距离要获取的点非常近时，按Shift键将临时不获取点。

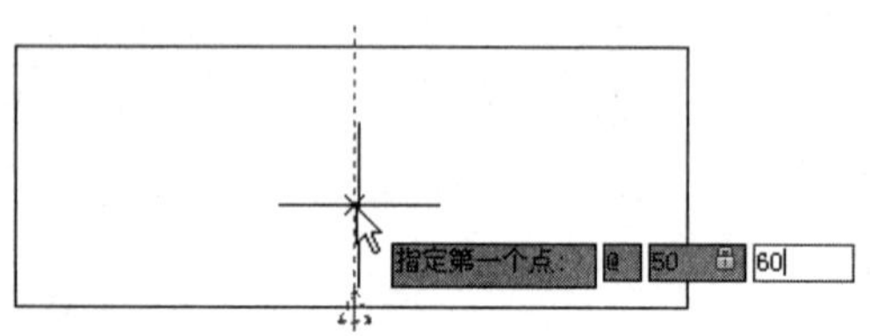

图 2-27　输入距离值效果

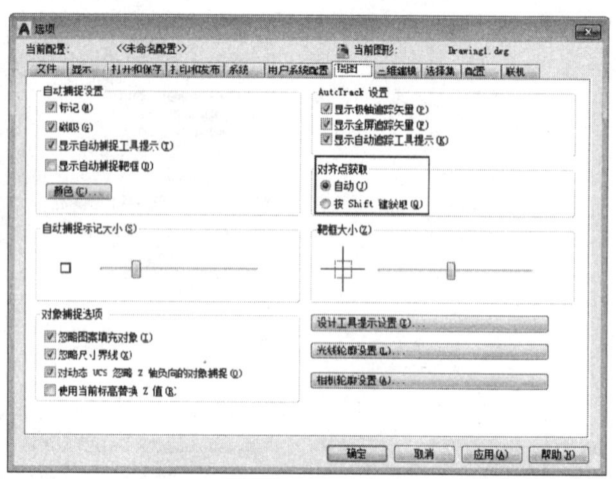

图 2-28　设置自动方式

2.3.5　动态输入

在AutoCAD 2018 中，使用动态输入功能可以在指针位置处显示标注输入和命令提示等信息，从而方便绘图。

在状态栏上单击按钮打开或关闭“动态输入”功能，若按F12 键，则可以临时将其关闭。当用户启动“动态输入”功能后，其工具栏提示将在光标附近显示信息，该信息会随着光标的移动而动态更新，如图 2-29 所示。

在输入字段中输入值并按Tab键后，该字段将显示一个锁定图标，并且光标会受用户输入值的约束，随后可以在第二个输入字段中输入值，如图 2-30 所示。另外，如果用户输入值后按Enter键，那么第二个字段被忽略，且该值将被视为直接距离输入。

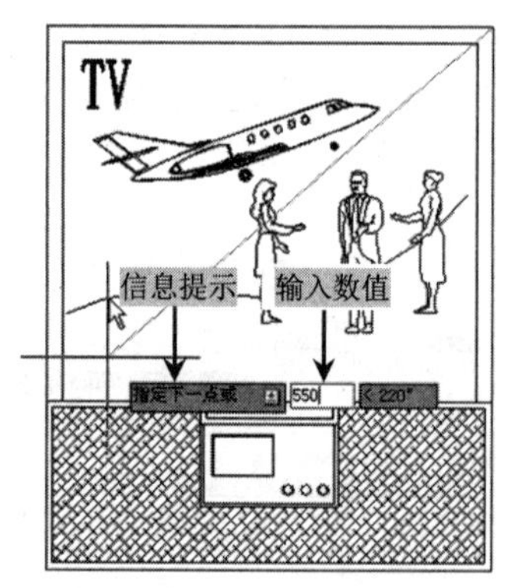

图 2-29　动态输入

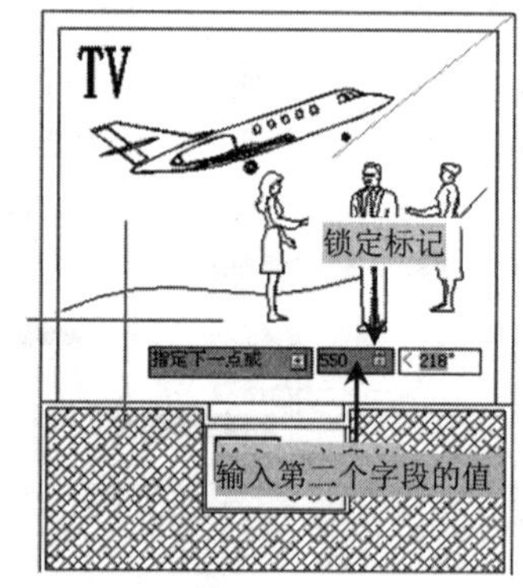

图 2-30　锁定标记

在状态栏的“动态输入”按钮上右击，从弹出的快捷菜单中选择“设置”命令，将打开“草图设置”对话框的“动态输入”选项卡。当选中“启动指针输入”复选框且有命令在执行时，十字光标的位置将在光标附近的工具栏提示中显示为坐标。

在“指针输入”和“标注输入”栏中分别单击“设置”按钮，将弹出“指针输入设置”和“标注输入的设置”对话框，可以设置坐标的默认格式，以及控制指针输入工具栏提示的可见性等，如图 2-31 所示。

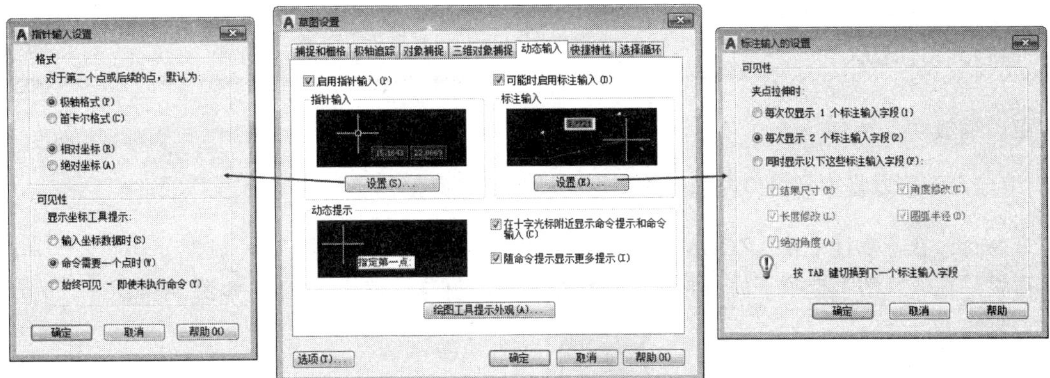

图 2-31 “动态输入”选项卡

2.4 AutoCAD 的视图操作

在AutoCAD的模型空间中，图形是按建筑物的实际尺寸绘制出来的，必然在屏幕内无法显示整个图形，这时就需要用到视图缩放、平移等控制视图显示的操作工具，以便能够快速地显示并绘制图形。

缩放命令可以改变图形在视图中显示的大小，从而更清楚地观察当前视窗中太大或太小的图形。在命令行中执行ZOOM命令后（快捷键为Z），将显示相关的命令行提示，如图 2-32 所示。

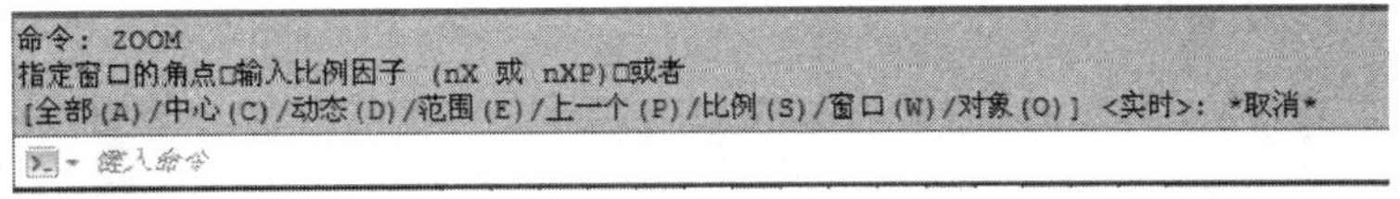

图 2-32 命令行的提示信息

在“视图”选项卡下的“导航”面板中单击“范围”按钮，在出现的下拉列表中选择需要的缩放命令，如图 2-33 所示。

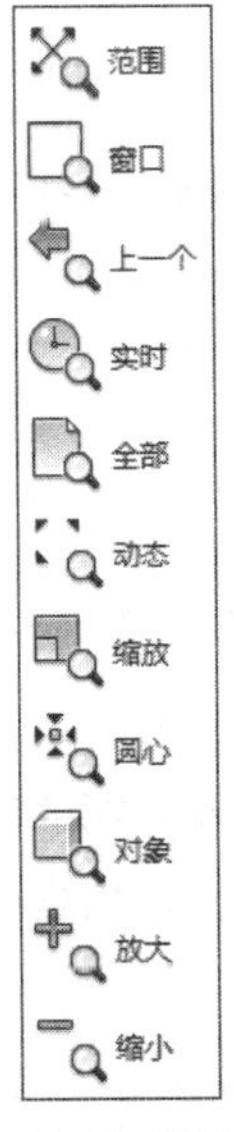

图 2-33 各种“缩放”按钮

2.4.1 视图缩放

1. 窗口缩放

窗口缩放命令可以将矩形窗口内选择的图形充满当前视窗。

- 命令行：在命令行中输入ZOOM命令，再选择“窗口（W）”选项。
- 面板：在“视图”选项卡的“导航”面板中单击“窗口”按钮 窗口，如图 2-34 所示。

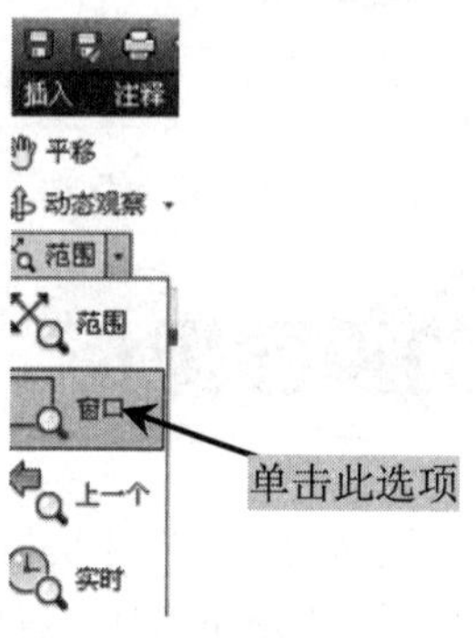

图 2-34　单击“窗口”按钮

执行完上述命令后，用光标确定窗口对角点，这两个角点确定了一个矩形框窗口，系统将矩形框窗口内的图形放大至整个屏幕，如图 2-35 所示。

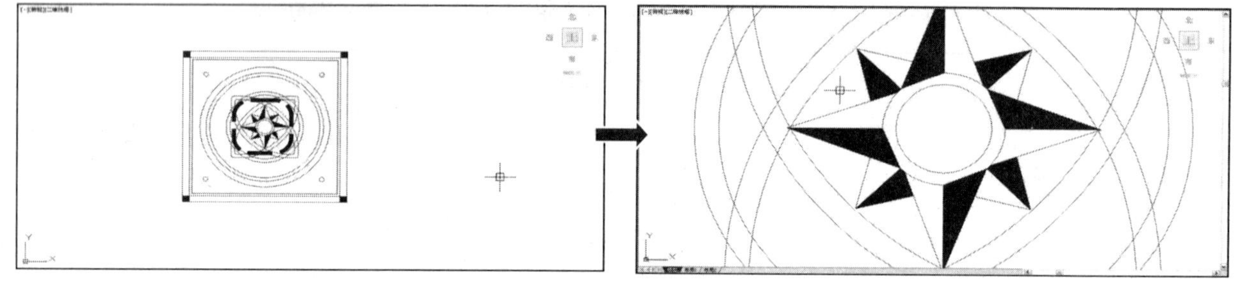

图 2-35　窗口缩放

2. 动态缩放

动态缩放命令表示以动态方式缩放视图。

- 命令行：在命令行中输入ZOOM命令，再选择“动态（D）”选项。
- 面板：在“视图”选项卡的“导航”面板中单击“动态”按钮 动态。

使用动态缩放视图时，屏幕上将出现三个视图框，如图 2-36 所示。视图框 1 表示之前的视图区域；视图框 2 表示图形能达到的最大视图区域，显示当前视图的范围；视图框 3 是正在设置的区域。

拖动视图框 3 到适当位置后，单击交叉符号，出现一个箭头，可以用来调整视图的大小，如图 2-37 所示。

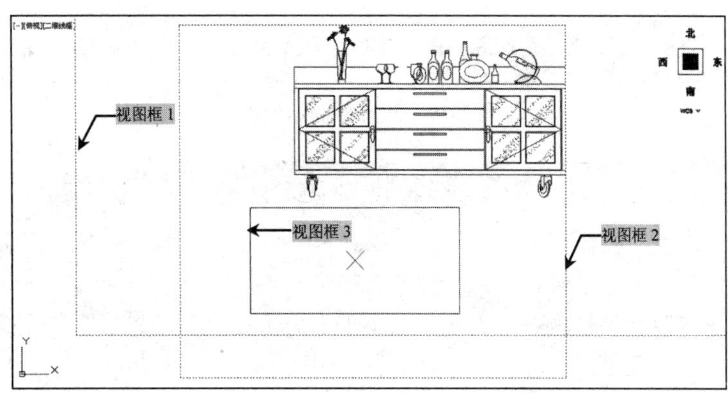

图 2-36　动态缩放显示的视图框

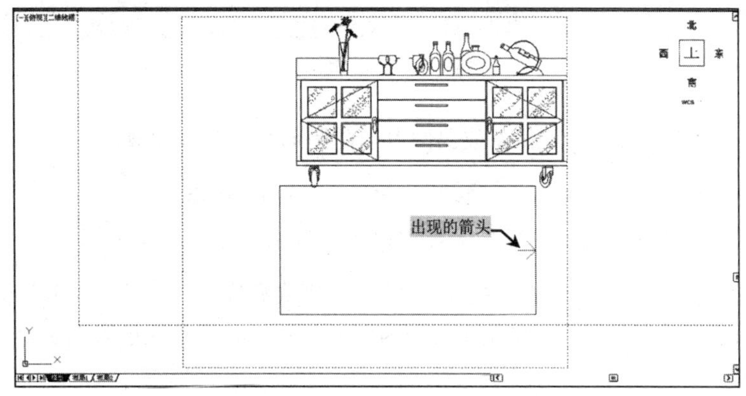

图 2-37　动态缩放

适当调整后，使其框住需要缩放的图形区域，然后右击或按Enter键完成缩放，这时需要缩放的图形将最大化显示在绘图窗口中，如图 2-38 所示。

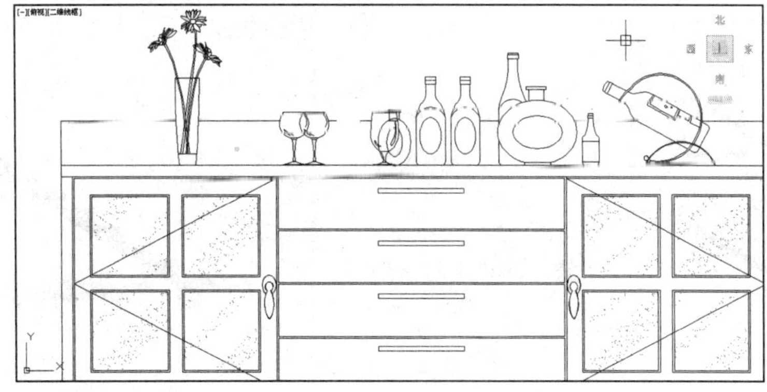
图 2-38　最大化显示

3. 比例缩放

比例缩放表示按指定的比例对当前图形对象进行缩放。

- 命令行：在命令行中输入ZOOM命令，再选择“比例（S）”选项。
- 面板：在【视图】选项卡的“导航”面板中单击“比例”按钮 比例。

执行命令后，命令行的提示如图 2-39 所示，在该提示下输入缩放的比例因子即可。

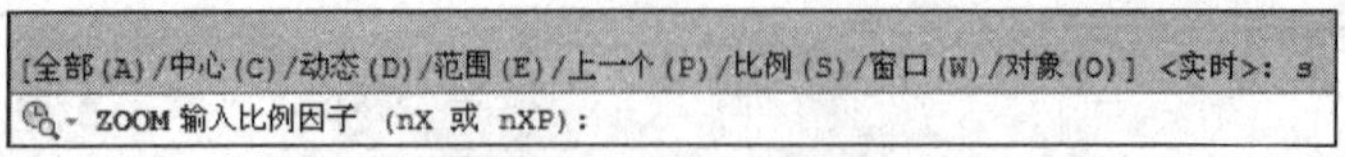

[全部(A)/中心(C)/动态(D)/范围(E)/上一个(P)/比例(S)/窗口(W)/对象(O)] <实时>: s
ZOOM 输入比例因子 (nX 或 nXP):

图 2-39　状态栏提示效果

提示——输入缩放比例因子的三种方式

- 相对于原始图形缩放（也称为绝对缩放）直接输入一个大于 1 或小于 1 的正数值，将图形以n倍于原始图形的尺寸显示。
- 相对于当前视图缩放直接输入一个大于 1 或小于 1 的正数值，但是在数字后面加上X，将图形以n倍于当前图形的尺寸显示。
- 相对于图纸空间缩放直接输入一个大于或小于 1 的正数值，但是在数字后面加上XP，将图形以n倍于当前图纸空间的尺寸单位显示。

4. 中心缩放

中心缩放命令表示按指定的中心点和缩放比例对当前图形对象进行缩放。

- 命令行：在命令行输入ZOOM命令，再选择“中心（C）”选项。
- 面板：在“视图”选项卡的“导航”面板中单击“居中”按钮 居中。

执行上述操作并指定中心点后，命令行提示：“输入比例或高度：”，此时输入缩放倍数或新视图的高度。若在输入的数值后面加一个字母（X），则此输入值为缩放倍数；若在输入的数值后面未加（X），则此输入值将作为新视图的高度。

例如，在命令行输入Z命令，在提示信息下选择“中心（C）”选项，然后在视图中确定一个位置点并输入 5，则视图将以指定点为中心进行缩放，如图 2-40 所示。

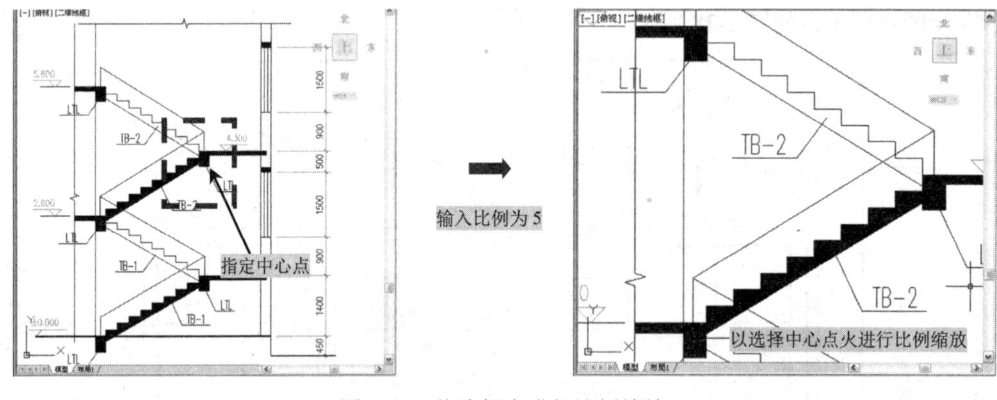

图 2-40　从选择点进行比例缩放

5. 对象缩放

缩放对象命令可将所选对象最大化显示在绘图窗口中。

- 命令行：在命令行中输入ZOOM命令，再选择“对象（O）”选项。
- 面板：在“视图”选项卡的“导航”面板中单击“对象”按钮 对象。

执行对象缩放命令后，在命令行中将提示“选择对象：”，此时用户选择需要缩放的对象，然后按Enter键确定，从而将选择的对象以最大范围显示在视图中。

6. 全部缩放

全部缩放表示在当前视口显示整个图形。其大小取决于图限设置或有效绘图区域，这是因为用户可能没有设置图限或有些图形超出了绘图区域，此时AutoCAD系统要重新生成全部图形。

- 命令行：在命令行中输入ZOOM命令，再选择“全部（A）”选项。
- 面板：在“视图”选项卡的“导航”面板中单击“全部”按钮全部。

7. 范围缩放

范围缩放表示将全部图形对象最大限度地显示在屏幕上。

- 命令行：在命令行输入ZOOM命令，再选择“范围（E）”选项。
- 面板：在“视图”选项卡的“导航”面板中单击“范围”按钮范围。

2.4.2 视图平移

平移命令可以对图形进行平移操作，以便查看图形的不同部分。但该命令并不真正移动图形中的对象，即不真正改变图形，而是通过移动窗口使图形的特定部分位于当前视图窗口中。

用户可以根据需要在绘图区域随意移动视图，可以通过以下几种方式来执行“平移”命令。

- 面板：在“视图”选项卡的“导航”面板中单击“平移”按钮平移，如图 2-41 所示。
- 命令行：在命令中输入PAN命令或者P快捷命令，并按住鼠标左键进行拖动。
- 快捷菜单：在绘图区右击，在弹出的快捷菜单中选中“平移”命令。

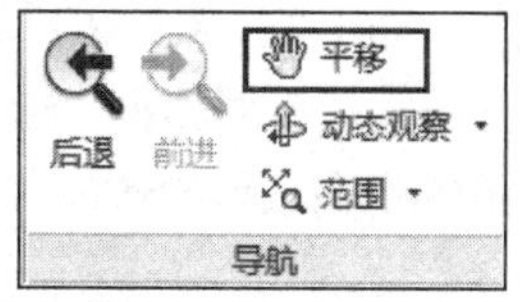

图 2-41　平移命令

调用实时平移命令后，屏幕上出现手形光标，此时可以通过拖动鼠标来实现图形的上、下、左、右移动，即实时平移。按Esc键或Enter键退出命令。例如，打开“案例\02\别墅正立面图.dwg”文件，然后执行“实时平移”命令，即可对图形进行平移操作，如图 2-42 所示。

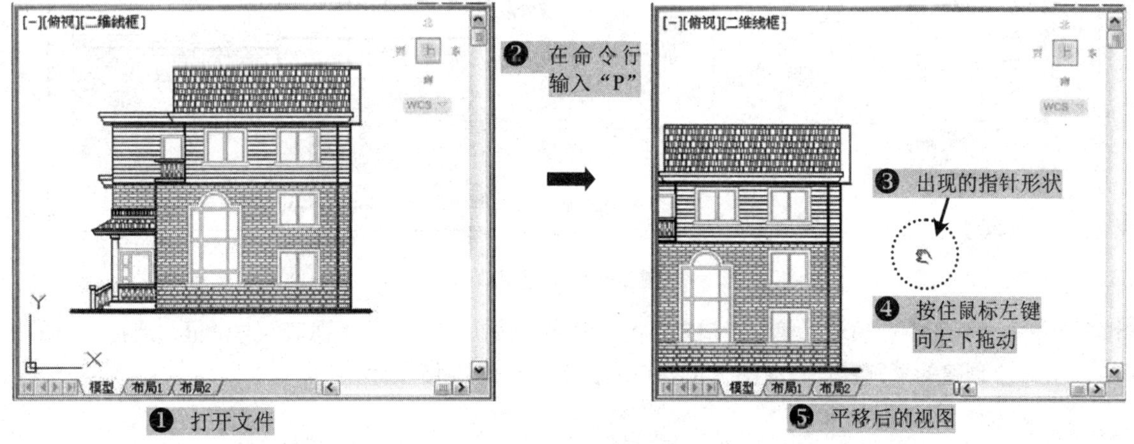

图 2-42　平移的视图

在实时平移过程中右击会弹出一个快捷菜单，可供用户选择其他缩放操作，如图 2-43 所示。

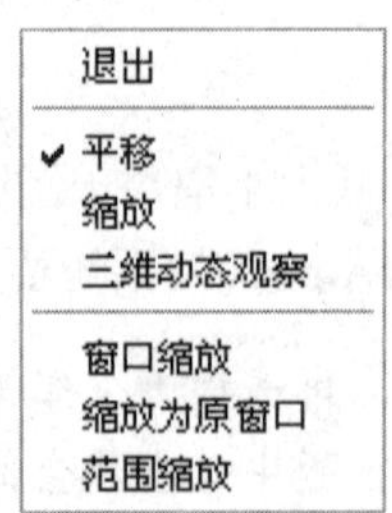

图 2-43　平移与缩放切换

2.4.3　命名视图

命名视图是指某一视图的状态以某种名称保存起来，然后在需要时将其恢复为当前显示，以提高绘图效率。

在AutoCAD环境中，可以通过命名视图将视图的区域、缩放比例、透视设置等信息保存起来。若要命名视图，则可按如下操作步骤进行：

步骤 1　在AutoCAD环境中，按Ctrl+O组合键，打开“案例\02\别墅正立面图.dwg”文件，如图 2-44 所示。

图 2-44　打开的文件

步骤 2　单击“视图”选项卡“模型视口”中的“命名”按钮，打开“视口”对话框，选择“新建视口”选项卡，按照如图 2-45 所示的步骤进行操作。

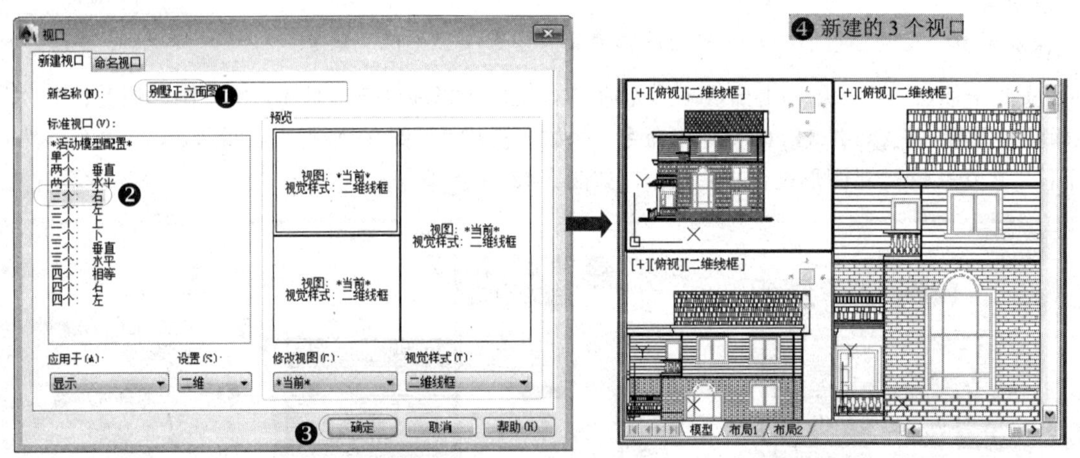

图 2-45　新建视口

步骤 3　再次单击“视图”选项卡“模型视口”中的“命名”按钮，打开“视口”对话框，选择“命名视口”选项卡，上一步创建的“别墅正立面图”出现在列表中，如图 2-46 所示。

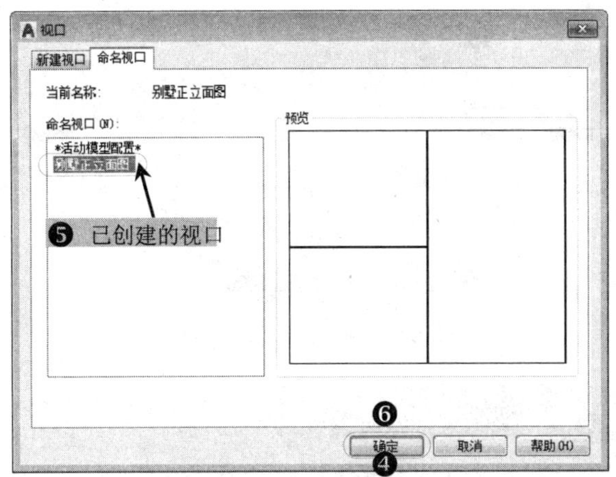

图 2-46　已命名视口

2.4.4　设置弧形对象的显示分辨率

图形对象的显示分辨率将直接影响图形的观察效果，如圆或弧形对象会出现圆不圆、变成不规则圆形的现象。

方法 1：使用OP命令，在打开的“选项”对话框中选择“显示”选项卡，在“显示精度”选项组的“圆弧和圆的平滑度”文本框中输入平滑度值，如图 2-47 所示。

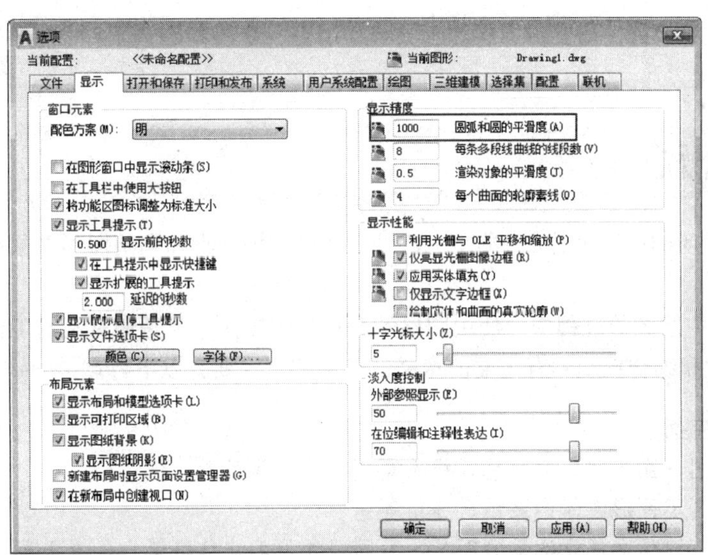

图 2-47　输入平滑度值

方法 2：在“视图”选项卡下的“视觉样式”面板中单击视觉样式 ▾，在出现的下拉选项中，在【圆弧/圆平滑化】◯文本框内输入新的平滑度。

平滑度用于控制圆、圆弧、椭圆、椭圆弧的平滑程度，其有效范围为 1~20000，默认值为 100。当然，平滑值越大，所显示图形对象就越光滑，对比如图 2-48 所示。

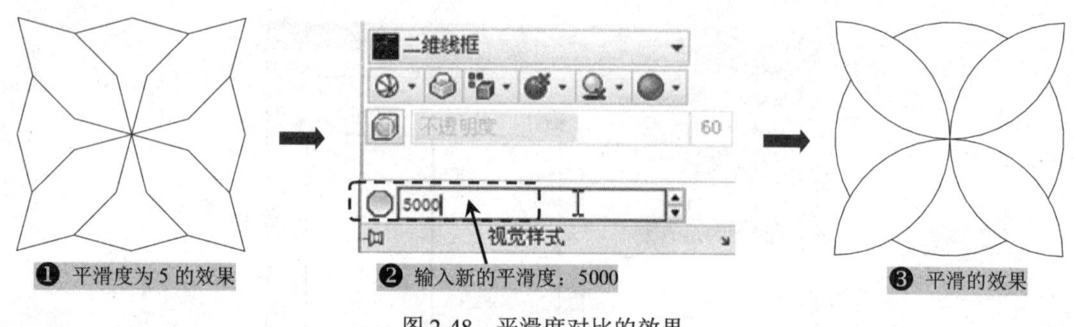

图 2-48　平滑度对比的效果

提示——图形的重生成

“显示精度”参数用于设置着色对象的平滑度，这些设置会影响AutoCAD系统的刷新时间与速度，从而影响用户操作程序时的流畅性，显示精度越高，在实现重新生成、显示缩放、显示移动时用的时间就越长。

使用“重生成（Regen）”命令在当前视口中重生成整个图形并重新计算所有对象的屏幕坐标。当下次打开该图形时，需要再次进行生成操作。

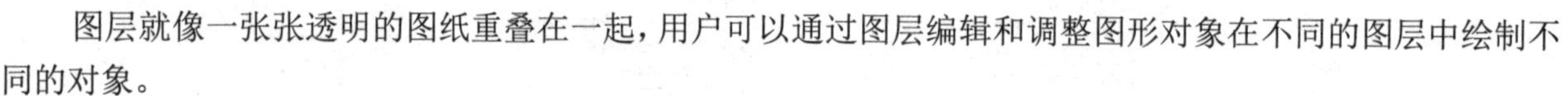

2.5 图层的设置与控制

在学习绘制图形之前，首先需要对图层的含义与作用有一个清楚的认识，才能很好地利用图层功能对图形进行管理。

2.5.1 图层的概念

图层就像一张张透明的图纸重叠在一起，用户可以通过图层编辑和调整图形对象在不同的图层中绘制不同的对象。

在AutoCAD 2018 中绘图的过程中，使用图层是最基本的操作，也是最有利的工作之一，它对图形文件中各类实体的分类管理和综合控制具有重要的意义。归纳起来主要有以下特点：

- 大大节省存储空间。
- 能够统一控制同一图层对象的颜色、线条宽度、线型等属性。
- 能够统一控制同类图形实体的显示、冻结等特性。
- 在同一图形中可以建立任意数量的图层，且同一图层的实体数量也没有限制。
- 各个图层具有相同的性质、绘图界限及显示时的缩放倍数，可同时对不同图层上的对象进行编辑操作。

提示——0 图层的特点

每个图形都包括名称为 0 的图层，该图层不能删除或重命名。它有两个用途：一是确保每个图形中至少包括一个图层；二是提供与块中的控制颜色相关的特殊图层。但是可以设定该图层的相关属性，如颜色、线型等。

2.5.2 图层分类的原则

在AutoCAD中绘图时，对图层的分类应遵循以下原则。

（1）0 层的使用

许多用户刚开始学习绘图时，习惯在 0 层上画图，因为 0 层是默认层，白色是 0 层的默认色，因此有时候显示屏上看上去白花花一片，这样做绝对不可取。

0 层上是不可以用来画图的，那么 0 层是用来做什么的呢？是用来定义块的。定义块时，先将所有图元均设置为 0 层（特殊时除外），再定义块，这样在插入块时，插入时是哪个层，块就是哪个层。

（2）在够用的基础上越少越好

无论是什么专业、什么阶段的图纸，图纸上所有图元均可以用一定的规律来组织整理。比如建筑专业的图纸，就平面图而言，大概可以分为轴线、柱、墙、门窗、家具、尺寸标注、文字标注等。也就是说，建筑专业的平面图就按照轴线、柱、墙、门窗、家具、尺寸标注、文字标注等来定义图层，然后在绘制图形的过程中在相应的图层绘制图形。

只要图纸中所有图元都能有适当的归类办法，那么图层设置的基础就搭建好了。但是，图元分类是不是越细越好呢？不对。比如建筑平面图上有门和窗，还有很多台阶、楼梯等看线，是不是就分成门层、窗层、台阶层、楼梯层呢？不对。图层太多会给接下来的绘制过程造成不便。就像门、窗、台阶、楼梯，虽然不是同一类东西，但又都属于看线，所以可以用同一个图层来管理。

因此，图层设置的第一原则是在够用的基础上越少越好。有两层含义：第一，够用；第二，精简。每个专业的情况不一样，大家可以自己琢磨怎么样是相对合理的。

（3）图层颜色的定义

可以对图层的很多属性进行设置，除了图名外，还有颜色、线形、线宽等。我们在设置图层时，就要定义好相应的颜色、线形、线宽。现在很多人在定义图层的颜色时，都是根据自己的爱好，喜欢什么颜色就用什么颜色，这样做并不合理。定义图层的颜色要注意两点，第一点是不同的图层一般要用不同的颜色。这样做在画图时才能够在颜色上就能够很明显地进行区分。如果两个图层是同一个颜色，那么在显示时就很难判断正在操作的图元是在哪一个层上。第二点是颜色的选择应该根据打印时线宽的粗细来选择。打印时，线形设置越宽，该图层就应该选用越亮的颜色；反之，如果打印时该线的宽度仅为 0.09mm，那么该图层就应该选用 8 号或类似的颜色。为什么要这样？这样在屏幕上就可以直观地反映出线形的粗细。例如，柱子层（ZU）和墙层（WA）打印出来是最粗的，所以一个用黄色，一个用青色，这两个颜色在Auto CAD中是比较亮的。填充层（h）和家具层（fur）在打印时线宽定义为 0.13mm，在选择颜色时用较暗的 8 号和 83 号色。这样做的好处大家可以在使用中慢慢体会。

另外，白色是属于 0 层和DEFPOINTS层的，我们不要让其他层使用白色。

（4）线型和线宽的设置

在设置图层的线形前，先介绍一下LTSCALE命令。一般来说，LTSCALE的值均应设置为 1，这样在进行图纸交流时才不会乱套。默认的线形有三种，一是Continous连续线，二是ACAD_IS002W100 点划线，三是ACAD_IS004W100 虚线。像以前的 2014 版AutoCAD中用到的hidden、dot等不建议大家使用。

线宽的设置也有讲究。一张图纸是否好看、清晰，其中重要的因素之一就是是否层次分明。一张图里有 0.13 的细线、0.25 的中等宽度线、0.35 的粗线，这样就丰富了。打印出来的图纸，一眼看上去就能够根据线的粗细来区分不同类型的图元，什么地方是墙、什么地方是门窗、什么地方是标注。

因此，在设置线宽时，一定要明确粗细。如果一张图全是一种线宽还能够用马马虎虎看得过去来形容，那么门窗线比墙线还粗就可以说是错误了。

另外要注意一点。现在打印图有两种规格，一种是按照比例打印，这时线宽可以用 0.13.25.4 这种粗细规格；另一种是不按照比例打印A3 规格，这时线宽设置要比按比例的小一号（0.09.15.3），这样才能使小图看上去清晰分明。

另外，在画图时也有一点要注意，就是所有图元的各种属性都尽量跟层走。不要这根线是WA层的，颜色却是黄色，线型又变成了点划线。尽量保持图元的属性和图层一致，也就是说图元属性尽可能都是Bylayer。这样，有助于使绘制的图形图面清晰，并且提高准确率和效率。

2.5.3 创建图层

默认情况下，图层 0 将被指定使用 7 号颜色（白色或黑色，由背景色决定）、Continuous线型、默认线宽及Normal打印样式。在绘图过程中，如果要使用更多图层来组织图形，就需要先创建新的图层。

用户可以通过以下方法来打开“图层特性管理器”面板，如图 2-49 所示。

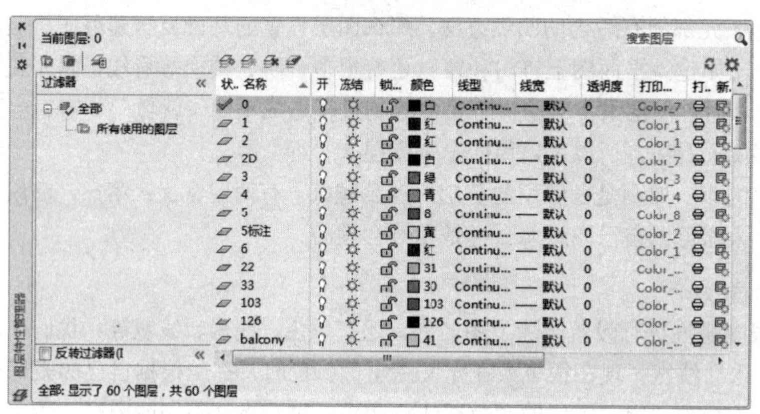

图 2-49　“图层特性管理器”面板

- 菜单栏：选择“格式 | 图层”菜单命令。
- 命令行：在命令行输入或动态输入“Layer”命令（快捷键“LA”）。
- 面板：单击“默认”选项卡→“图层”面板→“图层特性”按钮。

在“图层特性管理器”面板中单击“新建图层”按钮，在图层列表中将出现一个名称为“图层 1”的新图层。默认情况下，新建图层与当前图层的状态、颜色、线性及线宽等设置相同。如果要更改图层名称，那么可单击该图层名或者按F2 键，然后输入一个新的图层名并按Enter键。

提示——图层命名的约定

要快速创建多个图层，可以选择用于编辑的图层名，并用逗号隔开，输入多个图层名。在输入图层名时，图层名最长可达 255 个字符，可以是数字、字母或其他字符，但不允许有>、<、｜、\、“”、:、、|、= 等，否则系统将弹出如图 2-50 所示的警告框。

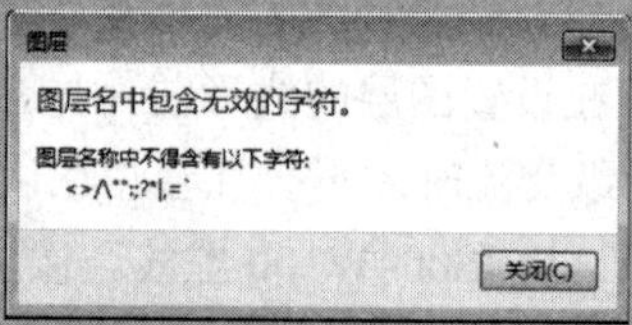

图层
图层名中包含无效的字符。
图层名称中不得含有以下字符:
关闭(C)

图 2-50　警告框

2.5.4 删除图层

用户在绘制图形的过程中，如果发现有一些没有使用的多余图层，那么可以通过“图层特性管理器”面板来删除图层。

要删除图层，在“图层特性管理器”面板中选择需要删除的图层，然后单击“删除图层”按钮或按Alt+D组合键即可。如果要同时删除多个图层，那么可以配合Ctrl键或Shift键来选择多个连续或不连续的图层。

在删除图层的时候，只能删除未参照的图层。参照图层包括“图层 0”及Defpoints、包含对象（包括块定义中的对象）的图层、当前图层和依赖外部参照的图层。不包含对象（包括块定义中的对象）的图层、非当前图层和不依赖外部参照的图层都可以用“清理”命令（Purge）进行删除。

提示——顽固图层的删除

用户有时在删除图层时，系统会提示该图层不能删除，这时可以使用以下几种方法进行删除操作：

（1）将无用的图层关闭，选择全部内容，按Ctrl+C组合键执行复制命令，然后新键一个.dwg文件，按Ctrl+V组合键进行粘贴，这时那些无用的图层就不会粘贴过来。但是，如果曾经在不要的图层中定义过块，又在另一个图层中插入了这个块，那么这个不要的图层是不能用这种方法删除的。

（2）选择需要留下的图层，执行“文件\输出”菜单命令，确定文件名，在文件类型栏选择“块.dwg”选项，然后单击“保存”按钮，这样块文件就是选中部分的图形了，如果这些图形中没有指定的层，那么这些层也不会被保存在新的块图形中。

（3）打开一个CAD文件，先关闭要删除的层，在图面上只留用户需要的可见图形，选择“文件\另存为”菜单命令，确定文件名，在文件类型栏选择“*.dxf”选项，在弹出的对话框中选择“工具\选项\DXF”选项，再在选项对象处打勾，然后依次单击“确定”和“保存”按钮，此时可以选择保存的对象，将可见或要用的图形选上就可以确定保存了，完成后退出这个刚保存的文件，再打开该文件查看，会发现不需要的图层已经删除了。

（4）用命令Laytrans将需要删除的图层映射为“0”图层即可，这个方法可以删除具有实体对象或被其他块嵌套定义的图层。

2.5.5 设置当前图层

在AutoCAD中绘制的图形对象都是在当前图层中进行的，且所绘制图形对象的属性也将继承当前图层的属性。

- 在“图层特性管理器”面板中选择一个图层，并单击“置为当前”按钮，即可将该图层置为当前图层，并在图层名称前面显示标记，如图 2-51 所示。
- 在“图层”面板的“图层控制”下拉列表中选择需要设置为当前的图层即可，如图 2-52 所示。
- 在“图层”面板中单击“置为当前”按钮，然后选择指定的对象，即可将选择的图形对象置为当前图层，如图 2-53 所示。

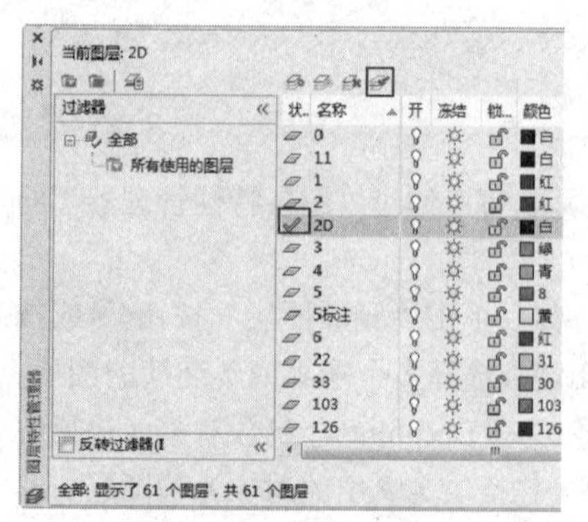

图 2-51 设置“当前图层”

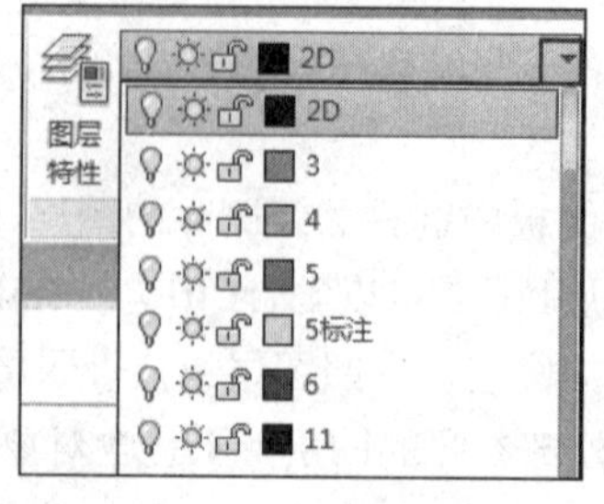

图 2-52 选择图层

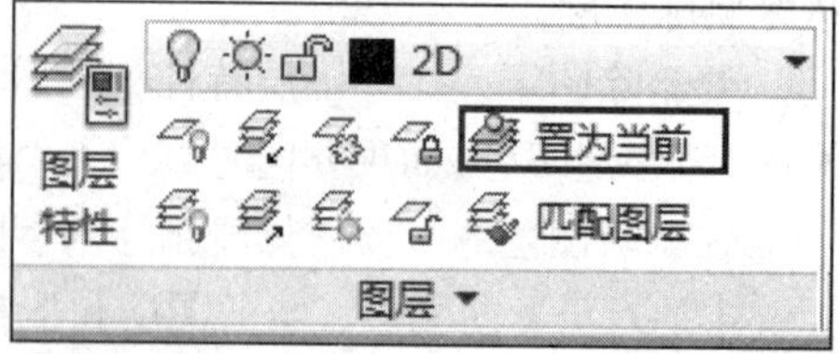

图 2-53 “图层”面板

提示——使用Laymcur转换当前层

在命令行中使用Laymcur命令，根据命令行的提示选择需要置为当前图层的图形对象。

例如，当前图层为“轴线”，执行该命令后，选择“墙体”图层上任何一个对象，即可快速将“墙体”图层置为当前层。

- 在命令行中输入CLayer命令，根据命令行的提示输入新的图层名称，即可快速切换到该图层。例如，当前图层为“尺寸线层”，执行该命令，输入需要切换的图层名称“虚线层”，即可快速将当前图层切换为“虚线层”，如图 2-54 所示。

```
命令: CLAYER                                  \\ 执行命令
输入 CLAYER 的新值 <"尺寸线层">: 虚线层          \\ 输入新的图层名“虚线层”
```

图 2-54 命令行提示

提示——图层的快速切换

使用CLayer命令切换图层的方法，一般使用在绘制的图形较大且图形对象较多，即使在图层下拉列表中也难以快速找到该图层时。这就要求读者在绘制图形前、建立图层的过程中养成好习惯，对图层取简单易记的名称，从而快速切换到该图层。

2.5.6 转换图层

对象的转换图层是指将一个图层中的图形转换到另一个图层中。例如：将图层 1 中的图形转换到图层 2 中，被转换后的图形颜色、线型、线宽将拥有图层 2 的特性。

转换图层时，需要先在绘图区选择需要转换的图形，然后单击“图层”面板中的“图层”下拉列表，如图 2-55 所示，在其中选择要转换到的图层即可。

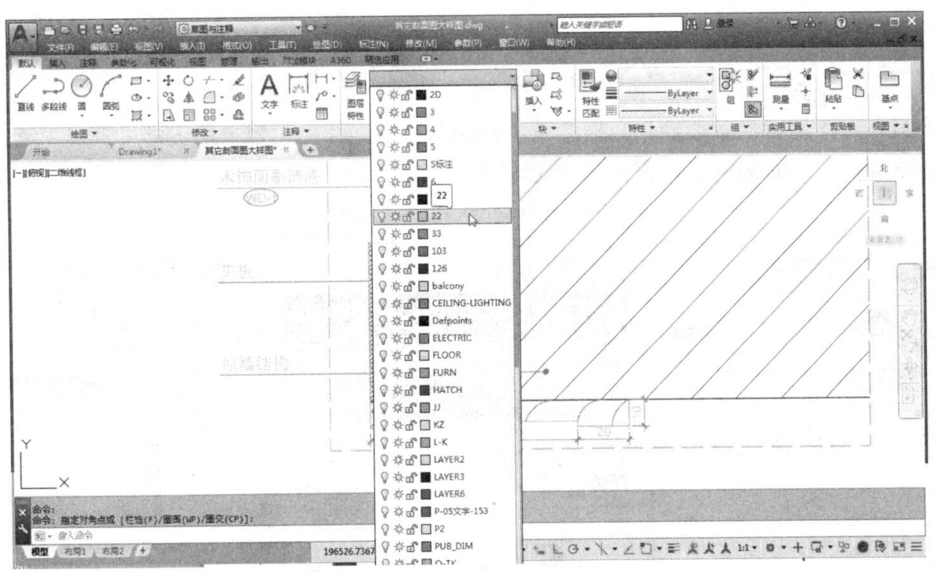

图 2-55　转换图层

提示——图形的快速选择

在选择对象时，如果需要选择同一图层上的所有对象，那么可使用“Select”命令，或者在绘图区域右击，在弹出的快捷菜单中选择“快速选择”命令，如图 2-56 所示。弹出“快速选择”对话框，如图 2-57 所示，然后根据不同的要求设置不同的参数，即可快速选择同一图层、同一颜色、同一线型等对象，从而大大提高工作效率。

图 2-56　右击打开的快捷菜单

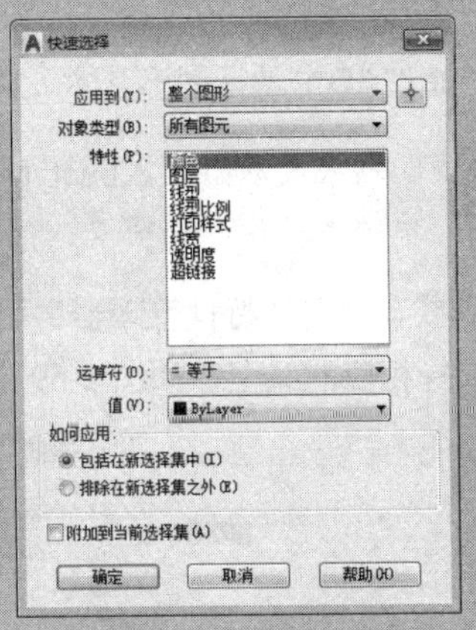

图 2-57　“快速选择”对话框

2.5.7　设置图层特性

1. 设置颜色

颜色在图形中具有非常重要的作用，可用来表示不同的组件、功能和区域。图层的颜色实际上是图层中图形对象的颜色。

- 命令行：输入或动态输入color命令（快捷键为COL）。
- 面板：单击“默认”选项卡→“特性”面板→“对象颜色”。

启动命令或在“图层特性管理器”面板的某个图层名称的“颜色”列中单击都可弹出“选择颜色”对话框，可根据需要选择不同的颜色，如图 2-58 所示。

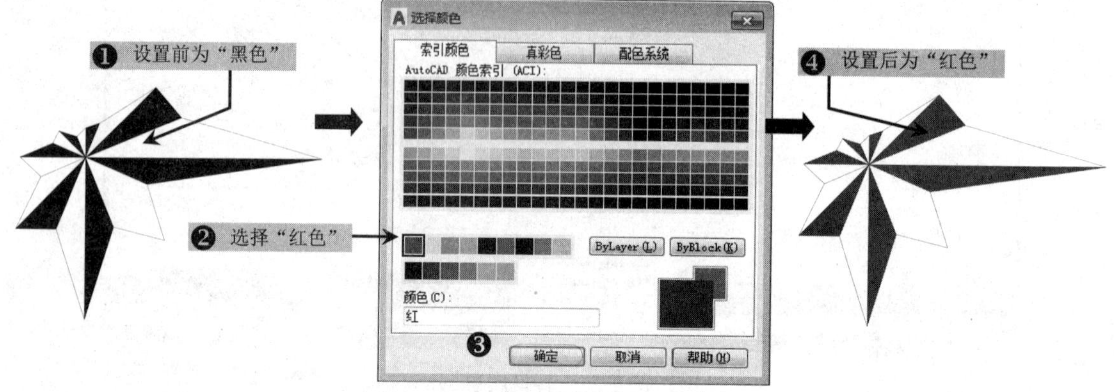

图 2-58　设置图层颜色

提示——图层颜色的分类

一般情况下，不同的图层使用不同的颜色。这样用户在绘图的过程中更方便从颜色上区分图形对象。如果两个图层使用同一颜色，那么在显示时就很难判断正在操作的对象是在哪一个图层上。

2. 设置线型

线型在AutoCAD中是指图形基本元素中线条的组成和显示方式，如虚线、实线、点划线等。

- 命令行：输入或动态输入linetype命令（快捷键为LT）。
- 面板：单击“默认”选项卡→“特性”面板→“线型”。

启动命令或在“图层特性管理器”面板的某个图层名称的“线型”列中单击都将弹出“线型管理器”对话框，从中选择相应的线型，如图 2-59 所示。

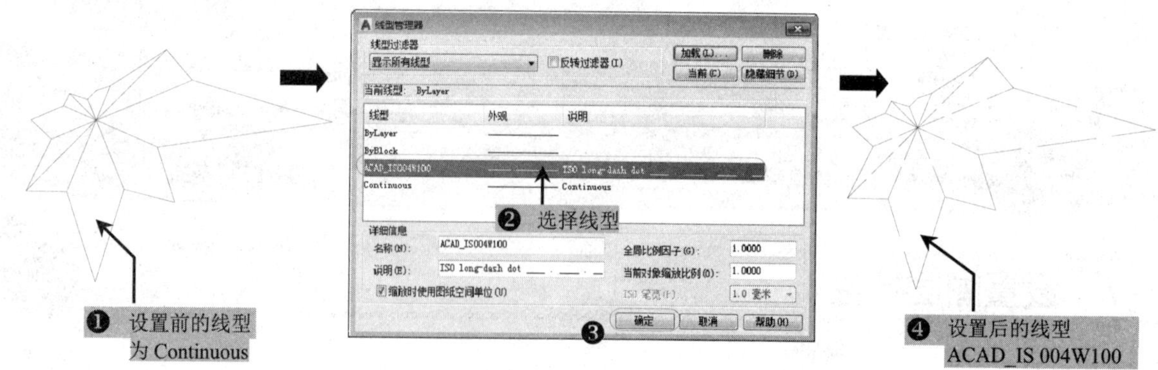

图 2-59　设置图层线型

在“线型管理器”对话框中单击“加载”按钮，将打开“加载或重载线型”对话框，从而可将更多的线型加载到“线型管理器”对话框中，根据需要选择不同的线型，如图 2-60 所示。

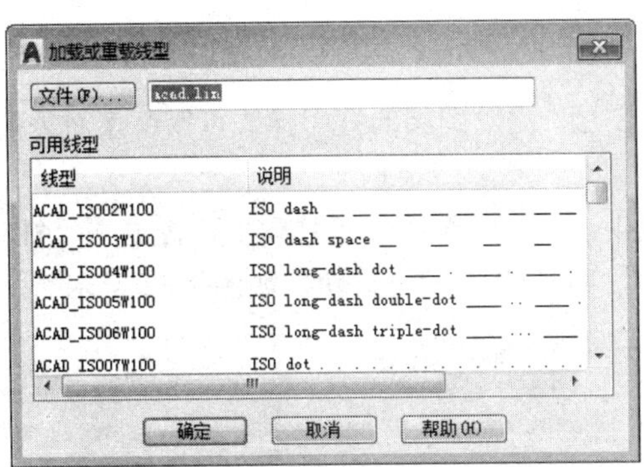

图 2-60 “加载或重载线型”对话框

AutoCAD中所提供的线型库文件有acad.lin和acadiso.lin。在英制测量系统下使用acad.lin线型库文件中的线型，在公制测量系统下使用acadiso.lin线型库文件中的线型。

3．设置线宽

用户在绘制图形的过程中应根据设计需要设置不同的线宽，以便更直观地区分对象。

- 命令行：输入或动态输入lweight命令（快捷键为LW）。
- 面板：单击“默认”选项卡→“特性”面板→“线宽”。

启动命令或在“图层特性管理器”面板的某个图层名称的“线宽”列中单击都可弹出“线宽设置”对话框，从中选择相应的线宽，如图 2-61 所示。

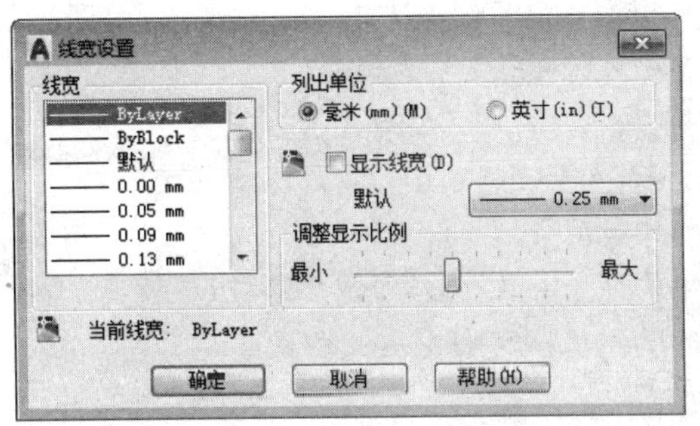

图 2-61 “线宽设置”对话框

当设置线型的线宽后，在底侧状态栏中激活“线宽”按钮，才能在视图中显示出所设置的线宽。如果在“线宽设置”对话框中调整了不同的线宽显示比例，那么视图中显示的线宽效果也将不同，如图 2-62 所示。

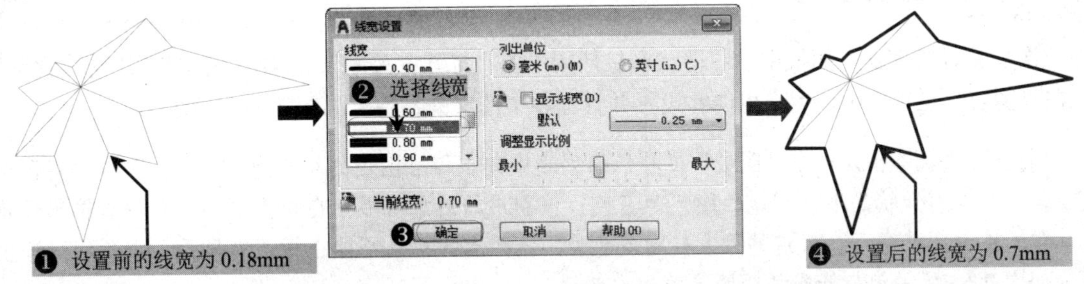

图 2-62 设置线型宽度

4．设置打印

打印样式可以应用于对象或图层。更改图层的打印样式可以替换对象的颜色、线型和线宽，以至于修改打印图形的外观。

在“图层特性管理器”面板中，在相应图层的“打印”位置单击“打印”按钮，此时将变成“不打印”按钮。若再次单击该按钮，则又还原为按钮，如图 2-63 所示。

图 2-63　设置打印

提示——打印的技巧

颜色的选择应该根据打印时线宽的粗细来决定。打印时，线型设置越宽，该图层就应该选用越亮的颜色，这样可以在屏幕上直观地反映出线型的粗细。

再来看一下“打印”选项，该选项控制了选定图层是否被打印。如果设置为打印图层，但该图层在当前图形中是冻结或者关闭的，那么AutoCAD不打印该图层。

关闭图层打印只对图形中的可见图层有效，即图层是打开且解冻的。在命令行中使用“Plotstyle”命令，将弹出如图 2-64 所示的警告框。

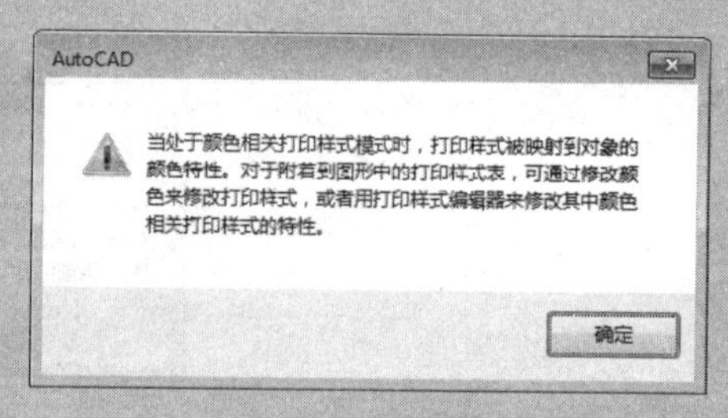

图 2-64　打印样式

如果正在使用颜色相关打印样式模式（系统变量PSTYLEPOLICY设置为 1），此选项将不可用。

2.5.8　设置图层状态

在“图层特性管理器”面板中，图层状态包括图层的“打开 | 关闭”“冻结 | 解冻”“锁定 | 解锁”等；同样，在“图层”工具栏中，用户也能够设置并管理各个图层的特性，如图 2-65 所示。

- “打开 | 关闭”图层：在“图层”工具栏的列表中单击相应图层的小灯泡图标，可以决定图层显示与否。在打开状态下，灯泡的颜色为黄色，该图层的对象将显示在视图中，也可以在输出设置上打印；在关闭状态下，灯泡的颜色转为灰色，该图层的对象不能在视图中显示，也不能打印出来，如图 2-66 所示为打开或关闭图层的对比效果。

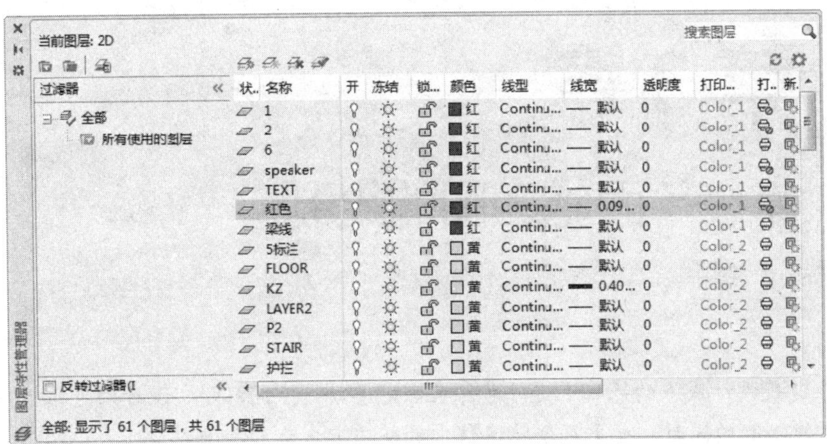

图 2-65　图层状态

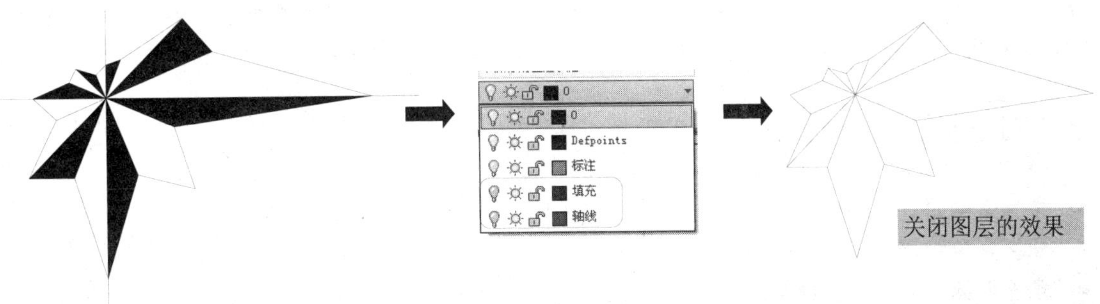

图 2-66　“显示与关闭”图层的对比效果

- “冻结 | 解冻”图层：在“图层”工具栏的列表中单击相应图层的太阳或雪花图标，可以冻结或解冻图层。在图层被冻结时，显示为雪花图标，其图层的图形对象不能被显示和打印出来，也不能编辑或修改图层上的图形对象；在图层被解冻时，显示为太阳图标，此时图层上的对象可以被编辑。
- “锁定 | 解锁”图层：在“图层”工具栏的列表中单击相应图层的小锁图标，可以锁定或解锁图层。在图层被锁定时，显示为图标，此时不能编辑锁定图层上的对象，但仍然可以在锁定的图层上绘制新的图形对象。

提示——关闭与冻结图层的区别

关闭图层与冻结图层的区别在于：冻结图层可以减少系统重生成图形的计算时间。若用户的计算机性能较好，且所绘制的图形较为简单，则一般不会感觉到图层冻结的优越性。

第3章 家装平面施工图的绘制

家装设计是在建筑设计成果的基础上进一步深化、完善室内空间环境，设计师可根据用户需求合理地划分空间，在满足常规功能的同时，也更符合特定住户的物质要求和精神要求。

在本章中，首先结合家装设计基本知识介绍装修设计制图内容、装饰设计要点，并结合实例精讲整套家装平面施工图的绘制过程，包括家装建筑平面图、地面布置图、天花布置图及折墙砌墙图的绘制方法，让读者轻松掌握家装平面施工图的绘制方法。

主要内容

- 掌握家装建筑平面图的绘制
- 掌握家装折墙、砌墙图的绘制
- 掌握家装平面布置图的绘制
- 掌握家装地面布置图的绘制
- 掌握家装天花布置图的绘制

3.1 家装建筑平面图的绘制

案例文件：03\家装建筑平面图.dwg
视频文件：03\家装建筑平面图.avi

在绘制家装室内设计建筑平面图时，首先设置绘图环境，包括图形界限的设置、图层设置、文字和标注样式的设置等；再根据要求绘制轴网对象并进行修剪；然后设置多线样式来绘制墙体对象，并根据图形的要求开启门窗洞口，绘制并调用门窗对象，将其安装至相应的位置；最后对其进行文字、尺寸、图名、比例的标注操作。其最终的建筑平面图效果如图3-1所示。

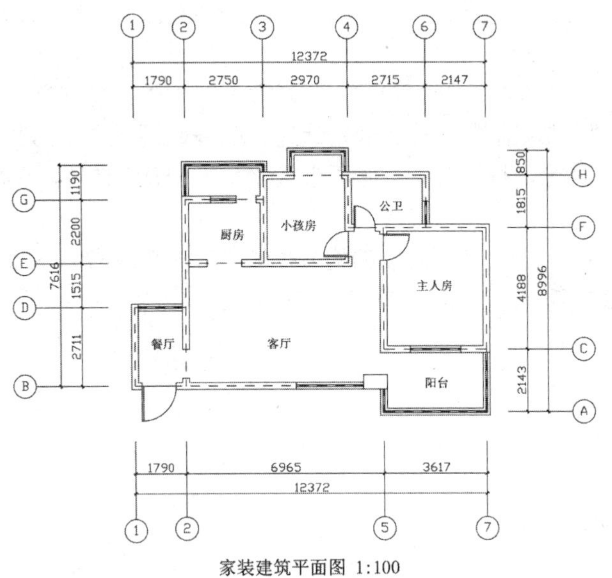

图 3-1　建筑平面图效果

3.1.1　调用并修改绘制环境

在“案例文件\03”文件夹下，将“绘图模板.dwt”文件打开，其中已经设置好了单位、图层界限、图层、标注样式、文字样式等，用户在绘制本实例的过程中，根据需要对该样板文件的一些设置进行适当的修改即可。

步骤 1 启动AutoCAD 2018，选择“文件｜打开”菜单命令，打开“案例文件\03\绘图模板.dwt”文件；再选择“文件｜另存为”菜单命令，将“绘图模板.dwt”文件另存为“案例文件\03\家装建筑平面图.dwg”文件。

步骤 2 执行“标注（D）”命令，打开“标注样式管理器”对话框，选择“1 比 100”样式，并单击右侧的“修改”按钮；弹出“修改标注样式：1 比 100”对话框，在“文字”选项卡的“文字位置”选项组中设置“从尺寸线偏移”为 10，再在“主单位”选项卡的“线性标注”选项组中设置“精度”为 0，然后依次单击“确定”和“关闭”按钮，如图 3-2 所示。

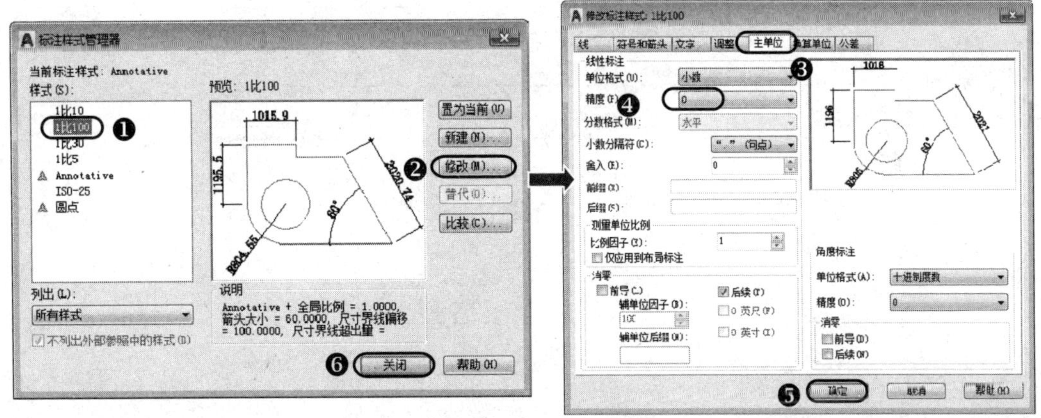

图 3-2　修改标注样式

步骤 3 执行“线型比例因子（LTS）”命令，设置“比例因子”为 100。

3.1.2　绘制轴网

步骤 1 在“图层”工具栏的“图层控制”下拉列表中选择“ZX-轴线”图层，使之成为当前图层。

步骤 2 执行“构造线（XL）”命令，根据命令行提示选择“水平（H）”选项，在视图窗口中绘制一条水平构造线。

步骤 3 执行“偏移（O）”命令，将上一步所绘制的构造线依次向下偏移 370、820、995、1205、1515、1468、1243 和 900 的距离，如图 3-3 所示。

图 3-3　绘制构造线

步骤 4 执行“构造线（XL）”命令，根据命令行提示选择“垂直（V）”选项，在视图窗口中绘制一条垂直构造线。

步骤 5 执行“偏移（O）”命令，将上一步所绘制的构造线依次向右偏移 1790、2750、2970、1245、1470 和 2147 的距离，如图 3-4 所示。

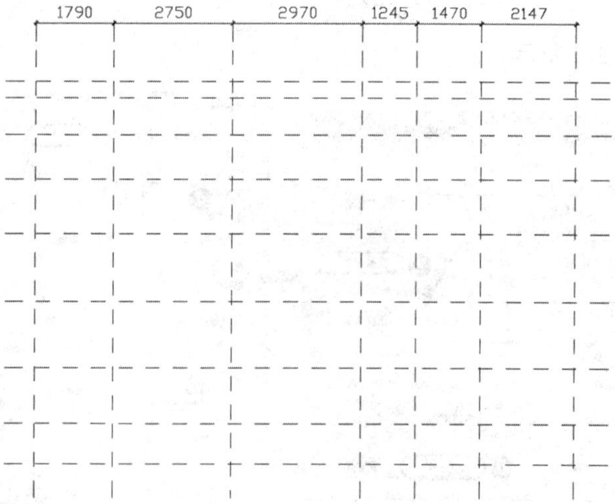

1790　2750　2970　1245　1470　2147

图 3-4　绘制垂直构造线

3.1.3 绘制墙体

根据本建筑平面图的要求，其墙体宽度为 240mm。首先应该设置多线样式，然后通过多线命令来绘制墙体。

步骤 1 将“QT-墙体”图层置为当前图层。选择“格式 | 多线样式”菜单命令，弹出“多段样式”对话框，单击“新建”按钮，弹出“创建新的多线样式”对话框，在“新样式名”文本框中输入 240，然后在弹出的“新建多线样式：240”对话框中输入图元的偏移为 120 和−120，单击“确定”按钮，从而创建 240 多线样式，如图 3-5 所示。

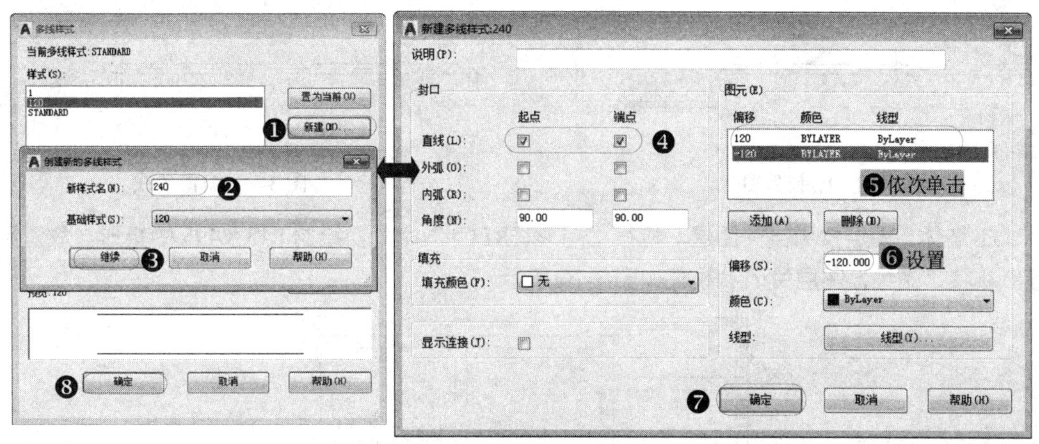

图 3-5 创建 240 多线样式

步骤 2 按照同样的方法创建C240 多线样式，如图 3-6 所示。

步骤 3 执行“多线（ML）”命令，根据命令行提示选择“对正（J）”选项，再选择“无（Z）”选项；选择“比例（S）”选项，输入比例为 1，选择“样式（ST）”选项，输入当前样式为 240，然后捕捉相应的轴线交点来绘制 240 墙体，如图 3-7 所示。

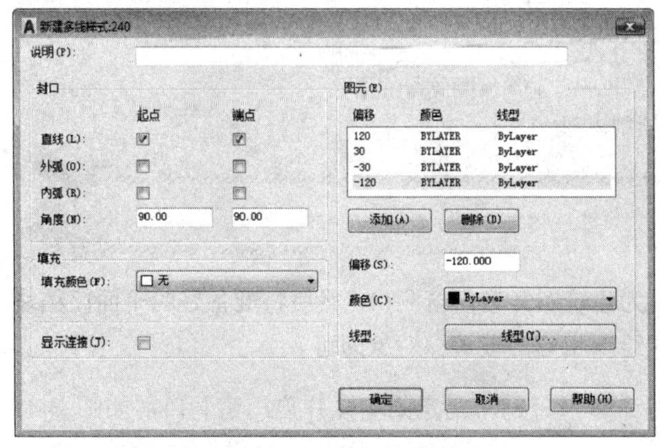

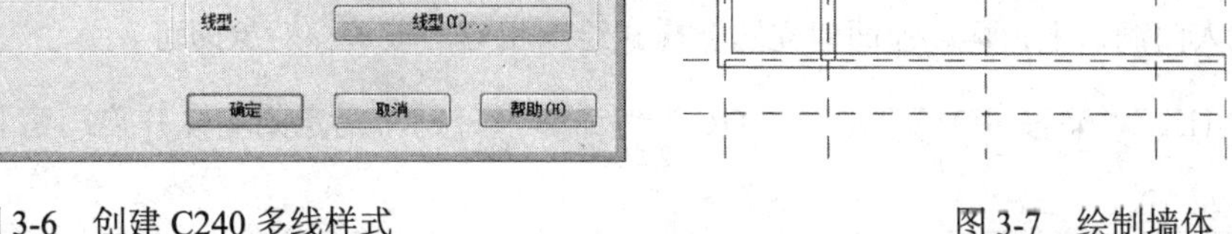

图 3-6 创建 C240 多线样式

图 3-7 绘制墙体

步骤 4 将“C-窗”图层置为当前图层。同样执行“多线（ML）”命令，选择C240 多线样式，绘制窗轮廓，如图 3-8 所示。

步骤 5 执行“修改｜对象｜多线”菜单命令，弹出“多线编辑工具”对话框，然后根据图形的要求对其多线进行编辑操作，并将“轴线”图层关闭，效果如图 3-9 所示。

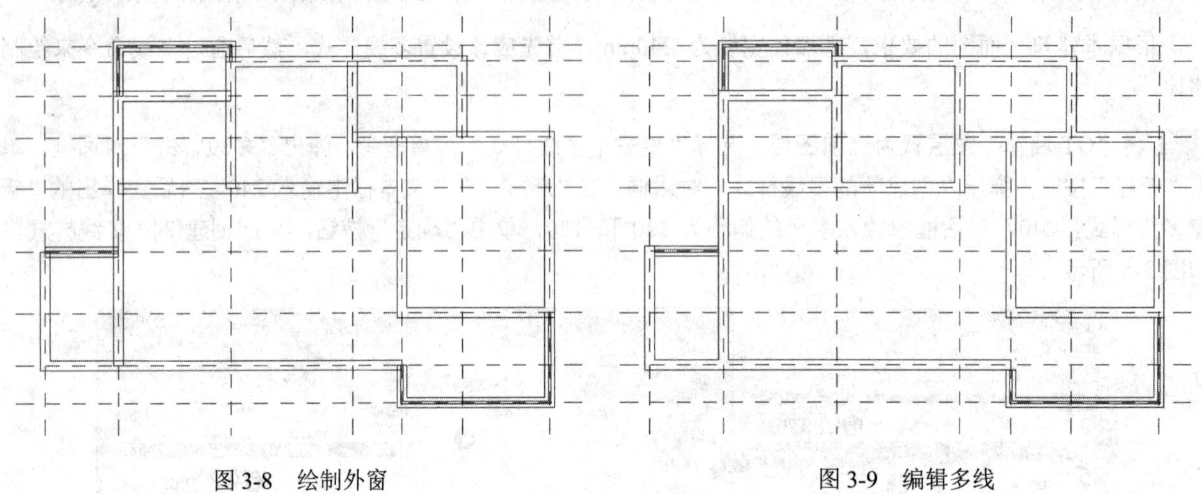

图 3-8 绘制外窗　　图 3-9 编辑多线

步骤 6 将“QT-墙体”图层置为当前图层，执行“矩形（REC）”命令，绘制 845×495 的矩形，放置到图形相应的位置，并将“轴线”图层关闭，效果如图 3-10 所示。

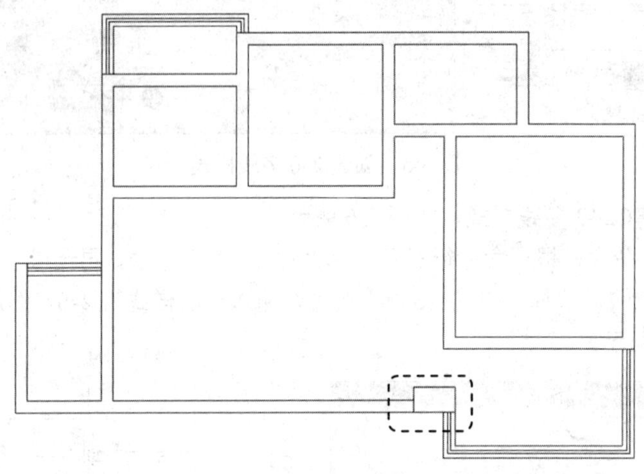

图 3-10 绘制矩形

3.1.4 绘制门窗

根据建筑平面图的要求，首先在绘制的多线墙体上为建筑图开启门窗洞口，然后将准备好的平面门图块按照适当的比例插入门洞口上，再以前面建立的窗样式绘制相应的玻璃窗对象即可。

步骤 1 执行“直线（L）”“偏移（O）”“修剪（TR）”等命令，分别对指定的墙体开启门窗洞口，如图 3-11 所示。

步骤 2 将“M-门”图层置为当前图层。执行“插入块（I）”命令，将“案例文件\03”文件夹下的“平面门”图块插入建筑平面图中，并通过执行“旋转（RO）”命令和“缩放（SC）”命令绘制出如图 3-12 所示的图形。

步骤 3 将“C-窗”图层置为当前图层。执行“多线（ML）”命令，选择C240 的多线样式，按照要求在图形中绘制出窗户，如图 3-13 所示。

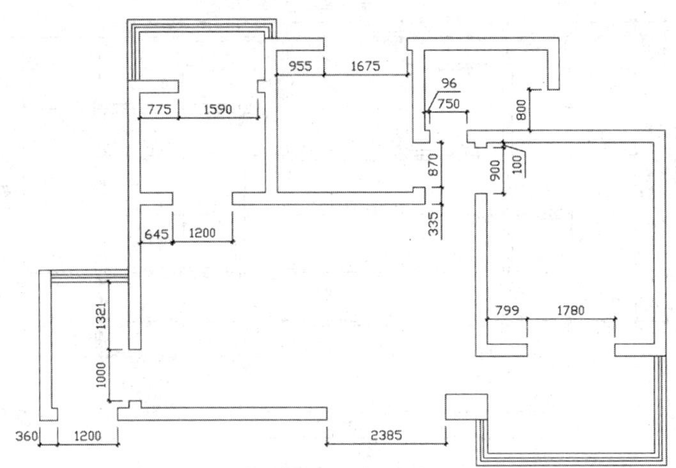

图 3-11　开启门窗洞

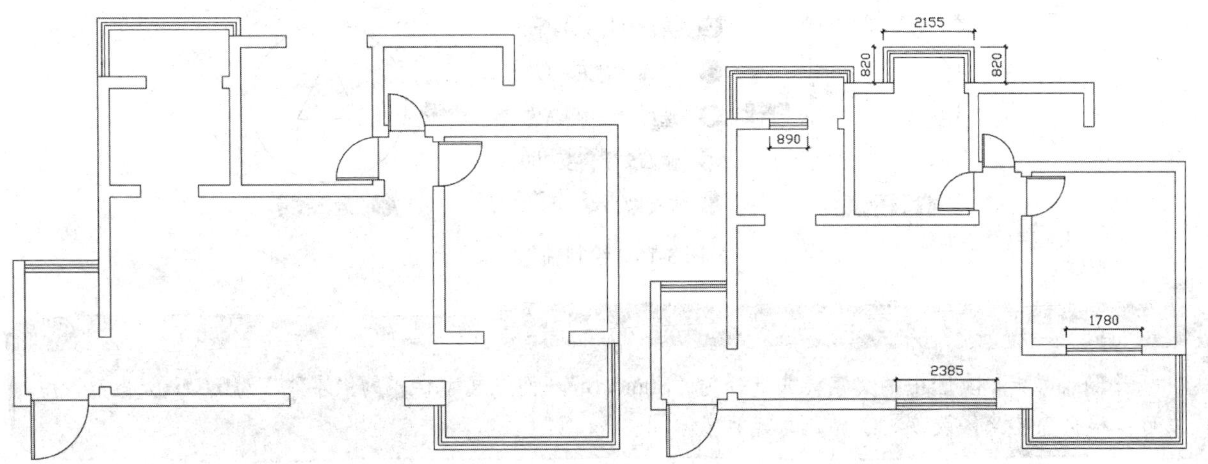

图 3-12　绘制门

图 3-13　绘制窗

3.1.5　尺寸、轴号、文字及图名标注

通过前面的操作步骤已经绘制好建筑平面图的轴网、墙体及门窗对象，而在完整的建筑平面图中，还应有尺寸标注、纵横轴号、图内说明文字、图名与比例等。

步骤 1 显示“ZX-轴线”图层并将“BZ-标注”图层置为当前图层。执行“标注（D）”命令及“连续标注（DCO）”命令，首先对各个墙体轴线进行标注，即第一道尺寸线，再对总长度进行标注，即第二道尺寸线，标注效果如图 3-14 所示。

步骤 2 执行“圆（C）”命令，在视图的空白位置绘制直径为 800mm的圆；执行“单行文字（TEXT）”命令，选择“正中（MC）”选项，捕捉圆的中心点，设置文字“字体”为宋体、文字“高度”为 300，然后输入文字A，如图 3-15 所示。

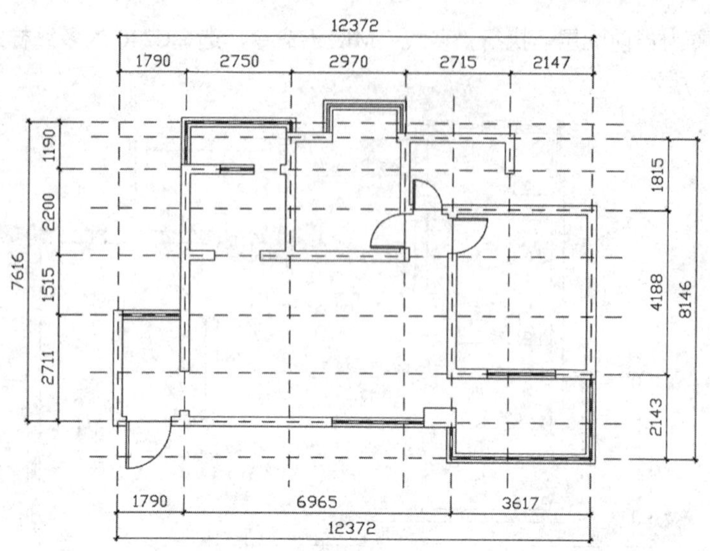

图 3-14 尺寸标注

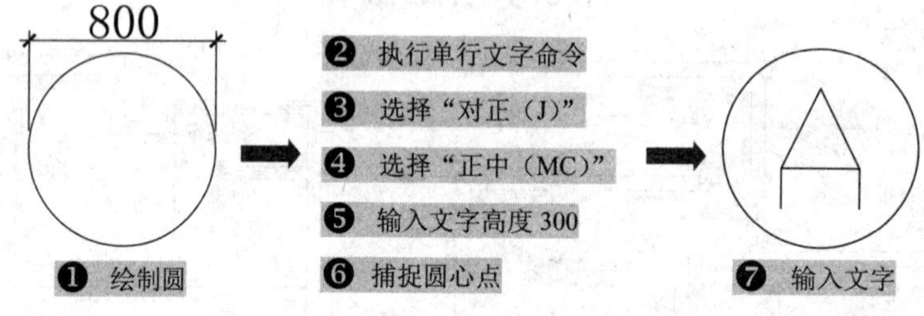

图 3-15 绘制轴号

提示——绘制轴号对其文字样式的设置

绘制轴号时，其圆中的文字样式选择为"Standard"，而该文字样式的"字体"为txt.shx。当然，用户可以根据需要来修改该文字样式的其他字体。

步骤 3 执行"直线（L）"命令，以圆的上、下、左、右象限点为起点，分别绘制长度为 800mm的水平或垂直线段。

步骤 4 执行"复制（CO）"命令，分别将绘制好的轴号和指定的线段选中，再将其复制到相应的位置，然后根据要求双击轴号内的文字对象，分别输入横向的字母及纵向的数字，从而完成轴号的标注，如图 3-16 所示。

步骤 5 将"ZS-注释"图层置为当前图层。执行"多行文字（MT）"命令，根据图形的要求设置文字大小为 300，在室内标注房间名称；再设置文字大小为 450 和 400，来标注图名和比例，如图 3-17 所示为关闭"ZX-轴线"图层的效果。

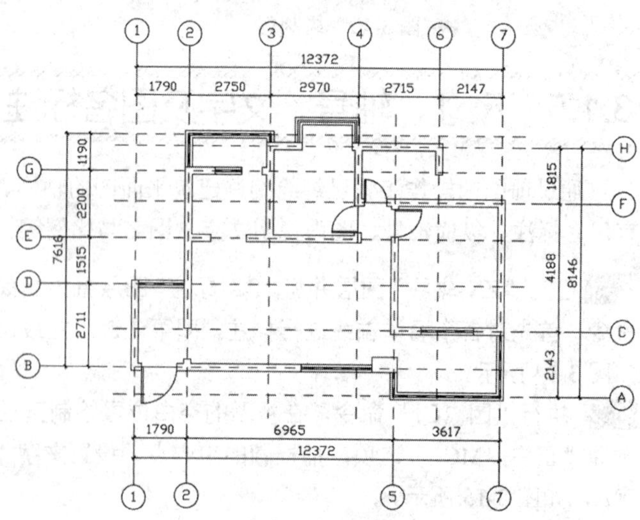

图 3-16 绘制轴号

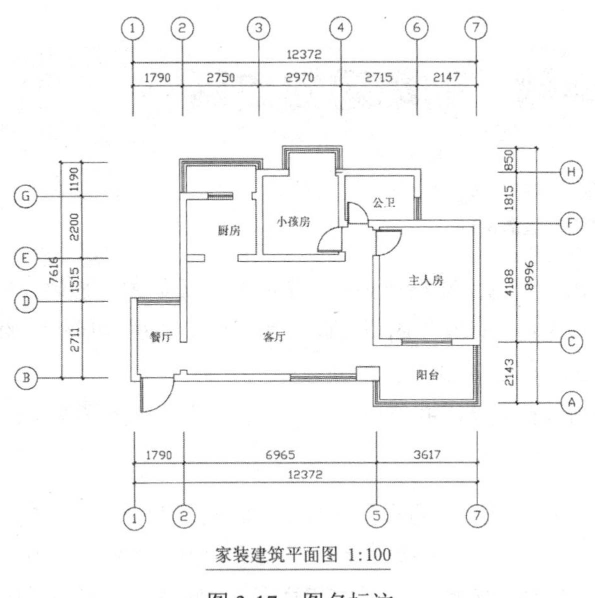

图 3-17 图名标注

步骤 6 至此，家装建筑平面图已经绘制完成，按Ctrl+S组合键进行保存。

提示——轴号的制图规范

室内装饰设计所用到的定位轴线采用细点画线表示，末端画细实线圆，圆的直径为 800mm。圆心应在定位轴线的延长线上或延长线的折线上，并在圆内注明编号。水平方向编号采用阿拉伯数字从左至右编写；竖向编号应用大写拉丁字母从下至上编写。拉丁字母中的I、O、Z不得用为轴线编号，以免与数字 0、1、2 混淆。如果字母数量不够使用，那么可增用此字母或单字母加数字注脚，如AA、BB、……、YY或A1、B1、……、Y1，如图 3-18 所示。

组合较复杂的平面图中的定位轴线也可采用分区编号。编号的注写形式应为“分区号-该分区编号”。分区号采用阿拉伯数字或大写拉丁字母表示，如图 3-19 所示为分区轴线编号，编号原则同上。

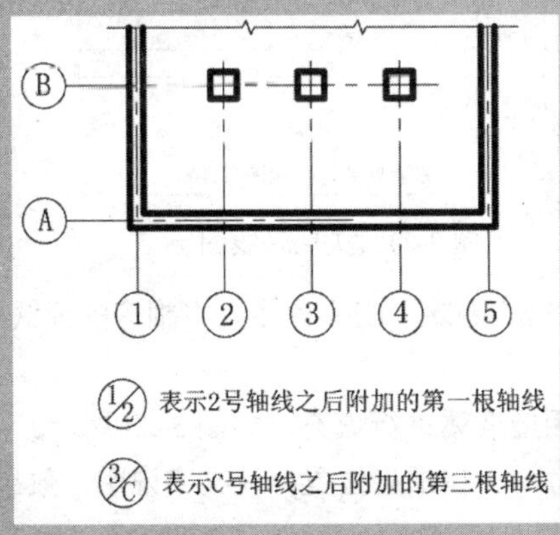

图 3-18 定位轴线及编号

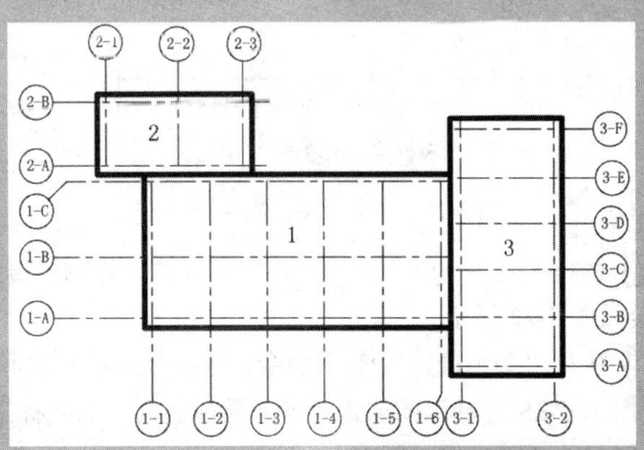

图 3-19 分区定位轴线及编号

附加定位轴线的编号。两轴线之间，有的需要用附加轴线表示，附加轴线用分数编号。分母表示前一轴线的编号，为阿拉伯数字或大写字母；分子表示附加轴线的编号，一律用阿拉伯数字按顺序编写。

3.2 家装拆墙、砌墙图的绘制

案例文件：03\家装拆墙、砌墙图.dwg
视频文件：03\家装拆墙、砌墙图.avi

用户在绘制家装施工图时，根据家装整体设计，需要对其墙体进行拆墙、砌墙，既能起到分割的作用，又能起到点缀美化的效果。首先将“轴线”图层关闭，然后根据要求绘制相应的线段，最后对拆墙、砌墙处进行填充，其最终的拆墙、砌墙图效果如图 3-20 所示。

绘制家装拆墙、砌墙图时，首先调用并修改图层，然后在平面布置图的基础上对其相应拆墙、砌墙的地方进行修改和填充。

步骤 1 启动AutoCAD 2018，选择“文件｜打开”菜单命令，打开前面绘制好的“案例文件\03\家装建筑平面图.dwg”文件；再执行“文件｜另存为”菜单命令，将其另存为“案例文件\03\拆墙、砌墙图.dwg”文件。

步骤 2 根据绘制平面布置图的要求将“轴线”图层关闭隐藏，最后修改图名为“拆墙、砌墙”，如图 3-21 所示。

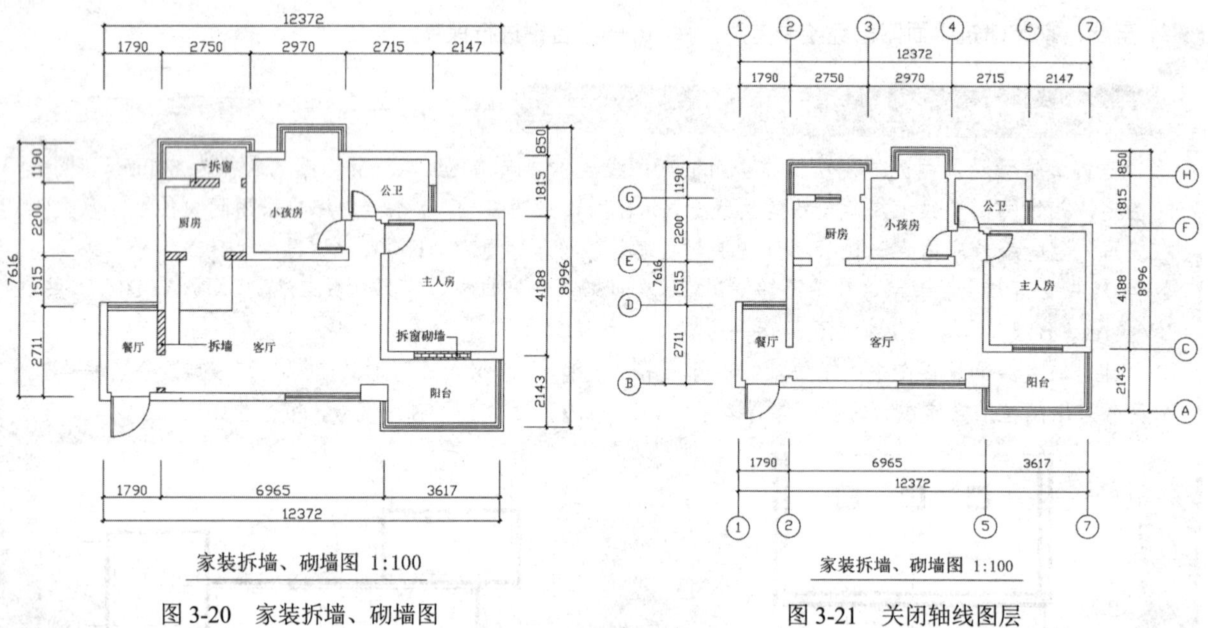

图 3-20　家装拆墙、砌墙图　　　图 3-21　关闭轴线图层

步骤 3 执行“直线（L）”命令，在相应墙体处绘制连接线段；并执行“删除（E）”命令，将相应的窗线删除，结果如图 3-22 所示。

步骤 4 执行“图案填充（H）”命令，选择相应的样例和比例，对相应墙体进行填充，如图 3-23 所示。

步骤 5 将“ZS-注释”图层置为当前层。执行“引线标注（LE）”命令，在相应位置标注文字说明，效果如图 3-24 所示。

步骤 6 至此，家装拆墙、砌墙图已经绘制完成，按Ctrl+S组合键进行保存。

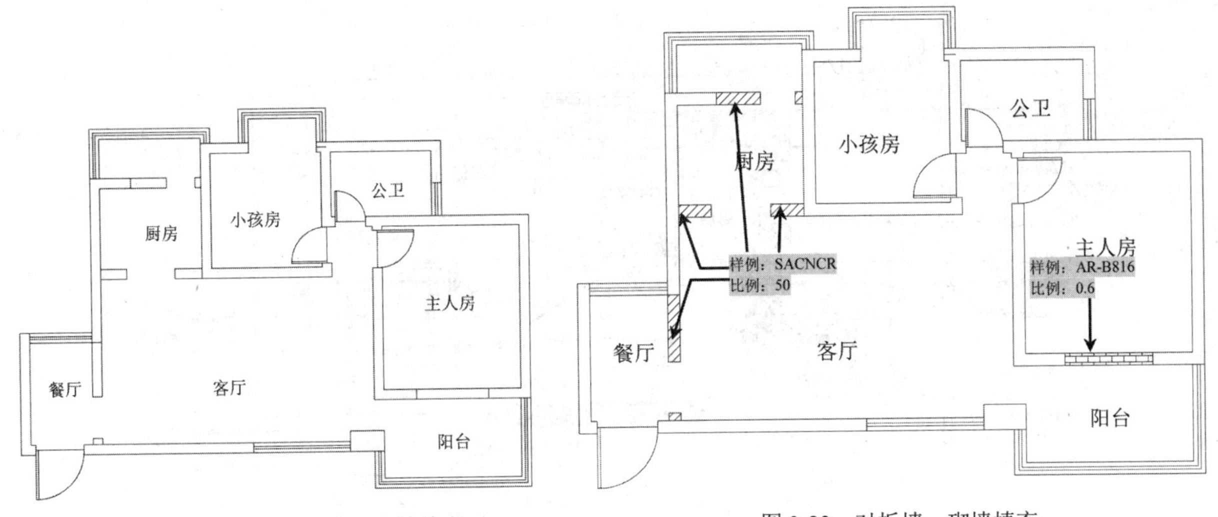

图 3-22　绘制拆墙、砌墙线段

图 3-23　对拆墙、砌墙填充

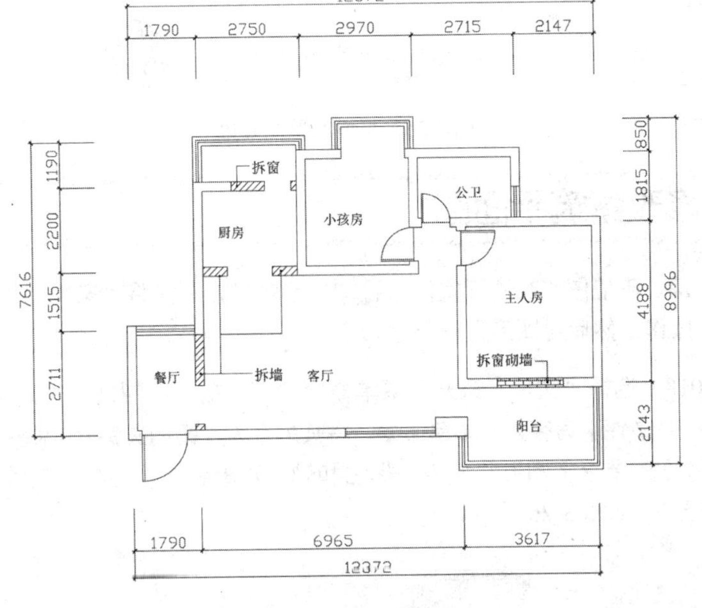

图 3-24　文字注释

3.3 家装平面布置图的绘制

案例文件：03\家装平面布置图.dwg

视频文件：03\家装平面布置图.avi

用户在进行室内布置图的绘制时，首先打开“案例文件\03”文件夹下的“家装拆墙、砌墙图.dwg”文件，并另存为“家装平面布置图.dwg”文件进行操作，然后将原尺寸标注删除，再依次布置每个房间的家具摆放，最后进行内视符号、图名及标注的绘制等，如图 3-25 所示。

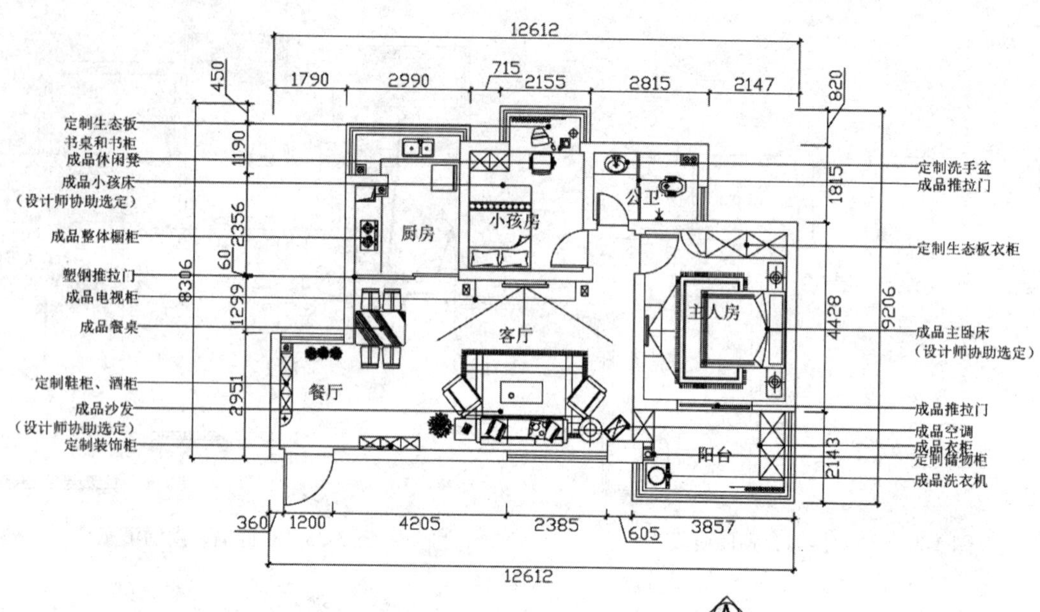

图 3-25　平面布置图效果

3.3.1　调用并修改建筑平面图

前面已经绘制好拆墙、砌墙图，在进行室内布置图的绘制时，首先将“家装拆墙、砌墙图”打开并执行另存为“平面布置图”操作，然后对图形进行整理。

步骤 1　启动AutoCAD 2018，选择“文件｜打开”菜单命令，打开前面绘制好的“案例文件\03\家装拆墙、砌墙图.dwg”文件；再执行“文件｜另存为”菜单命令，将其另存为“案例文件\03\家装平面布置图.dwg”文件。

步骤 2　根据绘制平面布置图的要求将图形文件中的标注和轴号对象删除，再将“轴线”图层关闭隐藏，最后修改图名为“平面布置图”，如图 3-26 所示。

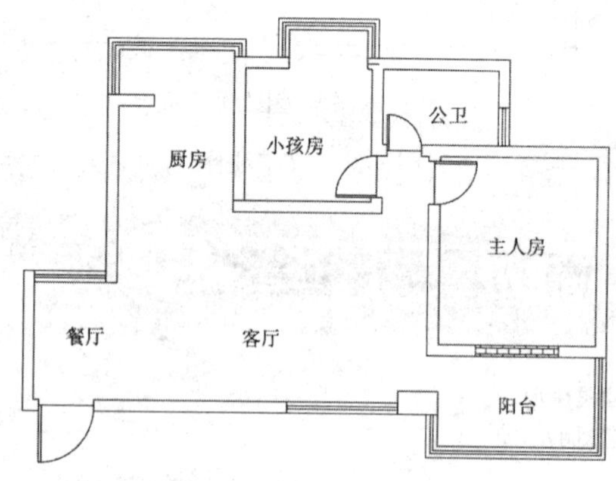

图 3-26　整理原图形

提示——关于拆墙、砌墙和平面布置图的标注

由于拆墙、砌墙图中的标注主要是为了表现墙体之间的关系，而在平面布置图中，标注的重点应在表现家具和空间之间的关系，这样才能清晰地观察到家装平面布置图中的布置情况，因此这里将原来的标注删除，后面将重新对平面布置图进行标注。

3.3.2 布置客厅、餐厅

在进行客厅、餐厅的平面布置时，应在客厅配备电视、组合沙发、茶几、空调等，在餐厅配备餐桌等。

步骤 1 将“JJ-家具”图层置为当前图层。执行“矩形（REC）”命令，在餐厅下侧绘制一个 1650×300 的直角矩形，作为鞋柜轮廓；再通过执行“矩形（REC）”“直线（L）”“偏移（O）”“圆弧（A）”等命令绘制出平面鞋柜效果，如图 3-27 所示。

步骤 2 执行“矩形（REC）”命令，在客厅左下侧位置绘制一个 300×1460 的直角矩形，再执行“直线（L）”命令，绘制出平面酒柜图形，如图 3-28 所示。

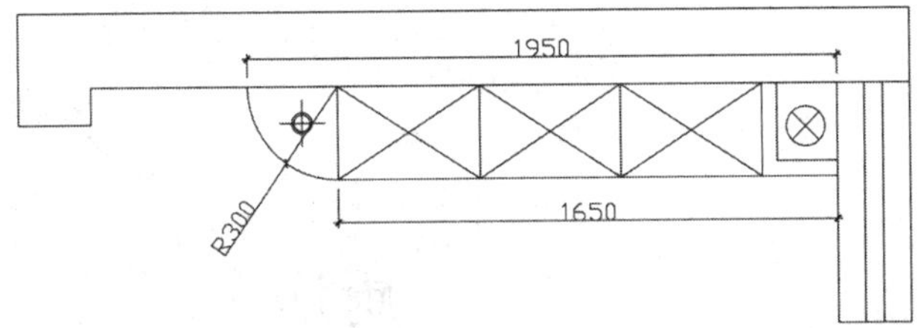

图 3-27　绘制鞋柜

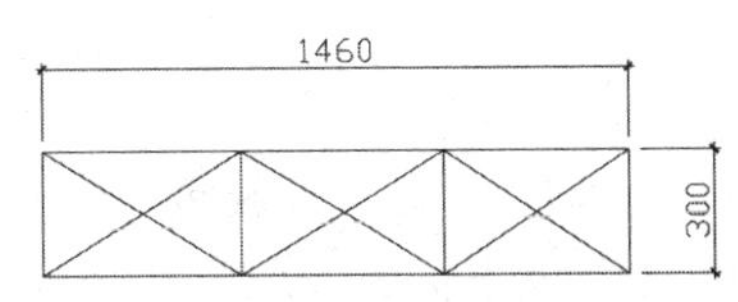

图 3-28　绘制酒柜

步骤 3 执行“插入块（I）”命令，将“案例文件\03”文件夹下的“平面电视柜”“平面空调”“平面休闲凳”“平面沙发”“平面植物”“平面餐桌”插入客厅和餐厅中，并按如图 3-29 所示的位置进行布局。

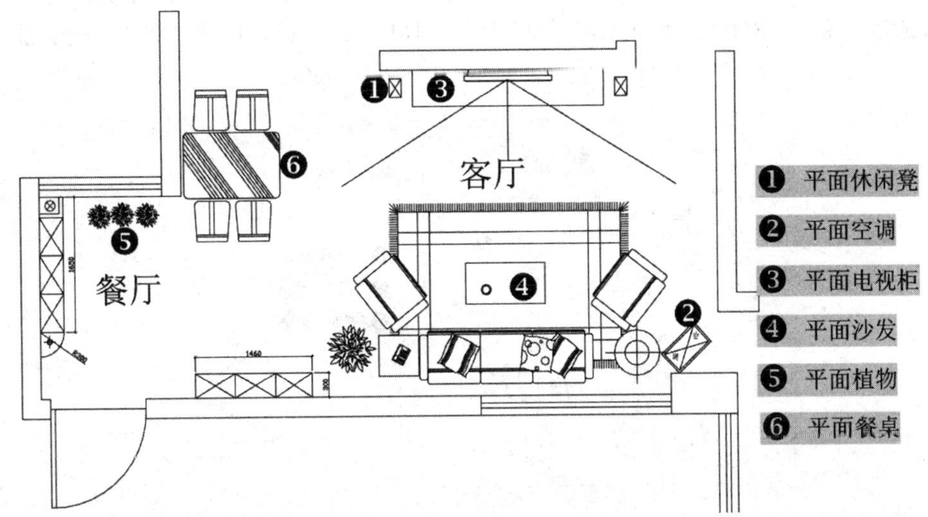

图 3-29　布置餐厅、客厅效果

提示——图块的布置

用户在插入家具图块后，可以通过“旋转（RO）”“移动（M）”等命令对室内空间进行调整布局。

3.3.3 布置厨房

在厨房应该绘制相应的操作柜台，再插入燃气灶、冰箱、洗菜盆等图块。

步骤 1 将“M-门”图层置为当前图层。执行“直线（L）”“矩形（REC）”命令，在厨房与餐厅之间绘制出推拉门的效果，如图 3-30 所示。

步骤 2 将“JJ-家具”图层置为当前图层。执行“直线（L）”“偏移（O）”等命令，对偏移出来的线条进行修剪，绘制出灶台、橱柜轮廓，如图 3-31 所示。

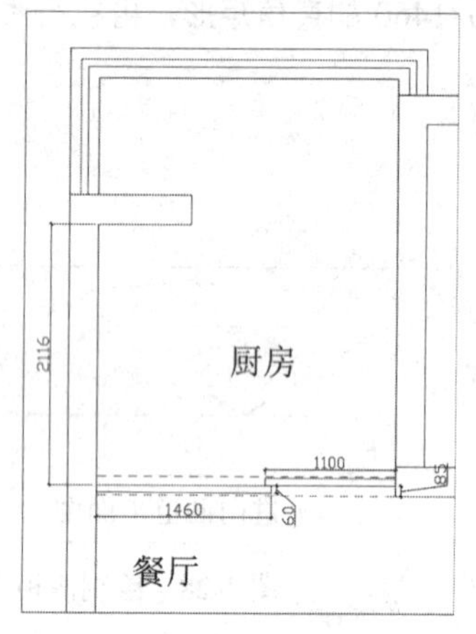

图 3-30　绘制推拉门

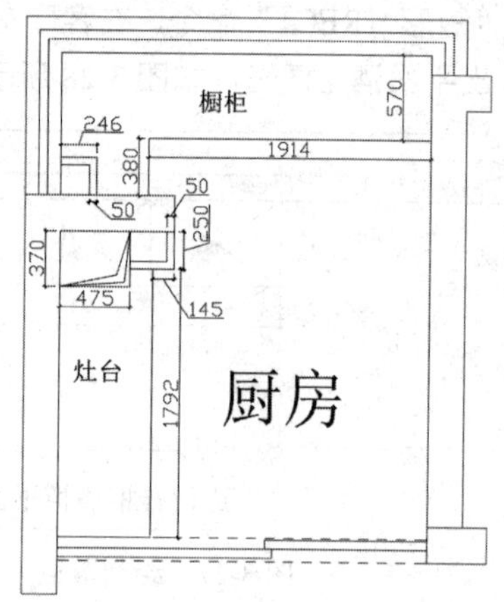

图 3-31　绘制灶台、橱柜

步骤 3 执行“插入块（I）”命令，将“案例文件\03”文件夹下的“平面冰箱”“平面燃气灶”“平面洗菜盆”插入厨房中，并通过“旋转（RO）”“镜像（MI）”和“移动（M）”命令将家具摆放到合适的位置，如图 3-32 所示。

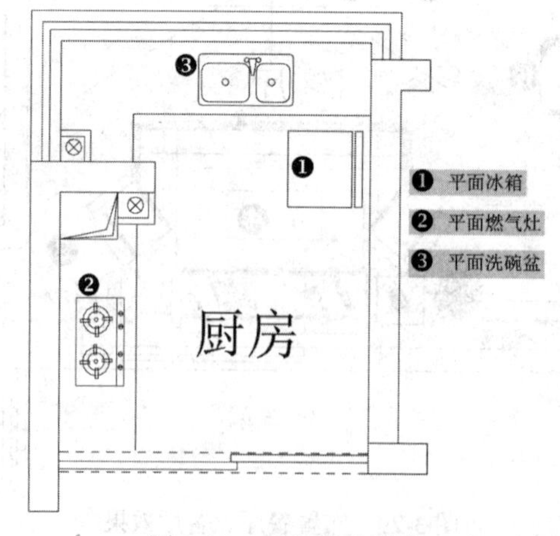

图 3-32　插入家具图块

3.3.4 布置小孩房和公卫

在小孩房应该有床、衣柜、电脑桌等，在公卫应该配备淋浴房，进行干湿分区，这样更方便使用。

步骤 1 将“JJ-家具”图层置为当前图层。执行“直线（L）”命令，在小孩房中绘制出书柜和电脑台，如图 3-33 所示。

步骤 2 将“M-门”图层置为当前图层。执行“矩形（REC）”命令，在公卫中绘制两个 40×788 的推拉门轮廓，进行干湿分区，如图 3-34 所示。

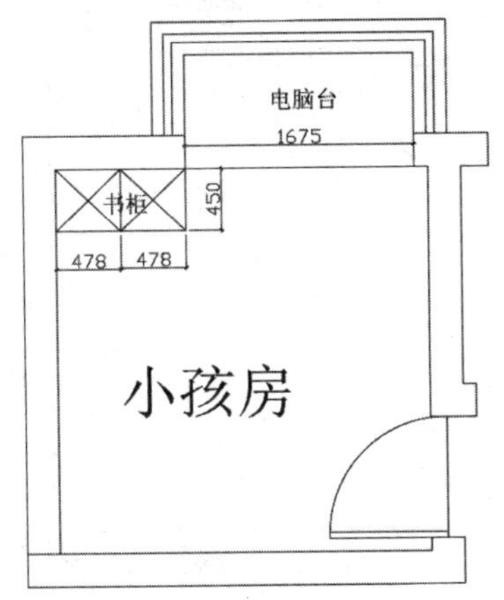

图 3-33 绘制书柜、电脑台

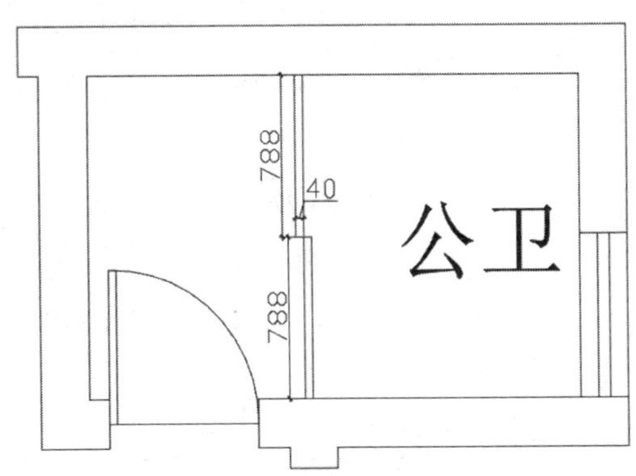

图 3-34 绘制推拉门

步骤 3 将“JJ-家具”图层置为当前图层。执行“直线（L）”命令，在公卫中绘制一条直线作为洗漱台，如图 3-35 所示。

步骤 4 执行“插入块（I）”命令，将“案例文件\03”文件夹下的“淋浴喷头”“洗手盆”“平面拖把池”“平面蹲便器”“小孩床”“电脑”“电话”“休闲凳”“窗帘”图块插入图形中，并通过执行“移动（M）”“旋转（RO）”等命令将家具图块放置到适当的位置，如图 3-36 所示。

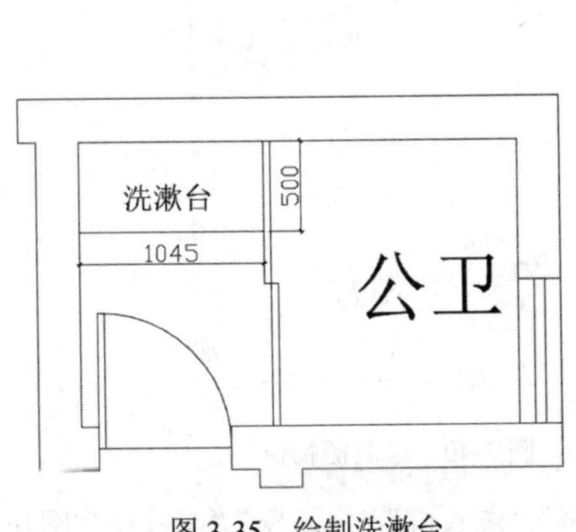

图 3-35 绘制洗漱台

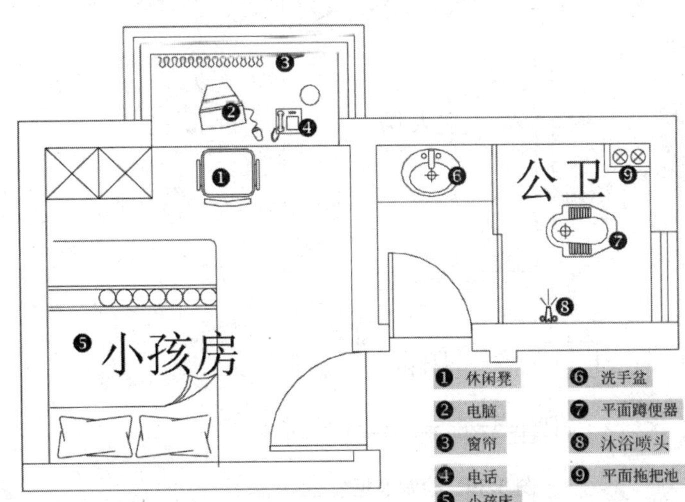

图 3-36 布置小孩房、公卫

3.3.5 布置主卧和阳台

在主卧应该有床、衣柜和电视，在阳台应该配备储物柜、洗衣机等。

步骤 1 将“JJ-家具”图层置为当前图层。执行“矩形（REC）”“直线（L）”“圆弧（A）”等命令，绘制出平面衣柜的效果，如图 3-37 所示。

步骤 2 将“M-门”图层置为当前图层。执行“矩形（REC）”命令，在主人房和阳台之间绘制两个 41×890 的推拉门轮廓，对主人房和阳台进行分区，如图 3-38 所示。

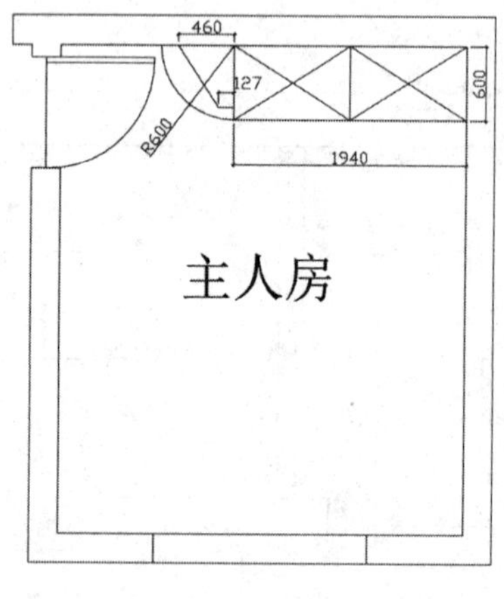

图 3-37 绘制衣柜

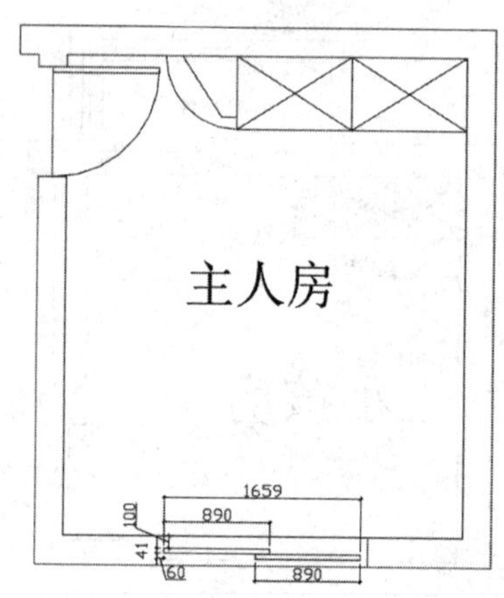

图 3-38 绘制推拉门

步骤 3 将“JJ-家具”图层置为当前图层。执行“直线（L）”命令，在阳台上绘制出衣柜的效果，如图 3-39 所示。

步骤 4 执行“直线（L）”“偏移（O）”命令，在阳台上绘制出储物柜的效果，对客厅和阳台进行分隔，如图 3-40 所示。

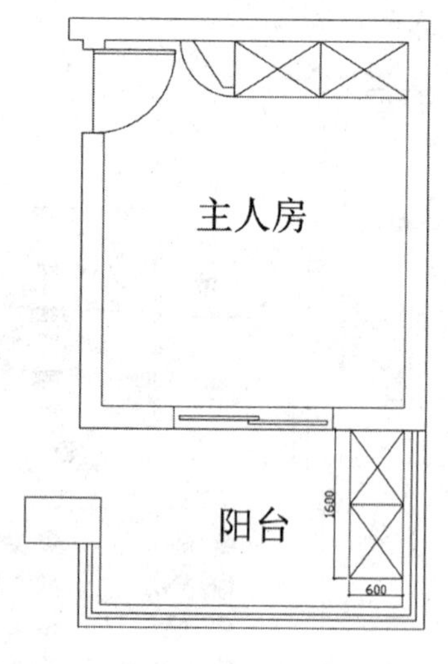

图 3-39 绘制衣柜

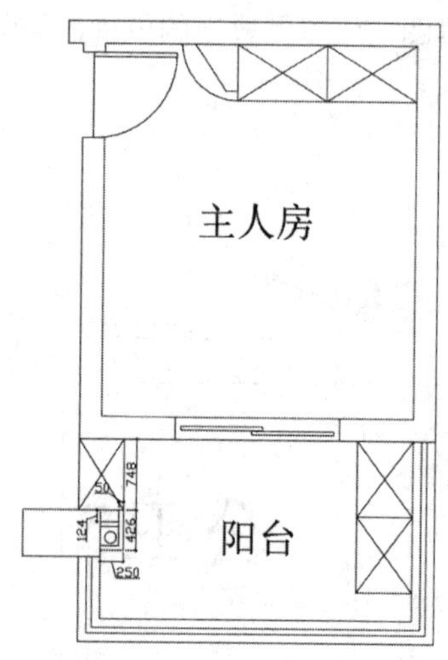

图 3-40 绘制储物柜

步骤 5 执行“插入块（I）”命令，将“案例文件\03”文件夹下的“窗帘”“洗衣机”“主卧床”“电视柜”图块插入图中，并通过执行“移动（M）”“旋转（RO）”等命令将家具图块放置到适当的位置，如图 3-41 所示。

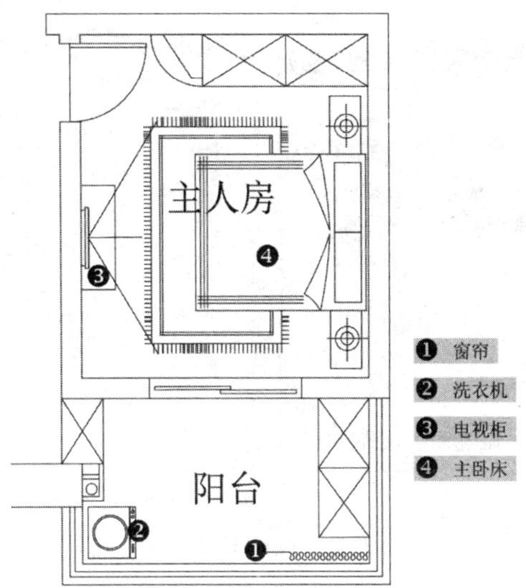

图 3-41　布置主人房、阳台

3.3.6　进行尺寸标注、文字注释

一张完整的家装平面布置图还应该包括尺寸标注、文字注释等。

步骤 1 将“BZ-标注”图层置为当前图层。执行“线性标注（DLI）”命令和“连续标注（DCO）”命令，对室内布置图第一、二道进行相应的尺寸标注，如图 3-42 所示。

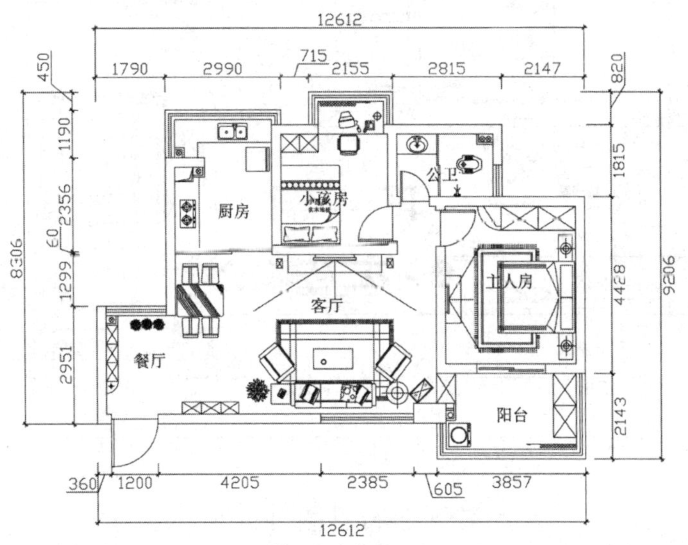

图 3-42　标注效果

步骤 2 执行“多重引线管理器（MLS）”命令，打开“多重引线样式管理器”对话框，在“样式”列表中选择“圆点”样式，再单击“修改”按钮，然后将原点大小设置为 20，如图 3-43 所示。

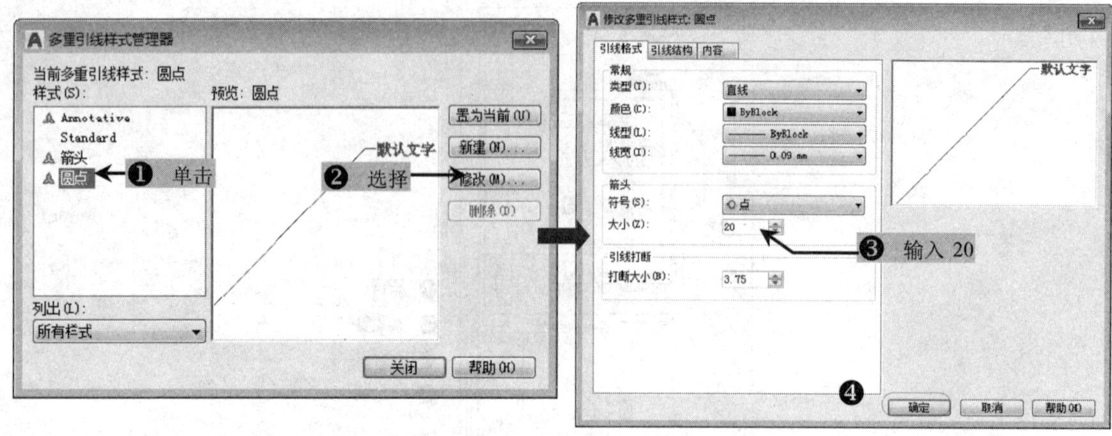

图 3-43　设置多重引线

步骤 3　将“ZS-注释”图层置为当前图层。执行“多重引线（MLD）”命令，根据命令行提示选择第一个点和第二个点后，弹出“文字格式”对话框，设置文字“字体”为仿宋，大小为 250，根据要求对平面布置图进行文字注释，效果如图 3-44 所示。

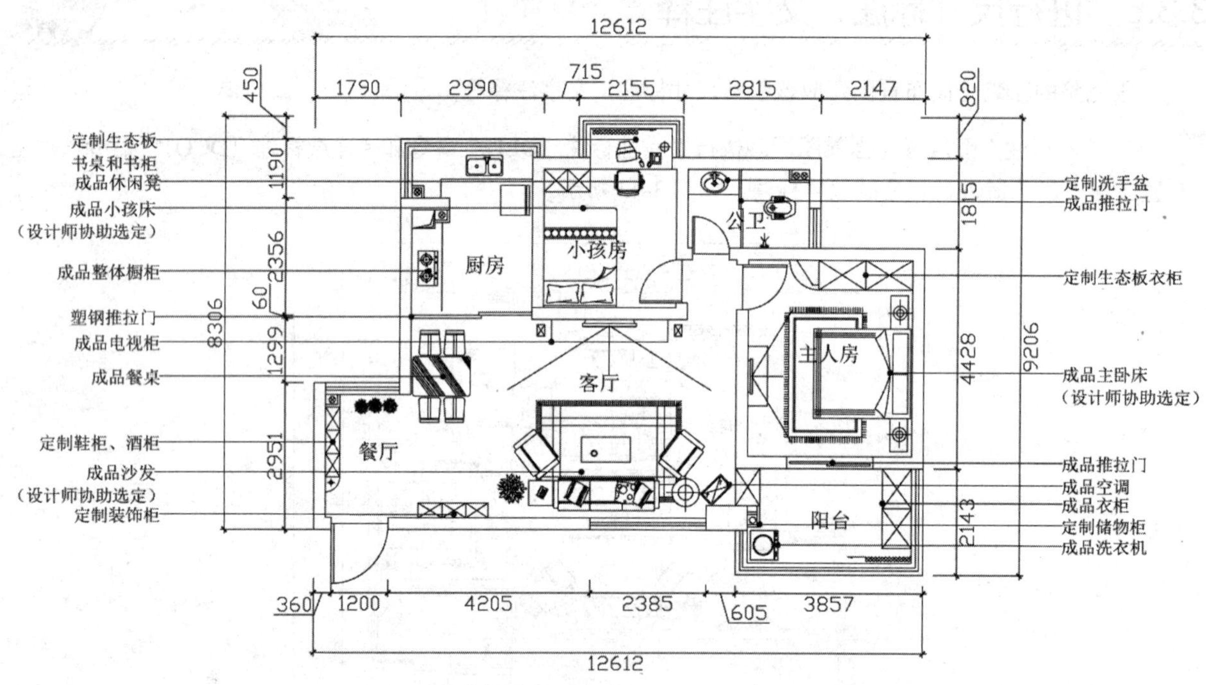

图 3-44　文字注释效果

步骤 4　将“FH-符号”图层置为当前图层。执行“插入块（I）”命令，将“案例文件\03”文件夹下的“内视符号”插入图形中如图 3-45 所示的位置。

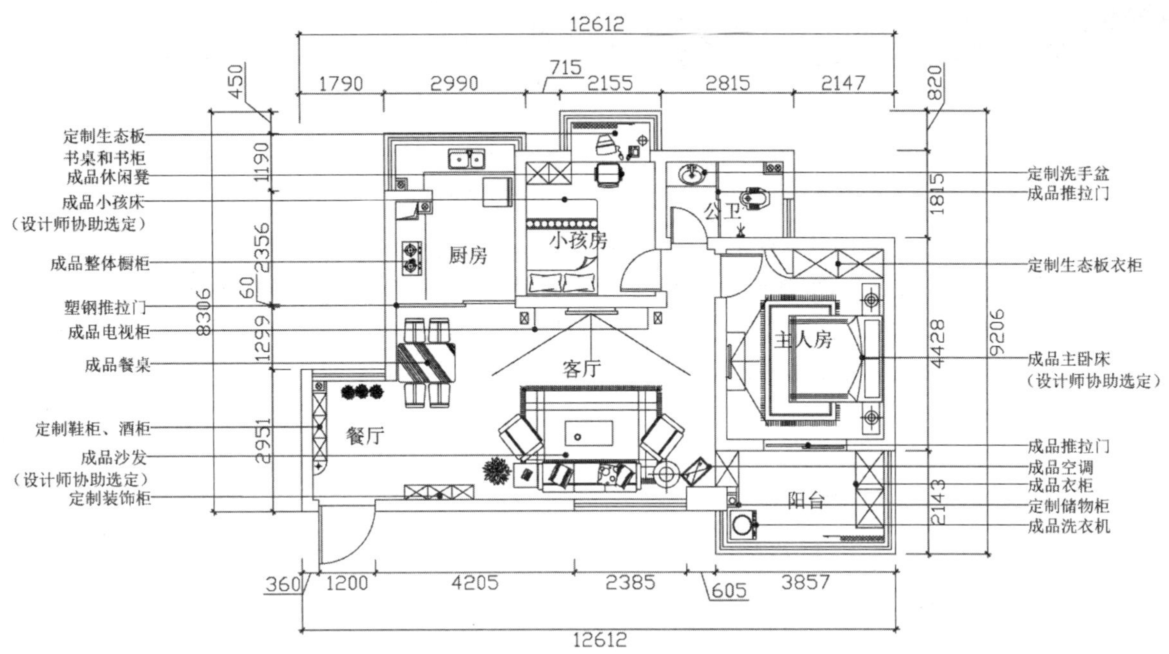

图 3-45　插入内视符号

步骤 5 至此，家装平面布置图已经绘制完成，按Ctrl+S组合键进行保存。

提示——装修中木工材料的种类和用途

- 大芯板（细木工板）：常见的有 18mm、15mm厚度的，适用于做各种造型的门、门套等。
- 齿接板：常见的有 18mm、15mm厚度的，适用于做各种柜体等，一般不能做柜门，容易变形。
- 九厘板：厚度为 9mm（一般不足 9mm），适用于做门套裁口、柜体背板。
- 面板：厚度为 3mm，适用于做贴面，有很多种，如黑胡桃、樱桃木等。
- 澳松板：厚度为 3mm，贴在基层板上，直接在上面做白漆的板子，一般被广泛用于装饰、家具、建筑、包装等行业。
- 石膏板：厚度为 9mm，适用于吊顶及各种乳胶漆造型墙。
- 水泥压力板：水泥压力板常见的规格为 1220mm × 2440mm × （2.5 ~ 100）mm，或者 1200mm × 2400mm × （2.5 ~ 100）mm。按照密度不同可分为低密度、中密度、高密度类别。其中，中、高密度板材较为常用。水泥压力板可用于外墙保温、墙体隔断、吸音吊顶、室内装潢装饰、LOFT 钢结构夹层、活动房墙体地板等方面。
- 木龙骨：规格为 30mm × 4mm最多见，用于做吊顶和墙面造型。
- 轻钢龙骨：根据用途有多种规格，如 38 主骨、50 副骨，用于做吊顶、包立管。
- 木线条：根据用途有多种规格，一般门套线的规格为 1cm × 5.5cm。
- 白乳胶：面板贴在基层板上，使用胶类粘贴。
- 五金敷料：直钉、毛钉、圆钉、卯钉、码钉、自攻丝等。

3.4 家装地面布置图的绘制

案例文件：03\家装地面布置图.dwg
视频文件：03\家装地面布置图.avi

用户在绘制家装地面布置图时，首先打开“案例文件\03”文件夹下的“家装平面布置图.dwg”，并将其另存为“家装地面布置图.dwg”文件来操作，再对其整理图形并封闭门口线，然后分别对客厅、餐厅进行800×800的地板砖填充，对厨房、公卫、阳台进行300×300防滑地砖填充，再对两个卧室进行实木地板的填充，最后对其进行文字注释说明，效果如图3-46所示。

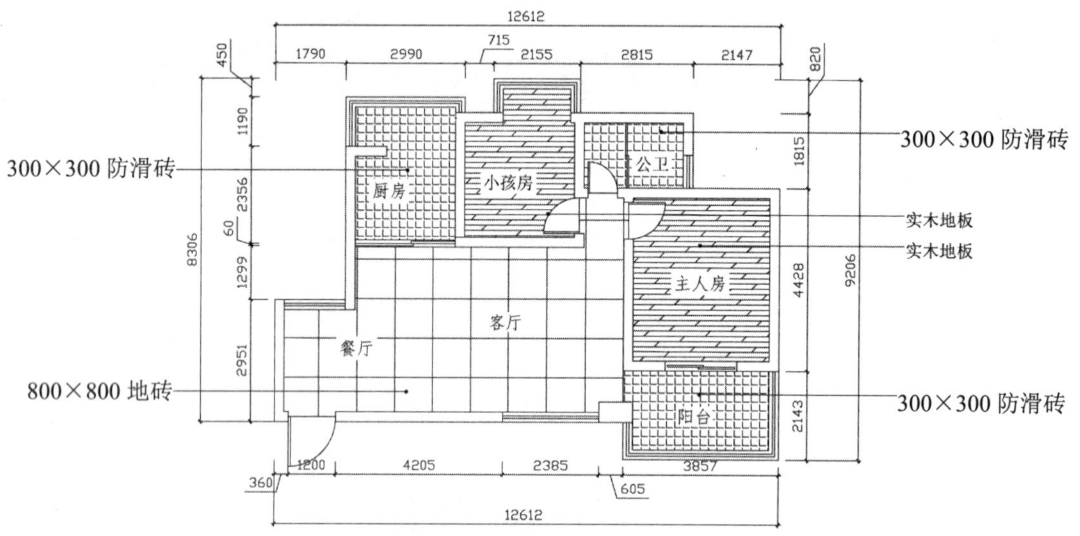

家装地面布置图 1:100

图3-46 家装地面布置图效果

3.4.1 调用并修改平面布置图

在绘制地面布置图时，利用前面绘制好的平面布置图可以更加方便地绘制。

步骤 1 启动AutoCAD 2018，选择“文件|打开”菜单命令，打开前面绘制好的“案例文件\03\家装平面布置图.dwg”文件；再执行“文件|另存为”菜单命令，将其另存为“案例文件\03\家装地面布置图.dwg”文件。

步骤 2 根据绘制地面布置图的要求将图形文件中的家具和文字注释删除，将图名修改为“地面布置图”，并整理好地面布置图需要的轮廓，效果如图3-47所示。

提示——快速选择

在进行平面布置图的整理时，可以通过执行“工具栏|快速选择”命令快速选择相同属性的对象，从而提高绘图效率。

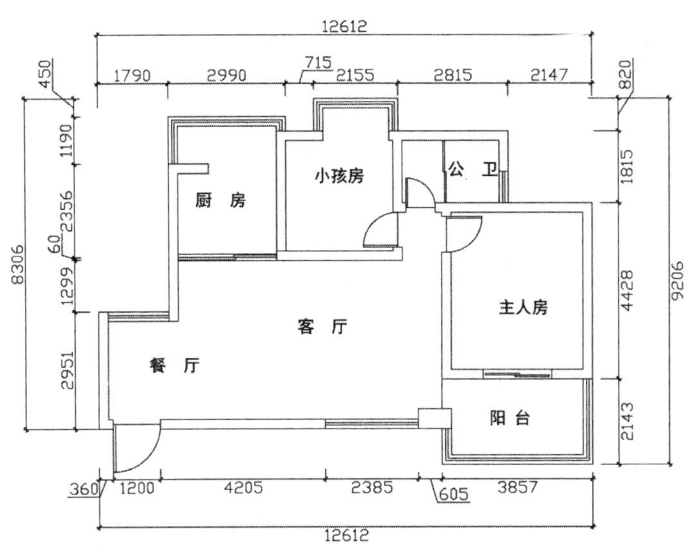

家装地面布置图 1:100

图 3-47 整理地面布置图效果

3.4.2 填充地面材质

在地面布置图中，主要应该表现出材料在空间上的质感。

步骤 1 将“TC-填充”图层置为当前图层。执行“图案填充（H）”命令，在弹出的对话框中选择“样例”为 NET，“比例”为 300，对客厅和餐厅填充 800×800 的地砖效果，如图 3-48 所示。

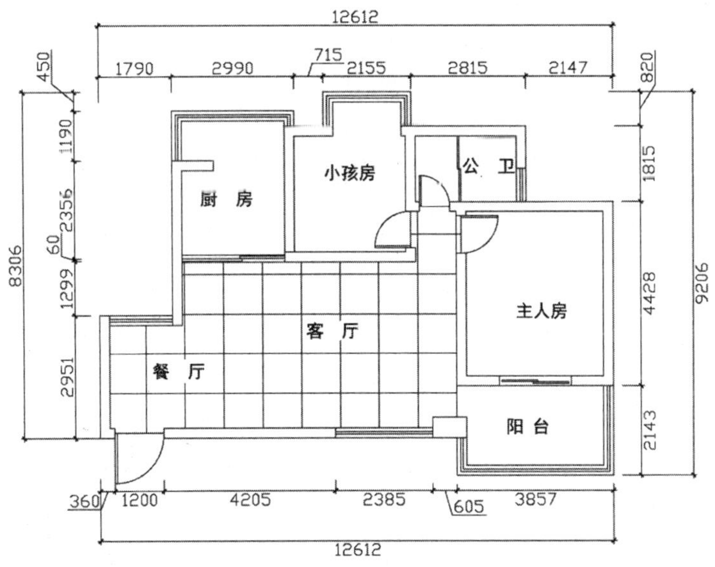

家装地面布置图 1:100

图 3-48 客厅、餐厅填充效果

步骤 2 用同样的方法选择“类型”为“预定义”，“样例”为ANGLE，“角度”为 0，“比例”为 30，对卫生间、厨房、阳台填充防滑砖效果，如图 3-49 所示。

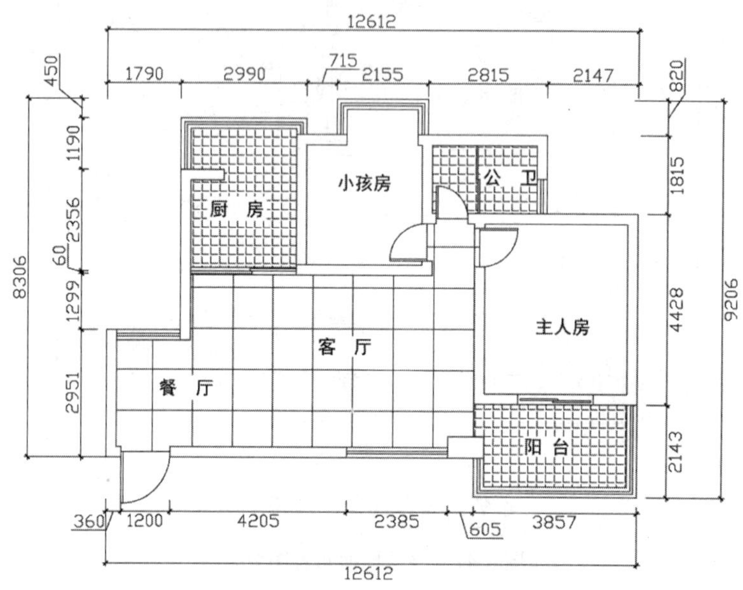

图 3-49 厨房、阳台和卫生间填充效果

步骤 3 同样执行“图案填充（H）”命令，在弹出的对话框中选择“类型”为“预定义”，“样例”为DOLMIT，“角度”为 0，“比例”为 20，对两个卧室填充木地板效果，如图 3-50 所示。

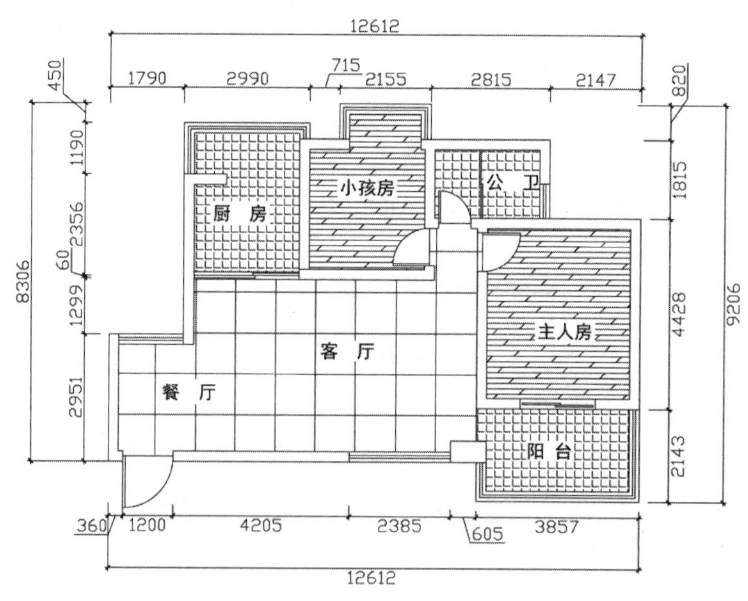

图 3-50 卧室填充效果

3.4.3 添加文字说明

在地面布置图中，全部用图案很难清楚地表示出设计中的所有需求，这时就需要借助文字说明，从而更清楚地表达出设计师的设计意图。

步骤 1 执行“引线（LE）”命令，设置“字体”大小为 300，对地面材质添加文字说明，如图 3-51 所示。

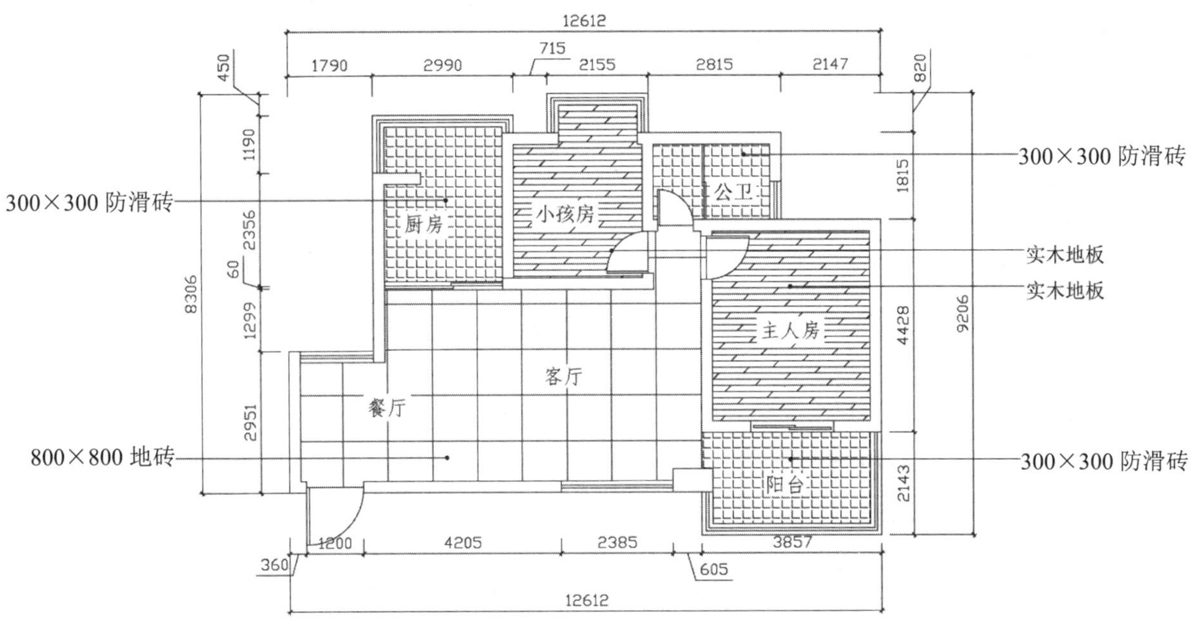

图 3-51 文字说明效果

步骤 2 至此，家装地面布置图已经绘制完成，按Ctrl+S组合键进行保存。

提示——墙砖、地砖、陶瓷有别，厨卫装修不可混用

厨房使用的瓷砖与客厅使用的瓷砖应该有所不同。选择厨房使用的瓷砖之前，应先选好橱柜和配套吊顶，再根据其样式与颜色来购买瓷砖，并且应尽量一次买足，以避免因产品批号不同而出现色差。

墙砖属于陶制品，而地砖属于瓷制品，它们的物理特性不同。陶质砖吸水率大概在 10%左右，吸水率比只有 0.5%的瓷质砖高出许多倍，地砖的吸水率低，适合地面铺设。

墙砖是釉面陶制的，含水率较高，它的背面较粗糙，这样有利于使用黏合剂把它贴到墙上。地砖不容易在墙上贴牢固，墙砖用在地面上会因吸水太多而不易清洁。厨房和卫生间都属于水汽较大的地方，因此在厨卫空间不宜混用墙地砖。

此外，还要注意厨卫瓷砖的选择。一般厨卫空间比较小，应当选择规格小的砖，这样在铺贴时可减少浪费。业内人士建议，最好铺贴亚光瓷砖，品质好的亚光瓷砖不但非常容易清洗，而且其细腻、朴实的光泽能使厨房和卫生间的装修效果更加自然。

3.5 家装顶棚布置图的绘制

案例文件：03\家装顶棚布置图.dwg
视频文件：03\家装顶棚布置图.avi

在绘制顶棚布置图时，首先在平面布置图的基础上绘制直线段封闭门窗洞口，再分别绘制相应功能区域的吊顶轮廓，布置灯具且标注吊顶及灯具的高度，最后进行文字注释等操作，如图 3-52 所示。

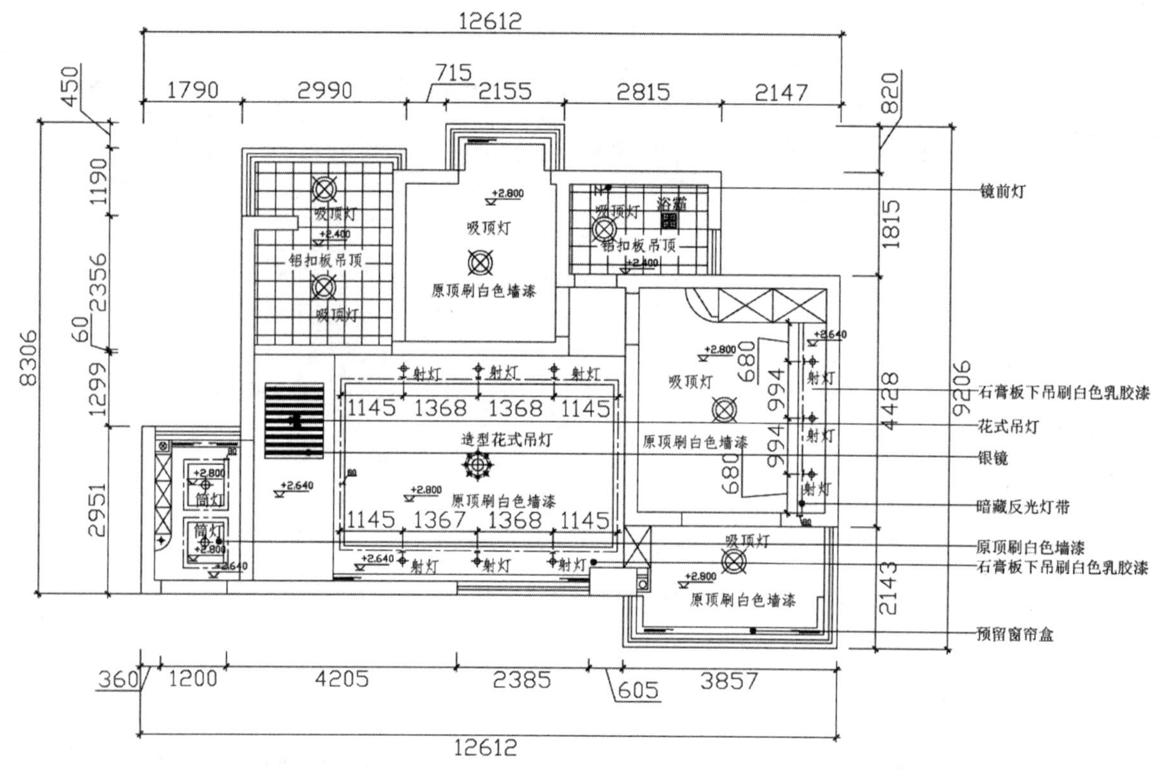

图 3-52 家装顶棚布置图效果

3.5.1 调用并修改地面布置图

在绘制顶棚布置图时，利用前面绘制好的地面布置图可以更加方便地绘制。

步骤 1 启动AutoCAD 2018，选择“文件｜打开”菜单命令，打开前面绘制好的“案例文件\03\家装平面布置图.dwg”文件，再执行“文件｜另存为”菜单命令，将其另存为“案例文件\03\家装顶棚布置图.dwg”文件。

步骤 2 根据绘制顶棚布置图的要求将图形中的文字注释、家具、门等对象删除，并修改图名为“顶棚布置图”。

步骤 3 将“DD-吊顶”图层置为当前图层。执行“直线（L）”命令，对门洞进行封闭操作，如图 3-53 所示。

在布置顶棚灯具的时候，一定要考虑衣柜所占的位置，否则灯具的位置就会有很大偏差。所以先将衣柜位置布置出来，然后除去衣柜位置，再寻找中心点安放灯具，这样就能减小误差。

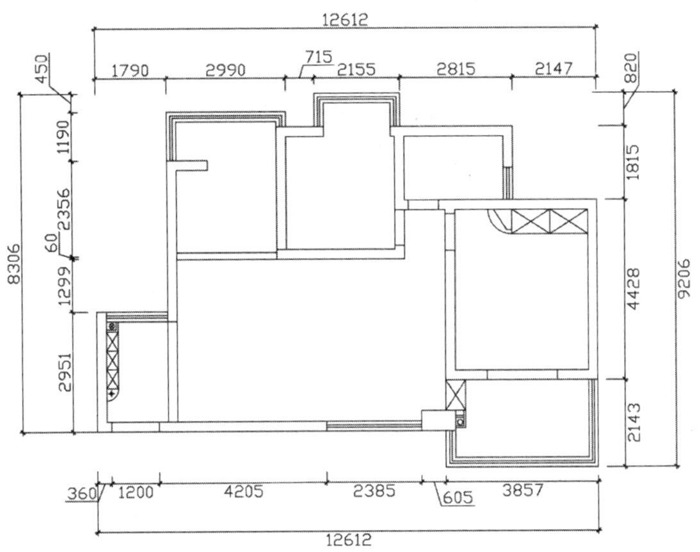

家装顶棚布置图 1:100

图 3-53　整理地面布置图

3.5.2　绘制吊顶轮廓

在将地面布置图整理完成后，得到顶棚布置图需要的轮廓，这时就可以开始对吊顶轮廓进行绘制了。

步骤 1 执行“偏移（O）”“修剪（TR）”和“直线（L）”命令，将客厅、餐厅、小孩房、阳台挂窗帘处分别偏移 120 的距离，然后进行修剪与连接来作为窗帘盒的位置，并转换到“DD-吊顶”图层，如图 3-54 所示。

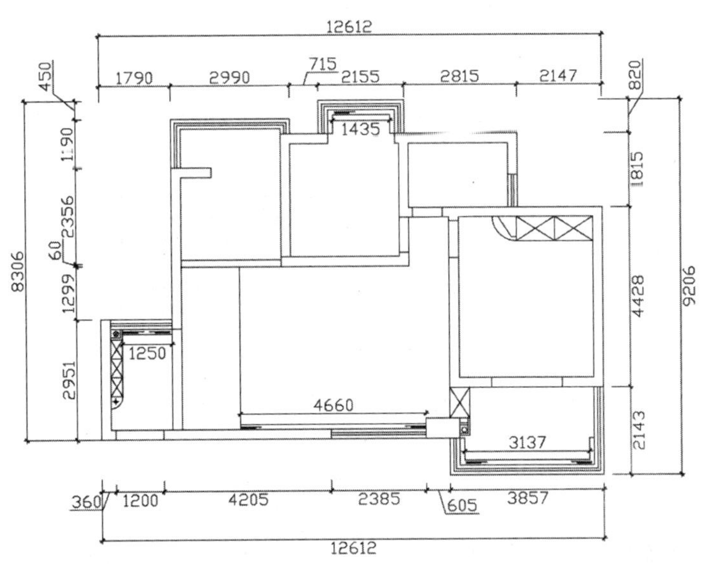

家装顶棚布置图 1:100

图 3-54　绘制窗帘盒轮廓

步骤 2 执行“矩形（REC）”命令和“复制（CO）”命令，在离酒柜相应位置处绘制 650×730 的吊顶轮廓，再通过执行“偏移（O）”命令将矩形向外偏移 80，并转换到“DD-灯带”图层，如图 3-55 所示。

步骤 3 执行“偏移（O）”命令和“修剪（TR）”命令，在上一步图形的右上侧绘制出餐厅吊顶轮廓，如图 3-56 所示。

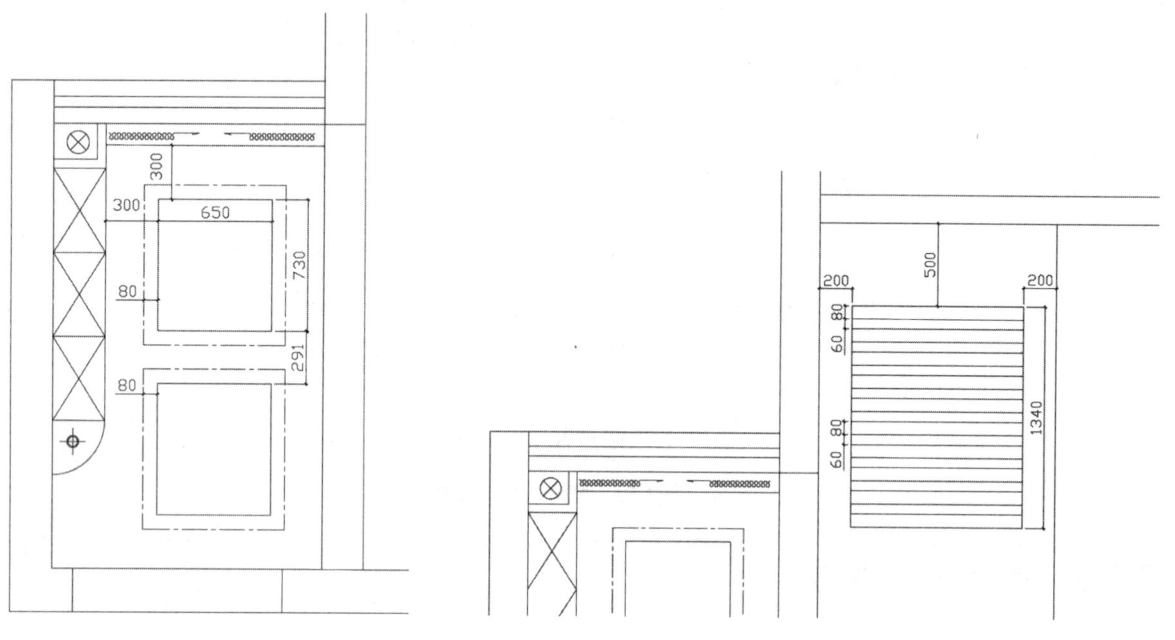

图 3-55　绘制入口吊顶　　图 3-56　绘制餐厅吊顶

步骤 4 执行“图案填充（H）”命令，在弹出的对话框中选择“样例”为“AR-RROOF”，“比例”为 0.75，对餐厅吊顶进行填充，效果如图 3-57 所示。

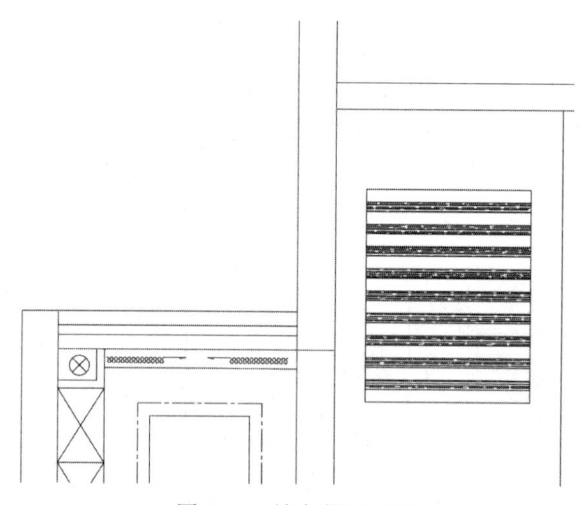

图 3-57　填充餐厅吊顶

步骤 5 执行“直线（L）”“修剪（TR）”和“偏移（O）”命令，绘制客厅吊顶轮廓，效果如图 3-58 所示。

步骤 6 执行“图案填充（H）”命令，在弹出的对话框中选择“类型”为“预定义”，“样例”为NET，“比例”为 100，对厨房和公卫填充铝扣板吊顶效果，如图 3-59 所示。

步骤 7 执行“偏移（O）”命令和“修剪（TR）”命令，绘制出主卧吊顶、灯带效果，如图 3-60 所示。

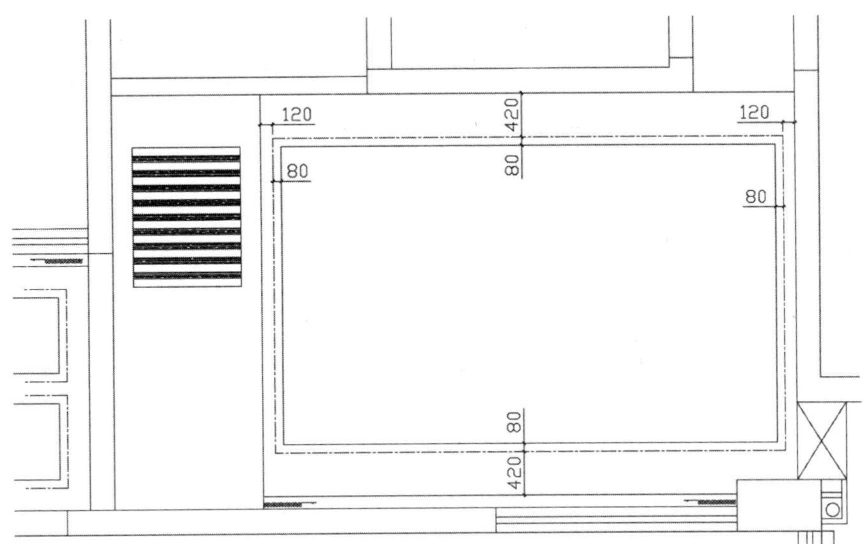

图 3-58　填充客厅吊顶

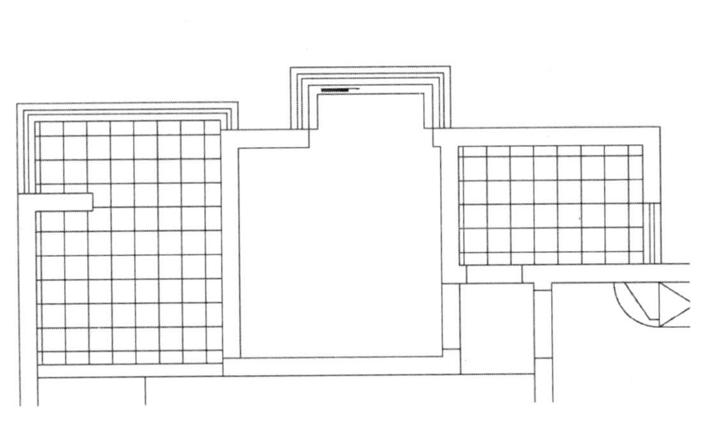

图 3-59　填充厨房、公卫吊顶

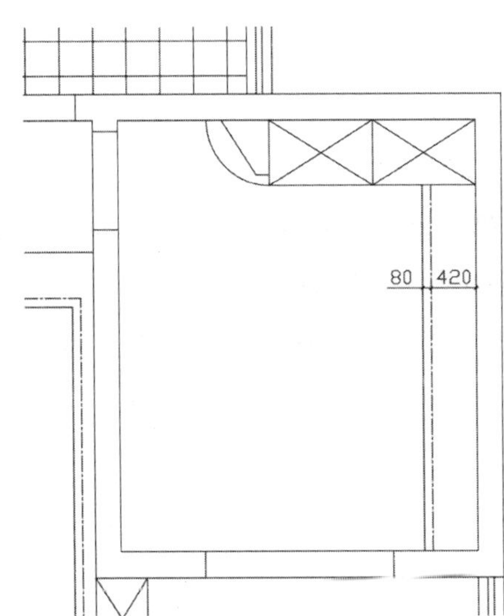

图 3-60　绘制主卧吊顶和灯带

3.5.3 布置灯具

在所有室内空间的吊顶轮廓绘制好以后，就可以进行灯具的布置了。

步骤 1 执行“图层管理（LA）”命令，新建一个“辅助线”图层，并将“辅助线”图层置为当前图层，如图 3-61 所示。

图 3-61　新建图层

步骤 2 执行“直线（L）”命令，打开“非正交”模式，在顶棚布置图中需要安装灯具的地方，通过绘制辅助线的方式来确定灯具的位置处于正中，如图 3-62 所示。

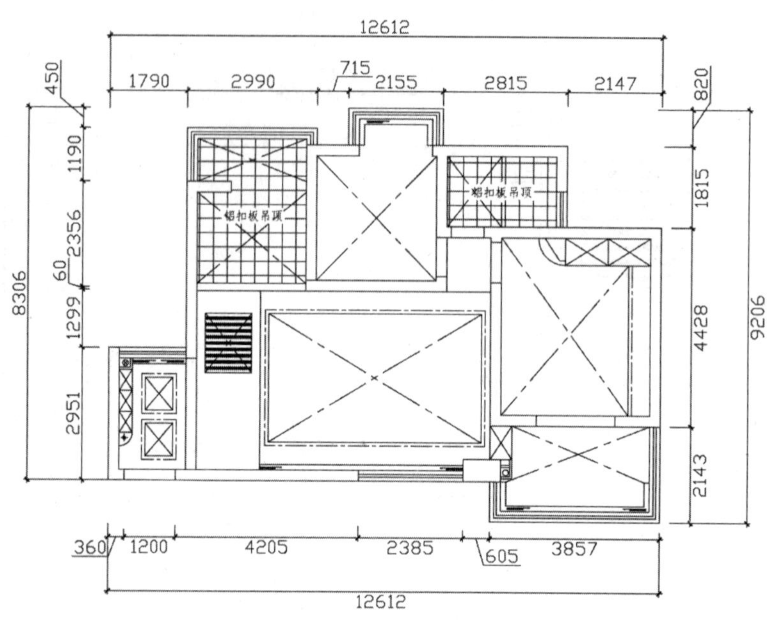

家装顶棚布置图 1:100

图 3-62　绘制辅助线

步骤 3 将“DJ-灯具”图层置为当前图层。根据灯具布置的要求执行“插入块（I）”命令，将“案例文件\03”文件夹下的“筒灯”“水晶吊灯”“吸顶灯”“浴霸”“镜前灯”“花式吊灯”“射灯”等插入图形中，并通过“移动（M）”命令和“复制（CO）”命令将其放置在如图 3-63 所示的位置，将“辅助线”图层关闭。

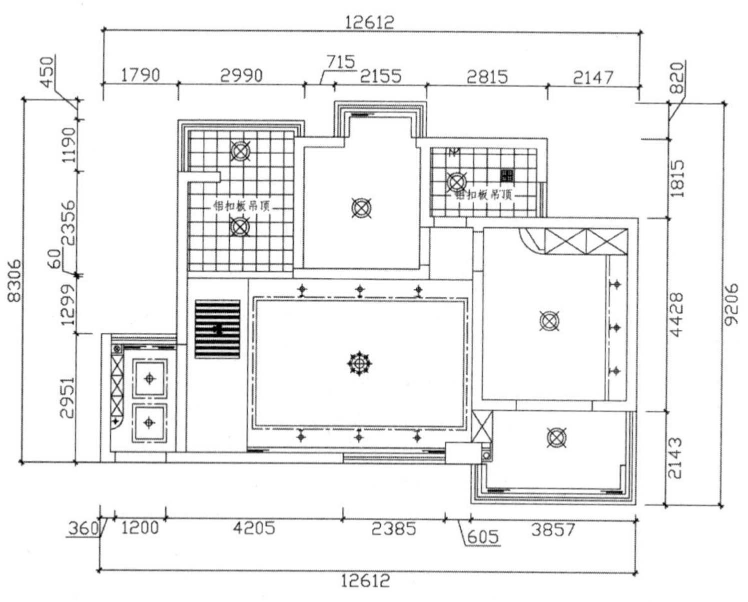

家装顶棚布置图 1:100

图 3-63　插入灯具

提示——不同房间的不同灯光功能需求

- 门厅：往往需要更明亮些的灯光，以便刚走进屋里就感受到室内的温暖。
- 客厅：需要更多功能的复合照明，既要有能照亮整个房间的顶灯，又要有适合阅读的灯，还要有看电视的辅助灯光以及打亮艺术品的射灯。
- 餐厅：直接照射餐桌明亮的吊灯。
- 卧室：不宜选择太亮的灯光，最好能对光度进行调节，此外还应该有台灯、夜灯配合使用。
- 卫生间：既应该有顶灯供一般照明，又应该有镜前灯，方便处理仪容时使用。
- 厨房：需要明亮的、便于操作的照明设备，最好在操作处还有照明以防止背光，比如灶具和案板上方。

3.5.4 文字注释和标注

在灯具布置好以后，用户就可以对顶棚布置图添加具体文字、标高和尺寸说明了。

步骤 1 将“WZ-文字”图层置为当前图层。执行“多行文字（MT）”命令和“引线标注（LE）”命令，设置文字“字体”为宋体、大小为 200，对顶棚布置图添加文字说明，如图 3-64 所示。

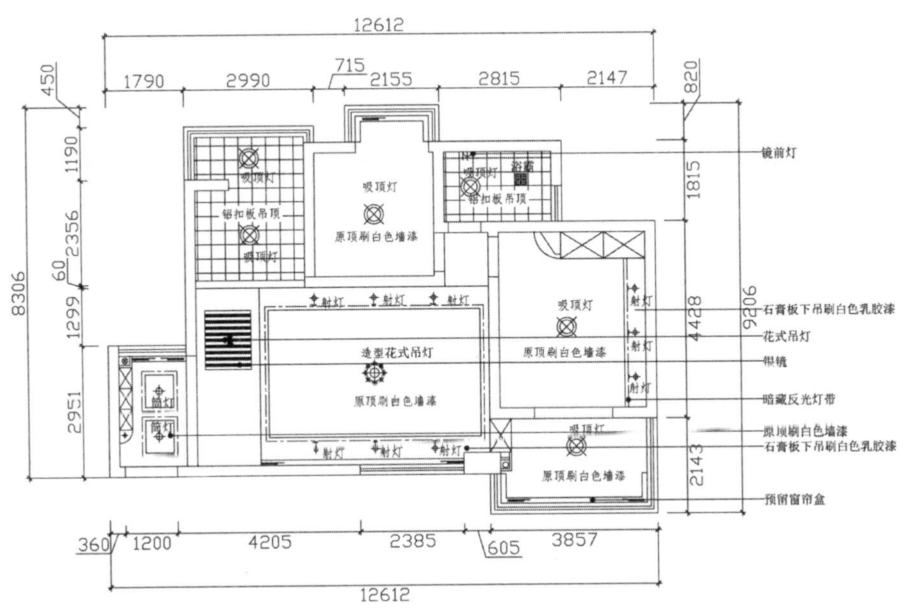

图 3-64 文字注释效果

技巧——多重引线的应用

在图中内部需要标注的文字太多时，就会造成杂乱的感觉，为了使绘制的图纸更加规范和整洁，用户可以执行“多重引线（MLD）”命令，在图纸外侧添加一部分文字注释。

步骤 2 将“FH-符号”图层置为当前图层。执行“插入块（I）”命令，将“案例文件\03”文件夹下的“标高符号”图块插入图形中，并通过“复制（CO）”命令和“移动（M）”命令对顶棚布置图添加标高符号，再修改不同的标高值，如图 3-65 所示。

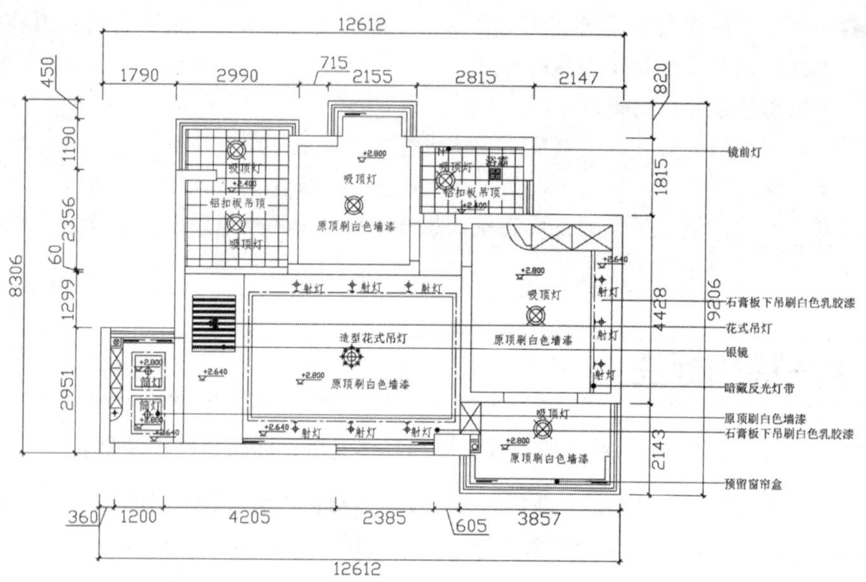

图 3-65 插入标高符号

步骤 3 将“BZ-标注”图层置为当前图层。执行“线性标注（DLI）”命令，对顶棚图中的造型进行局部尺寸的标注和对灯具的定位，效果如图 3-66 所示。

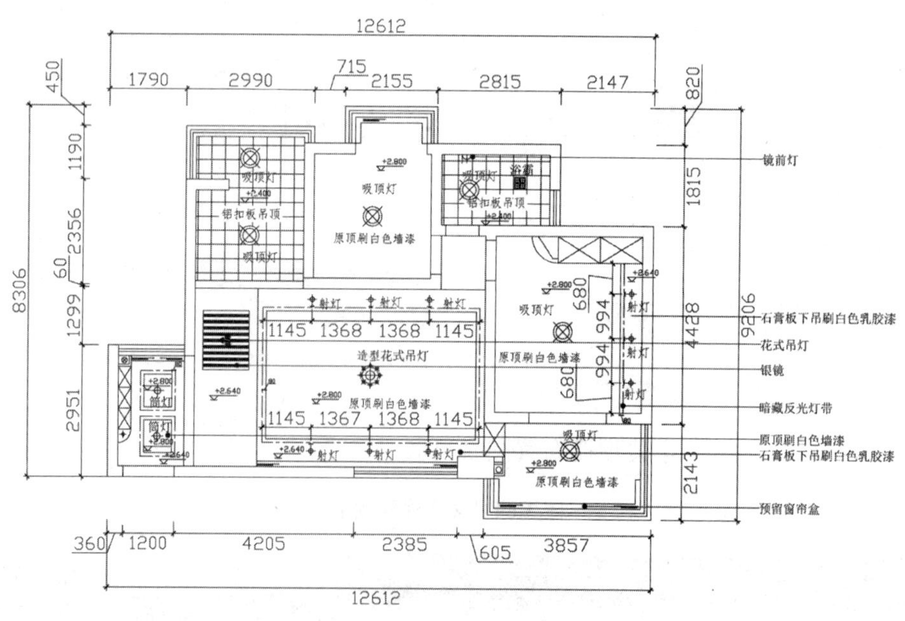

图 3-66 尺寸标注

提示——图纸的绘制

在造型比较复杂的顶棚布置图中，读者可以将尺寸标注在另一张图纸上表现出来，可以绘制一张天花布置图和一张顶棚灯具定位图，这样会让绘制出来的设计图纸更加清晰明了。

步骤 4 至此，家装顶棚布置图已经绘制完成，按Ctrl+S组合键进行保存。

提示——家装的常见吊顶方式

随着人们对房屋设计装修的要求不断个性化、风格化，吊顶也在慢慢地走进我们的视线。吊顶按实用性来说，一般用于厨房、卫生间，宜采用金属、塑料等材质。

吊顶一般有平板吊顶、异型吊顶、局部吊顶、格栅式吊顶、藻井式吊顶五大类型。

- 平板吊顶。一般以PVC板、石膏板、矿棉吸音板、玻璃纤维板、玻璃等为材料。由于平板吊顶一般安排在卫生间、厨房、阳台、玄关等部位，因此照明灯位于顶部平面之内或吸于顶上。
- 异型吊顶。异型吊顶是局部吊顶的一种，主要用于卧室、书房等，在楼层比较低的房间，客厅也可以采用异型吊顶。方法是用平板吊顶的形式把顶部的管线遮挡在吊顶内，顶面可嵌入筒灯或内藏日光灯，使装修后的顶面形成两个层次，不会产生压抑感。异型吊顶采用的云型波浪线或不规则弧线一般不超过整体顶面面积的 1/3，超过或小于这个比例就难以达到好的效果。
- 局部吊顶。局部吊顶是为了避免居室的顶部有水、暖、气管道，而且房间的高度又不允许进行全部吊顶的情况下，采用的一种局部吊顶的方式。这种方式最好的模式是，这些水、电、气管道靠近边墙附近，装修出来的效果与异型吊顶相似。
- 格栅式吊项。先用木材做成框架，镶嵌上透光或磨砂玻璃，光源在玻璃上面。这也属于平板吊顶的一种，但是造型要比平板吊顶生动活泼，装饰的效果比较好。一般适用于居室的餐厅、门厅。它的优点是光线柔和、轻松、自然。
- 藻井式吊顶。这类吊顶的前提是房间必须有一定的高度（高于 2.85m），且房间较大。样式是在房间的四周进行局部吊顶，可设计成一层或两层，装修后的效果有增加空间高度的感觉，还可以改变室内的灯光照明效果。

第 4 章 家装立面施工图的绘制

家装立面施工图所要反映的内容一般都是墙面的布置情况，根据墙体所在的位置及设计的需要进行墙体造型设计，比如家装中的电视墙、主卧背景墙等。本章图示内容包括墙体轮廓线、造型的样式、物体布置的位置及名称、标高、面层材料名称、尺寸标注、文字说明等。

在本章中，首先根据平面图绘制出立面图基本轮廓，然后绘制墙面造型及其他装饰元素，最后对图纸添加材料名称、色彩及施工工艺做法的说明，以及对各个立面组成部分的尺寸进行标注和图名标注，让读者能够轻松掌握家装立面施工图的绘制方法。

主要内容

- 掌握客厅电视墙立面图的绘制
- 掌握客厅沙发背景墙立面图的绘制
- 掌握卧室立面图的绘制
- 掌握卫生间立面图的绘制
- 掌握厨房立面图的绘制

4.1 客厅电视背景墙立面图的绘制

案例文件：04\客厅电视背景墙立面图.dwg
视频文件：04\客厅电视背景墙立面图.avi

由于平面图纸不能很完善地表现出空间的具体造型和关系，因此在绘制室内设计施工图时，还应该绘制出各个立面图的具体效果，这样才能更直观地感受到设计效果。

在绘制电视背景墙立面图时，还可以把同一水平线上的推拉门绘制到同一立面图纸上。客厅电视背景墙立面图的绘制效果如图 4-1 所示。

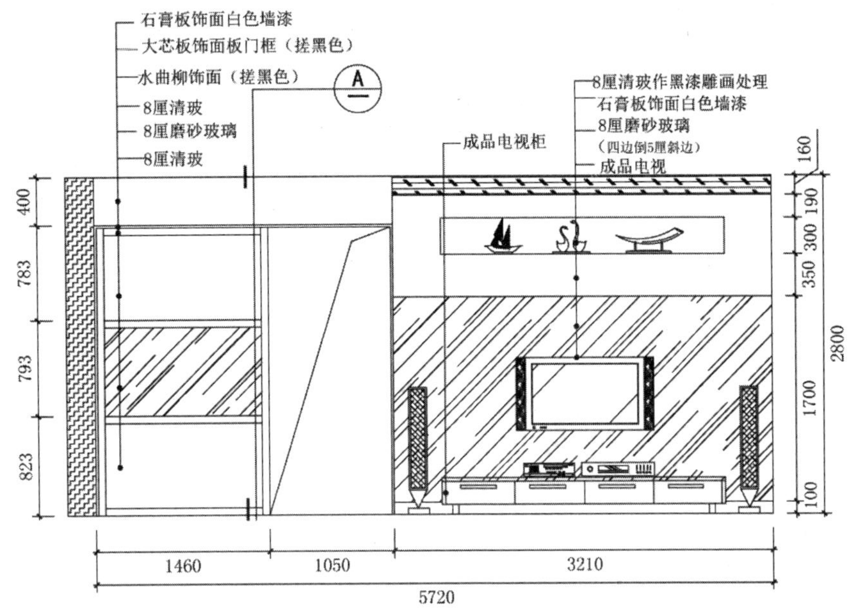

图 4-1　立面图效果

4.1.1　调用并修改平面图

在绘制立面图时，应该借用之前绘制好的平面布置图，然后将其另存为“电视背景墙立面图.dwg”文件，以此文件来进行绘制。

步骤 1　启动AutoCAD 2018，选择“文件｜打开”菜单命令，打开前面绘制好的“案例文件\03\家装平面布置图.dwg”文件，再执行“文件｜另存为”菜单命令，将其另存为“案例文件\04\电视背景墙立面图.dwg”文件。

步骤 2　根据绘制立面图的要求将“LM-立面”图层置为当前图层。执行“矩形（REC）”命令，选择需要绘制立面图的电视背景墙平面图部分来绘制一个矩形，然后通过“修剪（TR）”命令和“删除（E）”命令对平面图进行整理，效果如图 4-2 所示。

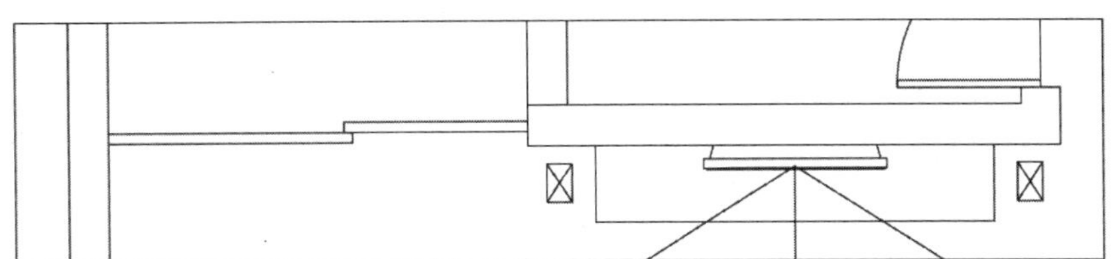

图 4-2　整理电视背景墙平面图效果

4.1.2　绘制造型轮廓

首先根据平面图绘制立面图轮廓，然后执行“直线（L）”等命令绘制出整体背景墙的造型轮廓。

步骤 1　执行“构造线（XL）”命令，根据命令行提示，通过平面图的轮廓绘制 5 条垂直构造线，如图 4-3 所示。

步骤 2 执行“构造线（XL）”命令，绘制一条水平构造线，并执行“偏移（O）”命令，将水平构造线向下偏移2800的距离，然后执行“修剪（TR）”命令，对多余的构造线进行修剪，从而形成立面图的轮廓效果，如图4-4所示。

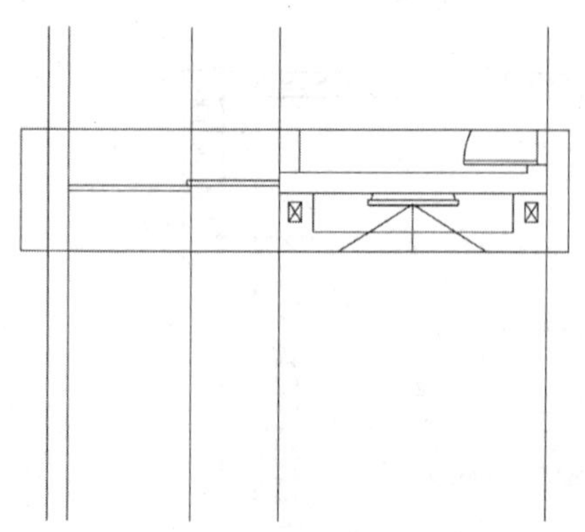

图4-3　绘制垂直构造线

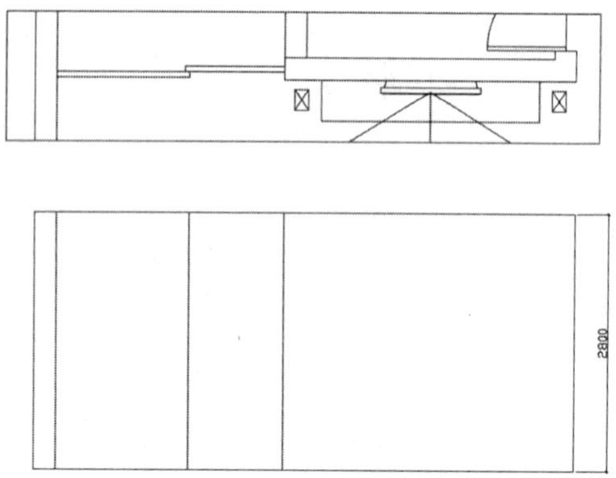

图4-4　绘制立面图轮廓

步骤 3 执行“直线（L）”“偏移（O）”和“修剪（TR）”命令，首先在立面图轮廓中绘制出电视墙旁边进入厨房的推拉门，如图4-5所示。

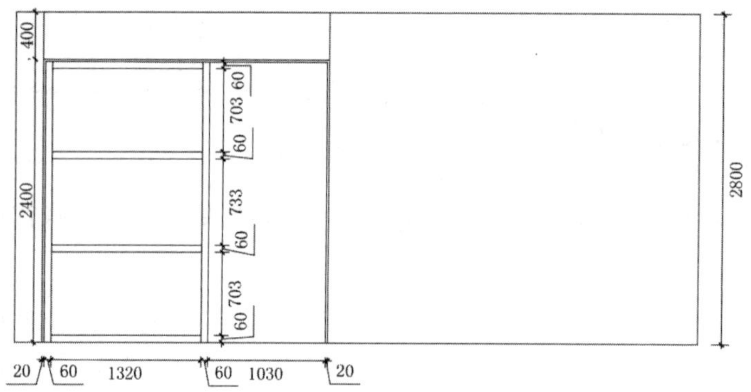

图4-5　绘制推拉门造型轮廓

步骤 4 执行“直线（L）”“偏移（O）”和“修剪（TR）”命令，在立面图轮廓中绘制出电视背景墙，如图4-6所示。

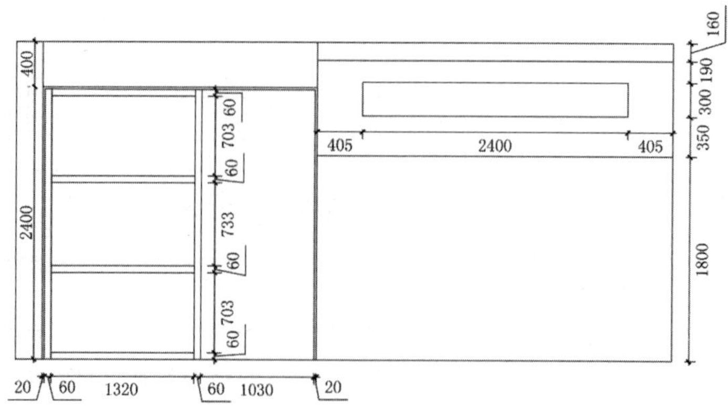

图4-6　绘制电视背景墙造型轮廓

步骤 5 将“JJ-家具”图层置为当前图层。执行“插入块（I）”命令，将“案例文件\04”文件夹下的“立面电视柜”“立面音响”“立面电视”和“装饰玻璃雕花”插入立面图轮廓中，并通过“移动（M）”等命令将其放置在如图 4-7 所示的位置。

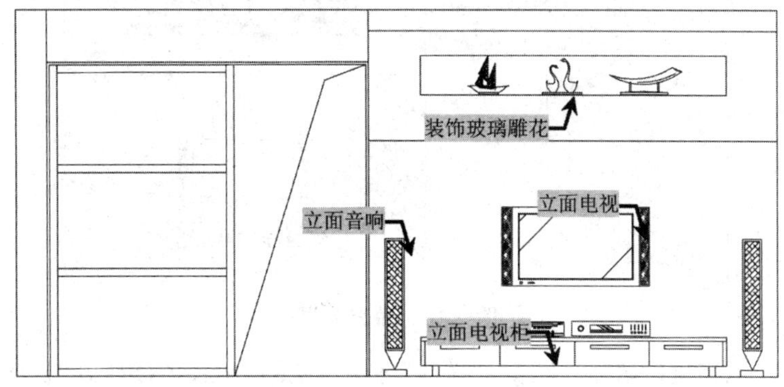

图 4-7　插入立面图块

步骤 6 将最下面的横线向上偏移 100 的距离，从而形成踢脚线的轮廓，再执行“修剪（TR）”命令，对立面图中多余的线条进行修剪，效果如图 4-8 所示。

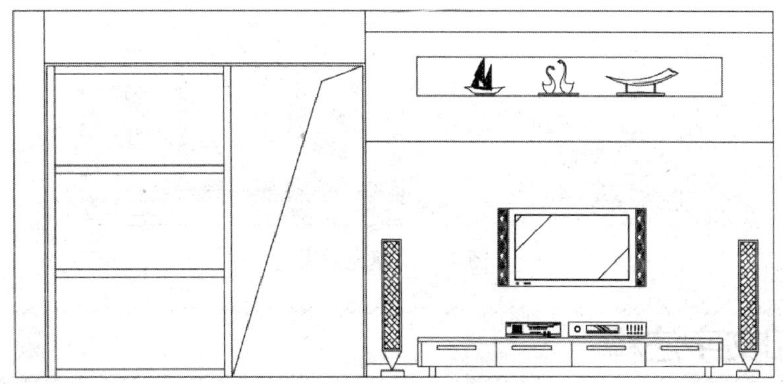

图 4-8　修剪效果

步骤 7 将“TC-填充”图层置为当前图层。执行“图案填充（H）”命令，在弹出的对话框中选择“类型”为“预定义”、“样例”为“AR-SAND”、“比例”为 2，对电视机上面的装饰玻璃和推拉门上贴的玻璃进行艺术效果的填充，如图 4-9 所示。

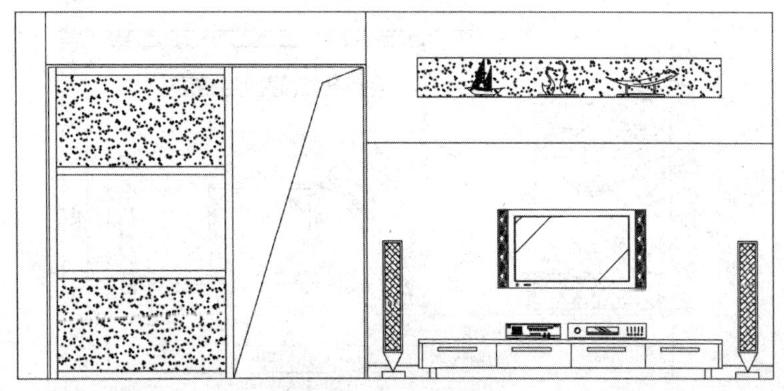

图 4-9　填充效果

步骤 8 对电视机后面的墙和推拉门进行磨砂玻璃效果的填充，填充“样例”为“AR-RROOF”、“比例”为 10、“角度”为 45，如图 4-10 所示。

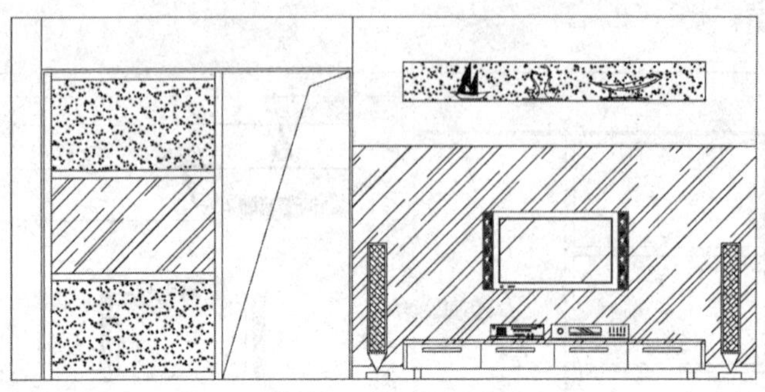

图 4-10 填充效果

步骤 9 对外墙轮廓和天花吊顶进行填充，图案“样例”分别为ZIGZAG、CORK，“比例”分别为 4、15，效果如图 4-11 所示。

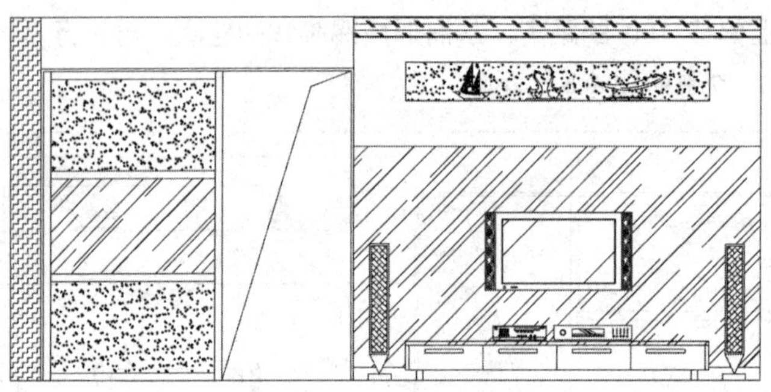

图 4-11 填充效果

4.1.3 标注和文字注释

一张完整的立面图还应该包括尺寸标注和文字注释、图名等。

步骤 1 将“BZ-标注”图层置为当前图层。执行“线性标注（DLI）”命令和“连续标注（DCO）”命令，对立面图进行尺寸标注，效果如图 4-12 所示。

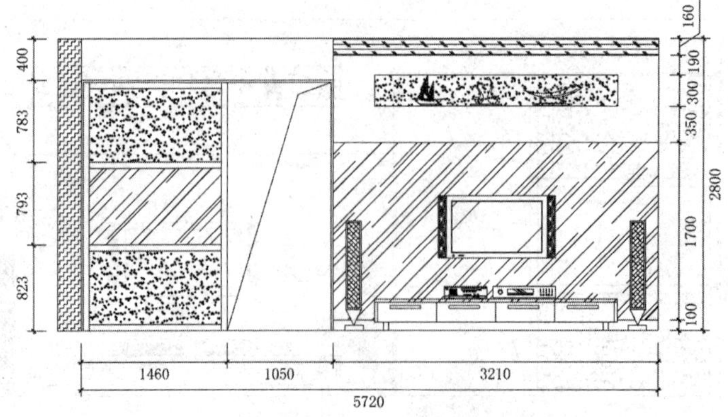

图 4-12 尺寸标注

提示——标注样式

在进行标注的时候，用户可以执行“标注样式管理器（D）”命令，打开“标注样式管理器”，设置合适的全局“比例因子”，再通过执行“标注更新（DIMST）”命令选中需要调整的标注，按空格键确定即可修改。本实例中，立面图标注的全局“比例因子”设置为0.6。

步骤 2 执行“多重引线管理器（MLS）”命令，打开“多重引线管理器”对话框，选择“样式”为“圆点”，单击“修改”按钮，设置多重引线的箭头“大小”为10，“基线距离”为30，如图4-13所示。

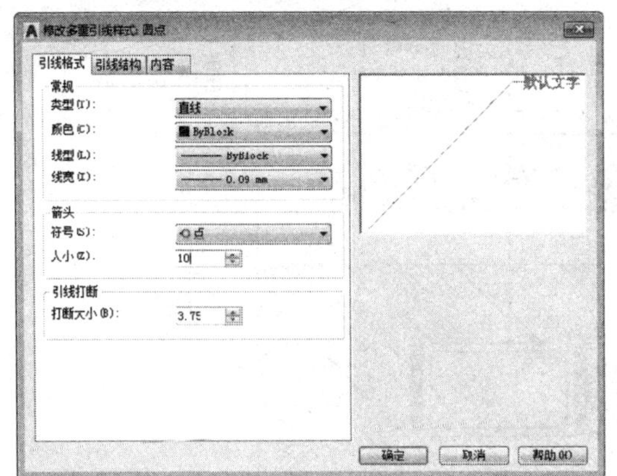

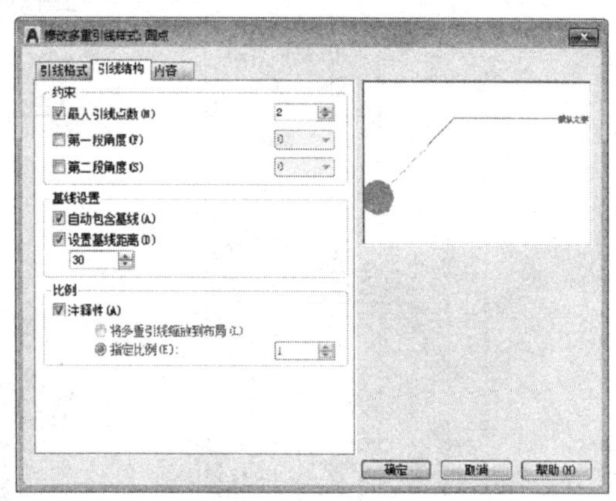

图4-13 修改多重引线样式

步骤 3 将“WZ-文字”图层置为当前图层。执行“多重引线（MLD）”命令，设置文字“字体”为宋体、大小为100，对电视背景墙立面图添加文字注释，如图4-14所示。

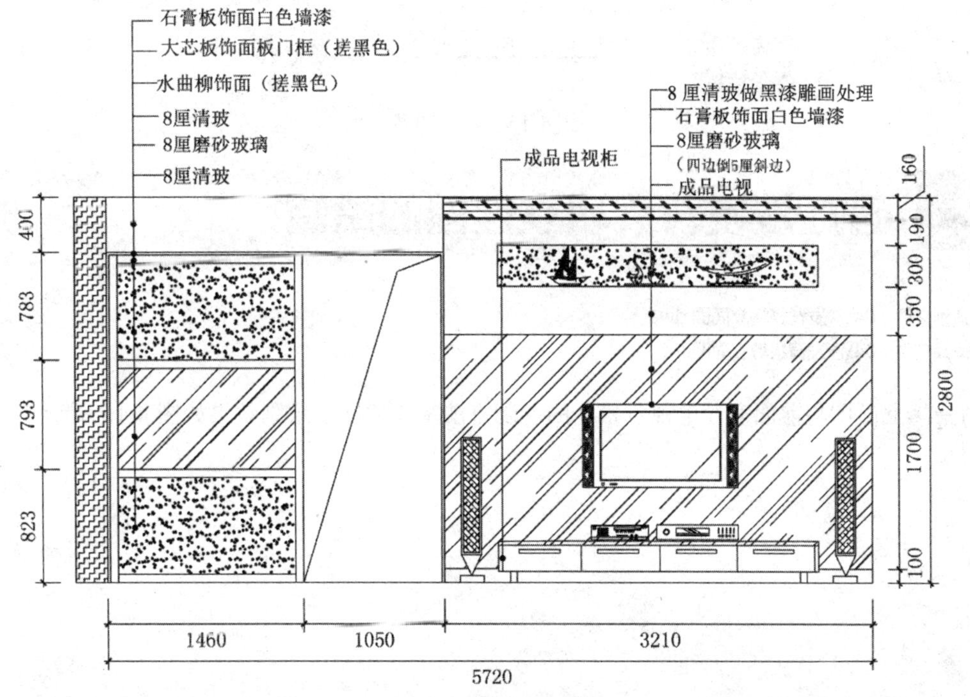

图4-14 文字注释效果

步骤 4 执行“多段线（PL）”命令，根据命令行提示设置线宽为 20，绘制一条长为 1600 的多线；将多线向下偏移出 40，并修改偏移出来的多线线宽为 0；再执行“多行文字（MT）”命令，设置文字“字体”为宋体、大小为 120，对立面图进行图名标注；将“FH-符号”图层置为当前图层，执行“插入块（I）”命令，将“案例文件\04”文件夹下的“剖面符号”插入立面图中，如图 4-15 所示。

步骤 5 至此，电视背景墙立面图已经绘制完成，按Ctrl+S组合键进行保存。

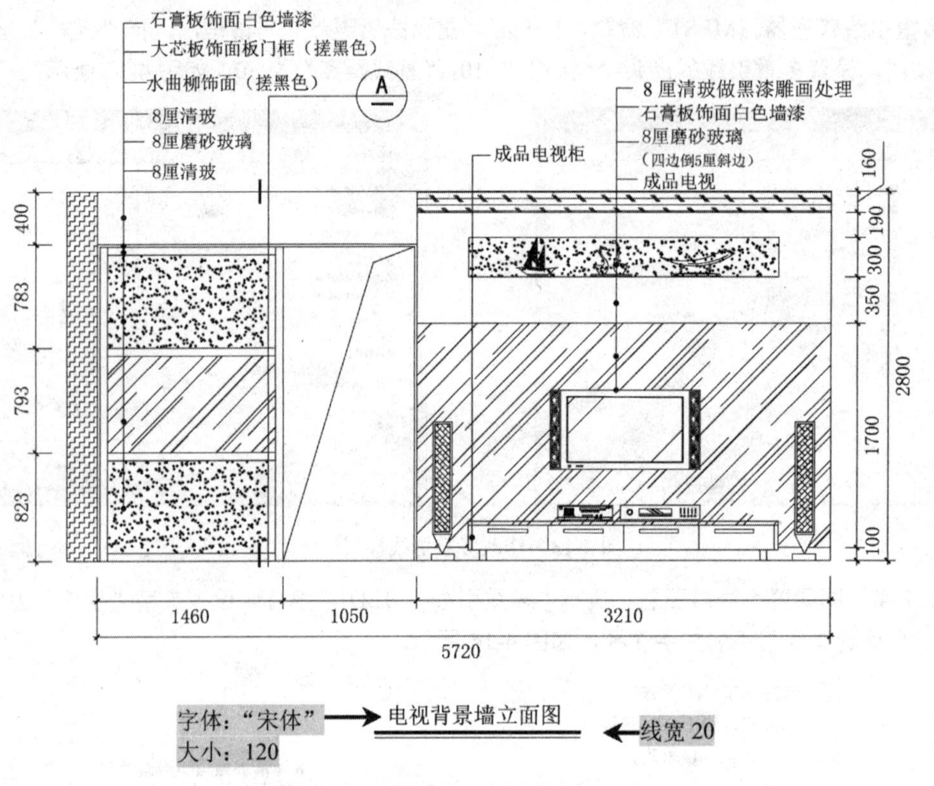

图 4-15　标注图名

4.2 客厅沙发背景墙立面图的绘制

案例文件：04\沙发背景墙立面图.dwg
视频文件：04\沙发背景墙立面图.avi

沙发背景墙立面图与前面客厅电视背景墙的绘制方法基本相同，绘制效果如图 4-16 所示。

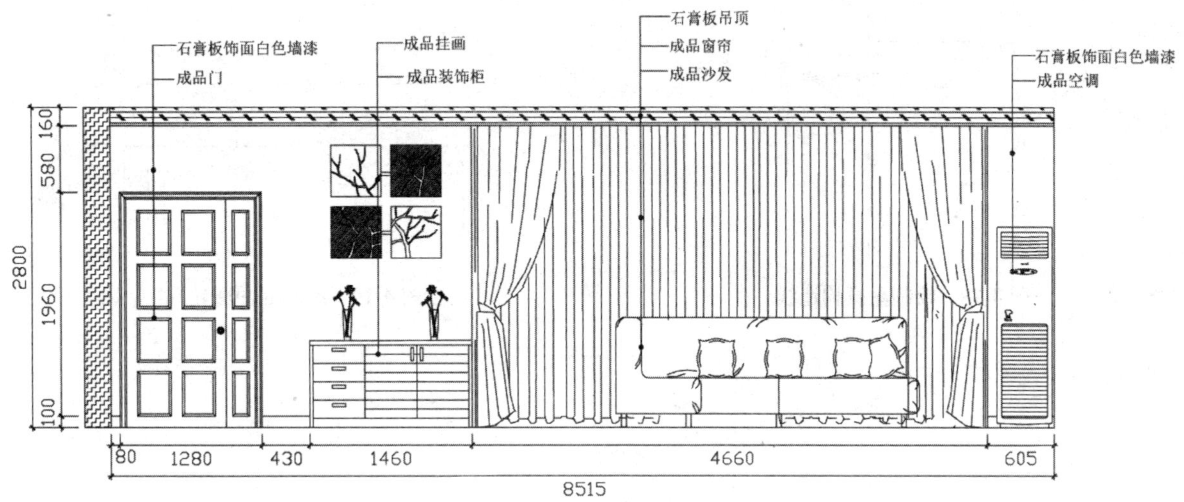

图 4-16　立面图效果

4.2.1　调用并修改平面图

在绘制沙发背景立面图时，先调用之前绘制好的平面布置图，然后将其另存为“沙发背景墙立面图.dwg”文件，以此文件来进行绘制。

步骤 1　启动AutoCAD 2018，选择“文件｜打开”菜单命令，打开“案例文件\03\家装平面布置图.dwg”文件；再执行“文件｜另存为”菜单命令，将其另存为“案例文件\04\沙发背景墙立面图.dwg”文件。

步骤 2　根据绘制立面图的要求将“LM-立面”图层置为当前图层。执行“矩形（REC）”命令，选择需要绘制立面图的沙发背景墙平面图部分绘制一个矩形，然后通过“修剪（TR）”命令和“删除（E）”命令将其余部分删除，对平面图进行整理，如图 4-17 所示。

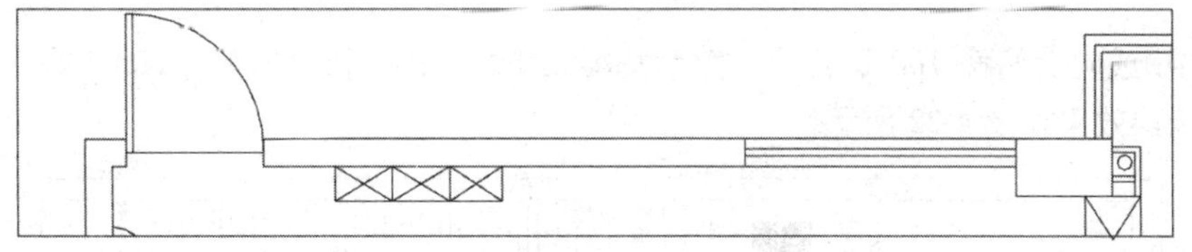

图 4-17　整理沙发背景墙平面图效果

4.2.2　绘制造型轮廓

首先根据平面图绘制立面图轮廓，然后执行“直线（L）”等命令绘制出整体沙发背景墙的造型轮廓。

步骤 1　执行“构造线（XL）”命令，通过平面鞋柜轮廓绘制 7 条垂直构造线，如图 4-18 所示。

步骤 2　执行“构造线（XL）”命令，绘制一条水平构造线，并执行“偏移（O）”命令，将水平构造线向下偏移 2800 的距离；然后执行“修剪（TR）”命令，对多余的构造线进行修剪，绘制立面图轮廓，如图 4-19 所示。

步骤 3　执行“直线（L）”命令和“偏移（O）”命令，在立面图轮廓中绘制出如图 4-20 所示的图形。

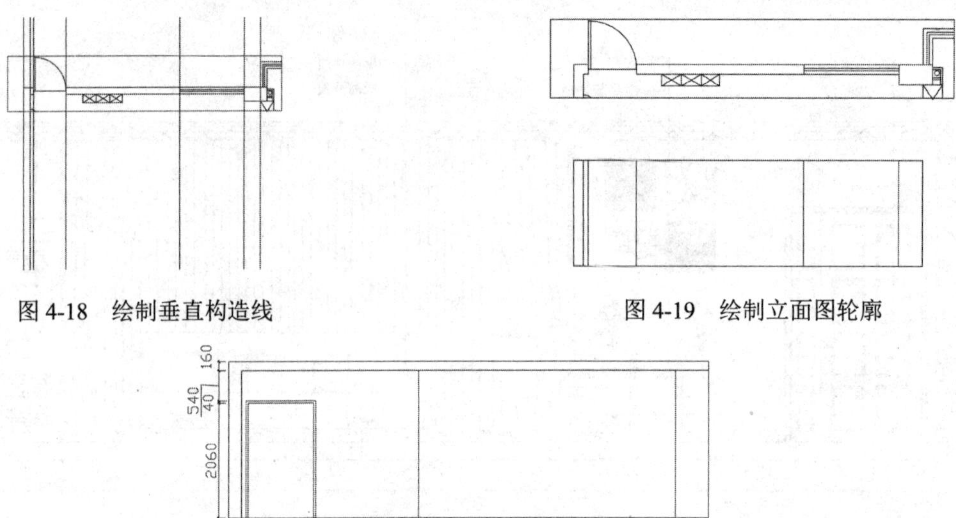

图 4-18　绘制垂直构造线

图 4-19　绘制立面图轮廓

图 4-20　绘制造型轮廓

步骤 4 将“JJ-家具”图层置为当前图层。执行“插入块（I）”命令，将“案例文件\04”文件夹下的“立面门”“立面装饰柜”“立面沙发”“窗帘”“立面挂画”和“立面空调”插入立面图轮廓中，并通过执行“移动（M）”等命令将其放置到如图 4-21 所示的位置。

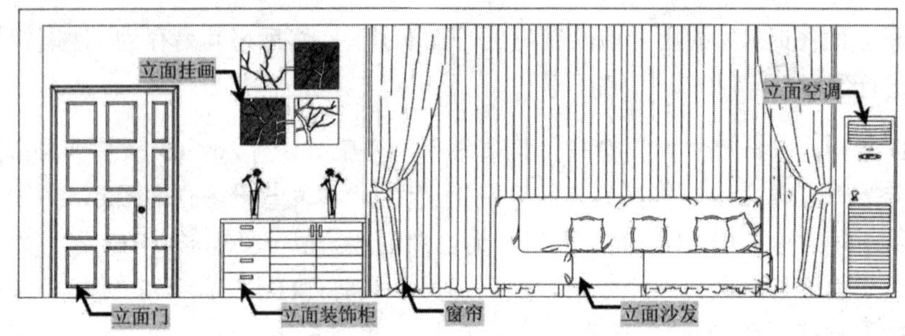

图 4-21　插入立面图块

步骤 5 将最下面的横线向上偏移 100 的距离，绘制踢脚线轮廓；再执行“修剪（TR）”命令，对立面图中多余的线条进行修剪，效果如图 4-22 所示。

图 4-22　绘制踢脚线

步骤 6 将“TC-填充”图层置为当前图层。执行“图案填充（H）”命令，在弹出的对话框中选择“类型”为“预定义”，对外墙轮廓填充“样例”为ZIGZAG，“比例”为 4；对天花吊顶填充“样例”为STEEL，“比例”为 20，效果如图 4-23 所示。

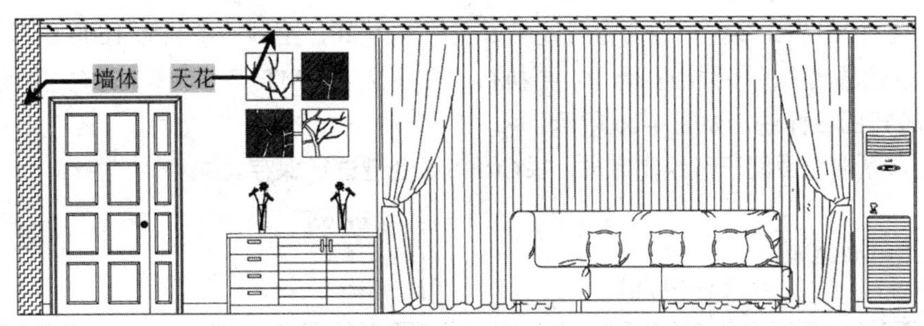

图 4-23　填充效果

4.2.3　标注和文字注释

通过前面的操作步骤已经绘制好立面图的基本造型轮廓，而完整的立面图中还应该有尺寸标注、图内说明文字、图名等。

步骤 1　将“BZ-标注”图层置为当前图层。执行“线性标注（DLI）”命令和“连续标注（DCO）”命令，对立面图进行尺寸标注，效果如图 4-24 所示。

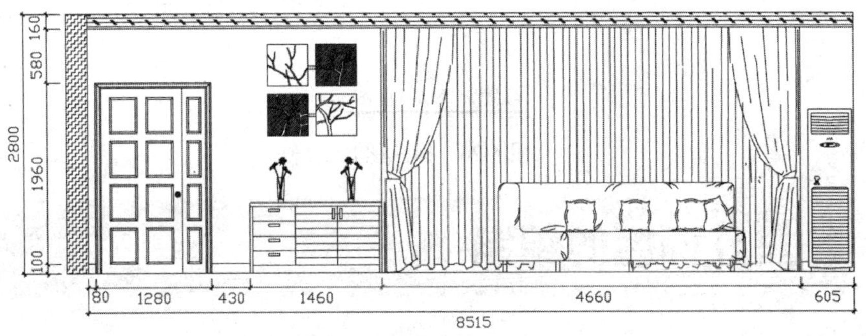

图 4-24　尺寸标注效果

步骤 2　将“WZ-文字”图层置为当前图层。执行“多重引线（MLD）”命令，设置文字“字体”为宋体、大小为 100，对沙发背景墙立面图添加文字注释，如图 4-25 所示。

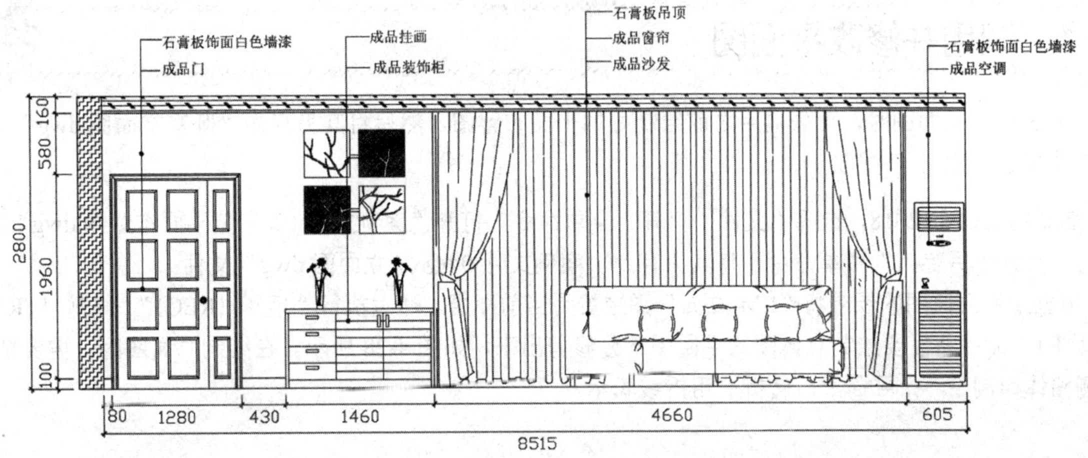

图 4-25　文字注释效果

步骤 3 执行“多段线（PL）”命令，根据命令行提示设置线宽为 20，绘制一条长为 1600 的多线；将多线向下偏移出 40，并修改偏移出来的多线线宽为 0；再执行“多行文字（MT）”命令，设置文字为“宋体”、大小为 40，对立面图进行图名标注，如图 4-26 所示。

步骤 4 至此，电视背景墙立面图已经绘制完成，按Ctrl+S组合键进行保存。

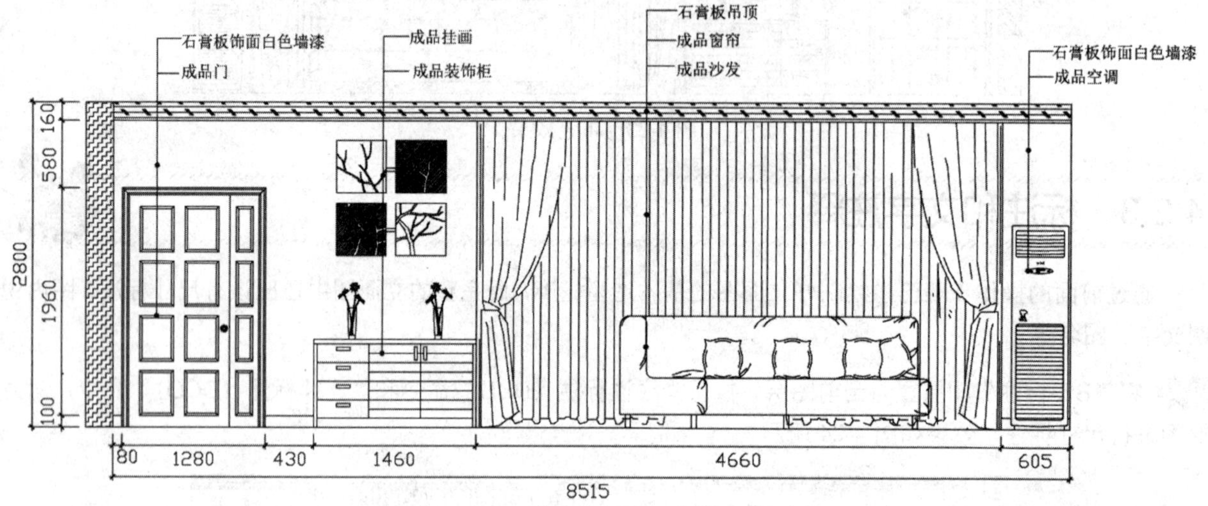

图 4-26 标注图名

4.3 卧室立面图的绘制

案例文件：04\卧室立面图.dwg
视频文件：04\卧室立面图.avi

卧室立面图的绘制方法与前面绘制立面图的方法基本一致，效果如图 4-27 所示。

4.3.1 调用并修改平面图

在绘制卧室立面图时，可先调用之前绘制好的平面布置图，然后将其另存为“卧室立面图.dwg”文件，以此文件来进行绘制。

步骤 1 启动AutoCAD 2018，选择“文件｜打开”菜单命令，打开“案例文件\03\家装平面布置图.dwg”文件；再执行“文件｜另存为”菜单命令，将其另存为“案例文件\04\卧室立面图.dwg”文件。

步骤 2 根据绘制立面图的要求将“LM-立面”图层置为当前图层。通过执行“矩形（REC）”“修剪（TR）”和“删除（E）”命令将需要绘制立面图的平面图部分修剪出来，如图 4-28 所示。在绘制立面图时，需要把上侧和左侧墙体绘制在一个平面上，转折处用折线表示。

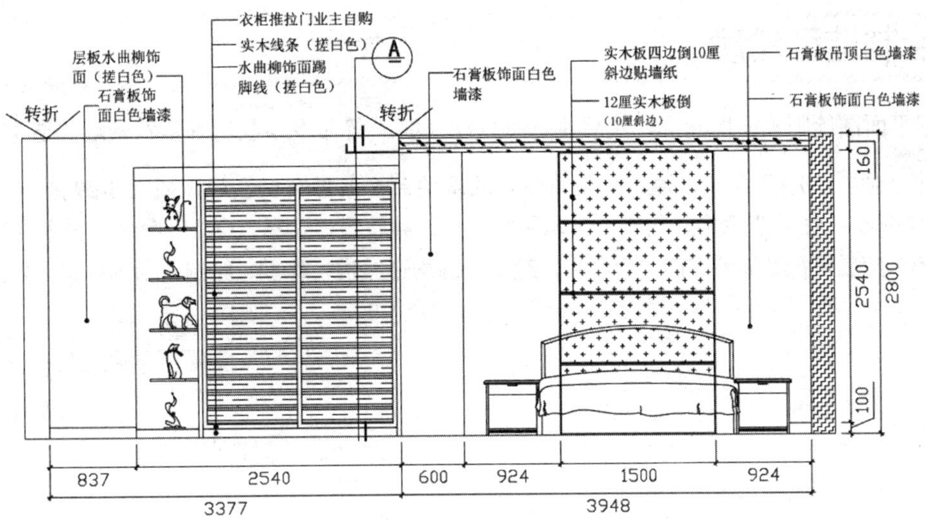

主卧正立面图

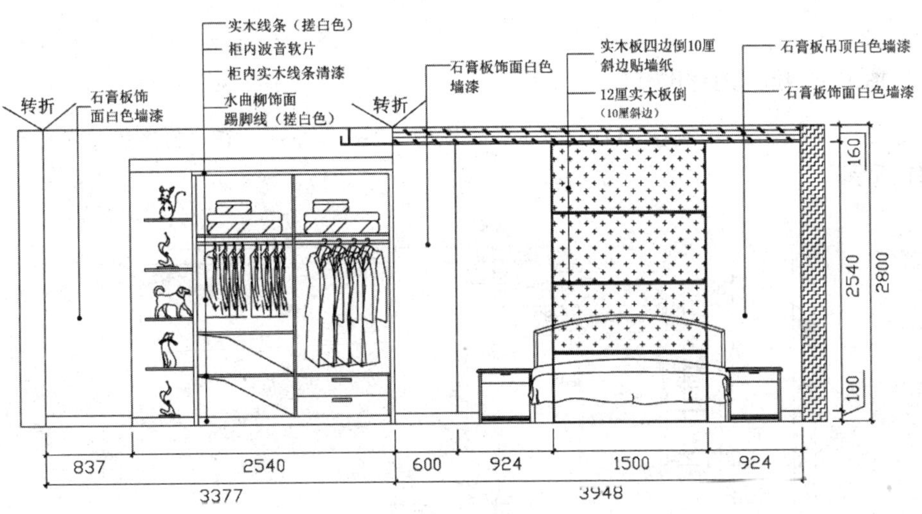

主卧内部结构图

图 4-27　主卧立面图效果

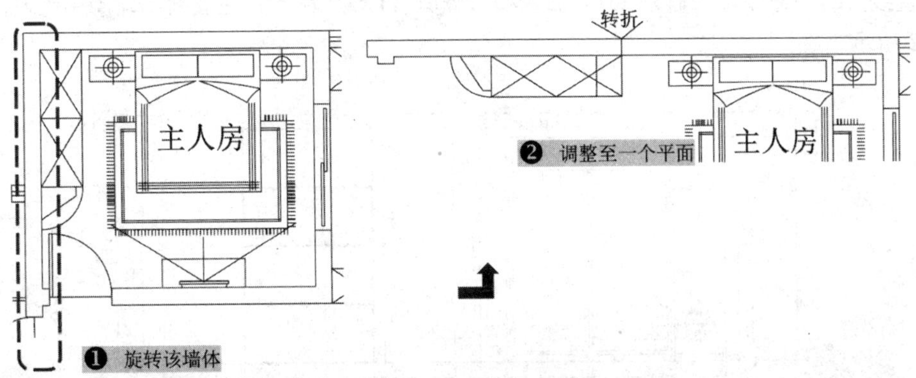

图 4-28　整理平面图效果

4.3.2 绘制造型轮廓

首先根据平面图绘制立面图轮廓，然后执行“直线（L）”等命令绘制出卧室背景墙的造型轮廓。

步骤 1 执行“构造线（XL）”命令，通过卧室背景墙轮廓绘制 8 条垂直构造线，如图 4-29 所示。

步骤 2 执行“构造线（XL）”命令，绘制一条水平构造线，并执行“偏移（O）”命令，将水平构造线向下偏移 2800 的距离；然后执行“修剪（TR）”命令，对多余的构造线进行修剪，绘制立面图轮廓，如图 4-30 所示。

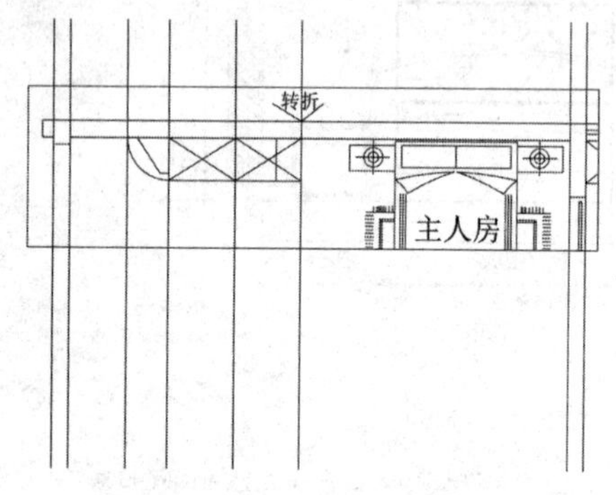

图 4-29 绘制垂直构造线

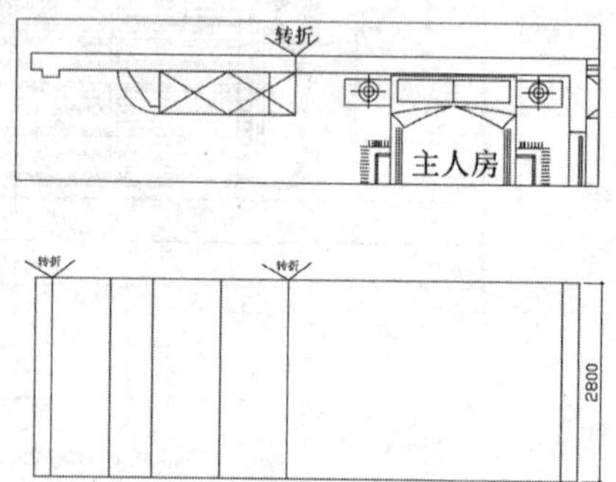

图 4-30 绘制立面图轮廓

步骤 3 执行“直线（L）”命令、“偏移（O）”命令和“修剪（TR）”命令，在立面图轮廓中绘制出卧室衣柜轮廓，如图 4-31 所示。

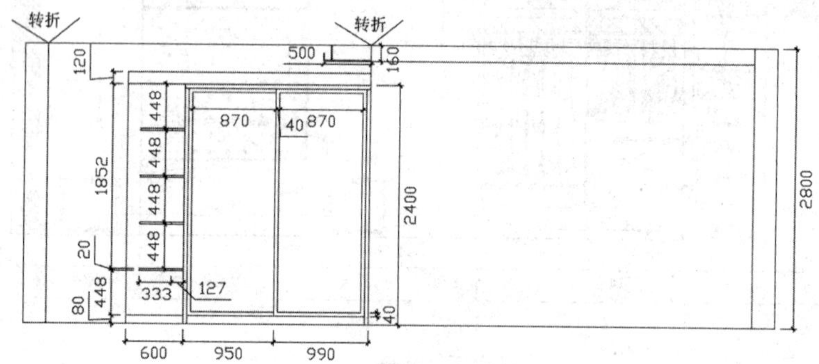

图 4-31 绘制衣柜轮廓

步骤 4 执行“直线（L）”命令、“偏移（O）”命令和“修剪（TR）”命令，在立面图轮廓中绘制卧室背景墙造型，如图 4-32 所示。

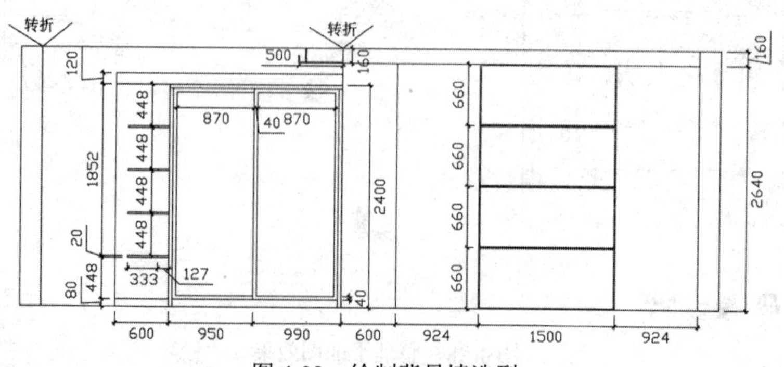

图 4-32 绘制背景墙造型

步骤 5 用同样的方法复制衣柜正立面图，然后绘制出衣柜内部结构图。由于篇幅有限，这里不再介绍具体绘制步骤，读者可自行练习，如图 4-33 所示。

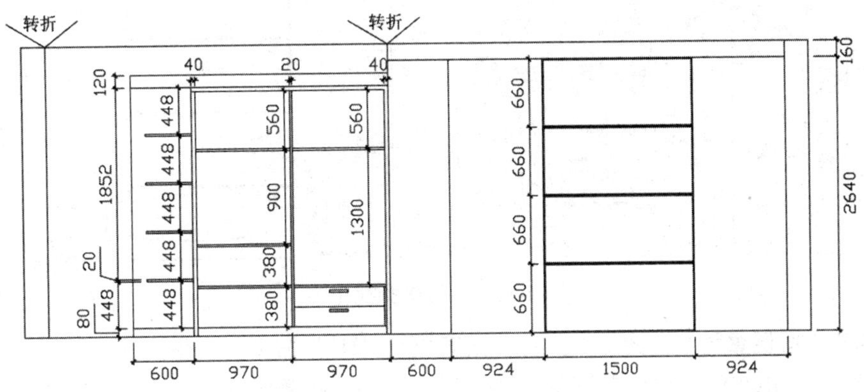

图 4-33　衣柜内部结构图效果

步骤 6 将“JJ-家具”图层置为当前图层。执行“插入块（I）”命令，将“案例文件\04”文件夹下的“棉被”“衣服”“主卧床”和“装饰品”插入如图 4-34 所示的内部结构立面图和如图 4-35 所示的正立面图中。

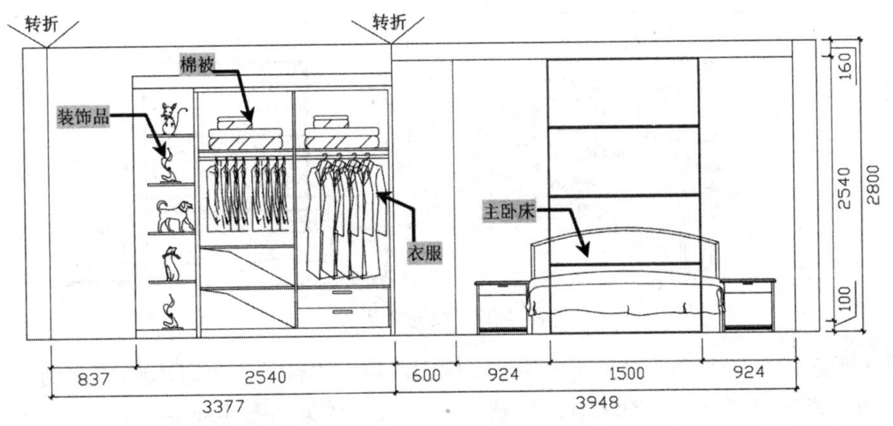

图 4-34　插入内部结构立面图

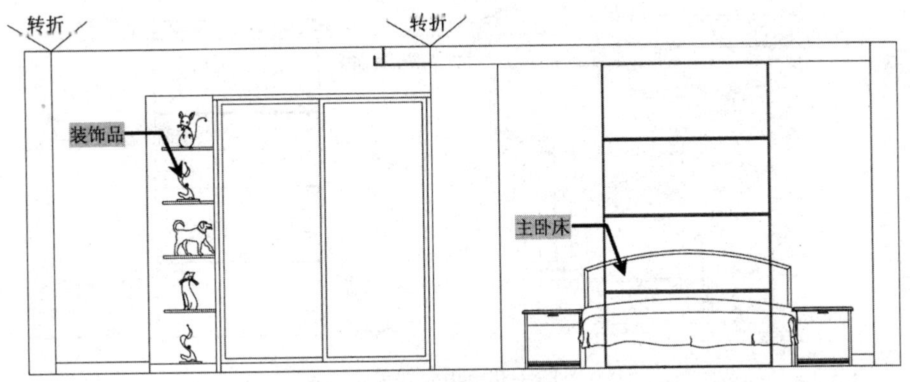

图 4-35　插入正立面图

步骤 7 将最下面的横线向上偏移 100 的距离，绘制踢脚线轮廓；再执行“修剪（TR）”命令，对立面图中多余的线条进行修剪，效果如图 4-36 所示。

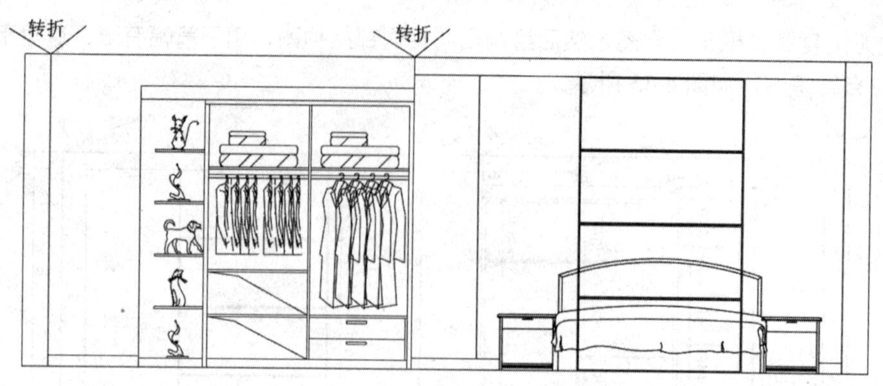

图 4-36　绘制踢脚线轮廓

步骤 8 将“TC-填充”图层置为当前图层。执行“图案填充（H）”命令，在弹出的对话框中选择“类型”为“预定义”、“样例”为CROSS、“比例”为 12，对主卧床头后面的墙体进行墙纸艺术效果的填充，如图 4-37 所示。

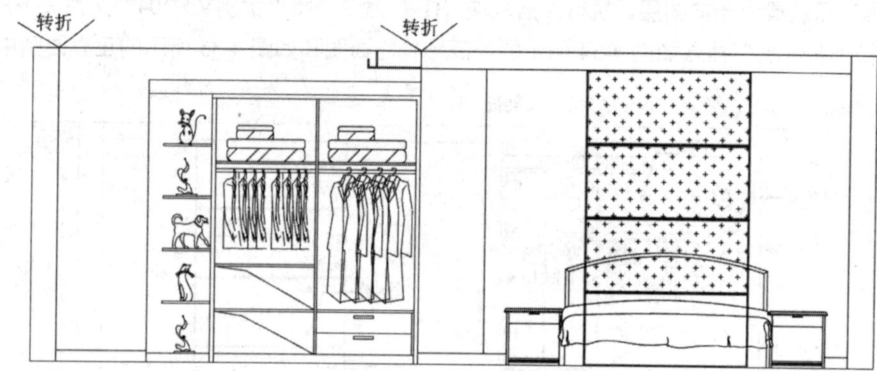

图 4-37　填充效果

步骤 9 执行“图案填充（H）”命令，对天花吊顶进行填充，填充“样例”为CORK、“比例”为 15，最后对外墙轮廓进行填充，填充“样例”为ZIGZAG、“比例”为 12，效果如图 4-38 所示。

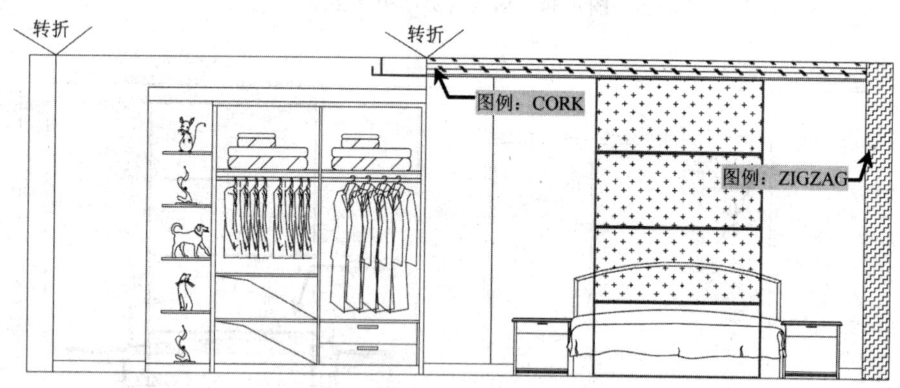

图 4-38　填充效果

步骤 10 执行“图案填充（H）”命令，对正立面衣柜门进行填充，填充“样例”为CLAY、“比例”为 30，效果如图 4-39 所示。

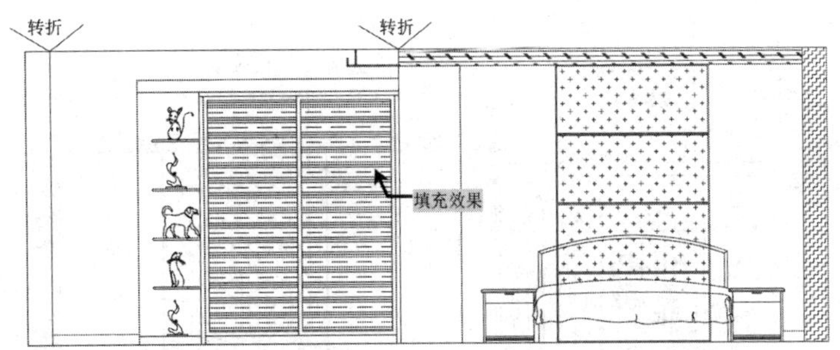

图 4-39　正立面填充效果

4.3.3　标注和文字注释

通过前面的操作步骤已经绘制好立面图，但一张完整的立面图还应该包括尺寸标注、文字注释、图名等。

步骤 1　将“BZ-标注”图层置为当前图层。执行“线性标注（DLI）”命令和“连续标注（DCO）”命令，对各个立面图进行尺寸标注，效果如图 4-40 所示。

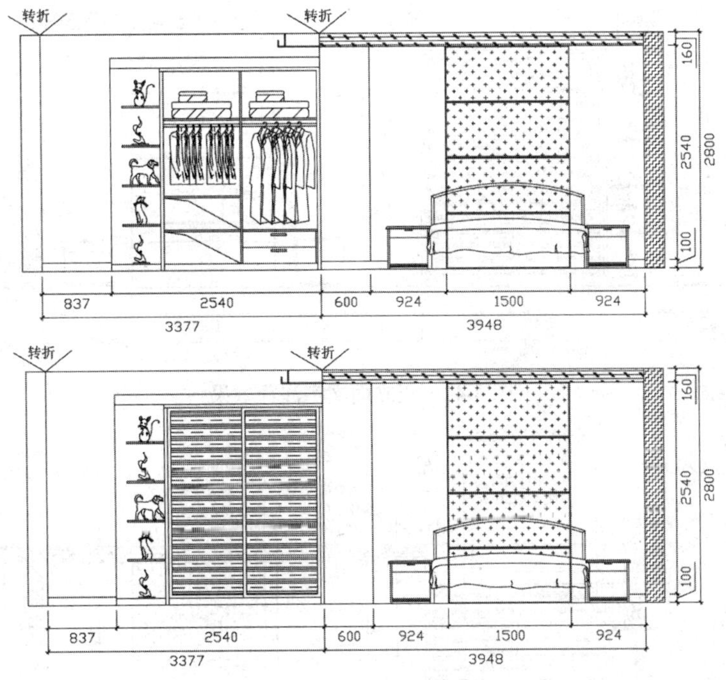

图 4-40　尺寸标注效果

步骤 2　将“WZ-文字”图层置为当前图层。执行“多重引线（MLD）”命令，设置文字字体为宋体、大小为 40，对电视背景墙立面图添加文字注释，如图 4-41 和图 4-42 所示。

步骤 3　执行“多段线（PL）”命令，根据命令行提示设置线宽为 20，绘制一条长为 1600 的多线；将多线向下偏移出 40，并修改偏移出来的多线线宽为 0；再执行“多行文字（MT）”命令，设置文字字体为宋体、大小为 150，对正立面图进行图名标注；将“FH-符号”图层置为当前图层，执行“插入块（I）”命令，将“案例文件\04”文件夹下的“剖面符号”插入立面图中，如图 4-43 所示；然后用同样的方法对内部结构图进行图名标注，如图 4-44 所示。

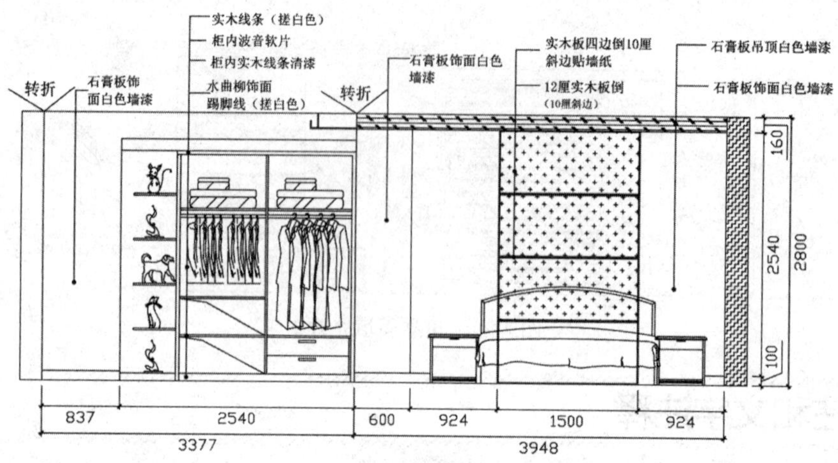

图 4-41　内部结构文字注释效果

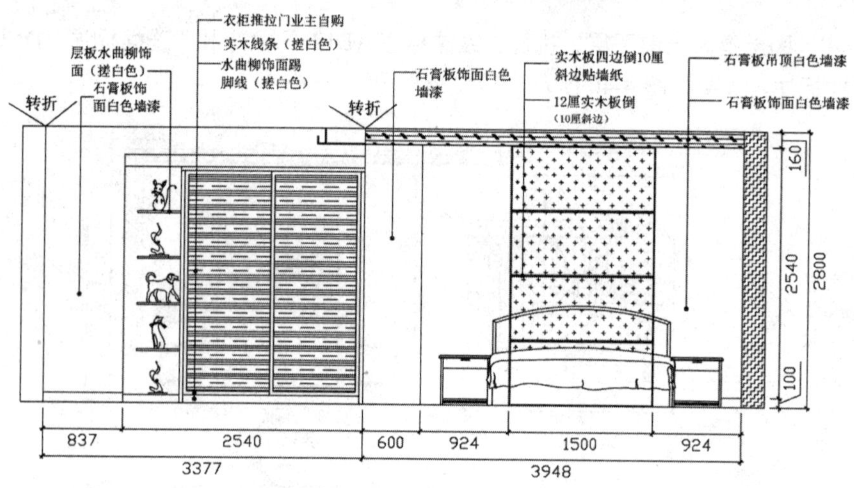

图 4-42　正立面文字注释效果

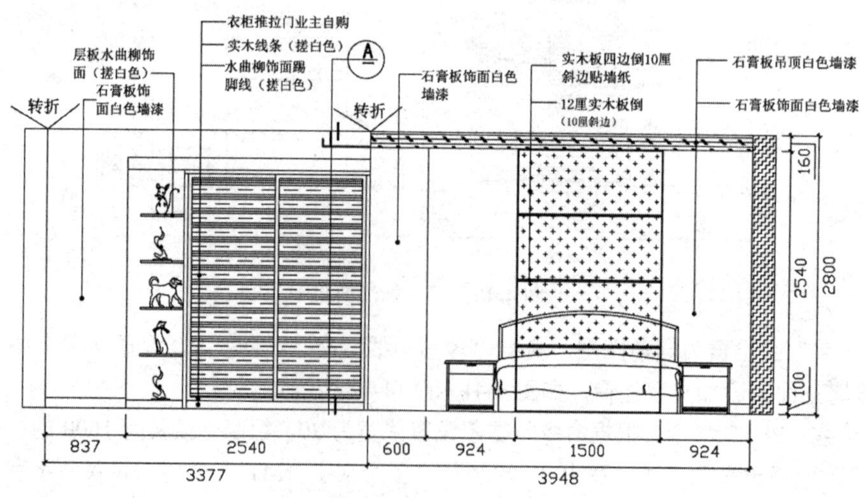

图 4-43　主卧正立面图效果

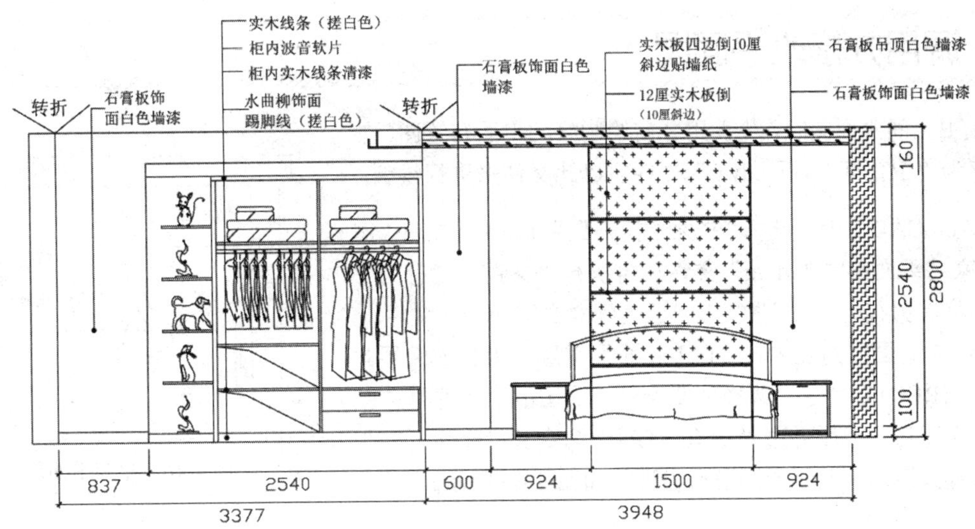

图 4-44　主卧内部结构图效果

 步骤 4 至此，卧室立面图已经绘制完成，按Ctrl+S组合键进行保存。

4.4 卫生间立面图的绘制

案例文件：04\卫生间立面图.dwg
视频文件：04\卫生间立面图.avi

在家装室内设计立面图的绘制中，除了客厅、卧室需要绘制立面图外，卫生间也需要绘制出立面图。绘制方法与前面的立面图基本一致，绘制效果如图 4-45 所示。

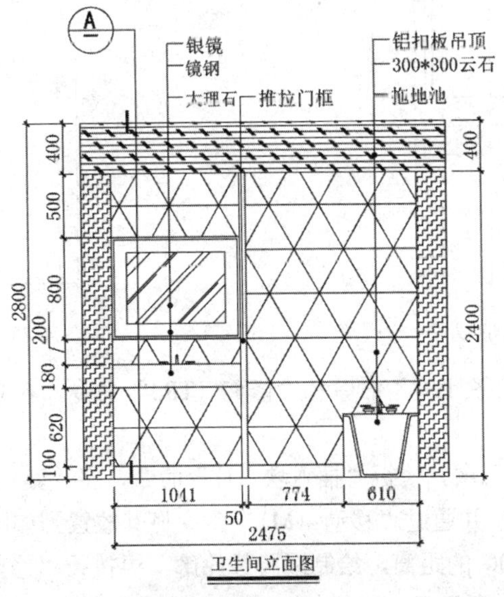

图 4-45　卫生间立面图效果

4.4.1 调用并修改平面图

在绘制卫生间立面图时，先调用之前绘制好的平面布置图，然后将其另存为“卫生间立面图.dwg”文件，以此文件来进行绘制。

步骤 1 启动AutoCAD 2018，选择“文件｜打开”菜单命令，打开“案例文件\03\家装平面布置图.dwg”文件；再执行“文件｜另存为”菜单命令，将其另存为“案例文件\04\卫生间立面图.dwg”文件。

步骤 2 根据绘制立面图的要求将“LM-立面”图层置为当前图层。执行“矩形（REC）”命令，选择需要绘制立面图的卫生间平面图部分绘制一个矩形，然后通过“修剪（TR）”命令和“删除（E）”命令将其余部分删除，对平面图进行整理，如图 4-46 所示。

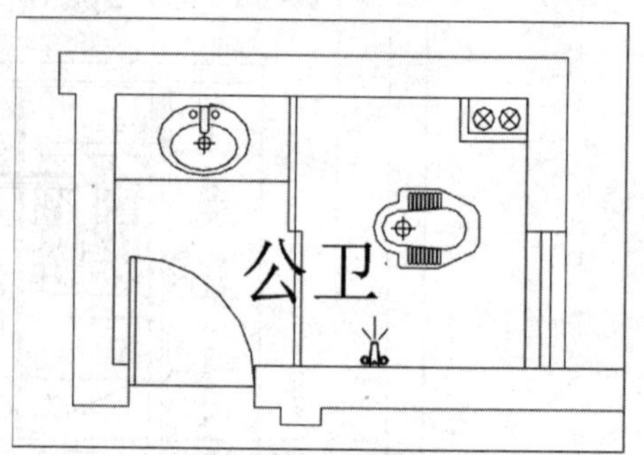

图 4-46 整理平面图效果

4.4.2 绘制造型轮廓

由于篇幅有限，这里仅以A立面为例讲解卫生间立面的绘制方法，其他立面读者可自行练习。

步骤 1 执行“构造线（XL）”命令，通过卫生间A面背景墙轮廓绘制 6 条垂直构造线，如图 4-47 所示。

步骤 2 执行“构造线（XL）”命令，绘制一条水平构造线，并执行“偏移（O）”命令，将水平构造线向下偏移 2800 的距离；然后执行“修剪（TR）”命令，对多余的构造线进行修剪，绘制立面图轮廓，如图 4-48 所示。

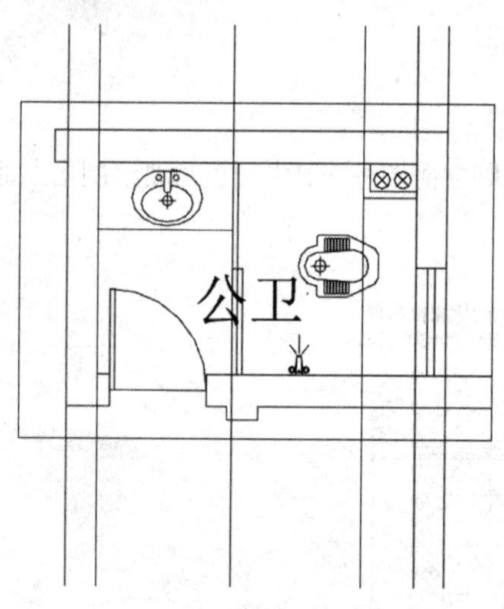

图 4-47 绘制垂直构造线

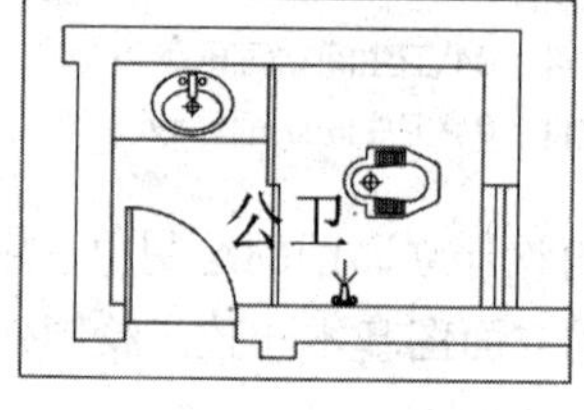

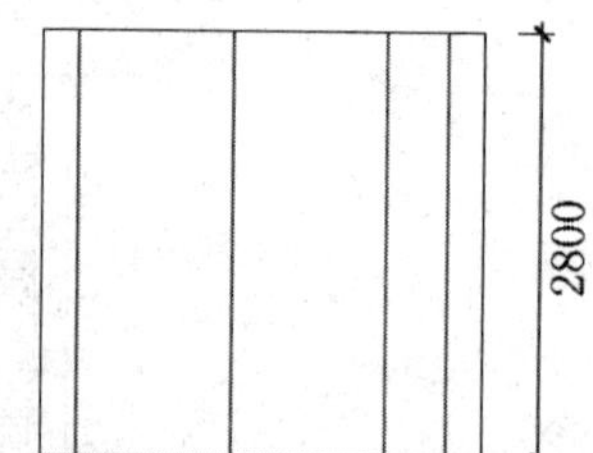

图 4-48 绘制立面图轮廓

步骤 3 执行“直线（L）”命令、“偏移（O）”命令和“修剪（TR）”命令，在立面图轮廓中绘制出卫生间造型轮廓，如图 4-49 所示。

步骤 4 将“JJ-家具”图层置为当前图层。执行“插入块（I）”命令，将“案例文件\04”文件夹下面的“水龙头”“拖地池”插入立面图轮廓中，并通过“移动（M）”命令将其放置到如图 4-50 所示的位置。

步骤 5 将最下面的横线向上偏移 100 的距离，绘制踢脚线轮廓；再执行“修剪（TR）”命令，对立面图中多余的线条进行修剪，效果如图 4-51 所示。

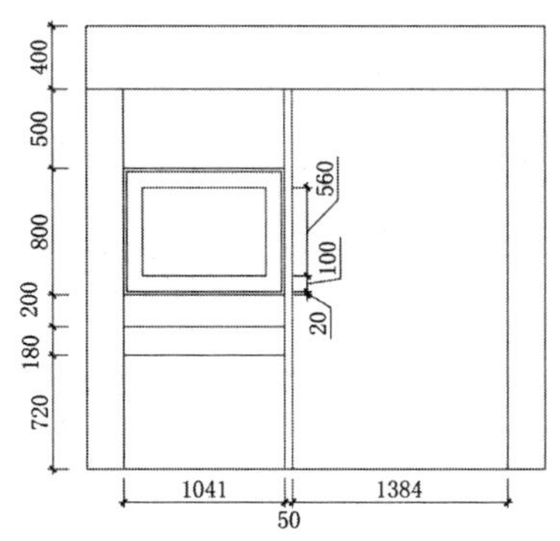

图 4-49 绘制造型轮廓

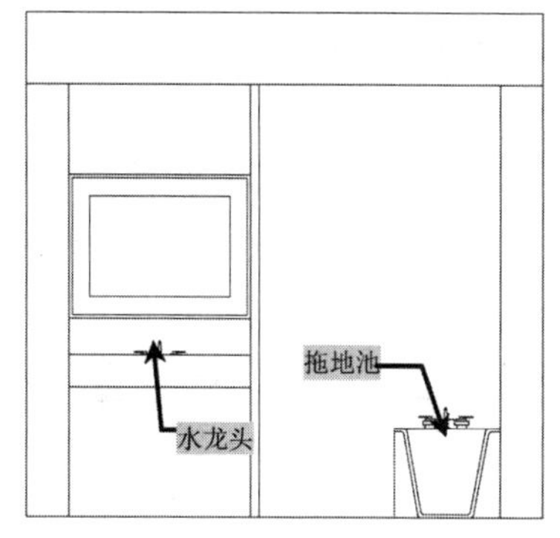

图 4-50 插入立面图块

步骤 6 将“TC-填充”图层置为当前图层。执行“图案填充（H）”命令，在弹出的对话框中选择“类型”为“预定义”、“样例”为NET3、“比例”为 110，对A面墙体进行填充，效果如图 4-52 所示。

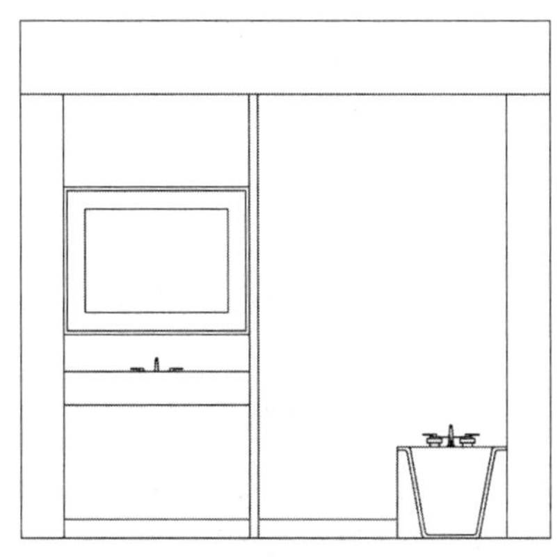

图 4-51 修剪操作

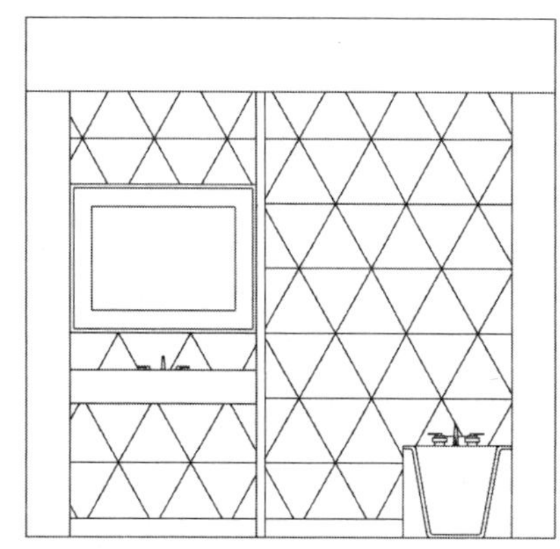

图 4-52 填充效果

步骤 7 执行“图案填充（H）”命令，对镜子进行填充，填充“样例”为AR-RROOF、“比例”为 4、“角度”为 45，效果如图 4-53 所示。

步骤 8 最后对外墙轮廓和天花吊顶进行填充，填充“样例”分别为ZIGZAG、CORK，“比例”分别为 4、“15”，效果如图 4-54 所示。

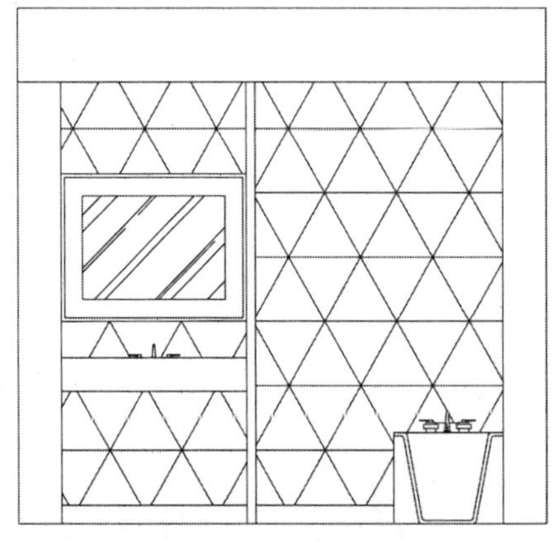

图 4-53 填充效果

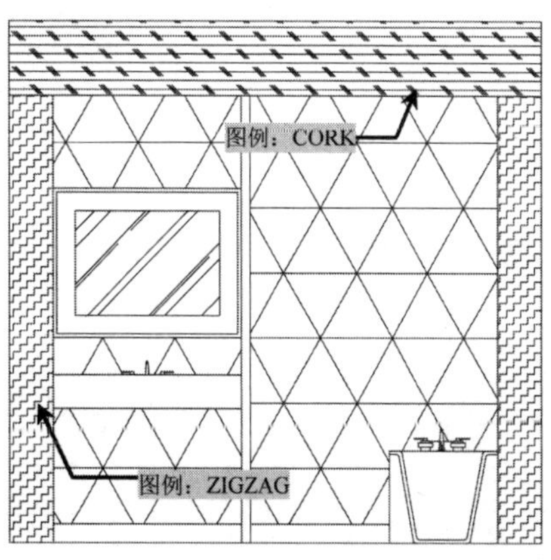

图 4-54 填充效果

4.4.3 标注和文字注释

在立面图绘制好以后，用户就可以对立面图添加尺寸标注、文字说明等。

步骤 1 将“BZ-标注”图层置为当前图层。执行“线性标注（DLI）”命令和“连续标注（DCO）”命令，对立面图添加尺寸标注，效果如图 4-55 所示。

步骤 2 将“WZ-文字”图层置为当前图层。执行“多重引线（MLD）”命令，设置文字字体为宋体、大小为 100，对卫生间立面图添加文字注释，如图 4-56 所示。

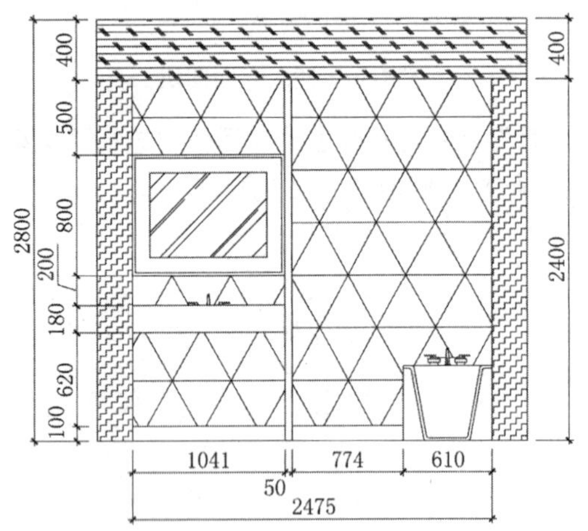

图 4-55 尺寸标注效果

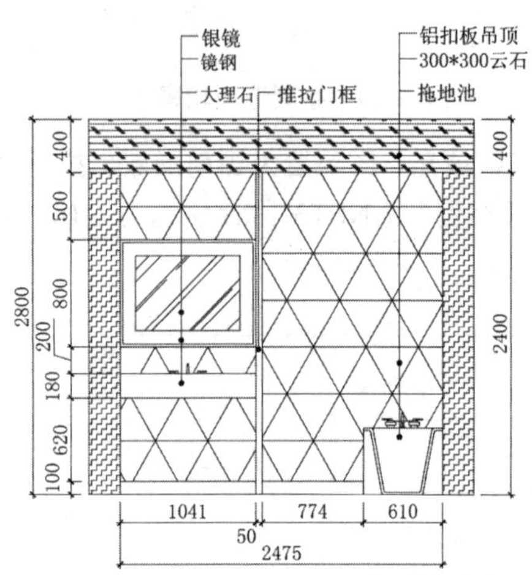

图 4-56 文字注释效果

步骤 3 执行“多段线（PL）”命令，根据命令行提示设置线宽为 20，绘制一条长为 900 的多线；将多线向下偏移出 40，并修改偏移出来的多线线宽为 0；再执行“多行文字（MT）”命令，设置文字“字体”为宋体、大小为 100，对立面图进行图名标注；将“FH-符号”图层置为当前图层，执行“插入块（I）”命令，将“案例文件\04”文件夹下的“剖面符号”插入立面图中，如图 4-57 所示。

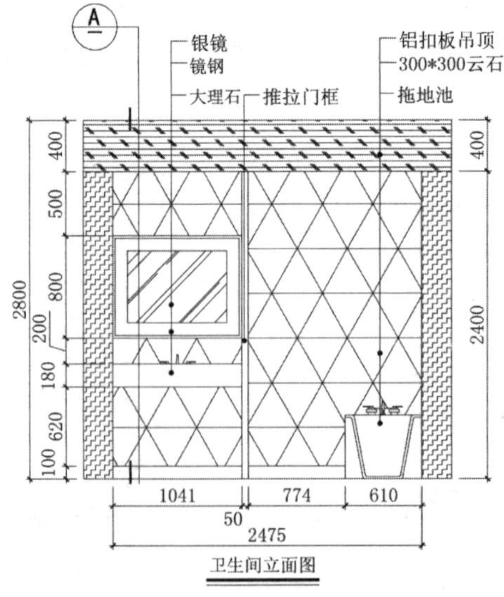

图 4-57 卫生间立面图效果

步骤 4 至此，卫生间立面图已经绘制完成，按Ctrl+S组合键进行保存。

4.5 厨房立面图的绘制

厨房作为居室中视觉美感的一部分，其立面造型从单一变成一个多功能的甚至是舒适的房间。厨房立面图的绘制方法与前面的立面图基本一致，其效果如图 4-58 所示。

4.5.1 调用并修改平面图

在绘制厨房立面图时，先调用之前绘制好的平面布置图，然后将其另存为“厨房立面图.dwg”文件，以此文件来进行绘制。

步骤 1 启动AutoCAD 2018，选择“文件｜打开”菜单命令，打开前面绘制好的“案例文件\03\家装平面布置图.dwg”文件；再执行“文件｜另存为”菜单命令，将其另存为“案例文件\04\厨房立面图.dwg”文件。

步骤 2 根据绘制立面图的要求将“LM-立面”图层置为当前图层。执行“矩形（REC）”命令，选择需要绘制立面图的厨房平面图部分绘制一个矩形，然后通过“修剪（TR）”命令和“删除（E）”命令将其余部分删除，对平面图进行整理，如图 4-59 所示。

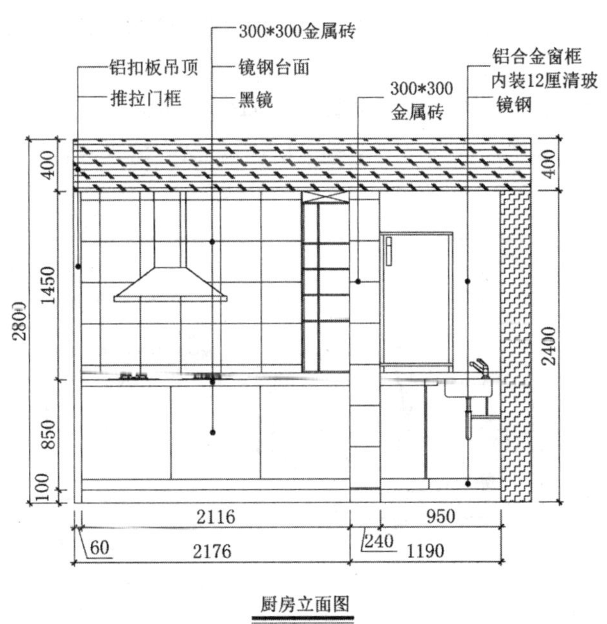

图 4-58　厨房立面图效果

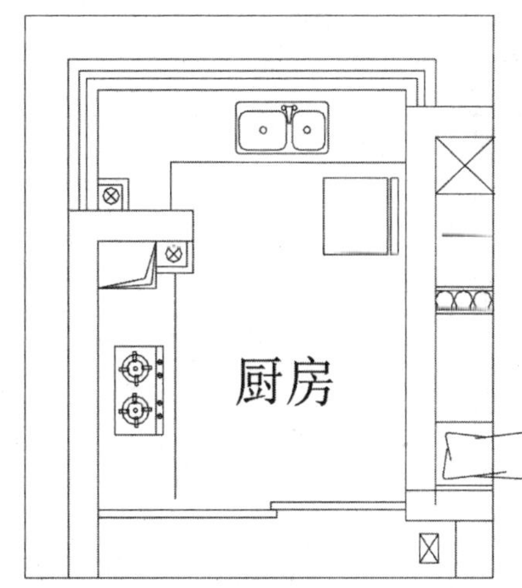

图 4-59　整理平面图效果

4.5.2 绘制造型轮廓

在这里只讲解D立面图的绘制方法，其他立面读者可自行练习。

步骤 1 执行“构造线（XL）”命令，通过厨房背景墙轮廓绘制 5 条垂直构造线，如图 4-60 所示。

步骤2 执行“构造线（XL）”命令，绘制一条水平构造线，并执行“偏移（O）”命令，将水平构造线向下偏移2800的距离；然后执行“修剪（TR）”命令，对多余的构造线进行修剪，绘制立面图轮廓，如图4-61所示。

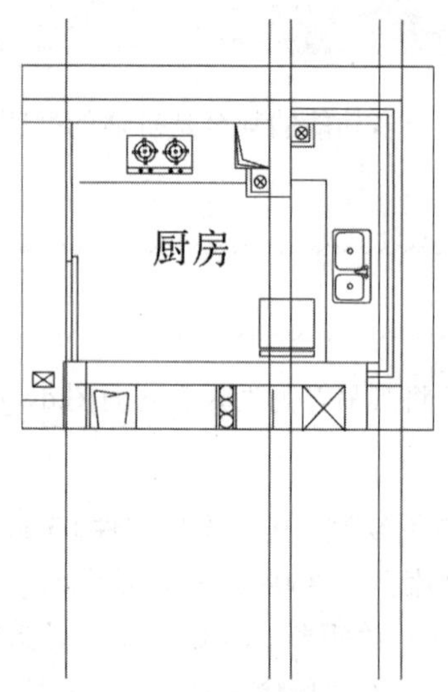

图4-60　绘制垂直构造线

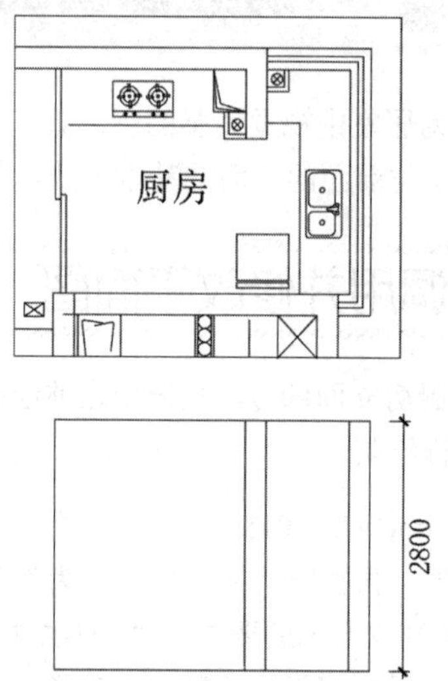

图4-61　绘制立面图轮廓

步骤3 执行“直线（L）”命令、“偏移（O）”命令和“修剪（TR）”命令，在立面图轮廓中绘制出厨房造型轮廓，如图4-62所示。

步骤4 将“JJ-家具”图层置为当前图层。执行“插入块（I）”命令，将“案例文件\04”文件夹下的“洗菜盆”“燃气灶”“抽油烟机”“消毒柜”“橱柜”插入立面图轮廓中，并通过“移动（M）”等命令将其放置到如图4-63所示的位置。

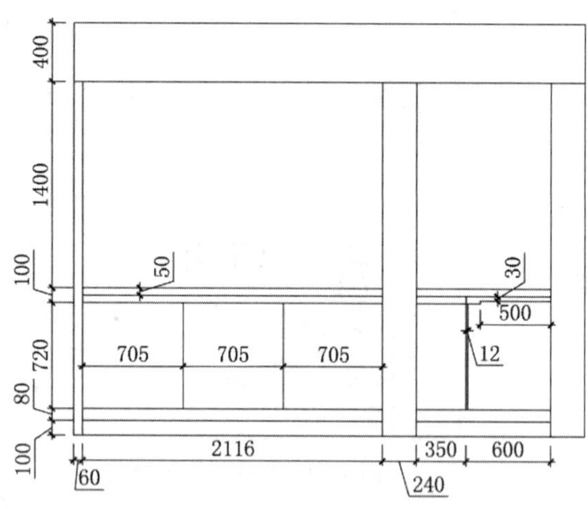

图4-62　绘制厨房造型轮廓

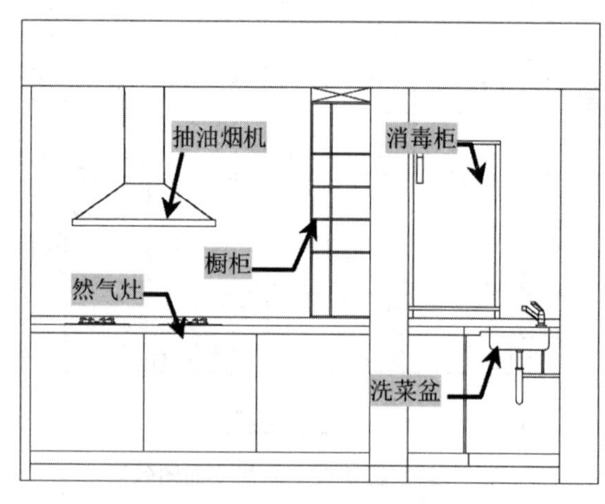

图4-63　插入立面图块

步骤5 将“TC-填充”图层置为当前图层。执行“图案填充（H）”命令，在弹出的对话框中选择“类型”为“预定义”、“样例”为CORK、“比例”为15，对天花吊顶进行填充，然后对厨房内的墙体进行填充，“样例”为NET、“比例”为100，最后对窗户轮廓进行填充，填充“样例”为ZIGZAG、“比例”为4，效果如图4-64所示。

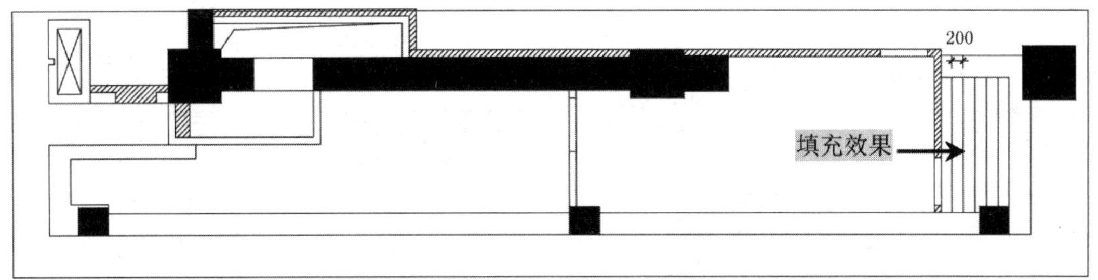

图 4-64　填充效果

4.5.3　标注和文字注释

通过前面的操作步骤已经绘制好立面图的基本造型轮廓，而完整的立面图中还应该有尺寸标注、图内说明文字、图名等。

步骤 1 将“BZ-标注”图层置为当前图层。执行“线性标注（DLI）”命令和“连续标注（DCO）”命令，对立面图进行尺寸标注，效果如图 4-65 所示。

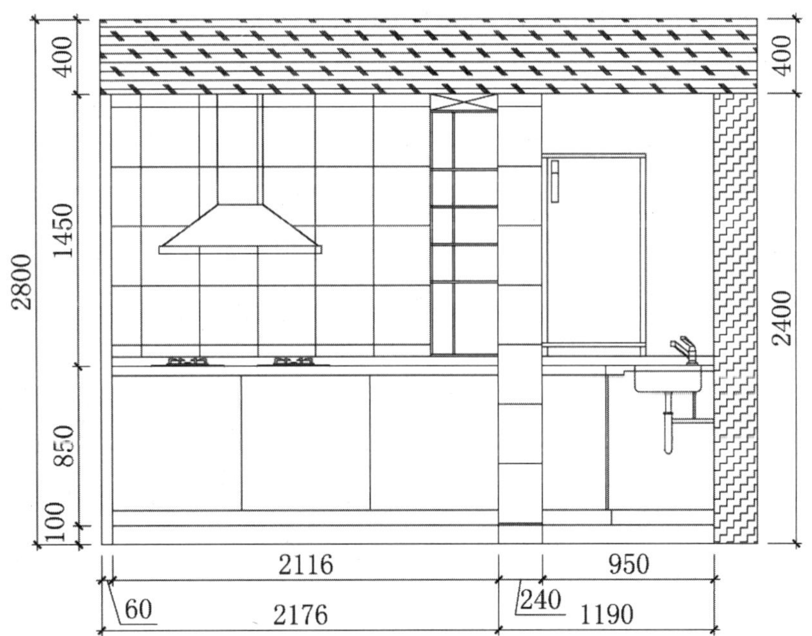

图 4-65　尺寸标注效果

步骤 2 将“WZ-文字”图层置为当前图层。执行“多重引线（MLD）”命令，设置文字“字体”为宋体、“大小”为 100，对电视背景墙立面图添加文字注释，如图 4-66 所示。

步骤 3 执行“多段线（PL）”命令，根据命令行提示设置线宽为 20，绘制一条长为 800 的多线，将多线向下偏移出 40，并修改偏移出来的多线线宽为 0；再执行“多行文字（MT）”命令，设置文字“字体”为宋体、“大小”为 100，对立面图进行图名标注，如图 4-67 所示。

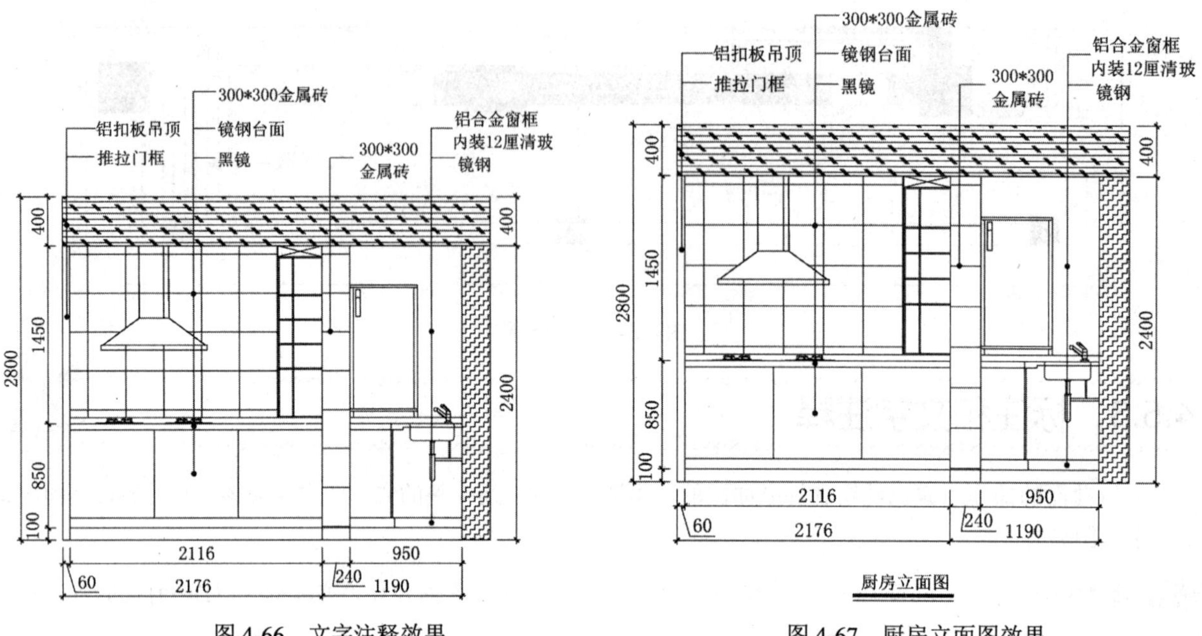

图 4-66　文字注释效果

图 4-67　厨房立面图效果

步骤 4 至此，厨房立面图已经绘制完成，按Ctrl+S组合键进行保存。

第 5 章 家装剖面图和节点施工图的绘制

在家装中，还有一种主要表示家具做法的图样，如玄关、酒柜、衣柜、书柜等，对于它们的图样也可以分为平面图、立面图、详图等。

在本章中，首先结合家装立面图的内容绘制衣柜剖面图，然后根据剖面图绘制大样图，最后给出部分剖面图和大样图供读者练习，让读者能够轻松掌握家装剖面图和大样图的绘制方法。

主要内容

- 掌握家装剖面图的绘制
- 掌握家装大样图的绘制

5.1 主卧衣柜剖面图的绘制

案例文件：05\主卧衣柜剖面图.dwg
视频文件：05\主卧衣柜剖面图.avi

在绘制剖面图时，先调用之前绘制好的室内立面图，打开相应的立面图，然后使用直线、修剪等命令绘制剖面图的细节轮廓，最后进行文字注释和标注，效果如图 5-1 所示。

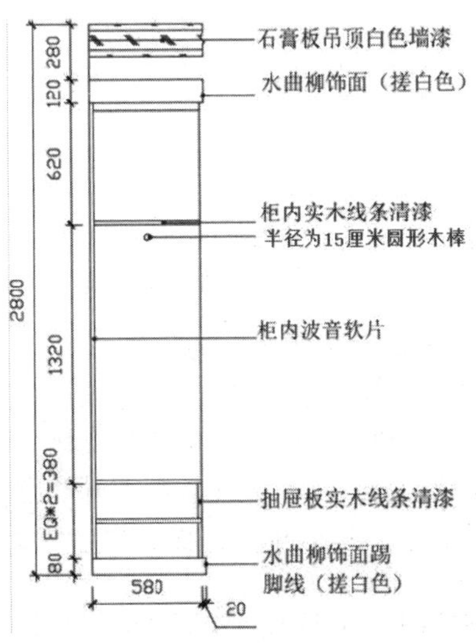

图 5-1 绘制剖面图效果

5.1.1 绘制剖面图

步骤 1 启动AutoCAD 2018，选择“文件｜打开”菜单命令，打开“案例文件\04\卧室立面图.dwg”文件；再执行“文件｜另存为”菜单命令，将其另存为“案例文件\05\主卧衣柜剖面图.dwg”文件。

步骤 2 将“LM-立面”图层置为当前图层。执行“构造线（XL）”命令，通过衣柜正立面图轮廓绘制 6 条水平构造线，如图 5-2 所示。

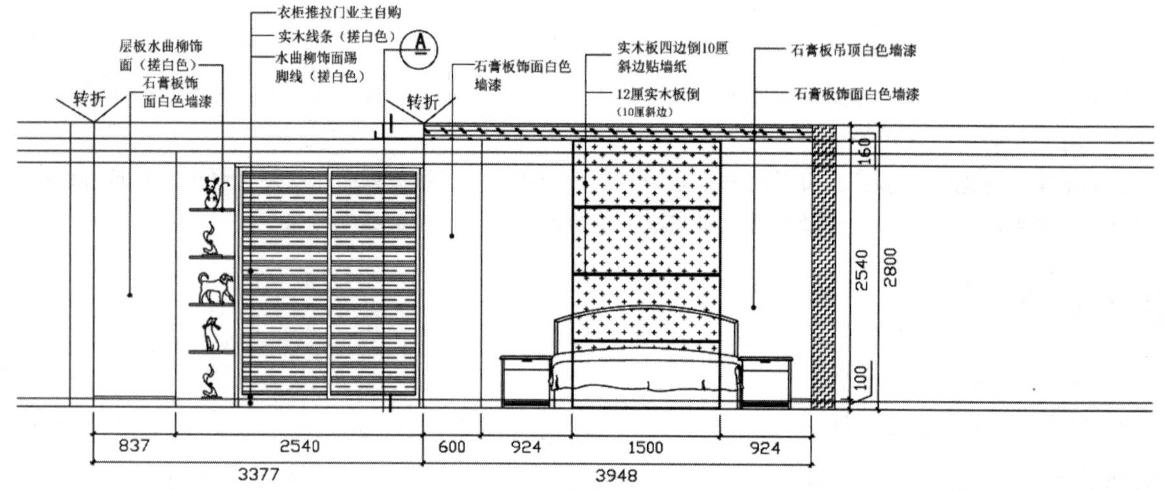

图 5-2　绘制水平构造线

步骤 3 执行“构造线（XL）”命令，通过衣柜正立面图轮廓绘制一条垂直构造线，再通过执行“偏移（O）”命令、“直线（L）”命令、“修剪（TR）”命令等绘制出剖面衣柜的基本轮廓，如图 5-3 所示。

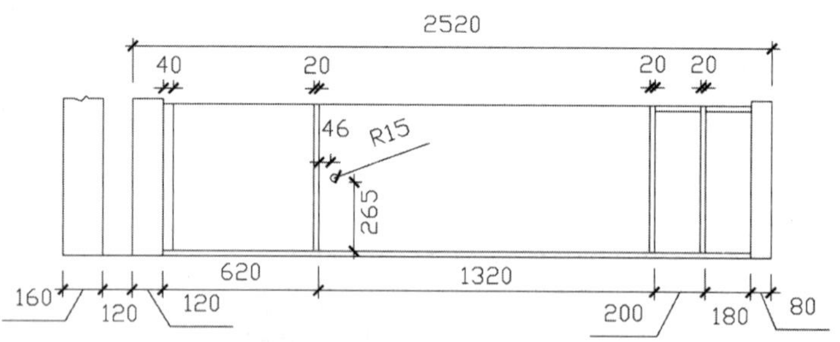

图 5-3　绘制剖面衣柜轮廓

提示——旋转剖面图

图 5-3 所示为“剖面图”轮廓旋转 90° 的效果，读者在绘制过程中不需要旋转图形。在AutoCAD中执行“旋转”命令（RO）时，对象会按逆时针方向转动（时钟指针旋转的方向为顺时针），如果需要将对象进行顺时针旋转 90°，那么可以输入-90°，然后按空格键确定即可。

步骤 4 执行“图案填充（H）”命令，在弹出的对话框中选择“类型”为“预定义”、“样例”为CORK、“比例”为 15、“角度”为 90，对天花吊顶造型轮廓进行填充，结果如图 5-4 所示。

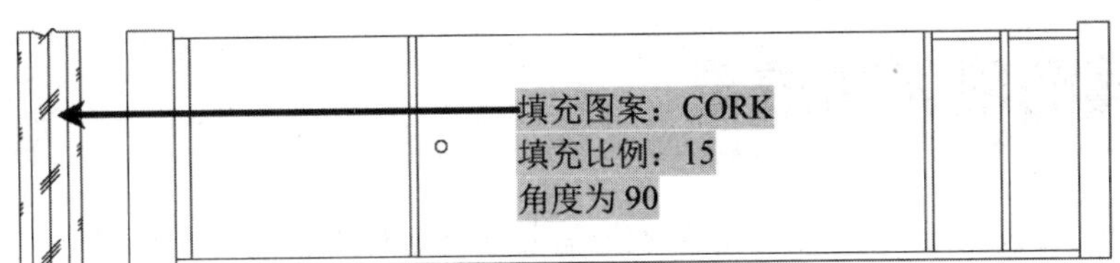

图 5-4　填充效果

5.1.2　尺寸、文字及图名标注

步骤 1 将“BZ-标注”图层置为当前图层。执行“线性标注（DLI）”命令和“连续标注”命令（DCO），对衣柜剖面图对象进行尺寸标注，如图 5-5 所示。

步骤 2 将“WZ-文字”图层置为当前图层。执行“多重引线（MLD）”命令，设置文字“字体”为宋体、“大小”为 80，对衣柜剖面图添加文字注释，并将衣柜立面图的图名复制过来，然后修改名称即可，如图 5-6 所示。

技巧——标注EQ的应用

用户可以执行“特性面板（PR）”命令修改对象属性，这里将多重引线的“箭头大小”修改为 30 比较合适。图 5-6 中EQ × 2=380 的意思为将 380 的距离等分为 2 份，EQ是等分的意思，在室内设计施工图中经常会用到这种表示方法。

步骤 3 至此，衣柜A剖面图已经绘制完成，按Ctrl+S组合键进行保存。

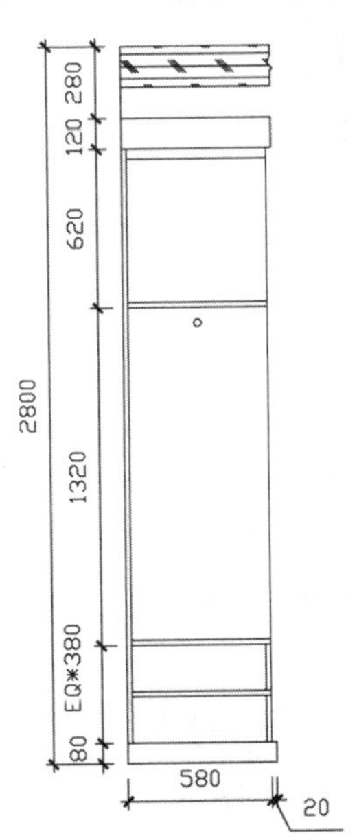

图 5-5　尺寸标注效果

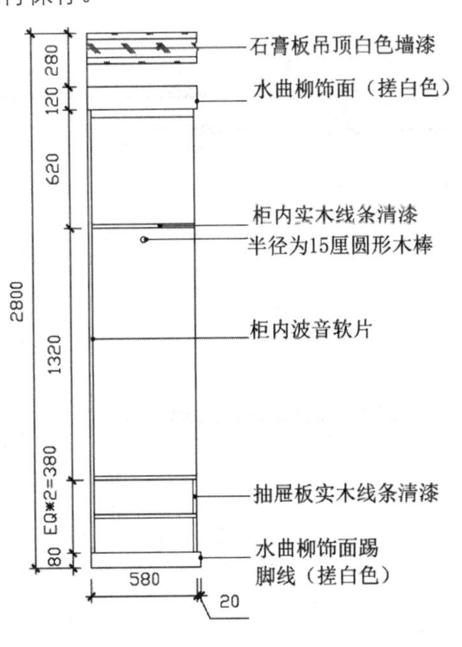

图 5-6　文字注释效果

5.2 其他剖面图效果

在家装室内设计施工图的绘制中，除了主卧衣柜需要绘制剖面图外，其余有造型的墙面都需要绘制出剖面图，这里给出绘制效果，读者可自行练习，如图 5-7 所示。

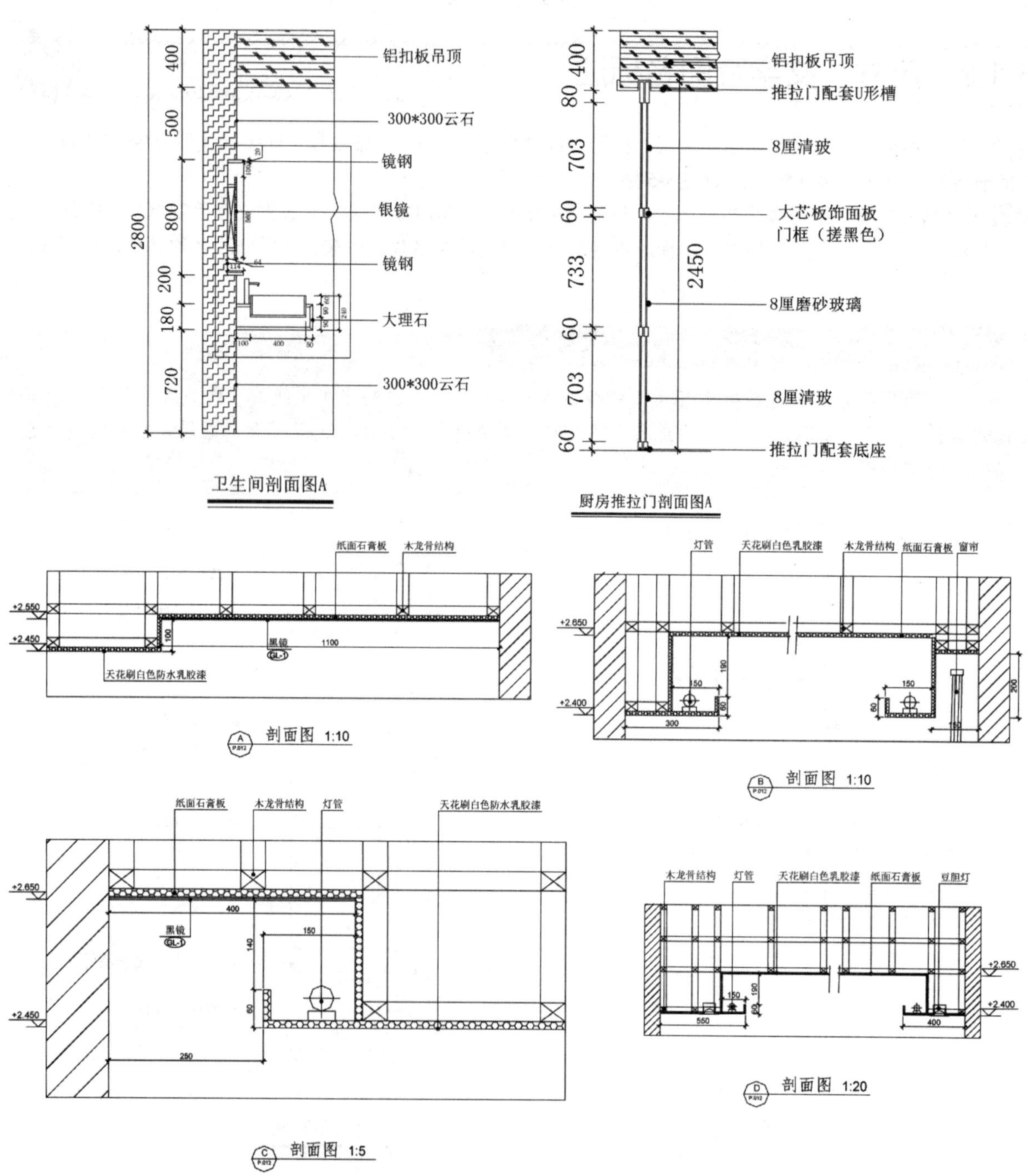

图 5-7　其他剖面图效果

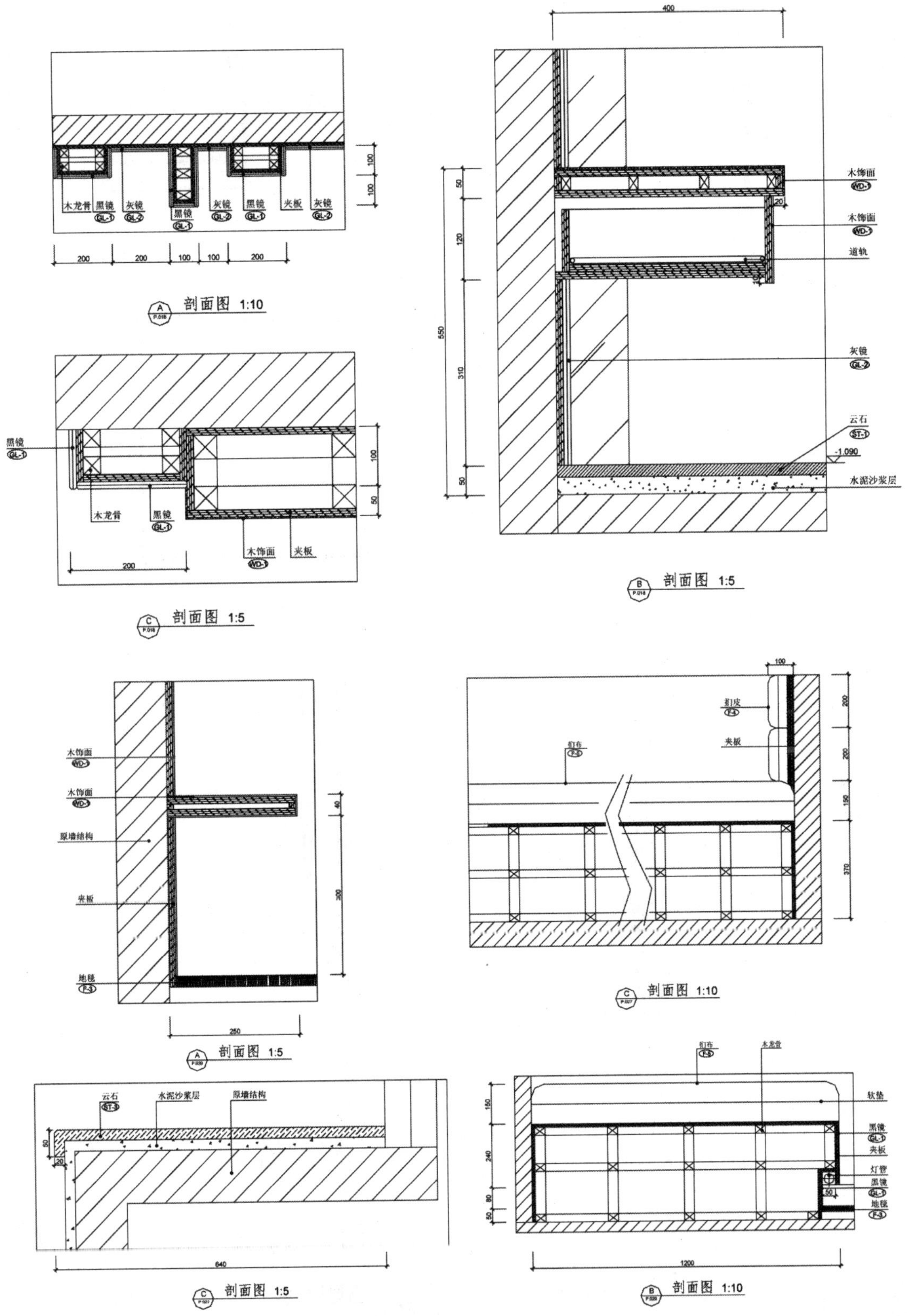

剖面图 1:10

剖面图 1:5

剖面图 1:5

剖面图 1:5

剖面图 1:10

剖面图 1:5

剖面图 1:5

剖面图 1:10

图 5-7 其他剖面图效果（续）

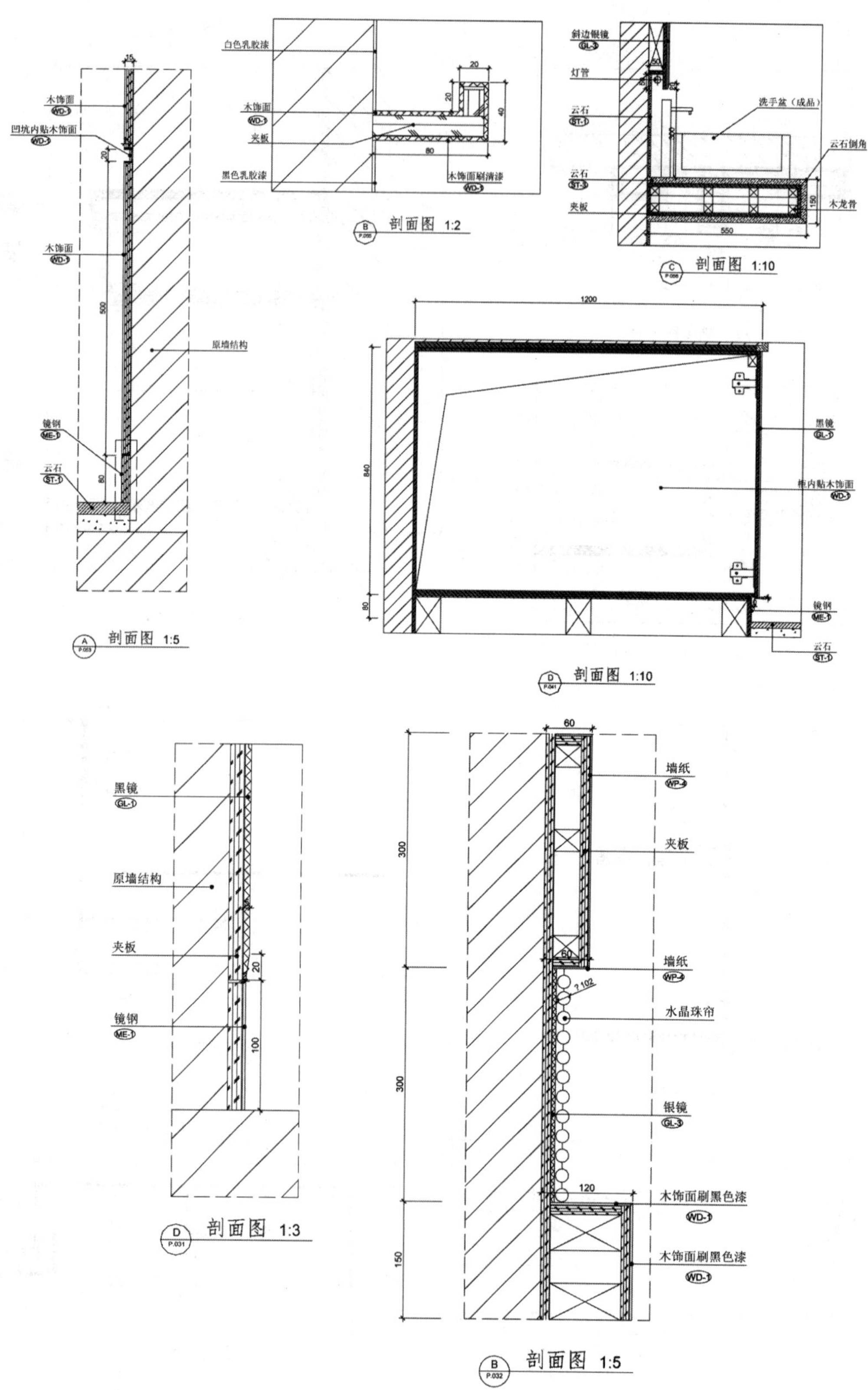

图 5-7　其他剖面图效果（续）

5.3 厨房门大样图的绘制

案例文件：05\厨房门大样图.dwg
视频文件：05\厨房门大样图.avi

在室内设计中，需要表现剖面图细节的时候，通常采用绘制大样图的方法。将剖面图的局部进行放大，然后绘制其细节。

步骤 1 启动AutoCAD 2018，选择“文件｜打开”菜单命令，打开“案例\05\厨房门剖面图.dwg”文件；再执行“文件｜另存为”菜单命令，将其另存为“案例\05\厨房门大样图.dwg”文件。

步骤 2 执行“复制（CO）”命令，复制厨房门剖面图对象。

步骤 3 执行“圆（C）”命令，在图形相应位置绘制一个虚线圆，再执行“修剪（TR）”命令，对虚线圆以外的对象进行修剪操作；再执行“缩放（SC）”命令，根据命令行提示选择整个圆圈内的对象，并按空格键确定，然后指定基点，输入缩放比例为 3，再按空格键确定，即可将对象放大 3 倍，如图 5-8 所示。

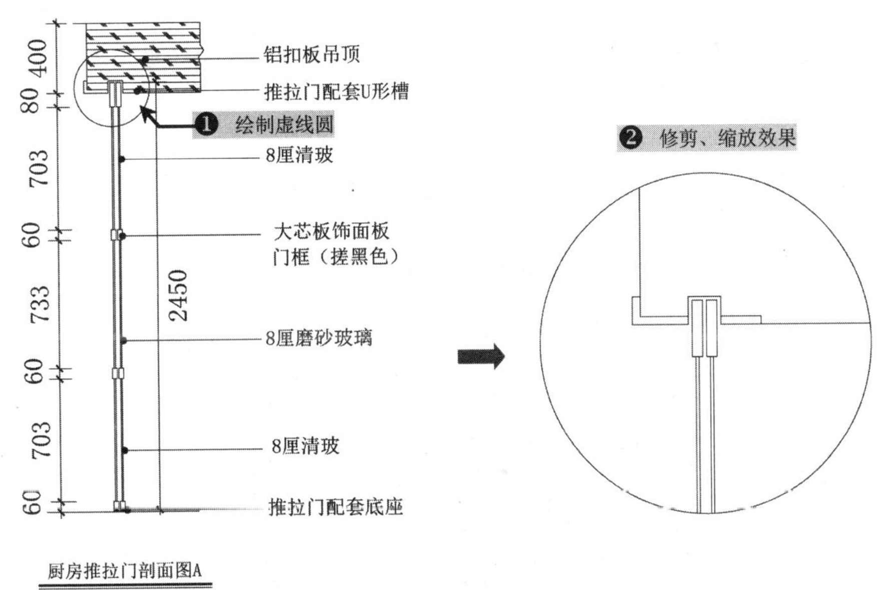

图 5-8　进行修剪操作

步骤 4 将“BZ-标注”图层置为当前图层。执行“线性标注（DLI）”命令，对大样图对象进行线性标注，标注出推拉门内部结构的主要尺寸；执行“修改（ED）”命令，将刚刚进行的线性标注缩小 3 倍，如图 5-9 所示。

注意——修改大样图标注

由于大样图的结构在剖面图中已经比较清楚地绘制出来了，因此在放大过后就直接进行了尺寸标注，如果是在结构比较复杂的图形中，那么还应该对大样图对象进行详细的绘制，再进行标注。由于之前为了让大样图对象能更清楚地表现出内部结构，在绘制的时候将其放大，因此在后面标注的时候一定要将它的标注尺寸修改为原尺寸。

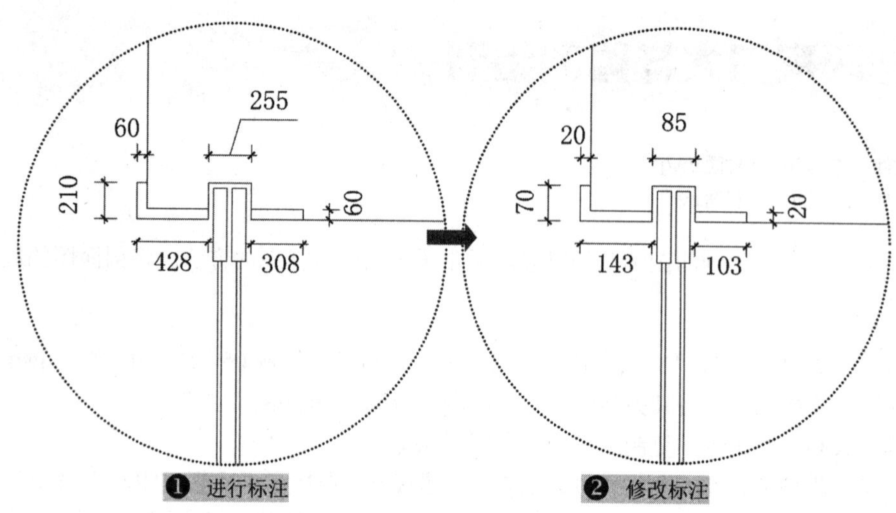

图 5-9　标注效果

步骤 5 将“WZ-文字”图层置为当前图层。执行“多重引线（MLD）”命令，选择“字体”为宋体、“大小”为 80，对大样图进行文字注释，同样将厨房门剖面图的图名复制到厨房门大样图下进行修改操作，对大样图进行图名标注，如图 5-10 所示。

步骤 6 至此，厨房门大样图已经绘制完成，按Ctrl+S组合键进行保存。

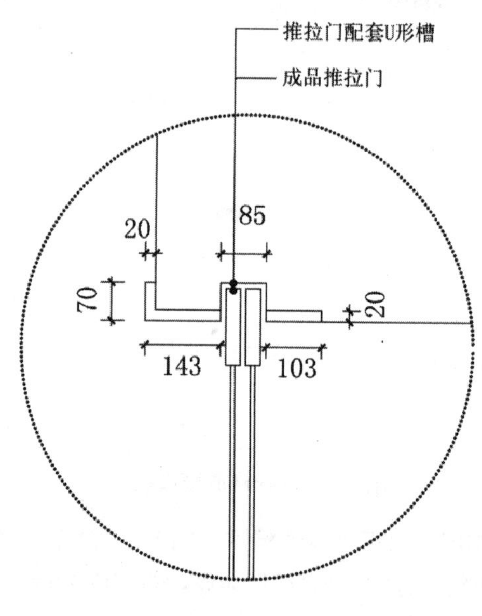

图 5-10　大样图效果

5.4　其他大样图的效果

大样图的绘制方法大体相同，其余大样图这里就不再详细介绍。这里给出绘制效果，读者可自行练习，如图 5-11 所示。

龙头
黑镜
GL-1
云石
ST-3
原墙结构
5mm黑镜
GL-1
木龙骨结构
60
50
150
180
550
大样图 1:5
B
P.037
镜钢
ME-1
60
20
斜边银镜
GL-3
夹板
灯管
镜钢
ME-1
镜钢
ME-1
瓷砖
110
50
20
100
50
20
440
800
50
100
20
A
P.037
大样图 1:5
实木线条
15
夹板
镜钢
ME-1
80
云石
ST-1
水泥沙浆层
大样图 1:1

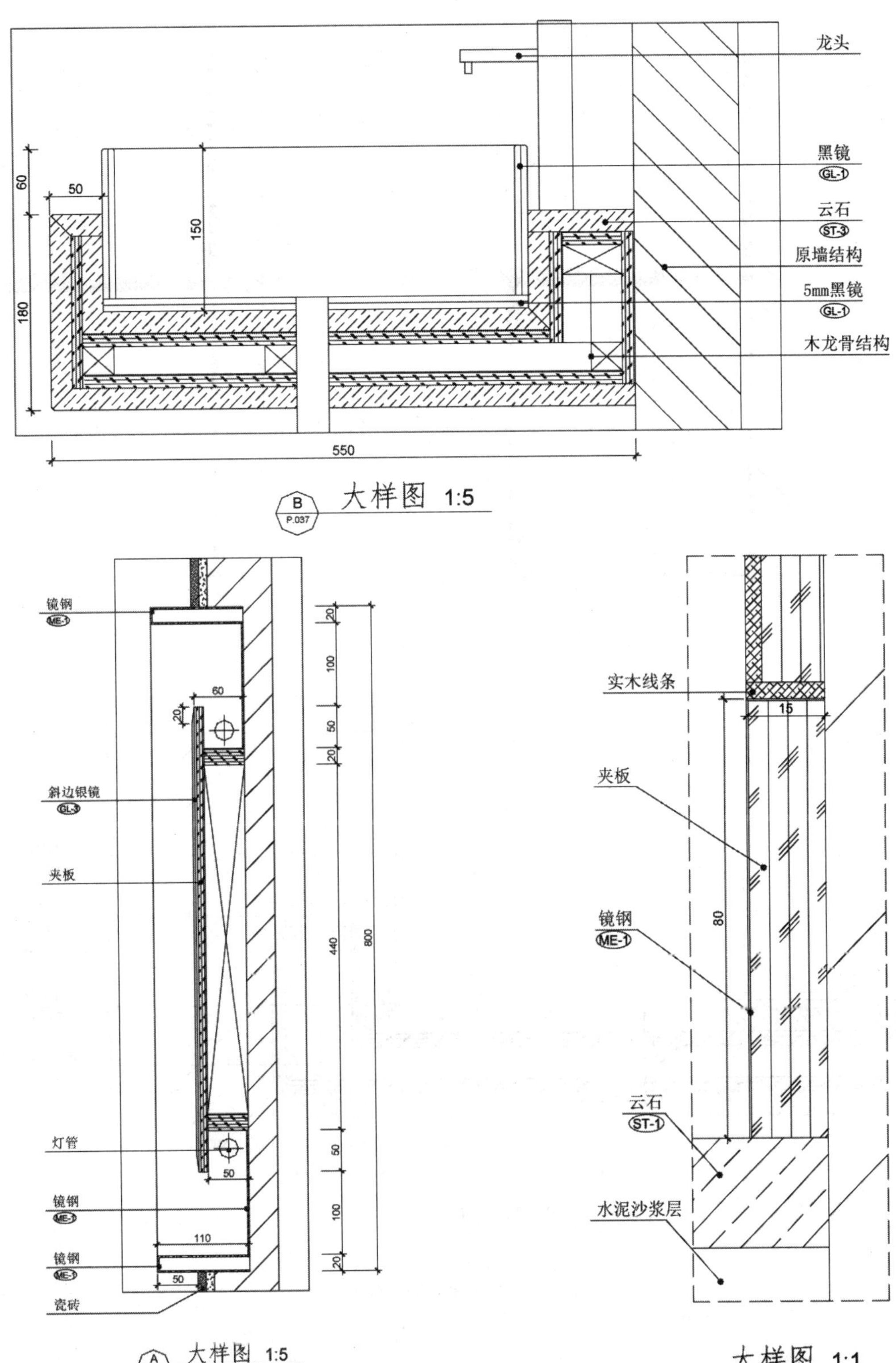

图 5-11　大样图效果

斜边银镜
GL-3
原墙结构
云石
ST-3
木饰面
WD-1
550
530
40
610
C
P.040
大样图 1:10
斜边银镜
GL-3
原墙结构
云石
ST-3
木饰面
WD-1
550
530
40
610
C
P.040
大样图 1:10
龙头
黑镜
GL-1
云石
ST-3
原墙结构
5mm黑镜
GL-1
木龙骨结构
60
50
150
180
550
B
P.037
大样图 1:5

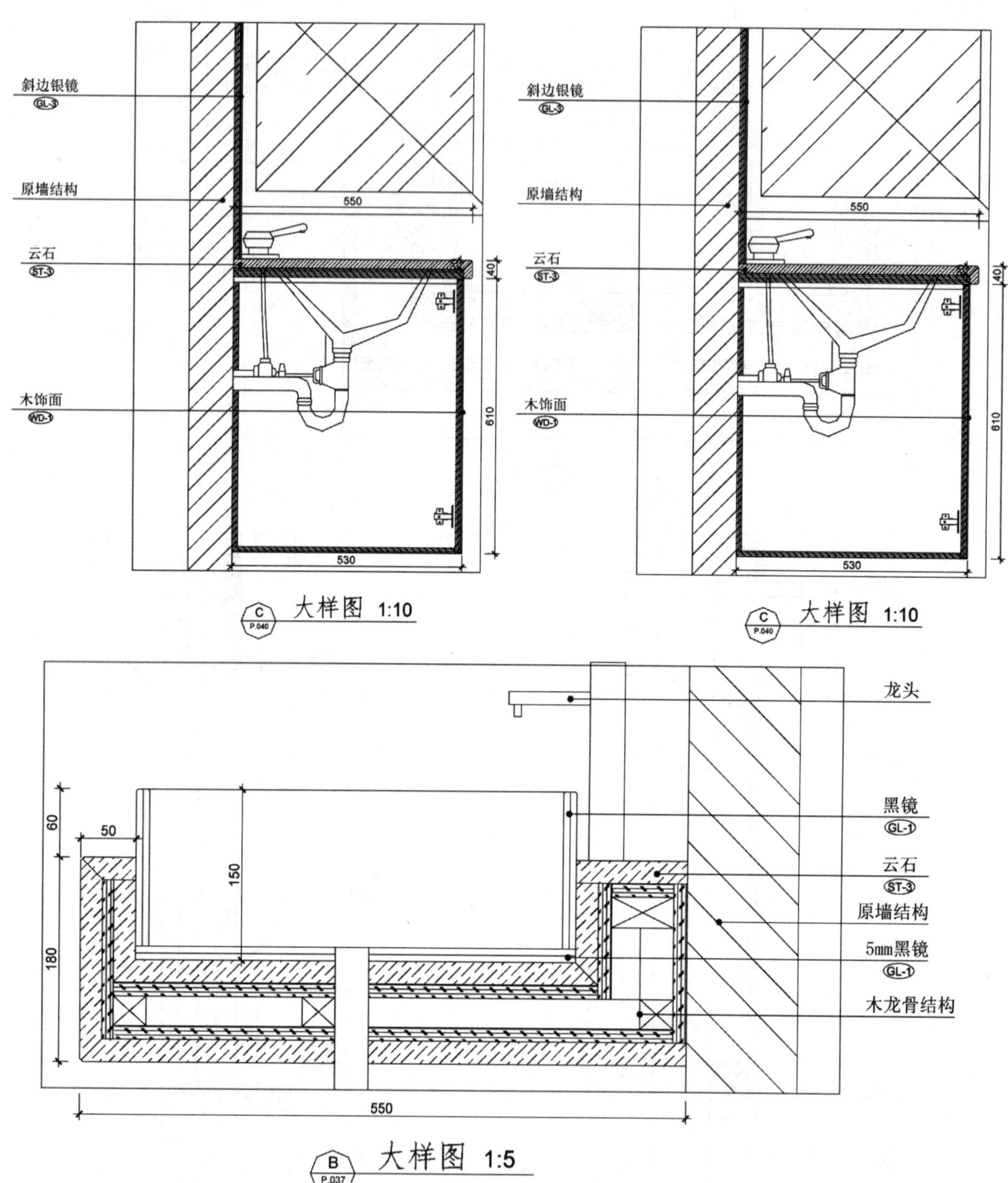

图 5-11　大样图效果（续）

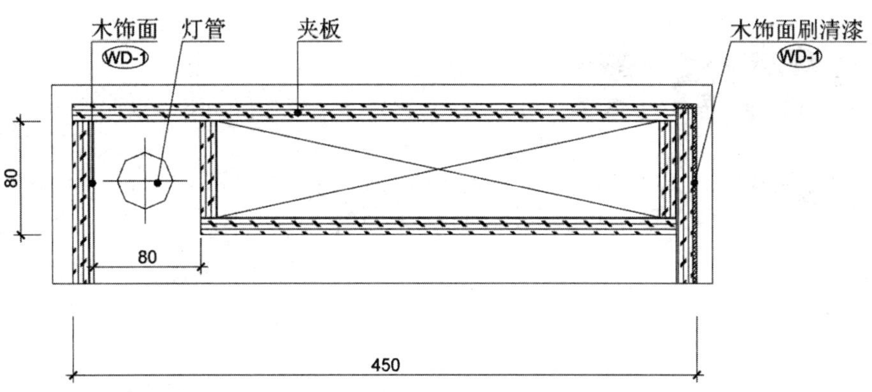

大样图 1:5

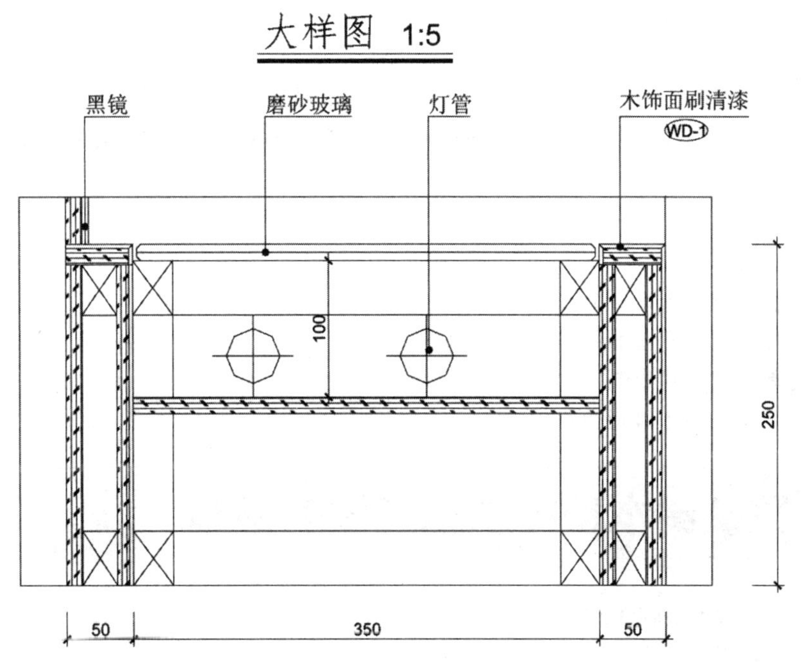

大样图 1:5

图 5-11　大样图效果（续）

第 6 章 家装水电施工图的绘制

家装水电施工图中的给排水工程由给水工程和排水工程两部分组成。给水工程是指水源取水、配水使用等，排水工程是指污水的排放等。

家装水电施工图中的电路图是根据家庭居住的实际要求、家庭用电的总功率、总开关和各分开关的容量、各用电器的使用位置而定的，从而达到设计施工图的最终目的。

在本章中，首先结合家装设计的基本知识介绍给水和排水的绘制方法，然后讲解家装开关与插座布置图的绘制方法，最后讲解灯具布置图与线路图的绘制，让读者能够轻松掌握家装水电施工图的绘制方法。

主要内容

- 掌握家装给水和排水施工图的绘制
- 掌握家装开关插座布置图的绘制
- 掌握家装灯具布置图的绘制
- 掌握家装灯具与开关线路图的绘制

6.1 家装给水和排水施工图的绘制

案例文件：06\家装给水和排水施工图.dwg
视频文件：06\家装给水和排水施工图.avi

在绘制家装给水和排水施工图时，首先调用文件并修改绘图环境，设置好给水和排水图层，然后根据家装施工图的要求绘制出给水和排水管道，最后进行文字说明和标注，其效果如图 6-1 所示。

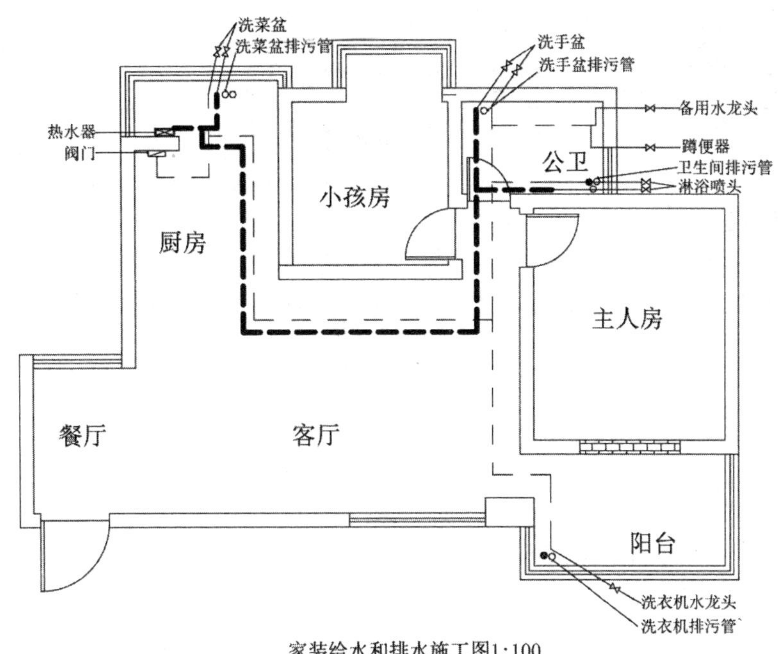

图 6-1　给水和排水施工图效果

6.1.1　调用并修改绘制环境

步骤 1 启动AutoCAD 2018，选择“文件｜打开”菜单命令，打开“案例文件\03\家装拆墙、砌墙图.dwg”文件；再执行“文件｜另存为”菜单命令，将其另存为“案例文件\06\家装给水和排水施工图.dwg”文件。

步骤 2 根据绘图要求对家装拆墙、砌墙图进行整理，删除拆墙填充部分，整理好的效果如图 6-2 所示。

步骤 3 选择“格式｜线宽”菜单命令，打开“线宽设置”对话框，选中“显示线宽”复选框，然后单击“确定”按钮，如图 6-3 所示。

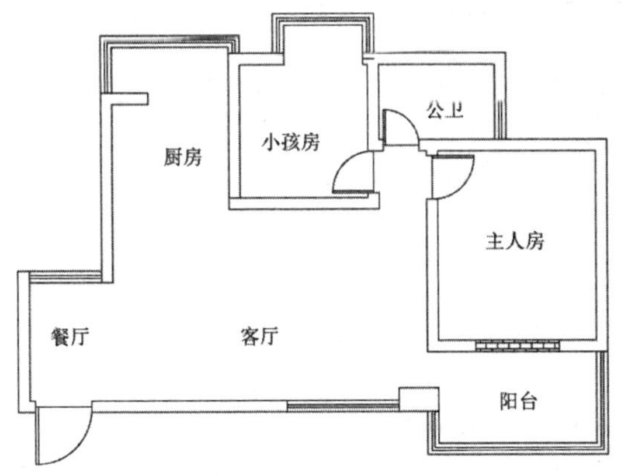

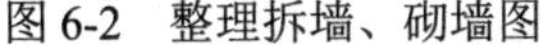

图 6-2　整理拆墙、砌墙图

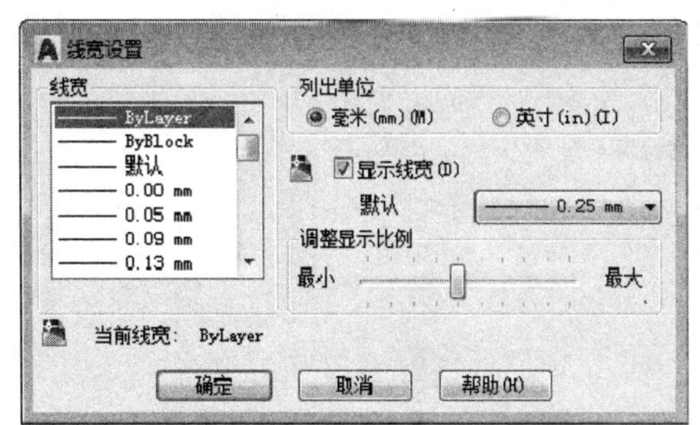

图 6-3　设置线宽

步骤 4 执行“图层管理（LA）”命令，新建 4 个图层：“SF-水阀”“GSL-给水冷”“GSR-给水热”“PSG-排水管”图层，并将“SF-水阀”图层置为当前图层，如图 6-4 所示。

名称	颜色	线型	线宽	透明度	打印样式
SF-水阀	50	Contin...	—— 默认	0	Colo...
GSL-给水冷	170	DASHED	—— 默认	0	Colo...
GSR-给水热	10	DASHDOT2	—— 0....	0	Color_7
PSG-排水管	白	Contin...	—— 默认	0	Color_7

图 6-4　新建图层

6.1.2　绘制管道

步骤 1 执行“直线（L）”命令，在给水和排水施工图中绘制水阀轮廓，一般水阀绘制在水管入户处，如图 6-5 所示。

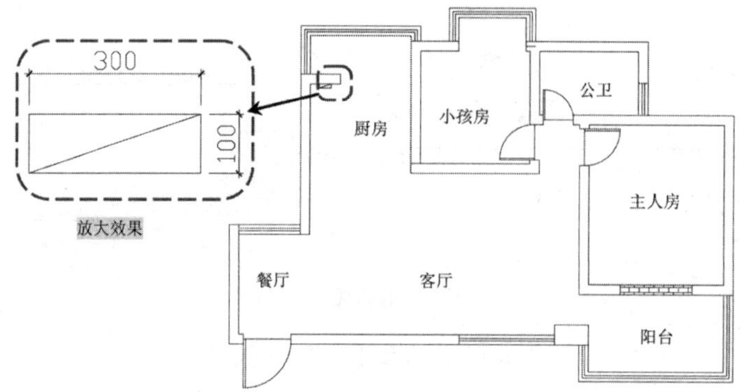

图 6-5　绘制水阀轮廓

步骤 2 将“GSL-给水冷”图层置为当前图层。执行“直线（L）”命令，在给水、排水施工图中的厨房洗菜盆、卫生间洗手盆、拖地池、平面蹲便器、淋浴喷头、主卧阳台洗衣机等需装水龙头的地方绘制给水管道图，如图 6-6 所示。

步骤 3 执行“直线（L）”命令，在给水和排水施工图中绘制热水器轮廓，一般热水器绘制在厨房，如图 6-7 所示。

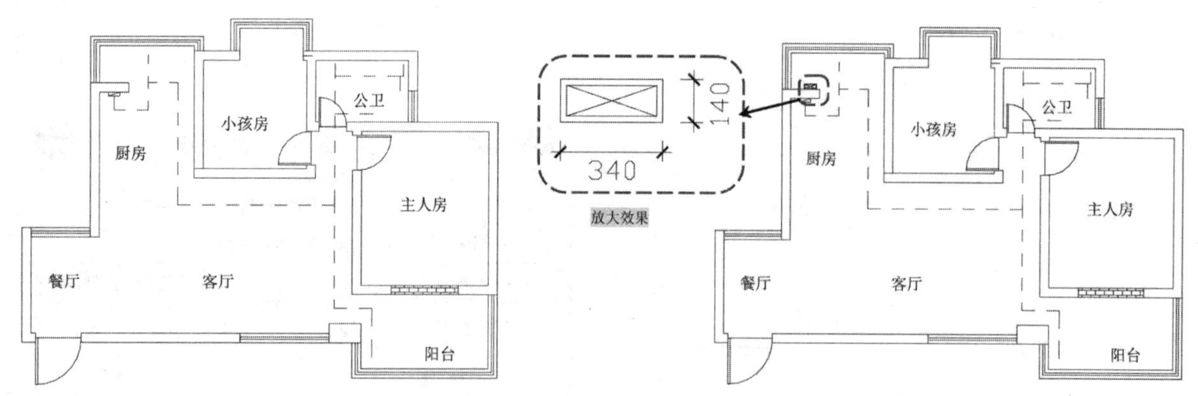

图 6-6　绘制管道

图 6-7　绘制热水器

步骤 4 将“GSR-给水热”图层置为当前图层。执行“直线（L）”命令，在给水、排水施工图中的厨房洗菜盆、卫生间洗手盆、淋浴喷头等需用热水的地方绘制热水管道图，如图 6-8 所示。

步骤 5 将“PSG-排水管”图层置为当前图层。执行“圆（C）”命令，绘制直径为 110 的圆，通过执行“复制（CO）”命令，在厨房、卫生间、阳台污水排出的位置绘制排污管，如图 6-9 所示。

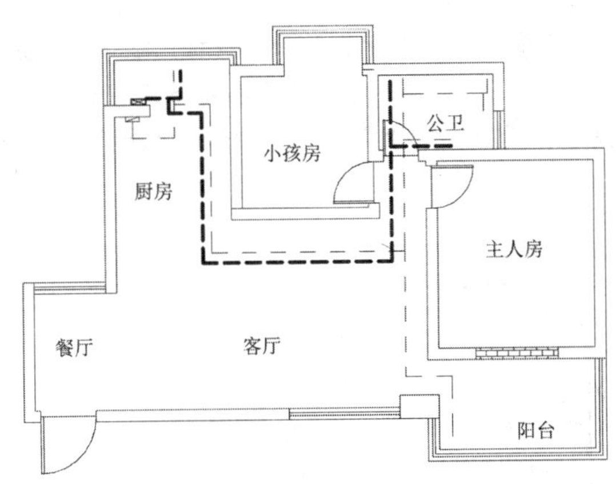

图 6-8　绘制管道

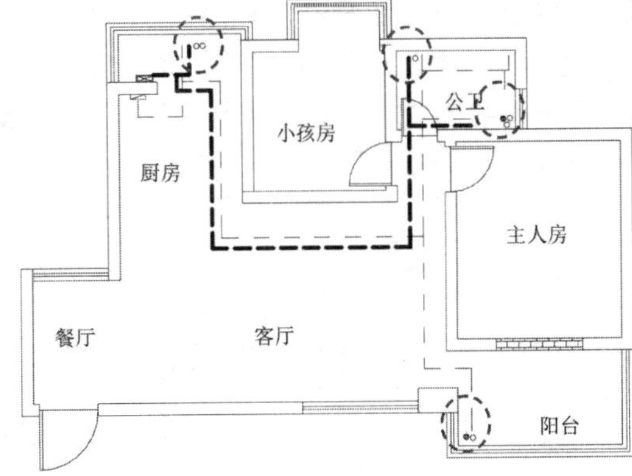

图 6-9　绘制排污管

提示——给水、排水管道介绍

水管一般分为两大类：给水管和排水管，给水用PPR水管，管外有红线的表示热水管、有蓝线的表示冷水管，排水和电线套管用PVC水管。排水管道包括排水管、排污管、空气管、地漏。在安装给水管时，如果地面上铺了地板砖，那么可以不用在地上开槽，由于木地板比较薄，因此当管道需从铺木地板的地方经过时就需要在地板上开槽。安装水管、水龙头的标准尺寸以平面布置图中厨房洗菜盆、卫生间洗水盆、拖地池、平面蹲便器、主卧阳台洗衣机的布置尺寸为标准。

6.1.3　文字及图名标注

通过前面的操作步骤已经绘制好给水排水施工图的管道，但还应该有图内说明文字、图名等。

步骤 1 执行“多重引线管理器（MLS）”命令，打开“多重引线管理器”对话框，在“样式”列表中选择“箭头”样式，再单击“修改”按钮，将“箭头大小”设置为 20，再选择“直角”箭头，选择“字体”为宋体、“大小”为 200，对排水管进行注释，如图 6-10 所示。

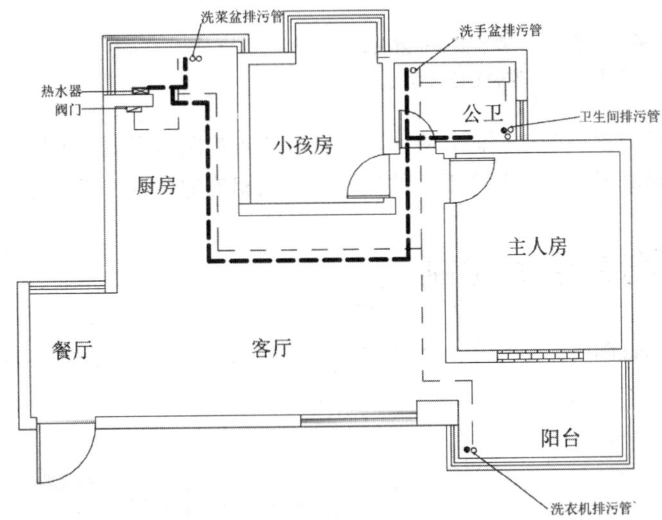

图 6-10　文字注释效果

步骤 2 将“WZ-文字”图层置为当前图层。执行“插入块（I）”命令，插入闸阀符号，选择“字体”为宋体、“大小”为 200，对给水管进行文字注释；然后执行“多段线（PL）”命令，根据命令行提示设置线宽为 20，绘制一条长为 4100 的多线；再执行“多行文字（MT）”命令，设置文字“字体”为宋体、“大小”为 250，对给水排水施工图进行图名标注，如图 6-11 所示。

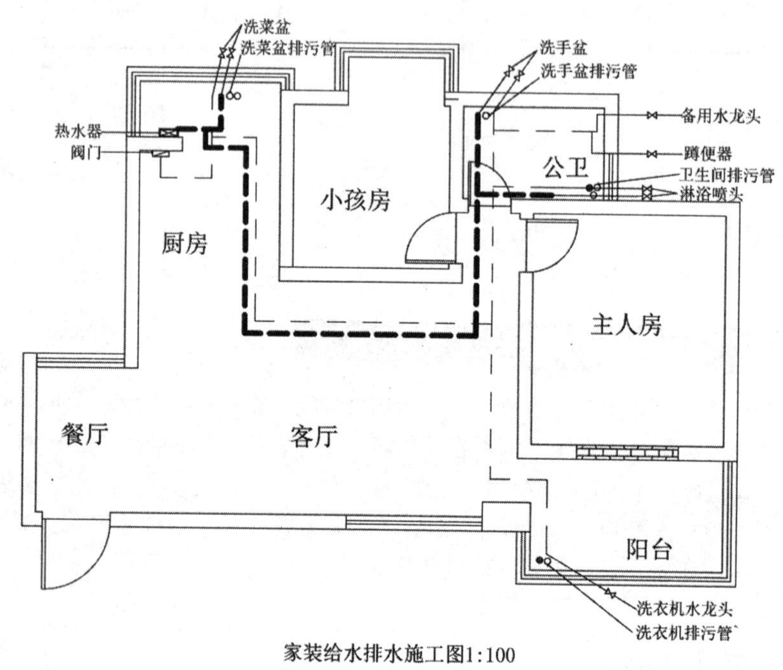

图 6-11 给水和排水施工图效果

步骤 3 至此，家装给水和排水施工图已经绘制完成，按Ctrl+S组合键进行保存。

6.2 家装开关和插座布置图的绘制

案例文件：06\家装开关布置图.dwg、家装插座布置图.dwg
视频文件：06\家装开关布置图.avi、家装插座布置图.avi

在进行室内开关与插座布置图的绘制时，应该在原有天花布置图和平面布置图的基础上进行绘制，将准备好的开关插座符号复制到原图中，然后将不同的符号复制到相应的位置，最后进行文字说明即可。

6.2.1 家装开关布置图的绘制

在绘制室内开关插座布置图时，应当在天花布置图的基础上进行绘制，效果如图 6-12 所示。

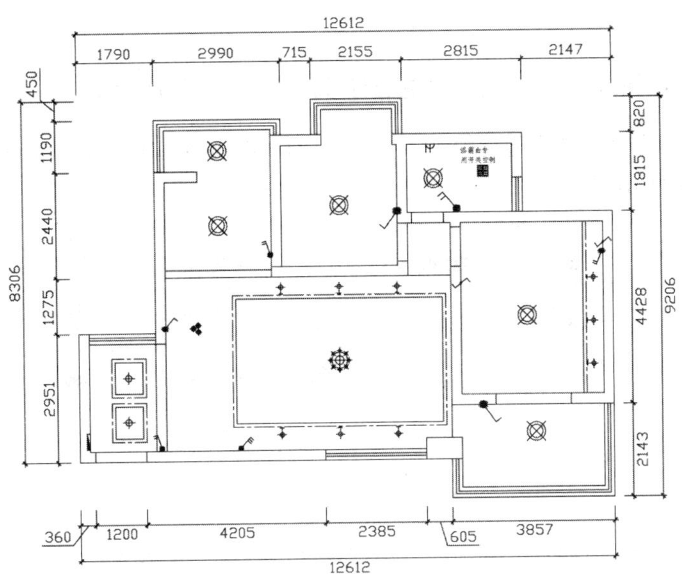

家装开关布置图1:100

图 6-12　开关布置图效果

1. 调用并修改天花布置图

步骤 1 启动AutoCAD 2018，选择“文件｜打开”菜单命令，打开“案例文件\03\家装天花布置图.dwg”文件；再执行“文件｜另存为”菜单命令，将其另存为“案例文件\06\开关布置图.dwg”文件。

步骤 2 选择“工具｜快速选择”菜单命令，将图形内部的标注、文字和填充图案删除，并修改图名为“开关布置图”，如图 6-13 所示。

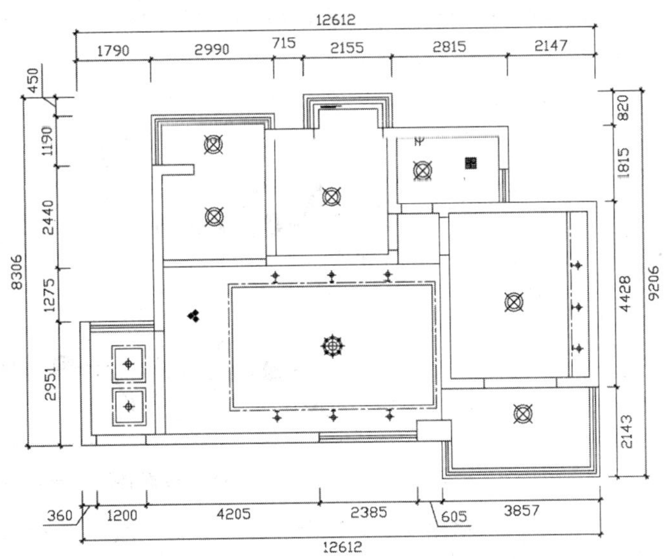

家装开关布置图1:100

图 6-13　整理天花布置图

2. 调用电器符号

在绘制室内开关布置图时，可以直接调用电器符号，从而提高绘图效率。

步骤 1 将“FH-符号”图层置为当前图层。执行“插入块（I）”命令，将“案例文件\06”文件夹下的“电器符号”插入图形中，如图 6-14 所示。

	单联单控开关		双联单控开关	H	网线插座		单相二三插
	三联单控开关		四联单控开关	1	音响插座		单相二三插（带放水盖）
	单联双控开关		双联双控开关	Tv	电视插座		空调插座
	配电箱	T	电话插座				

图 6-14　电器符号效果

步骤 2 执行“分解（X）”命令，对插入的电器符号图块进行分解，并将插入的电器符号置换到“FH-符号”图层。

步骤 3 执行“编组（G）”命令，分别对指定的电器符号进行编组，使其一个符号中的多个对象组成一个对象。

3. 布置开关

在插入电器符号后，用户就可以通过复制、移动等命令对开关布置图进行开关布置。

步骤 1 执行“复制（CO）”命令和“移动（M）”命令，将“配电箱”符号复制并移动到入户上侧墙体如图 6-15 所示的位置。

步骤 2 执行“复制（CO）”命令和“移动（M）”命令，分别将电器符号中的“三联单控开关”“双联单控开关”和“单联单控开关”符号复制并移动到客厅如图 6-16 所示的位置。

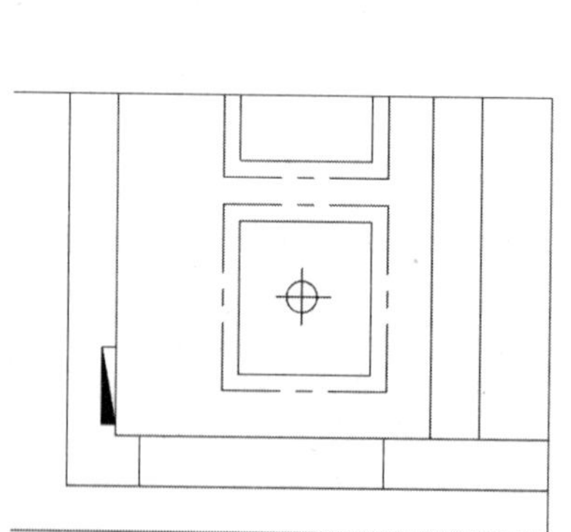

图 6-15　布置配电箱

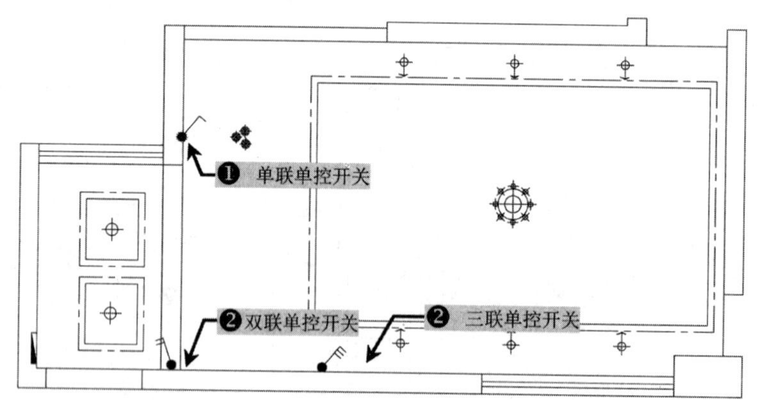

图 6-16　布置客厅、餐厅开关

步骤 3 同样执行“复制（CO）”命令、“移动（M）”命令和“旋转（RO）”命令，分别将电器符号中的“双联单控开关”和“单联单控开关”复制并移动到厨房、小孩房如图 6-17 所示的位置。

步骤 4 用同样的方法，通过执行“复制（CO）”命令、“移动（M）”命令、“旋转（RO）”命令、“镜像（MI）”命令等，对其余的房间进行开关布置，布置效果如图 6-18 所示。

步骤 5 至此，家装开关布置图已经绘制完成，按Ctrl+S组合键进行保存。

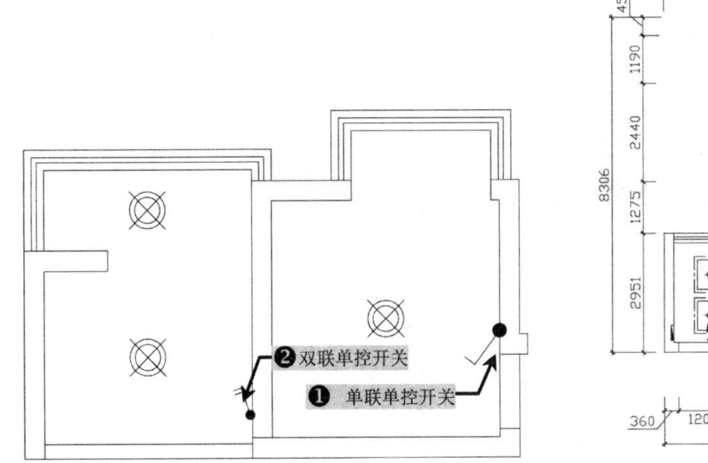

图 6-17 布置厨房和小孩房开关

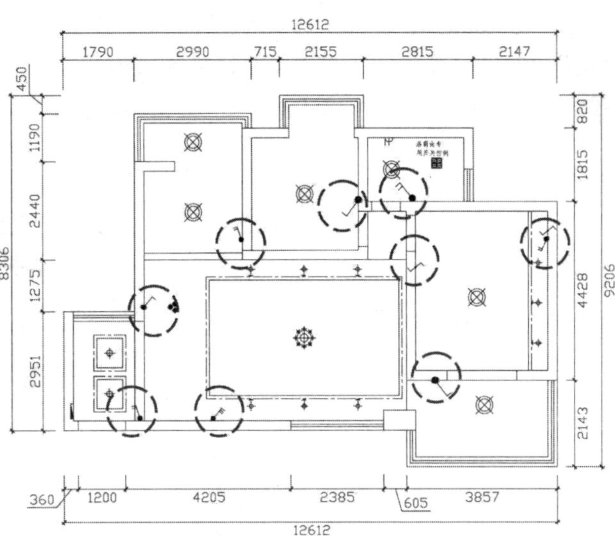

家装开关布置图1:100

图 6-18 开关布置图效果

6.2.2 家装插座布置图的绘制

在绘制室内插座布置图时，应当在平面布置图的基础上进行绘制，效果如图 6-19 所示。

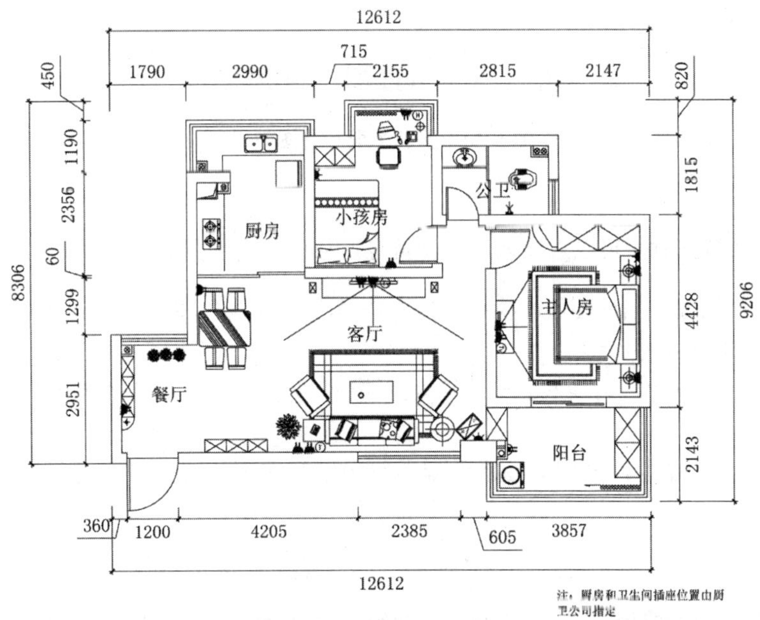

家装插座布置图 1:100

图 6-19 插座布置图效果

1. 调用并修改平面布置图

步骤1 启动AutoCAD 2018，选择“文件 | 打开”菜单命令，打开“案例文件\03\家装平面布置图.dwg”文件；再执行“文件 | 另存为”菜单命令，将其另存为“案例文件\06\插座布置图.dwg”文件。

步骤2 执行“删除（E）”命令，将图形中的多重引线删除，并修改图名为“插座布置图”，如图 6-20 所示。

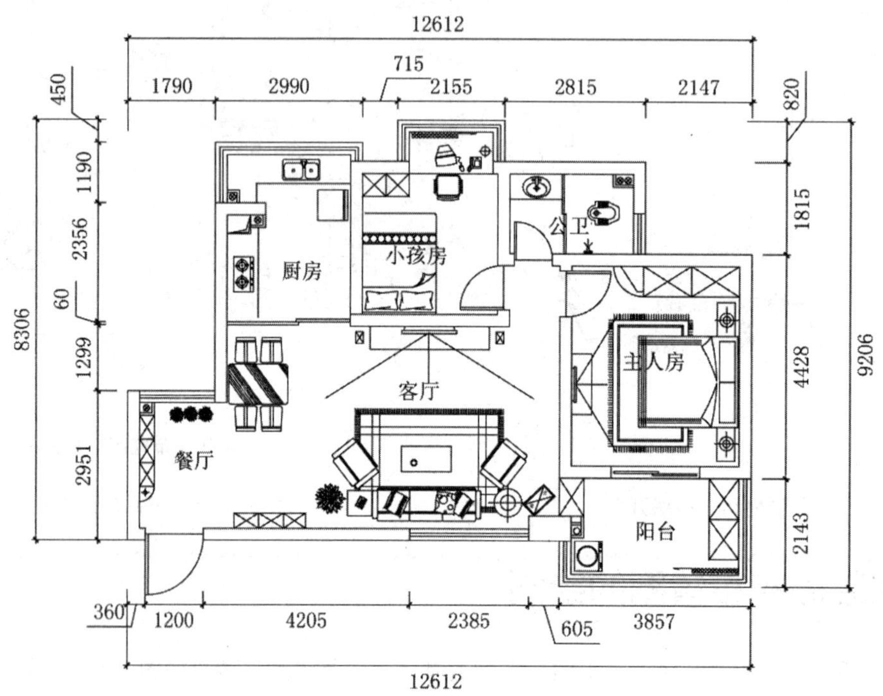

图 6-20 整理平面布置图效果

2. 调用电器符号

在绘制室内插座布置图时，可以直接调用电器符号，从而提高绘图效率。

步骤1 将“FH-符号”图层置为当前图层。执行“插入块（I）”命令，将“案例文件\06”文件夹下的“电器符号”插入图形中，如图 6-14 所示。

步骤2 执行“分解（X）”命令，对插入的电器符号图块进行分解，并将插入的电器符号置换到“FH-符号”图层。

步骤3 执行“编组（G）”命令，分别对指定的电器符号进行编组，使其一个符号中的多个对象组成一个对象。

3. 布置插座

在插入电器符号后，用户就可以通过复制、移动等命令对插座布置图进行插座的布置。

步骤1 执行“复制（CO）”命令、“移动（M）”命令、“旋转（RO）”命令和“镜像（MI）”命令，将插入的电器符号复制和移动到客厅，并通过镜像和旋转命令调整出如图 6-21 所示的图形。

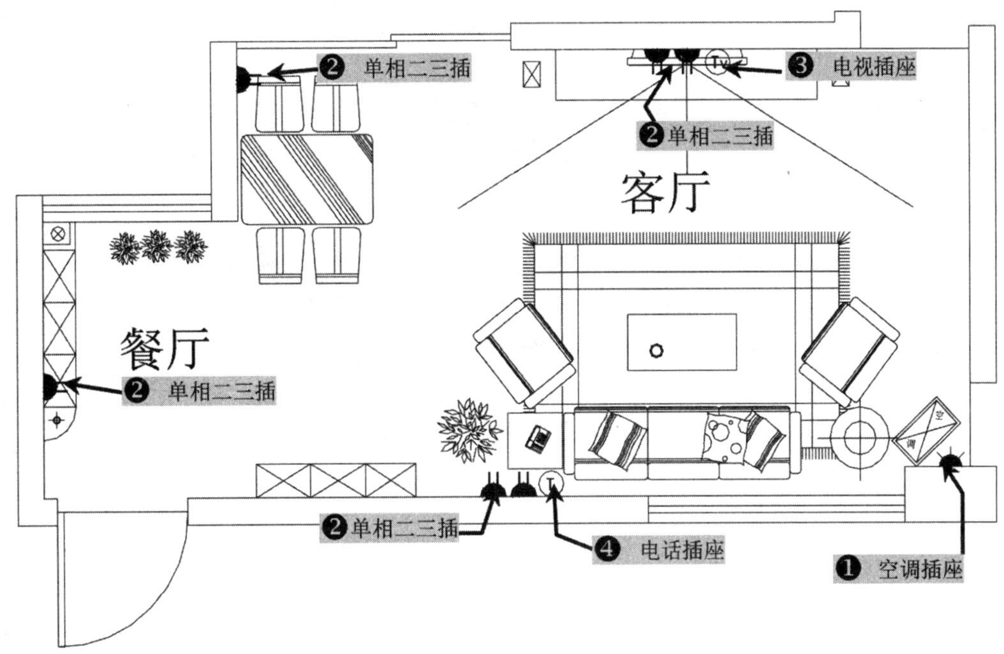

图 6-21　布置客厅插座

步骤 2 用同样的方法，执行“复制（CO）”命令、“移动（M）”命令、“旋转（RO）”命令和“镜像（MI）”命令，将插入的电器符号复制和移动到其余空间，并通过镜像和旋转命令调整出如图 6-22 所示的图形。

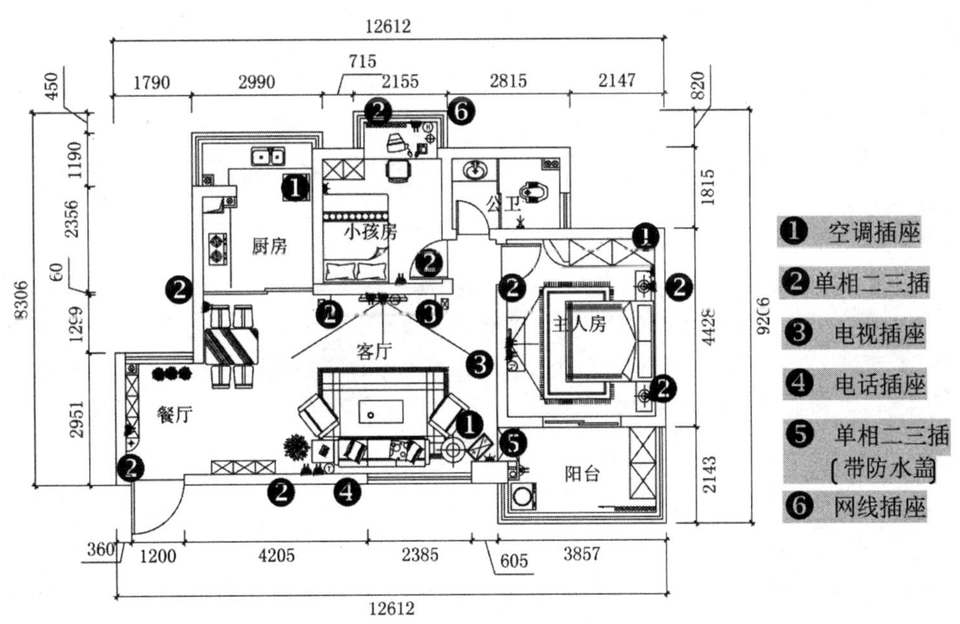

图 6-22　布置插座效果

步骤 3 将“WZ-文字”图层置为当前图层。执行“多行文字（MT）”命令，设置文字“字体”为宋体、“大小”为 200，在图中右下角输入“注：厨房和卫生间插座位置由厨卫公司指定”，效果如图 6-23 所示。

步骤 4 至此，插座布置图已经绘制完成，按Ctrl+S组合键进行保存。

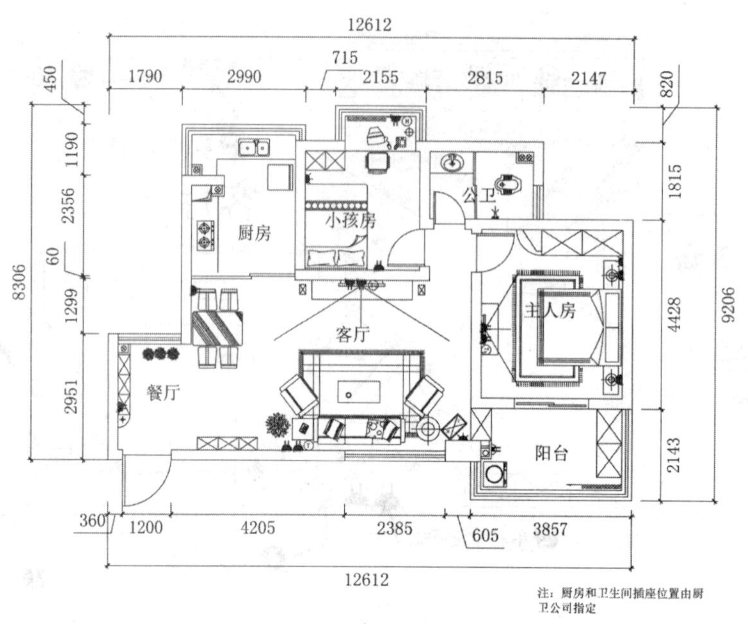

图 6-23　插座布置图效果

提示——家居安装插座要求

1．所需工具材料

- 工具。
  必备工具：RJ45 钳、RJ11 钳、模块单打工具、老虎钳、尖嘴钳、剪刀、电烙铁（含架）、万用表、数据/电话线缆测试仪、一字/十字螺丝刀、电笔、工具袋、若干 8 芯数据/电话/电视连接测试线。
  可选工具：电视场强测试仪。
- 材料。RJ45 水晶头、RJ11 水晶头、RJ45/RJ11 延长线缆连接头、－5F头、零星 8 芯五类数据线和电话线、零星－5 电视线、零星五类数据模块（免打模块）和电话模块、零星 86 型盒或 120 型面板（含免打模块面板）、电工胶布、标签纸、焊锡丝、零星 220V电源连线、小型电源插板、电源插头、鞋套、施工废料袋。

2．技能

- 掌握基本的电工知识和技能。
- 会使用万用表、线缆测试仪、电视场强仪。
- 会打RJ45 头、RJ11 头及其数据和电话模块，会安装免打模块，会安装电视F头和用户电视线连接头。
- 会进行数据线、电话线、电视线等弱电信号线的通、断、短路的测试。
- 基本了解入户数据宽带、电话、电视线缆种类，了解可视对讲、报警监控、抄表系统的线缆种类。

- 熟悉浙大越辰智能信息端接箱的规格种类，熟悉路由器、数据交换机、集线器（HUB）、程控电话交换机、电话并线口、电视分配器、电视信号放大器、数字电视信号回传接口、音视频分配器、安防报警、电表抄送、视频监控转接口、内外置供电电源模块的功能特点和使用方法，并能调试、安装、开通。

3．安装前提条件

居室装修基本结束，各种弱电线缆均已预埋敷设到位，若信息箱内配有有源供电模块，则需要将220V电源线预埋到位，相关入户的电视、电话、数据宽带等信号源均已开通入户。

4．安装施工工序

- 对入户和户内弱电线缆进行分组分类。
- 确定箱内各种模块合理的安装位置。
- 若有有源模块，则需确定220V电源的连接方法和位置。
- 用线扎分类（如数据宽带、电视、电话、数字电视回传线缆等）捆扎弱电线缆，就近安放各类弱电线缆（或经箱内搁板穿线孔）到相应模块接口附近。
- 安装各类模块，连接电源线（如果有有源模块）。
- 用万用表测试每一根线缆，确定户内对应房间的位置，在线缆的适当位置贴上识别标签并用不褪色笔标注。同时，附带确定电视等线缆的预埋敷设质量状况。
- 在保证美观整齐、便于检修的前提下，预留适当长度后，剪去信息箱各类多余的线缆。
- 安装制作各类线缆连接头（宽带数据、数字电视信号回传：RJ45 水晶头、电话：RJ11 水晶头、电视：－5F头等）。
- 用线缆测试仪测试宽带数据线、数字电视信号回传线、电话线的线缆、墙面面板模块的安装质量，若有需要，则在测试前进行墙面面板模块的安装。若发现质量问题，则需进行修复；若预埋敷设线缆问题无法修复，则需告知用户。
- 进行箱内各类线缆和相应模块接口的连接，要求整齐、美观，便于检修、维护以及用户使用调整。
- 安装智能信息端接箱面板，清理现场施工垃圾。
- 如果条件具备，需调试开通并告知用户使用和注意事项。
- 用户签署施工安装确认单。

6.3 家装灯具布置图的绘制

案例文件：06\家装灯具布置图.dwg
视频文件：06\家装灯具布置图.avi

在进行家装灯具布置图的绘制时，应该在原有天花布置图的基础上绘制，将准备好的灯具符号复制到原图中，然后将不同的符号复制到相应的位置，最后进行文字说明即可，其绘制效果如图 6-24 所示。

6.3.1 调用并修改天花布置图

在绘制室内灯具布置图时，应当在天花布置图的基础上绘制。

步骤 1 启动AutoCAD 2018，选择“文件｜打开”菜单命令，打开“案例文件\03\家装顶棚布置图.dwg”文件；再执行“文件｜另存为”菜单命令，将其另存为“案例文件\06\灯具布置图.dwg”文件。

步骤 2 选择“工具｜快速选择”菜单命令，将图形内部的标注、文字和填充图案删除，并修改图名为“灯具布置图”，如图 6-25 所示。

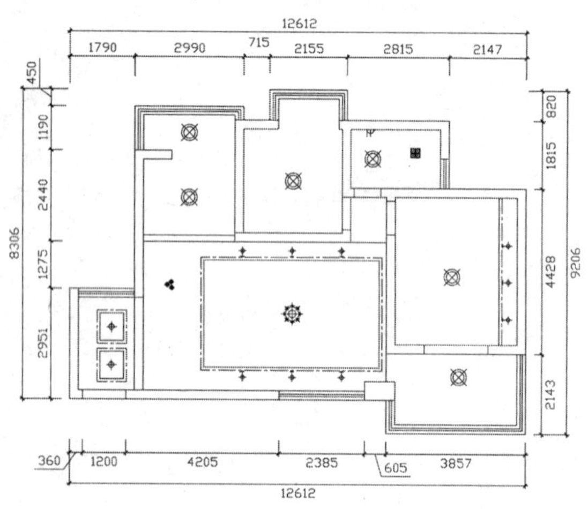

图 6-24　布置灯具效果

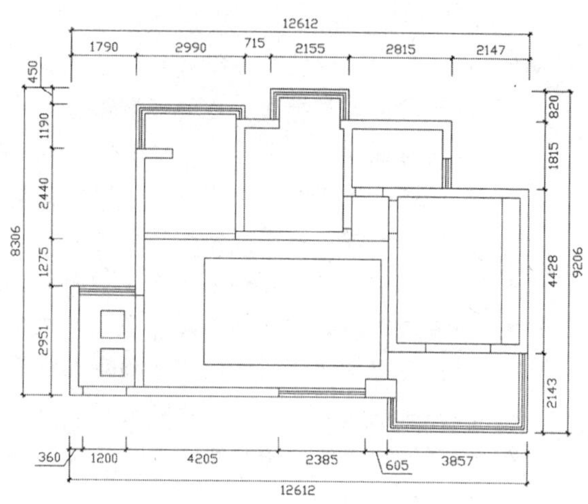

图 6-25　整理家装顶棚布置图

6.3.2 调用电器符号

在绘制室内灯具布置图时，可以直接调用电器符号，从而提高绘图效率。

步骤 1 将“FH-符号”图层置为当前图层。执行“插入块（I）”命令，将“案例文件\06”文件夹下的“灯具符号”插入图形中，如图 6-26 所示。

	造型花式吊灯		镜前灯
	射灯		壁灯
	轨道射灯		浴霸
	筒灯		防雾灯
	吸顶灯	- - - - - -	暗藏日光灯
	花式吊灯		方形散流气

图 6-26　灯具符号效果

步骤 2 执行“分解（X）”命令，对插入的灯具符号图块进行分解，并将插入的灯具符号置换到“FH-符号”图层。

步骤3 执行“编组（G）”命令，分别对指定的灯具符号进行编组，使其一个符号中的多个对象组成一个对象。

6.3.3 布置灯具

在插入灯具符号后，用户就可以通过复制、移动等命令对灯具布置图进行灯具的布置。

步骤1 执行“复制（CO）”命令、“移动（M）”命令、“旋转（RO）”命令和“镜像（MI）”命令，将插入的灯具符号复制和移动到客厅，并通过镜像和旋转命令调整出如图 6-27 所示的图形。

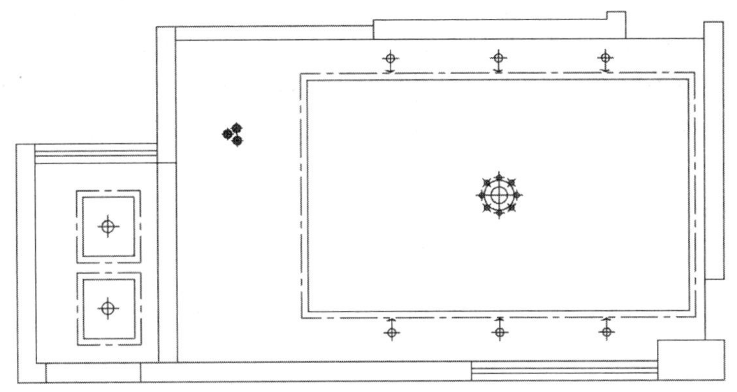

图 6-27　布置客厅灯具

步骤2 用同样的方法，执行“复制（CO）”命令、“移动（M）”命令、“旋转（RO）”命令和“镜像（MI）”命令，将插入的灯具符号复制和移动到其余空间，并通过镜像和旋转命令调整出如图 6-28 所示的图形。

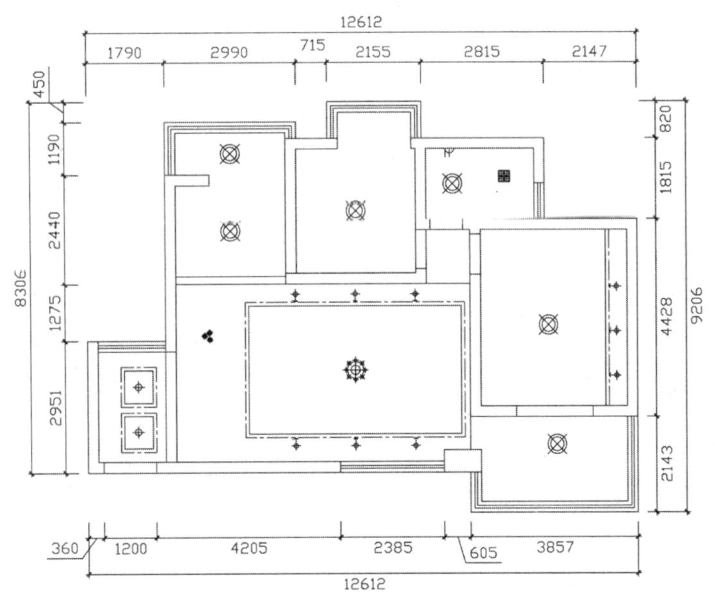

图 6-28　布置灯具效果

步骤3 至此，家装灯具布置图已经绘制完成，按Ctrl+S组合键进行保存。

6.4 家装灯具与开关线路图的绘制

案例文件：06\家装灯具与开关线路布置图.dwg
视频文件：06\家装灯具与开关线路布置图.avi

在灯具和开关布置好后，用户就可以将开关布置图打开，在此基础上将灯具和开关连接起来，绘制灯具开关线路图。

步骤 1 启动AutoCAD 2018，选择“文件｜打开”菜单命令，打开“案例文件\03\家装开关布置图.dwg”文件；再执行“文件｜另存为”菜单命令，将其另存为“案例文件\06\家装灯具与开关线路布置图.dwg”文件。

步骤 2 执行“图层管理（LA）”命令，新建一个“KG-开关线路”图层，并将该图层置为当前图层，如图 6-29 所示。

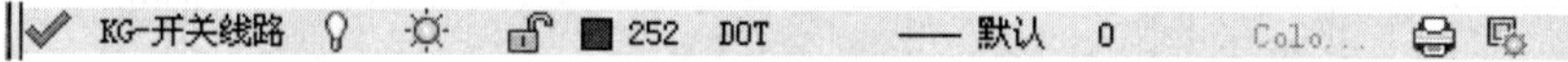

图 6-29 新建图层

步骤 3 执行“多段线（PL）”命令，打开“对象捕捉”和“对象追踪”模式，根据要求将开关和灯具连接起来，效果如图 6-30 所示。

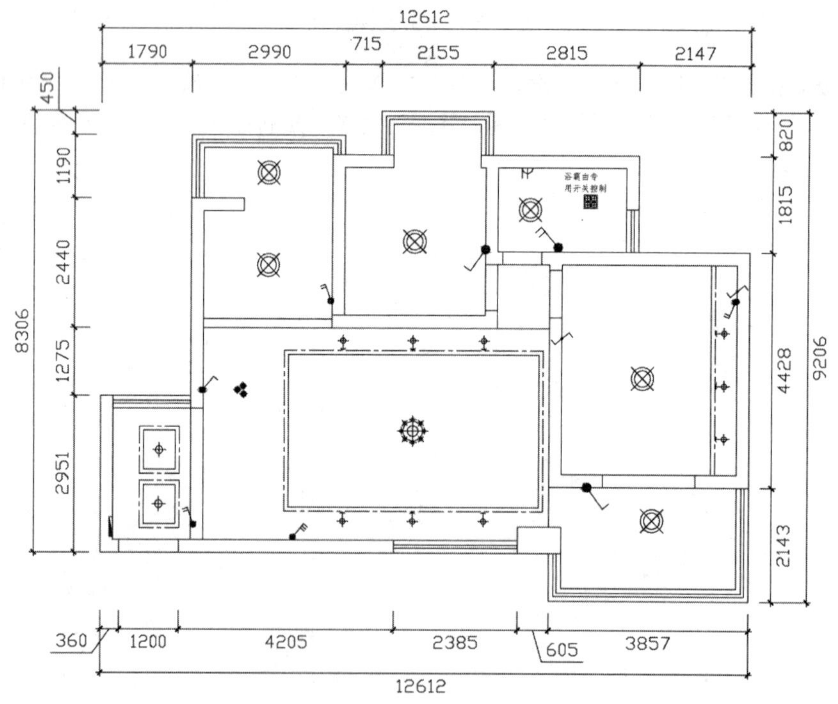

灯具开关布置图1:100

图 6-30 灯具开关布置效果

步骤 4 至此，家装灯具与开关线路布置图已经绘制完成，按Ctrl+ S组合键进行保存。

提示——家庭电线规格的选用

家庭电线规格的选用应根据家用电器的总功率来计算，然后根据不同规格电线的最大载流能力来选取合适的电线电缆。

所需载流能力应根据下列公式计算：

Imax = w/u*k

其中，Imax为线路需要的最大电流容量，单位为A。

W为家用电能总功率，单位为W。

U为家用额定电压，单位为V。

K为过电压的安全系数，数值一般取 1.2 ~ 1.3。

表 6-1 中列举了默认BV、BVV、BVVB型电线在空气中的最大载流量。

表 6-1　不同导体的截流量

导体截面（mm^2）	允许截流量（A）		
	单芯电缆	二芯电缆	三芯电缆
1.5	23	20	18
2.5	30	25	21
4	39	33	28
6	50	43	36
10	69	59	51

根据载流能力公式计算出家庭用电的最大需求电流量，然后根据如表 6-1 所示的不同截面的电线所能承受的最大载流能力来选取恰当的电线。

例如，家用电器总功率为 5000W，额定电压为 220V，根据上式计算得电流值为 27.24～29.51A，经与表 6-1 核对，应选用 2.5mm^2 的铜线较为合适。

随着生活水平的不断提高、电器产品的增加，家庭用电也越来越多，原有的电路设施容量可能已不能承受，处于超负荷运转状态，电流过大导体温度过高，轻则绝缘老化、损坏电线，重则产生火灾，这时应适当扩容，增大主电线的规格，提高载流能力。因此，根据家用电器的发展设计预测总功率，并保持一定的宽裕量，然后敷线，这才是合理安全的。

表 6-2 列举了家庭默认电器的用电功率情况。

表 6-2　家庭默认电器用电功率表

电器名称	一般功率（瓦）	估计用电量（千瓦时）
窗式空调机	800~1300	最高每小时 0.8~1.3
家用电冰箱	65~130	大约每日 0.85~1.7
家用洗衣机单缸	230	最高每小时 0.23
家用洗衣机双缸	380	最高每小时 0.38
微波炉	950	每 10 分钟 0.16
微波炉	1500	每 10 分钟 0.25
电磁炉	500~2000	每 15 分钟 0.125~0.5

（续表）

电器名称	一般功率（瓦）	估计用电量（千瓦时）
电热淋浴器	1200	每小时 1.2
电热淋浴器	2000	每小时 2
电水壶	1200	每小时 1.2
电饭煲	500	每 20 分钟 0.16
电熨斗	750	每 20 分钟 0.25
理发吹风器	450	每 5 分钟 0.04
吸尘器	400	每 15 分钟 0.1
吸尘器	850	每 15 分钟 0.21
吊扇大型	150	每小时 0.15
吊扇小型	75	每小时 0.08
台扇 16 寸	66	每小时 0.07
电视机 6 寸	52	每小时 0.05
电视机 21 寸	70	每小时 0.07
电视机 25 寸	100	每小时 0.1
录像机	80	每小时 0.08
音响器材	100	每小时 0.1
电热油汀	1600~2000	最高每小时 1.6~2.0

第 7 章 宾馆装修施工图的绘制

宾馆一般采用简约的设计手法，在设计时注重其功能与形式装饰性的统一，同时使室内空间造型设计富有创意。考虑功能的合理性以及在材料、质感、色彩上的合理运用，使小空间具有大效果，进而对室内空间环境加以升华。

本章主要讲解宾馆室内布置图、地面布置图、天花布置图和走廊B立面图的绘制方法，同时列出了各个立面图和剖面图供读者自行绘制，使读者通过所学知识真正做到举一反三。

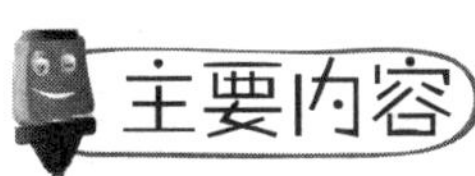

- 掌握宾馆平面布置图的绘制
- 掌握宾馆地面布置图的绘制
- 掌握宾馆天花布置图的绘制
- 掌握宾馆开关与插座图的绘制
- 掌握宾馆立面图和剖面图的绘制

7.1 宾馆平面布置图的绘制

案例文件：07\宾馆平面布置图.dwg

视频文件：07\宾馆平面布置图.avi

在绘制宾馆平面布置图时，将事先准备好的“宾馆建筑平面图.dwg”文件打开，在此基础上进行平面布置图的绘制。首先将各个区域的轮廓绘制好，再分别在各个区域进行室内图块的插入布置，然后对其进行文字说明，最后插入内视符号，从而完成整个宾馆平面布置图的绘制，如图 7-1 所示。

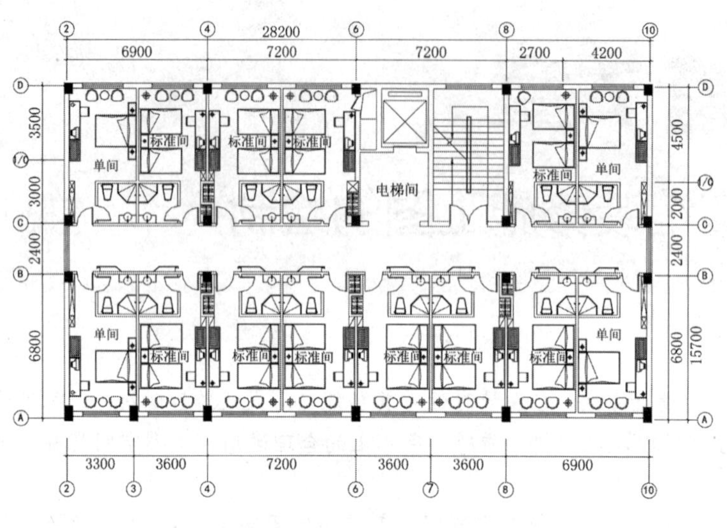

图 7-1　宾馆平面图效果

7.1.1　绘制室内布置图造型

在绘制宾馆平面布置图时，应该先进行拆墙砌墙的绘制，再对各个区域的造型轮廓进行绘制，最后通过插入块的方式对各个区域进行布置。

步骤 1 启动AutoCAD 2018，选择“文件｜打开”菜单命令，将“案例文件\07\宾馆建筑平面图.dwg”文件打开，如图 7-2 所示；再执行“另存为”操作，将该文件另存为“案例文件\07\宾馆平面布置图.dwg”，并修改下方的图名为“宾馆平面布置图”。

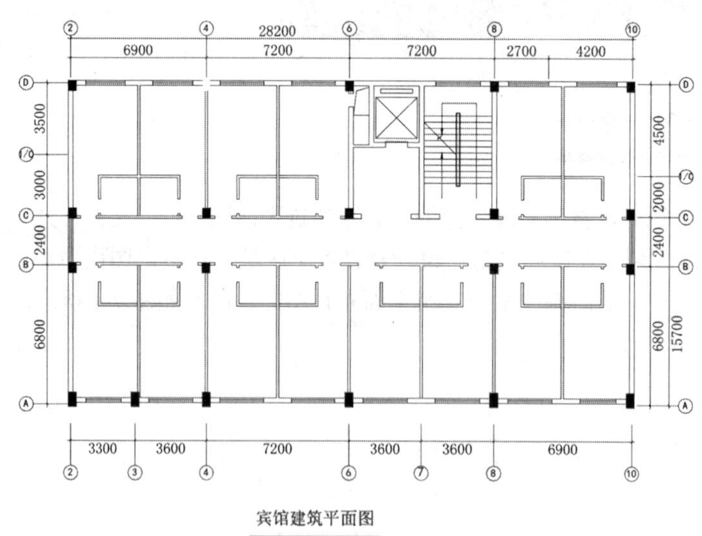

图 7-2　宾馆建筑平面图效果

步骤 2 执行“直线（L）”命令，在相应墙体处绘制线段，对宾馆建筑平面图进行拆墙砌墙的绘制，并执行“修剪（TR）”命令，将多余的线条删除，结果如图 7-3 所示。

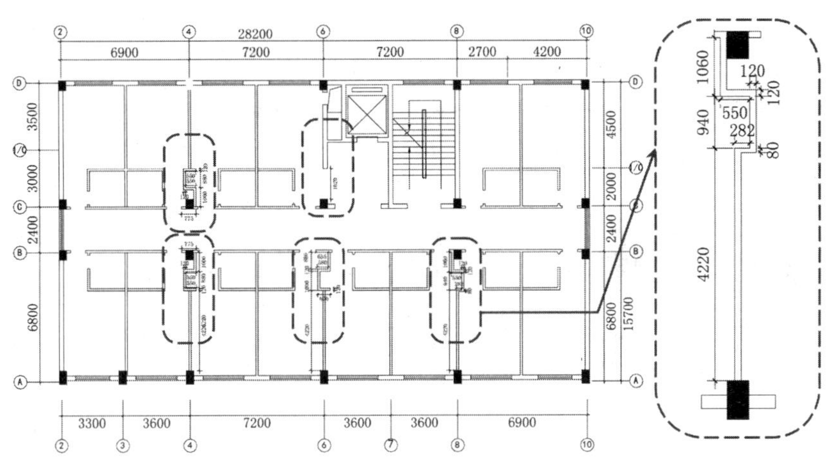

图 7-3　绘制拆墙砌墙的效果

步骤 3 将“M-门”图层置为当前图层。执行“插入块（I）”命令，将“案例文件\07”文件夹下的“平面门”图块插入平面图中，并通过执行“旋转（RO）”命令和“缩放（SC）”命令绘制出如图 7-4 所示的图形。

步骤 4 执行“直线（L）”命令、“修剪（TR）”命令，在走廊B面墙绘制墙体装饰轮廓，效果如图 7-5 所示。

步骤 5 执行“复制（CO）”命令，将前面绘制的墙体装饰效果依次复制到如图 7-6 所示的位置。

步骤 6 执行“插入块（I）”命令，将“案例文件\07”文件夹下的“百叶衣柜平面图”插入图中拆墙砌墙的位置，并通过执行“移动（M）”命令将图块放置到合适的位置，如图 7-7 所示。

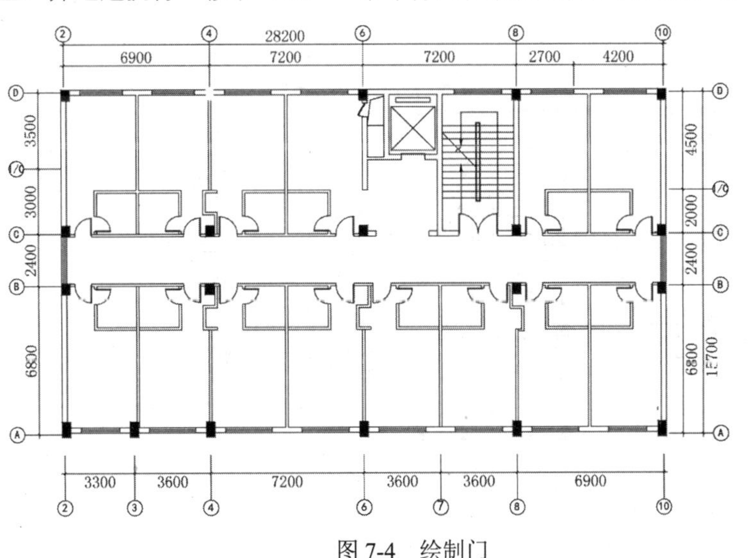

图 7-4　绘制门

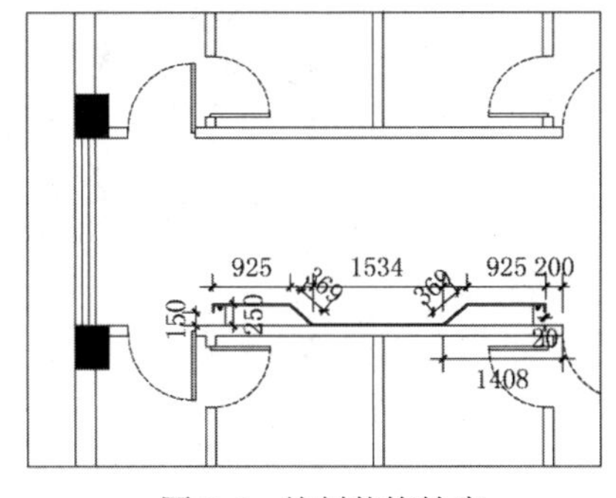

图 7-5　绘制装饰轮廓

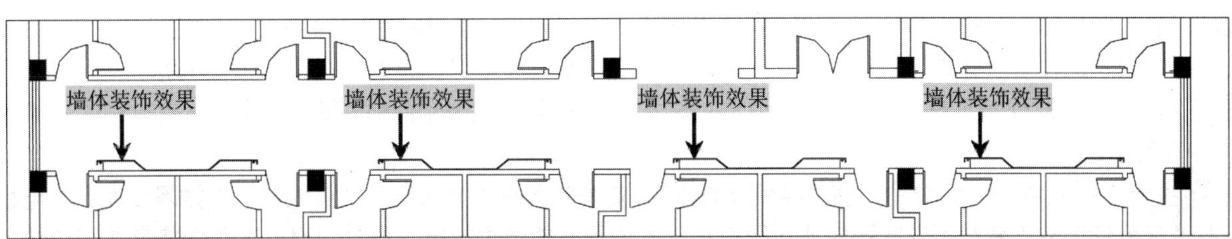

图 7-6　复制装饰轮廓

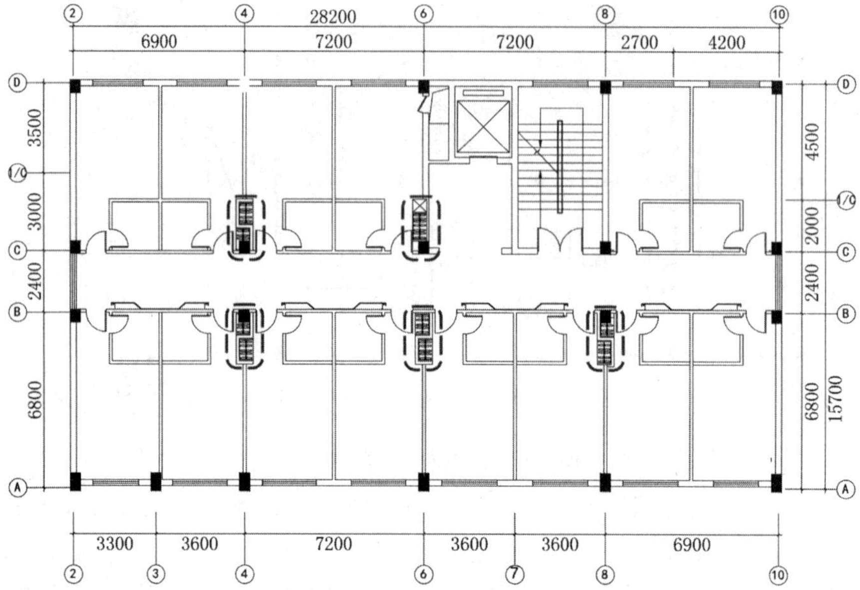

图 7-7 布置衣柜

步骤 7 执行“直线（L）”命令、“修剪（TR）”命令和“偏移（O）”命令，在卫生间内绘制洗手台，效果如图 7-8 所示。

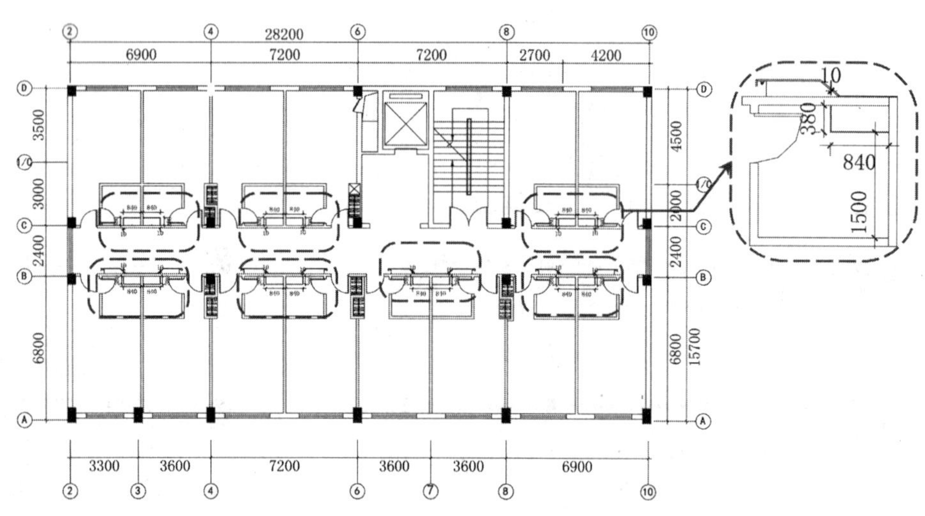

图 7-8 绘制洗手台

步骤 8 执行“插入块（I）”命令，将“案例文件\07”文件夹下的“马桶”“洗手盆”“浴室”“淋浴喷头”插入图中指定的位置，并通过执行“移动（M）”命令将图块放置到合适的位置，如图 7-9 所示。

步骤 9 执行“直线（L）”命令、“修剪（TR）”命令，在宾馆两头的单人间和标准间内绘制衣柜，效果如图 7-10 所示。

步骤 10 执行“插入块（I）”命令，将“案例文件\07”文件夹下的“单人床”“双人床”“休闲沙发”“电视柜”“落地灯”和“装饰柜”等图块插入图中指定的位置，并通过执行“移动（M）”命令将家具图块放置到合适的位置，如图 7-11 所示。

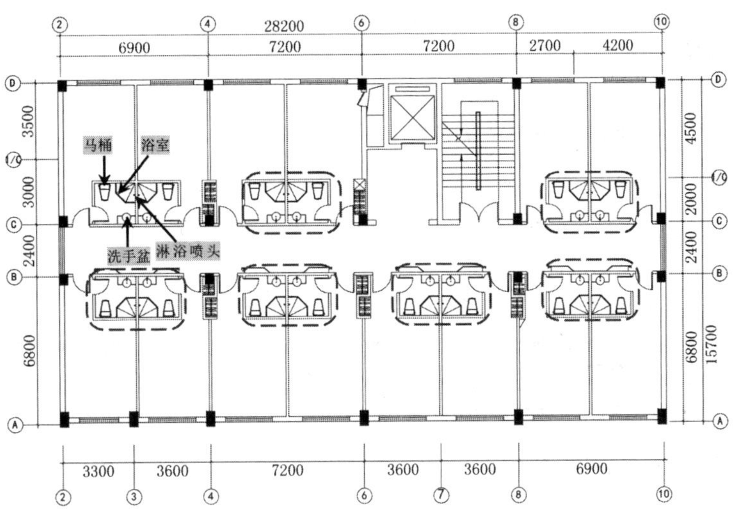

图 7-9　布置卫生间

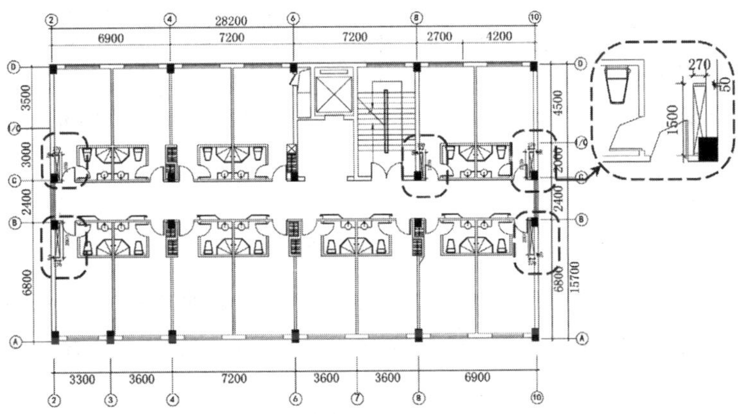

图 7-10　绘制衣柜

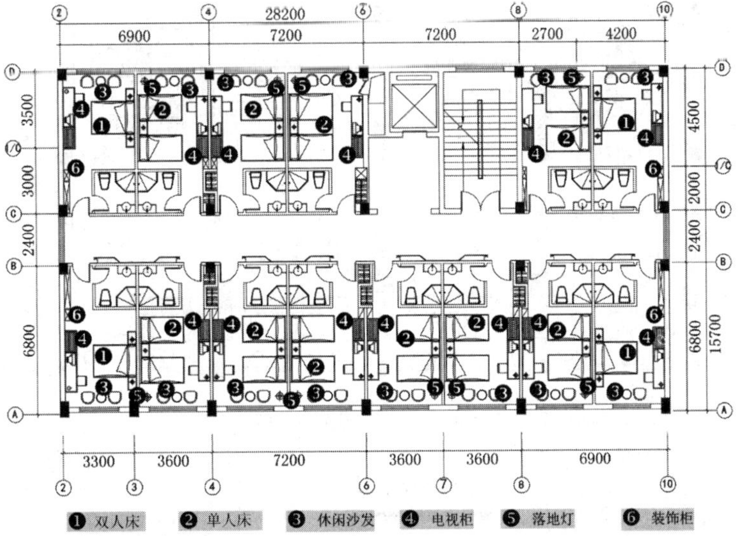

图 7-11　插入图块效果

7.1.2 文字注释

最后，还应该对宾馆平面布置图添加文字说明。

步骤 1 将“文字”图层置为当前图层。执行“多行文字（MT）”命令，设置“字体”为“宋体”、“大小”为 350，按照绘图要求对宾馆平面布置图添加文字说明，效果如图 7-12 所示。

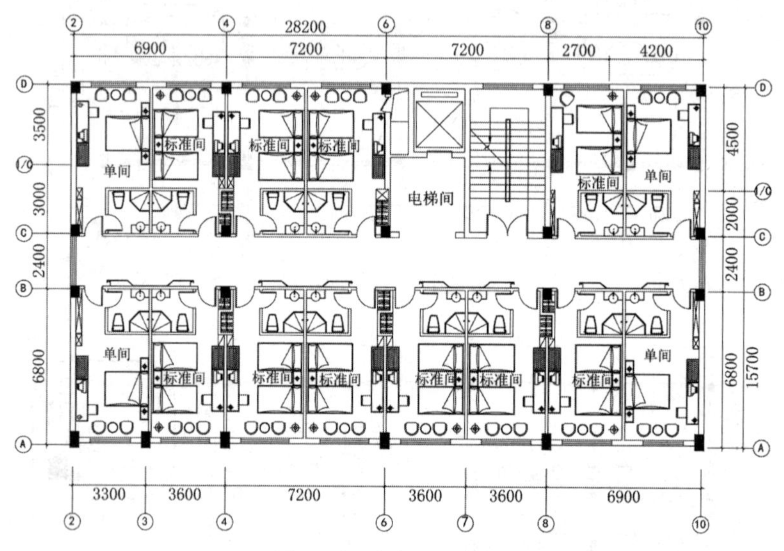

图 7-12　文字注释效果

步骤 2 执行“插入块（I）”命令，将“案例文件\07”文件夹下的“内视符号”图块插入图形中，然后通过执行“移动（M）”命令、“旋转（RO）”命令和“镜像（MI）”命令将图块放置到合适的位置，如图 7-13 所示。

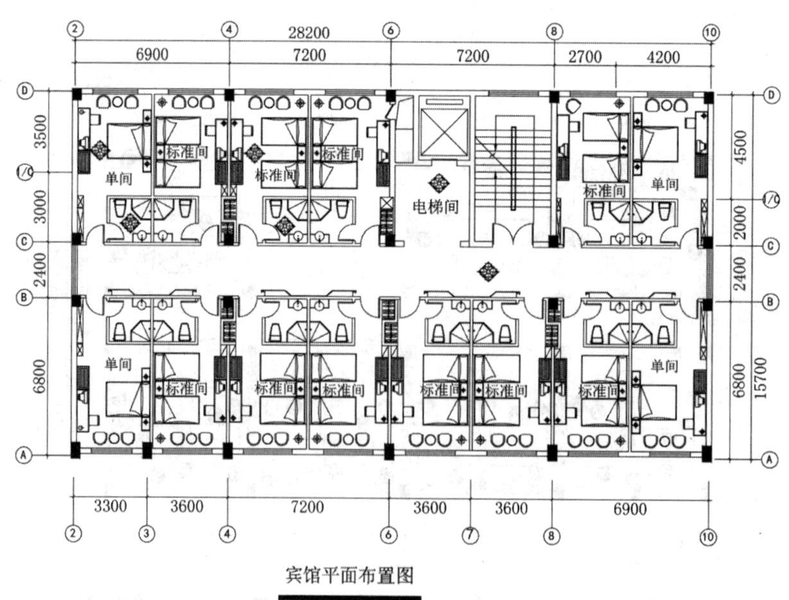

图 7-13　插入内视符号

步骤 3 至此，宾馆平面布置图已经绘制完成，按Ctrl+S组合键进行保存。

7.2 宾馆地面布置图的绘制

案例文件：07\宾馆地面布置图.dwg
视频文件：07\宾馆地面布置图.avi

用户在绘制宾馆地面布置图时，先调用之前绘制的宾馆平面布置图，对图形整理后，分别对各个过道和区域进行地面材质的轮廓绘制及铺设，最后对图形添加文字注释，从而完成对地面布置图的绘制，效果如图7-14 所示。

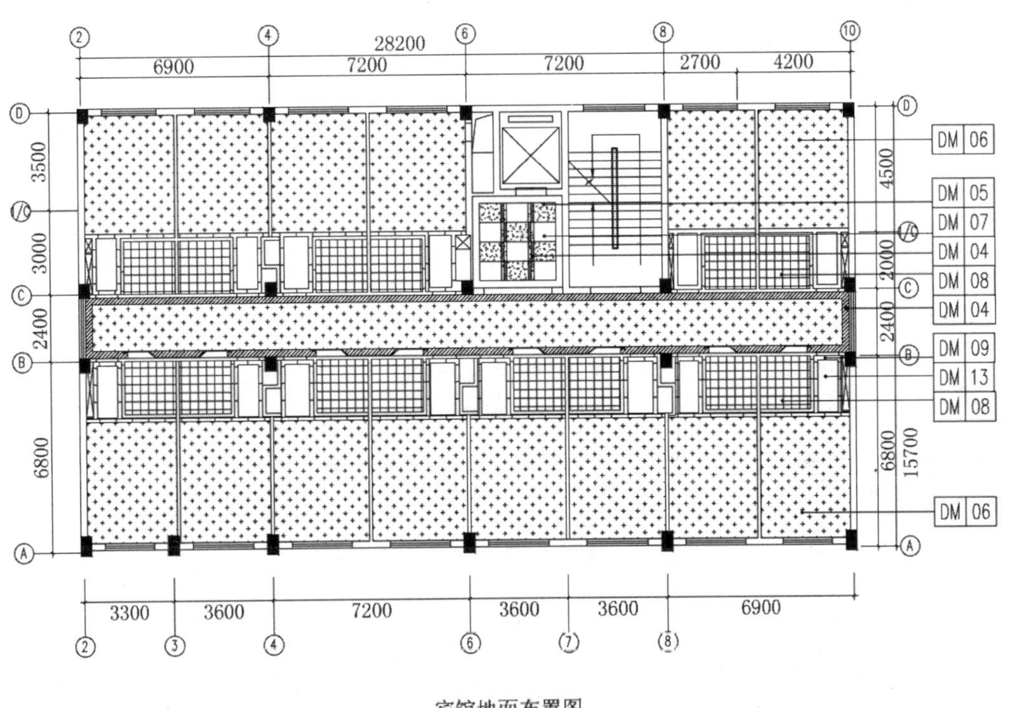

图 7-14 宾馆地面布置图效果

7.2.1 整理平面布置图

在绘制宾馆地面布置图时，应该对平面布置图进行整理，然后根据要求依次绘制出地面布置图。

步骤 1 启动AutoCAD 2018，选择“文件｜打开”菜单命令，将“案例文件\07\宾馆平面布置图.dwg”文件打开；再执行“另存为”操作，将其另存为“宾馆地面布置图.dwg”文件，并修改图名为“宾馆地面布置图”。

步骤 2 执行“删除（E）”命令，将多余的家具对象、文字对象删除，从而整理出绘制地面布置图所需要的效果，如图 7-15 所示。

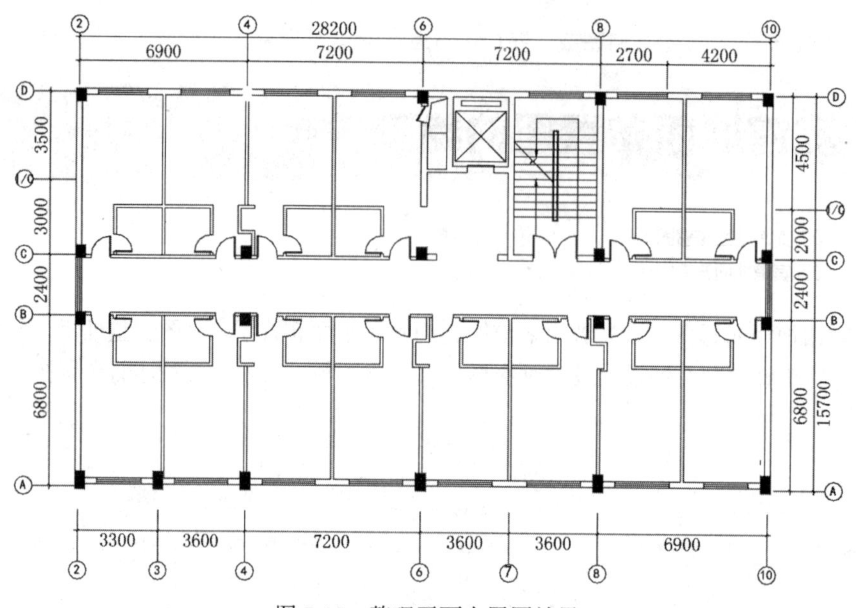

图 7-15　整理平面布置图效果

步骤 3 执行“图层管理（LA）”命令，新建一个“DM--地面”图层，并将新建图层置为当前图层，如图 17-16 所示。

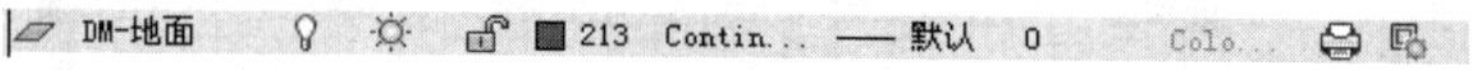

DM-地面　213　Contin...　—— 默认　0　Colo...

图 7-16　新建图层

步骤 4 执行“删除（E）”命令，将所有的门都删除；再执行“直线（L）”命令，将所有的洞口封闭起来，效果如图 7-17 所示。

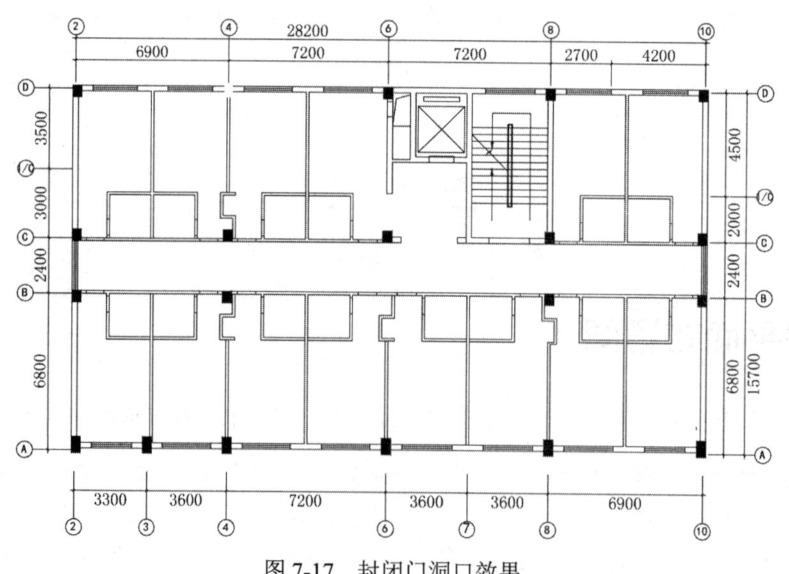

图 7-17　封闭门洞口效果

步骤 5 执行“直线（L）”命令、“修剪（TR）”命令和“插入块（I）”命令，将“百叶衣柜平面”轮廓绘制到平面图内，然后插入衣柜，效果如图 7-18 所示。

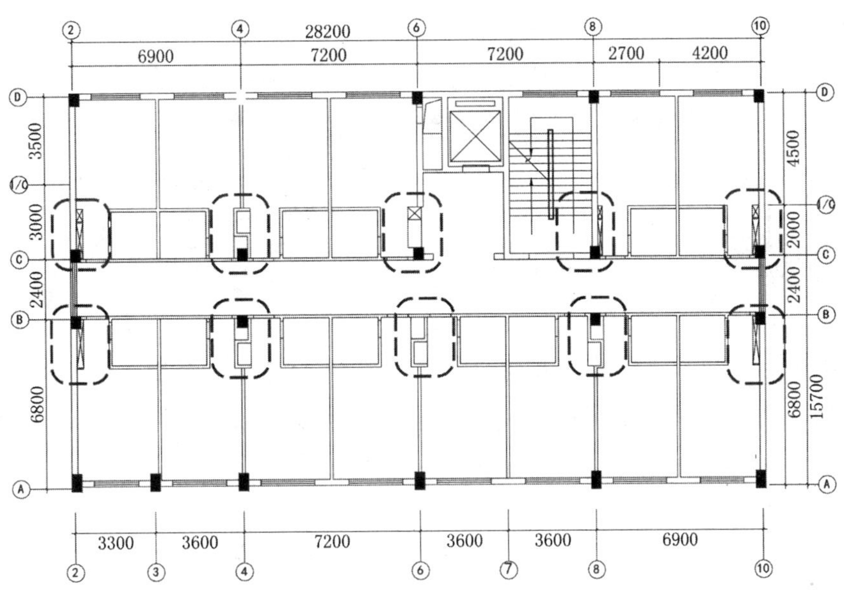

图 7-18　整理平面图效果

7.2.2　布置卫生间地板材质

在绘制地面布置图时，为了讲解方便，将空间划分为几个部分来分别讲解。

步骤 1 将“DM--地面”图层置为当前图层。执行“直线（L）”命令，绘制卫生间地板造型，如图 7-19 所示。

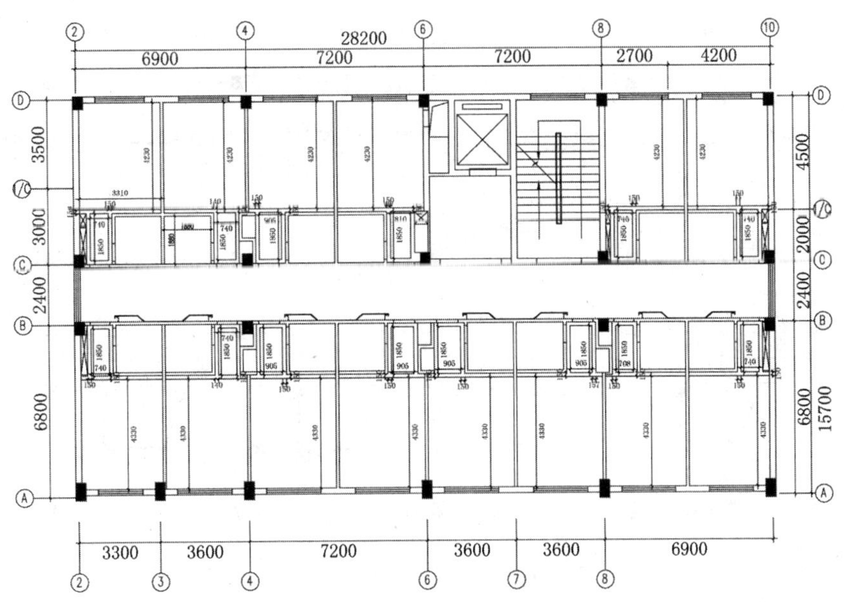

图 7-19　绘制造型轮廓

步骤 2 执行“图案填充（H）”命令，在弹出的对话框中选择“类型”为“预定义”、“样例”为NET、“比例”为 95，填充 300×300 防滑地砖效果，如图 7-20 所示。

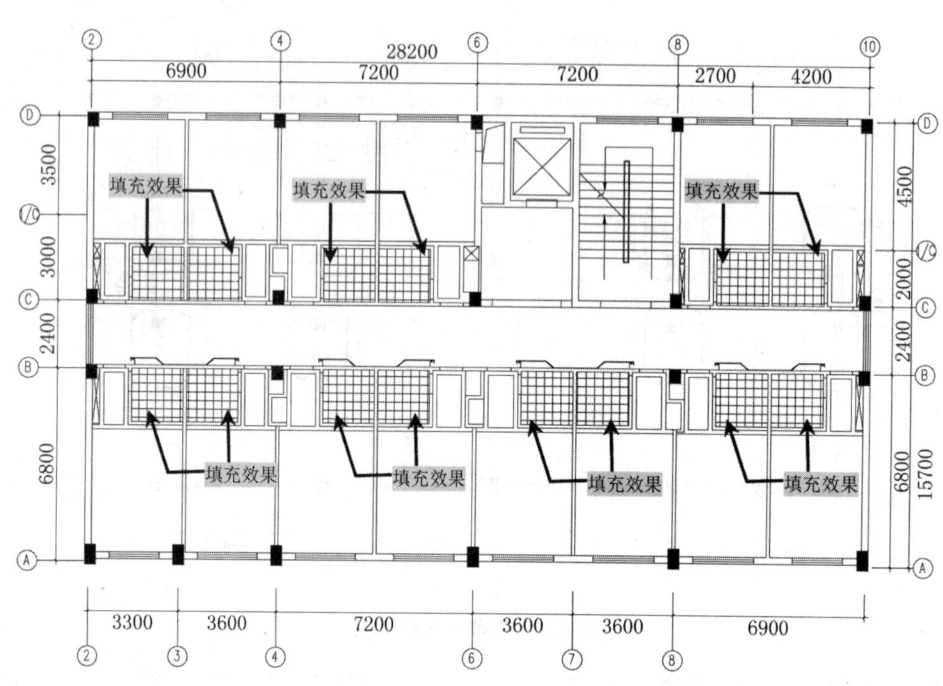

图 7-20 填充效果

步骤 3 执行“图案填充（H）”命令，对标准间和单间入口造型处进行填充，在弹出的对话框中选择“类型”为“预定义”、“样例”为NET、“比例”为 190，填充 600×600 米黄色地砖效果，如图 7-21 所示。

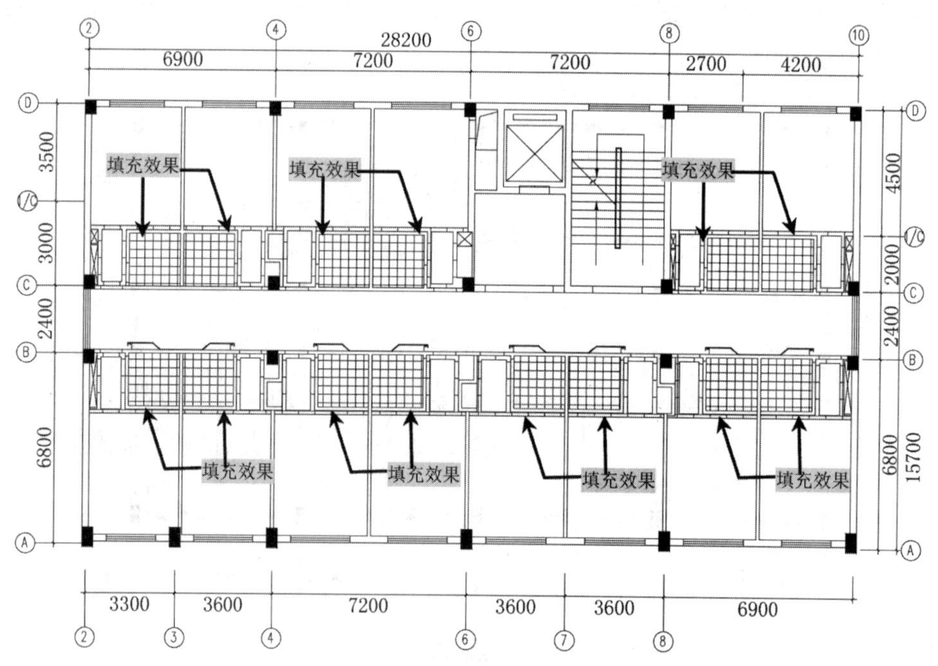

图 7-21 填充效果

步骤 4 执行“图案填充（H）”命令，在弹出的对话框中选择“类型”为“预定义”、“样例”为“AR-SAND”、“比例”为 5，填充深米黄色抛光砖效果，如图 7-22 所示。

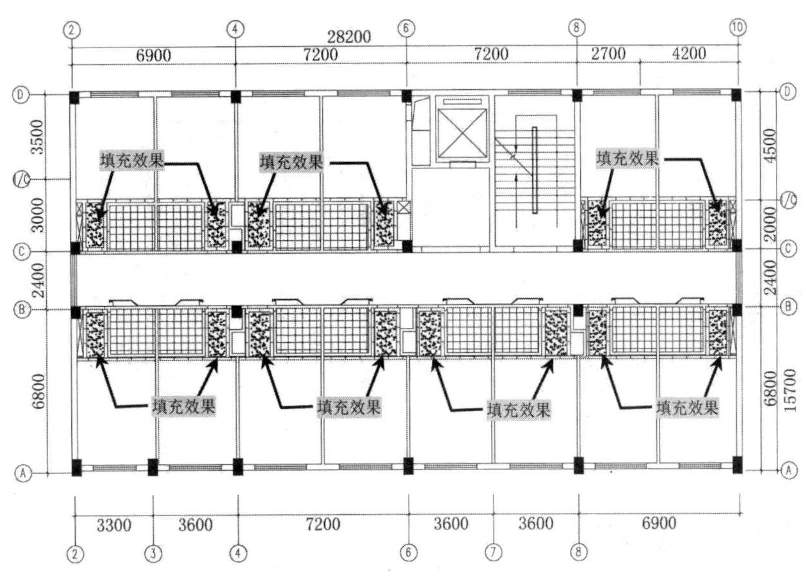

图 7-22　填充效果

7.2.3　布置走廊地面材质

本实例中，走廊地面由英国棕花岗岩、高级工艺提花地毯组成。

步骤 1 将“DM--地面”图层置为当前图层。执行“偏移（O）”命令，对走廊墙体线偏移 250，绘制走廊地板材质轮廓效果，如图 7-23 所示。

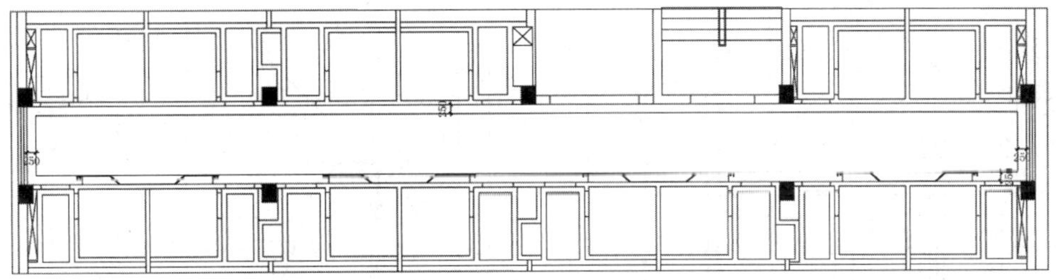

图 7-23　绘制造型轮廓

步骤 2 执行“图案填充（H）”命令，在弹出的对话框中选择类型为“预定义”选项、“样例”为CROSS、“比例”为 40，填充高级工艺提花地毯效果，如图 7-24 所示。

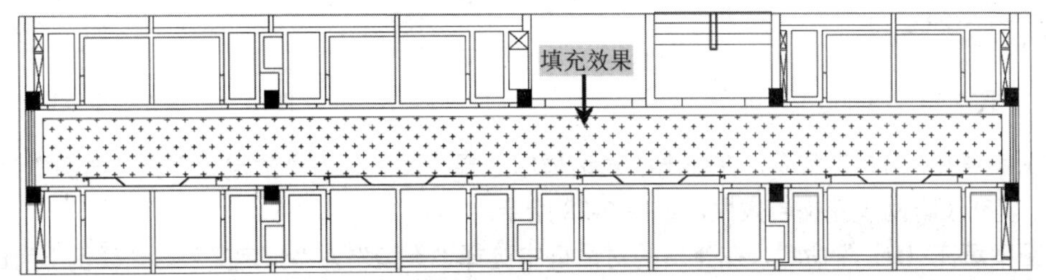

图 7-24　填充效果

步骤 3 执行“图案填充（H）”命令，在弹出的对话框中选择“类型”为“预定义”、“样例”为“JIS-WOOD”、“比例”为 150，填充英国棕花岗岩地砖效果，如图 7-25 所示。

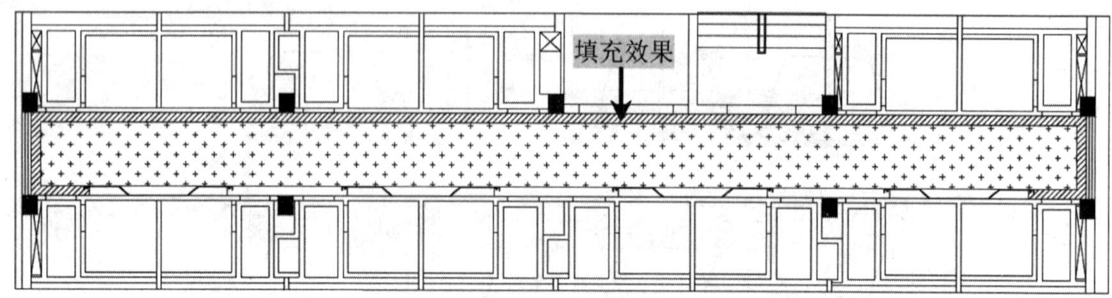

图 7-25　填充效果

7.2.4　布置电梯地面材质

本实例中，电梯地面由英国棕花岗岩、高级工艺提花地毯组成。

步骤 1 将“DM--地面”图层置为当前图层。执行“直线（L）”命令、“偏移（O）”命令绘制电梯地板造型轮廓，如图 7-26 所示。

步骤 2 执行“图案填充（H）”命令，在弹出的对话框中选择“类型”为“预定义”、“样例”为JIS-WOOD、“比例”为 150，填充英国棕花岗岩地砖效果，如图 7-27 所示。

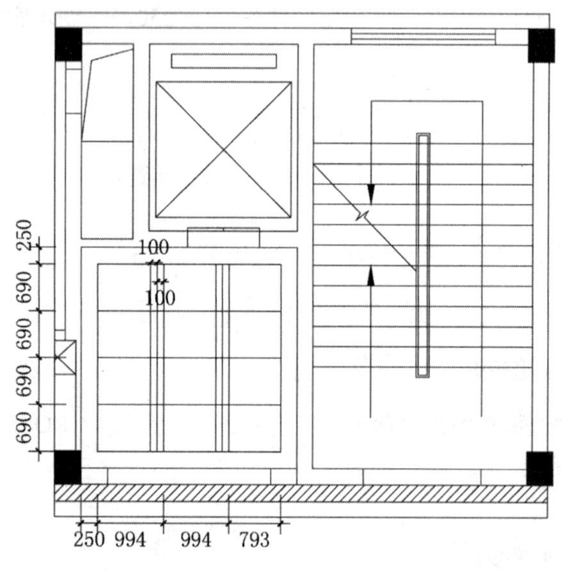

图 7-26　绘制造型轮廓

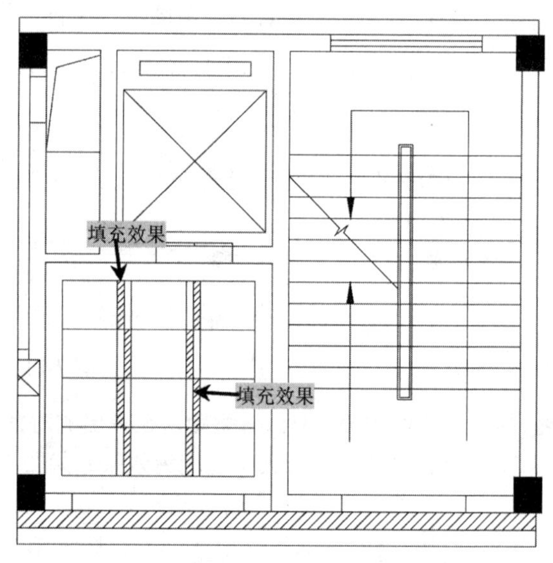

图 7-27　填充效果

步骤 3 执行“图案填充（H）”命令，在弹出的对话框中选择“类型”为“预定义”、“样例”为AR-CONC、“比例”为 1，填充浅啡网纹花岗岩效果，如图 7-28 所示。

步骤 4 执行“图案填充（H）”命令，在弹出的对话框中选择“类型”为“预定义”、“样例”为DOTS、“比例”为 100，填充米黄石效果，如图 7-29 所示。

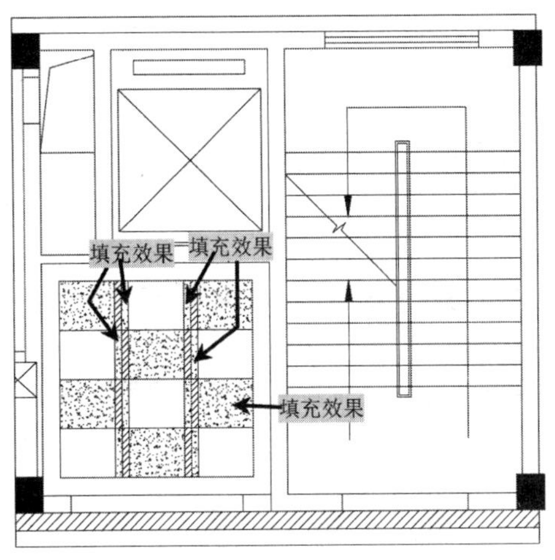

图 7-28 填充效果

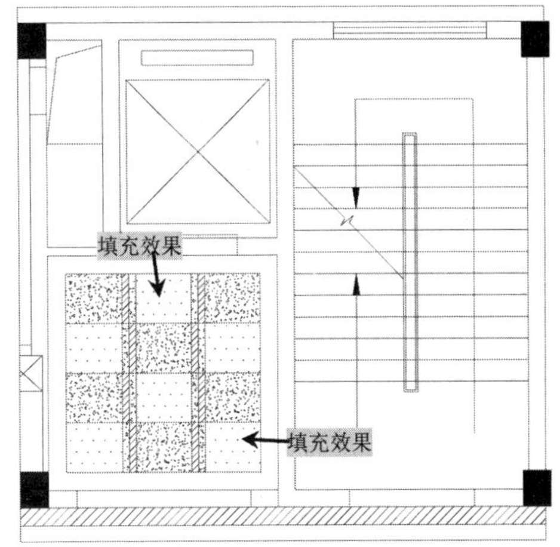

图 7-29 填充效果

7.2.5 布置宾馆房间内地面材质

本实例中，宾馆标准间和单间内的地面采用高级工艺提花地毯布置。

执行“图案填充（H）”命令，在弹出的对话框中选择“类型”为“预定义”、“样例”为CROSS、“比例”为 40，对宾馆标准间和单间填充高级工艺提花地毯效果，如图 7-30 所示。

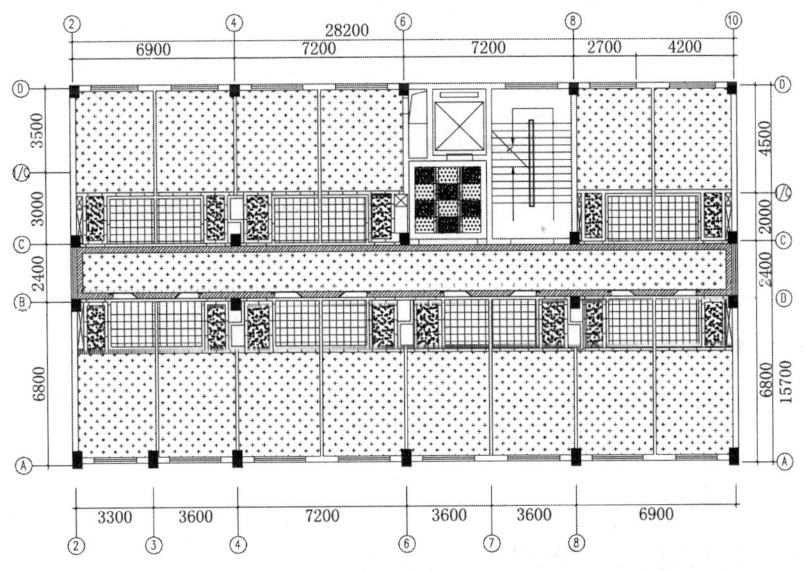

图 7-30 填充效果

7.2.6 调用材质编号

在绘制地面布置图时，可以直接调用材质编号，从而提高绘图效率。

步骤 1 将“FH-符号”图层置为当前图层。执行“插入块（I）”命令，将“案例文件\07”文件夹下的“地面材质编号”插入图形中，如图 7-31 所示。

DM 04	英国棕花岗岩	DM 08	300*300防滑地砖
DM 05	浅啡网纹花岗岩	DM 09	600*600米黄色地砖
DM 06	高级工艺提花地毯	DM 13	深米黄色抛光砖
DM 07	米黄石		

图 7-31　地面材质编号

步骤 2 执行“分解（X）”命令，对插入的地面材质图块进行分解，并将插入的材质编号置换到“FH-符号”图层。

步骤 3 执行“编组（G）”命令，分别对指定的材质编号进行编组，使其一个符号中的多个对象组成一个对象。

7.2.7　文字注释

在绘制地面布置图时，最后还应该对图形添加文字说明。

步骤 1 执行“快速引线（LE）”命令、“复制（CO）”命令和“移动（M）”命令，将插入的地面材质编号复制并移动到相应位置，调整出如图 7-32 所示的图形。

步骤 2 至此，宾馆地面布置图已经绘制完成，按Ctrl+S组合键进行保存。

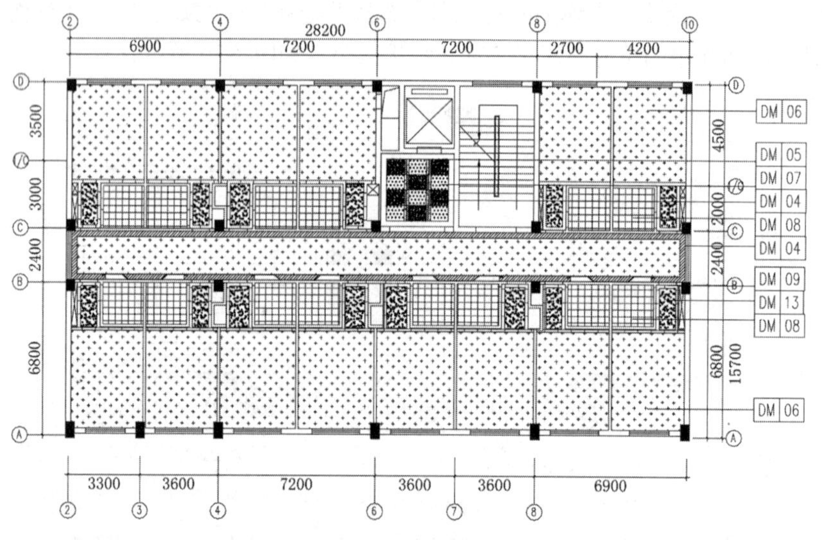

图 7-32　文字注释效果

7.3　宾馆顶棚布置图的绘制

案例文件：07\宾馆顶棚布置图.dwg

视频文件：07\宾馆顶棚布置图.avi

用户在绘制宾馆顶棚布置图时，可调用之前绘制的宾馆地面布置图，经过对图形进行整理，将多余对象删除，然后绘制吊顶造型轮廓，最后将各种灯具插入图中并布置到合理的位置，从而完成宾馆顶棚布置图的绘制，其效果如图 7-33 所示。

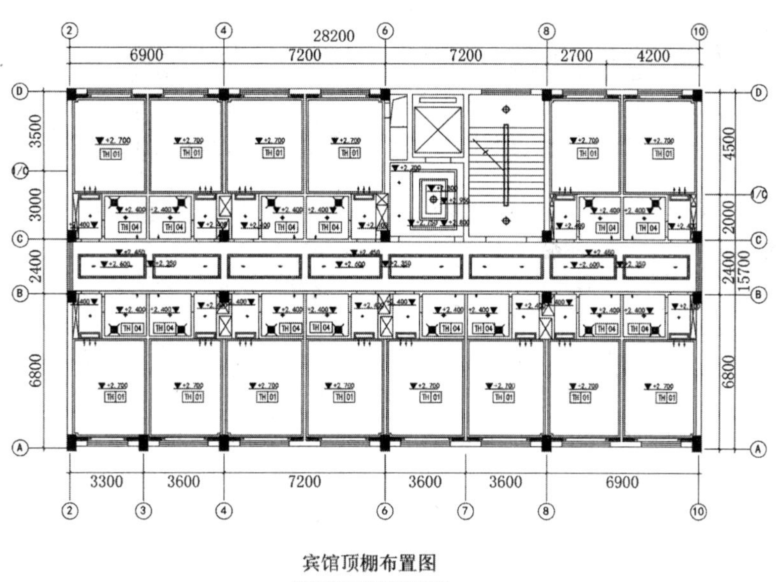

图 7-33　宾馆顶棚布置图效果

7.3.1　整理地面布置图

在绘制宾馆顶棚布置图时，应该对之前绘制好的地面材质图进行整理，然后根据要求依次绘制出天花布置图。

步骤 1 启动AutoCAD 2018，选择“文件｜打开”菜单命令，将“案例文件\07\宾馆地面布置图.dwg”文件打开；执行“另存为”操作，将其另存为“宾馆顶棚布置图.dwg”文件。

步骤 2 执行“删除（E）”命令，将地面布置图中的填充对象、文字说明全部删除，并修改图名为“宾馆顶棚布置图”，效果如图 7-34 所示。

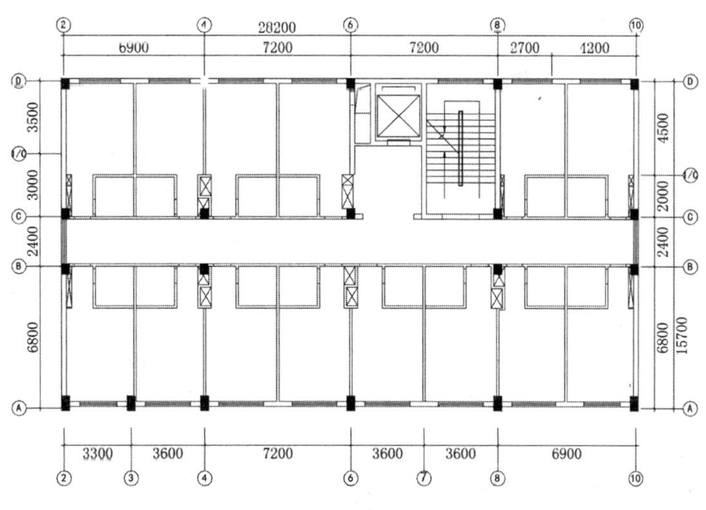

图 7-34　整理地面布置图效果

7.3.2 调用材质编号与灯具符号

在绘制顶棚布置图时，可以直接调用材质编号与灯具符号，从而提高绘图效率。

步骤 1 将“FH-符号”图层置为当前图层。执行“插入块（I）”命令，将“案例文件\07”文件夹下的“顶棚材质编号与灯具符号”插入图形中，如图 7-35 所示。

步骤 2 执行“分解（X）”命令，对插入的材质编号与灯具符号图块进行分解，并将插入的材质编号与灯具符号置换到“FH-符号”图层。

编号	材质	符号	名称	符号	名称
TH 01	轻钢龙骨纸面石膏板吊顶面刷白色乳胶漆		工艺吸顶灯		中央空调
TH 02	木方格内贴墙纸		300*300换气扇		600*600格栅灯
TH 03	120*120木方		?80筒灯	---------	隐藏灯带
TH 04	轻钢龙骨防水石膏板吊顶面刷白色乳胶漆		?60射灯		镜前灯

图 7-35　材质编号与灯具符号效果

步骤 3 执行“编组（G）”命令，分别对指定的材质编号与灯具符号进行编组，使其一个符号中的多个对象组成一个对象。

7.3.3 绘制走廊顶棚布置图

在对地面布置图进行整理后，得到顶棚布置图需要的轮廓，这时就可以开始对吊顶轮廓进行绘制了。

步骤 1 执行“图层管理（LA）”命令，新建三个图层，并将“DD-吊顶”图层置为当前图层，将所有的门洞线置换到“DD-吊顶”图层，如图 7-36 所示。

名称	颜色	线型	线宽	透明度	打印样式
DD-灯带	220	CENTER	—— 默认	0	Colo...
DD-吊顶	255	Contin...	—— 默认	0	Colo...
DJ-灯具	10	Contin...	—— 默认	0	Colo...

图 7-36　新建图层

步骤 2 执行“偏移（O）”命令和“修剪（TR）”命令，绘制走廊顶棚吊顶轮廓效果，如图 7-37 所示。

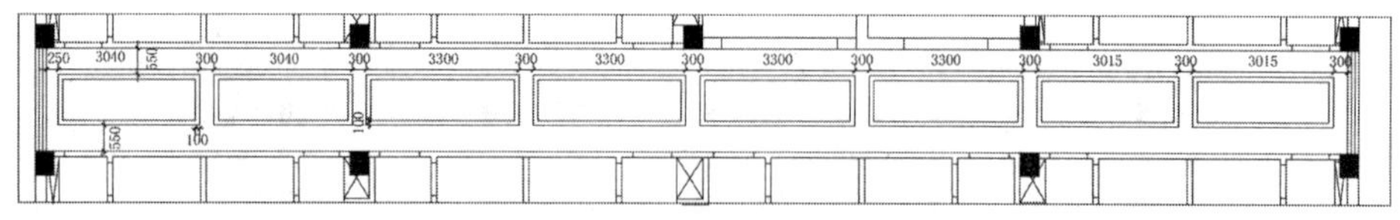

图 7-37　绘制吊顶造型轮廓

步骤 3 将“DD-灯带”图层置为当前图层。执行“偏移（O）”命令，将前面绘制的吊顶轮廓向内偏移 50，并将偏移出来的线条置换到“DD-灯带”图层，如图 7-38 所示。

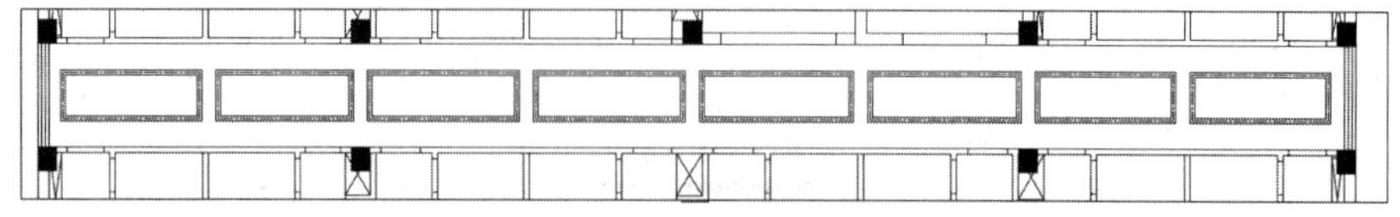

图 7-38　绘制灯带

步骤 4 将“DJ-灯具”图层置为当前图层。执行“复制（CO）”命令、“移动（M）”命令、“旋转（RO）”命令和“镜像（MI）”命令，将插入的材质编号与灯具复制和移动到走廊，并通过镜像和旋转命令调整出如图 7-39 所示的图形。

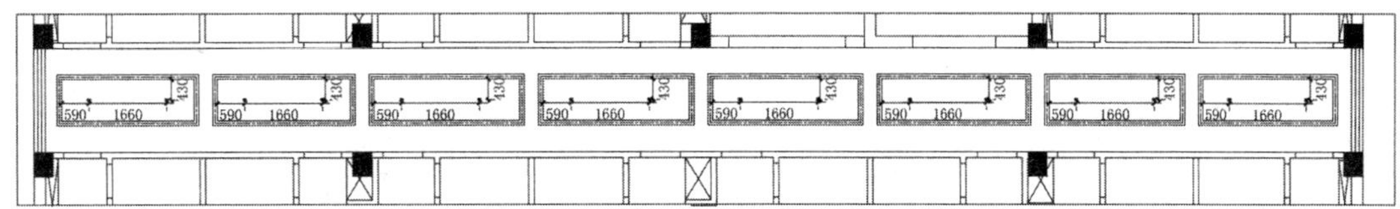

图 7-39　灯具布置效果

步骤 5 将“符号”图层置为当前图层。执行“插入块（I）”命令，将“案例文件\07”文件夹下的“标高符号”图块插入图形中，并修改其标高值，如图 7-40 所示。

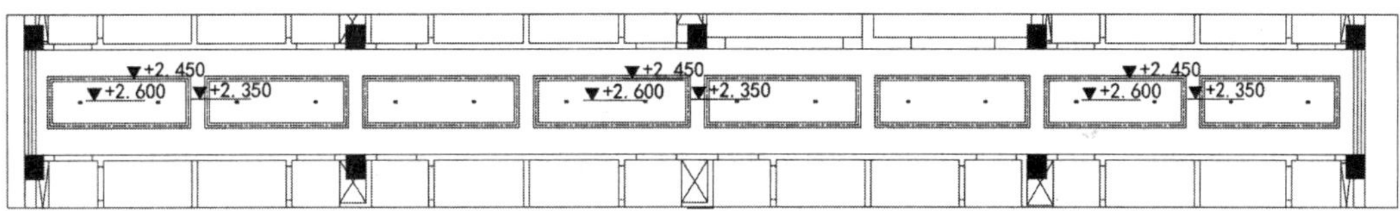

图 7-40　插入标高符号

7.3.4　绘制电梯顶棚布置图

步骤 1 将“DD-吊顶”图层置为当前图层。执行“直线（L）”命令和“偏移（O）”命令绘制电梯顶棚吊顶轮廓，如图 7-41 所示。

步骤 2 将“DD-灯带”图层置为当前图层。执行“偏移（O）”命令，将前面绘制的吊顶轮廓由内向外的第二条线向外偏移 80，并将偏移出来的线条置换到“DD-灯带”图层，如图 7-42 所示。

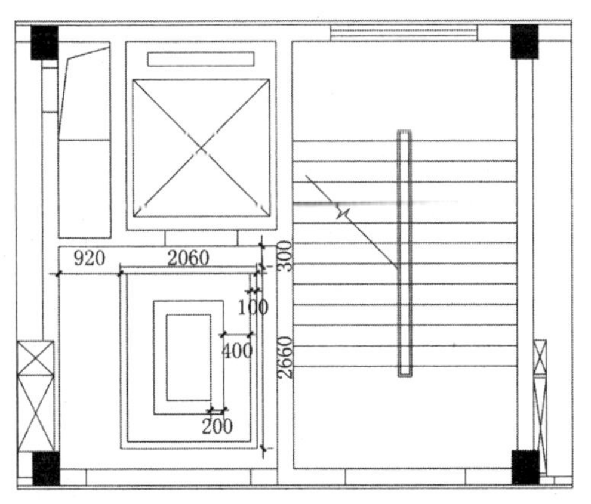

图 7-41　绘制造型轮廓

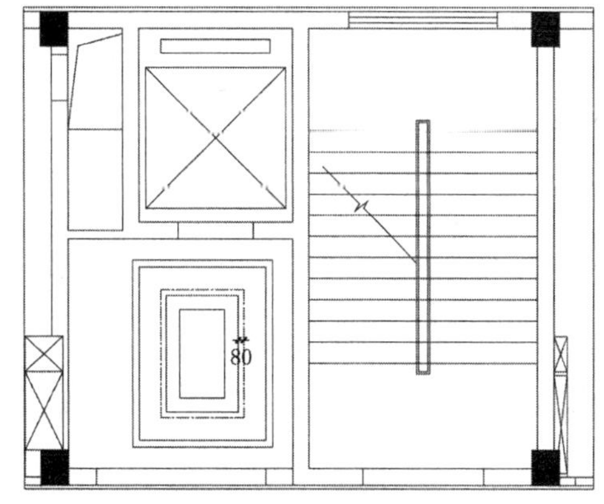

图 7-42　绘制灯带

步骤 3 将“DJ-灯具”图层置为当前图层。执行“复制（CO）”命令、“移动（M）”命令、“旋转（RO）”命令和“镜像（MI）”命令，将插入的材质编号与灯具复制和移动到电梯，并通过镜像和旋转命令调整出如图 7-43 所示的图形。

步骤 4 将“符号”图层置为当前图层。执行“插入块（I）”命令，将“案例文件\07”文件夹下的“标高符号”图块插入图形中，并修改其标高值，如图 7-44 所示。

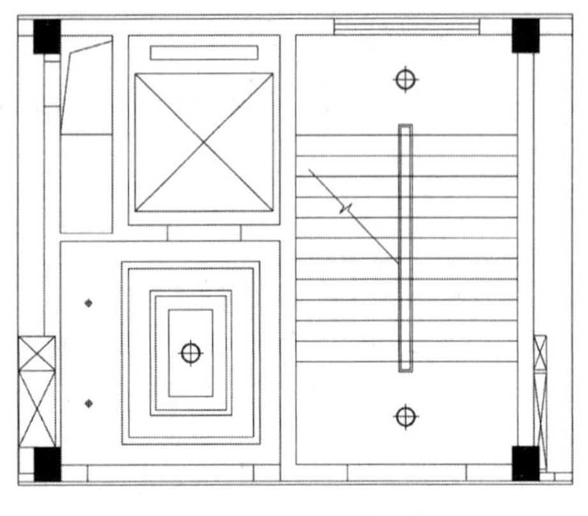

图 7-43 灯具布置效果

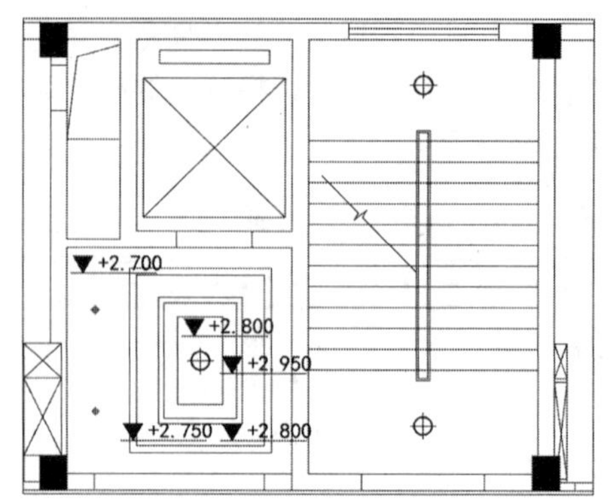

图 7-44 插入标高符号

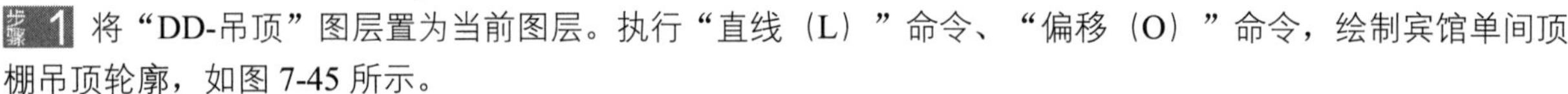

7.3.5 绘制宾馆单间顶棚布置图

步骤 1 将“DD-吊顶”图层置为当前图层。执行“直线（L）”命令、“偏移（O）”命令，绘制宾馆单间顶棚吊顶轮廓，如图 7-45 所示。

步骤 2 执行“偏移（O）”命令，将宾馆单间窗子内的轮廓线向内依次偏移 150、20 的距离，绘制预留窗帘盒效果，如图 7-46 所示。

步骤 3 执行“插入块（I）”命令，将“案例文件\07”文件夹下的“平面窗帘”图块插入窗帘盒内，并将窗帘图块置换到“JJ-家具”图层，如图 7-47 所示。

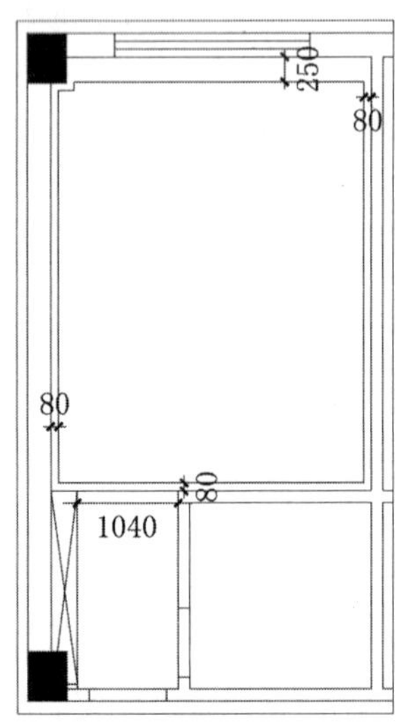

图 7-45 绘制造型轮廓

图 7-46 绘制预留窗帘盒

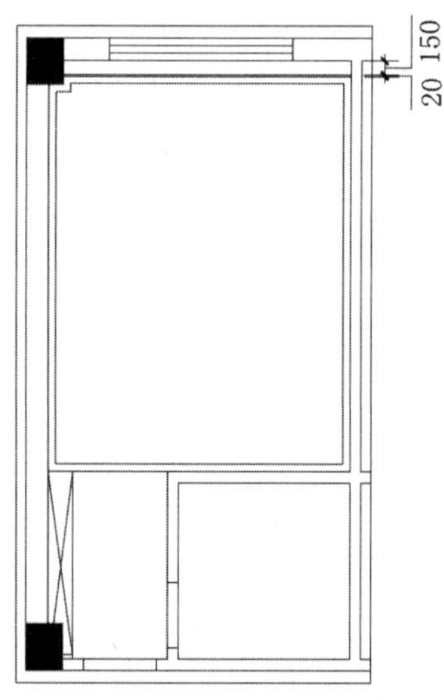

图 7-47 插入平面窗帘图块

步骤 4 将“DD-吊顶”图层置为当前图层。执行“图案填充（H）”命令，在弹出的对话框中选择“样例”为 AR-SAND、“比例”为 5，对宾馆单间内的卫生间进行填充，形成轻钢龙骨防水石膏板吊顶面刷白色乳胶漆效果，如图 7-48 所示。

步骤 5 将“DJ-灯具”图层置为当前图层。执行“复制（CO）”命令、“移动（M）”命令、“旋转（RO）”命令和“镜像（MI）”命令，将插入的材质编号与灯具复制和移动到宾馆单间，并通过镜像和旋转命令调整出如图 7-49 所示的图形。

步骤 6 将“符号”图层置为当前图层。执行“插入块（I）”命令，将“案例文件\07”文件夹下的“标高符号”图块插入图形中，并修改其标高值，如图 7-50 所示。

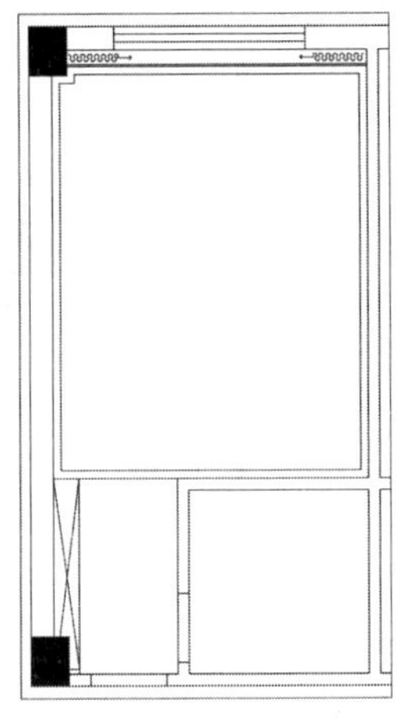

图 7-48 填充效果

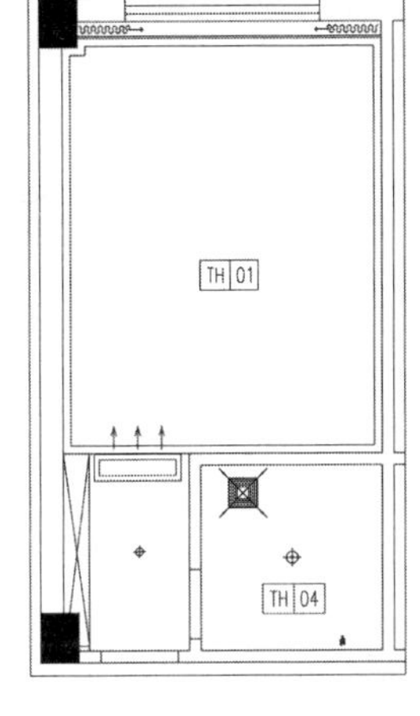

图 7-49 灯具布置效果

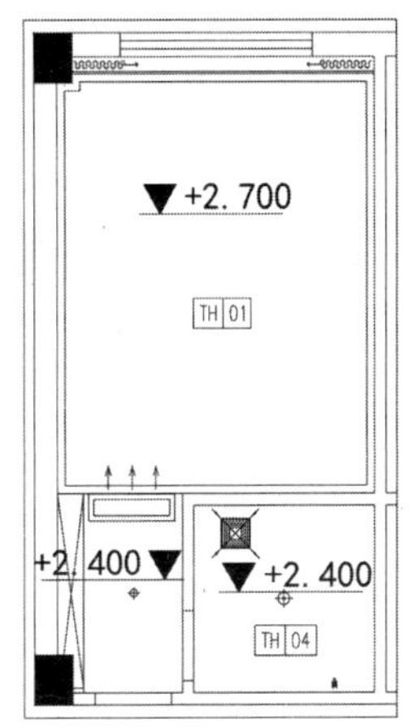

图 7-50 插入标高符号

7.3.6 绘制宾馆标准间顶棚布置图

本实例中，顶棚布置图的绘制方法与宾馆单间顶棚布置图完全一致。

步骤 1 将“DD-吊顶”图层置为当前图层。执行“直线（L）”命令和“偏移（O）”命令，绘制宾馆标准间顶棚吊顶轮廓，如图 7-51 所示。

步骤 2 执行“偏移（O）”命令，将宾馆标准间窗子内的轮廓线向内依次偏移 150、20 的距离，绘制预留窗帘盒效果，如图 7-52 所示。

步骤 3 执行“插入块（I）”命令，将“案例文件\07”文件夹下的“平面窗帘”图块插入窗帘盒内，并将窗帘图块置换到“JJ-家具”图层，如图 7-53 所示。

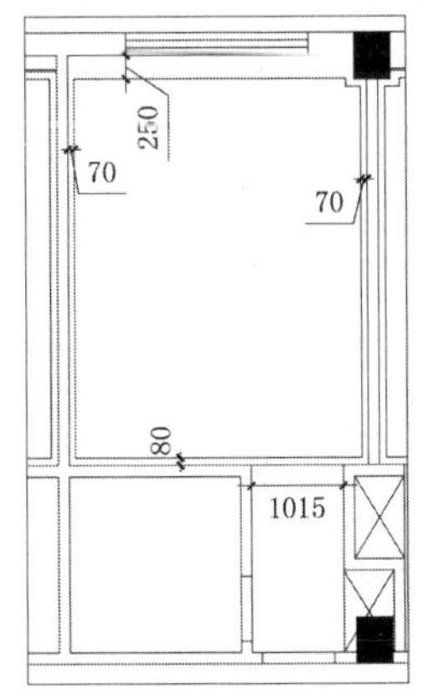

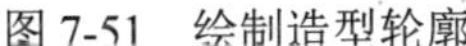

图 7-51 绘制造型轮廓

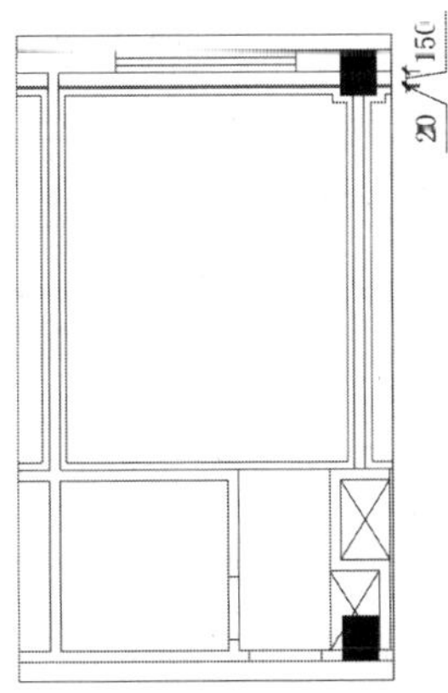

图 7-52 绘制预留窗帘盒

图 7-53 插入平面窗帘图块

步骤 4 将“DD-吊顶”图层置为当前图层。执行“图案填充（H）”命令，在弹出的对话框中选择“样例”为 AR-SAND、“比例”为 5，对宾馆标准间内的卫生间进行填充，形成轻钢龙骨防水石膏板吊顶面刷白色乳胶漆效果，如图 7-54 所示。

步骤5 将“DJ-灯具”图层置为当前图层。执行“复制（CO）”命令、“移动（M）”命令、“旋转（RO）”命令和“镜像（MI）”命令，将插入的材质编号与灯具复制和移动到宾馆标准间，并通过镜像和旋转命令调整出如图 7-55 所示的图形。

步骤6 将“符号”图层置为当前图层。执行“插入块（I）”命令，将“案例文件\07”文件夹下的“标高符号”图块插入图形中，并修改其标高值，如图 7-56 所示。

图 7-54　填充效果

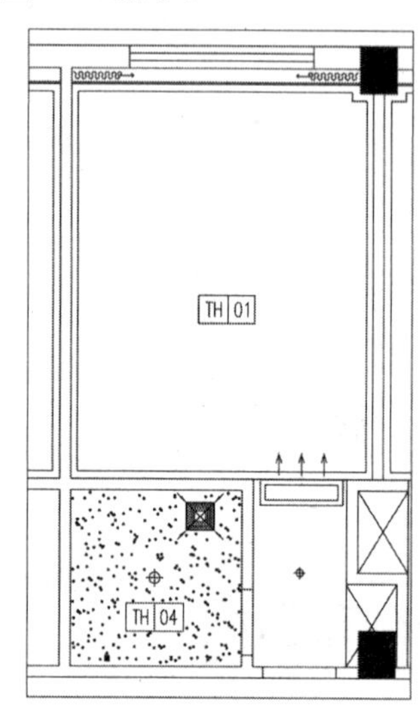

图 7-55　灯具布置效果

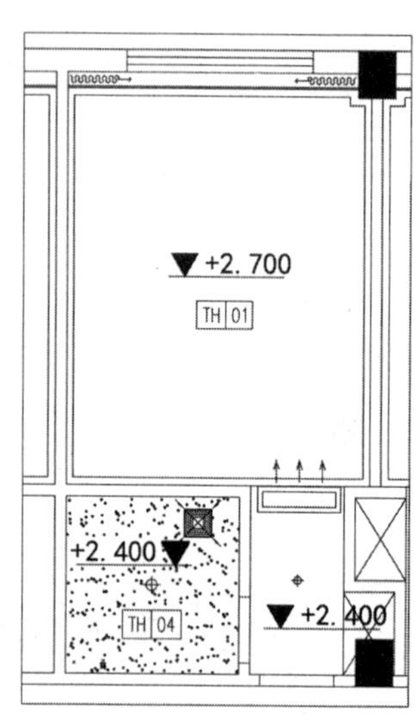

图 7-56　插入标高符号

步骤7 用同样的方法，绘制宾馆所有单间和标准间的顶棚布置图，宾馆顶棚布置图的最终效果如图 7-57 所示。

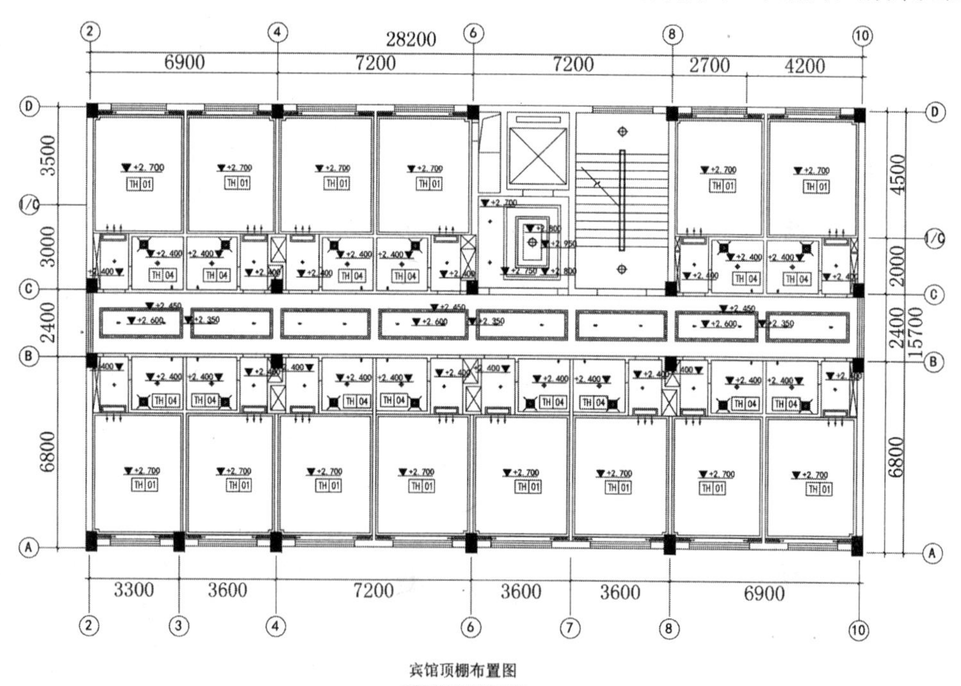

图 7-57　顶棚布置图效果

步骤8 至此，宾馆顶棚布置图已经绘制完成，按Ctrl+S组合键进行保存。

7.4 宾馆立面图与剖面图的绘制

案例文件：07\宾馆走廊 B 立面图.dwg、宾馆其余立面图与剖面图.dwg
视频文件：07\宾馆立面图与剖面图.avi

由于平面图纸不能很完善地表现出空间的具体造型和关系，因此在绘制室内设计施工图时，还应该绘制出各个立面图的具体效果，这样才能更加直观地感受到设计效果。

室内装饰空间通常由三个基面构成：顶棚、墙面、地面。这三个基面经过装饰设计师的精心设置，再配置风格协调的家具、绿化与陈设等，营造出特定的氛围和效果。这些氛围和效果的营造必须通过细部做法及相应的施工工艺才能实现，要做到这些只有立面图还不够，还需要绘制出更能表现出局部细节的详图。

7.4.1 宾馆走廊 B 立面图的绘制

在绘制立面图时，应该借用之前绘制好的平面布置图来进行绘制。

步骤 1 启动AutoCAD 2018，选择“文件｜打开”菜单命令，将“案例文件\07\宾馆平面布置图.dwg”文件打开；再执行“文件｜另存为”菜单命令，将其另存为“案例文件\07\宾馆走廊B立面图.dwg”文件。

步骤 2 根据绘制立面图的要求，将“LM-立面”图层置为当前图层。执行“矩形（REC）”命令，选择需要绘制立面图的走廊平面图部分来绘制一个矩形，然后通过“修剪（TR）”命令和“删除（E）”命令对平面图进行整理，效果如图 7-58 所示。

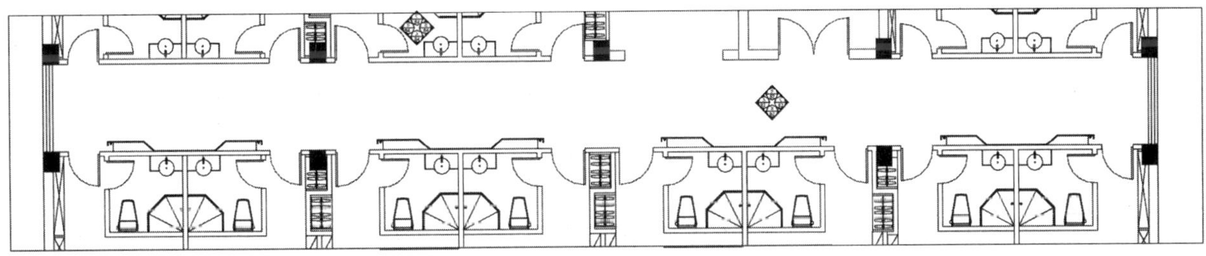

图 7-58　整理走廊平面图效果

步骤 3 执行“构造线（XL）”命令，根据命令行提示，过平面图的轮廓绘制 18 条垂直的构造线，如图 7-59 所示。

步骤 4 再执行“构造线（XL）”命令，绘制一条水平构造线，并执行“偏移”命令（O），将水平构造线向下偏移 2750 的距离，然后执行“修剪（TR）”命令，对多余的构造线进行修剪，绘制立面图的轮廓，如图 7-60 所示。

步骤 5 执行“直线（L）”命令、“复制（CO）”命令、“修剪（TR）”命令，把立面图轮廓整理成如图 7-61 所示的图形。

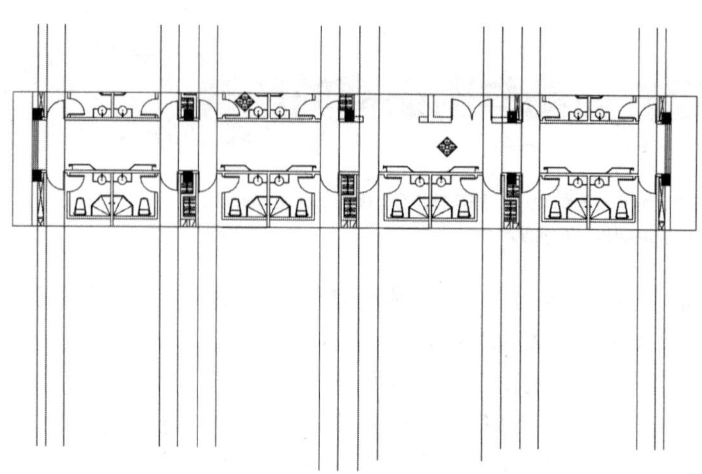

图 7-59　绘制垂直构造线

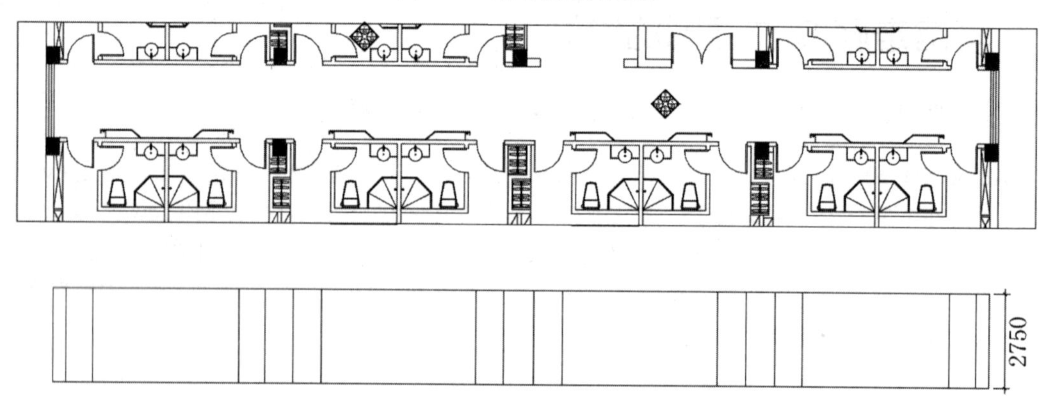

图 7-60　绘制立面图轮廓

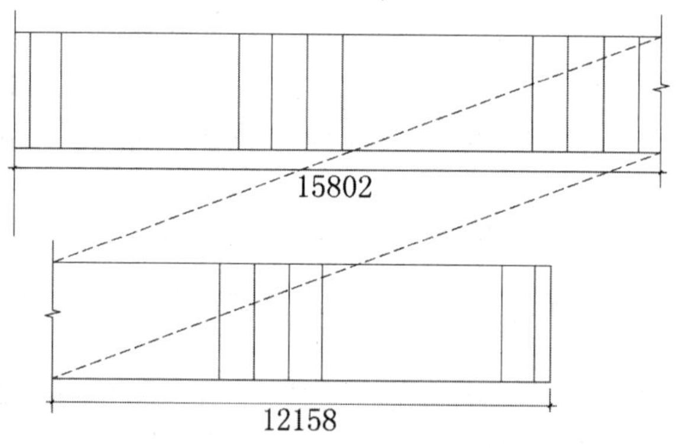

图 7-61　整理立面图轮廓

提示——整理立面图

当在绘制此走廊立面图时，由于绘制出的立面图过长，最终打印效果不清楚，因此可以采用绘制折断线的方法把立面图分成两个立面图。

步骤 6 执行“直线（L）”命令、“偏移（O）”命令，在立面图轮廓中绘制出立面墙体造型轮廓，如图 7-62 所示。

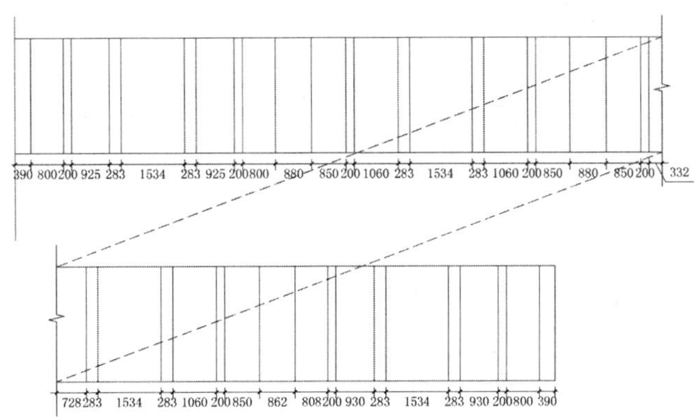

图7-62　绘制墙体造型轮廓

步骤 7 执行“插入块（I）”命令，将“案例文件\07”文件夹下的“立面门”图块插入立面图中，执行“复制（CO）”命令、“移动（M）”命令，将门布置到相应的位置，并通过“删除（E）”命令删除定位门的直线效果，如图7-63所示效果。

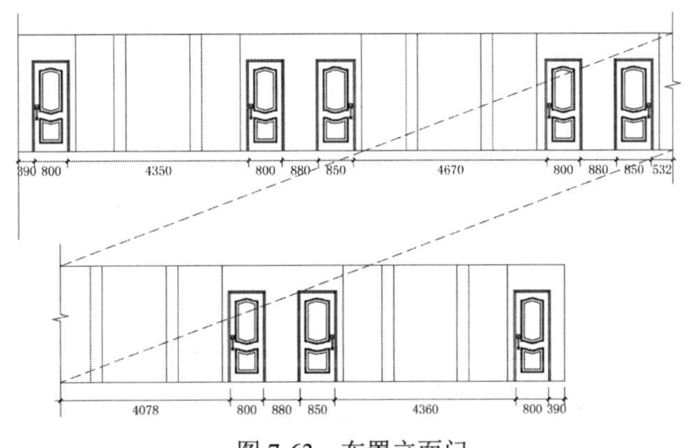

图7-63　布置立面门

步骤 8 将“DD-灯带”图层置为当前图层。执行“偏移（O）”命令，将前面绘制的造型轮廓线向内偏移80，并将偏移出来的线条置换到“DD-灯带”图层，如图7-64所示。

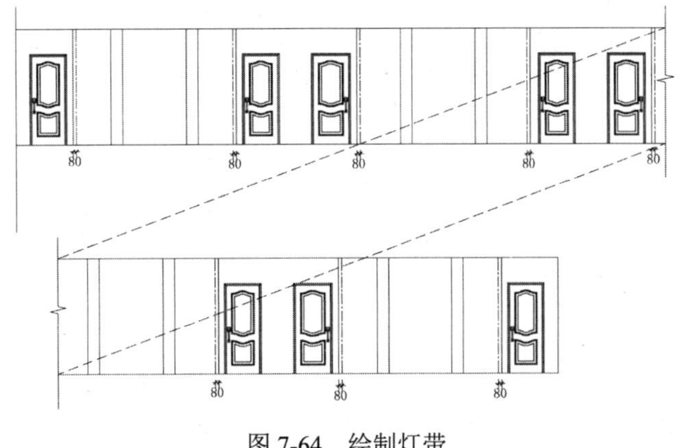

图7-64　绘制灯带

步骤 9 执行“图案填充（H）”命令，在弹出的对话框中选择“样例”为AR-RROOF、“比例”为20、“角度”为45，对走廊立面图造型进行艺术烤漆玻璃效果填充，如图7-65所示。

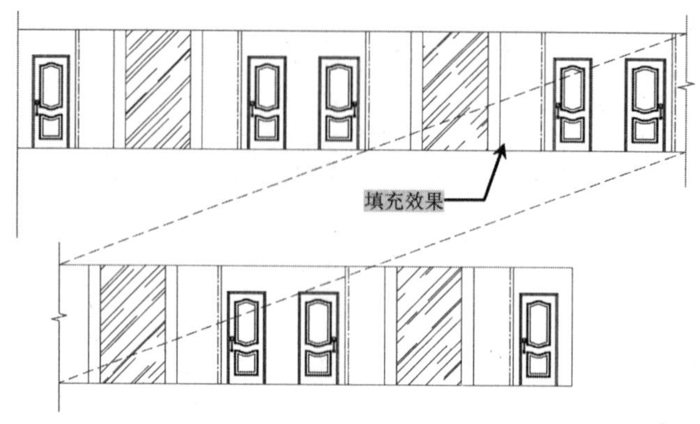

图 7-65　填充效果

步骤 10 同样执行“图案填充（H）”命令，在弹出的对话框中选择“类型”为“自定义”、“样例”为GRASS2、“比例”为 200、“角度”为 45，对走廊立面图造型进行艺术墙纸效果填充，如图 7-66 所示。

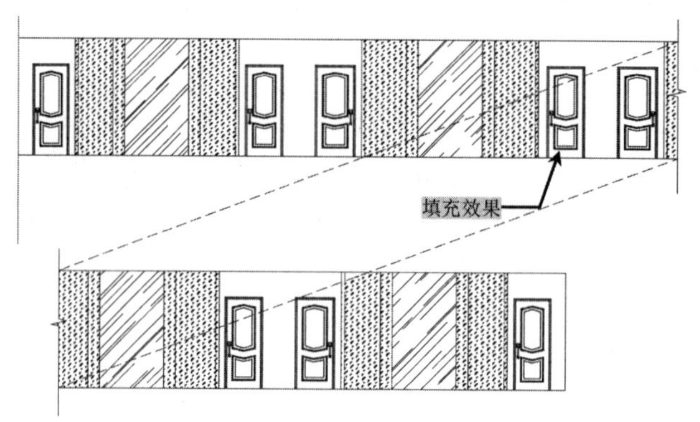

图 7-66　填充效果

步骤 11 将最下面的横线向上偏移 120 的距离，从而形成踢脚线的轮廓；再执行“修剪（TR）”命令，对立面图中多余的线条进行修剪，效果如图 7-67 所示。

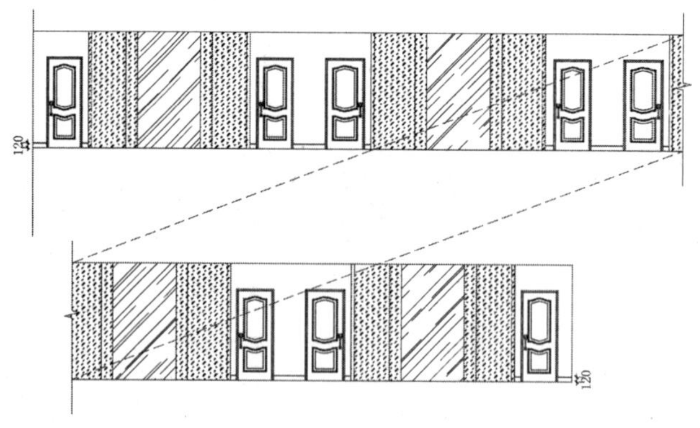

图 7-67　修剪操作

步骤 12 同样将最上面的横线向下偏移 150 的距离，从而形成吊顶的轮廓，执行“修剪（TR）”命令，对立面图中多余的线条进行修剪，执行“图案填充（H）”命令，对吊顶轮廓进行填充，在弹出的对话框中选择“样例”为CORK、“比例”为 12；再执行“插入块（I）”命令，将“立面窗帘”插入立面图中，效果如图 7-68 所示。

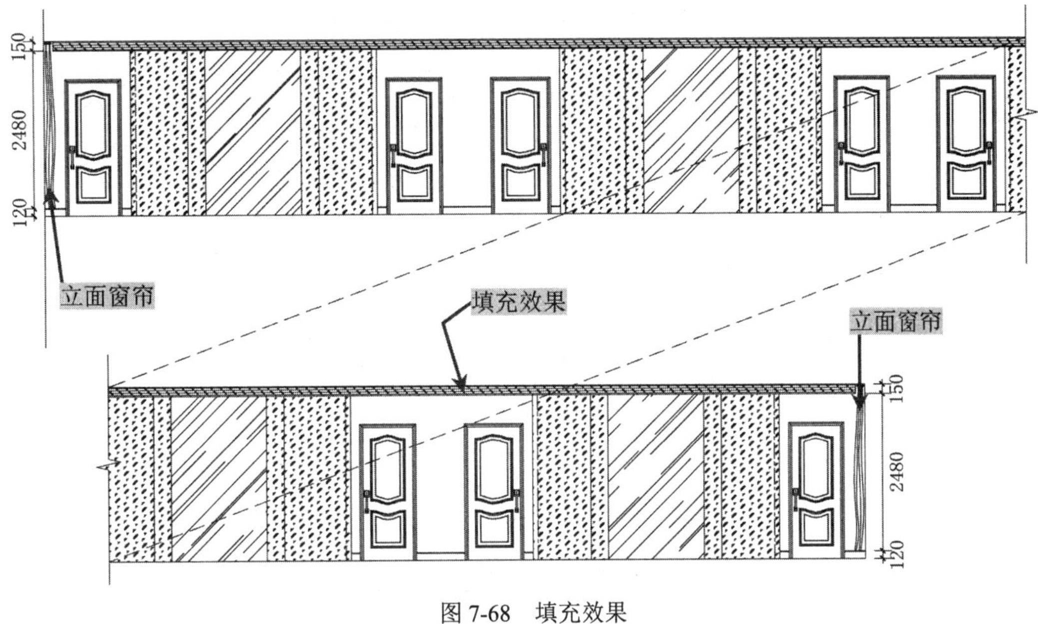

图 7-68　填充效果

步骤 13 将“BZ-标注”图层置为当前图层。执行“线性标注（DLI）”命令和“连续标注（DCO）”命令，对立面图进行尺寸标注，效果如图 7-69 所示。

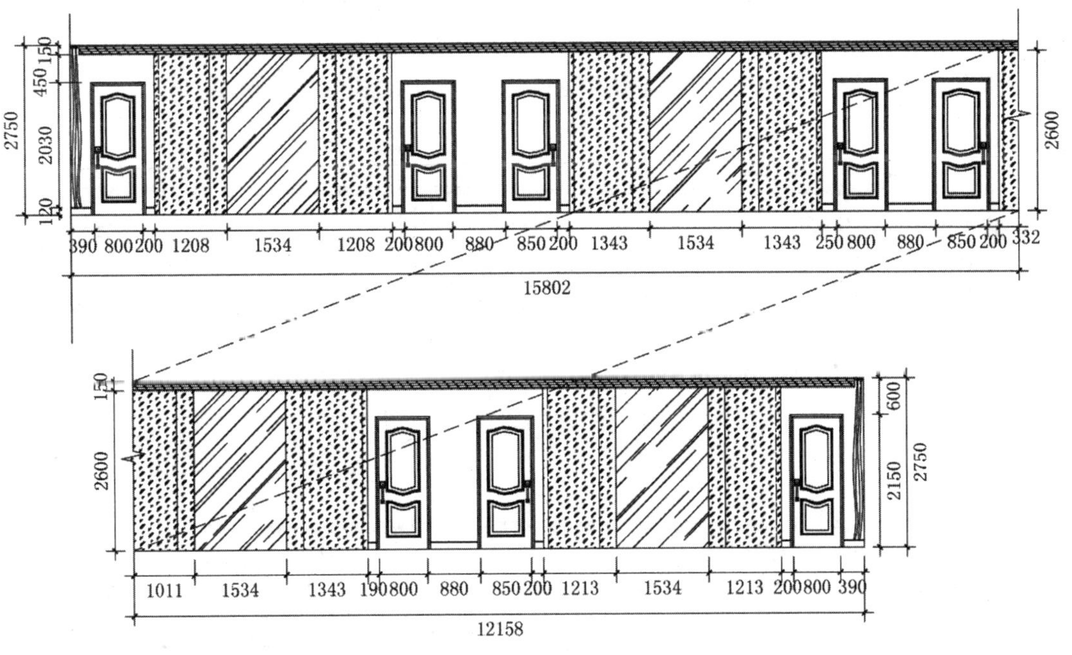

图 7-69　尺寸标注效果

步骤 14 将“WZ-文字”图层置为当前图层。执行“标注（D）”命令，打开“标注样式管理器”对话框，在“符号和箭头”列表中，引线选择“实心闭合”样式，然后将箭头大小设置为 3；再执行“快速引线（LE）”命令，设置文字“字体”为宋体、“大小”为 160，根据要求对立面图添加文字注释，效果如图 7-70 所示。

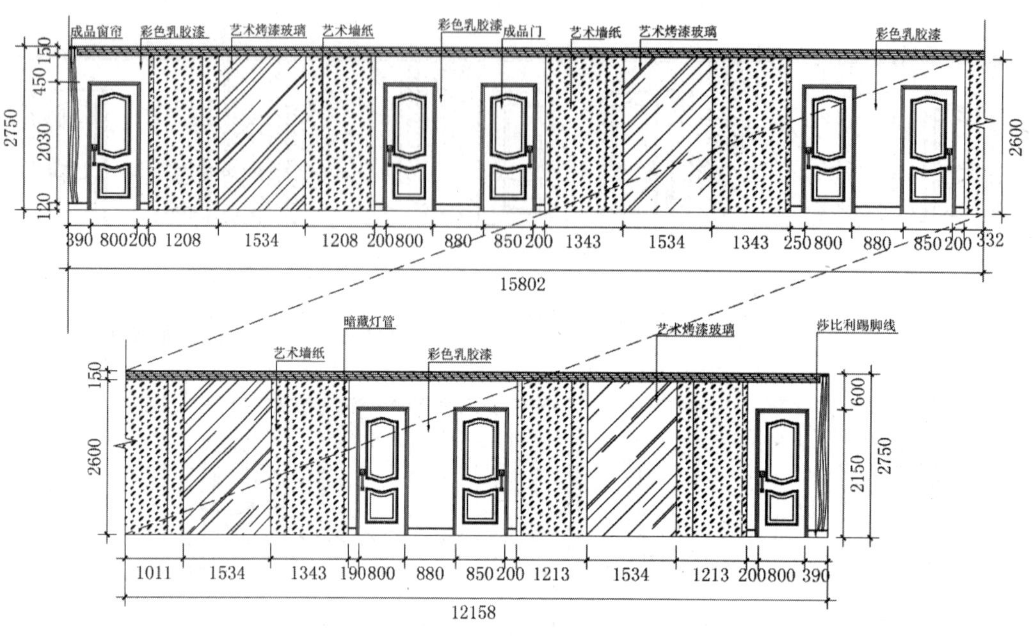

图 7-70　文字注释效果

步骤 15 执行“多段线（PL）”命令，根据命令行提示设置线宽为 20，绘制一条长为 2370 的多线，并将多线向下偏移出 40，修改偏移出来的多线线宽为 0；再执行“多行文字（MT）”命令，设置文字“字体”为宋体、“大小”为 220，对立面图进行图名标注；将“FH-符号”图层置为当前图层，执行“插入块（I）”命令，将“案例文件\07”文件夹下的“剖面符号”插入立面图中，如图 7-71 所示。

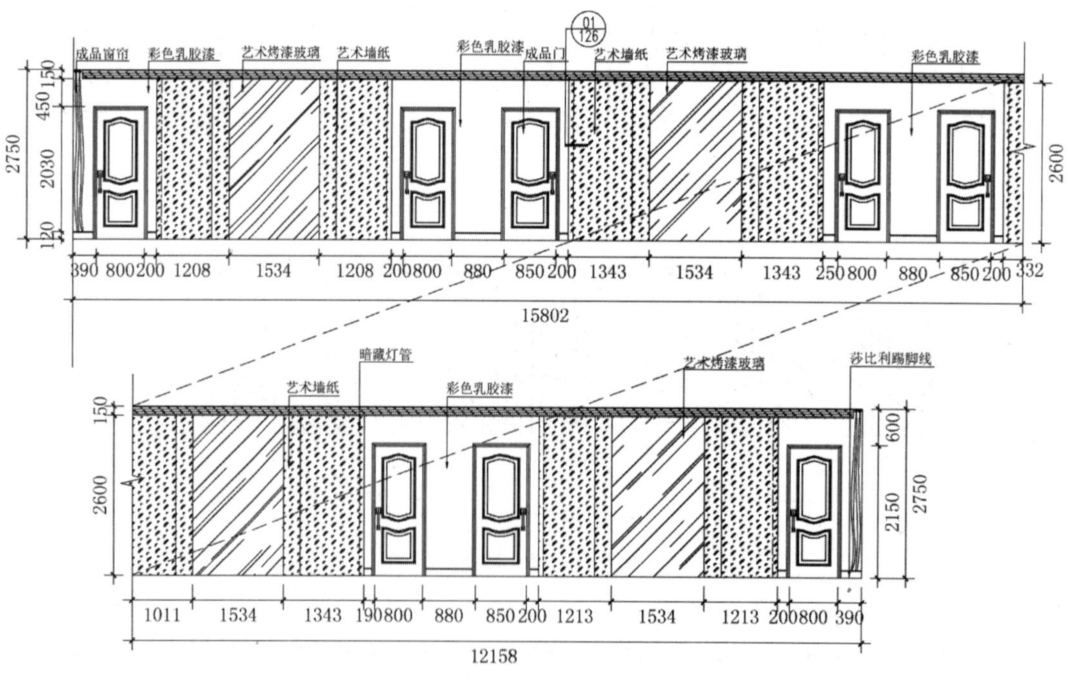

图 7-71　立面图效果

7.4.2 其余立面图与剖面图效果

在施工图的绘制中，除了大厅A向需要绘制立面图外，其余有造型的墙面都需要绘制出立面图。由于书本篇幅有限，这里就不一一绘制了，下面给出绘制效果，读者可自行练习，如图 7-72 和图 7-73 所示。

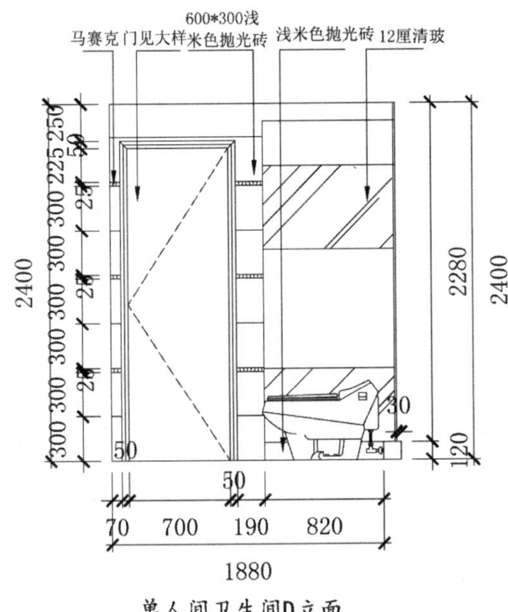

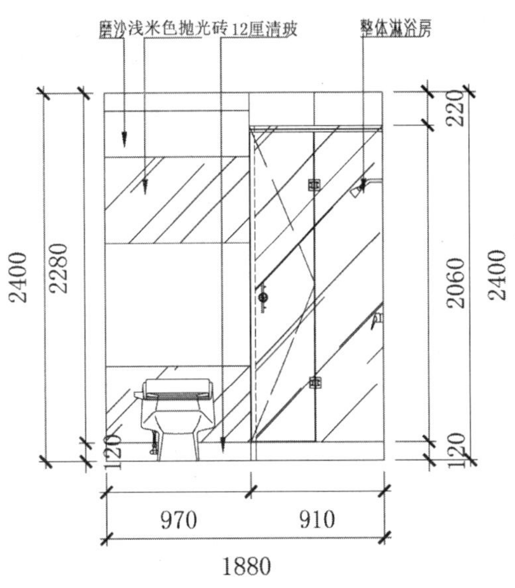

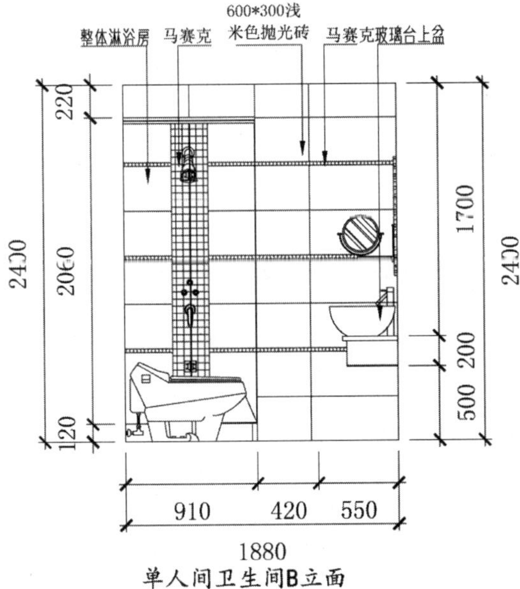

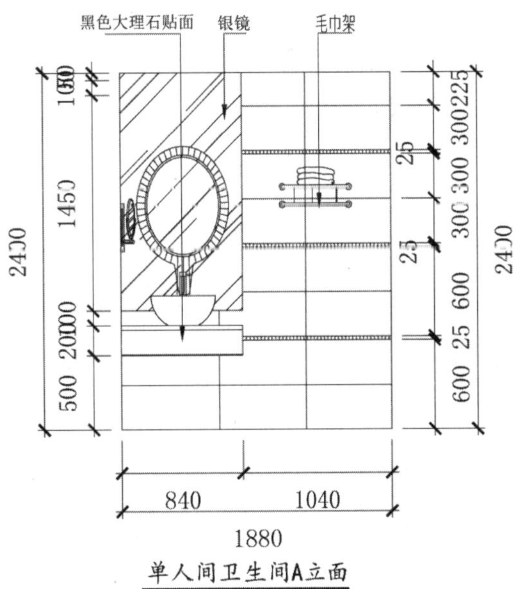

图 7-72　其余立面图效果

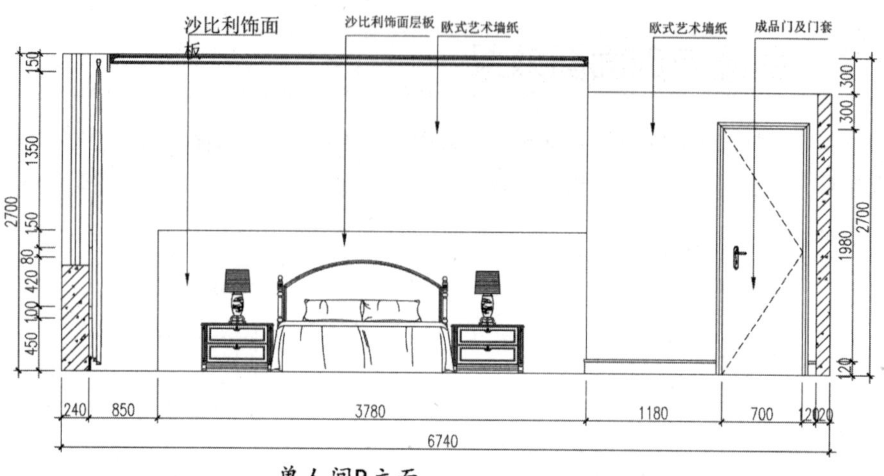

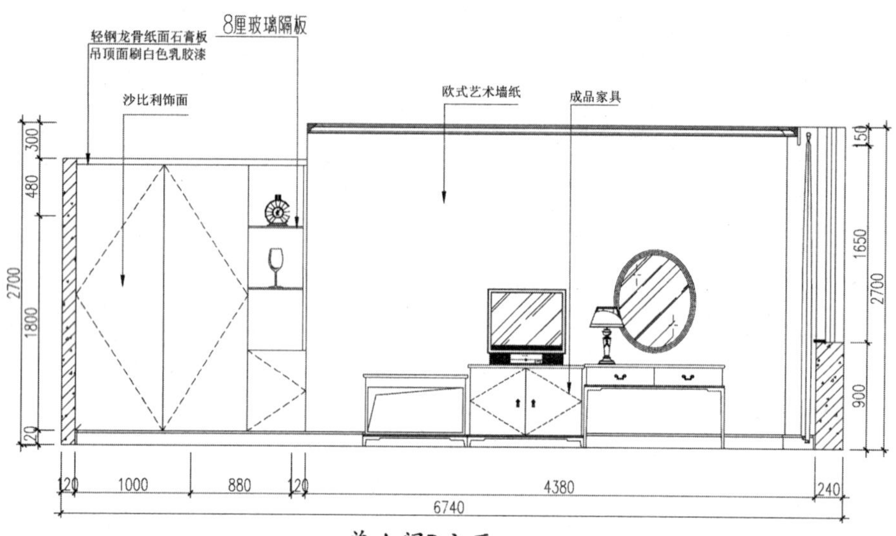

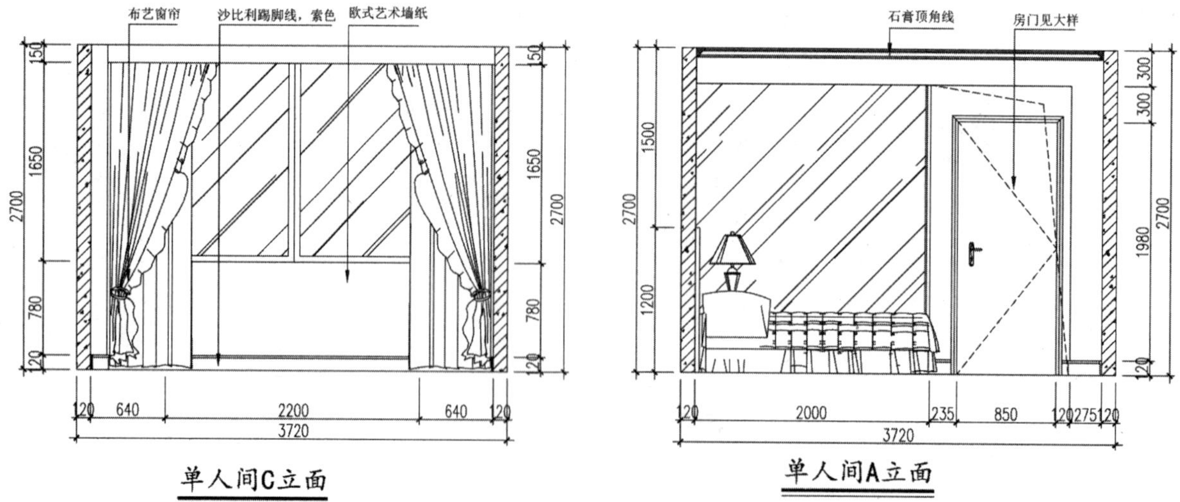

图 7-72　其余立面图效果（续）

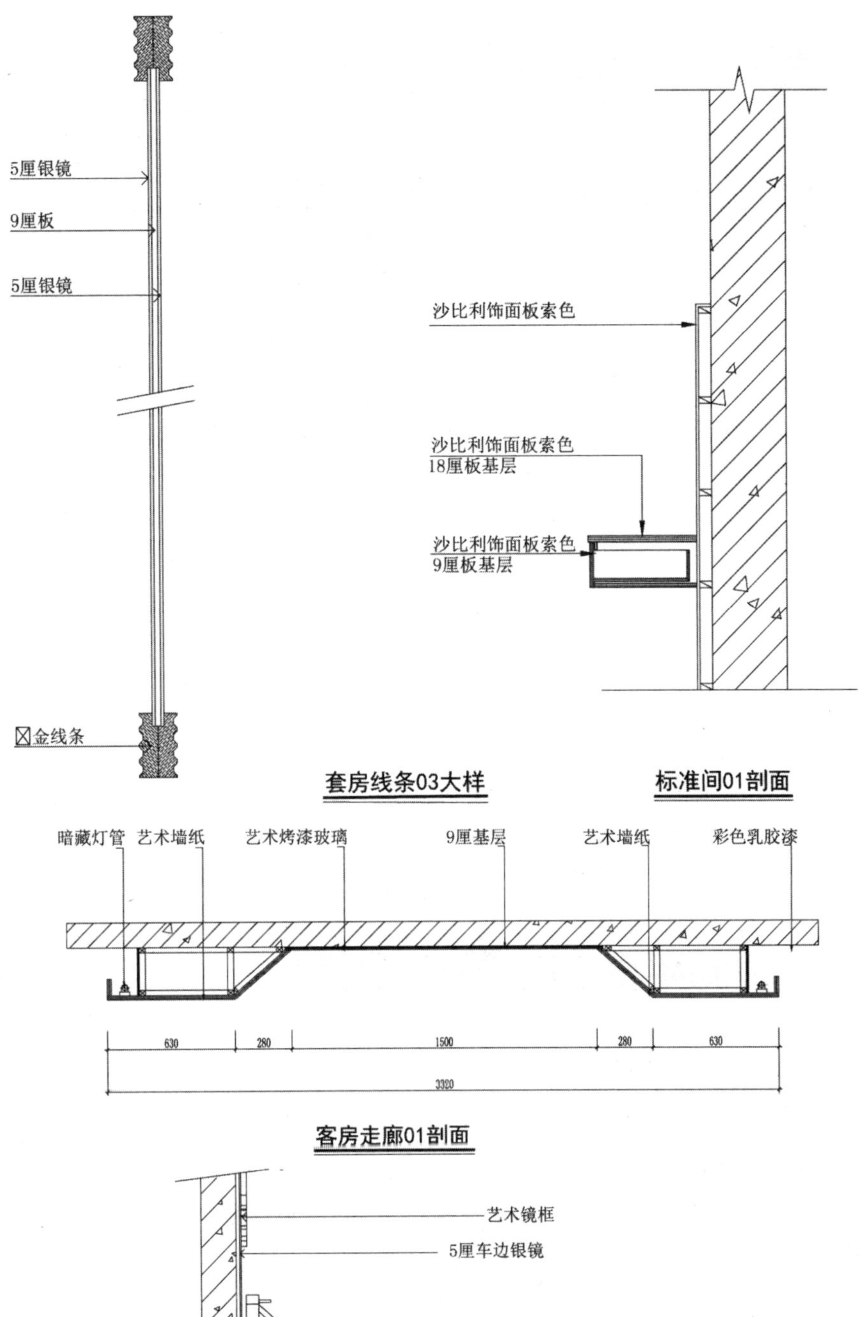

图 7-73　其余剖面图效果

第 8 章 售楼部装修施工图的绘制

售楼部是房地产商为了销售楼盘集信息与咨询、管理与协调、投诉与监督于一体的综合性服务场所。由于房地产项目是一个开发周期长、资金需求量大的产品，因此其销售也具有特殊性，同时楼盘在音乐、照明、布局、色彩和人员类型方面常常会有所不同。

在本章中，首先介绍平面布置图的绘制，紧接着依次介绍地面布置图、天花布置图、开关与插座图的绘制，最后给出立面图和大样图效果让读者自行练习，使读者能够轻松掌握售楼部施工图的绘制方法。

主要内容

- 掌握售楼部平面布置图的绘制
- 掌握售楼部地面布置图的绘制
- 掌握售楼部天花布置图的绘制
- 掌握售楼部开关与插座图的绘制
- 掌握售楼部立面图和大样图的绘制

8.1 售楼部平面布置图的绘制

案例文件：08\售楼部平面布置图.dwg
视频文件：08\售楼部平面布置图.avi

在绘制售楼部平面布置图时，将事先准备好的“售楼部建筑平面图.dwg”文件打开，在此基础上进行平面布置图的绘制。首先将各个区域轮廓绘制好，再分别在各个区域进行室内图块的插入布置，然后对其进行文字标注，最后插入内视符号，从而完成整个售楼部平面布置图的绘制，如图 8-1 所示。

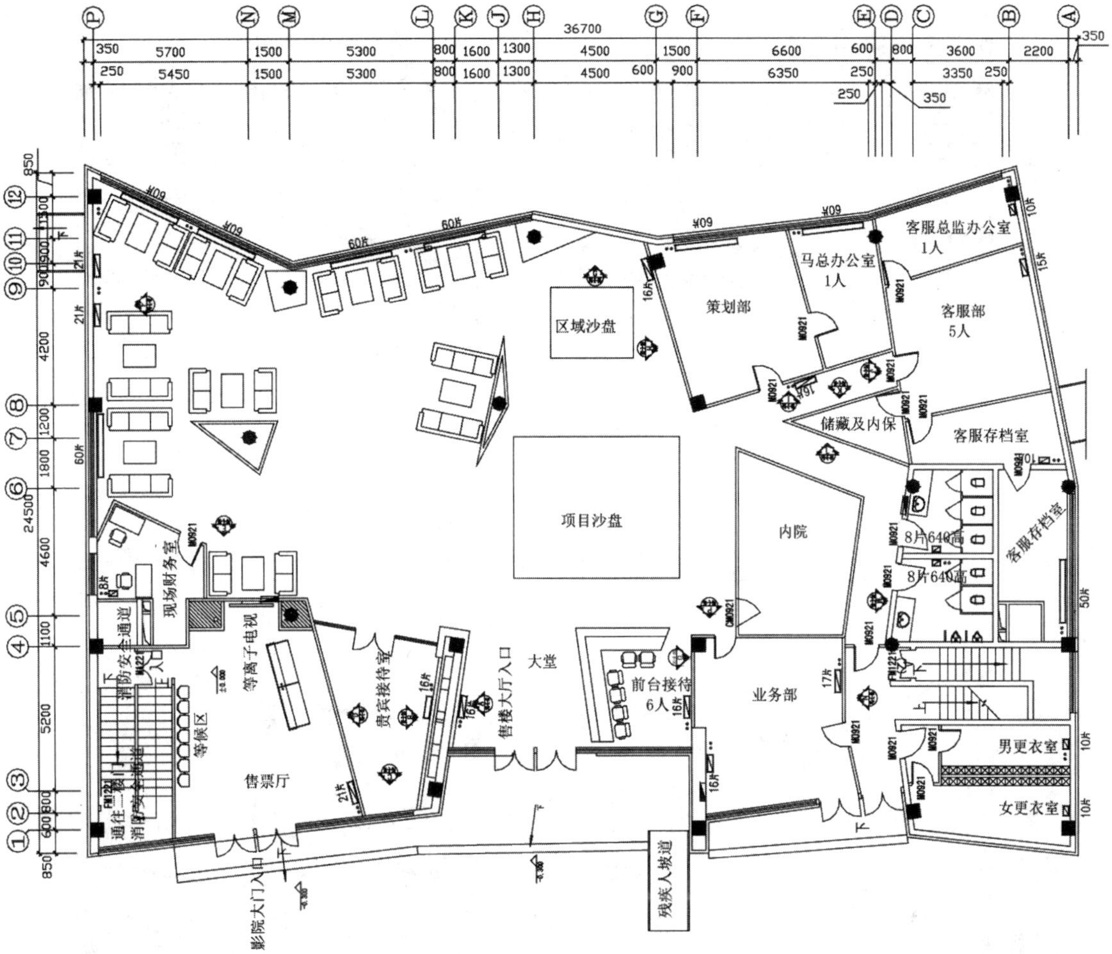

售楼部平面布置图

图 8-1　售楼部平面布置图效果

8.1.1　绘制室内布置图造型

在绘制售楼部平面布置图时，应该先绘制出室内各个区域的家具造型轮廓，如前台接待台、更衣室衣柜等，然后通过插入块的方式对各个区域进行布置。

步骤 1 启动AutoCAD 2018，选择“文件｜打开”菜单命令，将“案例文件\08\售楼部建筑平面图.dwg”文件打开；再执行“另存为”操作，将该文件另存为“案例文件\08\售楼部平面布置图.dwg”，并修改下方的图名为“售楼部平面布置图”，如图 8-2 所示。

步骤 2 选择售楼部建筑平面图内平面定位的尺寸标注，右击并选择“选择类似对象”命令，然后执行“删除（E）”命令，删除其尺寸标注，如图 8-3 所示。

步骤 3 将“M-门”图层置为当前图层。执行“插入块（I）”命令，将“案例文件\08”文件夹下的“平面门 1”“平面门 2”图块插入平面图中，并通过执行“旋转（RO）”命令和“缩放（SC）”命令绘制出如图 8-4 所示的图形。

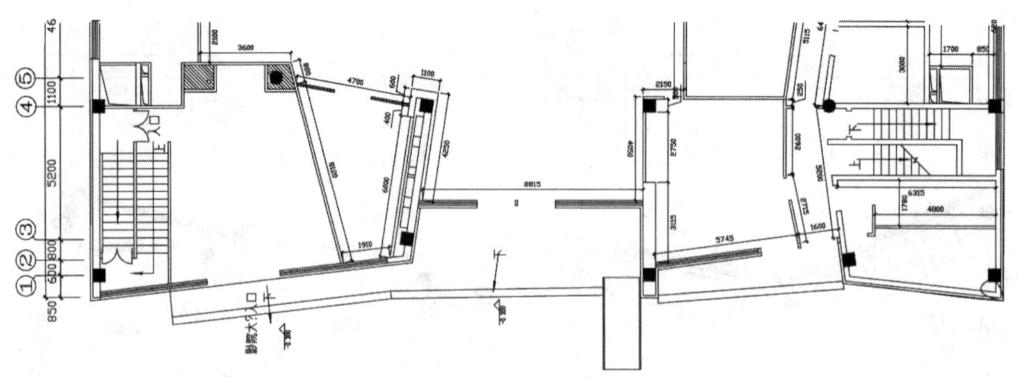

售楼部平面布置图

图 8-2　售楼部建筑平面图效果

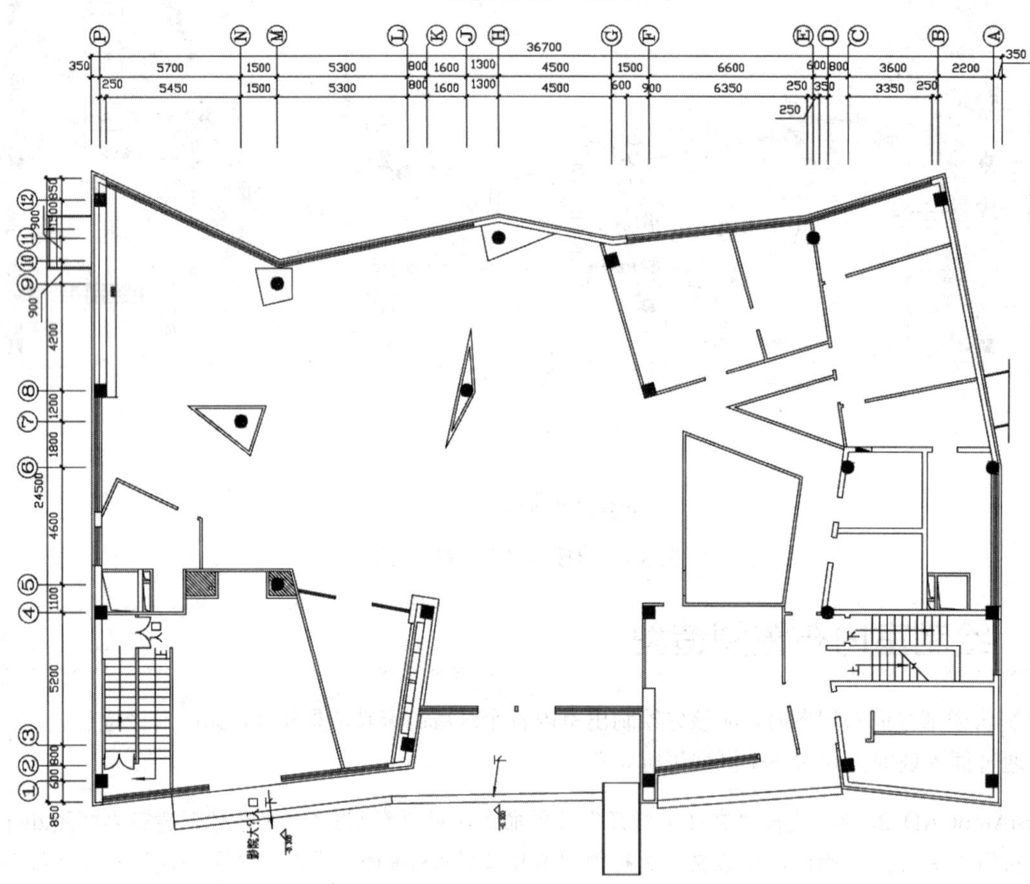

售楼部平面布置图

图 8-3　整理图形

步骤 4　执行“直线（L）”命令、“修剪（TR）”命令，在大堂右侧绘制前台接待台，效果如图 8-5 所示。

步骤 5　执行“插入块（I）”命令，将“案例文件\08”文件夹下的“前台办公椅”等图块插入图形中，并通过执行“移动（M）”命令将家具图块放置到合适的位置，如图 8-6 所示。

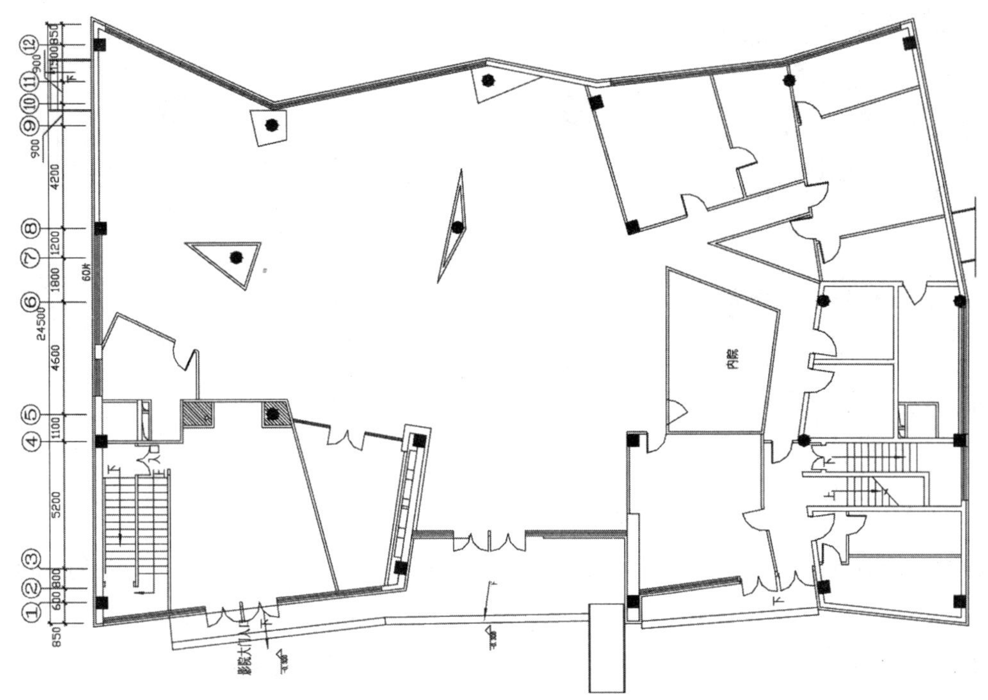

售楼部平面布置图

图 8-4　绘制门

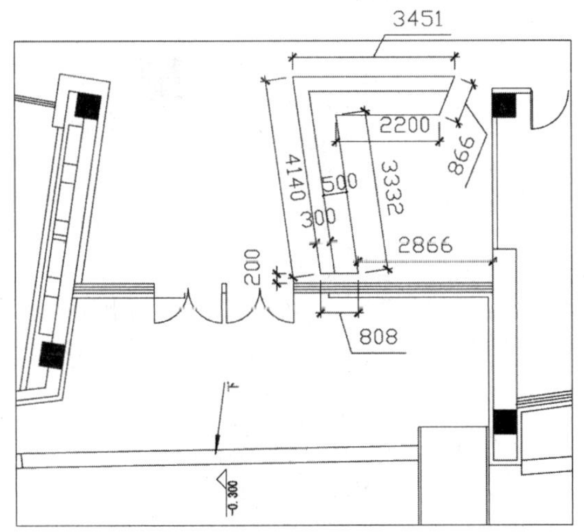

图 8-5　绘制前台接待台

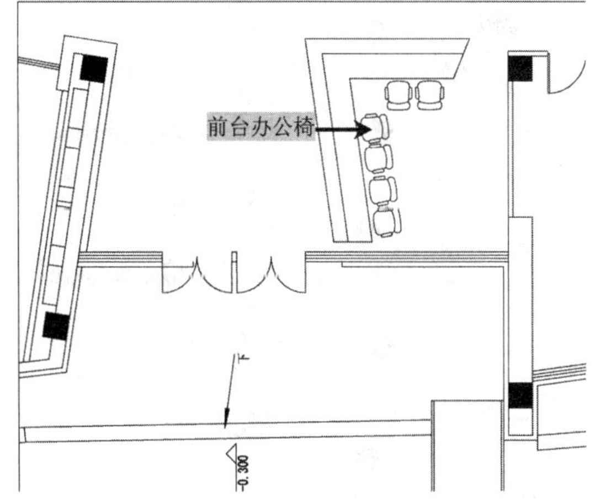

图 8-6　前台布置效果

步骤 6 同样执行“直线（L）”命令和“修剪（TR）”命令，在大堂内绘制区域沙盘、项目沙盘效果，如图 8-7 所示。

步骤 7 执行“直线（L）”命令、“偏移（O）”命令和“修剪（TR）”命令，绘制出卫生间轮廓效果，如图 8-8 所示。

步骤 8 执行“直线（L）”命令、“修剪”命令（TR）等，打开“对象捕捉”和“对象追踪”模式，根据要求绘制出洗手台和小便池隔断轮廓效果，如图 8-9 所示。

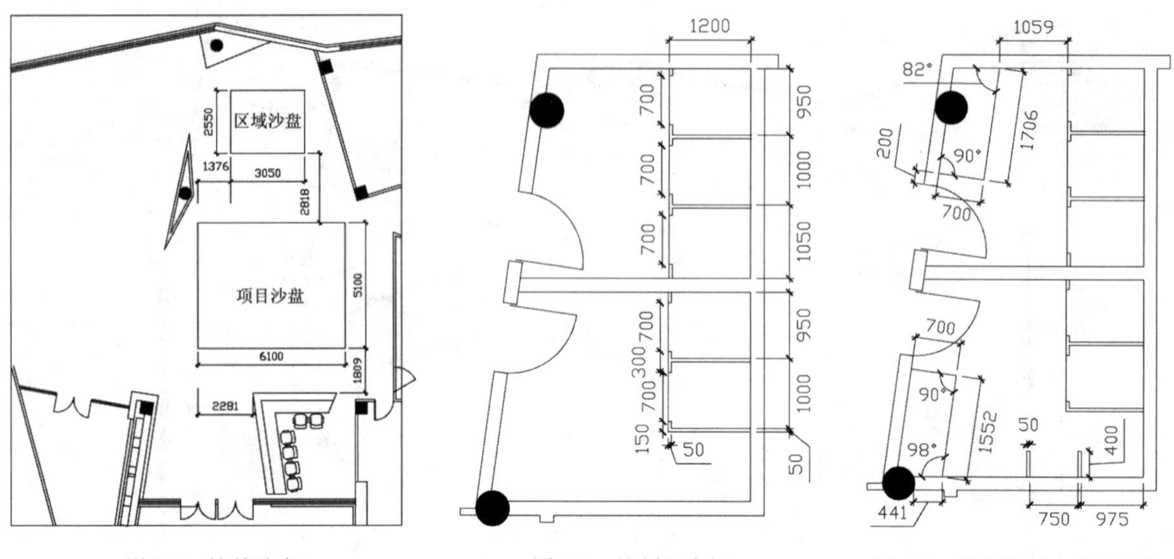

图 8-7　绘前沙盘　　图 8-8　绘制卫生间　　图 8-9　绘制洗手台和小便池

步骤 9 执行“插入块（I）”命令，将“案例文件\08”文件夹下的“平面门 1”“平面蹲便器”“平面洗脸盆”和“平面小便池”图块插入图形中，并通过执行“移动（M）”命令将家具图块放置到合适的位置，如图 8-10 所示。

步骤 10 执行“直线（L）”命令、“偏移（O）”命令和“修剪（TR）”命令，绘制出男、女更衣室衣柜轮廓效果，如图 8-11 所示。

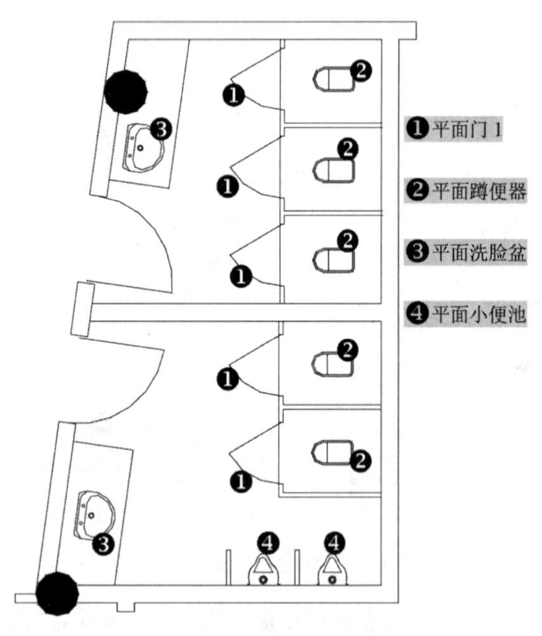

图 8-10　卫生间布置效果

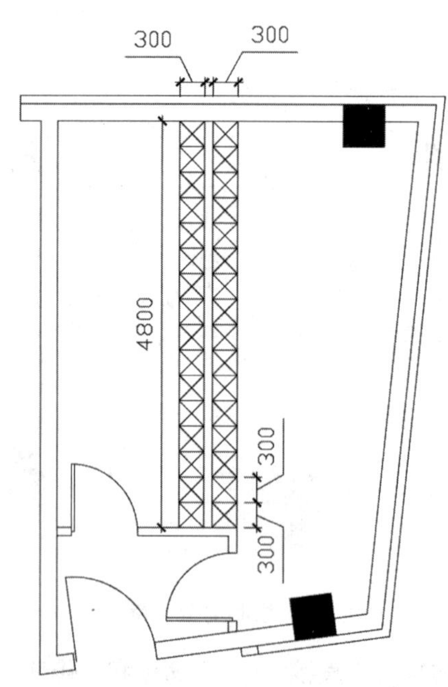

图 8-11　绘制衣柜

步骤 11 执行“插入块（I）”命令，将“案例文件\08”文件夹下的“二位沙发”“三位沙发”“财务办公桌”“售票柜台”“等离子电视”和“室内排椅”图块插入图形中的指定位置，并通过执行“移动（M）”命令将家具图块放置到合适的位置，如图 8-12 所示。

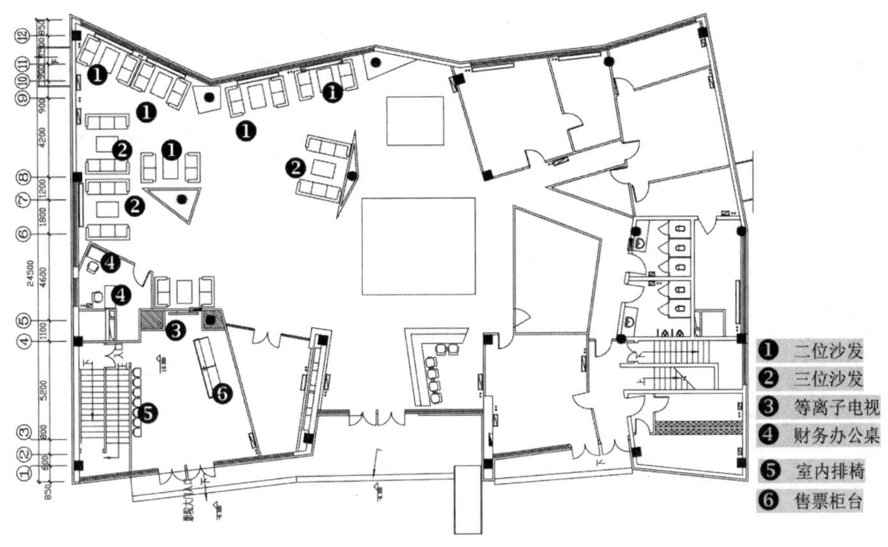

图 8-12　插入家具效果

8.1.2　文字注释

最后，还应该对售楼部平面布置图添加文字说明。

步骤 1 将“文字”图层置为当前图层。执行“多行文字（MT）”命令，设置“字体”为宋体、“大小”为 400，按照绘图要求对售楼部平面布置图添加文字说明，效果如图 8-13 所示。

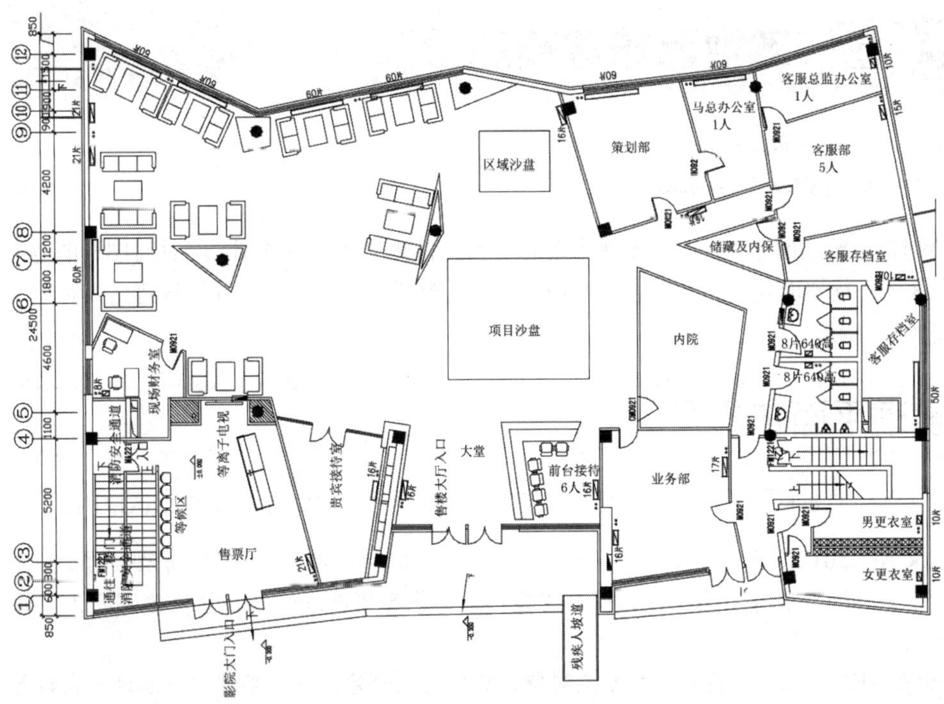

图 8-13　文字注释效果

步骤 2 执行“插入块（I）”命令，将“案例文件\08”文件夹下的内视符号图块插入图形中，并通过执行“移动（M）”命令、“旋转（RO）”命令和“镜像（MI）”命令将图块放置到合适的位置，如图 8-14 所示。

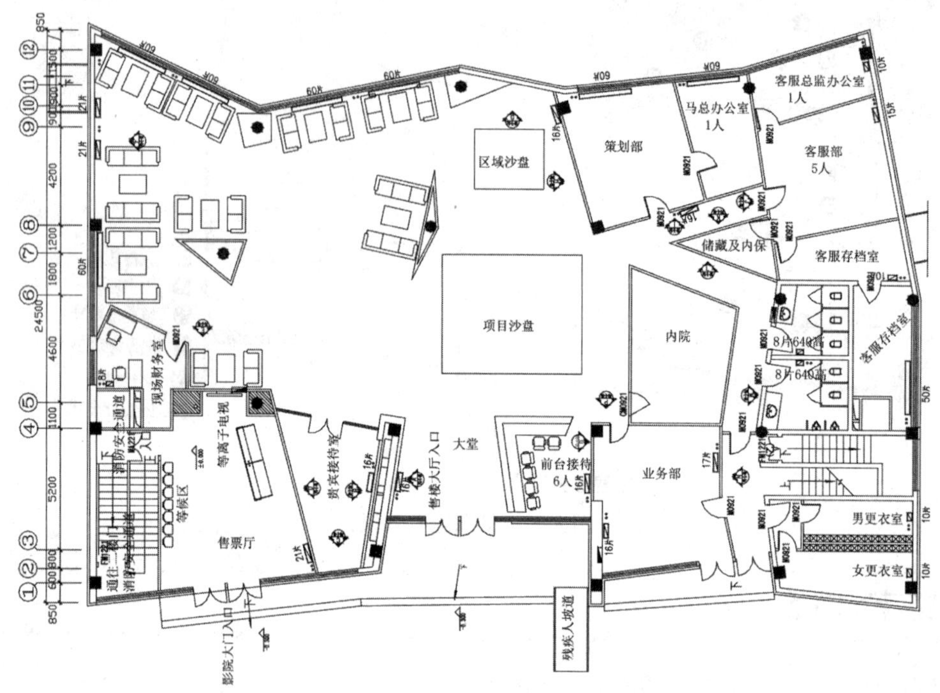

图 8-14 插入内视符号

步骤 3 至此，售楼部平面布置图已经绘制完成，按Ctrl+S组合键进行保存。

8.2 售楼部地面布置图的绘制

案例文件：08\售楼部地面布置图.dwg
视频文件：08\售楼部地面布置图.avi

用户在绘制售楼部地面布置图时，先调用之前绘制的售楼部平面布置图，经过对图形的整理，然后分别对各个过道和区域进行地面材质的轮廓绘制及铺设，最后对图形添加文字注释，从而完成对地面材质图的绘制，效果如图 8-15 所示。

8.2.1 整理平面布置图

在绘制售楼部地面布置图时，应该先对平面布置图进行整理，然后根据要求依次绘制出地面布置图。

步骤 1 启动AutoCAD 2018，选择“文件｜打开”菜单命令，将“案例文件\08\售楼部平面布置图.dwg”文件打开；再执行“另存为”操作，将文件另存为“售楼部地面布置图.dwg”，并修改图名为“售楼部地面布置图”。

步骤 2 执行“删除（E）”命令，将多余的家具对象、文字对象删除，从而整理出绘制地面布置图所需要的效果，如图 8-16 所示。

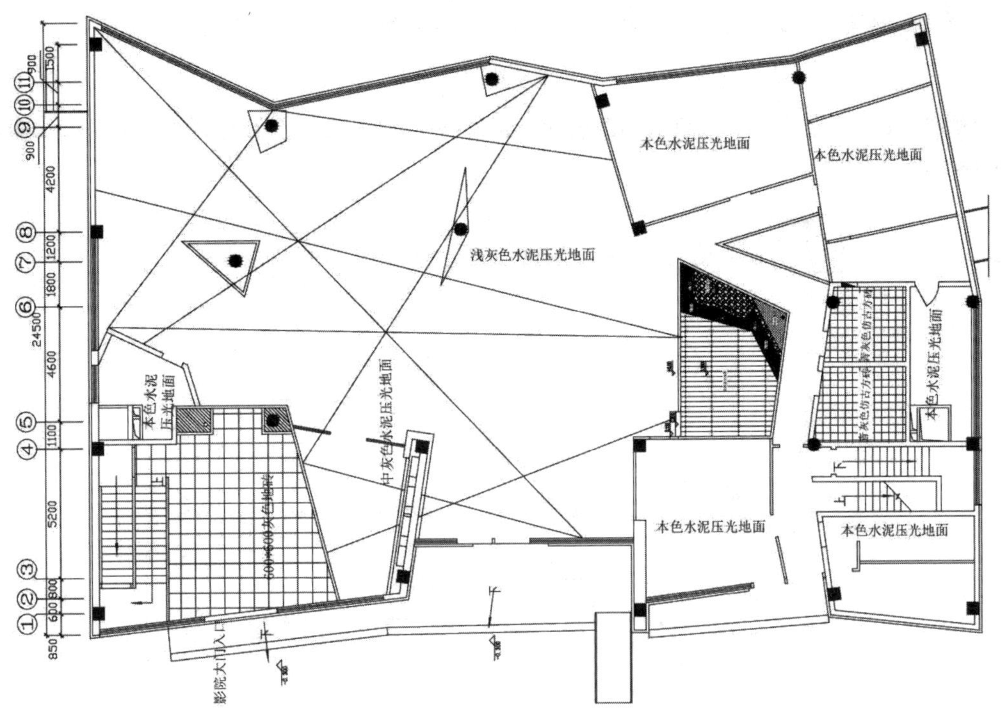

图 8-15　售楼部地面布置图效果

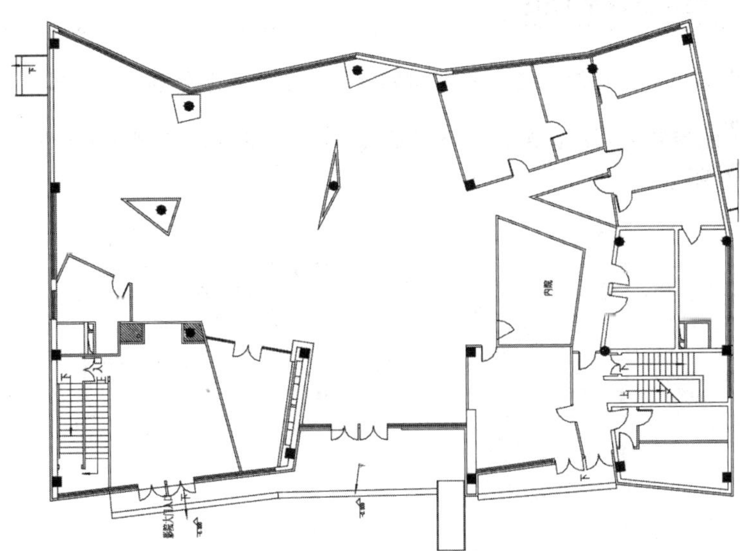

图 8-16　整理平面布置图效果

提示——对象选择

在删除对象时，可以运用“快速选择”命令选择对象，提高绘图效率。

步骤 3 执行“图层管理（LA）”命令，新建一个“DM--地面”图层，并将新建的图层置为当前图层，如图 8-17 所示。

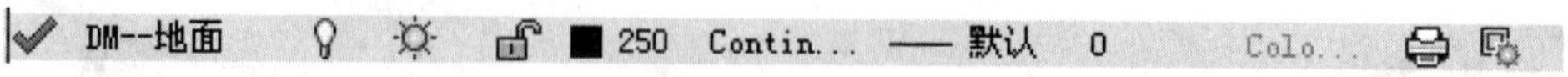

DM--地面　250　Contin...　—— 默认　0　Colo...

图 8-17　新建图层效果

步骤 4 执行“删除（E）”命令，将所有的门都删除；再执行“直线（L）”命令，将所有的洞口封闭起来，效果如图 8-18 所示。

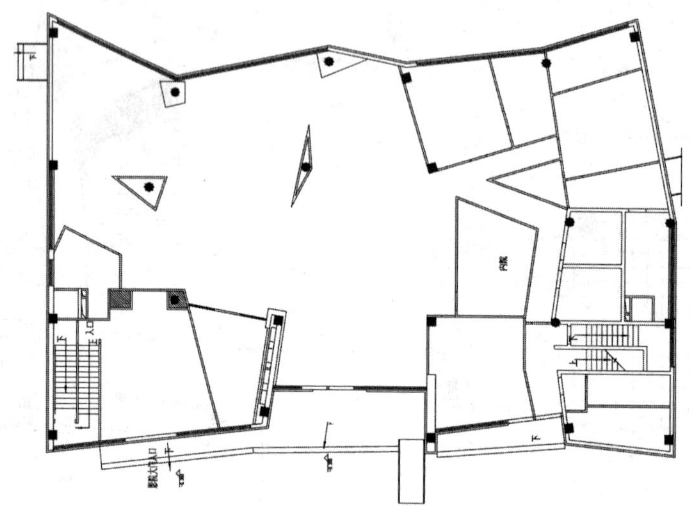

图 8-18　封闭门洞口效果

8.2.2　绘制大堂地板材质

在绘制地面布置图时，为了讲解方便，将空间划分为几个部分来分别进行讲解。

步骤 1 将“DM--地面”图层置为当前图层。执行“直线（L）”命令，绘制地板造型，从而形成大堂地板材质轮廓效果，如图 8-19 所示。

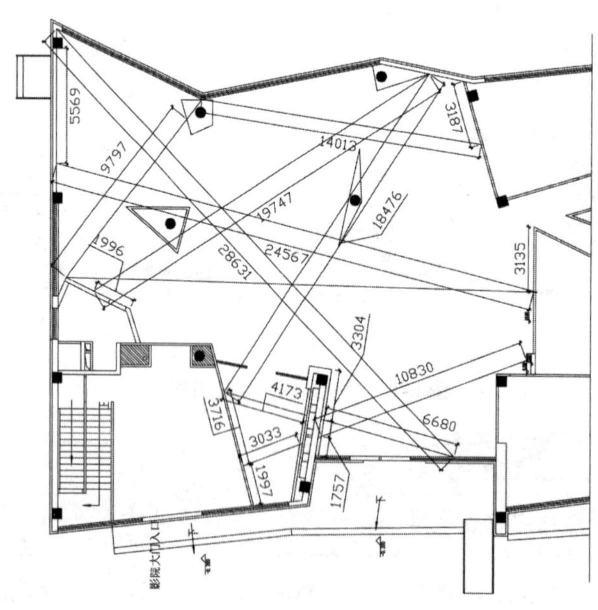

图 8-19　绘制造型轮廓

步骤 2 执行“图案填充（H）”命令，在弹出的对话框中选择“类型”为“预定义”、“样例”为“AR-SAND”、“比例”为 10、填充图层为“填充”，对地板造型进行填充操作，效果如图 8-20 所示。

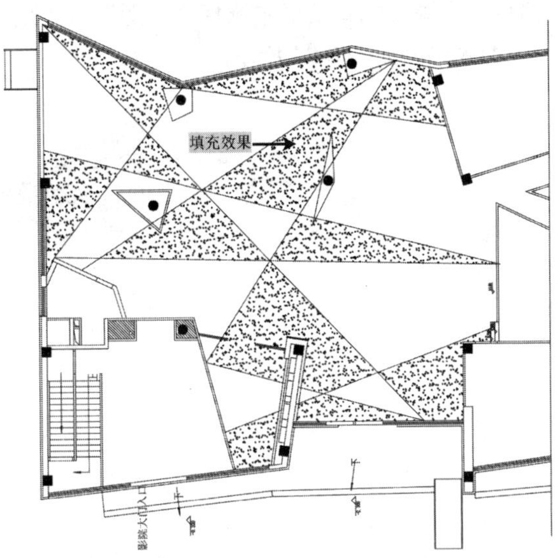

图 8-20　填充地板效果

8.2.3　布置内院地面材质

本实例中，内院地面由仿腐室外地板、金属格网、卵石砌筑鱼池和竹子种植区组成。

步骤 1 将“DM--地面”图层置为当前图层。执行“直线（L）”命令、“圆弧（A）”命令、“修剪（TR）”命令，根据填充的最终效果绘制地板造型，从而形成内院地板材质轮廓的效果，如图 8-21 所示。

步骤 2 添加自定义填充图案，首先在百度（http:www.baidu.com）下载“CAD图案填充”文件压缩包，然后找到CAD安装目录，将解压的“CAD图案填充”文件复制到安装目录下。

步骤 3 将“填充”图层置为当前图层，执行“图案填充”命令（H），选择类型为“自定义”、填充图案为 C107、比例为 1000，对地板造型进行填充操作，从而形成仿古室外地板效果，如图 8-22 所示。

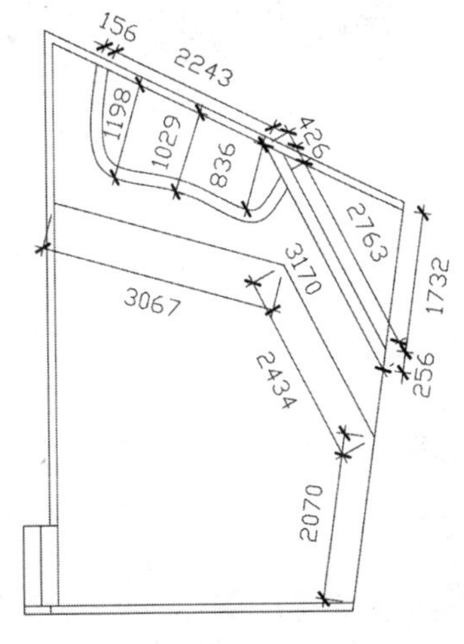

图 8-21　绘制造型轮廓

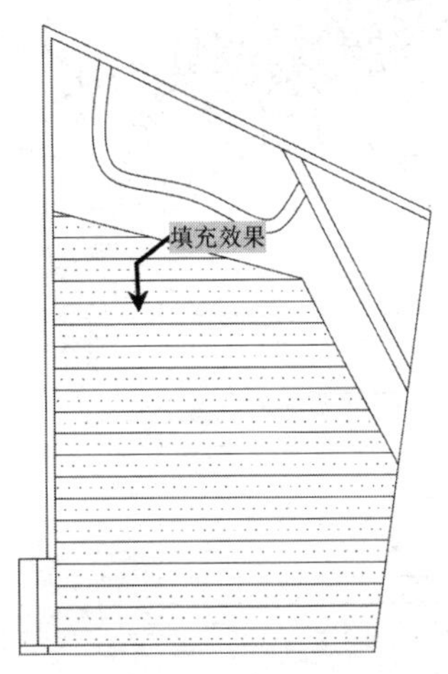

图 8-22　填充效果

步骤 4 执行“图案填充（H）”命令，在弹出的对话框中选择“类型”为“预定义”、“样例”为GRATE、“比例”为 80，填充金属格网效果，如图 8-23 所示。

步骤 5 执行“图案填充（H）”命令，在弹出的对话框中选择“类型”为“预定义”、“样例”为GRAVEL、“比例”为 10，填充卵石砌筑鱼池的效果，如图 8-24 所示。

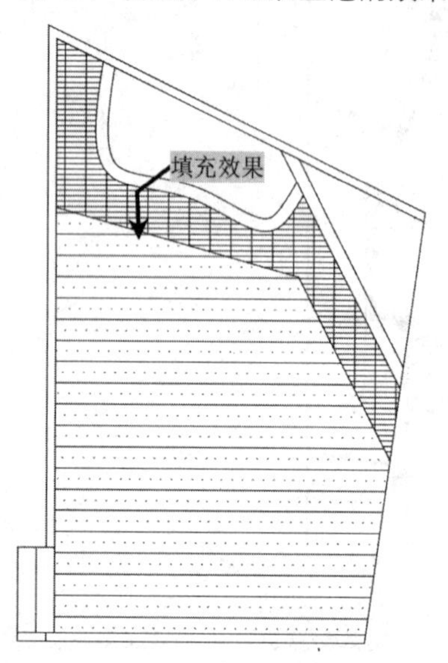

图 8-23 填充效果

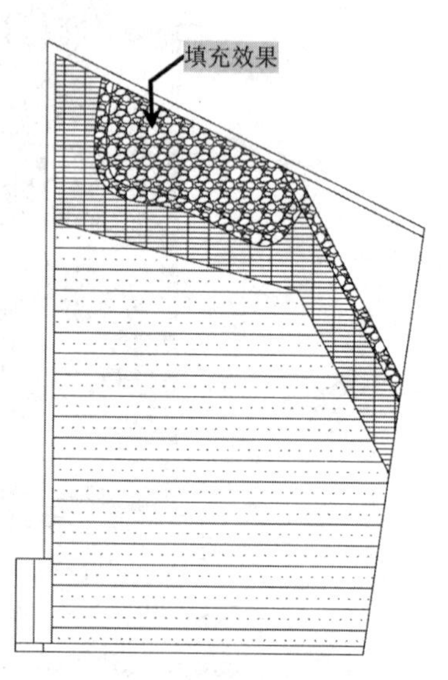

图 8-24 填充效果

步骤 6 执行“图案填充（H）”命令，在弹出的对话框中选择“类型”为“预定义”、“样例”为GRASS、“比例”为 6，形成种植竹子的效果，如图 8-25 所示。

步骤 7 执行“插入块（I）”命令，将“案例文件\08”文件夹下的“地漏”“地灯”图块插入图形中，并通过执行“移动（M）”命令将图块放置到合适的位置，如图 8-26 所示。

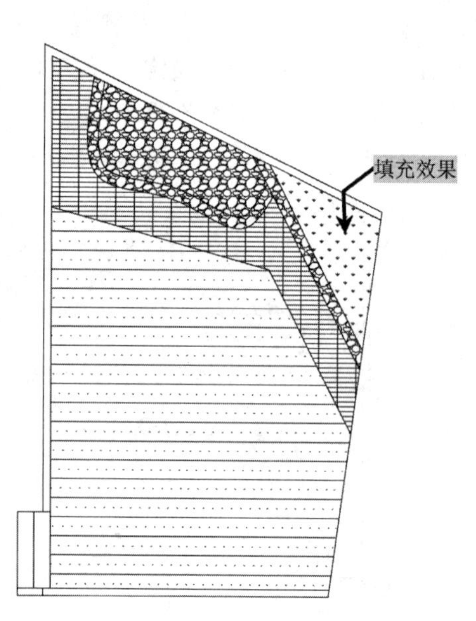

图 8-25 填充效果

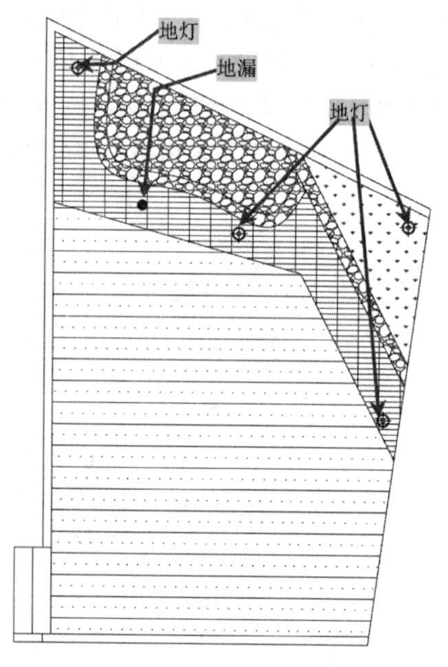

图 8-26 插入图块

8.2.4 其余空间地面材质的布置

本实例中，售票厅采用的是 600×600 的灰色地砖，卫生间全部铺设仿古方砖。

步骤 1 执行“图案填充（H）”命令，在弹出的对话框中选择“样例”为NET、“比例”为 200，对售票厅铺设 600×600 的灰色地砖。

步骤 2 同样，执行“图案填充（H）”命令，在弹出的对话框中选择“样例”为ANSI37、“比例”为 150，对卫生间进行仿古方砖的铺设，如图 8-27 所示。

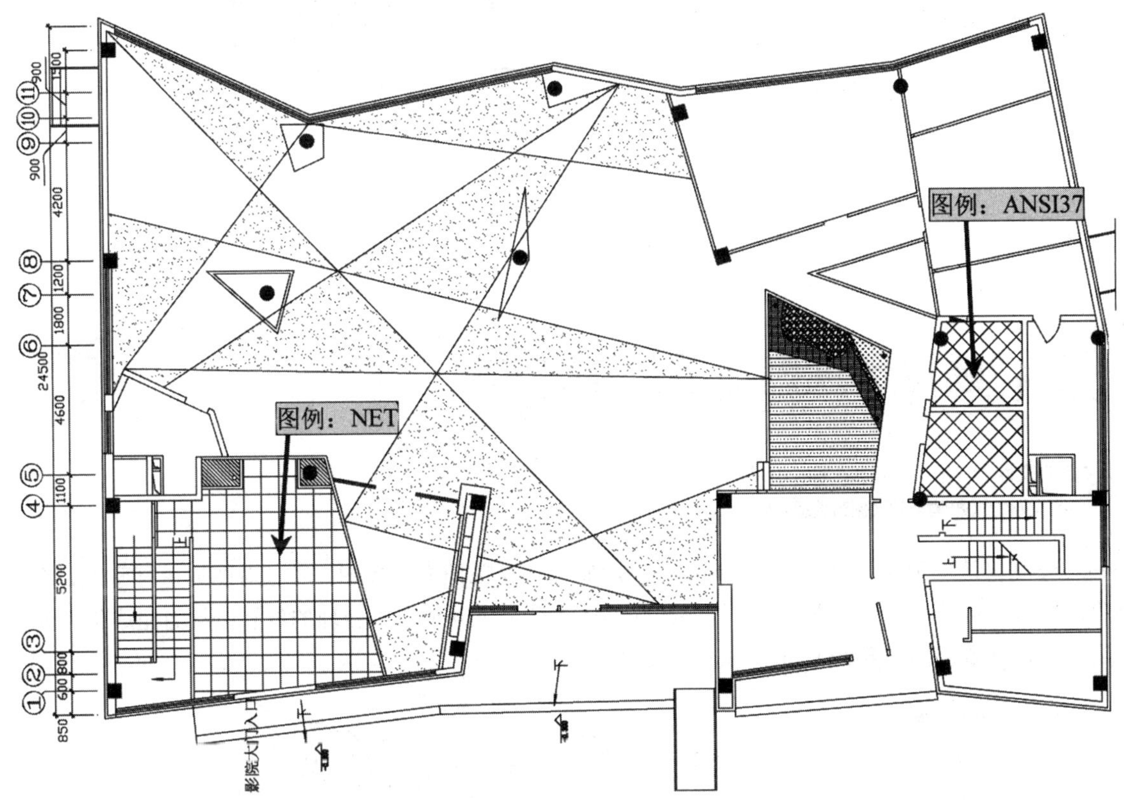

图 8-27 填充效果

8.2.5 文字注释

在绘制地面布置图时，最后还应该对图形添加文字说明。

步骤 1 将“文字”图层置为当前图层。执行“多行文字（MT）”命令，设置“字体”为宋体、“大小”为 500，按照绘图要求对售楼部地面布置图添加文字说明，效果如图 8-28 所示。

步骤 2 至此，售楼部地面布置图已经绘制完成，按Ctrl+S组合键进行保存。

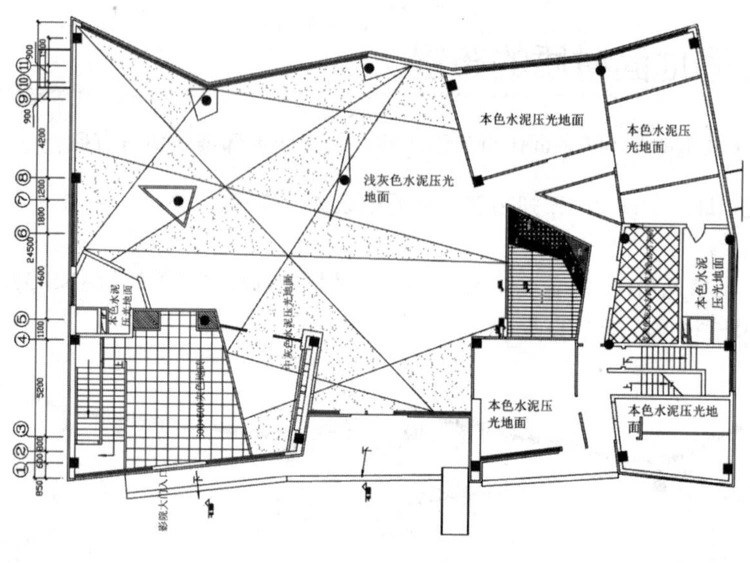

售楼部地面布置图

图 8-28　文字注释效果

8.3 售楼部顶棚布置图的绘制

案例文件：08\售楼部顶棚布置图.dwg

视频文件：08\售楼部顶棚布置图.avi

用户在绘制售楼部顶棚布置图时，先调用之前绘制的售楼部地面布置图，经过对图形进行整理，将多余对象删除，然后绘制吊顶造型轮廓，最后将各种灯具插入图形中并放置到合理的位置，从而完成售楼部顶棚布置图的绘制，其效果如图 8-29 所示。

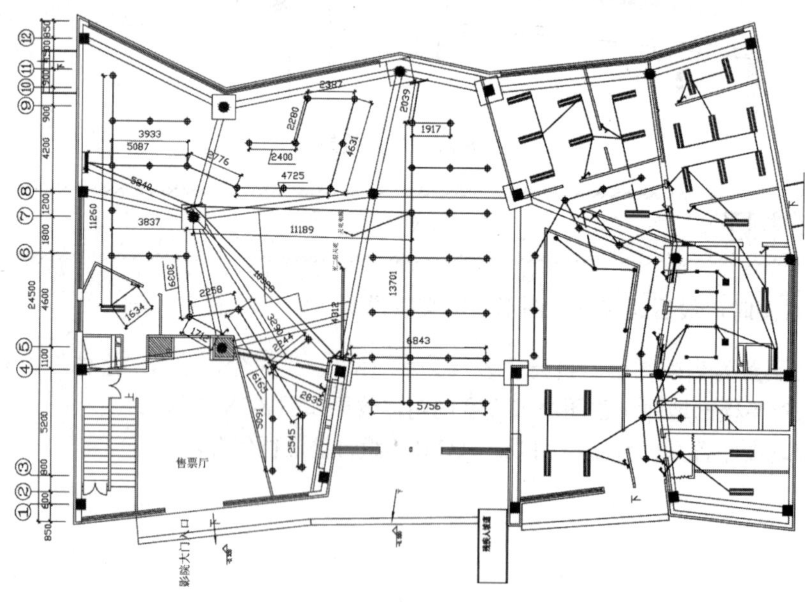

图 8-29　售楼部顶棚布置图效果

8.3.1 整理地面布置图

在绘制售楼部顶棚布置图时，应该先对之前绘制好的地面材质图进行整理，然后根据要求依次绘制出天花布置图。

步骤1 启动AutoCAD 2018，选择“文件｜打开”菜单命令，将“案例文件\08\售楼部地面布置图.dwg”文件打开；执行“另存为”操作，将文件另存为“售楼部顶棚布置图.dwg”。

步骤2 执行“删除（E）”命令，将地面布置图中的填充对象、文字注释删除，并修改文件名为“售楼部顶棚布置图”，效果如图8-30所示。

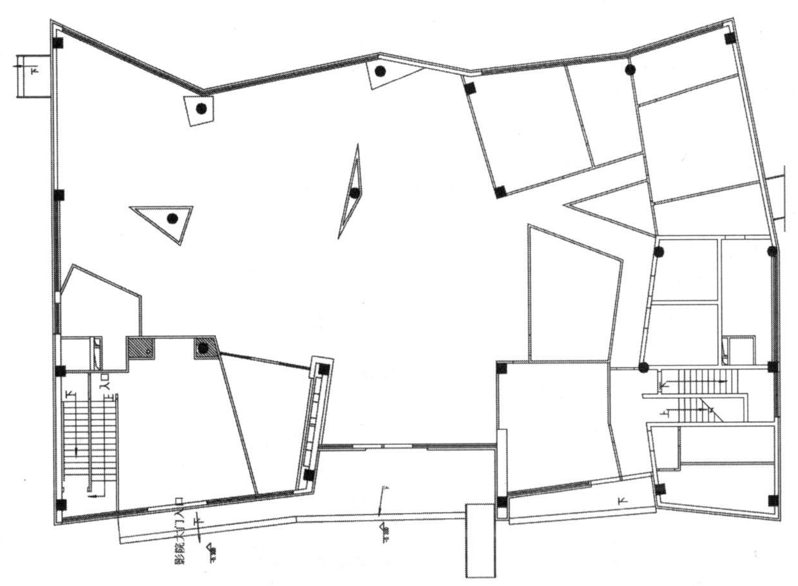

图8-30 整理地面布置图效果

8.3.2 绘制顶棚吊顶

在整理地面布置图后，得到天花布置图需要的轮廓，这时就可以绘制吊顶轮廓了。

步骤1 执行“图层管理（LA）”命令，新建一个“DD--吊顶”图层，并将新建的图层置为当前图层，将所有的门洞线置换到“DD--吊顶”图层，如图8-31所示。

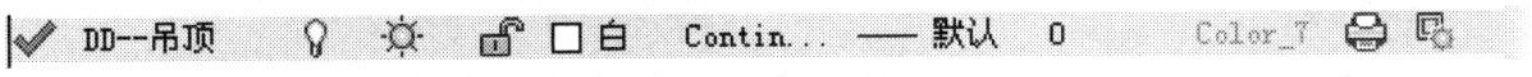

DD--吊顶 白 Contin... —— 默认 0 Color_7

图8-31 新建图层

步骤2 执行“直线（L）”命令、“修剪（TR）”命令，在整理好的地面布置图中绘制天花吊顶轮廓，如图8-32所示。

8.3.3 调用电器符号

在绘制顶棚布置图时，可以直接调用电器符号，从而提高绘图效率。

步骤 1 将“FH-符号”图层置为当前图层。执行“插入块（I）”命令，将“案例文件\08”文件夹下的“电器符号”插入图形中，如图 8-33 所示。

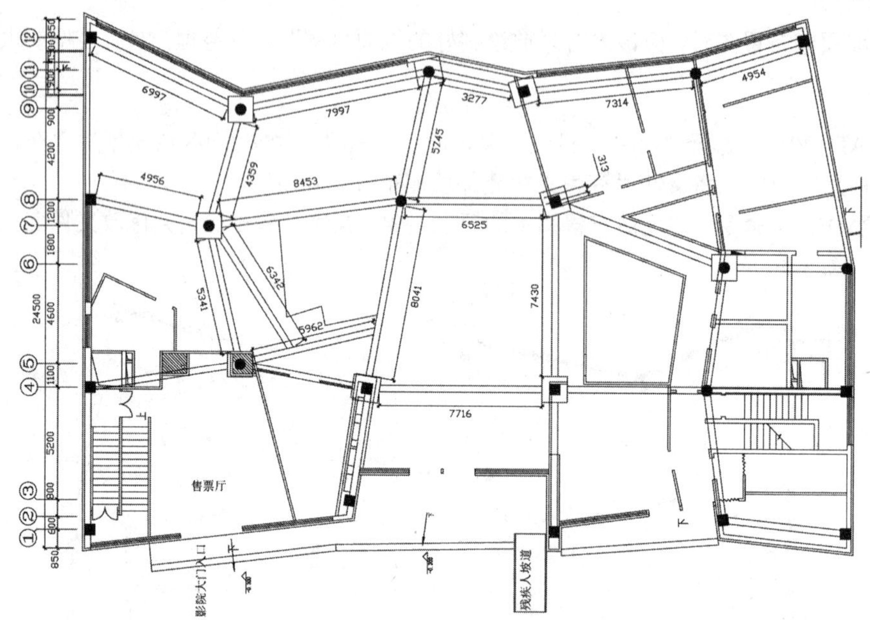

图 8-32 绘制天花吊顶轮廓

	大号筒灯		排风扇
	明装筒灯		草坪灯
	双管日光灯		电箱

图 8-33 电器符号效果

步骤 2 执行“分解（X）”命令，对插入的电器符号图块进行分解，并将插入的电器符号置换到“FH-符号”图层。

步骤 3 执行“编组（G）”命令，分别对指定的电器符号进行编组，使其一个符号中的多个对象组成一个对象。

8.3.4 布置灯具

在插入电器符号后，用户就可以通过复制、移动等命令对顶棚进行布置了。

步骤 1 执行“图层管理（LA）”命令，新建一个“DJ-灯具”图层，并将新建图层置为当前图层，如图 8-34 所示。

DJ-灯具 74 Contin... —— 默认 0 Colo...

图 8-34 新建图层

步骤 2 执行“复制（CO）”命令、“移动（M）”命令、“旋转（RO）”命令和“镜像（MI）”命令，将插入的电器符号复制和移动到顶棚相应的位置，并通过镜像和旋转命令调整出如图 8-35 所示的图形。

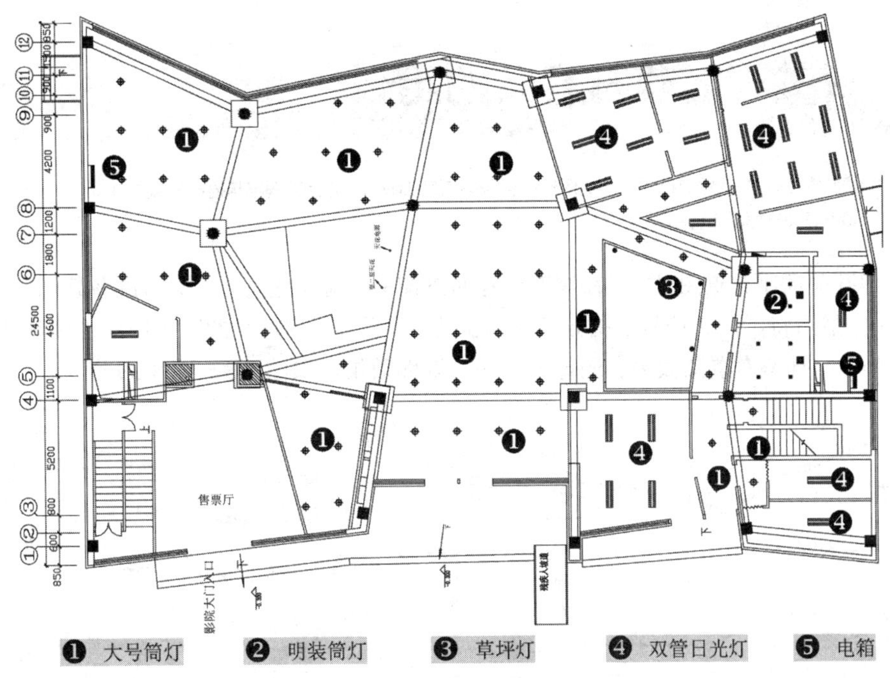

图 8-35　布置灯具

步骤 3 根据绘制要求对顶棚添加文字注释、插入标高符号，效果如图 8-36 所示。

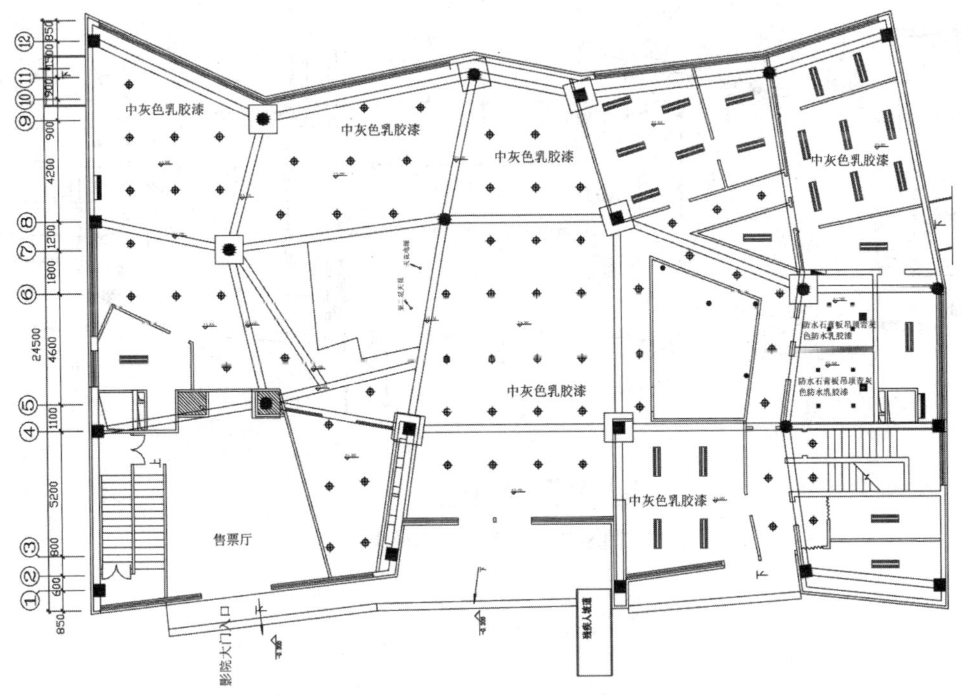

图 8-36　文字注释效果

步骤 4 至此，售楼部天花布置图已经绘制完成，按Ctrl+S组合键进行保存。

8.4 开关与插座布置图的绘制

案例文件：08\售楼开关布置图.dwg、售楼部强电与插座布置图.dwg、售楼部弱电与插座布置图.dwg
视频文件：08\开关与插座布置图.avi

在绘制售楼部开关插座布置图时，应在原有天花布置图的基础上进行绘制，将准备好的开关符号和插座符号复制到原图中，然后将不同的符号复制到相应的位置，最后将不同灯具的路线依次连接到开关符号即可。插座布置图分为强电与插座布置图效果和弱电与插座布置图效果，如图 8-37~图 8-39 所示。

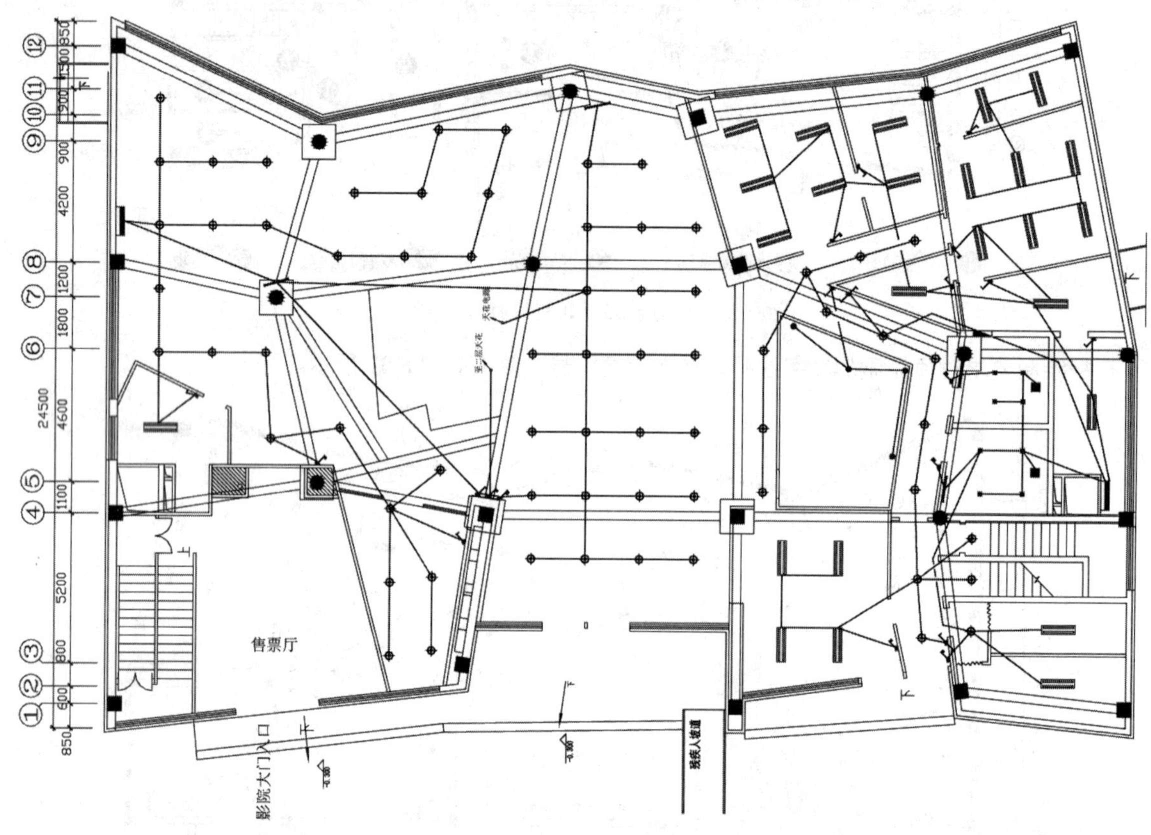

售楼部开关布置图

图 8-37　开关布置图效果

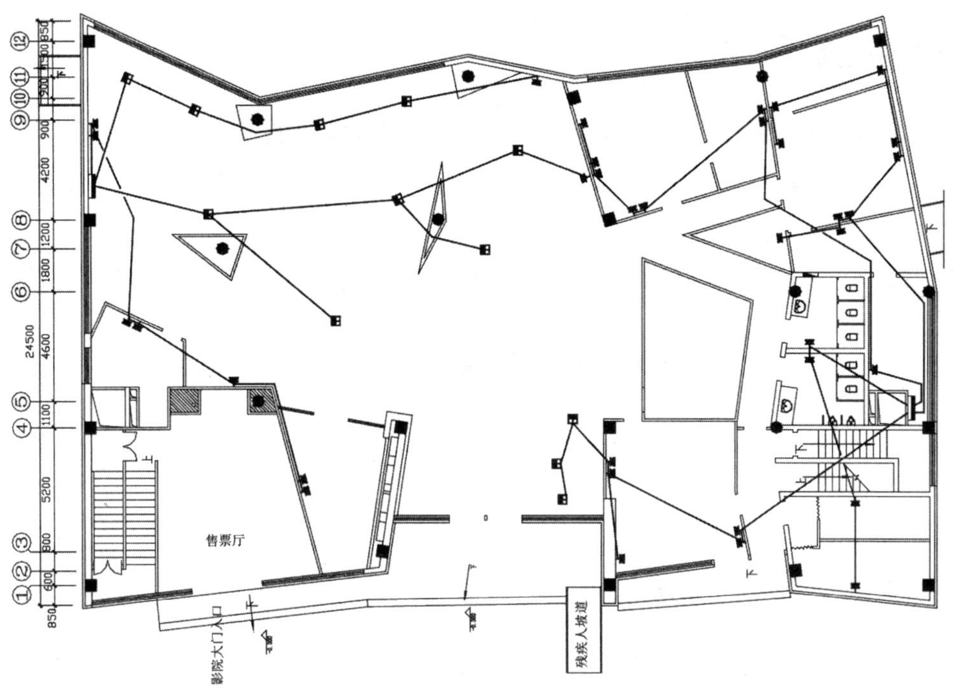

图 8-38　强电与插座布置图效果

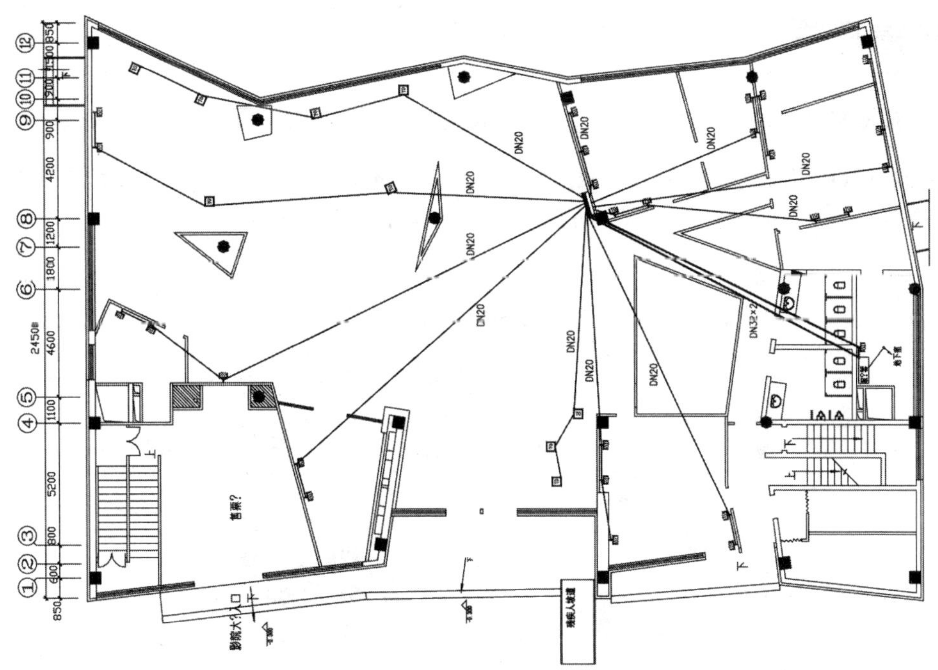

图 8-39　弱电与插座布置图效果

8.4.1 调用电器符号

在绘制开关与插座布置图时，可以直接调用开关与插座符号，从而提高绘图效率。

步骤 1 将“FH-符号”图层置为当前图层。执行“插入块（I）”命令，将“案例文件\08”文件夹下的“开关与插座符号”插入图形中，如图 8-40 所示。

步骤 2 执行“分解（X）”命令，对插入的开关与插座符号图块进行分解，并将插入的开关与插座符号置换到“FH-符号”图层。

	单联单控开关		五孔插座
	双联单控开关		电源地插
	三联单控开关	TO	弱电插座（网络、电话）
	单联双控开关	TO	弱电地插（网络、电话）
	双联双控开关		

图 8-40 开关与插座符号效果

步骤 3 执行“编组（G）”命令，分别对指定的开关与插座符号进行编组，使一个符号中的多个对象组成一个对象。

8.4.2 布置开关

在插入开关插座符号后，用户就可以通过复制、移动等命令对开关布置图进行开关布置了。

步骤 1 执行“复制（CO）”命令和“移动（M）”命令，分别将电器符号中的“单连单控开关”“双连单控开关”和“三连单控开关”的符号复制并移动到大堂如图 8-41 所示的位置。

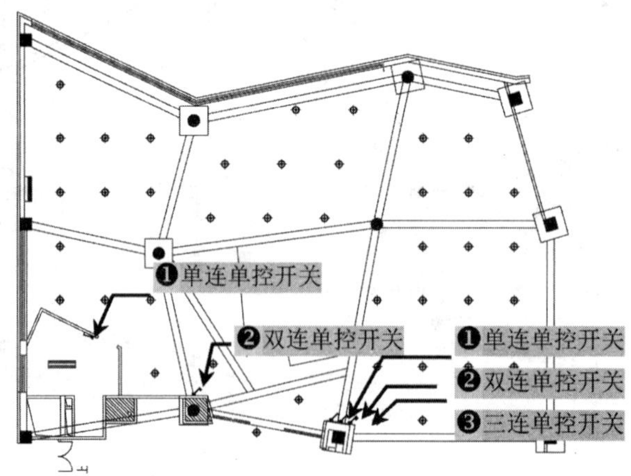

图 8-41 布置大堂开关

步骤 2 用同样的方法，通过执行“复制（CO）”命令、“移动（M）”命令、“旋转（RO）”命令、“镜像（MI）”命令对其余的空间区域进行开关布置，布置效果如图 8-42 所示。

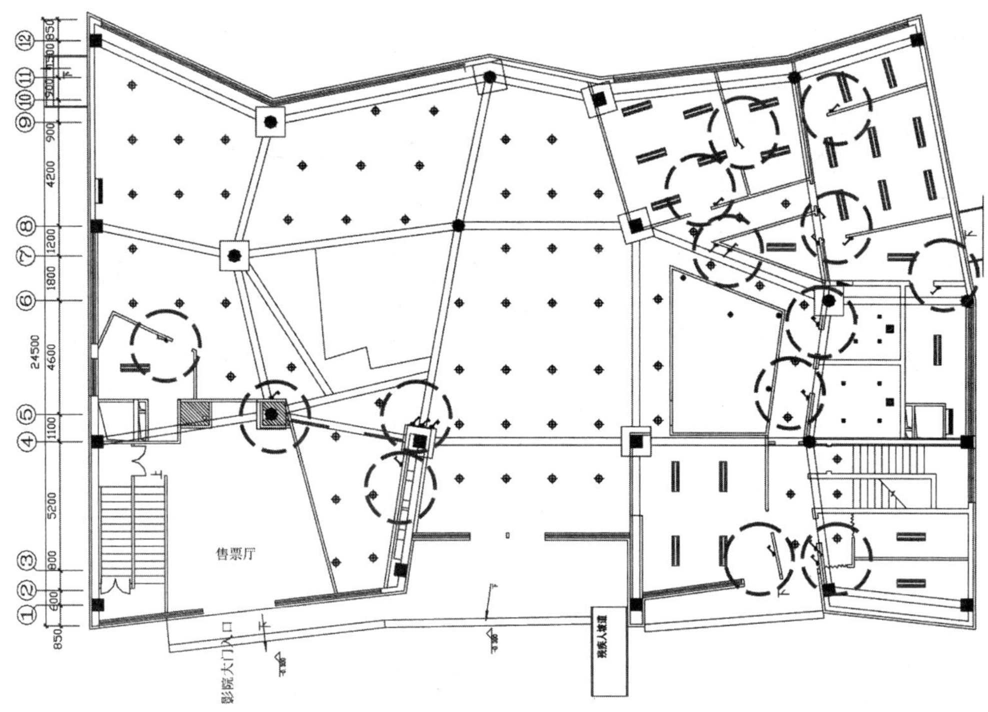

图 8-42　开关布置效果

步骤 3 将“KG-开关线路”图层置为当前图层。执行“多段线（PL）”命令，打开“对象捕捉”和“对象追踪”模式，根据要求将开关和灯具连接起来，效果如图 8-43 所示。

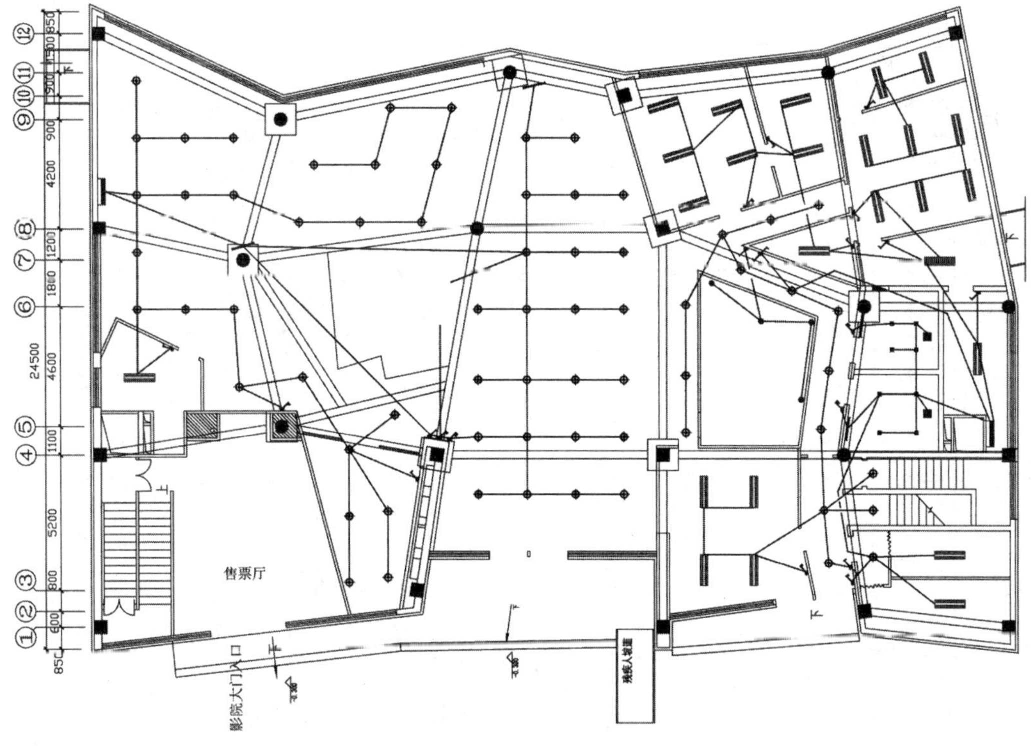

图 8-43　灯具开关布置效果

步骤 4 执行“插入块（I）”命令，将“案例文件\08”文件夹下的“指示箭头”图块插入图形中，然后执行“复制（CO）”命令、“移动（M）”命令，布置出如图 8-44 所示的效果。

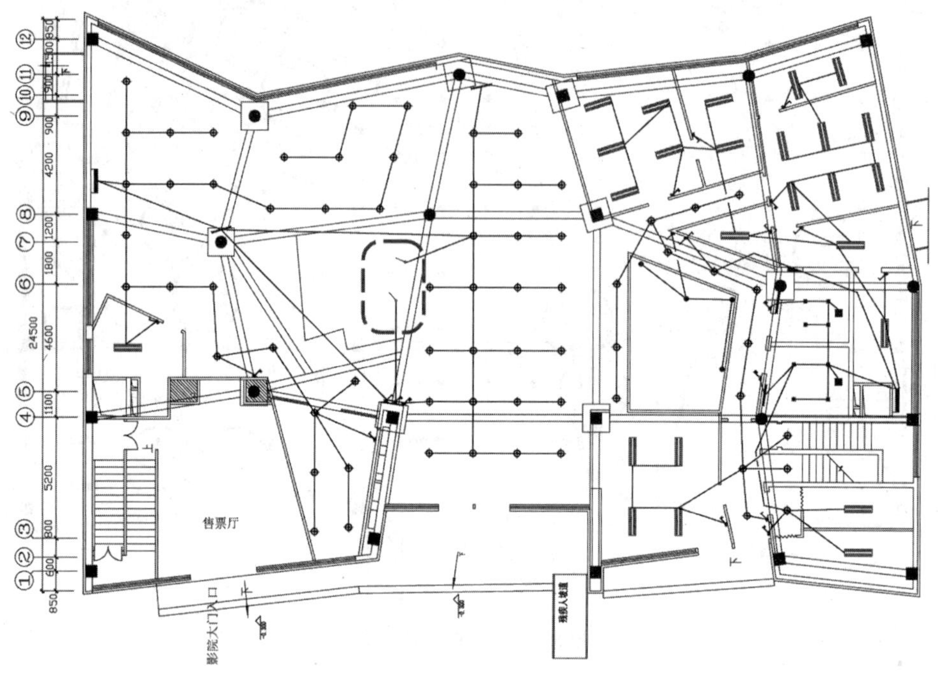

图 8-44　插入指示箭头效果

步骤 5 将“WZ-文字”图层置为当前图层。执行“多行文字（MT）”命令，设置文字“字体”为宋体、“大小”为 180，在图中插入箭头处输入“至二层天花和天花电源”，效果如图 8-45 所示。

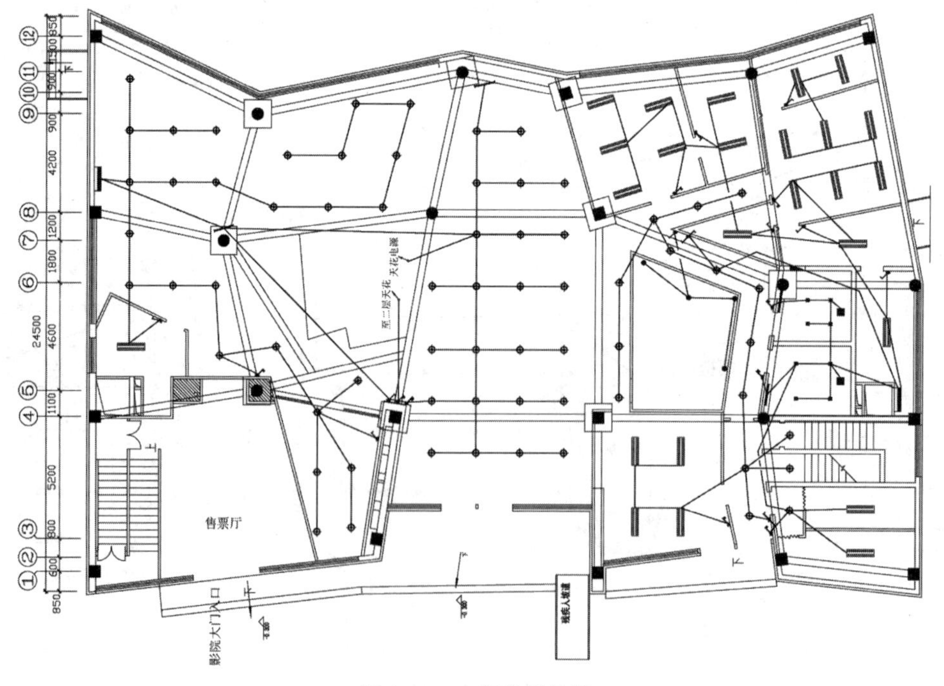

图 8-45　文字注释效果

步骤 6 至此，售楼部灯具与开关布置图已经绘制完成，按Ctrl+ S组合键进行保存。

8.4.3 布置插座

可通过复制、移动等命令将前面插入的开关插座符号对售楼部室内强电与插座布置图和弱电与插座布置图进行布置。

步骤 1 执行“复制（CO）”命令、“移动（M）”命令、“旋转（RO）”命令和“镜像（MI）”命令，将插入的插座符号复制和移动到图形中，并通过镜像和旋转命令调整出如图 8-46 所示的图形。

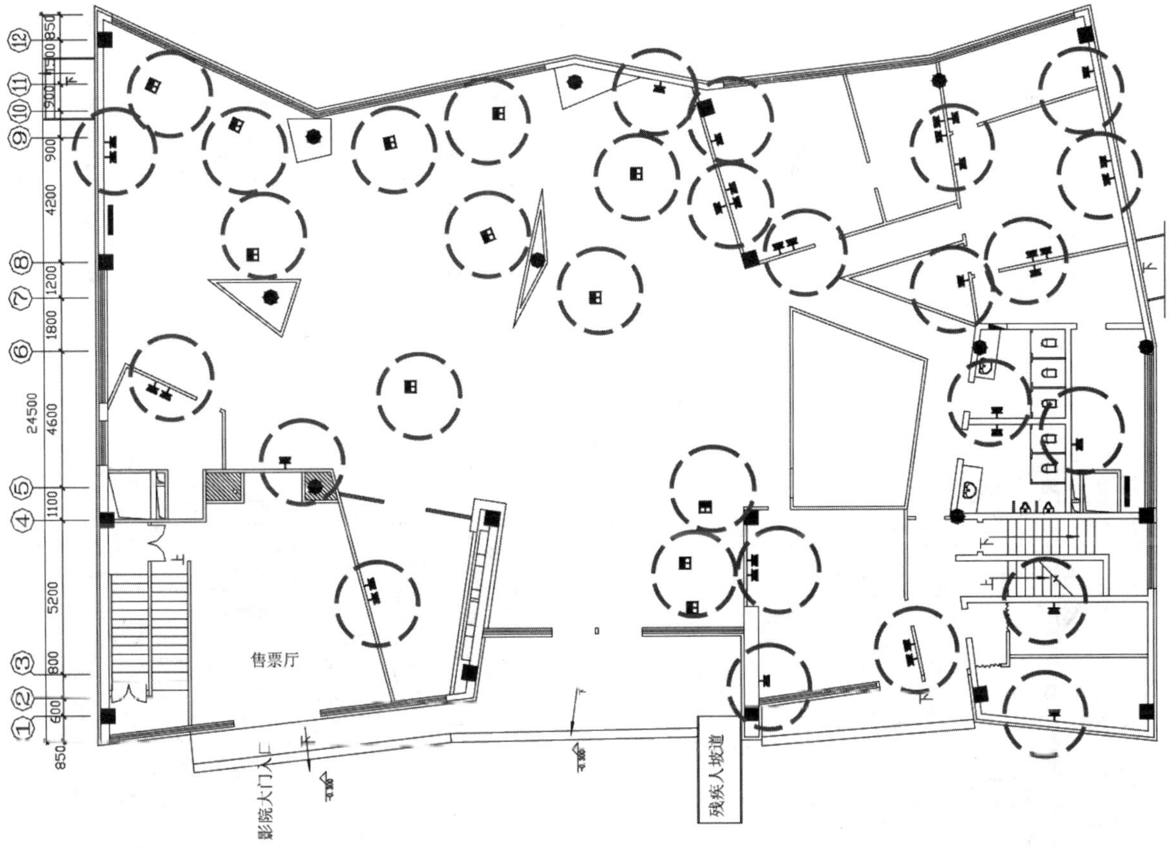

图 8-46 布置强电与插座

步骤 2 将“CZ-插座线路”图层置为当前图层。执行“多段线（PL）”命令，并打开“对象捕捉”和“对象追踪”模式，根据要求将插座连接起来，效果如图 8-47 所示。

步骤 3 用同样的方法，执行“复制（CO）”命令、“移动（M）”命令、“旋转（RO）”命令和“镜像（MI）”命令，将插入的插座符号复制和移动到其余空间，并通过镜像和旋转命令调整出如图 8-48 所示的图形。

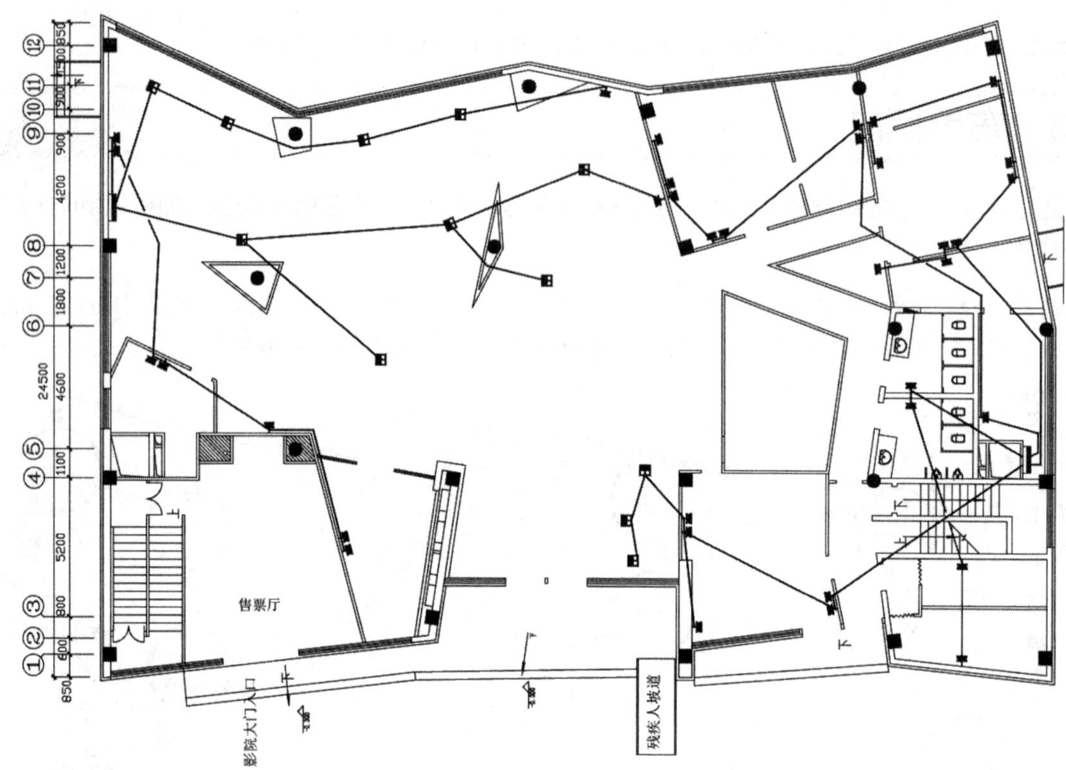

图 8-47　强电与插座效果

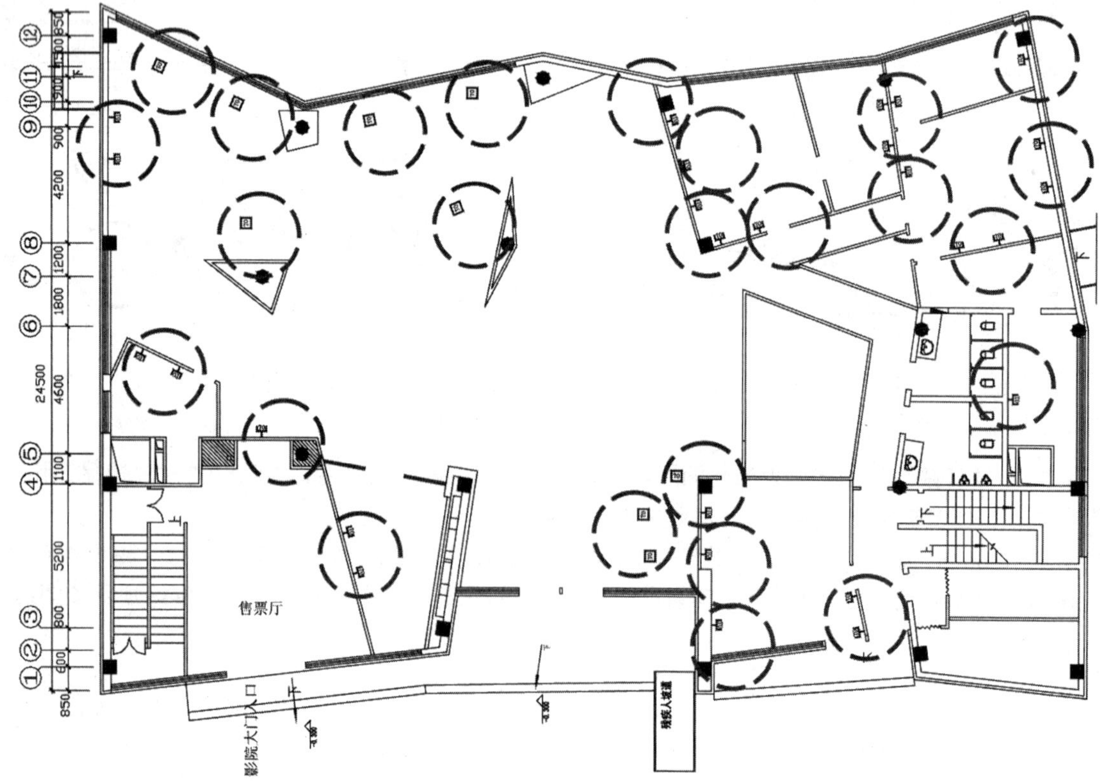

图 8-48　布置弱电与插座

步骤 4 将“CZ-插座线路”图层置为当前图层。执行“多段线（PL）”命令，并打开“对象捕捉”和“对象追踪”模式，根据要求将插座连接起来，效果如图 8-49 所示。

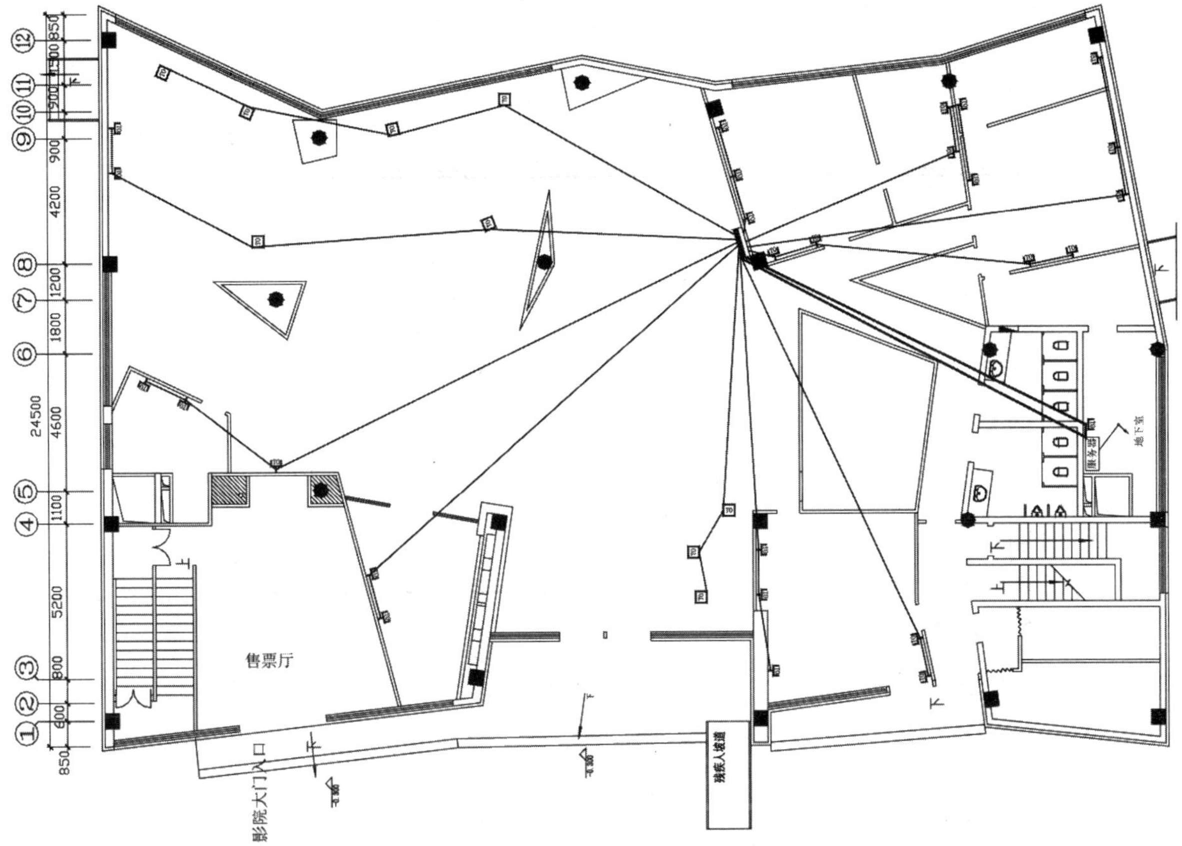

图 8-49 弱电与插座效果

步骤 5 至此，室内强电与插座布置图和弱电与插座布置图已经绘制完成，按Ctrl+S组合键进行保存。

8.5 售楼部各立面图和剖面图预览

案例文件：08\售楼部各立面图和剖面图.dwg

由于本书篇幅有限，因此售楼部的相关立面图就不进行讲解了，其绘制方法和步骤可以参考前面学习的内容，然后自行练习，从而熟练掌握各立面图和剖面图的绘制。各主要立面图和剖面图的效果如图 8-50 和图 8-51 所示。

图 8-50 A~P 立面图效果

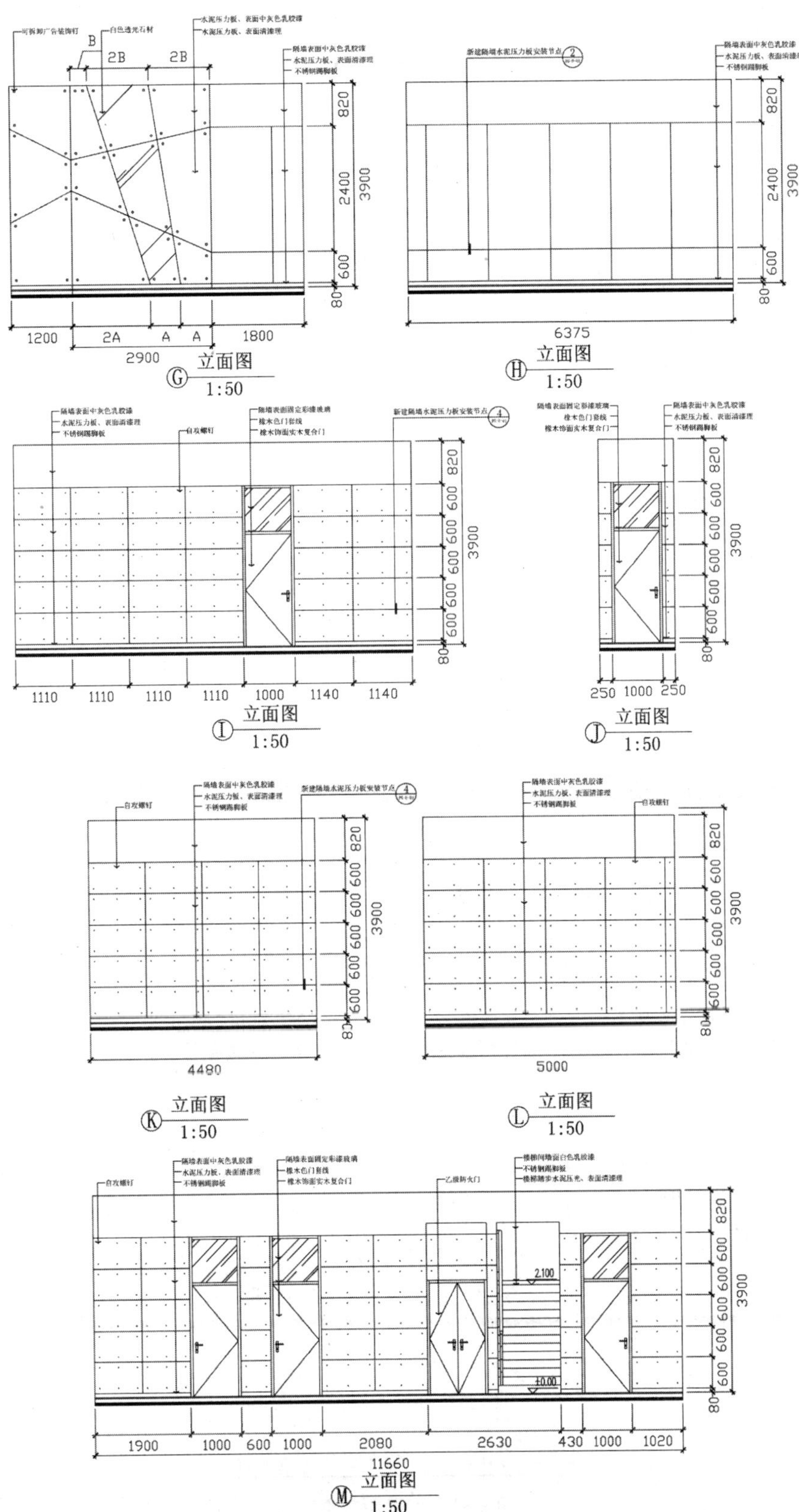

图 8-50　A~P 立面图效果（续）

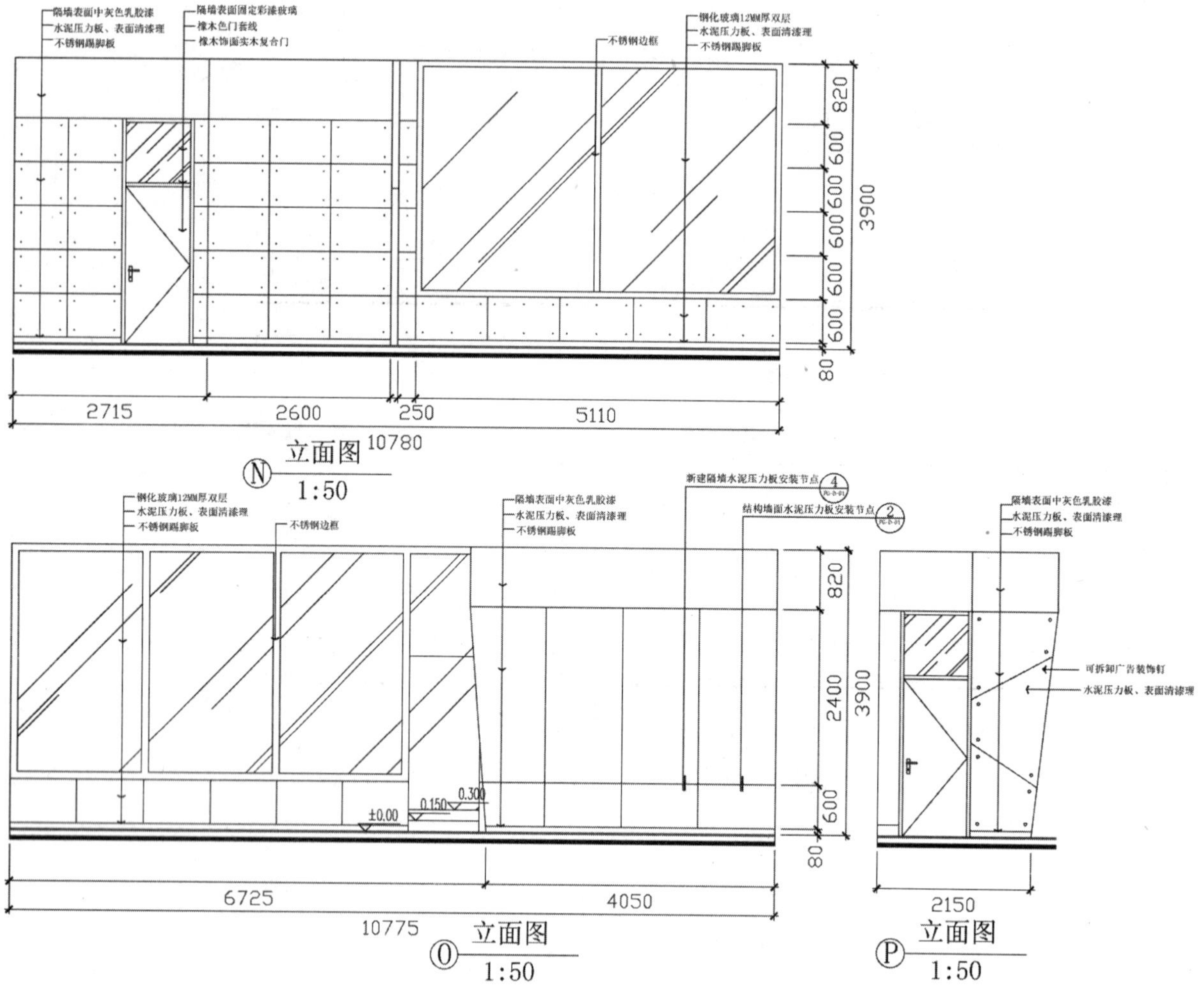

隔墙表面中灰色乳胶漆
水泥压力板、表面清漆理
不锈钢踢脚板
隔墙表面固定彩漆玻璃
橡木色门套线
橡木饰面实木复合门
不锈钢边框
钢化玻璃12MM厚双层
水泥压力板、表面清漆理
不锈钢踢脚板

820 600 600 600 600 600 80 3900

2715 2600 250 5110 10780

Ⓝ 立面图 1:50

钢化玻璃12MM厚双层
水泥压力板、表面清漆理
不锈钢踢脚板
不锈钢边框
隔墙表面中灰色乳胶漆
水泥压力板、表面清漆理
不锈钢踢脚板
新建隔墙水泥压力板安装节点 4
结构墙面水泥压力板安装节点 2

±0.00 0.150 0.300

820 2400 600 80 3900

6725 4050 10775

Ⓞ 立面图 1:50

隔墙表面中灰色乳胶漆
水泥压力板、表面清漆理
不锈钢踢脚板
可拆卸广告装饰钉
水泥压力板、表面清漆理

2150

Ⓟ 立面图 1:50

图 8-50　A~P 立面图效果（续）

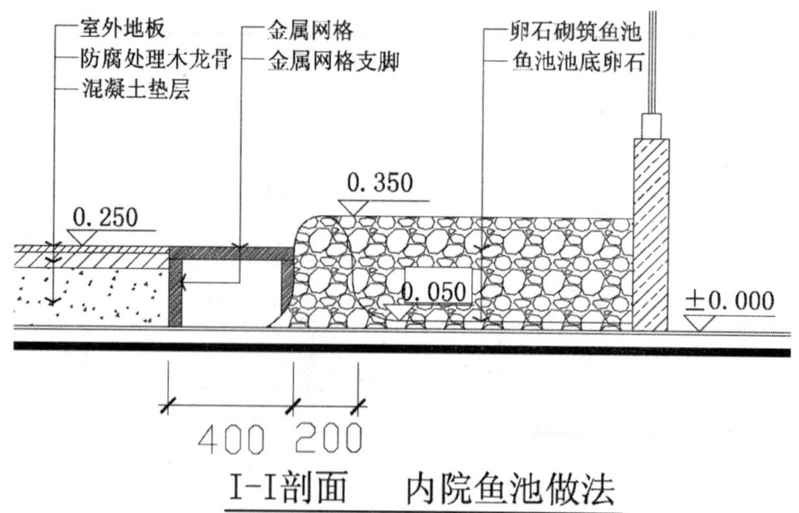

图 8-51　剖面图效果

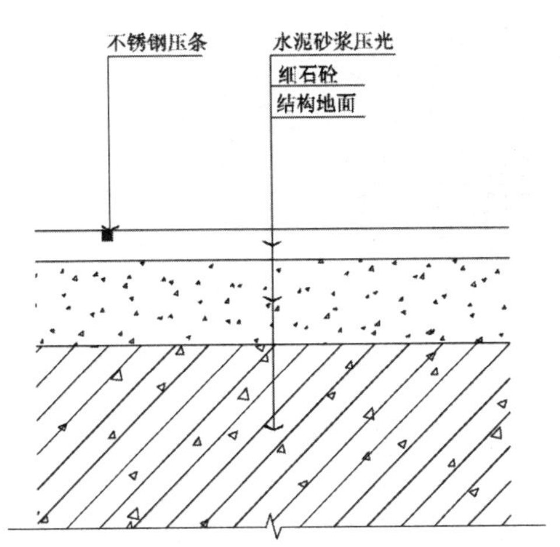

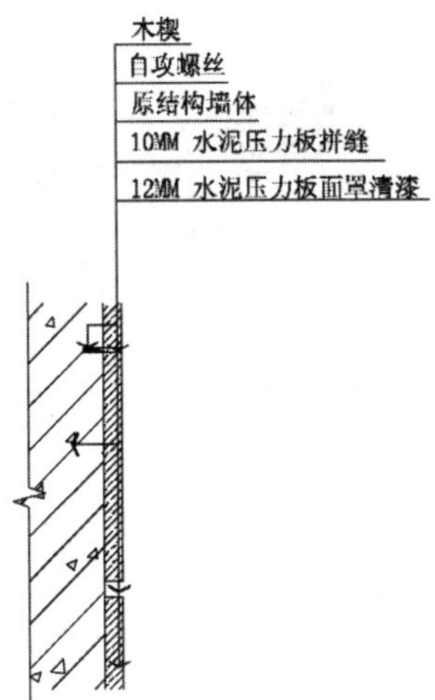

① 地面水泥压光
1:5

② 结构墙面水泥压力板安装节点
1:5

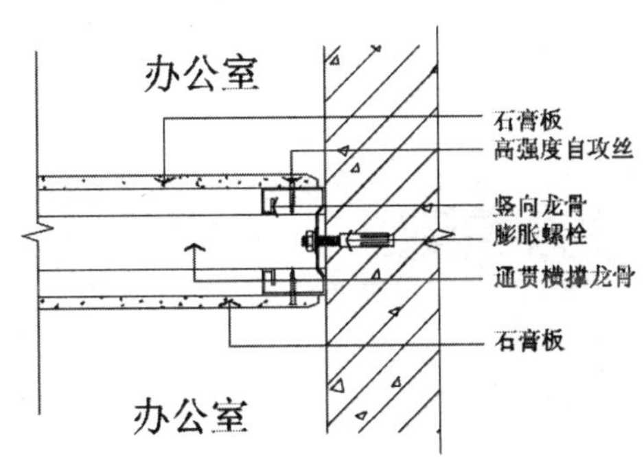

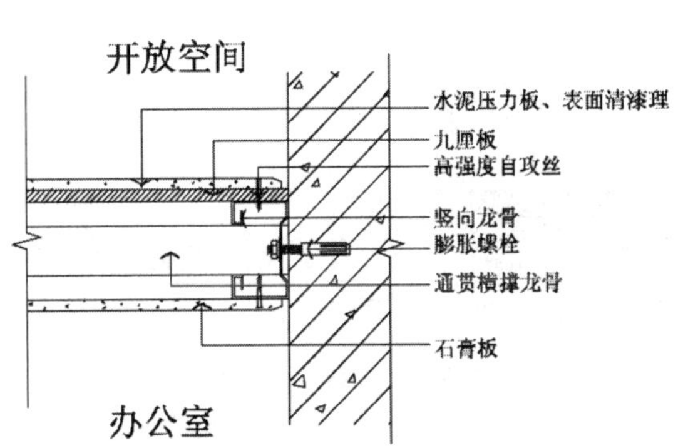

③ 轻钢龙骨石膏板隔墙
1:5

④ 轻钢龙骨石膏板隔墙
1:5

图 8-51　剖面图效果（续）

第 9 章 家具专卖店装修施工图的绘制

一个有销售力的专卖店，其设计除了在视觉上要求整洁、美观以外，还要能够很好地传达给顾客相关的销售信息，能最大限度地使顾客产生购买欲望并形成购买行为。

本章以某家具专卖店为例讲解其平面布置图、地面布置图、天花布置图及立面图、详图的绘制。

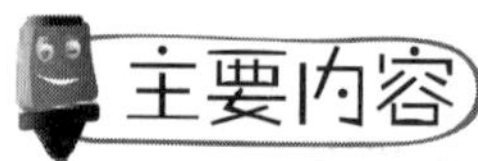

- 掌握家具专卖店平面布置图的绘制
- 掌握家具专卖店地面布置图的绘制
- 掌握家具专卖店天花布置图的绘制
- 掌握家具专卖店A立面图的绘制
- 掌握家具专卖店C立面图的绘制

9.1 家具专卖店平面布置图的绘制

案例文件：09\家具专卖店平面布置图.dwg

视频文件：09\家具专卖店平面布置图.avi

首先将准备好的专卖店建筑平面图打开，然后根据各个展示间平面图的功能分别进行平面布置图的设计。在摆放家具之前，根据需要先绘制固定家具造型轮廓，再插入一些家具图块，最后进行尺寸标注、文字标注、图名标注等，布置结果如图 9-1 所示。

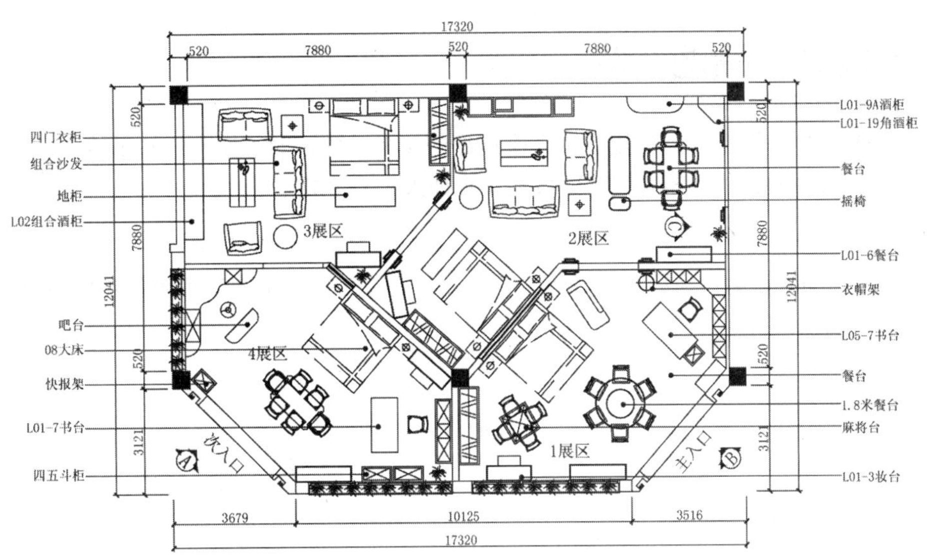

家具专卖店平面布置图 1：100

图 9-1　平面布置图效果

9.1.1　打开建筑平面图

在绘制家具专卖店平面布置图之前，首先要绘制相应的建筑平面图。如果有相应的原始建筑平面图，将其调用并加以修改，然后另存为符合要求的文件即可。在本实例中已经有准备好的“专卖店建筑平面图.dwg”文件，将其打开并另存为新的文件即可。

步骤 1　启动AutoCAD 2018，在“快速访问”工具栏中单击“打开”按钮，将“案例文件\09\家具专卖店建筑平面图.dwg”文件打开，如图 9-2 所示；再单击“另存为”按钮，将文件另存为“案例文件\09\家具专卖店平面布置图.dwg”。

步骤 2　将“文字”图层置为当前图层。执行“多行文字（MT）”命令，设置文字“字体”为宋体、“大小”分别为 450 和 400，在图形下方输入图名和比例；再设置字体“大小”为 350，在房间内标注房间名称。

步骤 3　执行“多段线（PL）”命令，设置宽度为 25，在图名下方绘制一条多段线；再执行“直线（L）”命令，绘制一条与多段线同长的直线段，如图 9-3 所示。

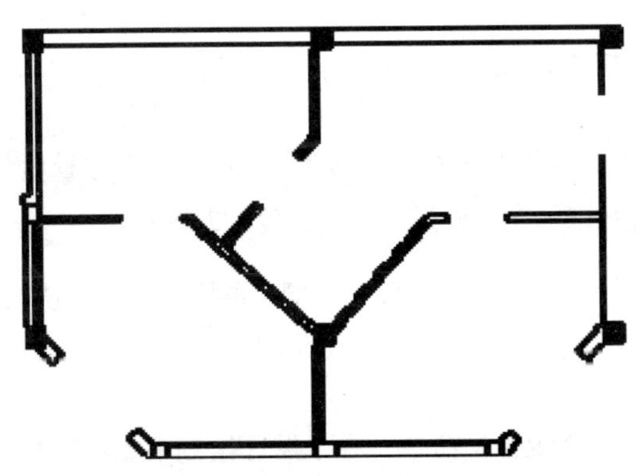

图 9-2　专卖店建筑平面图效果

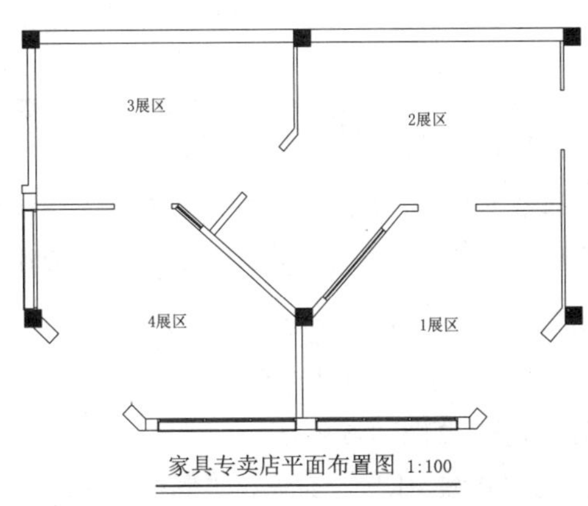

图 9-3　绘制图名和比例

9.1.2 绘制室内布置图造型

在绘制室内布置图时，应首先绘制出室内各个展厅的家具造型轮廓，如门口柱子装饰、门头藏灯装饰、吧台等，最后通过插入块的方式将该家具店的成品家具插入相应位置。

步骤 1 将“地面”图层置为当前层。执行“直线（L）”命令，将门洞封闭起来。

步骤 2 切换到“家具”图层，通过执行“直线”“圆弧”“移动”“填充”等命令绘制门口装饰柱子，如图 9-4 所示。

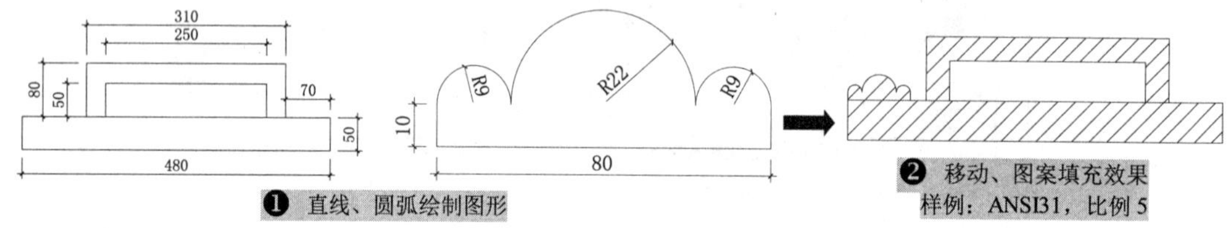

图 9-4 绘制装饰柱

步骤 3 执行“创建块（B）”命令，将上一步绘制好的图形保存为“门口柱子”内部图块。

步骤 4 通过执行“移动”“复制”“旋转”“镜像”等命令将“门口柱子”图块复制到相应的门口，如图 9-5 所示。

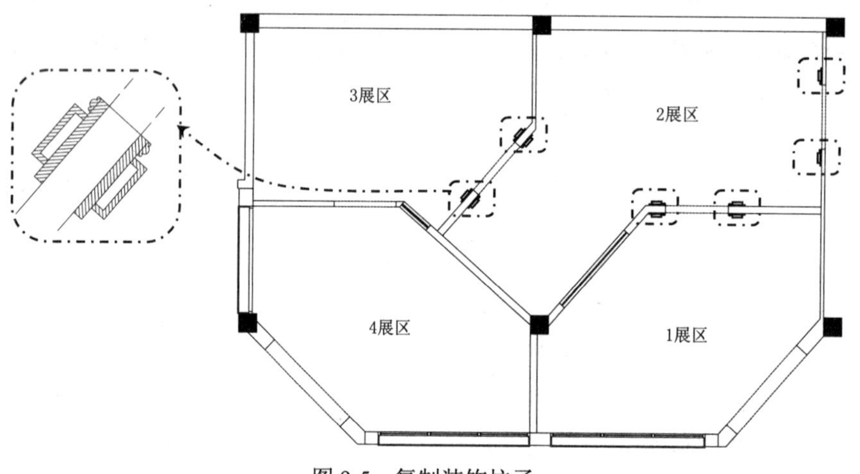

图 9-5 复制装饰柱子

提示——装饰柱子旋转的角度

在图 9-5 放大的细节中看到装饰柱子通过旋转来与倾斜墙体重合在一条线上。用户可以先测量倾斜墙体的倾斜角度，再将装饰柱子以这个角度值进行相应的旋转，然后移动到倾斜墙体上即可。

步骤 5 执行“偏移（O）”命令和“修剪（TR）”命令，在两个入口处绘制暗藏的灯槽，再执行“插入块（I）”命令，将“案例/9”文件夹下的“T4 灯管”插入进来，并结合复制、旋转、移动等命令将T4 灯管放置到开启灯槽的位置，如图 9-6 所示。

步骤 6 执行“直线（L）”命令、“偏移（O）”命令、“修剪（TR）”命令，在 1 展区绘制书柜和鞋柜，如图 9-7 所示。

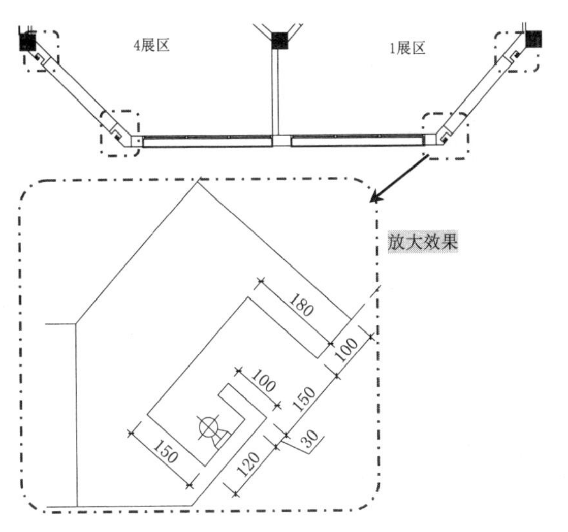

图 9-6　绘制入口装饰灯槽

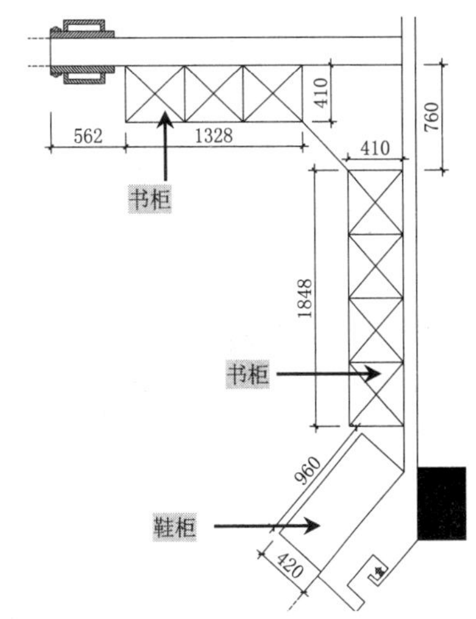

图 9-7　绘制书柜和鞋柜

步骤 7 执行“插入块（I）”命令，将“案例文件\09”文件夹下的“08 大床”“贵妃椅”“衣帽架”“L05-7 书台”“1.8 米餐台”“L01-6 餐柜”“L01-3 妆台”“五门衣柜”和“植物”分别插入图形中，并通过适当的调整将家具摆放到如图 9-8 所示的位置。

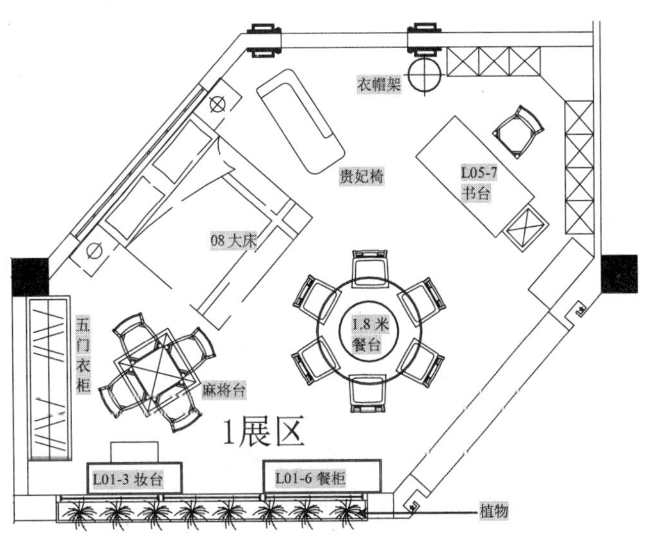

图 9-8　布置 1 展区

技巧——参照旋转

插入“08 大床”后，根据图 9-8 所示，需要将“08 大床”旋转至斜线墙体处。即先将床移动到斜墙体线上，再选择“旋转”命令中的“参照”选项，当命令提示“指定参照角”时，先捕捉“08 大床”的床头线，在命令提示“指定新角度”时，再捕捉斜线墙体，这样即可快速旋转至指定的位置。

步骤 8 同样执行“插入块（I）”命令，将“案例文件\09”文件夹下的“组合厅柜”“组合沙发”“床尾凳”“L01-3 妆台”“四门衣柜”“08 大床”“摇椅”“餐台”“植物”“L01-6 餐柜”“L01-9A酒柜”“L01-19 角酒柜”等图块分别插入图形中，并通过适当地调整将家具摆放到如图 9-9 所示的 2 展区合适的位置。

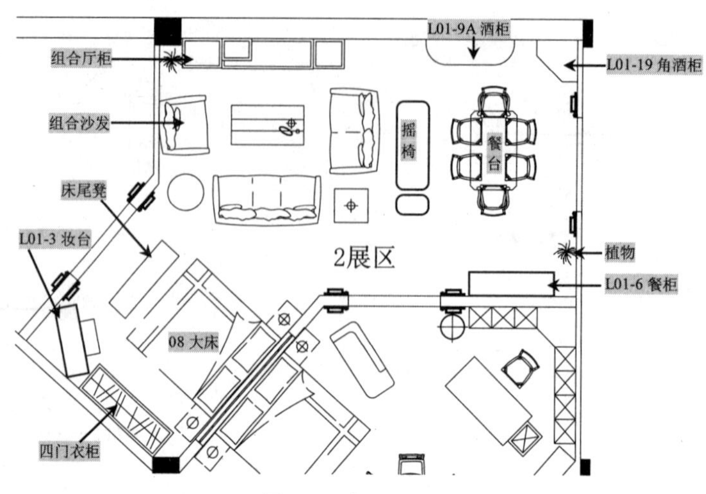

图 9-9　布置 2 展区

步骤 9　再执行“插入块（I）”命令，将“案例文件\09”文件夹下的“L02 组合酒柜”“组合沙发”“地柜”“四门衣柜”“08 大床”“植物”“L01-3 妆台”等图块分别插入图形中，并通过适当的调整将家具摆放到如图 9-10 所示的 3 展区合适的位置。

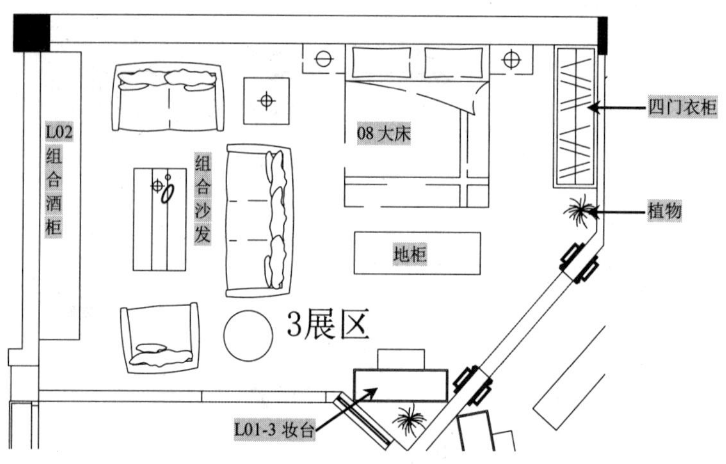

图 9-10　布置 3 展区

步骤 10　执行“偏移（O）”命令、“圆（C）”命令和“修剪（TR）”命令，在 4 展区绘制吧台柜基本轮廓，并转换为“家具”图层；然后执行“圆（C）”命令，以水平和垂直的十字交点绘制半径为 569 的圆，再以此圆分别与十字线绘制相切 200 的圆，并进行修剪、直线连接，效果如图 9-11 所示。

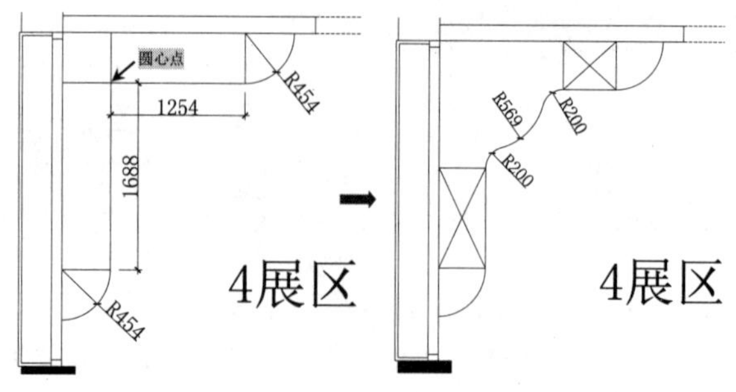

图 9-11　绘制 4 展区吧台柜

步骤 11 再执行“插入块（I）”命令，将“案例文件\09”文件夹下的“吧台”“L01-8 组合书柜”“四五斗柜”“L01-7 书台”“L01-6 餐柜”“餐台”“08 大床”“L01-3 妆台”和“书报架”等图块分别插入图形中，并通过适当地调整将家具摆放到如图 9-12 所示的位置。

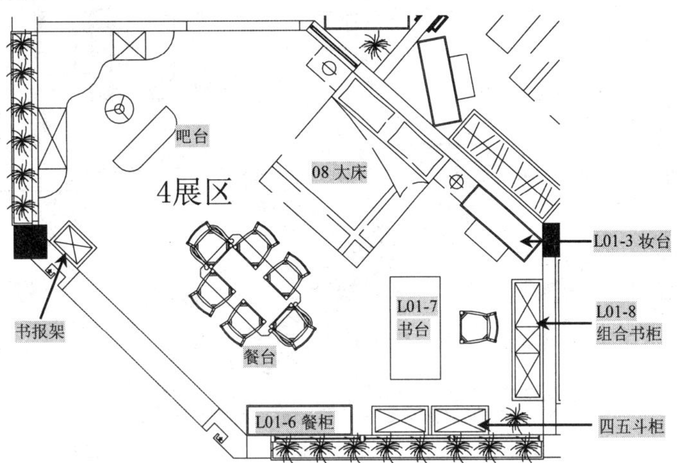

图 9-12 布置 4 展区

9.1.3 尺寸、文字标注

在布置好室内家具造型以后，接下来进行尺寸标注，并利用文字注释来标注图形中的家具对象。

步骤 1 将“标注”图层置为当前图层。执行“线性标注（DLI）”命令和“连续标注（DCO）”命令，对图形进行对象标注和总尺寸标注，如图 9-13 所示。

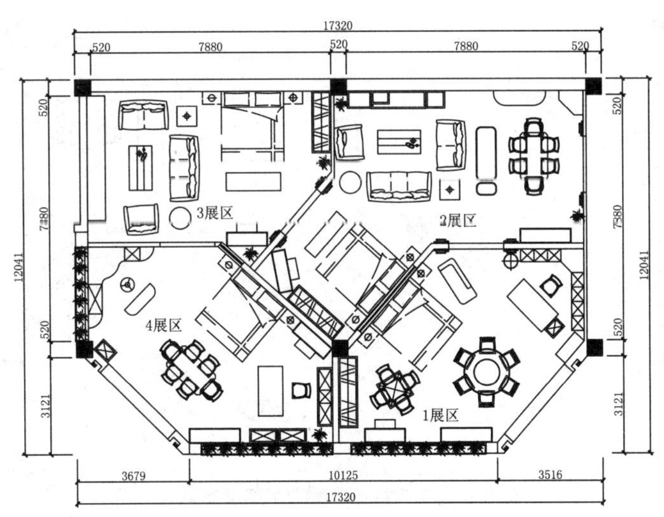

图 9-13 尺寸标注

步骤 2 将“文字”图层置为当前图层。执行“多重引线（MLD）”命令，在拉出一条直线以后，弹出“文字格式”对话框，设置文字“字体”为仿宋、“大小”为 280，根据要求对室内布置图添加文字注释，如图 9-14 所示。

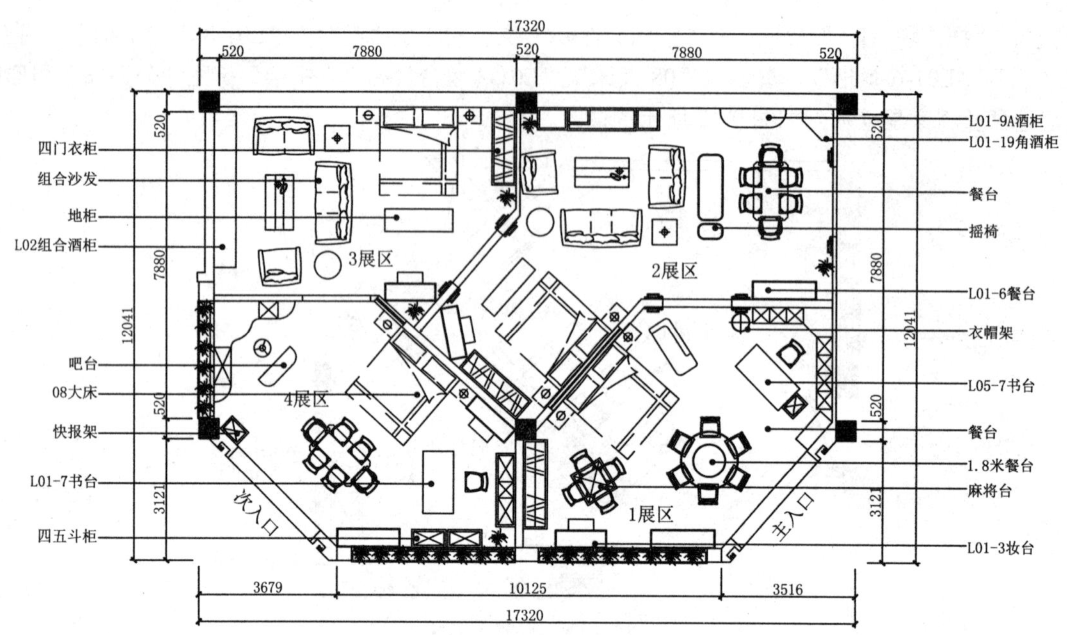

图 9-14　文字标注

步骤 3　将“FH-符号”图层置为当前图层。执行“插入块（I）”命令，将“案例文件\09”文件夹下的“内视符号”插入图形中，并通过复制、旋转、缩放等命令放置内视符号A、B、C，如图 9-15 所示。

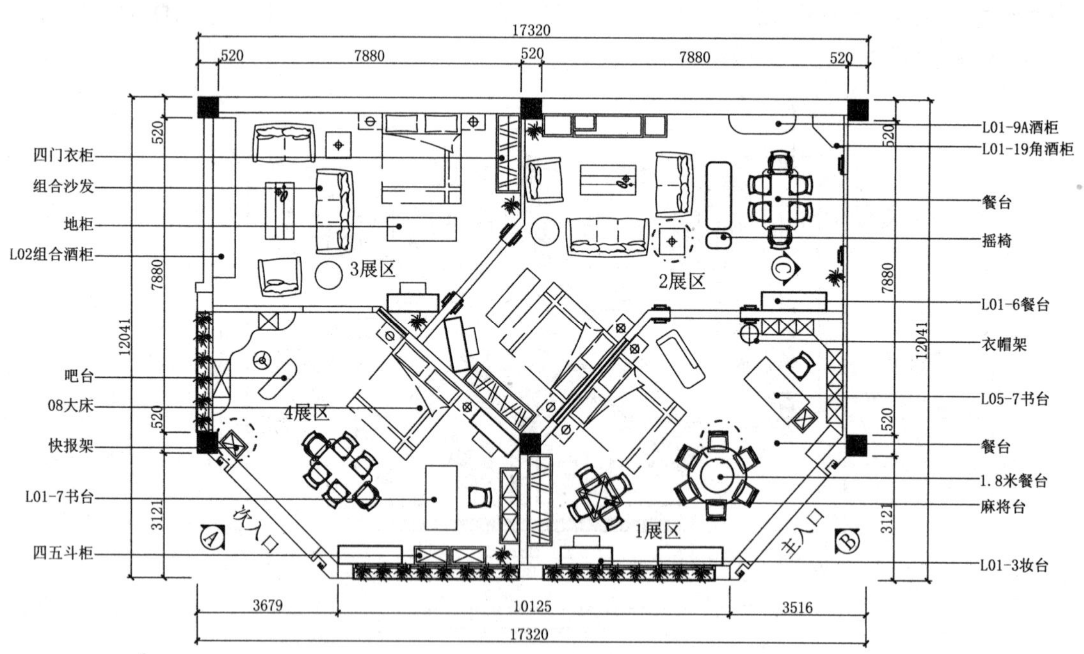

图 9-15　插入内视符号

步骤 4　至此，平面布置图已经绘制完成，按Ctrl+S组合键进行保存。

9.2 家具专卖店地面布置图的绘制

案例文件：09\家具专卖店地面布置图.dwg
视频文件：09\家具专卖店地面布置图.avi

本实例调用“室内布置图”文件，将多余的图形对象删除，并另存为地面布置图文件。根据绘制地面布置图的要求来绘制地面轮廓，再进行图案填充和文字注释，其效果如图 9-16 所示。

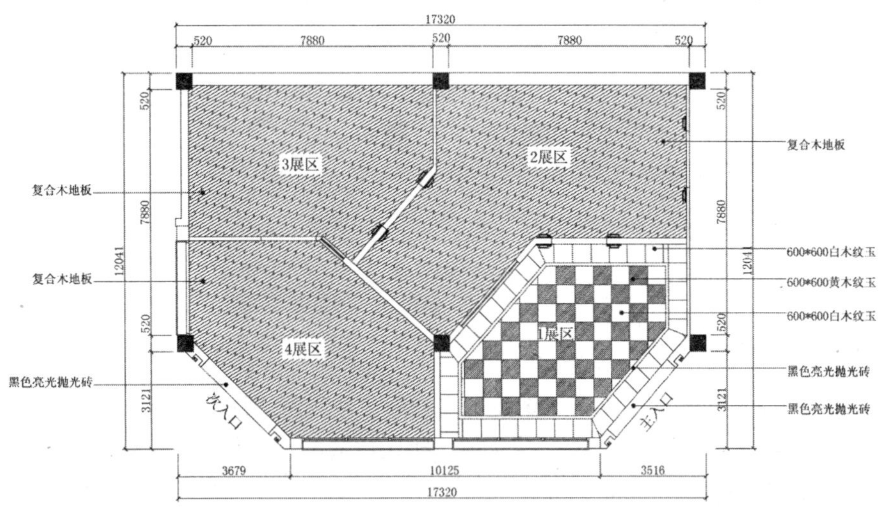

图 9-16　地面布置图效果

9.2.1　调用并整理文件

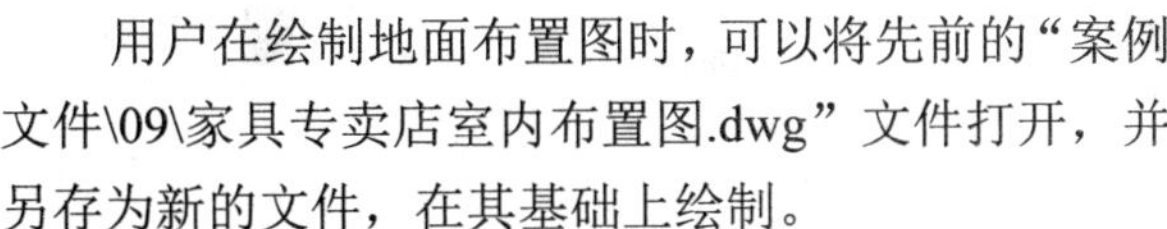

用户在绘制地面布置图时，可以将先前的“案例文件\09\家具专卖店室内布置图.dwg”文件打开，并另存为新的文件，在其基础上绘制。

步骤 1 启动AutoCAD 2018，在“快速访问”工具栏中单击“打开”按钮，将前面绘制好的“案例文件\09\家具专卖店室内布置图.dwg”文件打开；再单击“另存为”按钮，将文件另存为“案例文件\09\家具专卖店地面布置图.dwg”。

步骤 2 根据作图需要执行“删除（E）”命令，将图形中的文字注释、家具对象和内视符号删除，并修改图名为“家具专卖店地面布置图”，修改效果如图 9-17 所示。

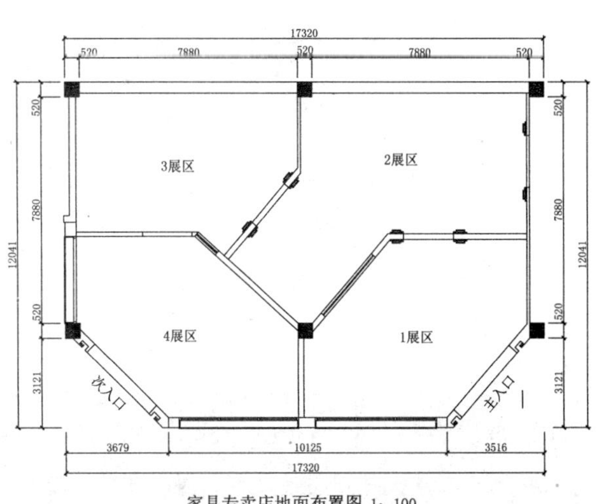

图 9-17　整理图形

9.2.2 填充地面材质

填充地面材质能更加真实地表达空间的材质感。

步骤 1 将"地面"图层置为当前图层。执行"偏移（O）"命令和"修剪（TR）"命令，将"1 展区"内的墙体分别向内偏移 600 和 100，且转换为"地面"图层，效果如图 9-18 所示。

步骤 2 执行"直线（L）"命令，捕捉相对点，绘制连接线段，如图 9-19 所示。

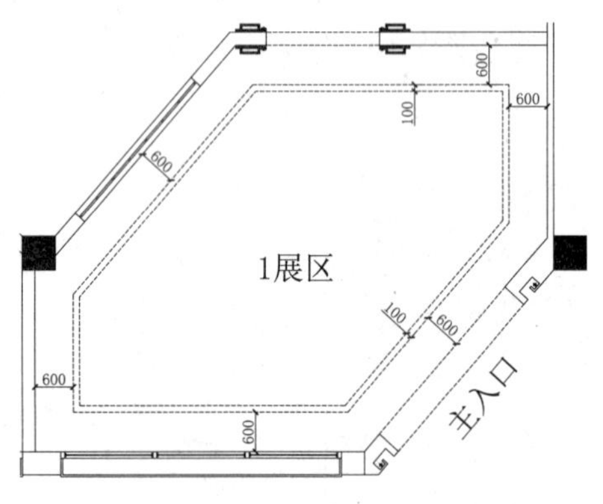

图 9-18 偏移和修剪效果

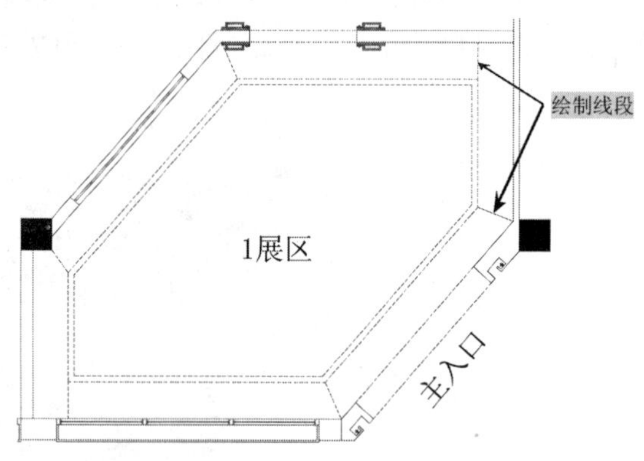

图 9-19 绘制连接线段

步骤 3 执行"图案填充（H）"命令，弹出"图案填充和渐变色"对话框，选择"类型"为"用户定义"，选中"双向"复选框，设置"间距"为 600，对 1 展区相应位置进行填充，如图 9-20 所示。

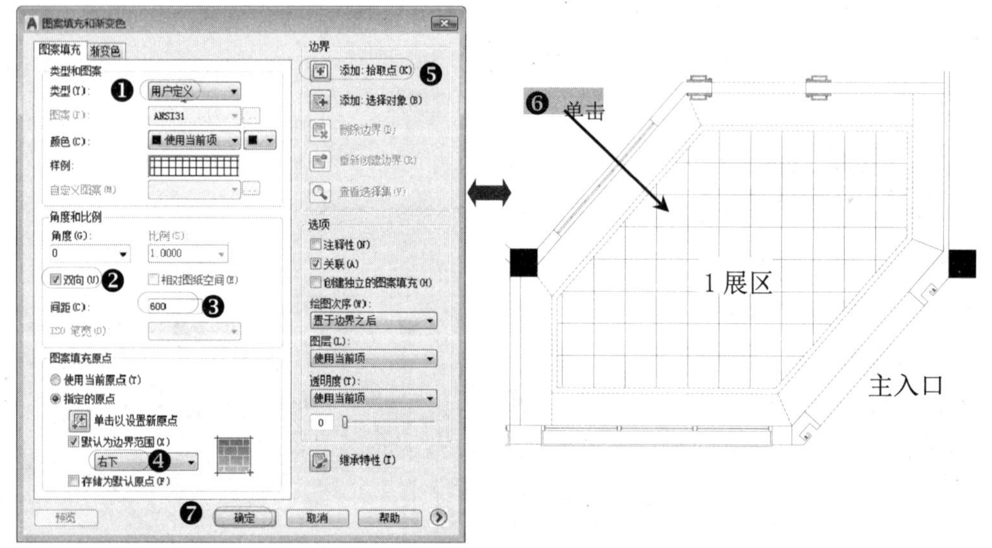

图 9-20 填充区域

技巧——排除字体填充图形

用户在填充地面材质之前，可以先添加文字注释，再执行填充命令，这样在添加拾取点进行填充的时候，就可以将文字注释部分排除，填充在文字注释轮廓的外部。如图 9-20 中填充展区图案时，已经将"1 展区"字体排除填充，字体随意移动到填充图案任意区域，都会浮在填充图案上面。

步骤 4 执行“分解（X）”命令，将上一步填充的图案分解成线条；再执行“图案填充（H）”命令，在弹出的对话框中选择“类型”为“预定义”、“样例”为ANSI33、“比例”为 15，对 600 的格子进行间隔填充，效果如图 9-21 所示。

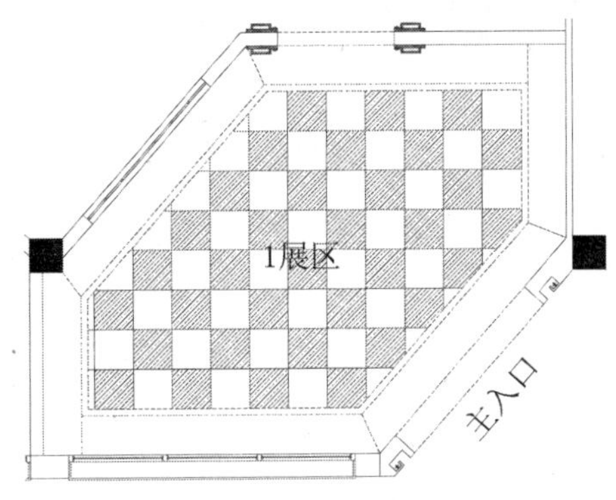

图 9-21 填充格子

步骤 5 重复填充命令，选择“类型”为“用户定义”、“间距”为 600，对 1 展区其他区域进行不同角度的填充，效果如图 9-22 所示。

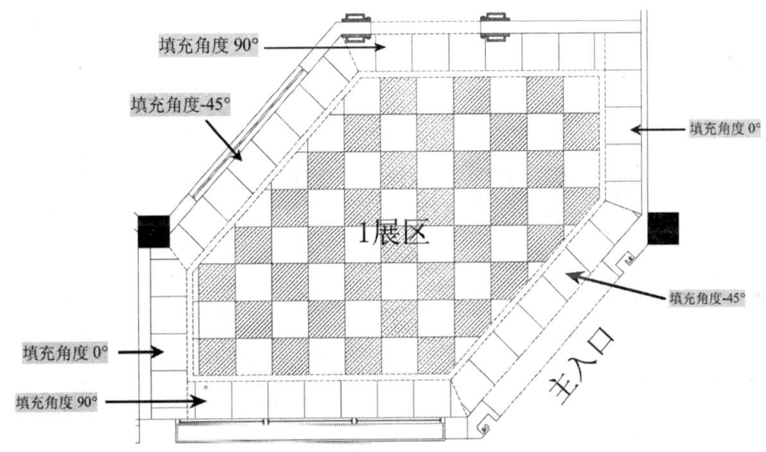

图 9-22 填充外轮廓区域

步骤 6 执行“图案填充（H）”命令，选择“类型”为“预定义”、“样例”为DOLMIT、“比例”为 15、角度为 30，对其他展区进行填充，效果如图 9-23 所示。

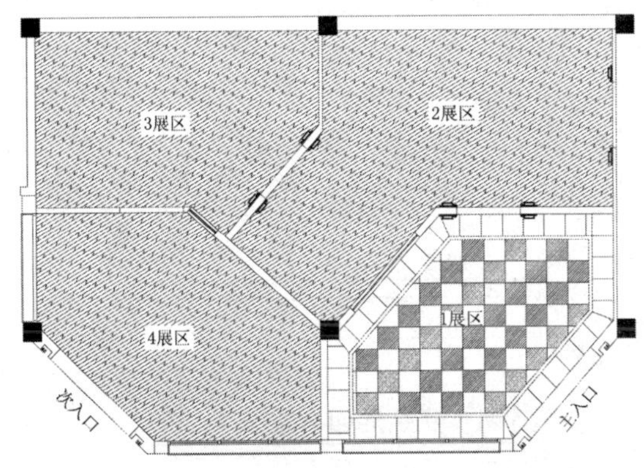

图 9-23 填充其他展区地面

步骤7 重复“图案填充（H）”命令，选择“样例”为AR-SAND、“比例”为 2，对门槛石进行填充，效果如图 9-24 所示。

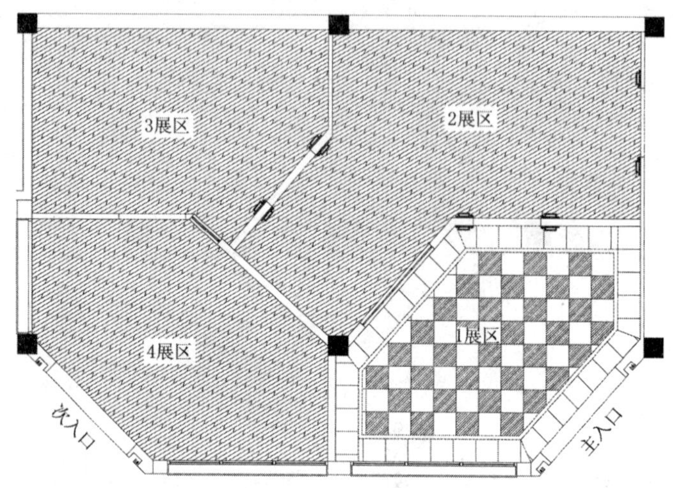

图 9-24 填充门槛石

9.2.3 添加文字注释

前面对各展区进行了相应样例的填充，接下来将填充的图案添加材质说明，以清楚地表达出真实的效果。

步骤1 将“WZ-文字”图层置为当前图层。执行“多行文字（MT）”命令，设置“字体”为宋体、“大小”为 280，对填充材质添加文字注释，效果如图 9-25 所示。

步骤2 至此，地面布置图已经绘制完成，按Ctrl+S组合键进行保存。

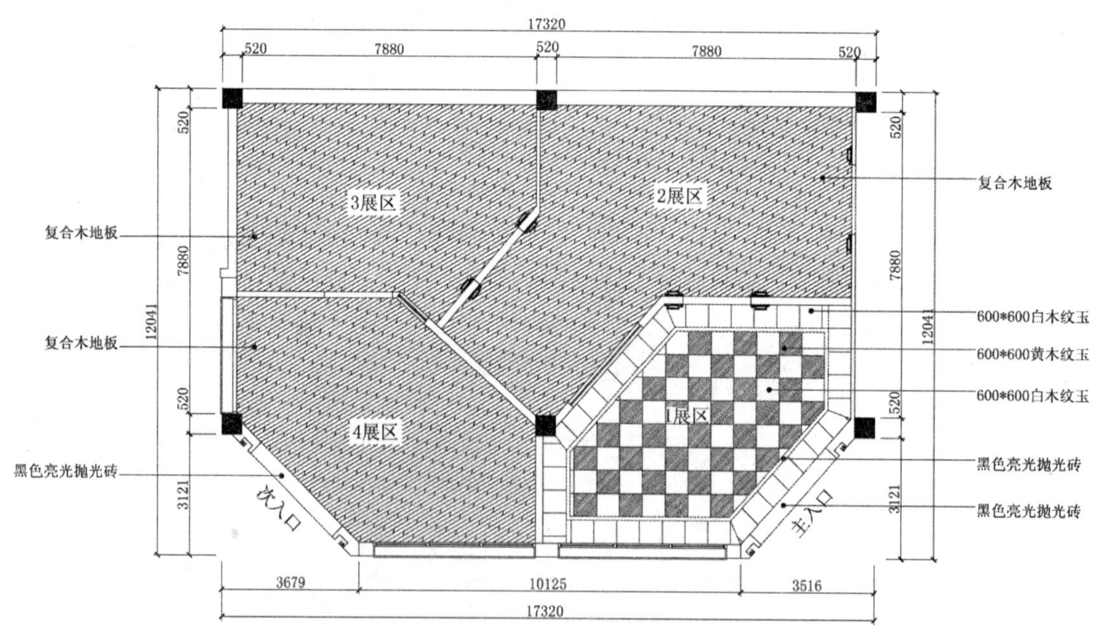

图 9-25 文字标注

9.3 家具专卖店天花布置图的绘制

案例文件：09\家具专卖店天花布置图.dwg

视频文件：09\家具专卖店天花布置图.avi

本实例主要对天花布置图进行绘制，首先将地面布置图打开，通过整理留下需要的轮廓，再来绘制顶棚造型并插入灯具，最后添加文字注释和标高，布置效果如图 9-26 所示。

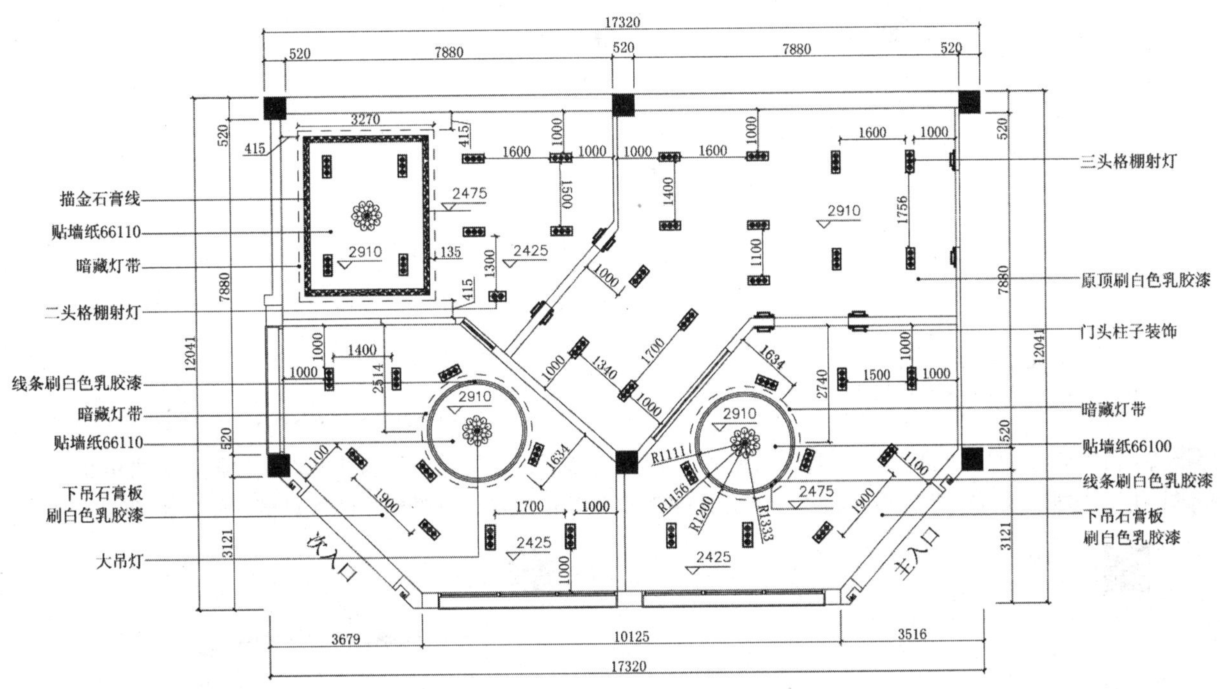

图 9-26　天花布置效果

9.3.1 调用并整理文件

借用前面绘制好的地面布置图可以很方便地进行天花布置图的绘制。

步骤 1　启动AutoCAD 2018，在“快速访问”工具栏中单击“打开”按钮，将前面绘制好的“案例文件\09\家具专卖店地面布置图.dwg”文件打开；再单击“另存为”按钮，将文件另存为“案例文件\09\家具专卖店天花布置图.dwg”。

步骤 2　根据绘图要求执行“删除（E）”命令，将图形中的文字注释、填充图案删除，再将门洞线转换为“DD-吊顶”图层，修改图名为“家具专卖店天花布置图”，修改结果如图 9-27 所示。

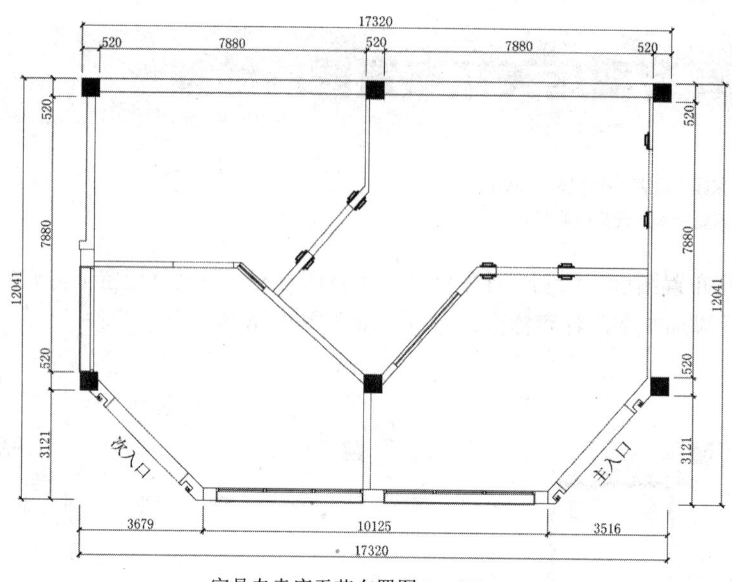

图 9-27 整理图形

9.3.2 绘制吊顶轮廓

步骤 1 执行“偏移（O）”命令和“修剪（TR）”命令，在 3 展区位置绘制出灯带和灯槽效果，如图 9-28 所示。

步骤 2 执行“插入块（I）”命令，将“案例文件\09”文件下的“描金石膏线”插入灯槽里面，如图 9-29 所示。

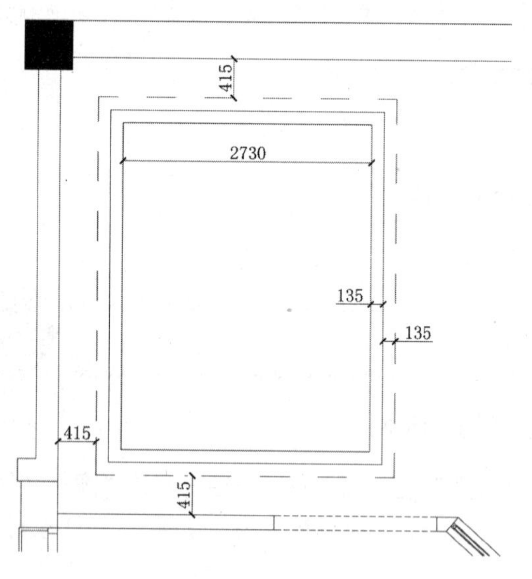

图 9-28 绘制灯槽和灯带

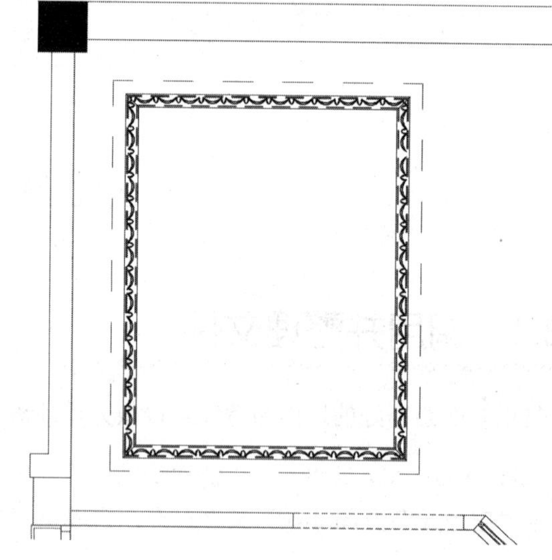

图 9-29 插入石膏线

步骤 3 执行“偏移（O）”命令，按照如图 9-30 所示的尺寸将 4 展区墙体和斜线墙体进行偏移；执行“圆（C）”命令，捕捉偏移线段的交点为圆心来绘制圆形灯槽与灯带。

步骤 4 执行“删除（E）”命令，将上一步偏移的辅助线删除。

步骤 5 执行“复制（CO）”命令，将绘制好的圆形灯槽以圆心点复制到 1 展区相应位置，如图 9-31 所示。

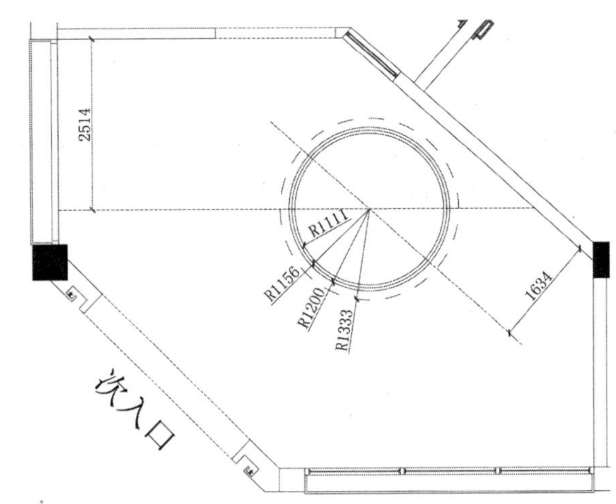

图 9-30　绘制圆形灯槽与灯带

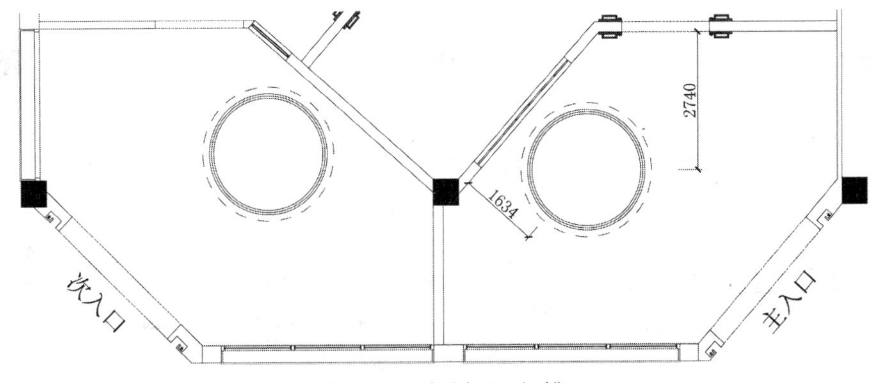

图 9-31　复制圆形灯槽

步骤 6 将“填充”图层置为当前图层，执行“图案填充（H）”命令，在弹出的对话框中选择“样例”为AR-SAND、“比例”为 4，对各个灯槽内部进行填充，如图 9-32 所示。

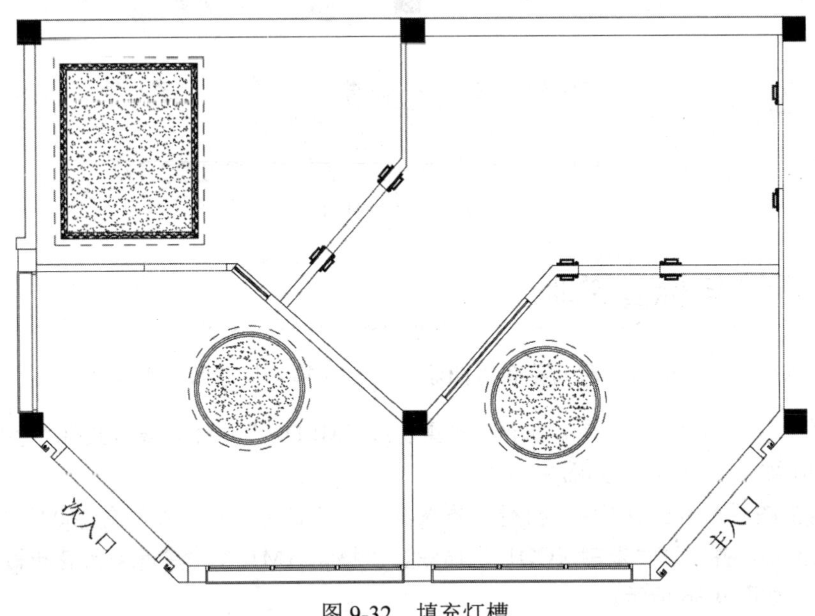

图 9-32　填充灯槽

9.3.3 布置顶棚灯具

步骤 1 将“DJ-灯具”图层置为当前图层，执行“插入块（I）”命令，将“案例\09”文件下的“灯具符号”插入图形中，如图 9-33 所示。然后执行“分解（X）”命令将灯具表打散。

图 例	名　称	图 例	名　称
	二头格栅射灯		大吊灯（挂在床或沙发正上方距地2.1米）
	四头格栅射灯（建议使用雷士灯，一头散光36度，三头聚光24度）		三头格栅射灯（建议使用雷士灯，一头散光36度，二头聚光24度）

图 9-33　插入的灯具符号

步骤 2 执行“移动（M）”命令、“复制（CO）”命令、“旋转（RO）”命令等，按照如图 9-34 所示的尺寸位置放置灯具。

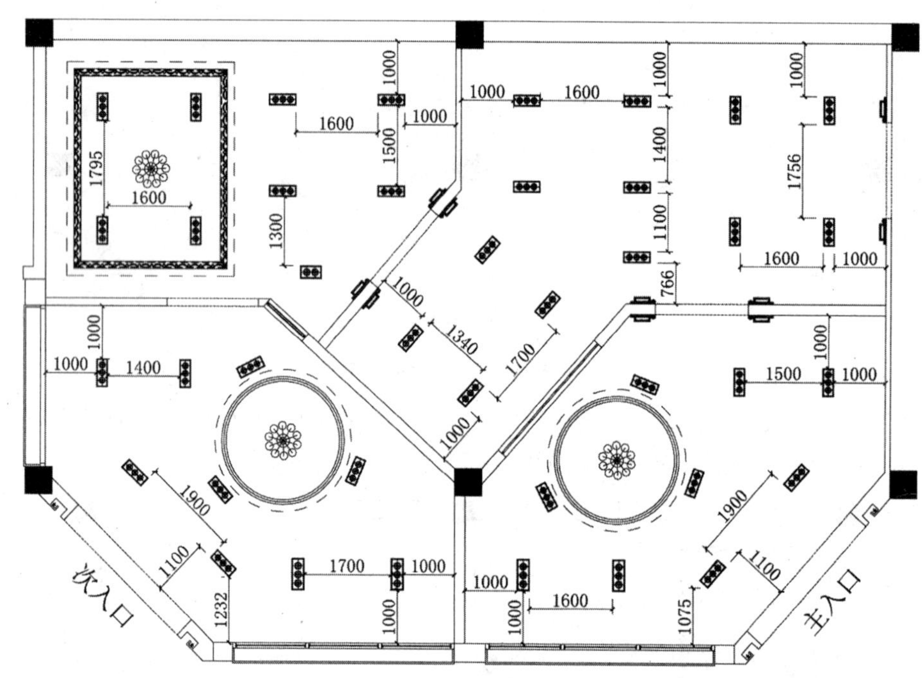

图 9-34　放置灯具

9.3.4 文字标注与标高说明

在灯具布置好以后，用户就可以对天花布置图添加文字注释、尺寸和标高说明了。

步骤 1 将“WZ-文字”图层置为当前图层。执行“多重引线（MLD）”命令，设置文字“字体”为宋体、“大小”为 280，对吊顶添加文字注释，如图 9-35 所示。

步骤 2 将“FH-符号”图层置为当前图层。执行“插入块（I）”命令，将“案例文件\09”文件夹下的“标高符号”图块插入图形中，并通过“复制（CO）”命令、“移动（M）”命令等对天花布置图添加标高符号，修改不同的标高值，如图 9-36 所示。

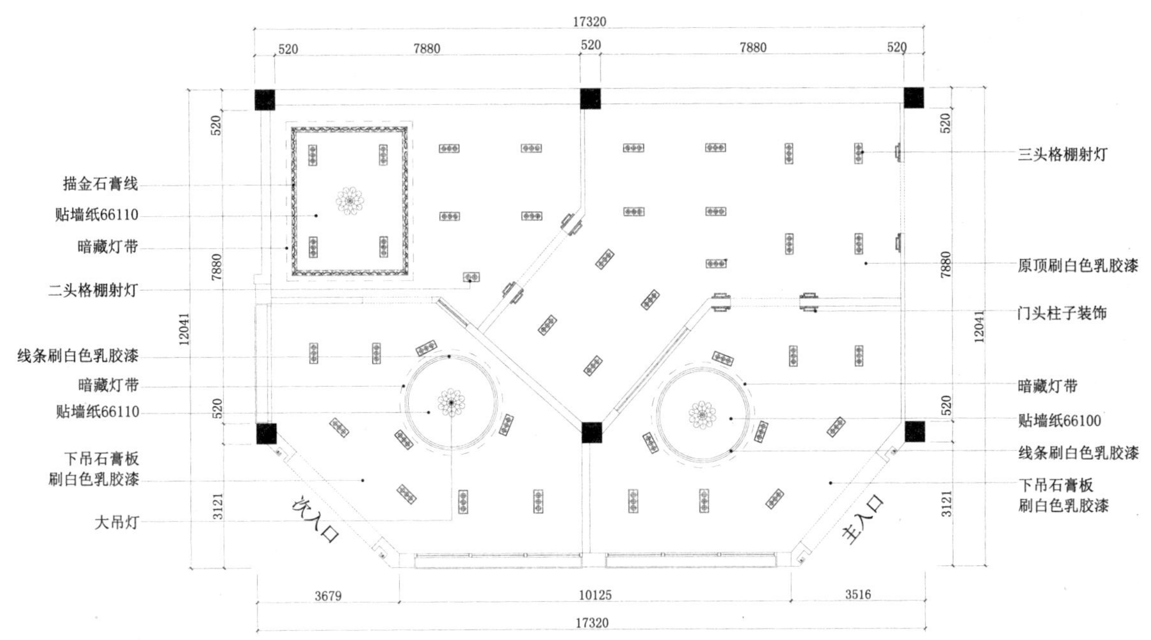

图 9-35　文字标注

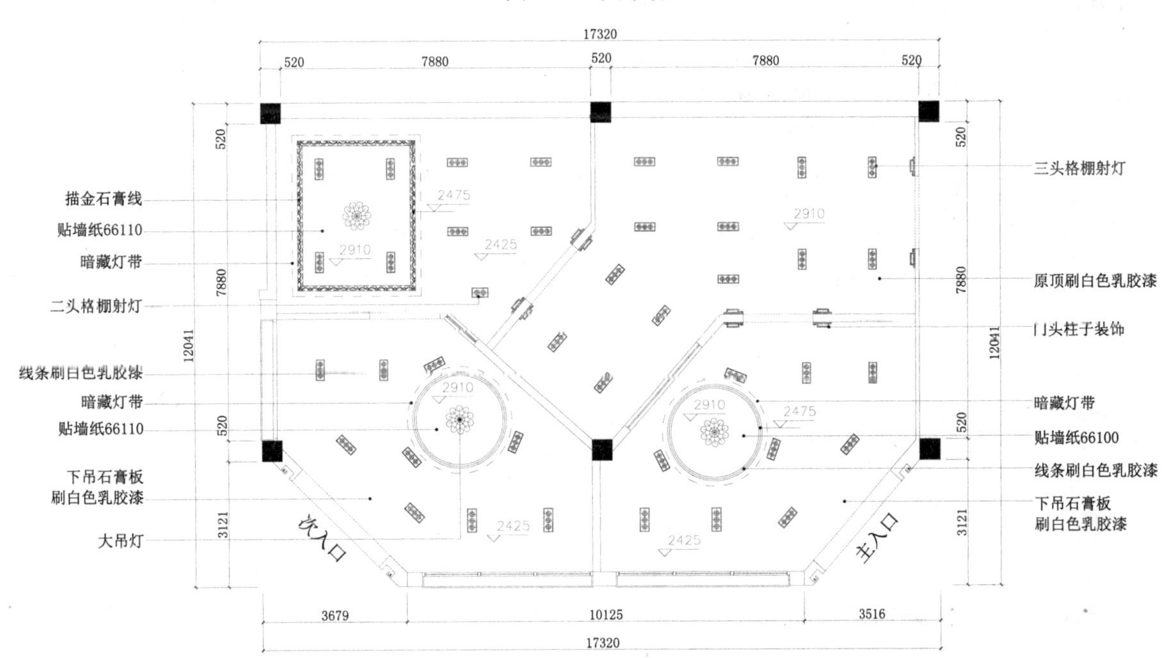

图 9-36　插入标高符号并修改标高值

步骤 3 将“BZ-标注”图层置为当前图层。执行“线性标注（DLI）”命令，对天花布置图中设计造型的地方进行局部尺寸的标注并对灯具进行定位，标注效果如图 9-37 所示。

步骤 4 至此，天花布置图已经绘制完成，按Ctrl+S组合键进行保存。

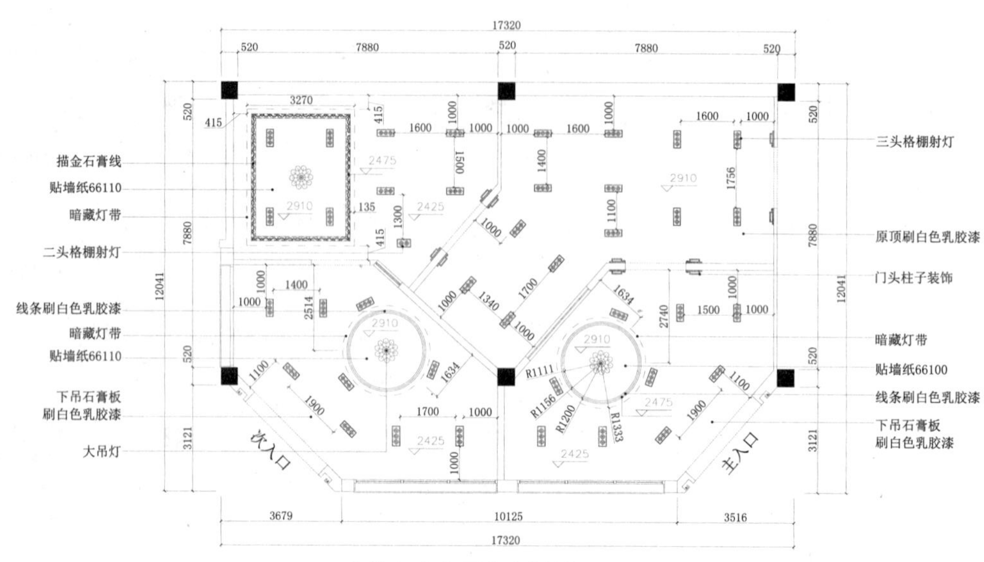

图 9-37 尺寸标注和对灯具定位

9.4 家具专卖店 A 立面图的绘制

案例文件：09\家具专卖店 A 立面图.dwg
视频文件：09\家具专卖店 A 立面图.avi

在专卖店设计施工图中，除了室内布置图、地面布置图、天花布置图外，入口立面图也很重要，是专卖店的形象标志。本实例以次入口A立面图进行绘制，并列出主入口B立面图的效果供读者练习。

在绘制A立面图之前，借用前面绘制好的室内布置图，根据相应位置轮廓来绘制其对应的立面图，如图 9-38 所示。

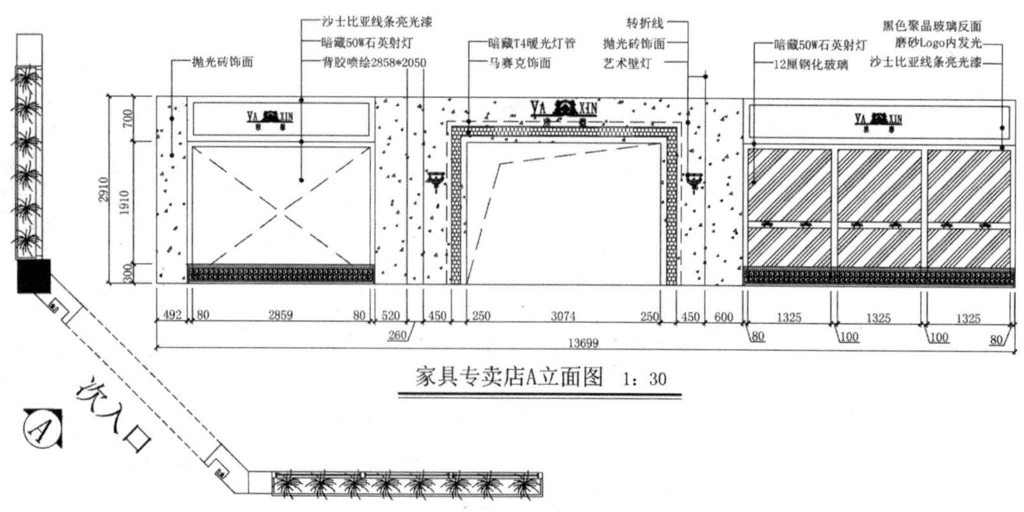

图 9-38 A 立面图效果

9.4.1 调用并整理文件

步骤 1 启动AutoCAD 2018，在“快速访问”工具栏中单击“打开”按钮，将前面绘制好的“案例文件\09\家具专卖店室内布置图.dwg”文件打开，如图 9-39 所示；再单击“另存为”按钮，将文件另存为“案例文件\09\家具专卖店A立面图.dwg”。

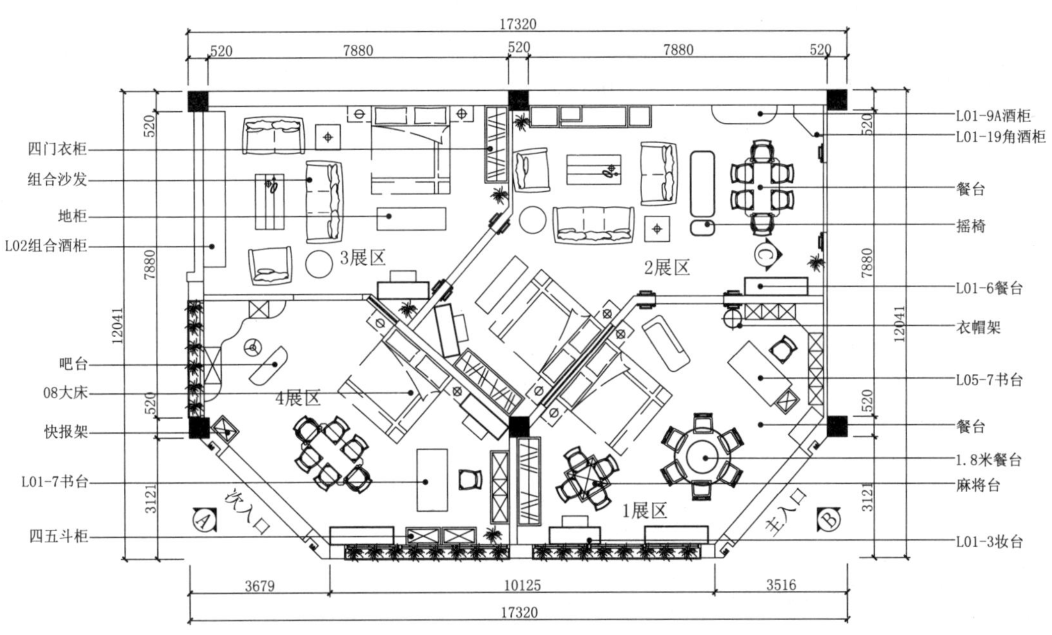

图 9-39 打开的图形

步骤 2 执行“复制（CO）”命令，根据图内的“内视符号”将需要绘制A立面图的平面轮廓复制出来，并进行相应的修剪、删除操作，效果如图 9-40 所示。

步骤 3 A立面相对截出来的是三段转折墙体，若需要绘制在一个平面上，则需要测量各墙体的长度，根据尺寸来绘制。执行“线性标注（DLI）”命令，捕捉外侧墙体进行标注，效果如图 9-41 所示。

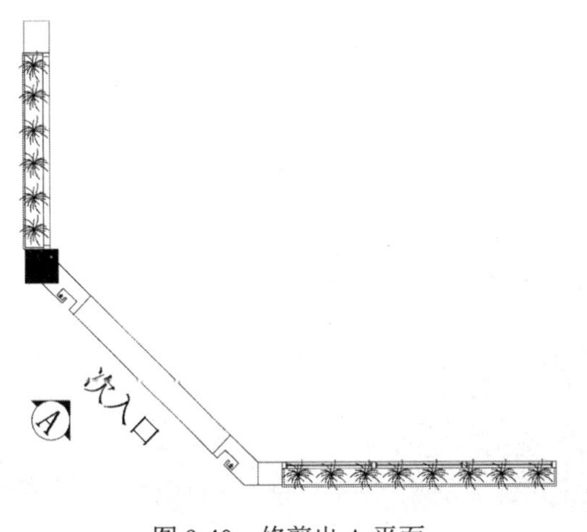

图 9-40 修剪出 A 平面

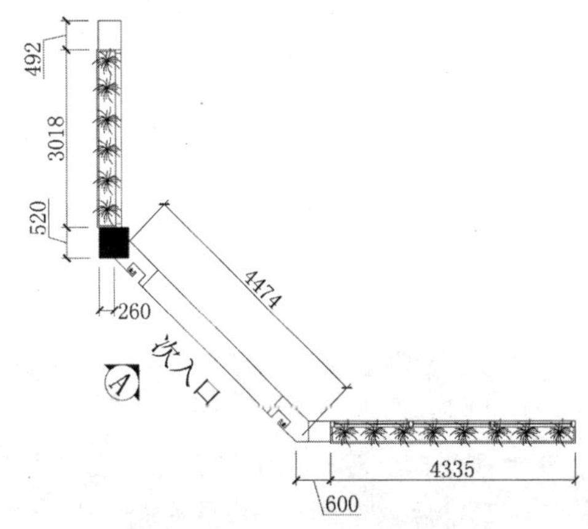

图 9-41 测量效果

提示——A平面图的截取

由于“内视符号A”指向的立面是次入口外立面，因此室内摆放的家具对象可以删除掉。

9.4.2 绘制立面轮廓

步骤 1 以测量的尺寸为水平长度，再以墙体高度为 2910 来绘制立面轮廓。将“立面”图层置为当前图层，通过直线、偏移等命令按照图形尺寸来绘制如图 9-42 所示的图形。

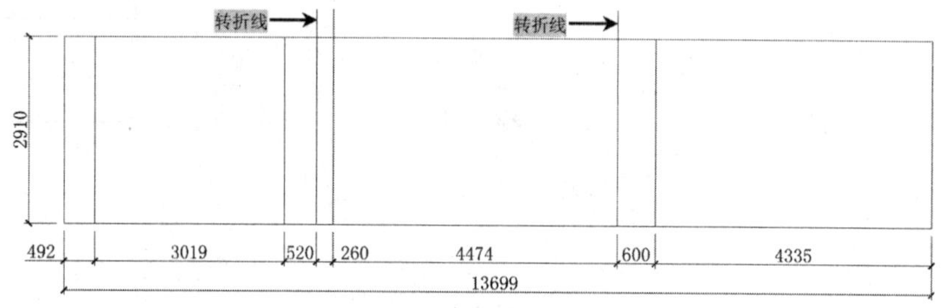

图 9-42　绘制轮廓

步骤 2 在尺寸 3019 和 4335 区域，通过执行“偏移（O）”命令和“修剪（TR）”命令绘制如图 9-43 所示的轮廓。

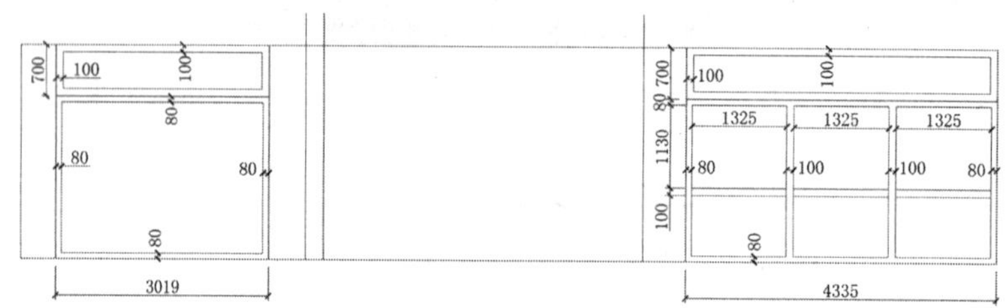

图 9-43　绘制轮廓

步骤 3 执行“偏移（O）”命令，将上一步绘制出来的各个矩形分别向外偏移 20，且转换为DOT的线型，如图 9-44 所示。

图 9-44　偏移、转换线型

技巧——线型的加载与调整

转换线型时，若“线型”下拉列表中没有DOT线型，则可单击“其他”按钮来加载相应的线型。在转换线型以后，若看不出线的变化，则可以执行“线型比例因子（LTS）”命令，通过调整线型的比例因子即可看到线的变化。

步骤 4 在尺寸 4474 区域，通过执行“偏移（O）”命令、“修剪（TR）”命令和“直线（L）”命令绘制如图 9-45 所示的门套和灯带轮廓。

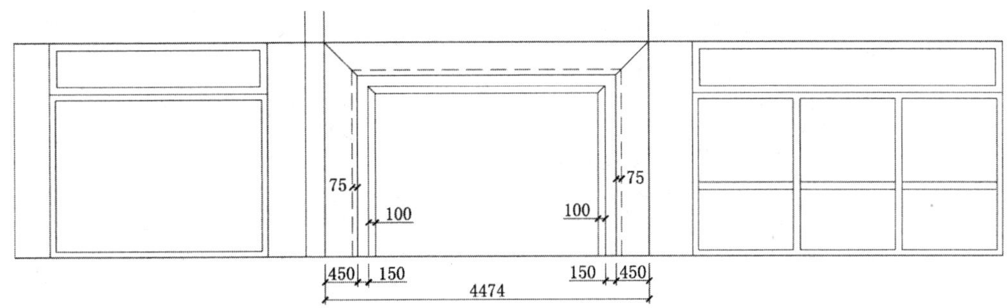

图 9-45　绘制门套和灯带

步骤 5 执行“偏移（O）”命令，将水平线向上各偏移 600，将第二转折线按照如图 9-46 所示的尺寸向右偏移。

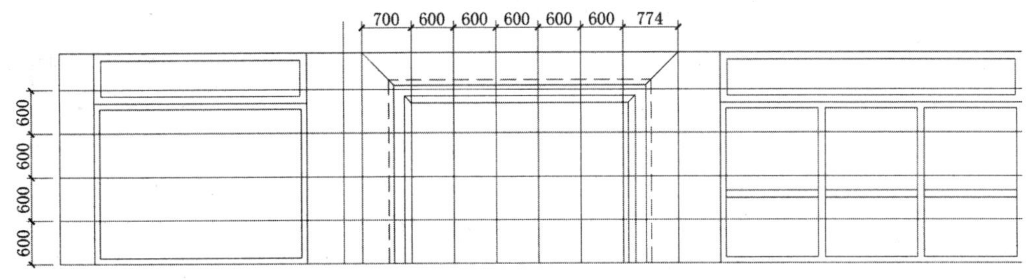

图 9-46　偏移线条

步骤 6 执行“修剪（TR）”命令，修剪出抛光砖效果，且转换成DOT线型，如图 9-47 所示。

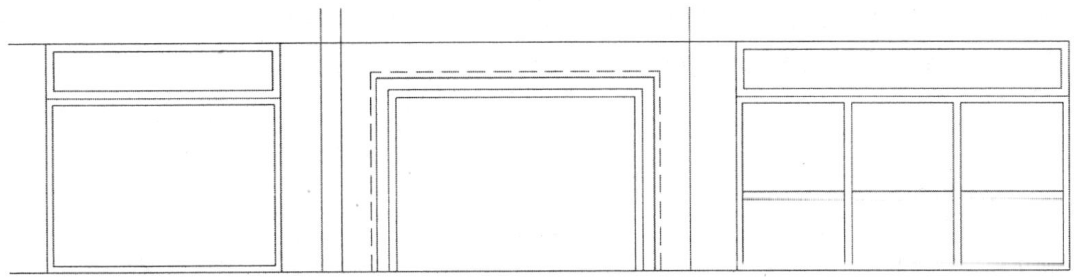

图 9-47　修剪线条

步骤 7 执行“直线（L）”命令，在相应位置绘制斜线，且转换成DASHED2 虚线线型，如图 9-48 所示。

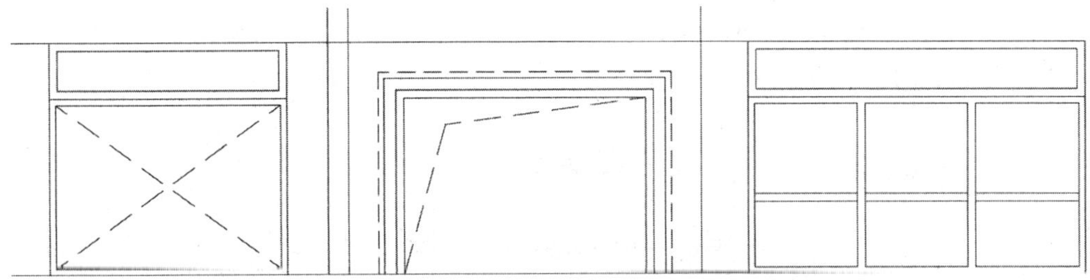

图 9-48　绘制线条

步骤 8 执行“插入块（I）”命令，将“案例文件\09”文件下的“花台 1”和“花台 2”插入图形相应的位置，如图 9-49 所示。

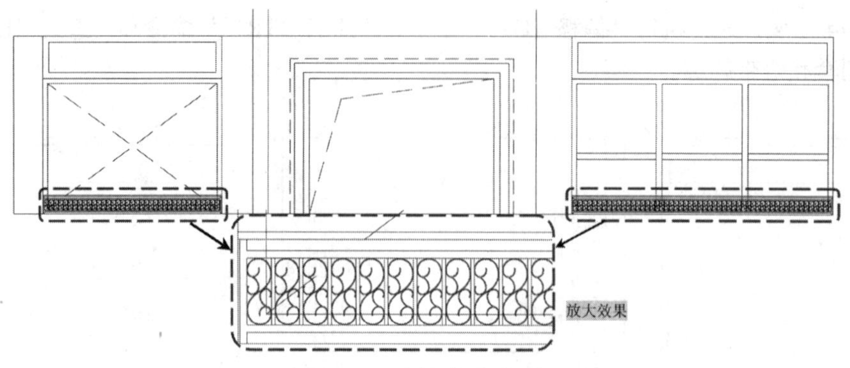

图 9-49　插入铁艺花台

步骤 9 执行“图案填充（H）”命令，在弹出的对话框中选择“样例”为AR-SAND、“比例”为 2，对Logo牌进行填充；再选择“样例”为ANSI34、“比例”为 15，对钢化玻璃落地窗进行填充；再选择“样例”为AR-B88、“比例”为 0.3，对门套进行填充，如图 9-50 所示。

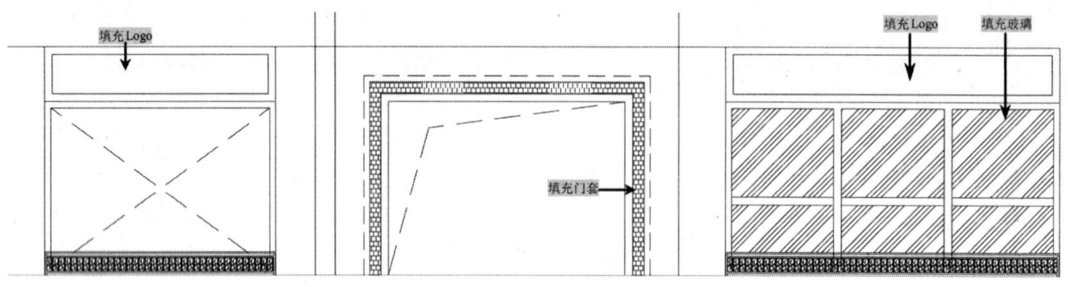

图 9-50　填充图形

步骤 10 执行“图案填充（H）”命令，在弹出的对话框中选择“样例”为AR-CONC、“比例”为 2，对前面修剪出来的抛光砖进行填充，如图 9-51 所示。

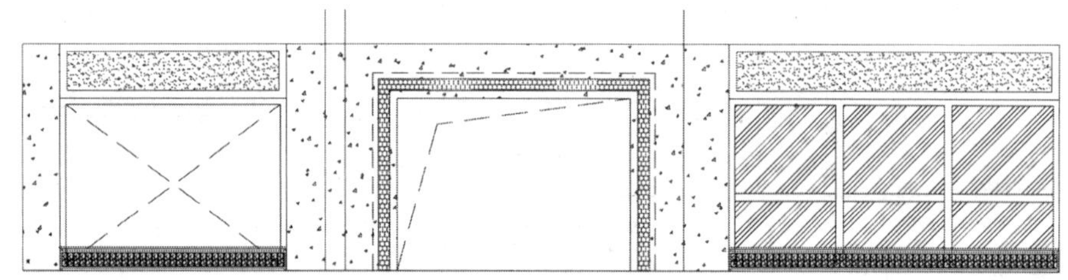

图 9-51　填充抛光砖

步骤 11 执行“插入块（I）”命令，将“案例文件\09”文件下的“壁灯”插入门套两侧，再插入“品牌名”到图形中，并通过复制、移动、缩放等命令放置到门头、Logo和玻璃防撞条位置，如图 9-52 所示。

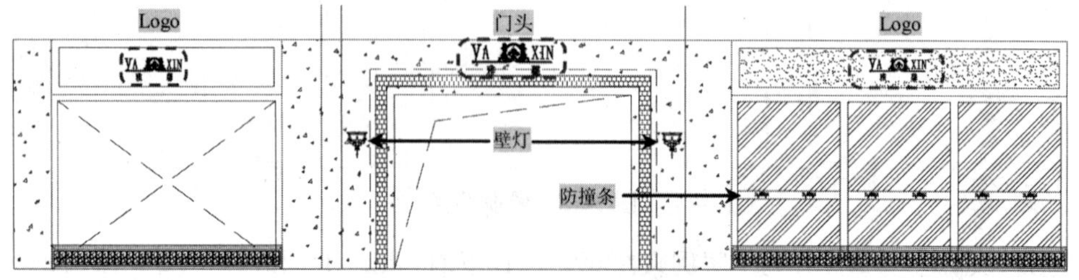

图 9-52　插入壁灯和品牌名

9.4.3 文字、尺寸和图名标注

步骤 1 将“标注”图层置为当前图层。执行“线性标注（DLI）”命令、“连续标注（DCO）”命令等，对立面图进行标注，效果如图 9-53 所示。

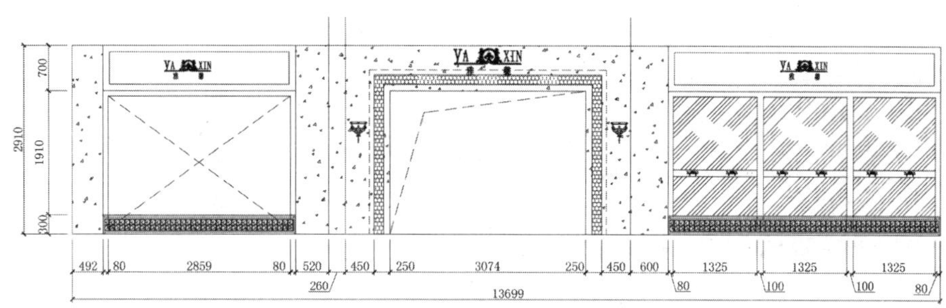

图 9-53 尺寸标注效果

步骤 2 将“文字”图层置为当前图层。执行“多重引线（MLD）”命令，设置文字“字体”为宋体、“大小”为 140，对立面图添加文字注释，如图 9-54 所示。

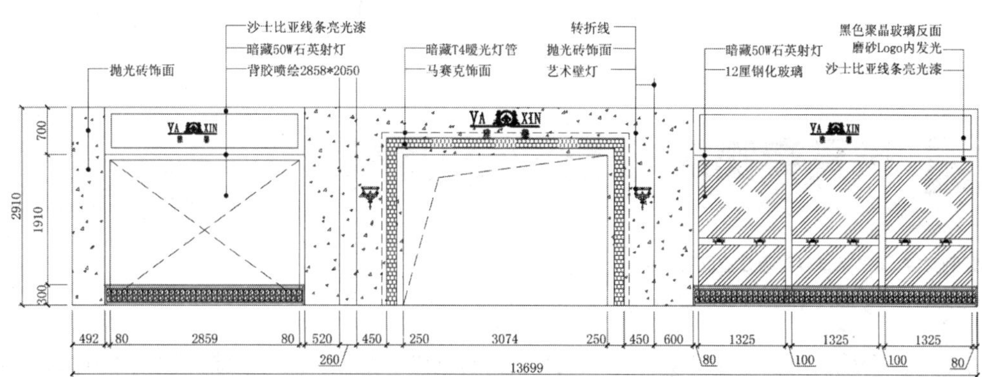

图 9-54 文字注释效果

步骤 3 执行“多行文字（MT）”命令，设置文字“字体”为宋体、“大小”分别为 250 和 200，对立面图进行图名和比例标注；再执行“多段线（PL）”命令和“直线（L）”命令，在图名下方绘制与图名同长的线段，如图 9-55 所示。

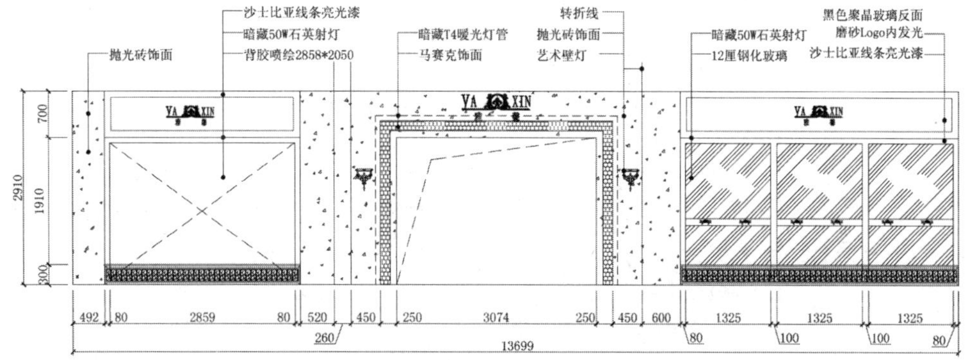

图 9-55 图名标注

步骤 4 至此，A立面图已经绘制完成，按Ctrl+S组合键进行保存。

用户可以按照绘制A立面的方法绘制“家具专卖店B立面图”，效果如图 9-56 所示。

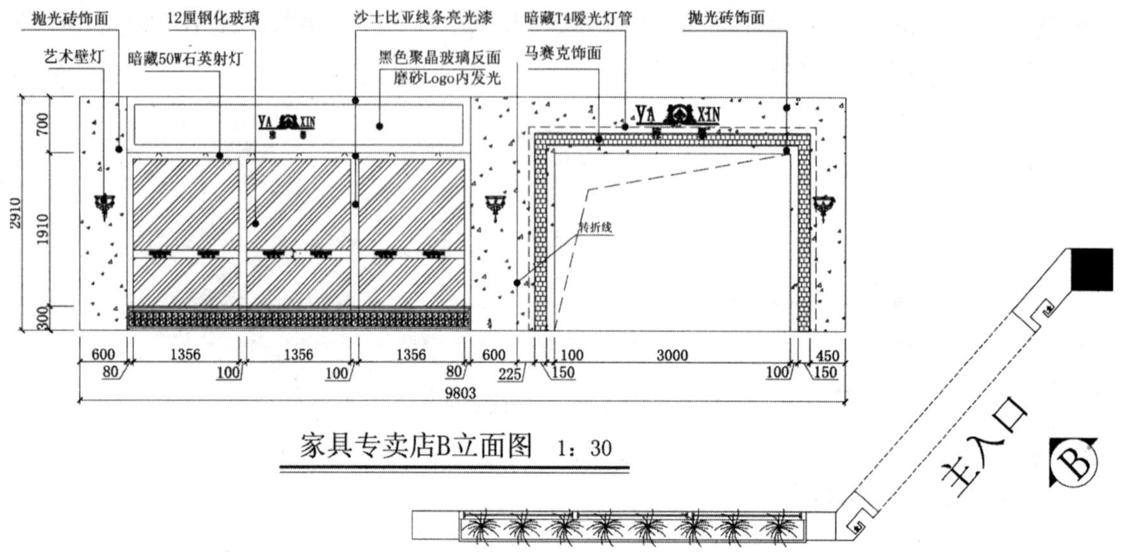

图 9-56 家具专卖店 B 立面图效果

9.5 家具专卖店 C 立面图的绘制

案例文件：09\家具专卖店 C 立面图.dwg

视频文件：09\家具专卖店 C 立面图.avi

在绘制专卖店C立面图时，同样可以调用前面绘制的室内布置图文件，根据相应平面轮廓来绘制立面图形，效果如图 9-57 所示。

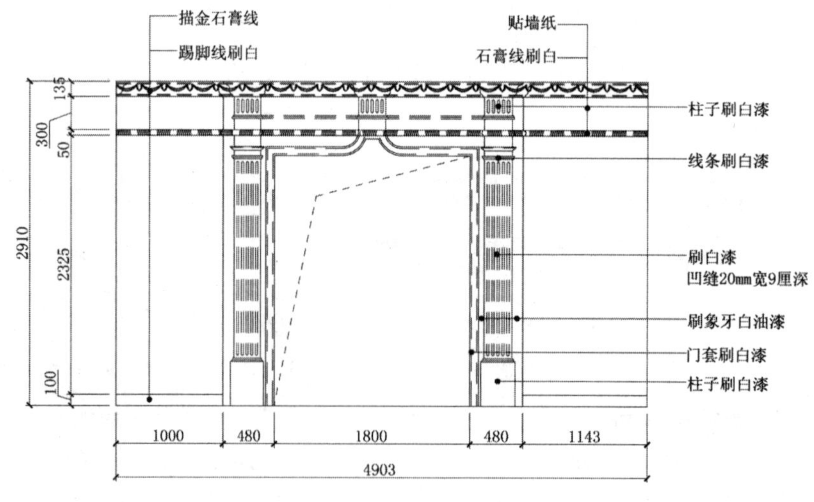

图 9-57 C 立面图效果

9.5.1 调用并整理文件

步骤 1 启动AutoCAD 2018，在“快速访问”工具栏中单击“打开”按钮，将前面绘制好的“案例文件\09\家具专卖店室内布置图.dwg”文件打开；再单击“另存为”按钮，将文件另存为“案例文件\09\家具专卖店C立面图.dwg”。

步骤 2 执行“复制（CO）”命令，根据图内的“内视符号”将需要绘制C立面图的平面轮廓以矩形截取出来，并进行相应的修剪、删除和旋转操作，效果如图 9-58 所示。

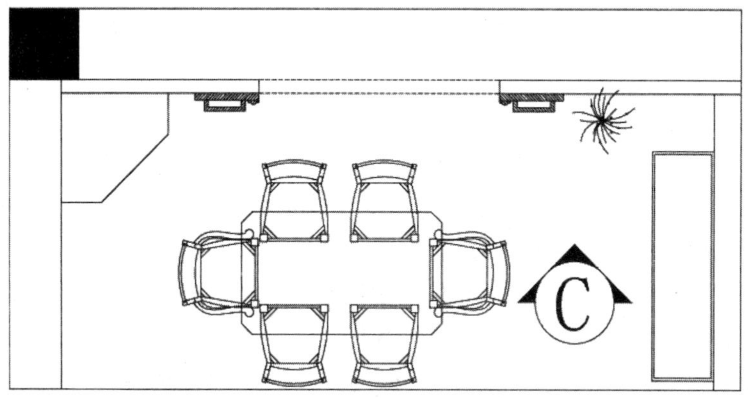

图 9-58　修剪的图形

9.5.2 绘制立面轮廓

步骤 1 将“立面”图层置为当前图层，执行“直线（L）”命令，捕捉平面绘制垂直线段，在垂直线段上绘制两条间距为 2910 的水平线段，如图 9-59 所示。

步骤 2 执行“修剪（TR）”命令，修剪出轮廓，如图 9-60 所示。

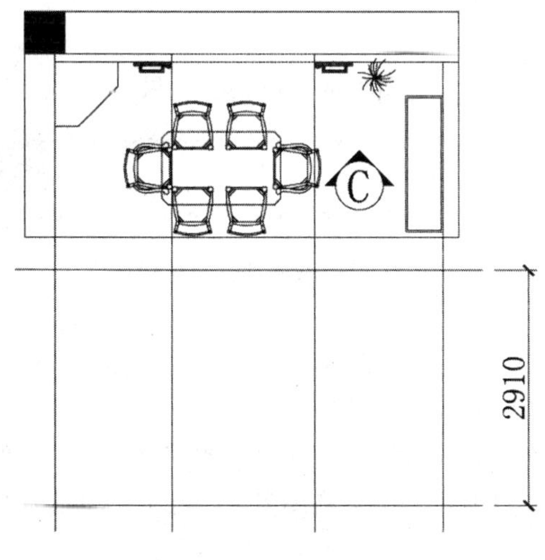

图 9-59　绘制延长线

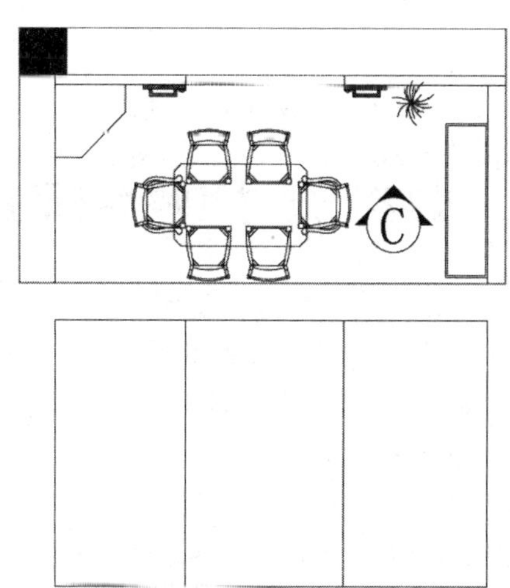

图 9-60　修剪的图形

步骤 3 执行“偏移（O）”命令，将中间两条垂直线段分别向外偏移 480，再将水平线段向上偏移 100、2145、180、50 和 300，如图 9-61 所示。

步骤 4 执行“修剪（TR）”命令，修剪多余线条；再执行“直线（L）”命令，在修剪出的门口处绘制两条虚线，效果如图 9-62 所示。

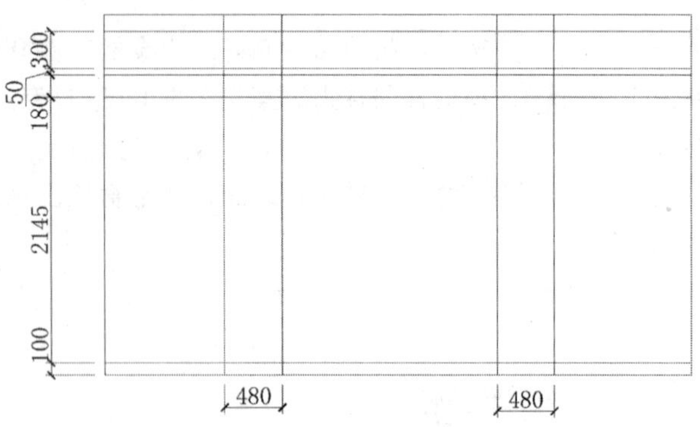

图 9-61　偏移线条

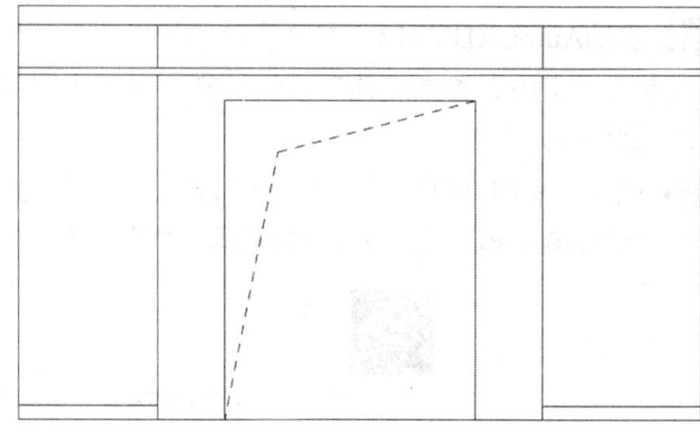

图 9-62　修剪的图形

步骤 5 执行“插入块（I）”命令，将“案例文件\09”文件下的“描金石膏线”“石膏线”“罗马柱”插入图形中，并摆放在相应的位置，如图 9-63 所示。

步骤 6 将“填充”图层置为当前图层。执行“图案填充（H）”命令，在弹出的对话框中选择“样例”为AR-SAND、“比例”为 2，在相应的位置填充墙纸，效果如图 9-64 所示。

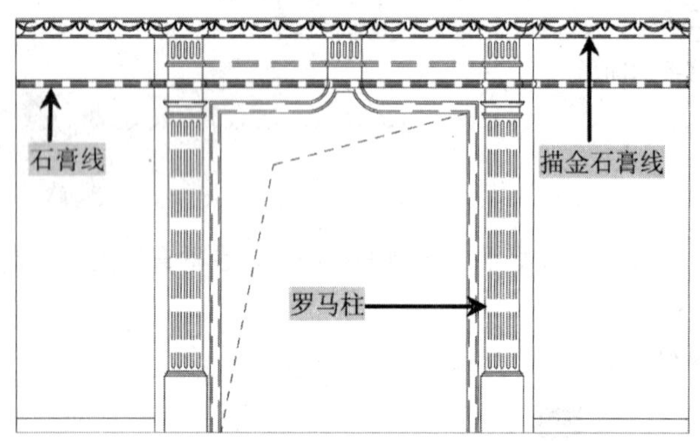

图 9-63　插入图形并摆放

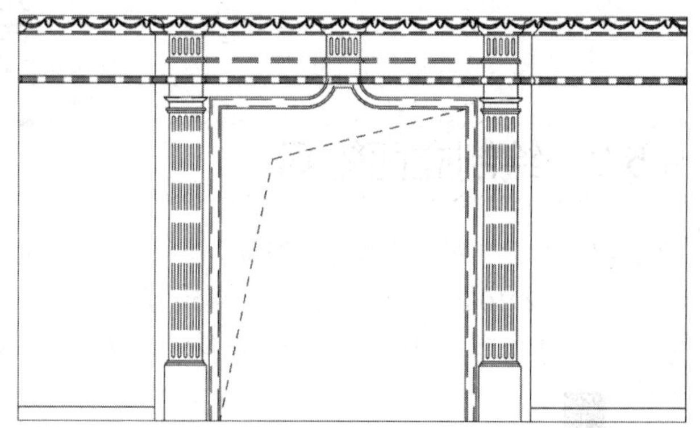

图 9-64　墙纸填充效果

9.5.3　文字、尺寸和图名标注

步骤 1 将“标注”图层置为当前图层。执行“线性标注（DLI）”命令、“连续标注（DCO）”命令等，对立面图进行标注，效果如图 9-65 所示。

步骤 2 将“文字”图层置为当前图层。执行“多重引线（MLD）”命令，设置文字“字体”为宋体、“大小”为 100，对立面图添加文字注释。

步骤 3 执行“多行文字（MT）”命令，设置文字“字体”为宋体、“大小”分别为 200 和 180，对立面图进行图名和比例标注；再执行“多段线（PL）”命令和“直线（L）”命令，在图名下方绘制与图名同长的线段，如图 9-66 所示。

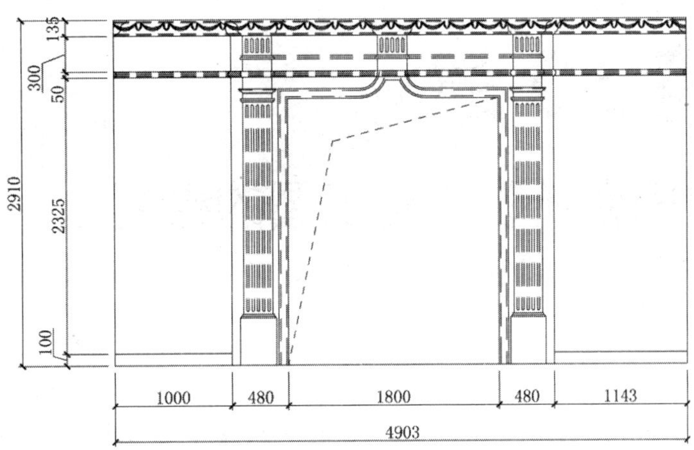

图 9-65　尺寸标注

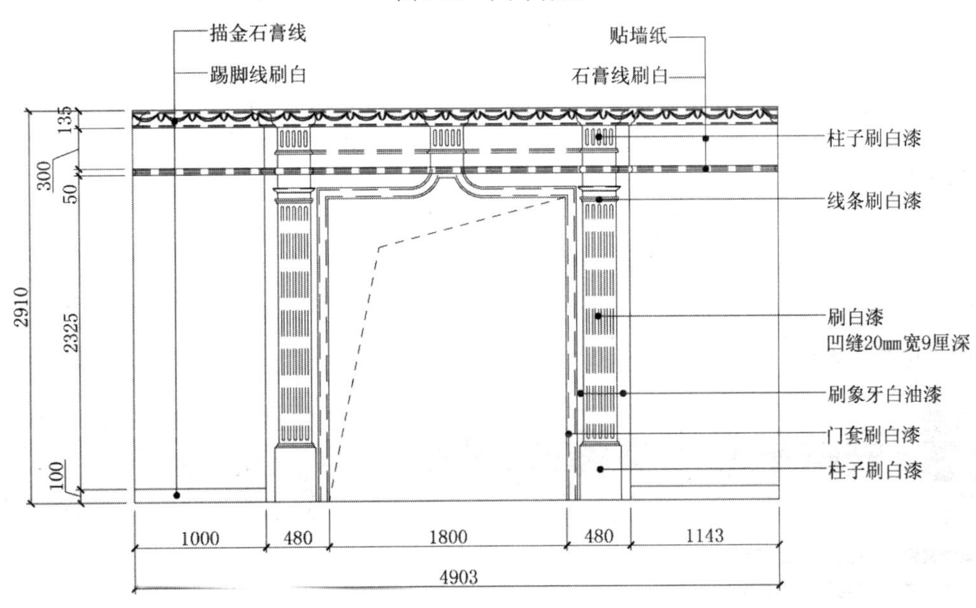

图 9-66　C 立面效果

步骤 4 至此，C立面图已经绘制完成，按Ctrl+S组合键进行保存。

第 10 章 娱乐会所装修施工图的绘制

会所装修与一般的商业场所不同，消费者在休闲娱乐会所停留的时间一般较长，如KTV、酒吧等，且洗手间也会被顾客多次使用，所以在进行休闲娱乐会所的装修设计时，要格外注意装修细节。

休闲会所装修有很多必备的装饰物，如沙发、窗帘、座椅等，一定要注意这些装饰物所用的材料是否褪色、有无异味、稳定性如何。休闲会所装修设计最好选用绿色材料，无机绿色材料已经在很多休闲会所装修设计中用到了。

本章以某娱乐会所为例讲解其平面布置图、舞台大样图及大厅B立面图的绘制。

主要内容

- 掌握会所平面布置图的绘制
- 掌握会所舞台大样图的绘制
- 掌握会所大厅B立面图的绘制

10.1 会所平面布置图的绘制

案例文件：10\会所平面布置图.dwg
视频文件：10\会所平面布置图.avi

首先将准备好的会所建筑平面图打开，然后根据各个平面图的功能分别进行平面布置图的设计。在摆放家具之前，根据需要先绘制固定家具的造型轮廓，再插入一些家具图块，最后进行尺寸标注、文字标注、图名标注等，布置结果如图 10-1 所示。

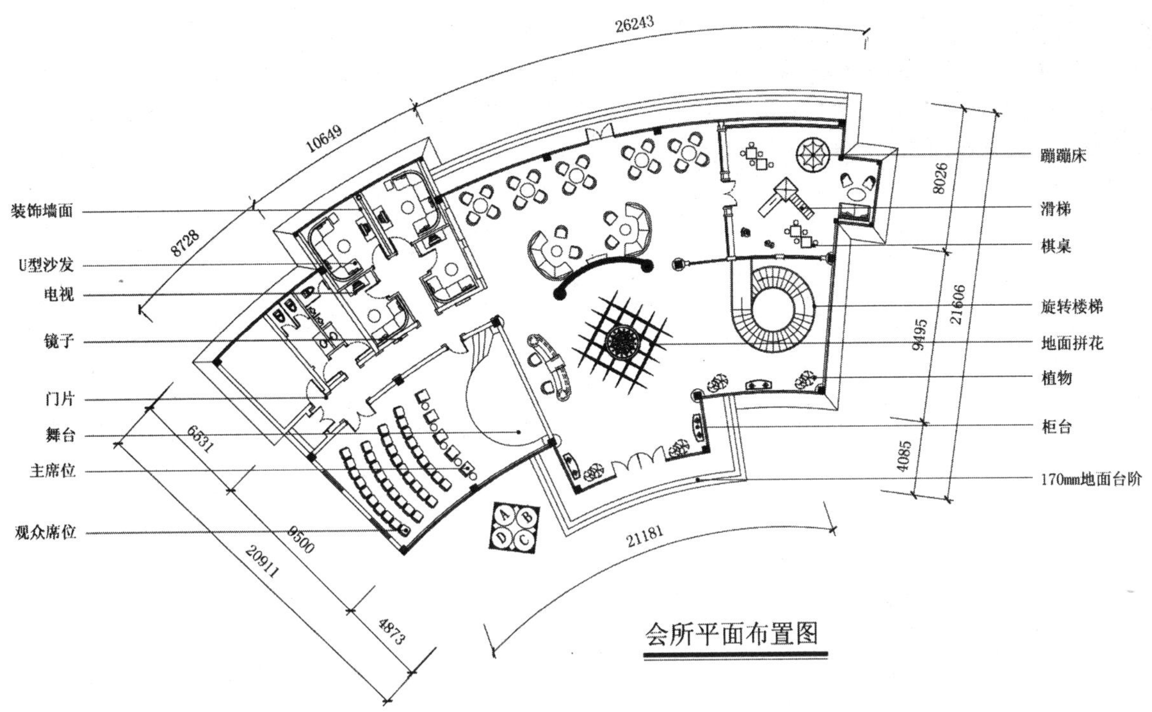

图 10-1　平面布置图效果

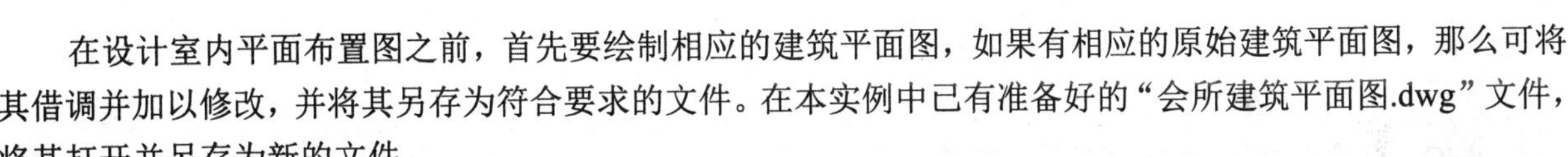

10.1.1　打开建筑平面图

在设计室内平面布置图之前，首先要绘制相应的建筑平面图，如果有相应的原始建筑平面图，那么可将其借调并加以修改，并将其另存为符合要求的文件。在本实例中已有准备好的“会所建筑平面图.dwg”文件，将其打开并另存为新的文件。

步骤 1 启动AutoCAD 2018，在“快速访问”工具栏中单击“打开”按钮，将“案例文件\10\会所建筑平面图.dwg”文件打开，如图 10-2 所示。再单击“另存为”按钮，将文件另存为“案例文件\10\会所平面布置图.dwg”。

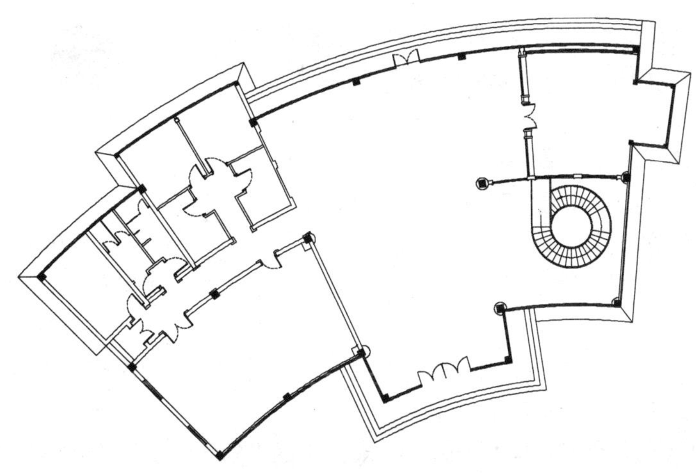

图 10-2　打开的图形

步骤 2 将“文字”图层置为当前图层，执行“多行文字（MT）”命令，设置文字“字体”为宋体、“大小”为 400，在房间内标注房间名称，再设置字体“大小”为 1000，在图形下方输入图名。

步骤 3 执行“多段线（PL）”命令，设置宽度为 200，在图名下方绘制一条多段线；再执行“直线（L）”命令，绘制一条与多段线同长的直线段，如图 10-3 所示。

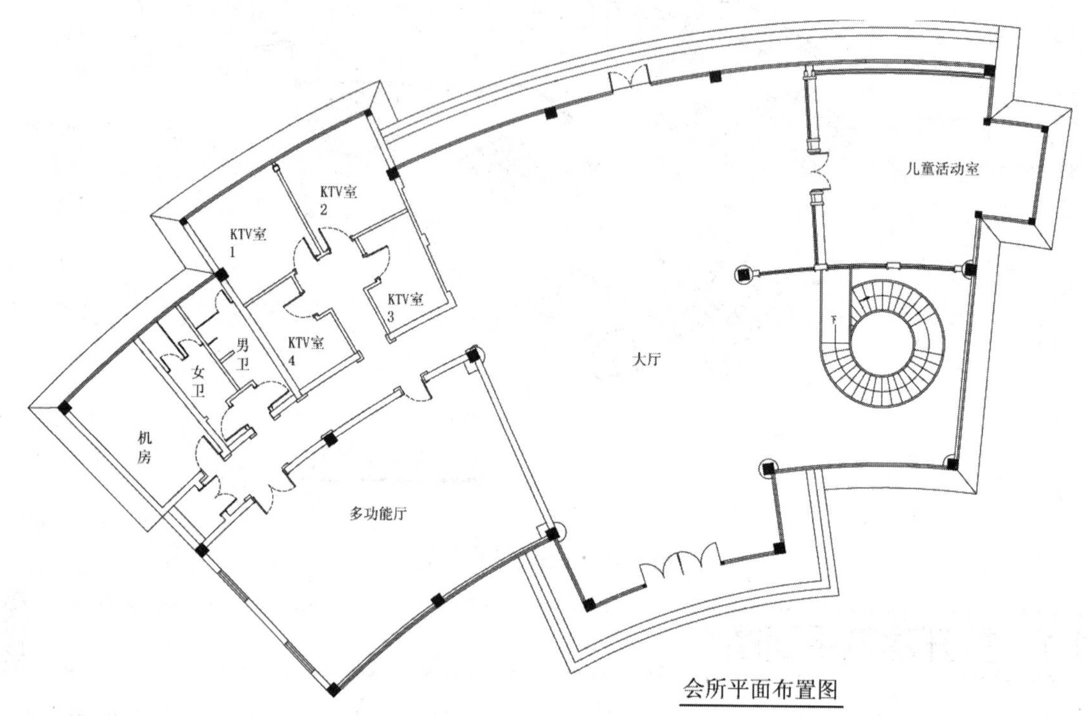

图 10-3 绘制图名效果

10.1.2 绘制室内布置图造型

在绘制室内布置图时，应该先绘制出室内家具造型的轮廓，然后通过插入块的方式将该家具店的成品家具插入相应的位置。

步骤 1 执行“偏移（O）”命令和“修剪（TR）”命令，在多功能厅对两个柱子轮廓进行偏移，并将线段转换为“家具”图层，如图 10-4 所示。

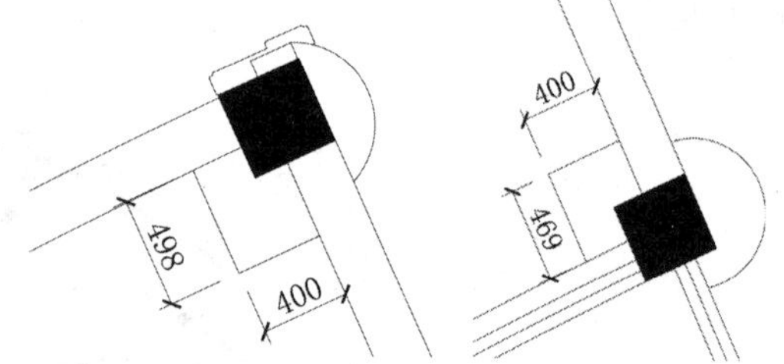

图 10-4 包裹柱子

步骤 2 切换到“家具”图层。执行“圆（C）”命令，按照如图 10-5 所示的尺寸，找到该圆心点来绘制半径为 2744 的圆；再执行“修剪（TR）”命令，修剪掉多余的圆弧。

步骤 3 执行“直线（L）”命令和“样条曲线（SPL）”命令，在圆的上方绘制出台阶，形成舞台效果，如图 10-6 所示。

步骤 4 执行“插入块（I）”命令，将“案例/10”文件下的“主席位”和“副席位”插入图形中，并通过复制和旋转操作来布置多功能厅，如图 10-7 所示。

步骤 5 同样执行“插入块（I）”命令，将“案例/10”文件下的“角位沙发”“电视”和“镜子”插入图形中，并通过复制、旋转、镜像等命令来布置KTV室 3 和KTV室 4，效果如图 10-8 所示。

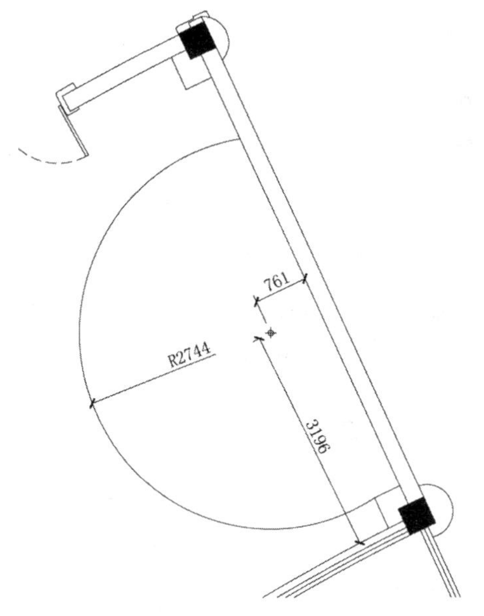

图 10-5　绘制圆

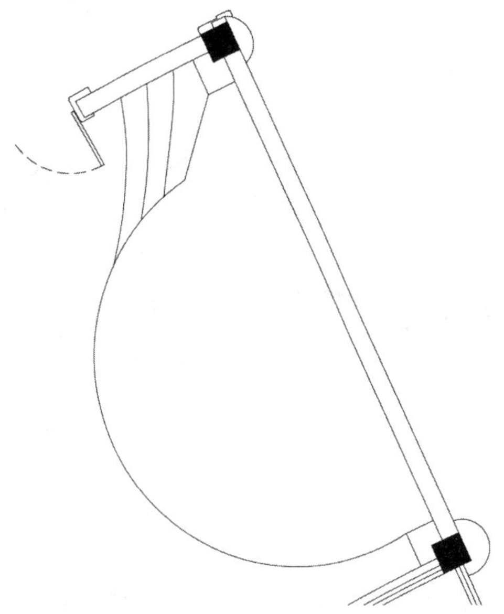

图 10-6　绘制的舞台

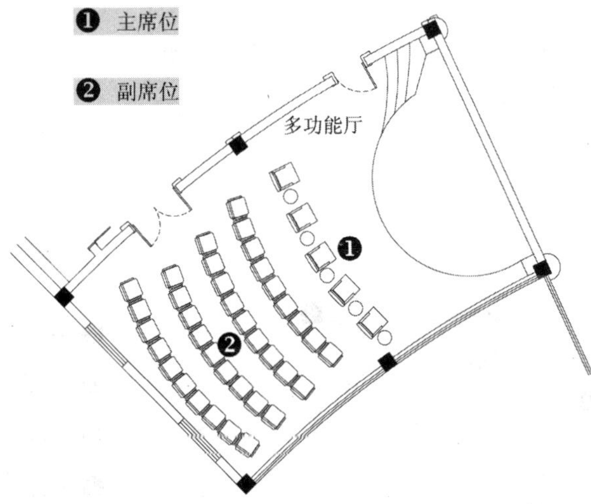

图 10-7　布置多功能厅

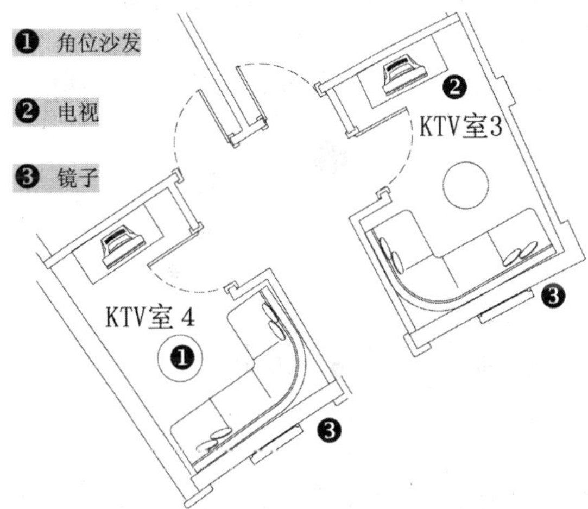

图 10-8　布置 KTV 室 3、KTV 室 4

技巧——参照旋转

由于此平面图的墙线全是斜线，插入家具时，先插入捕捉到的相应墙纸，再执行“旋转（RO）”命令，选中该家具指定与墙线的相交点为基点，再选择“参照（R）”选项，系统提示“指定参照角”时，由基点开始捕捉家具轮廓线，在提示“指定新角”时，再由基点开始捕捉斜线墙体，即可使家具相应边与斜线墙体重合在一块。

步骤 6 执行“直线（L）”命令、“偏移（O）”命令和“修剪（TR）”命令，在KTV室 1 和KTV室 2 绘制出装饰幕墙效果，并对多线进行相应的修剪，如图 10-9 所示。

步骤 7 执行“插入块（I）”命令，将“案例/10”文件下的“U型沙发”和“电视”插入图形中，并通过复制、镜像等操作将其摆放在如图 10-10 所示的相应位置。

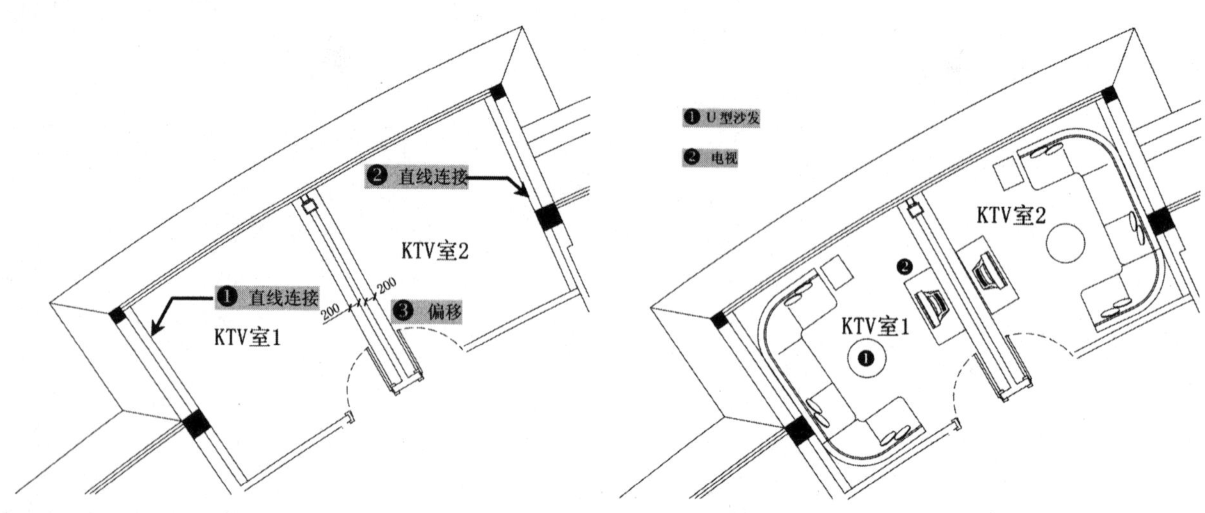

图 10-9　绘制线段

图 10-10　布置 KTV 室 1 和 KTV 室 2

步骤 8　执行“偏移（O）”命令和“修剪（TR）”命令，在女卫和男卫中绘制出洗手台。

步骤 9　执行“插入块（I）”命令，将“案例/10”文件下的“洗手盆”“马桶”和“小便器”插入图形中，并通过复制、旋转等操作将其放置在相应的位置，如图 10-11 所示。

步骤 10　执行“插入块（I）”命令，将“案例/10”文件下的“棋桌”“蹦蹦床”“滑梯”“玩具”和“休闲座”插入图形中，并通过复制等命令将其放置到相应的位置，如图 10-12 所示。

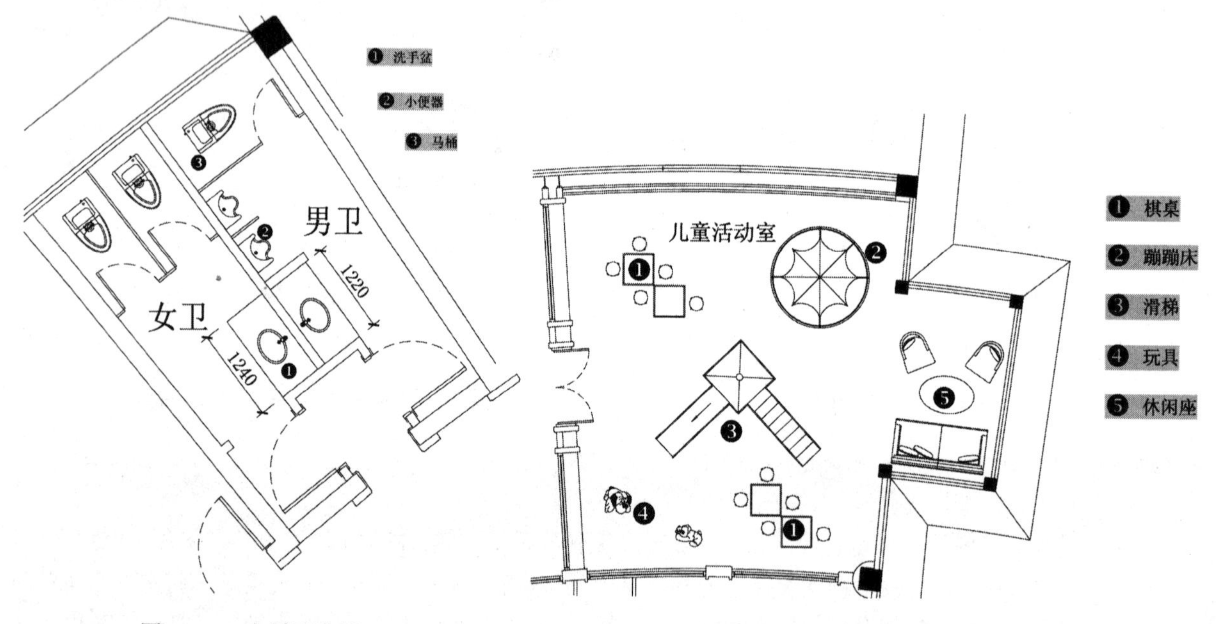

图 10-11　布置卫生间

图 10-12　布置儿童活动室

步骤 11　执行“插入块（I）”命令，将“案例/10”文件下的“地拼”“吧台”“植物”和“柜台”插入图形中，并通过复制、旋转、镜像等操作将其放置在相应的位置，如图 10-13 所示。

步骤 12　执行“插入块（I）”命令，将“案例/10”文件下的“四人座”“酒吧台”“转角座”和“装饰台”插入图形中，并通过复制、旋转、镜像等命令将其放置到大厅中，如图 10-14 所示。

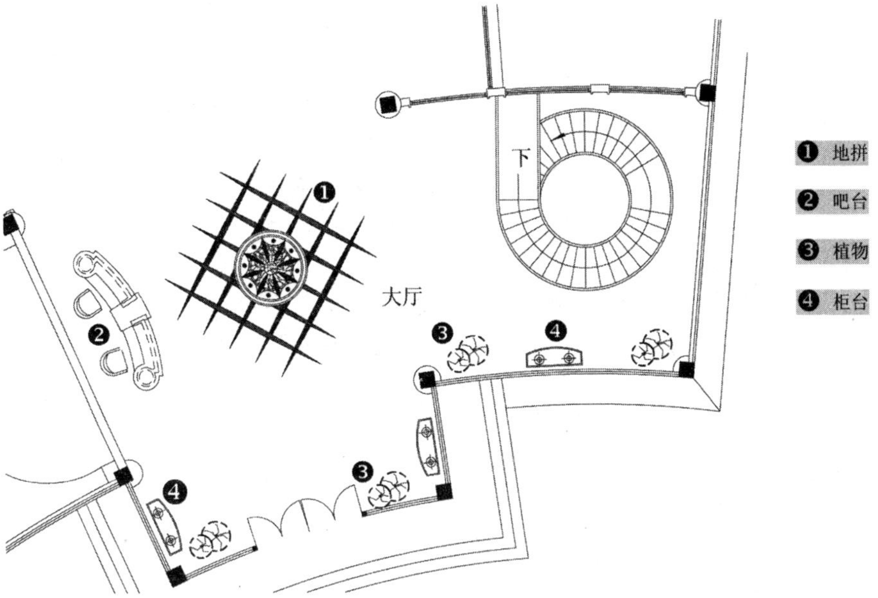

图 10-13　布置大厅

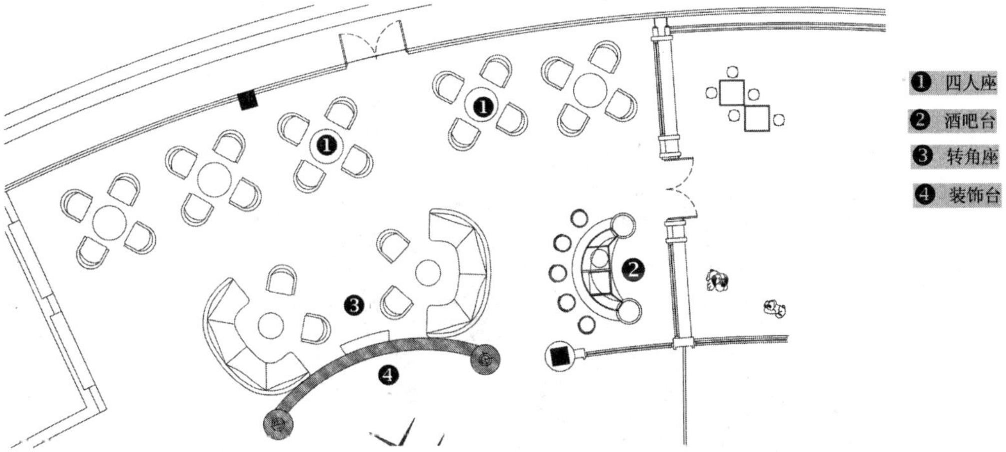

图 10-14　布置大厅酒吧

10.1.3 尺寸、文字标注

布置好室内家具造型以后，接下来将进行尺寸标注，并利用文字注释来标注图形中的家具对象。

步骤 1 将“标注”图层置为当前图层，执行“弧长标注（dimarc）”命令、“对齐标注（DAL）”命令等，对图形进行标注，效果如图 10-15 所示。

步骤 2 将“WZ-文字”图层置为当前图层，执行“多重引线（MLD）”命令，设置文字“字体”为宋体、“大小”为 600，对图形对象添加文字注释，如图 10-16 所示。

步骤 3 将“FH-符号”图层置为当前图层。执行“插入块（I）”命令，将“案例文件\10”文件夹下的“索引符号”插入图形中，并通过旋转命令将符号随着图形旋转。

步骤 4 至此，平面布置图已经绘制完成，按Ctrl+S组合键进行保存。

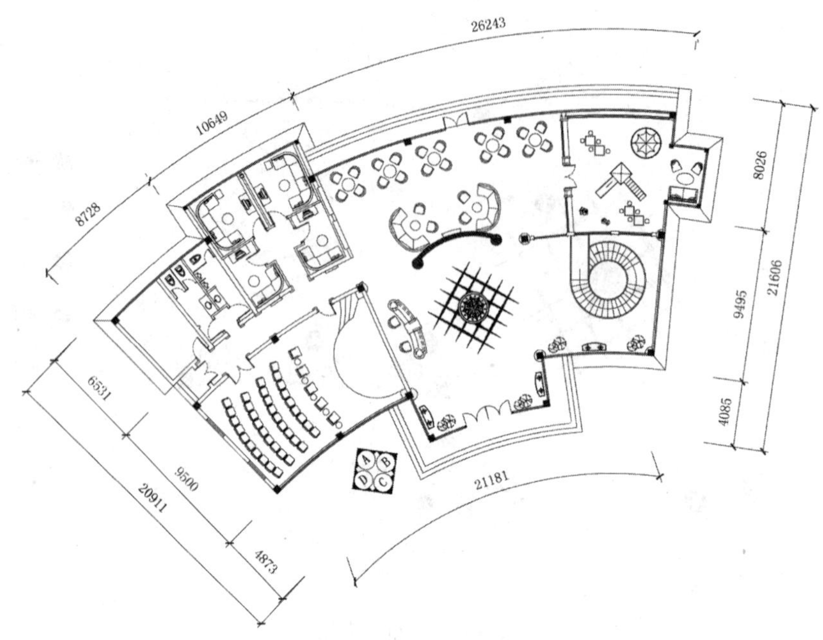

图 10-15　尺寸标注

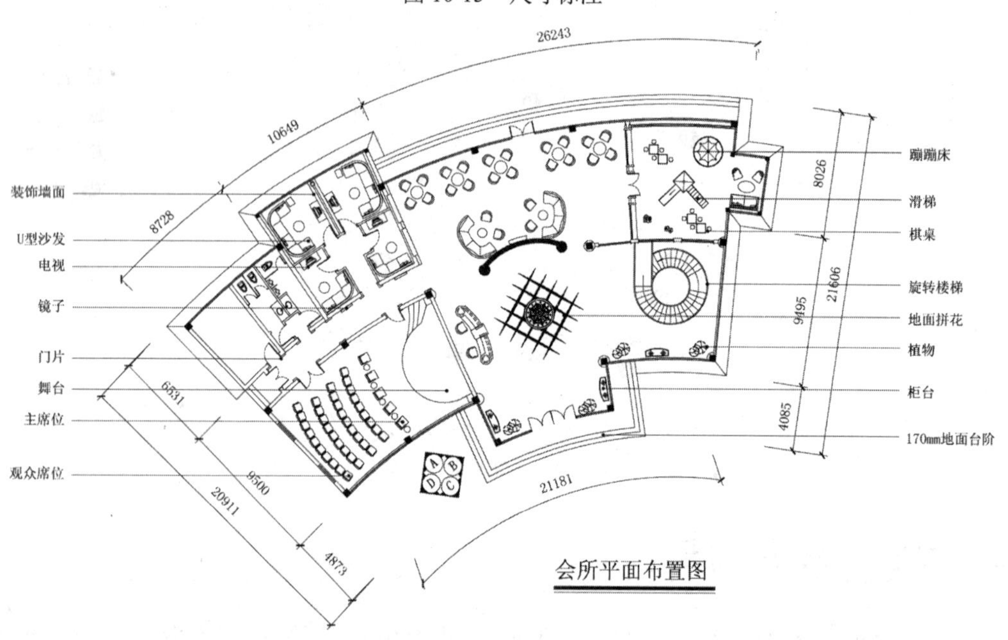

图 10-16　文字标注

10.2 舞台大样图的绘制

案例文件：10\舞台大样图.dwg
视频文件：10\舞台大样图.avi

本实例主要绘制舞台剖面大样图，其效果如图 10-17 所示。

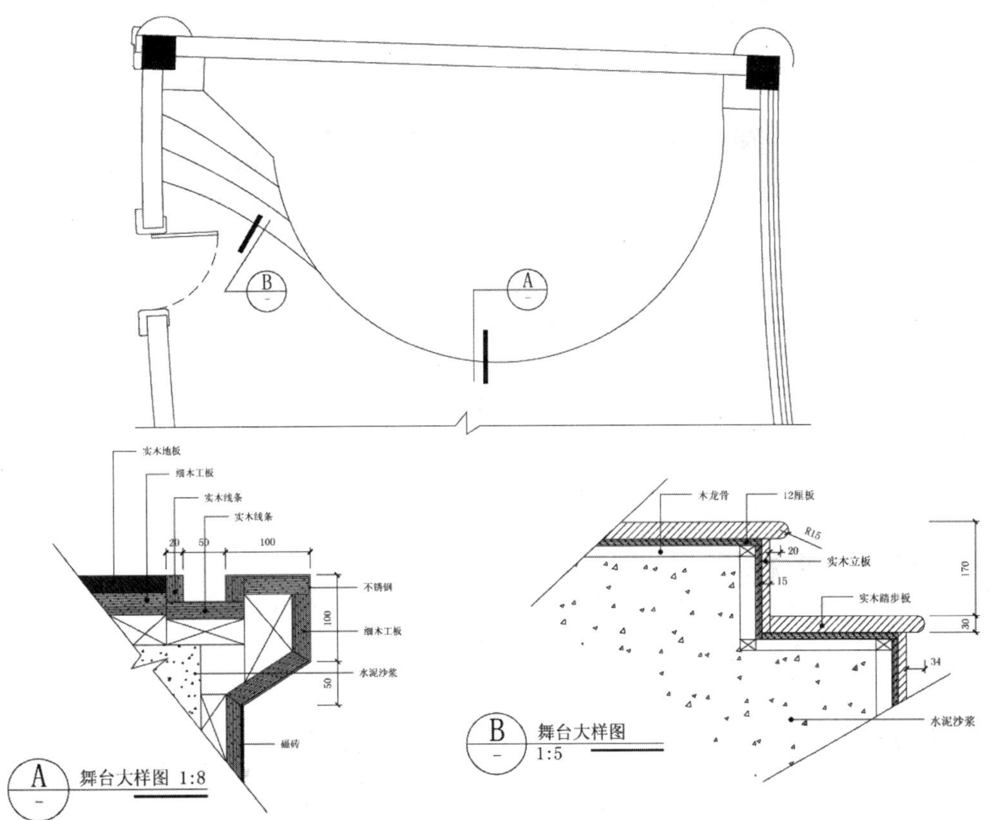

图 10-17　舞台 A、B 大样图效果

10.2.1　调用并整理文件

在绘制大样图之前，借用前面绘制好的平面布置图，对舞台平面进行截取并进行相应的剖面符号标识，再根据剖面符号来绘制其大样图效果。

步骤 1 启动AutoCAD 2018，在“快速访问”工具栏中单击“打开”按钮，将前面绘制好的“案例文件\10\会所平面布置图.dwg”文件打开；再单击“另存为”按钮，将文件另存为“案例文件\10\舞台大样图.dwg”。

步骤 2 根据绘图要求执行“修剪（TR）”命令和“删除（E）”命令，对除舞台外的所有图形对象进行修剪和删除操作，再将舞台进行相应的旋转，留下的图形结果如图 10-18 所示。

步骤 3 执行“多段线（PL）”命令，在下方绘制一条折断线，表示图形于此处断开，如图 10-19 所示。

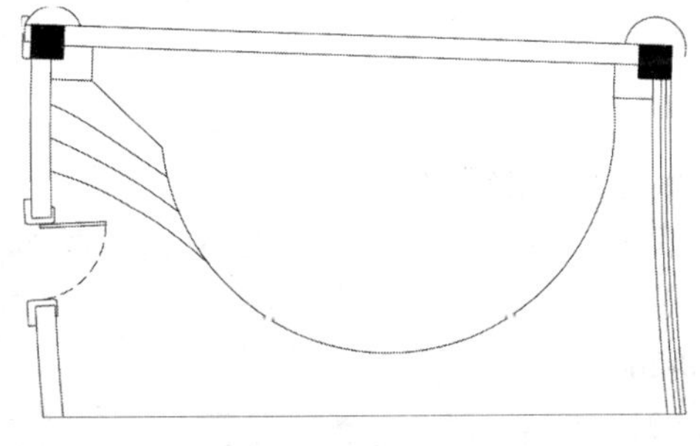

图 10-18　整理图形

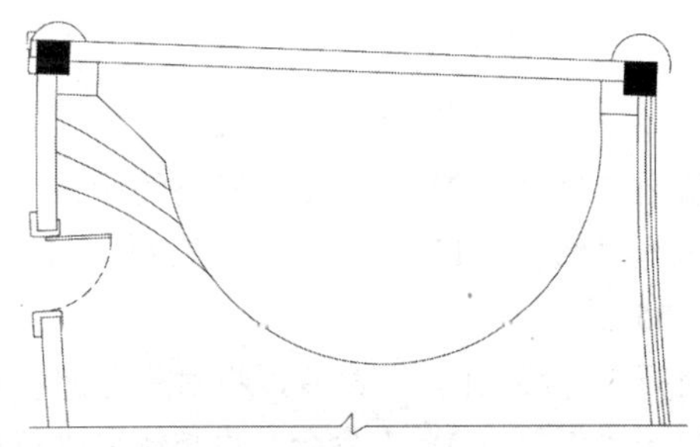

图 10-19　绘制折断线

步骤 4 执行“多段线（PL）”命令，在图形相应位置绘制剖切线；再执行“插入块（I）”命令，将“案例/10”文件下的“剖切符号”插入图形中，并通过分解、复制、移动命令来完成剖切指引符号效果，如图 10-20 所示。

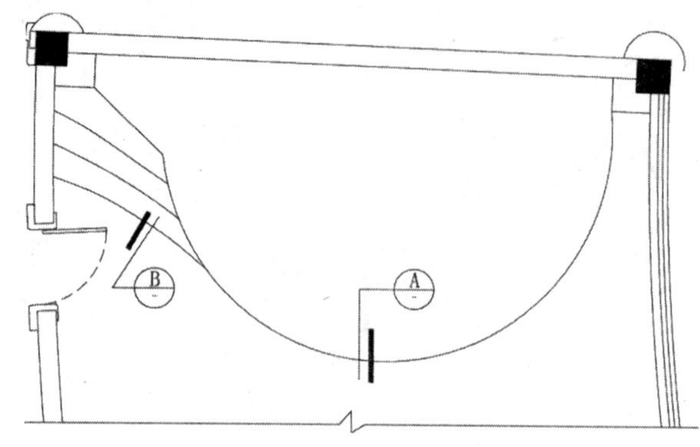

图 10-20　绘制剖切符号

10.2.2　绘制 A 大样图

步骤 1 执行“图层管理（LA）”命令，新建“详图”图层，并将“详图”图层置为当前图层，如图 10-21 所示。

✔ 详图	💡 ☼ 🔓 ■ 白 Contin... ———— 默认	0

图 10-21　新建图层

步骤 2 执行“直线（L）”命令，绘制如图 10-22 所示的线段。

步骤 3 执行“偏移（O）”命令和“修剪（TR）”命令，将右侧部分线段向内偏移并修剪，完成如图 10-23 所示的效果。

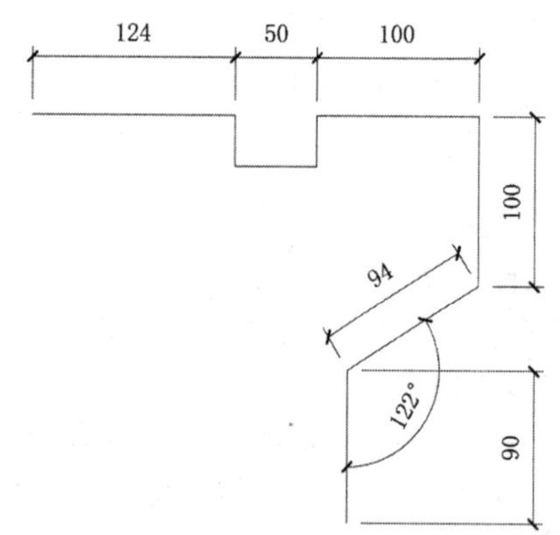

图 10-22　绘制线段

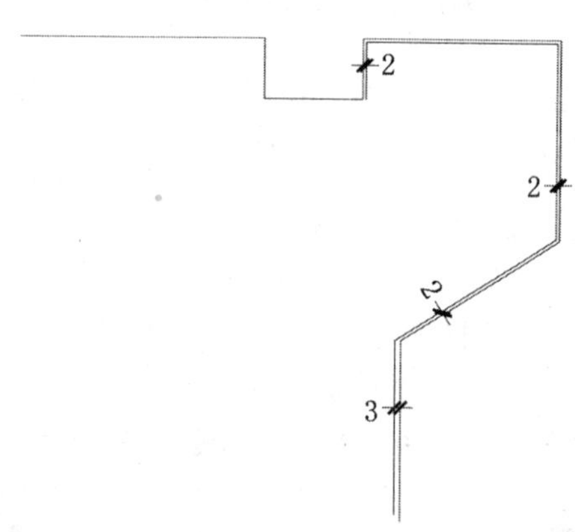

图 10-23　偏移并修剪线段

步骤 4 执行“偏移（O）”命令，将各线段按照如图 10-24 所示的尺寸进行偏移。

步骤 5 执行“修剪（TR）”命令、“延伸（EX）”命令和“倒角（CHA）”命令，对线段进行调整，效果如图 10-25 所示。

步骤 6 执行“直线（L）”命令，将对角点连接起来，如图 10-26 所示。

步骤 7 执行“偏移（O）”命令，再将线段进行偏移，如图 10-27 所示。

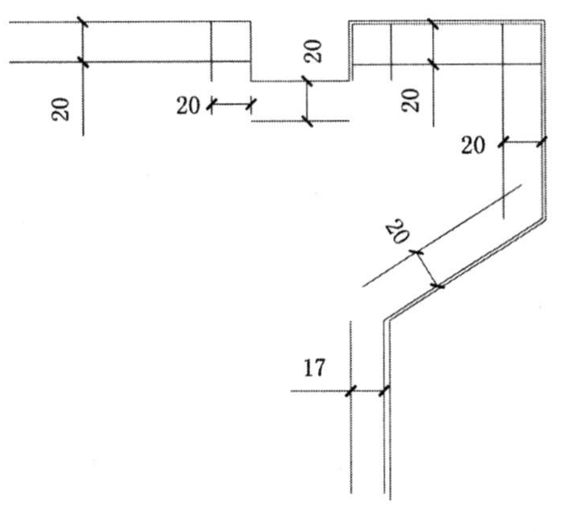

图 10-24　偏移线段

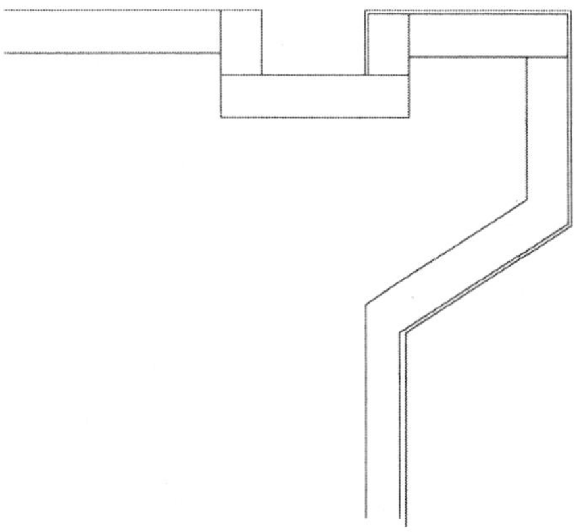

图 10-25　修剪调整

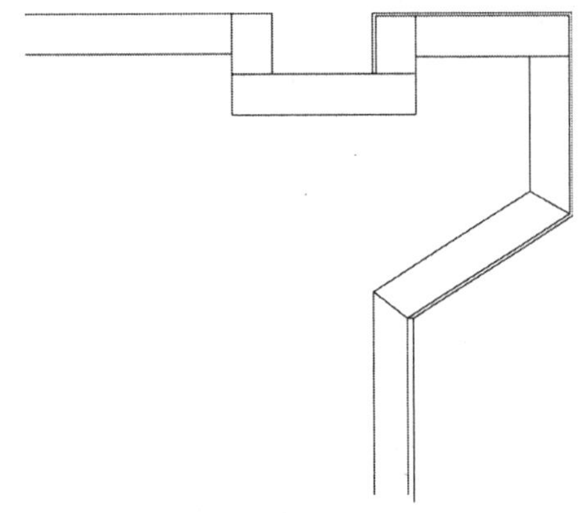

图 10-26　绘制线段

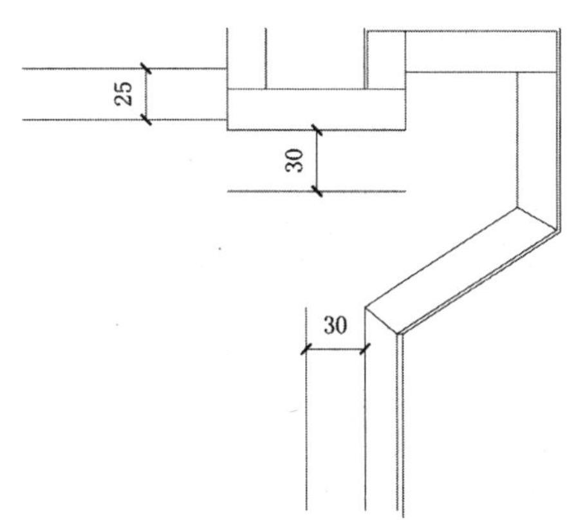

图 10-27　偏移线段

步骤 8 执行“延伸（EX）”命令和“直线（L）”命令，绘制如图 10-28 所示的图形效果。

步骤 9 执行“直线（L）”命令，绘制一条斜线，如图 10-29 所示。

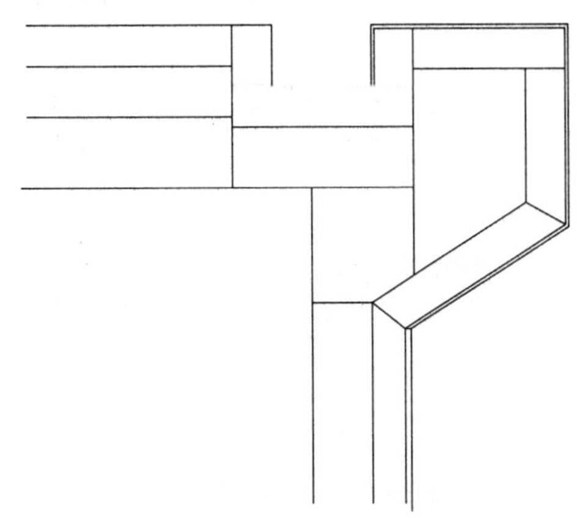

图 10-28　绘制图形

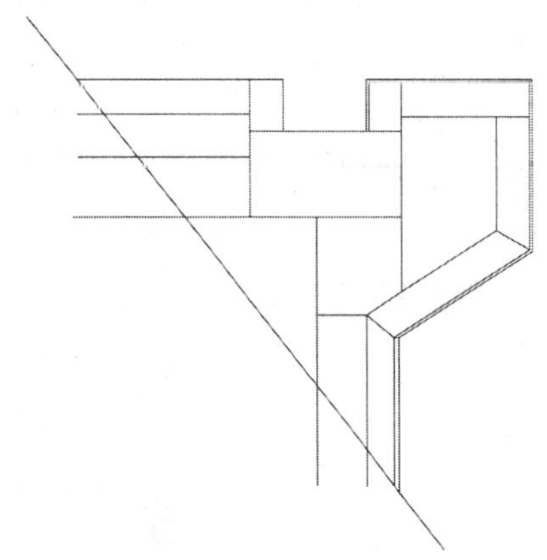

图 10-29　绘制斜线

步骤 10 执行“多段线（PL）”命令和“修剪（TR）”命令，在斜线上绘制一条折断线并对线段进行修剪，效果如图 10-30 所示。

步骤 11 执行“直线（L）”命令，捕捉角点绘制交叉线，如图 10-31 所示。

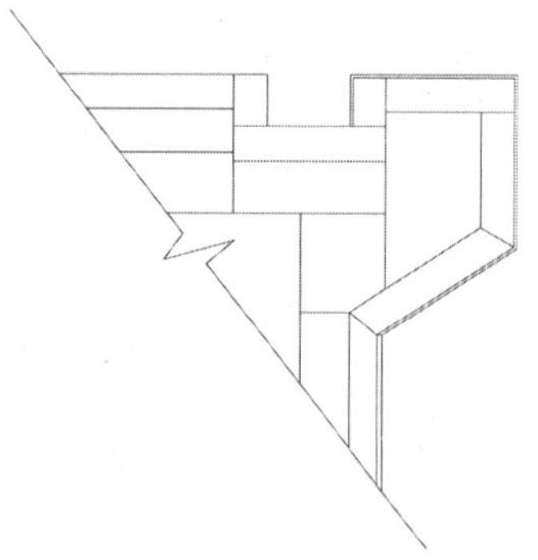
图 10-30　绘制折断线

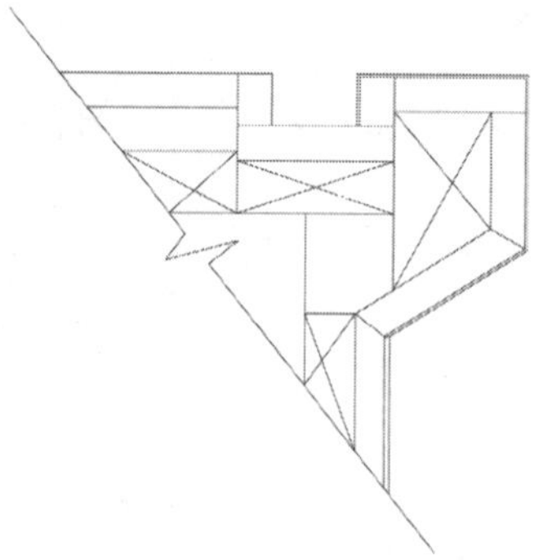
图 10-31　绘制交叉线

步骤 12 切换至“填充”图层，执行“图案填充（H）”命令，在弹出的对话框中选择“样例”为DOLMIT、“比例”为 0.3，在图形相应位置进行 0°和 90°的填充，如图 10-32 所示。

步骤 13 执行“图案填充”命令，设置“角度”为 32°，对斜线位置进行填充，如图 10-33 所示。

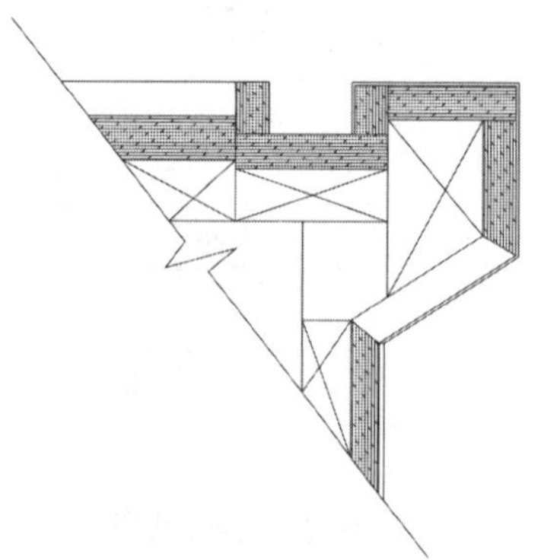
图 10-32　填充图形

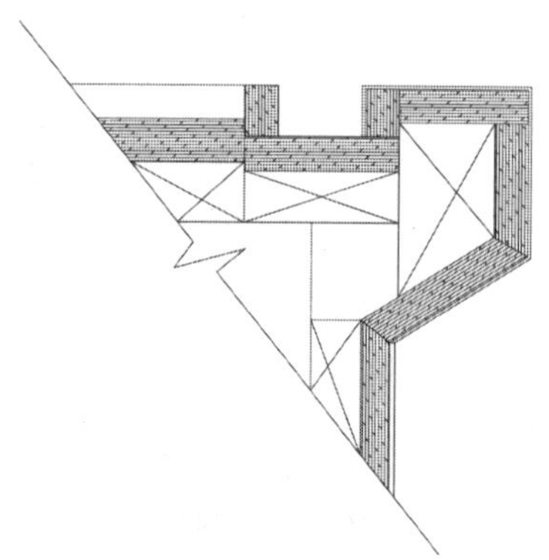
图 10-33　填充图形

步骤 14 执行“图案填充（H）”命令，在弹出的对话框中选择“样例”为CORK、“比例”为 0.3，对上方区域填充实木地板效果，如图 10-34 所示。

步骤 15 执行“图案填充（H）”命令，在弹出的对话框中选择“样例”为AR-CONC、“比例”为 0.1，对最内侧填充水泥沙浆；再选择“样例”为ANSI、“比例”为 0.3，对舞台填充石材踢脚线，如图 10-35 所示。

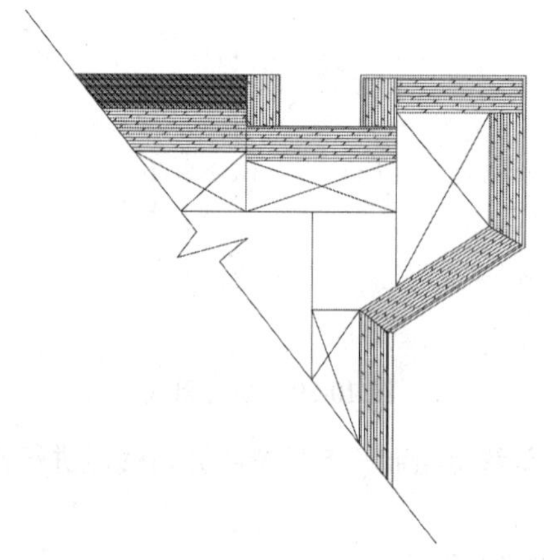
图 10-34　填充图形

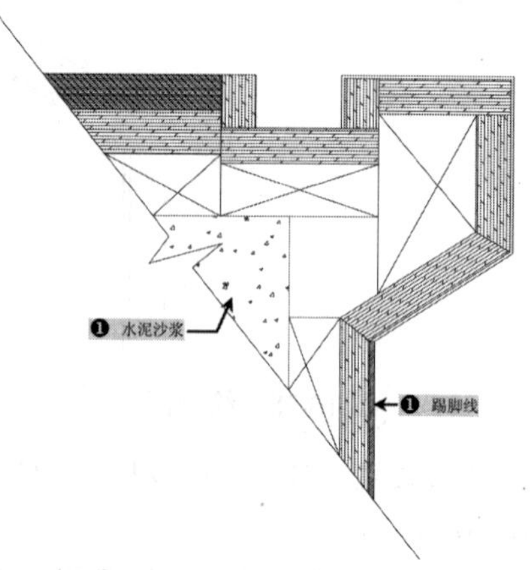

图 10-35　填充图形

步骤16 将“标注”图层置为当前图层。执行“线性标注（DLI）”命令，对图形进行标注。

步骤17 将“WZ-文字”图层置为当前图层。执行“多重引线（MLD）”命令，设置文字“字体”为宋体、“大小”为8，对图形添加文字注释，如图10-36所示。

步骤18 执行“缩放（SC）”命令，选择所有图形，输入“比例因子”为8，将图形放大8倍，并通过执行“编辑标注（ED）”命令将缩放后的尺寸文字修改回原尺寸大小。

技巧——放大尺寸的修改

大样图局部剖开后会看到基层结构，一般剖开的图形为基材与面材的组合，规格都比较小。为了更方便观看，会将图形进行1～15倍不等的放大处理，原图形尺寸则以放大值进行变化。为了反映真实情况与减少施工的误差，放大后的尺寸应修改为原尺寸，即放大尺寸÷放大值=原尺寸。

步骤19 执行“多行文字（MT）”命令，设置文字“字体”为宋体、“大小”为120，对剖面图进行图名标注；再执行“多段线（PL）”命令和“直线（L）”命令，在图名下方绘制与图名同长度的线段，并将剖面符号复制过来，效果如图10-37所示。

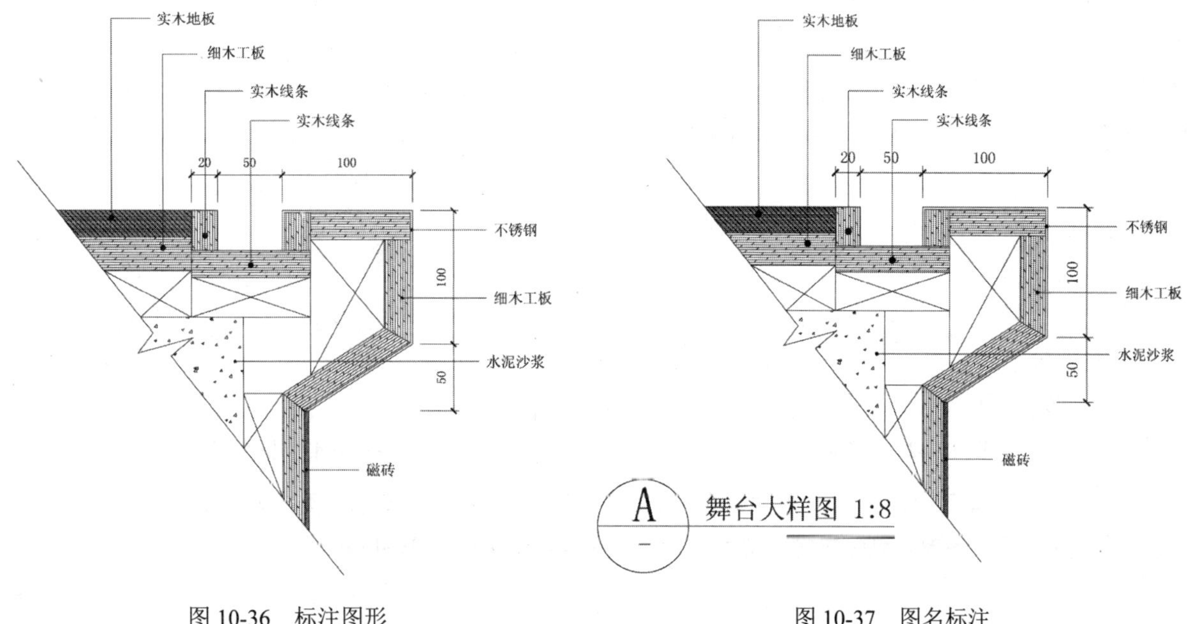

图10-36　标注图形　　　　图10-37　图名标注

10.2.3　绘制B大样图

步骤1 切换至“详图”图层，执行“直线（L）”命令，按照如图10-38所示的尺寸位置绘制线段。

步骤2 执行“偏移（O）”命令和“修剪（TR）”命令，对上一步绘制的线段进行偏移与修剪，效果如图10-39所示。

步骤3 执行“延伸（EX）”命令和“直线（L）”命令，绘制出木龙骨效果，如图10-40所示。

步骤4 执行“偏移（O）”命令、“延伸（EX）”命令和“修剪（TR）”命令，将上表面线段进行偏移，并进行相应的延伸和修剪操作，效果如图10-41所示。

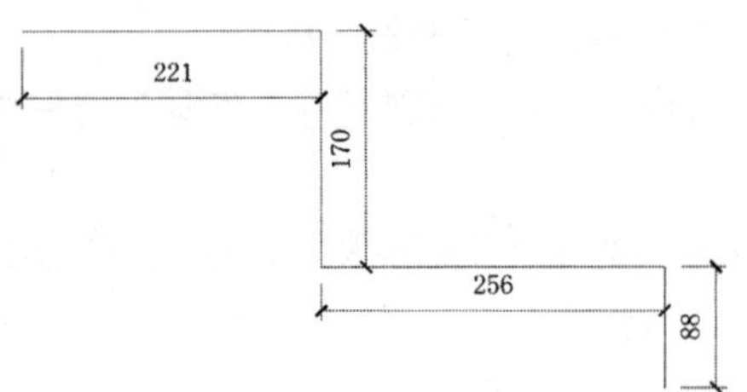

图 10-38　绘制线段

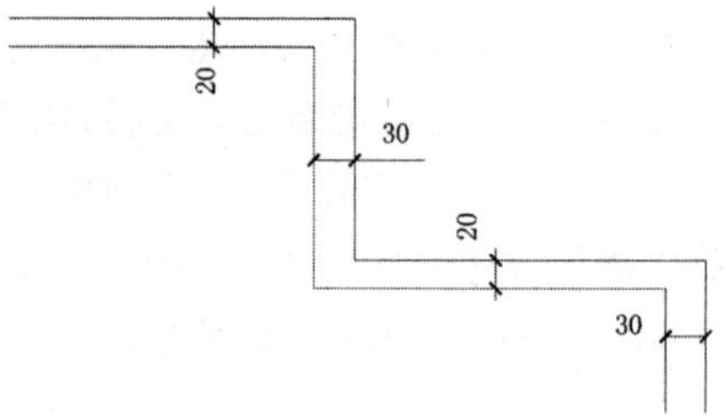

图 10-39　偏移并修剪线段

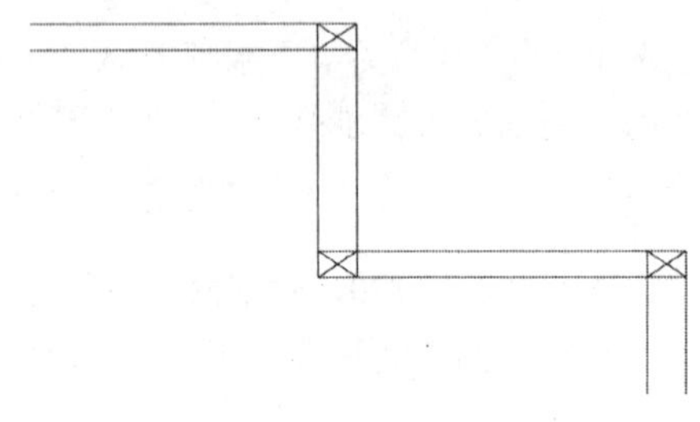

图 10-40　绘制龙骨

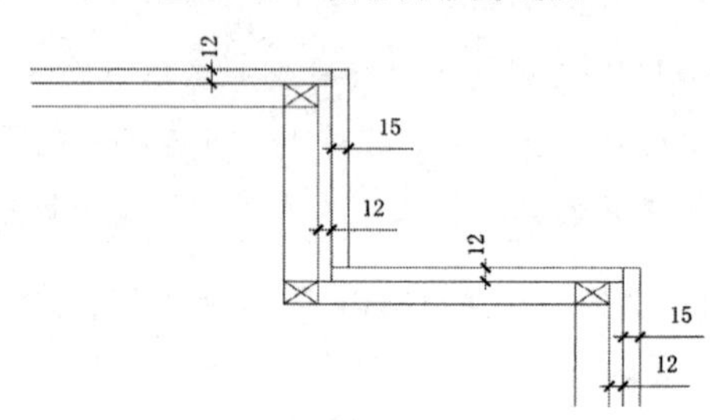

图 10-41　偏移线段

步骤 5 执行“偏移（O）”命令和“修剪（TR）”命令，绘制如图 10-42 所示的踏步。

步骤 6 执行“圆（C）”命令，以两点来绘制一个圆；再执行“修剪（TR）”命令和“删除（E）”命令，修剪并删除多余的圆弧和线段，效果如图 10-43 所示。

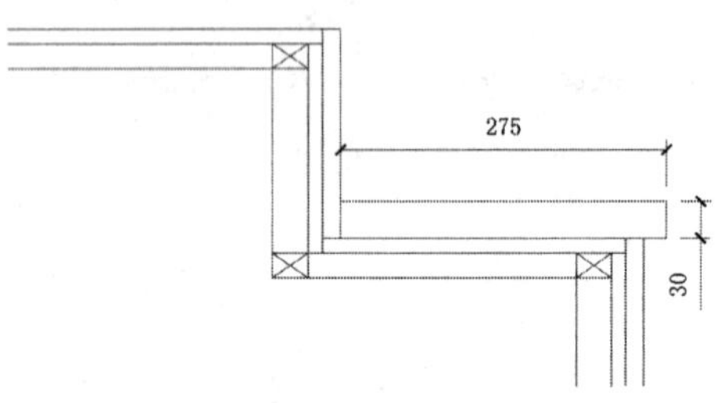

图 10-42　绘制踏步

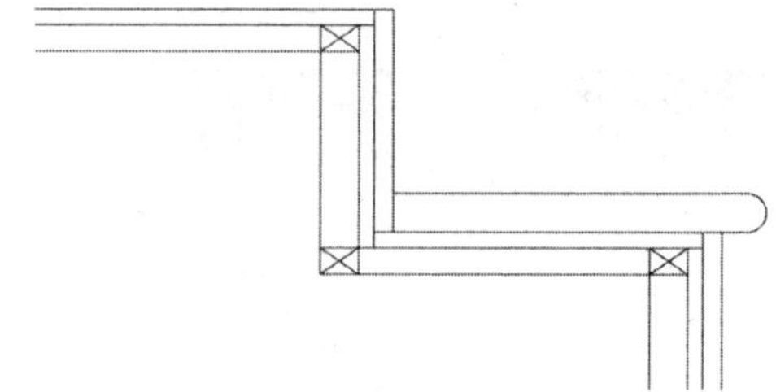

图 10-43　圆角操作

步骤 7 同样执行“偏移（O）”命令和“修剪（TR）”命令，绘制出上踏步效果，如图 10-44 所示。

步骤 8 同样通过圆、修剪、删除命令对踏步进行圆角操作，效果如图 10-45 所示。

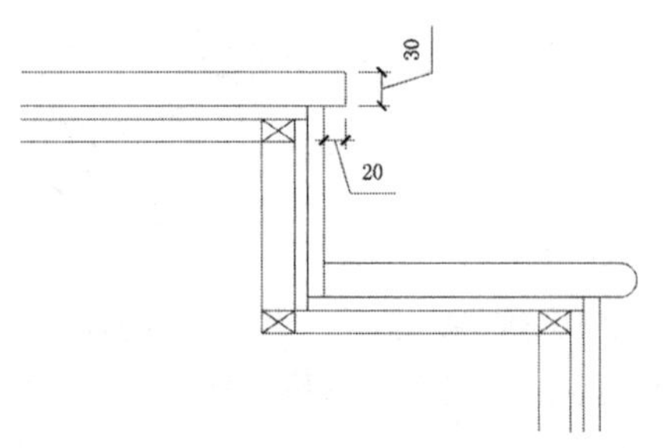

图 10-44　绘制上踏步

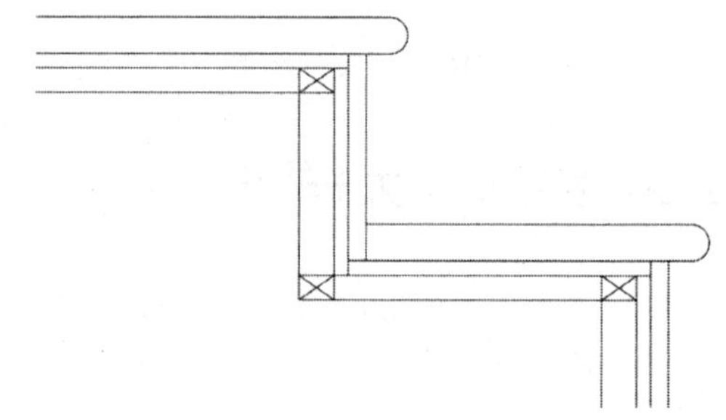

图 10-45　圆角操作

步骤 9 执行“直线（L）”命令和“延伸（EX）”命令，绘制如图 10-46 所示的三条斜线。

步骤 10 切换至“填充”图层，执行“图案填充（H）”命令，在弹出的对话框中选择“样例”为ANSI31、“比例”为 3，对外表层进行填充，如图 10-47 所示。

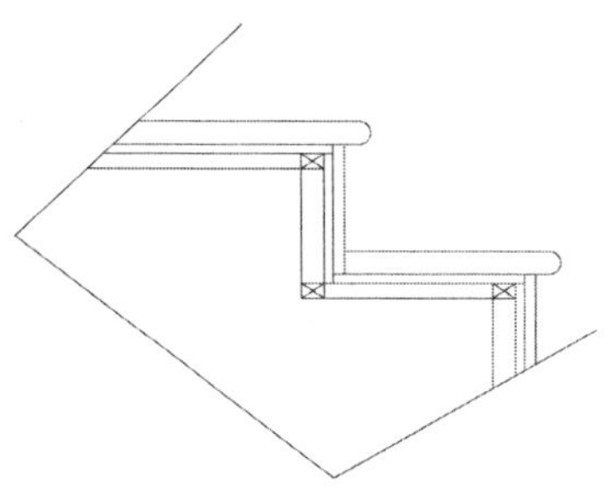

图 10-46　绘制斜线

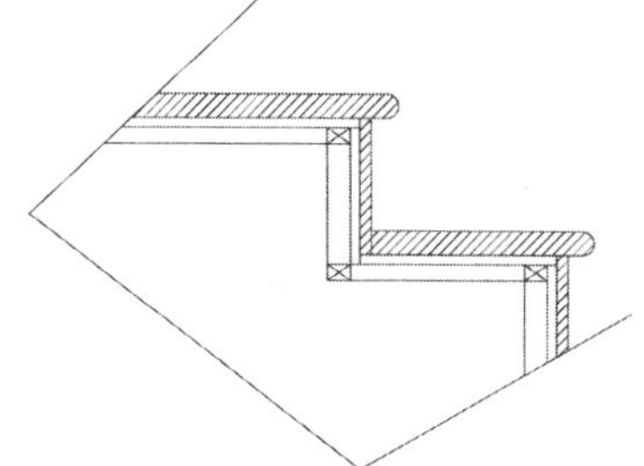

图 10-47　填充图案

步骤11 选择“样例”为CORK、“比例”为 1，在图形中间层位置进行 0°和 90°的填充，如图 10-48 所示。

步骤12 再选择“样例”为AR-CONC、“比例”为 0.4，对基层填充水泥沙冰效果，如图 10-49 所示。

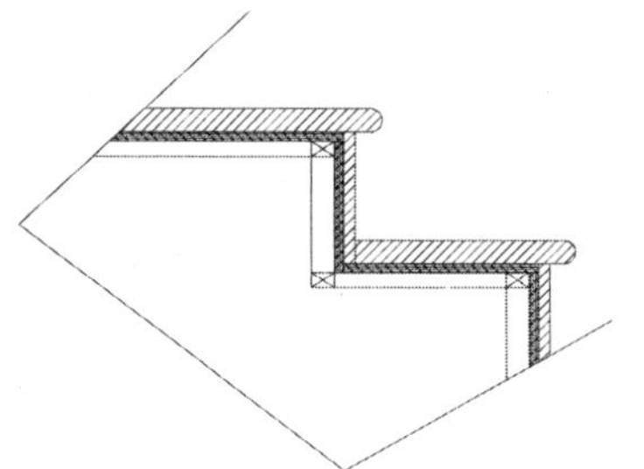

图 10-48　填充中间层

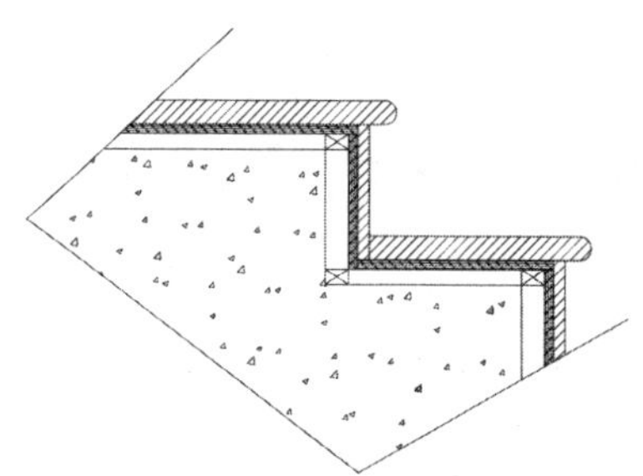

图 10-49　填充基层

步骤13 执行“删除（E）”命令，将中间的斜线段删除。

步骤14 将“标注”图层置为当前图层。执行“线性标注（DLI）”命令，对图形进行标注。

步骤15 将“WZ-文字”图层置为当前图层。执行“多重引线（MLD）”命令，设置文字“字体”为宋体、“大小”为 15，对图形对象添加文字注释，如图 10-50 所示。

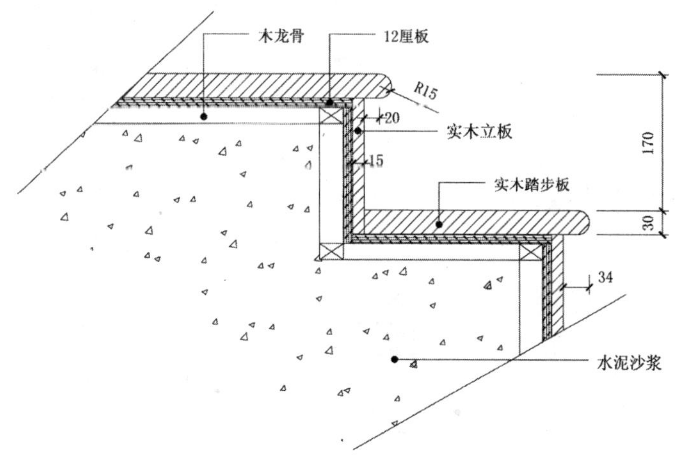

图 10-50　尺寸、文字标注

步骤16 执行“缩放（SC）”命令，选择所有图形，输入“比例因子”为 5，将图形放大 5 倍，并通过执行“编辑标注（ED）”命令将缩放后的文字尺寸修改回原尺寸大小。

步骤17 执行“复制（CO）”命令，将A大样的图名复制过来，将其放大到 1.5 倍并修改圆内文字，效果如图 10-51 所示。

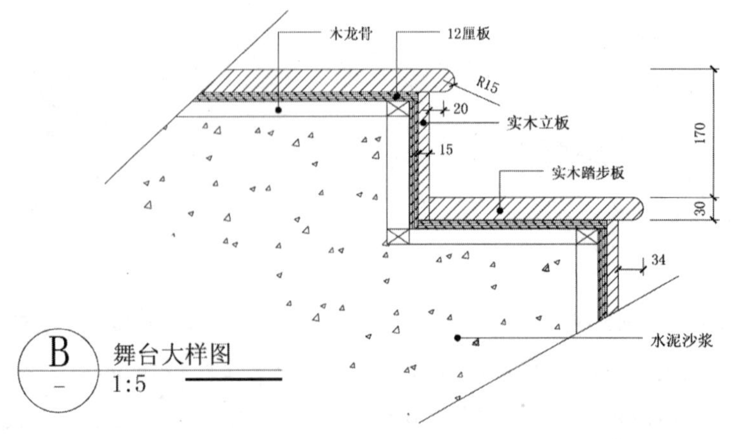

图 10-51 图名标注

10.3 会所大厅 B 立面图的绘制

案例文件：10\会所大厅 B 立面图.dwg
视频文件：10\会所大厅 B 立面图.avi

在绘制B立面图之前，可以将平面布置图打开，根据需要留下相应的B平面轮廓，再根据平面轮廓来绘制立面。该会所共有两层，在表现该立面时，同样也给出二层的立面剖开效果，如图 10-52 所示。

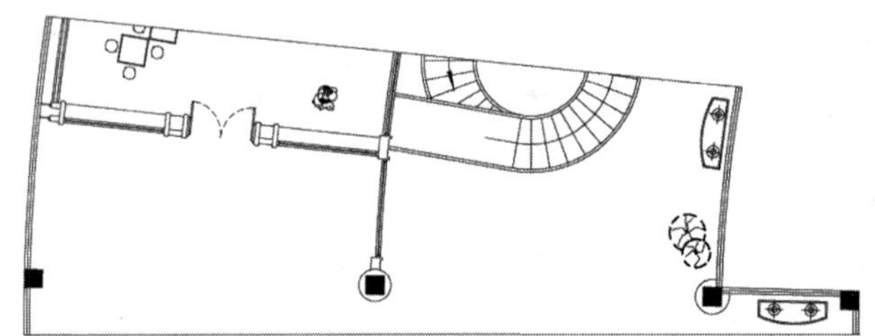

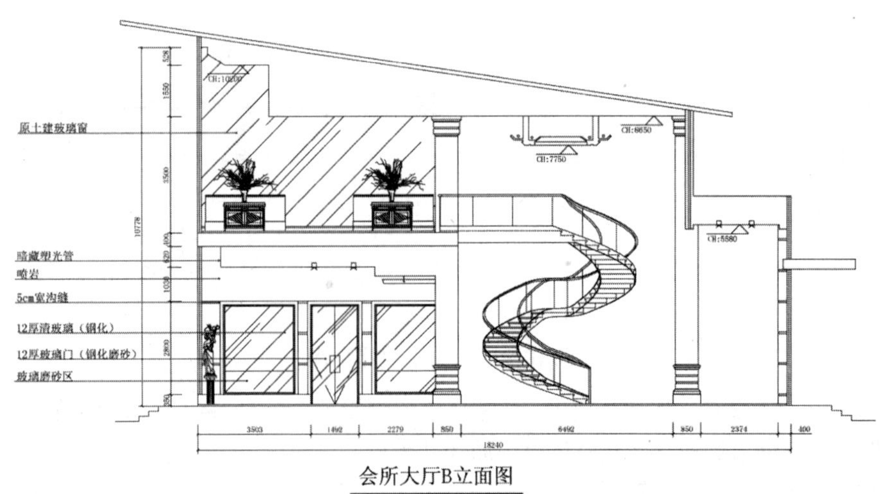

图 10-52 立面效果

10.3.1 绘制立面轮廓

步骤 1 启动AutoCAD 2018，在“快速访问”工具栏中单击“打开”按钮，将前面的“案例文件\10\会所平面布置图.dwg”文件打开，如图 10-53 所示；再单击“另存为”按钮，将文件另存为“案例文件\10\会所大厅B立面图.dwg”。

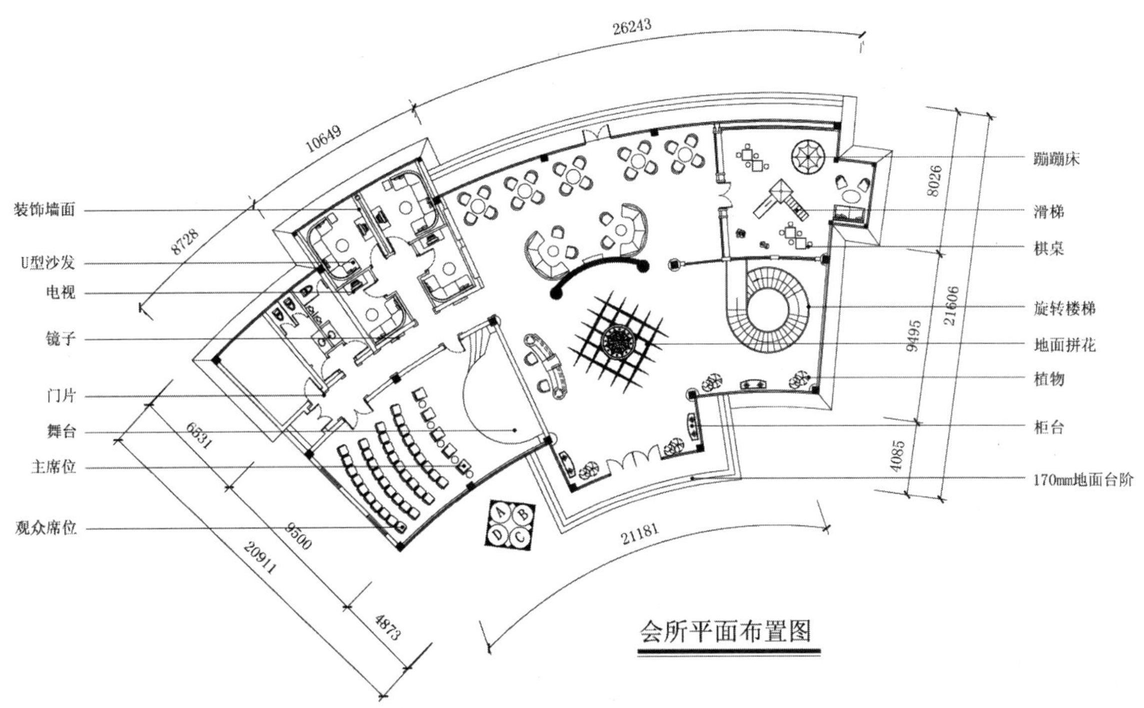

图 10-53 打开的图形

步骤 2 执行“删除（E）”命令，根据索引符号指示，将除大厅B平面图以外的图形删除；再执行“旋转（RO）”命令，将其旋转至相应的位置，效果如图 10-54 所示。

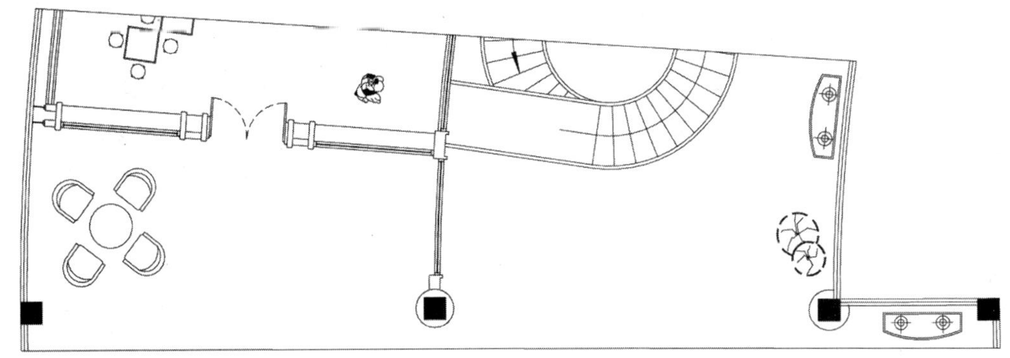

图 10-54 B 平面效果

步骤 3 将“立面”图层置为当前图层。执行“直线（L）”命令，绘制如图 10-55 所示的线段。

步骤 4 执行“偏移（O）”命令和“修剪（TR）”命令，在上方绘制出如图 10-56 所示的图形效果。

步骤 5 执行“直线（L）”命令和“镜像（MI）”命令，在下方绘制出室外台阶效果，如图 10-57 所示。

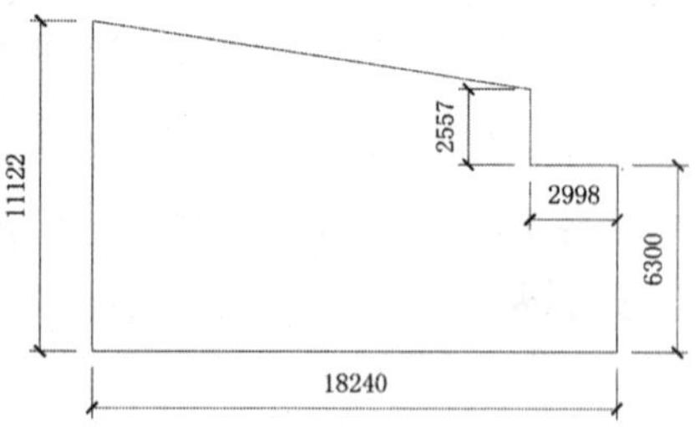

图 10-55　绘制线段

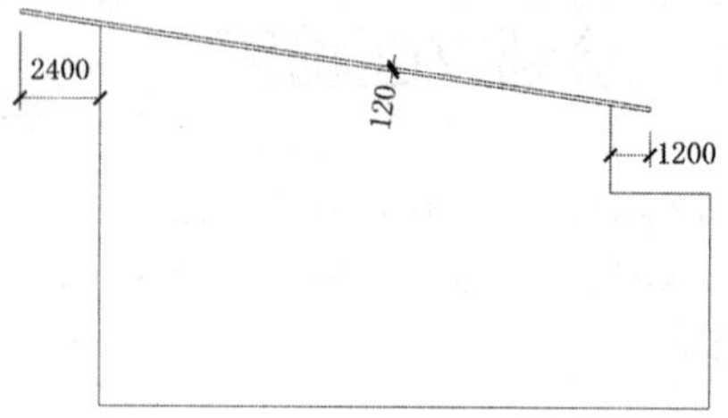

图 10-56　绘制图形

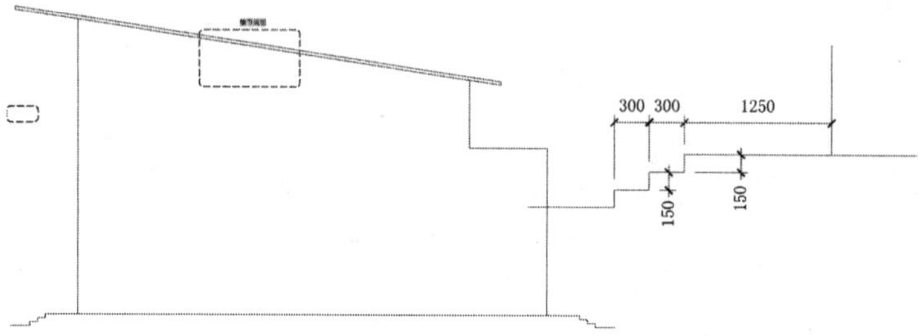

图 10-57　绘制台阶

步骤 6 执行“偏移（O）”命令，将左右侧垂直线段分别向内偏移 60、60，将下侧水平线向上偏移 50、300、4450、400；再执行“修剪（TR）”命令，修剪出如图 10-58 所示的效果。

步骤 7 执行“插入块（I）”命令，将“案例/10”文件下的“柱子”插入并复制到图形相应位置，如图 10-59 所示。

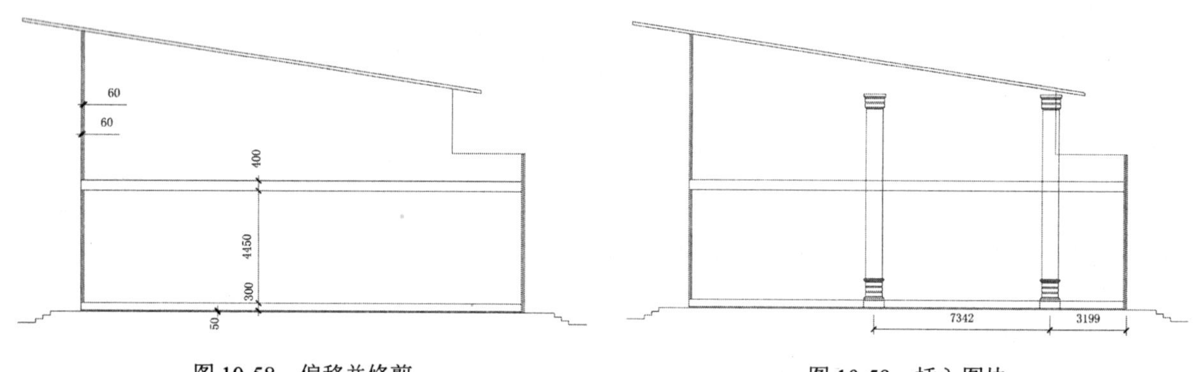

图 10-58　偏移并修剪　　　图 10-59　插入图块

步骤 8 通过执行“分解（X）”命令和“修剪（TR）”命令修剪多余线段，效果如图 10-60 所示。

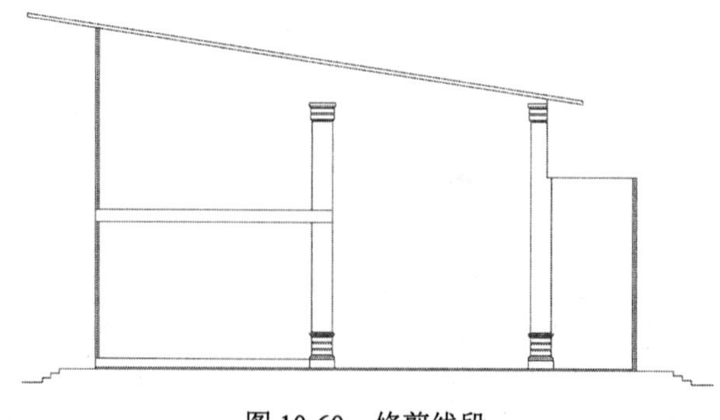

图 10-60　修剪线段

步骤9 执行“偏移（O）”命令，将柱子右侧的垂直线段向左偏移90、60、90，向右偏移2639，再将水平线段向下偏移870、130，并进行相应的延伸处理，如图10-61所示。再执行“修剪（TR）”命令，对线段进行修剪，效果如图10-62所示。

步骤10 执行“偏移（O）”命令，将右侧线段按照如图10-63所示的尺寸进行偏移。

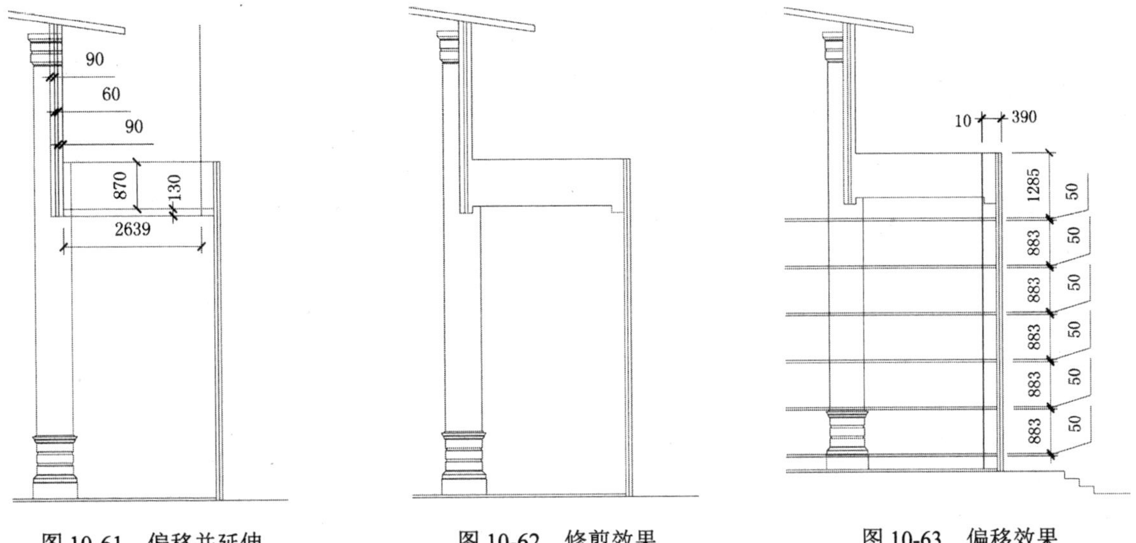

图10-61 偏移并延伸　　图10-62 修剪效果　　图10-63 偏移效果

步骤11 执行“修剪（TR）”命令，将多余的线条修剪掉，效果如图10-64所示。

步骤12 执行“矩形（REC）”命令和“移动（M）”命令，在如图10-65所示的位置绘制出2214×300的矩形，作为入口雨棚效果。

步骤13 执行“插入块（I）”命令，将“案例/10”文件下的“筒灯”插入图形中，通过执行“缩放（SC）”命令将其放大两倍并复制到相应的位置，如图10-66所示。

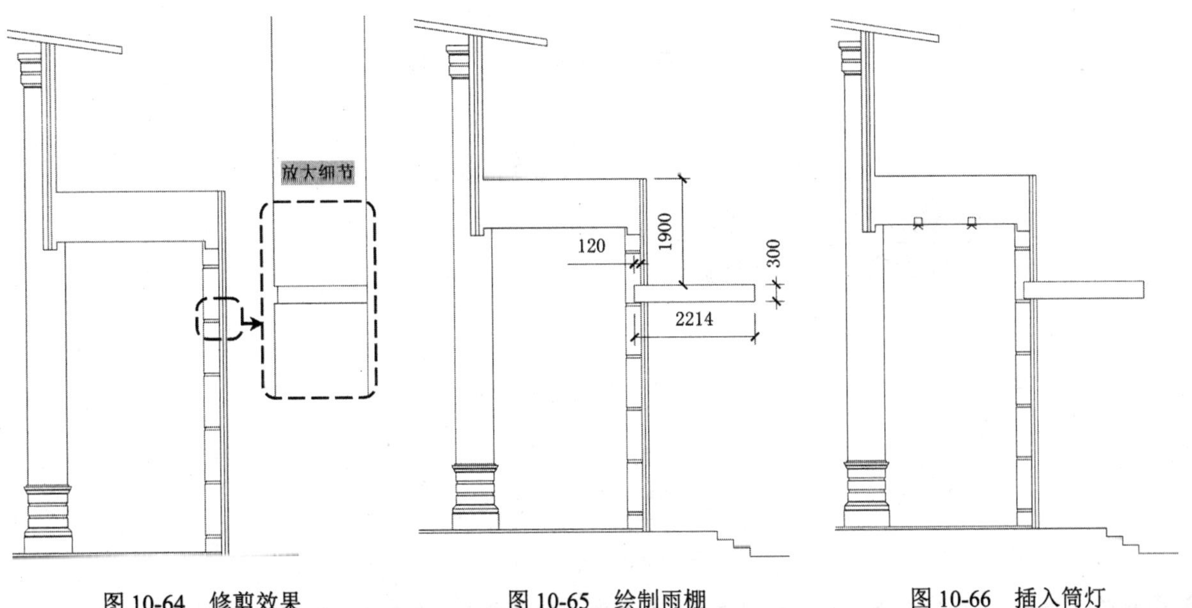

图10-64 修剪效果　　图10-65 绘制雨棚　　图10-66 插入筒灯

步骤14 执行“直线（L）”命令，在柱子上方绘制如图10-67所示的吊顶图形。

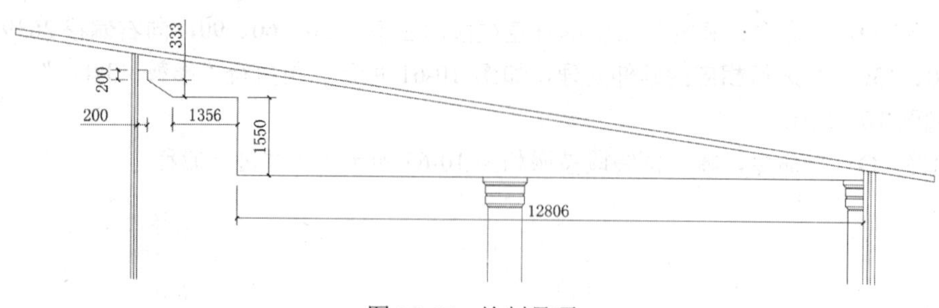

图 10-67　绘制吊顶

步骤 15 执行“偏移（O）”命令和“修剪（TR）”命令，绘制出二层台阶轮廓，如图 10-68 所示。

步骤 16 执行“图案填充（H）”命令，在弹出的对话框中选择“样例”为AR-RROOF、“比例”为 60、“角度”为 45，对二层墙面填充玻璃效果，如图 10-69 所示。

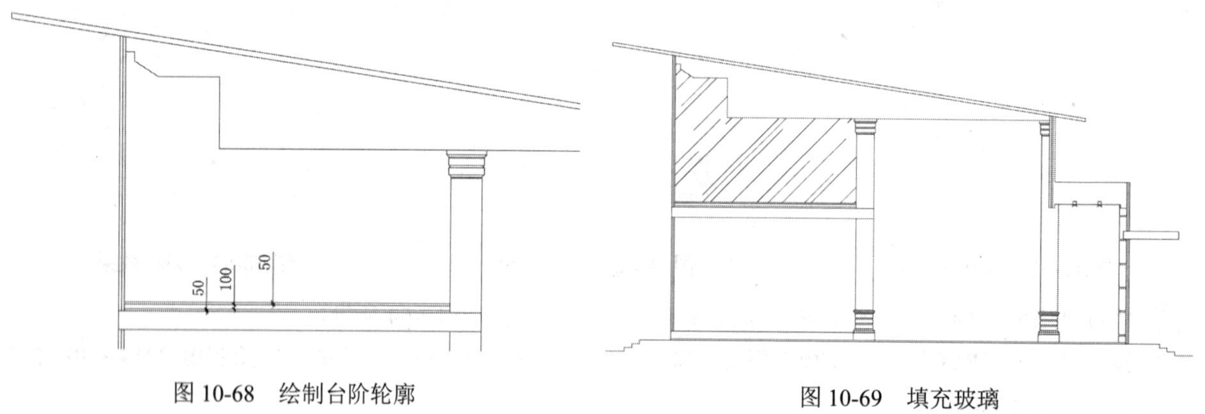

图 10-68　绘制台阶轮廓

图 10-69　填充玻璃

步骤 17 执行“插入块（I）”命令，将“案例/10”文件下的“剖面吊灯”“立面楼梯”和“茶几隔断组合”插入图形中，并通过分解、修剪、移动等命令完成如图 10-70 所示的图形效果。

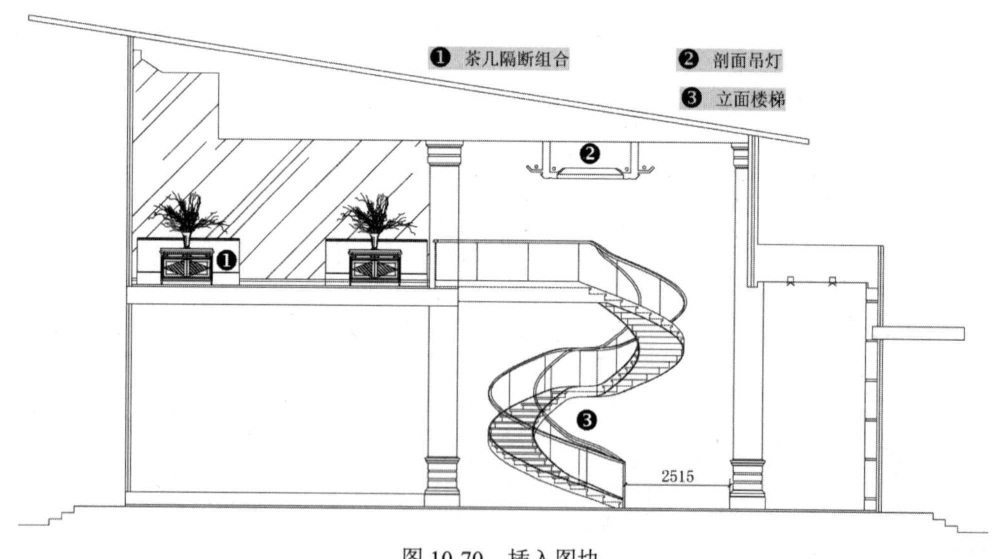

图 10-70　插入图块

步骤 18 执行“直线（L）”命令，在一层相应的位置绘制出吊顶轮廓，如图 10-71 所示。

步骤 19 通过执行“直线（L）”命令和“修剪（TR）”命令在下方绘制出木制吊顶，如图 10-72 所示。

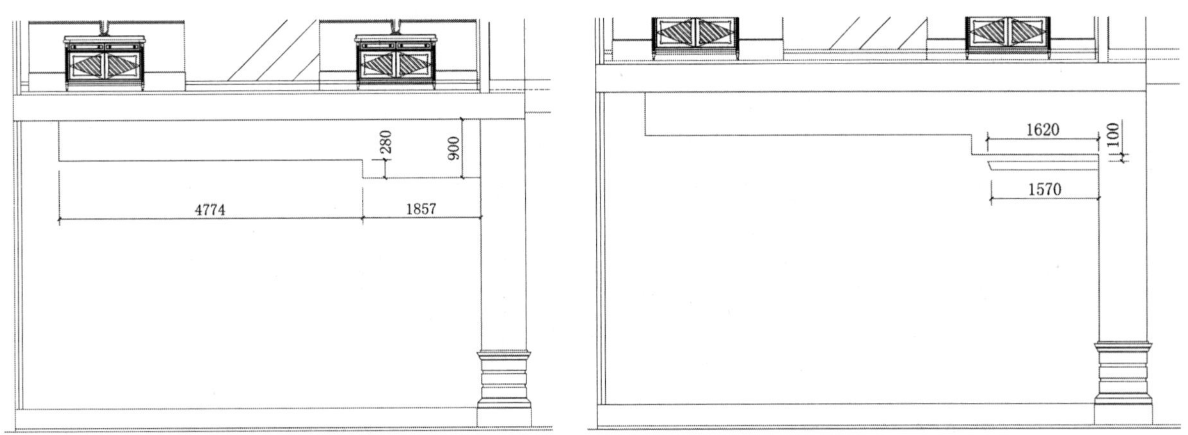

图 10-71 绘制吊顶轮廓

图 10-72 绘制木制吊顶

步骤20 执行“偏移（O）”命令和“修剪（TR）”命令，绘制出如图 10-73 所示的立面轮廓。

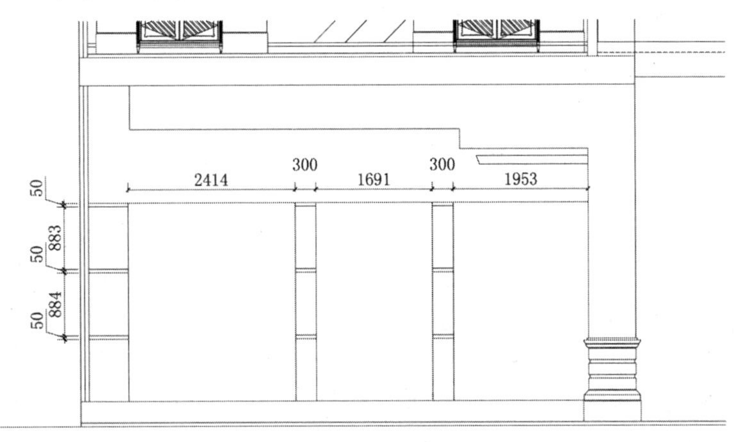

图 10-73 立面轮廓

步骤21 执行“矩形（REC）”命令，在相应的位置绘制 2219×2700 的矩形，再执行“偏移（O）”命令，将其向内偏移 10、30、10，如图 10-74 所示。

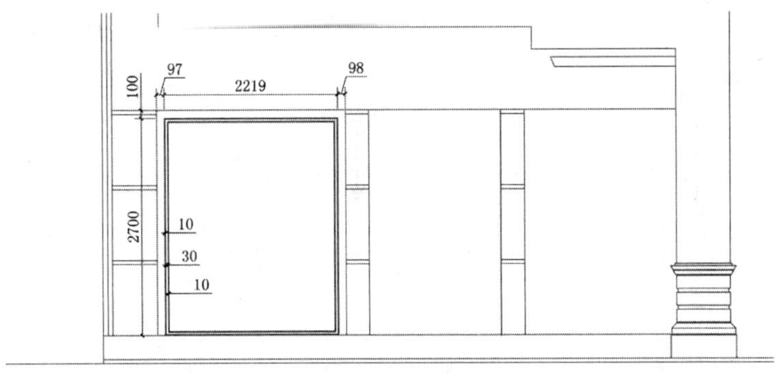

图 10-74 绘制木框

步骤22 执行“复制（CO）”命令，将前面绘制的图形复制到后侧，并通过分解、修剪等命令删除多余线段，效果如图 10-75 所示。

步骤23 执行“直线（L）”命令，在前面图形相应的位置绘制两条水平线，如图 10-76 所示。

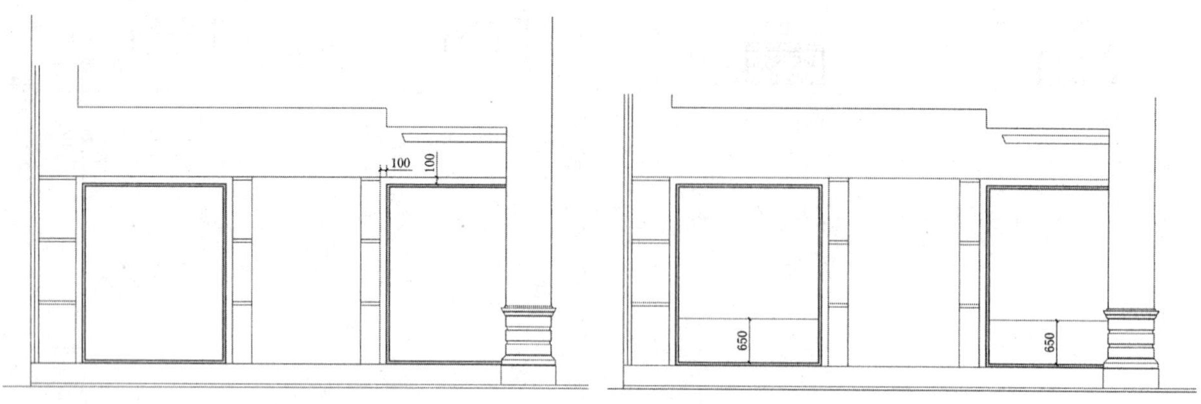

图 10-75　复制并修剪　　图 10-76　绘制线段

步骤24 执行“图案填充（H）”命令，在弹出的对话框中选择“样例”为AR-RROOF、“比例”为 50、“角度”为 45，在图形区域填充玻璃效果，如图 10-77 所示。

步骤25 再选择“样例”为AR-SAND、“比例”为 2，在下侧区域填充磨砂玻璃效果，如图 10-78 所示。

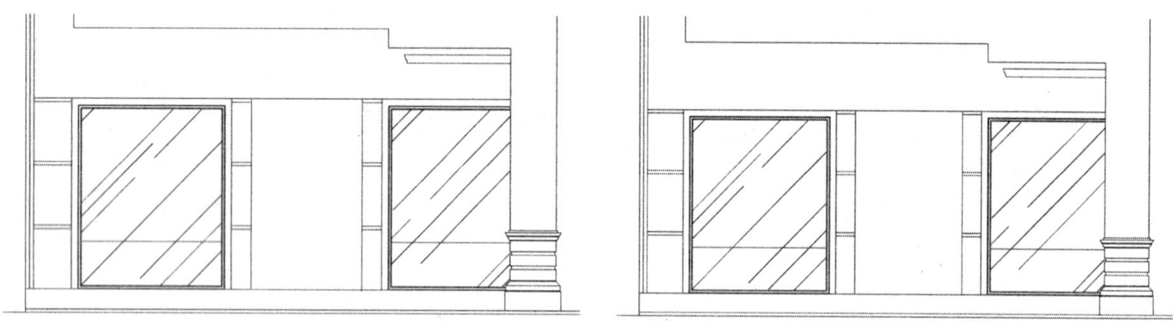

图 10-77　填充玻璃效果　　图 10-78　填充磨砂区域

步骤26 执行“插入块（I）”命令，将“案例/10”文件下的“成品门”和“连接钢管”插入图形相应的位置并进行修剪，再将前面的筒灯复制过来，效果如图 10-79 所示。

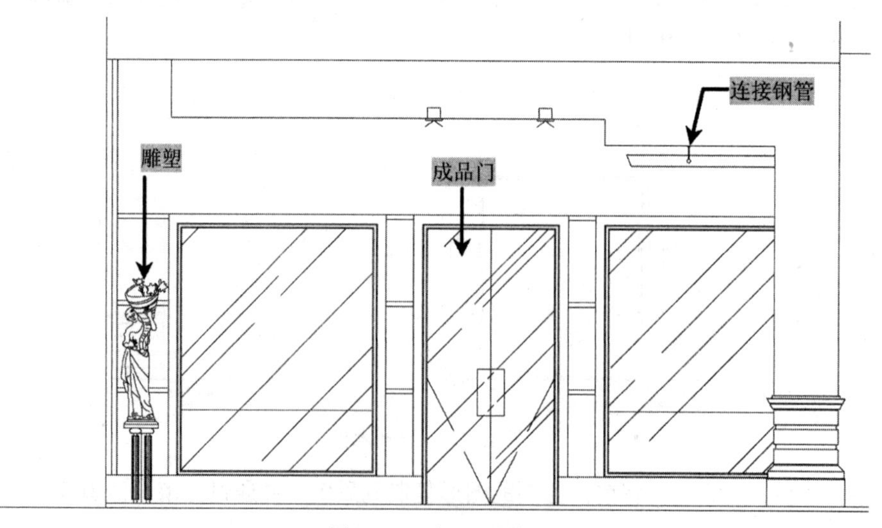

图 10-79　插入图块

10.3.2 文字、尺寸和图名标注

步骤 1 将“标注”图层置为当前图层。执行“线性标注（DLI）”命令、“连续标注（DCO）”命令等，对立面图进行标注。

步骤 2 切换至“符号”图层，执行“插入块（I）”命令，将“案例/10”文件下的“立面标高符号”插入图形中，通过分解、复制等操作将其放置到相应的位置，并修改不同的标高值，如图 10-80 所示。

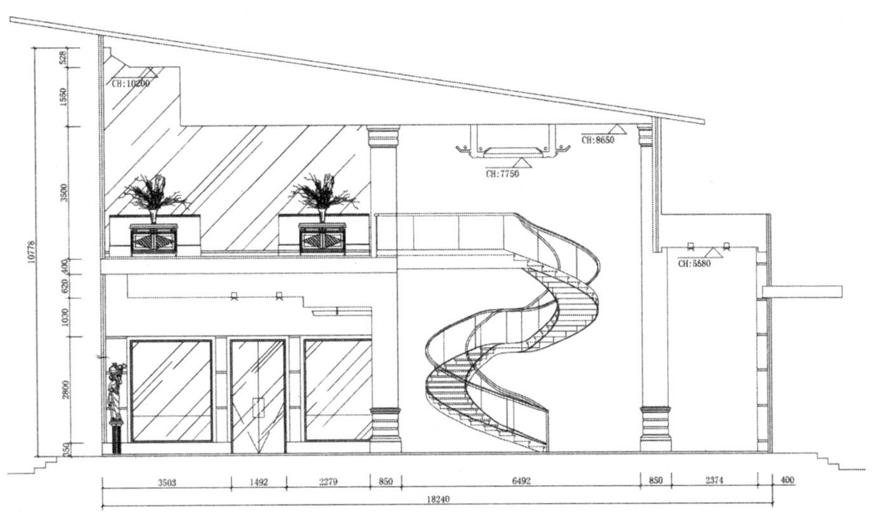

图 10-80　尺寸、标高标注

步骤 3 将“文字”图层置为当前图层。执行“多重引线（MLD）”命令，设置文字“字体”为宋体、“大小”为 250，对立面图添加文字注释。

步骤 4 执行“多行文字（MT）”命令，设置文字“字体”为宋体、“大小”为 450，对立面图进行图名标注；再执行“多段线（PL）”命令和“直线（L）”命令，在图名下方绘制与图名同长度的线段，如图 10-81 所示。

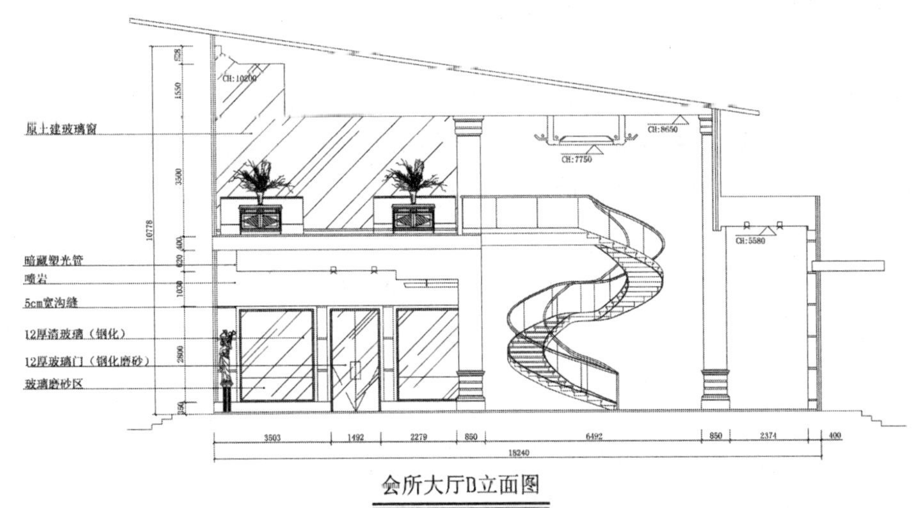

图 10-81　立面效果

步骤 5 至此，立面图已经绘制完成，按Ctrl+S组合键进行保存。

第11章 汽车销售中心装修施工图的绘制

中国汽车市场的持续升温使汽车后市场也火爆起来，而汽车4S店就是汽车后市场中一种重要的发展模式。本章以某汽车销售中心为例讲解其平面布置图、地面布置图、天花布置图及立面图、详图的绘制。

主要内容

- 掌握销售中心一层平面布置图的绘制
- 掌握销售中心一层地面布置图的绘制
- 掌握销售中心一层天花布置图的绘制
- 掌握销售中心二层平面布置图的绘制
- 掌握销售中心入口外立面图的绘制
- 掌握营业区电视幕墙立面图的绘制
- 掌握电视幕墙A-A剖面图的绘制

11.1 汽车销售中心一层平面布置图的绘制

案例文件：11\销售中心一层平面布置图.dwg
视频文件：11\销售中心一层平面布置图.avi

首先将准备好的销售中心一层建筑平面图打开，然后根据各个展示间平面图的功能分别进行平面布置图的设计。在进行家具摆放之前，根据需要先绘制固定家具的造型轮廓，再插入一些家具图块，最后进行尺寸标注、文字标注、图名标注等，布置结果如图11-1所示。

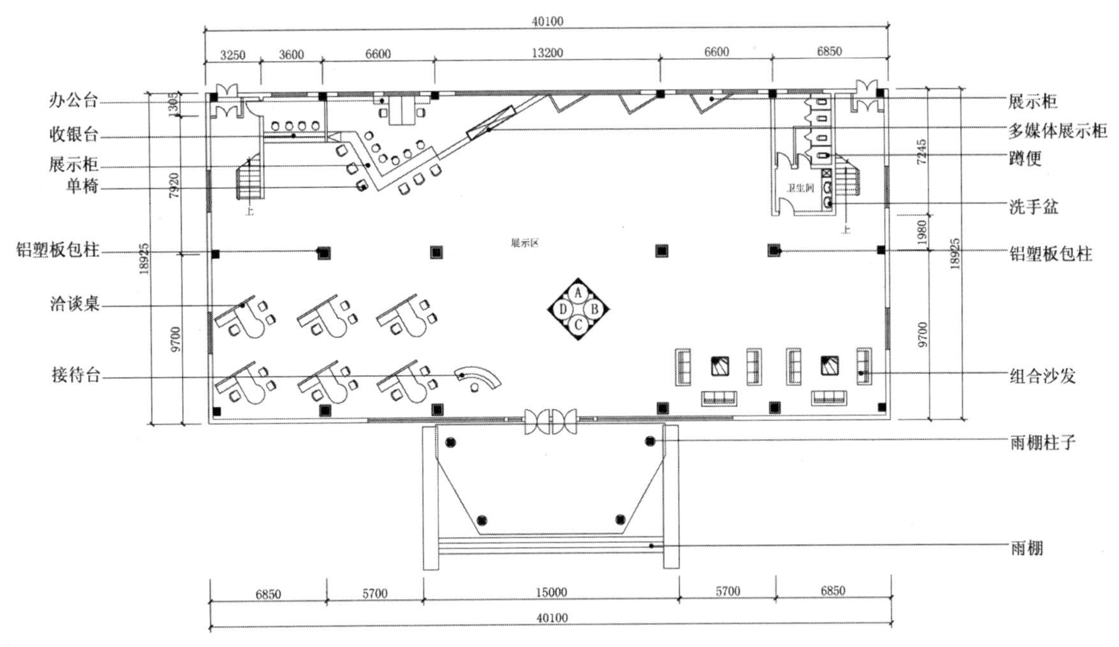

图 11-1 平面布置图效果

11.1.1 打开建筑平面图

在设计室内平面布置图之前，首先要绘制相应的建筑平面图。如果有相应的原始建筑平面图，即可将其借调并加以修改，将其另存为符合要求的文件。在本实例中已有准备好的“销售中心建筑平面图.dwg”文件，将其打开，并另存为新的文件。

步骤 1 启动AutoCAD 2018，在“快速访问”工具栏中单击“打开”按钮，将“案例文件\11\销售中心一层建筑平面图.dwg”文件打开，如图 11-2 所示；再单击“另存为”按钮，将文件另存为“案例文件\11\销售中心一层平面布置图.dwg”。

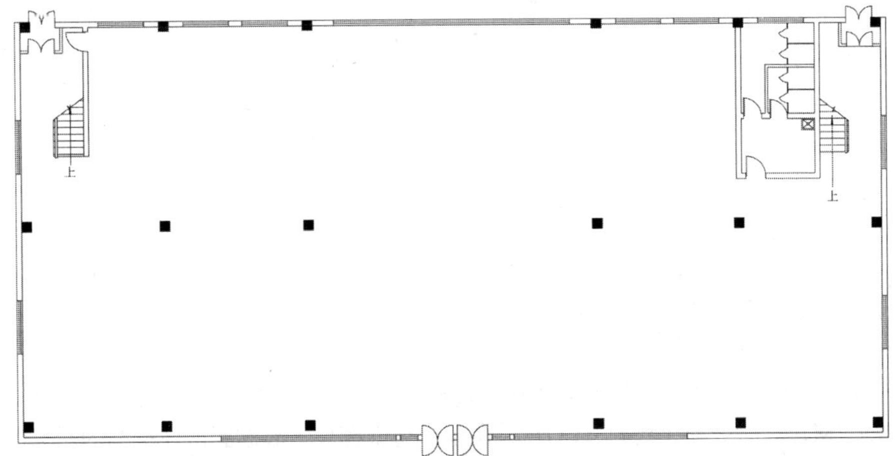

图 11-2 打开的图形

步骤 2 将“文字”图层置为当前图层。执行“多行文字（MT）”命令，设置文字“字体”为宋体、“大小”为 600，在图形下方输入图名；再设置字体“大小”为 350，标注各区域名称。

步骤 3 执行“多段线（PL）”命令，设置“宽度”为 50，在图名下方绘制一条多段线；再执行“直线（L）”命令，绘制一条与多段线同长度的直线段，如图 11-3 所示。

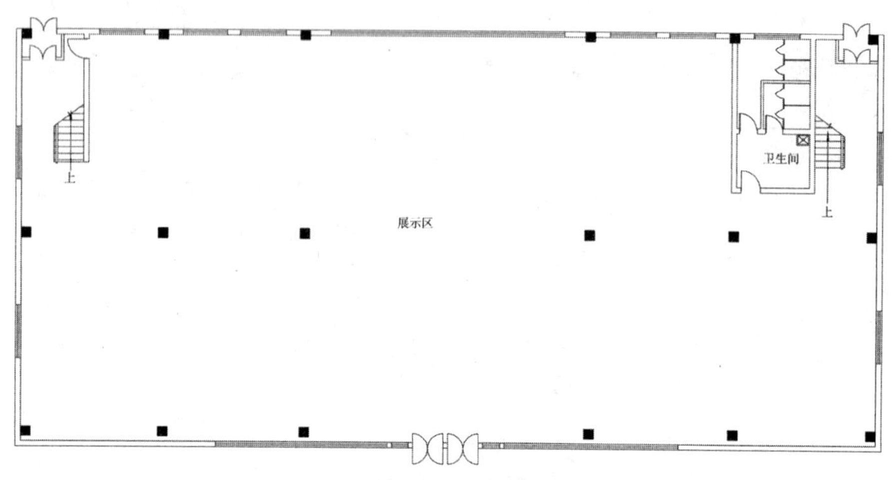

图 11-3　绘制图名效果

11.1.2　绘制室内布置图造型

在绘制室内布置图时，应该先绘制出室内家具造型的轮廓，如柱子装饰等，然后通过插入块的方式将成品家具插入相应的位置。

步骤 1 切换到“家具”图层，执行“直线（L）”命令，绘制如图 11-4 所示的线段。

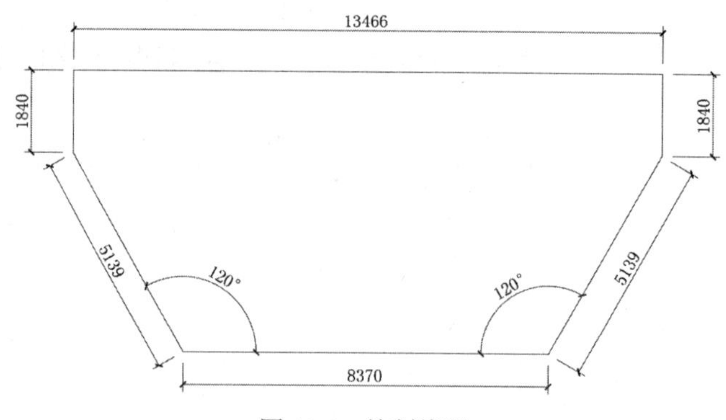

图 11-4　绘制线段

步骤 2 执行“矩形（REC）”命令，绘制 400×400 的矩形；再执行“图案填充（H）”命令，在弹出的对话框中选择“样例”为SOLTD，对矩形进行填充。

步骤 3 执行“圆（C）”命令，捕捉矩形对角点来绘制一个圆，形成雨棚圆柱子效果。

步骤 4 执行“移动（M）”命令和“复制（CO）”命令，将雨棚柱子复制到前面绘制的图形的相应位置，如图 11-5 所示。

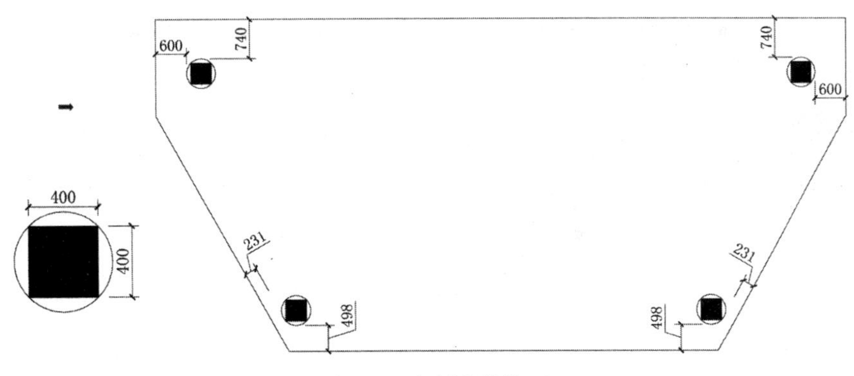

图 11-5　复制装饰柱子

步骤5 执行“矩形（REC）”命令、“直线（L）”命令和“偏移（O）”命令，根据如图 11-6 所示的尺寸绘制图形。

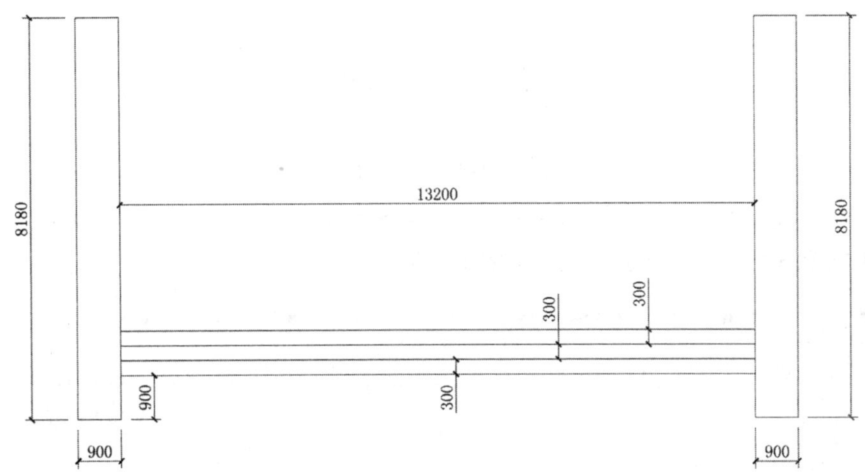

图 11-6　绘制图形

步骤6 执行“移动（M）”命令，将绘制好的图形移动到距离前面图形 200 的位置，形成雨棚效果，如图 11-7 所示。

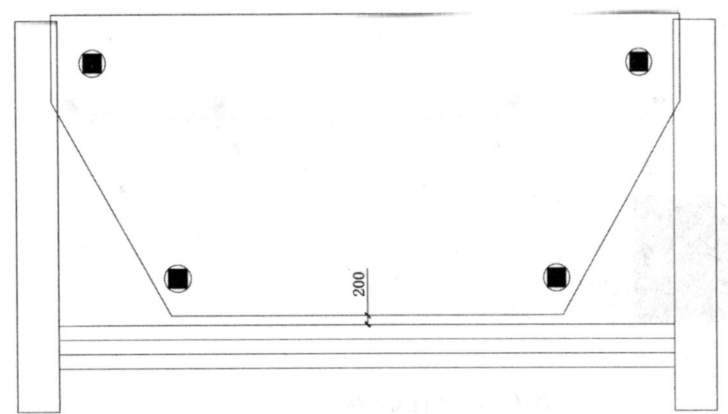

图 11-7　移动组合

步骤7 再执行“移动（M）”命令，将雨棚移动到平面图的入口墙体中点往下 147 的位置，如图 11-8 所示。

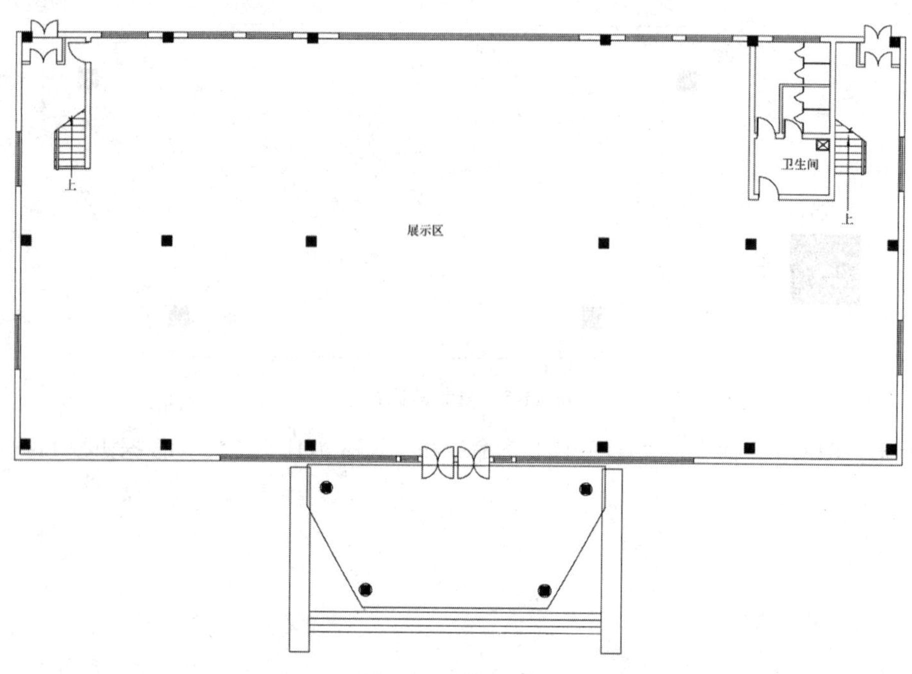

图 11-8　移动雨棚

步骤 8 执行“矩形（REC）”命令，捕捉展示区内部柱子轮廓绘制矩形；再执行“偏移（O）”命令，将矩形向外分别偏移 75 和 50，将柱子包裹起来，如图 11-9 所示。

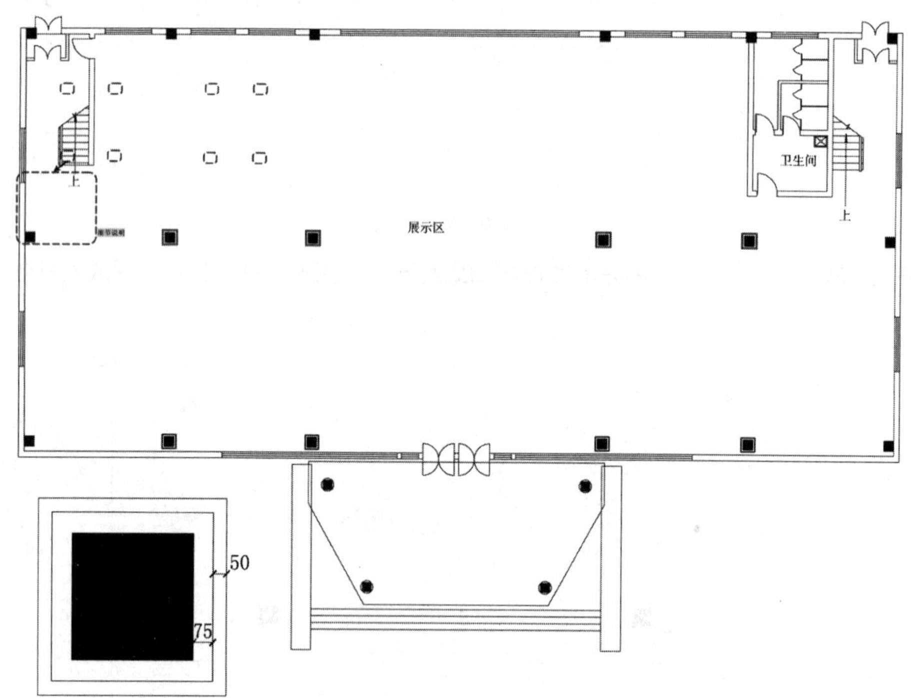

图 11-9　包裹柱子

步骤 9 执行“偏移（O）”命令、“直线（L）”命令和“修剪（TR）”命令，在展区左上角绘制出收银台和隔断基本轮廓，且转换为“家具”图层，如图 11-10 所示。

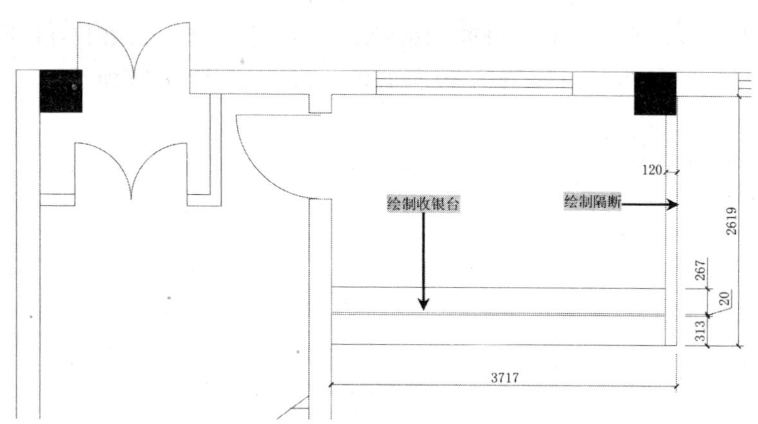

图 11-10　绘制收银台和隔断

步骤10 执行“直线（L）”命令，在上一步绘制的隔墙右侧捕捉点，绘制如图 11-11 所示的斜线办公台图形。

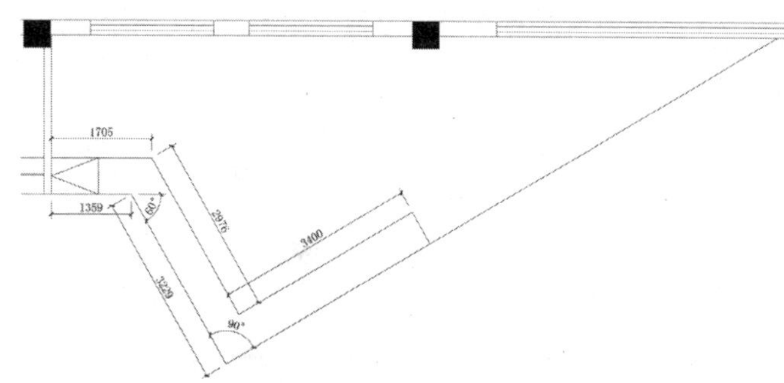

图 11-11　绘制斜线办公台

步骤11 执行“偏移（O）”命令、“修剪（TR）”命令和“直线（L）”命令，在斜线上绘制出展示柜，如图 11-12 所示。

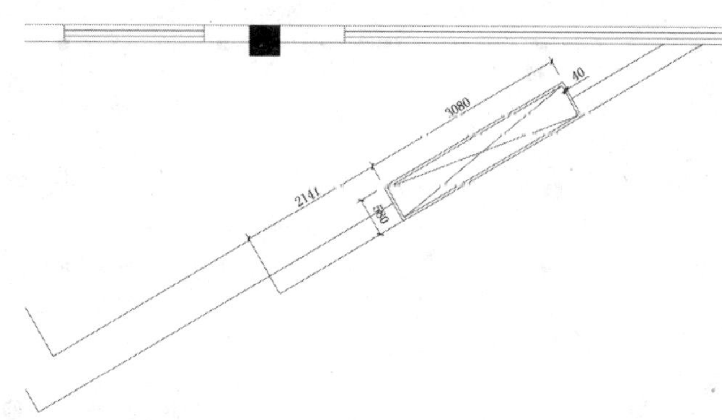

图 11-12　绘制展示柜

步骤12 执行“直线（L）”命令，继续在右侧绘制斜线展示柜，如图 11-13 所示。

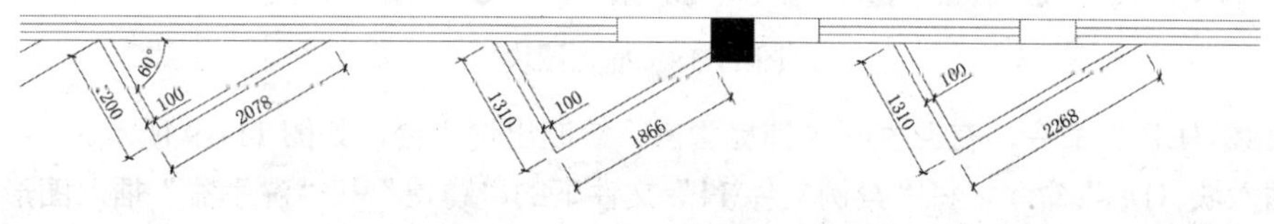

图 11-13　绘制展示柜

步骤13 执行“圆（C）”命令，绘制半径为2008、1608和1408的同心圆，如图11-14所示。

步骤14 再执行“直线（L）”命令，绘制角度为30和120的线段，如图11-15所示。

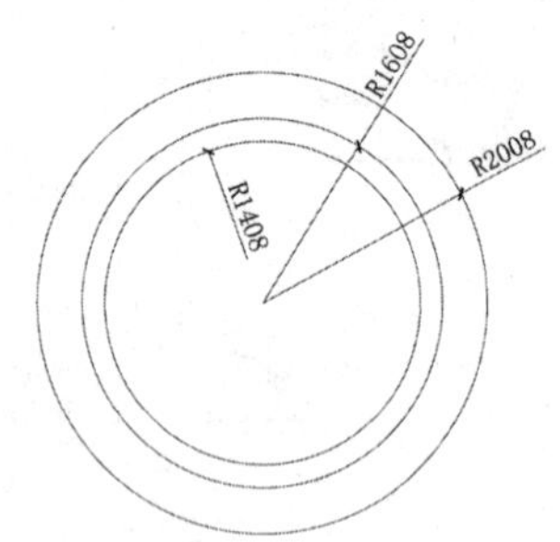

图11-14 绘制圆

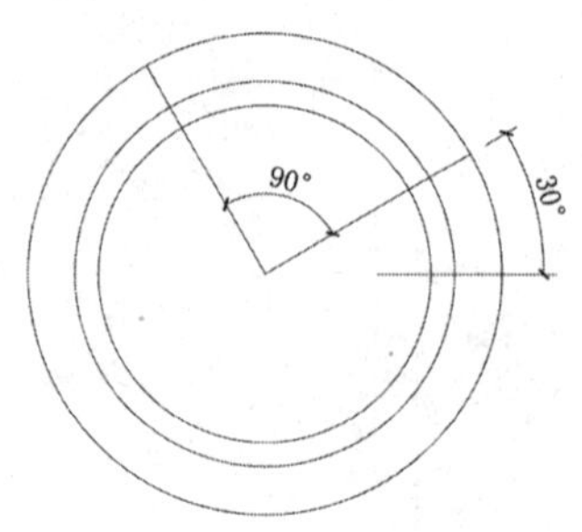

图11-15 绘制线段

步骤15 执行“修剪（TR）”命令，修剪掉多余的圆弧，形成接待台效果，如图11-16所示。

步骤16 执行“移动（M）”命令，将接待台放置在门口位置，如图11-17所示。

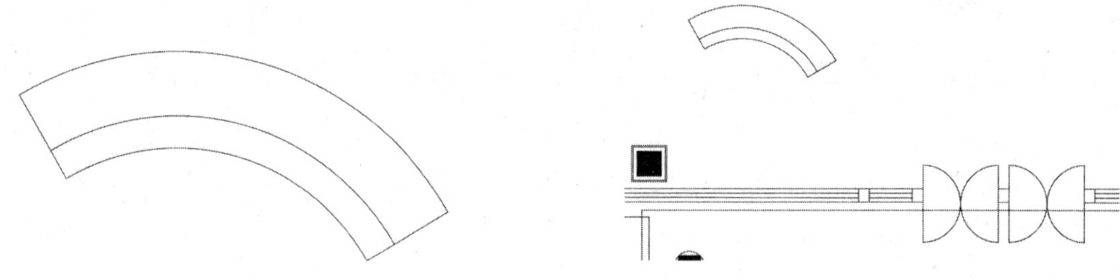

图11-16 修剪效果　　图11-17 移动图形

步骤17 执行“插入块（I）”命令，将“案例文件\11”文件下的相应图块插入图形中，并通过复制、移动、旋转等操作放置到如图11-18所示的位置。

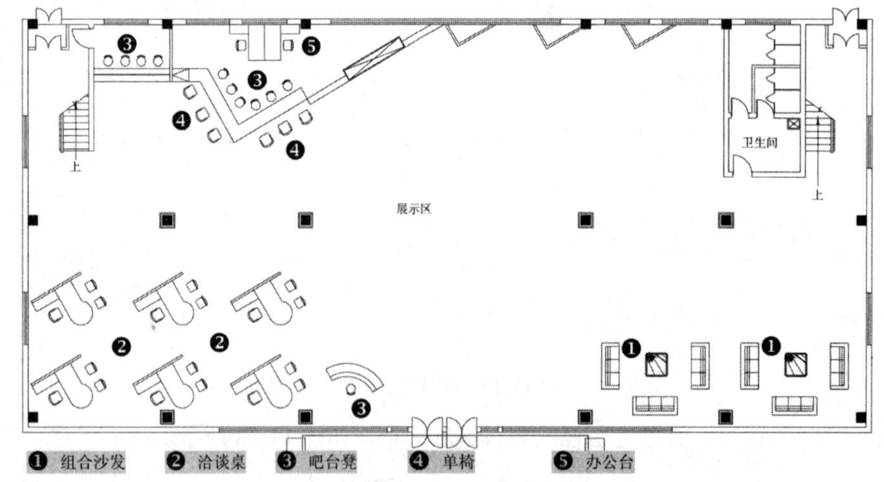

图11-18 插入图块

步骤18 执行“直线（L）”命令，在卫生间内捕捉管道，绘制出洗手台，如图11-19所示。

步骤19 执行“插入块（I）”命令，将“案例文件\11”文件下的“蹲便”和“洗手盆”插入图形中，结合复制等命令放置到相应的位置，如图11-20所示。

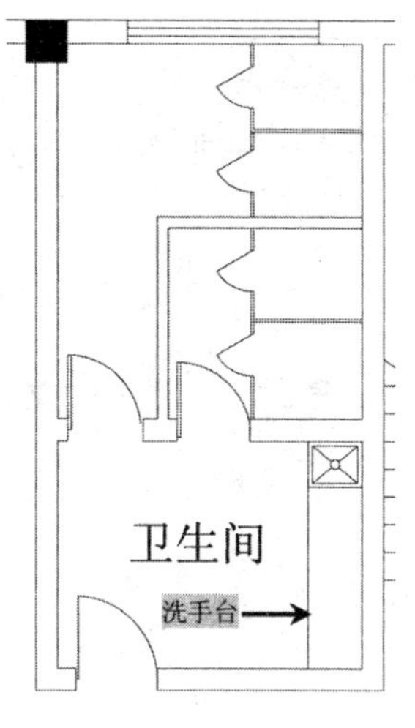

图 11-19 绘制洗手台

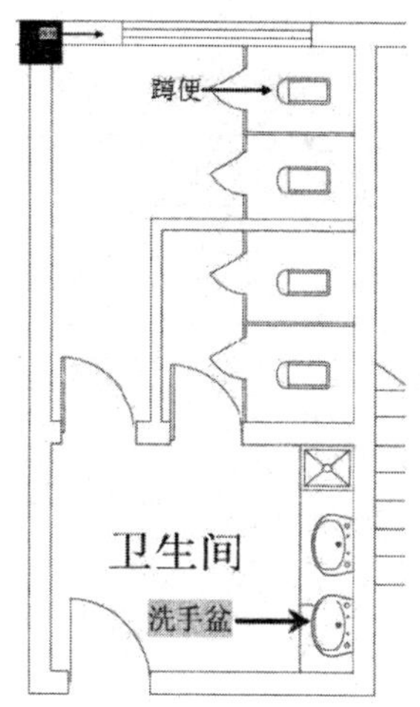

图 11-20 插入图块

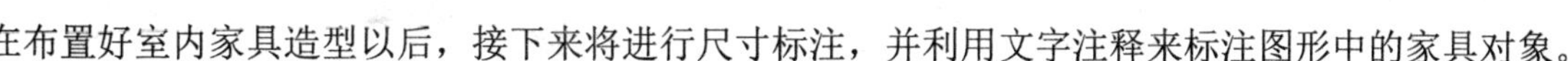

11.1.3 尺寸、文字标注

在布置好室内家具造型以后，接下来将进行尺寸标注，并利用文字注释来标注图形中的家具对象。

步骤 1 将“标注”图层置为当前图层。执行“线性标注（DLI）”命令和“连续标注（DCO）”命令，对图形进行对象标注和总尺寸标注，如图 11-21 所示。

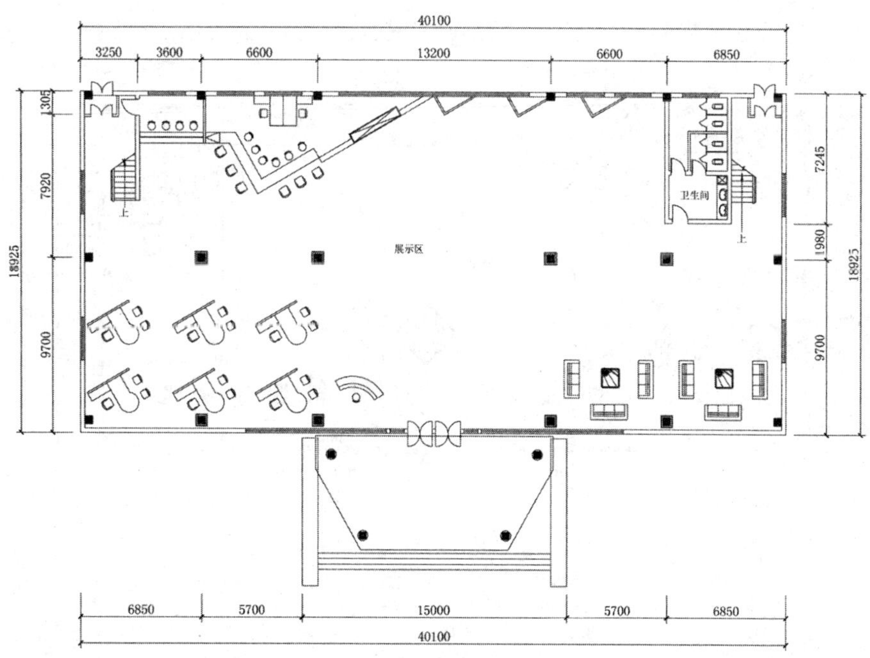

图 11-21 尺寸标注

步骤 2 将“文字”图层置为当前图层。执行“多重引线（MLD）”命令，在拉出一条直线以后，弹出“文字格式”对话框，设置文字“字体”为仿宋、“大小”为 700，根据要求对室内布置图添加文字注释，如图 11-22 所示。

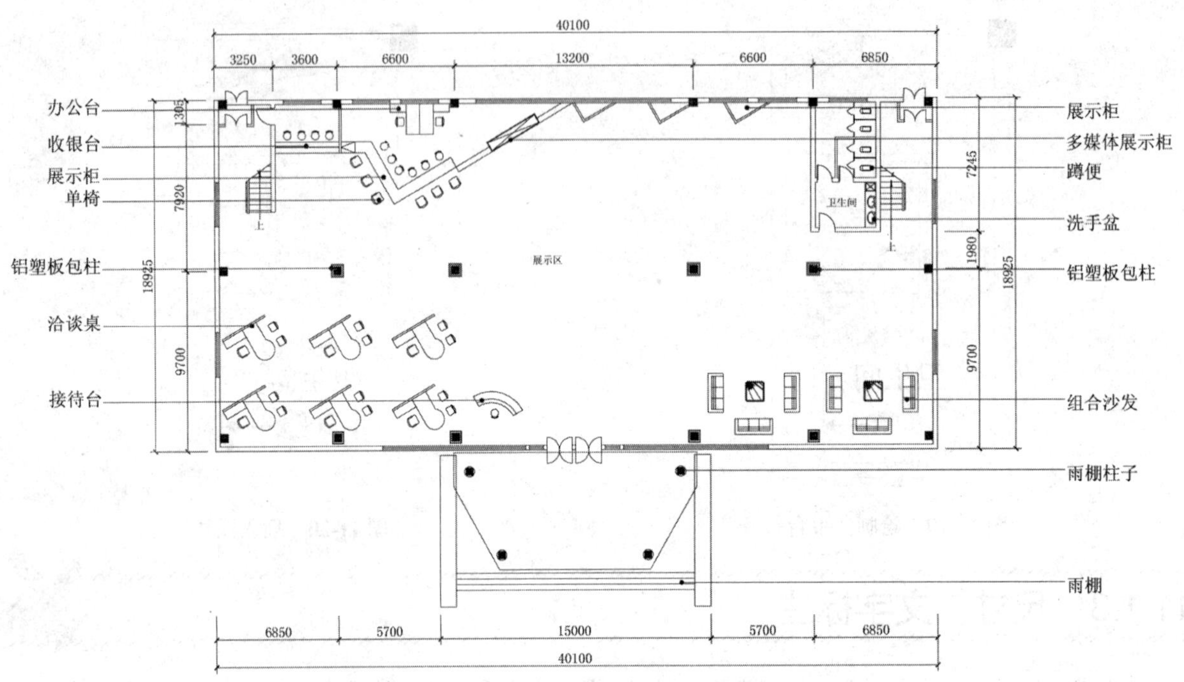

图 11-22　文字标注

步骤 3　将“FH-符号”图层置为当前图层。执行“插入块（I）”命令，将“案例文件\11”文件夹下的“索引符号”插入图形中，如图 11-23 所示。

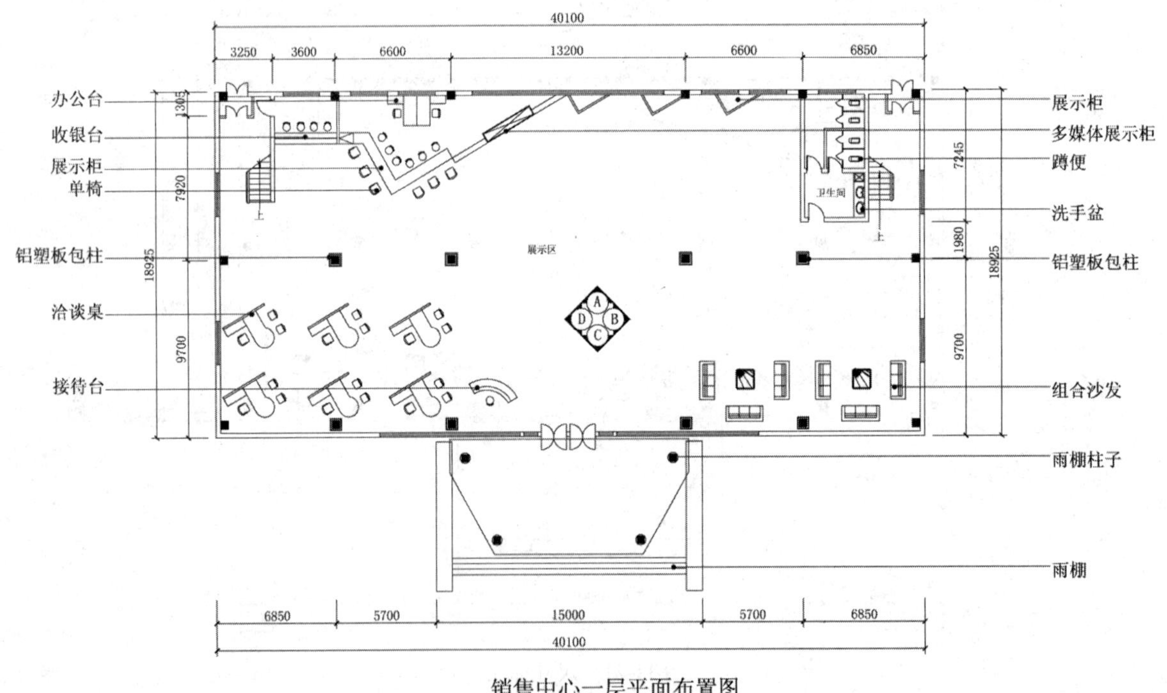

图 11-23　插入内视符号

步骤 4　至此，一层平面布置图已经绘制完成，按Ctrl+S组合键进行保存。

11.2 销售中心一层地面布置图的绘制

案例文件：11\销售中心一层地面布置图.dwg
视频文件：11\销售中心一层地面布置图.avi

本实例调用“平面布置图”文件，将多余的图形对象删除，并另存为地面布置图文件。根据绘制地面布置图的要求来绘制地面轮廓，再进行图案填充和文字注释，其效果如图 11-24 所示。

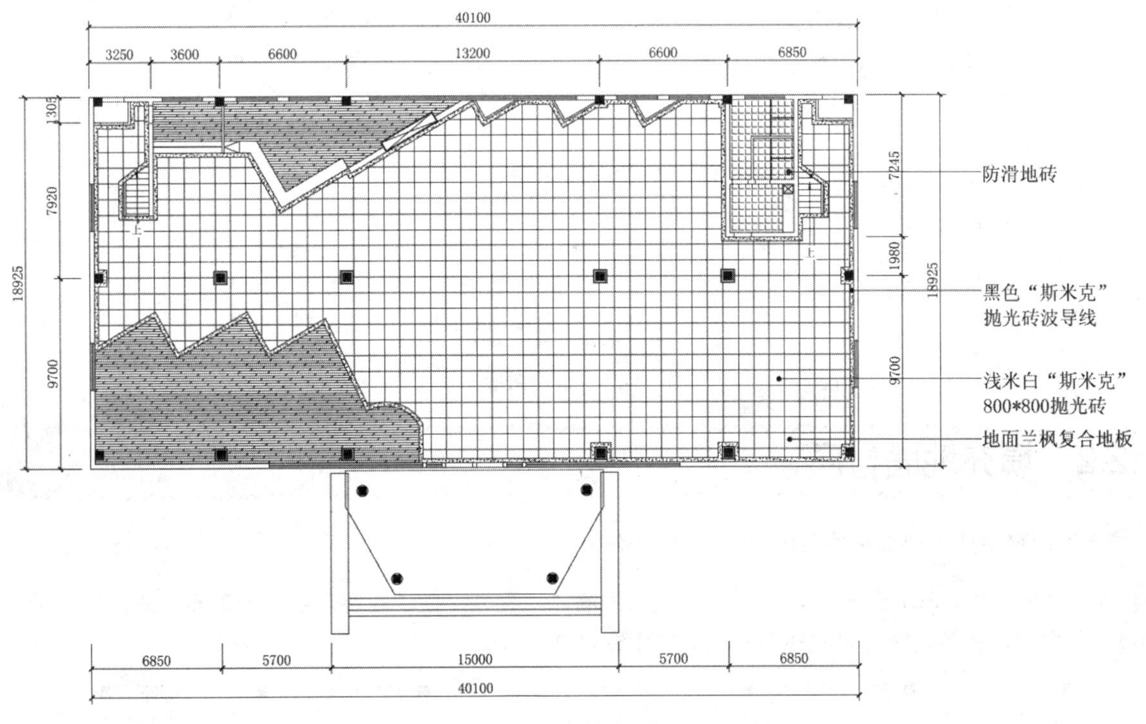

图 11-24 地面布置图效果

11.2.1 调用并整理文件

用户在绘制地面布置图时，可以将先前的平面布置图文件打开，并另存为新的文件，加以借调。

步骤 1 启动AutoCAD 2018，在“快速访问”工具栏中单击“打开”按钮，将前面绘制好的“案例文件\11\销售中心一层平面布置图.dwg”文件打开；再单击“另存为”按钮，将文件另存为“案例文件\11\销售中心一层地面布置图.dwg”。

步骤 2 根据作图需要执行“删除（E）”命令，将图形中的文字注释、家具对象、门对象和内视符号删除，并修改图名为“销售中心一层地面布置图”。

步骤 3 将“地面”图层置为当前图层。执行“直线（L）”命令，将门洞口封闭起来，修改效果如图 11-25 所示。

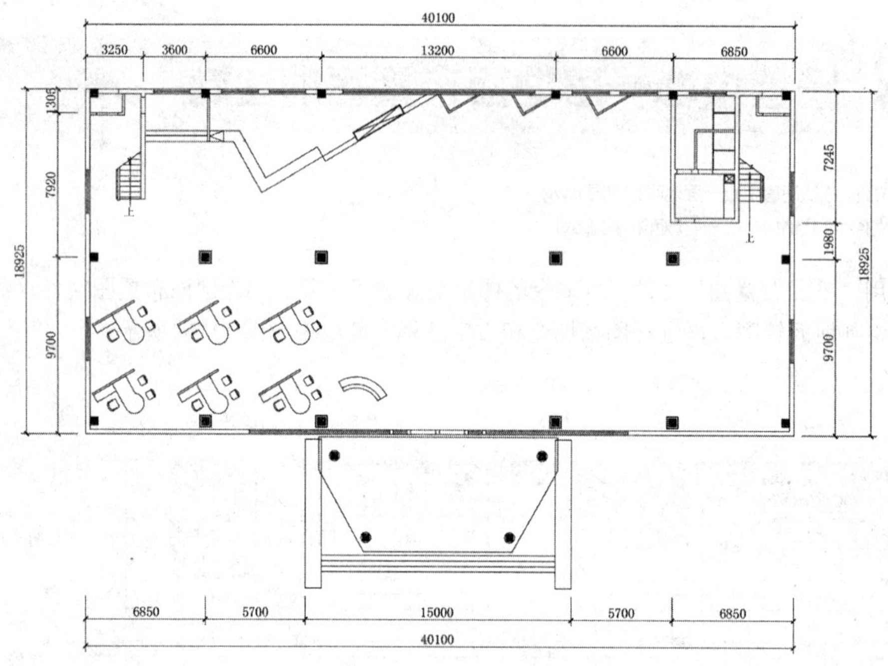

图 11-25　整理图形

11.2.2　填充地面材质

填充地面材质能更加真实地表达空间的材质感。

步骤 1 执行“多段线（PL）”命令，捕捉图形内部的墙体、家具、柱子轮廓来绘制一条多段线，再执行“偏移（O）”命令，将多段线向内偏移 200，效果如图 11-26 所示。

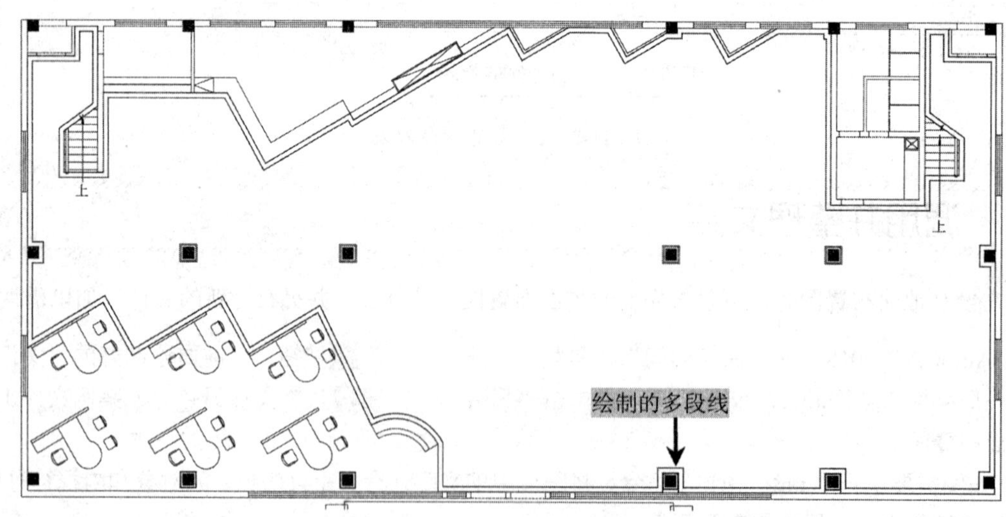

图 11-26　绘制多段线

步骤 2 执行“删除（E）”命令，将洽谈桌和接待台删除，效果如图 11-27 所示。

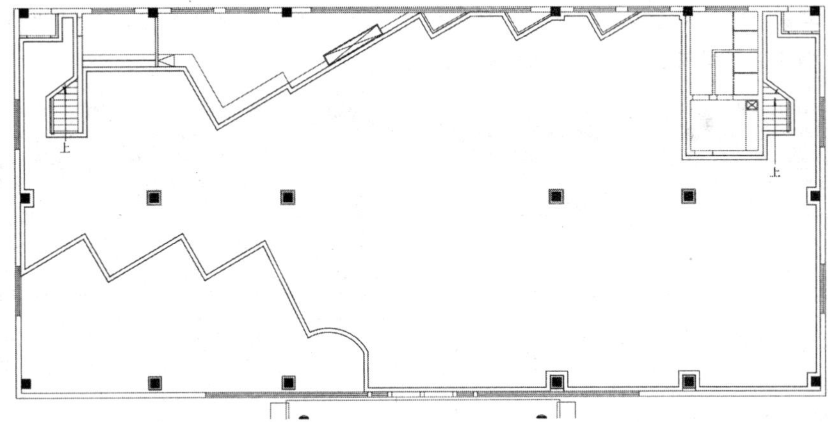

图 11-27　删除图形

步骤 3 切换至“填充”图层，执行“图案填充（H）”命令，在弹出的对话框中选择“样例”为AR-CONC、“比例”为 1，在两条多段线的中间位置填充波导线效果，如图 11-28 所示。

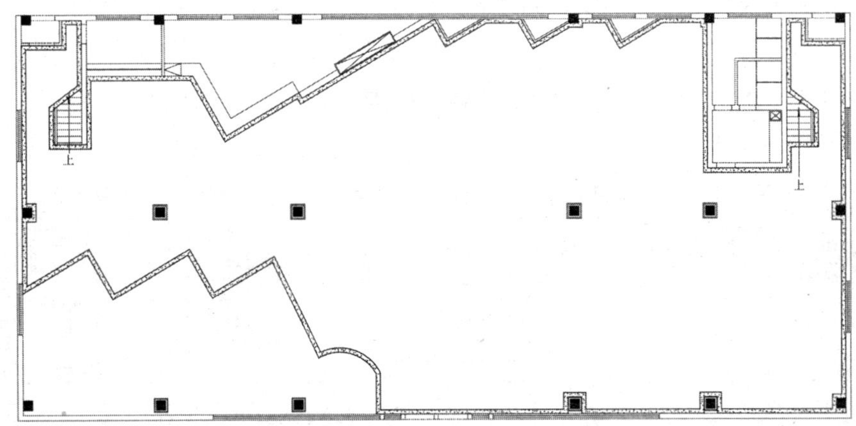

图 11-28　填充波导线

步骤 4 执行“图案填充（H）”命令，在弹出的对话框中选择“类型”为“用户定义”，选中“双向”复选框，“间距”输入为 800，对多段线填充 800 × 800 的抛光砖效果，如图 11-29 所示。

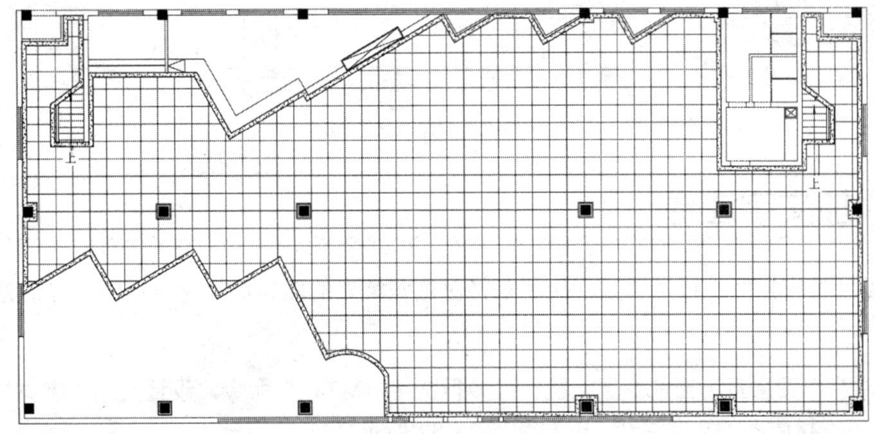

图 11-29　填充抛光砖

步骤 5 执行“图案填充（H）”命令，在弹出的对话框中选择“类型”为“预定义”、“样例”为DOLMIT、“比例”为 20，对相应区域填充复合地板，效果如图 11-30 所示。

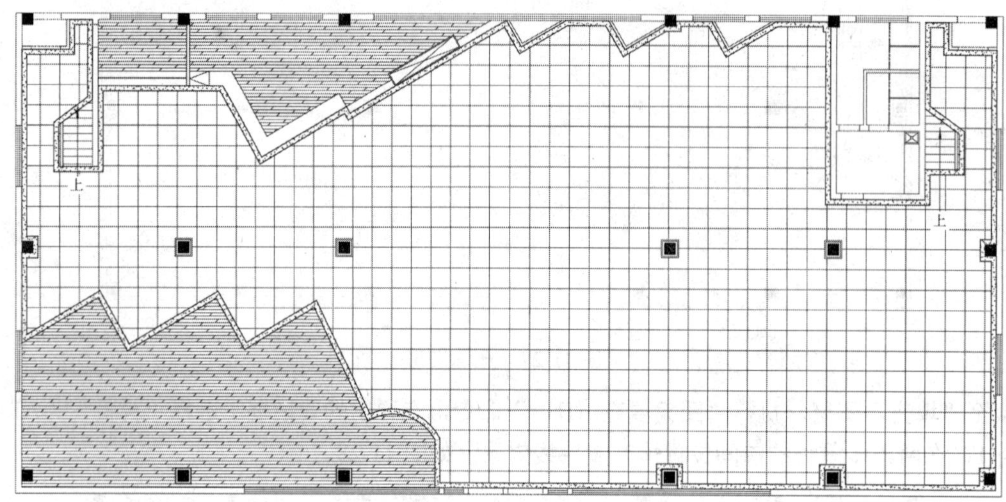

图 11-30 填充复合地板

步骤 6 重复“图案填充（H）”命令，在弹出的对话框中选择“样例”为ANGLE、“比例”为 50，为卫生间填充防滑砖，效果如图 11-31 所示。

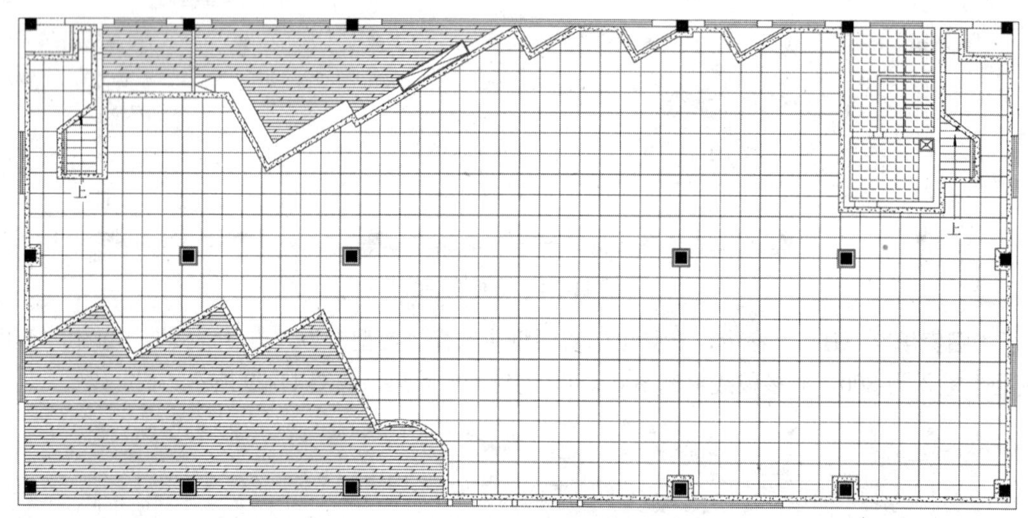

图 11-31 填充卫生间

11.2.3 添加文字注释

前面对各展区相应样例进行了填充，接下来将对这些填充的图案添加材质说明，以清楚地表达出真实效果。

步骤 1 将“WZ-文字”图层置为当前图层。执行“多行文字（MT）”命令，设置文字“字体”为宋体、“大小”为 280，对填充材质添加文字注释，效果如图 11-32 所示。

步骤 2 至此，地面布置图已经绘制完成，按Ctrl+S组合键进行保存。

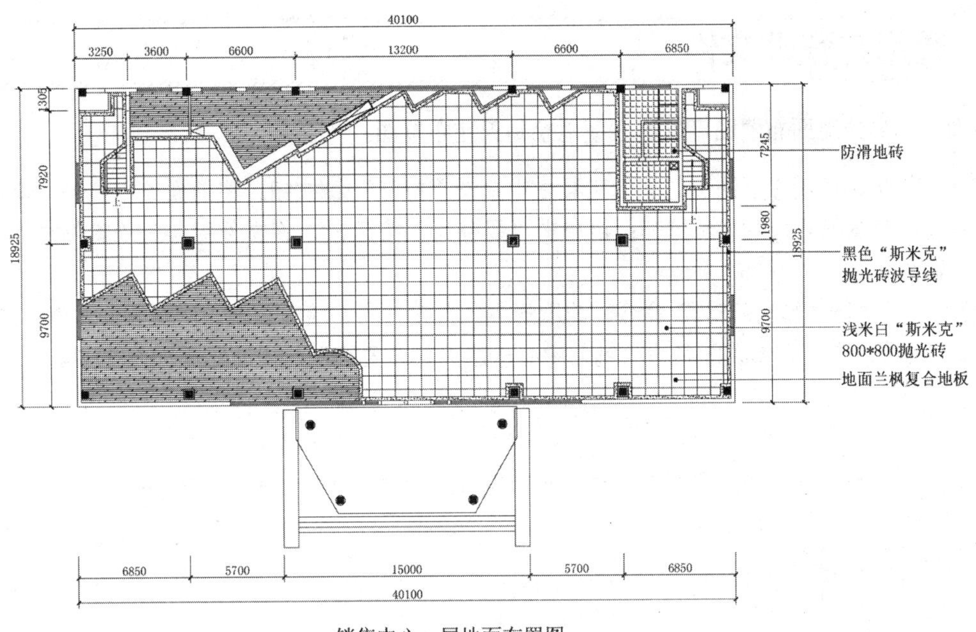

图 11-32　文字标注

11.3 销售中心一层天花布置图的绘制

案例文件：11\销售中心一层天花布置图.dwg
视频文件：11\销售中心一层天花布置图.avi

本实例主要对天花布置图进行绘制，首先将地面布置图打开，通过整理留下需要的轮廓，然后绘制天花造型并插入灯具，最后添加文字注释和标高，布置效果如图 11-33 所示。

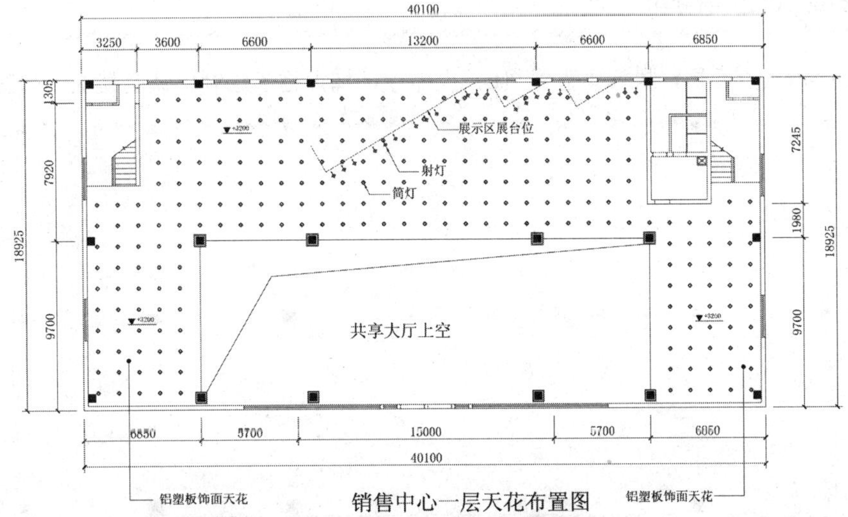

图 11-33　天花布置效果

11.3.1 调用并整理文件

借用前面绘制好的地面布置图可以更方便地绘制天花布置图。

步骤 1 启动AutoCAD 2018，在“快速访问”工具栏中单击“打开”按钮，将前面绘制好的“案例文件\11\销售中心一层地面布置图.dwg”文件打开；再单击“另存为”按钮，将文件另存为“案例文件\11\销售中心一层天花布置图.dwg”。

步骤 2 根据绘图要求执行“删除（E）”命令，将图形中的文字注释、填充图案、雨棚删除，再将门洞线转换为“DD-吊顶”图层，在下方修改图名为“销售中心一层天花布置图”，修改结果如图 11-34 所示。

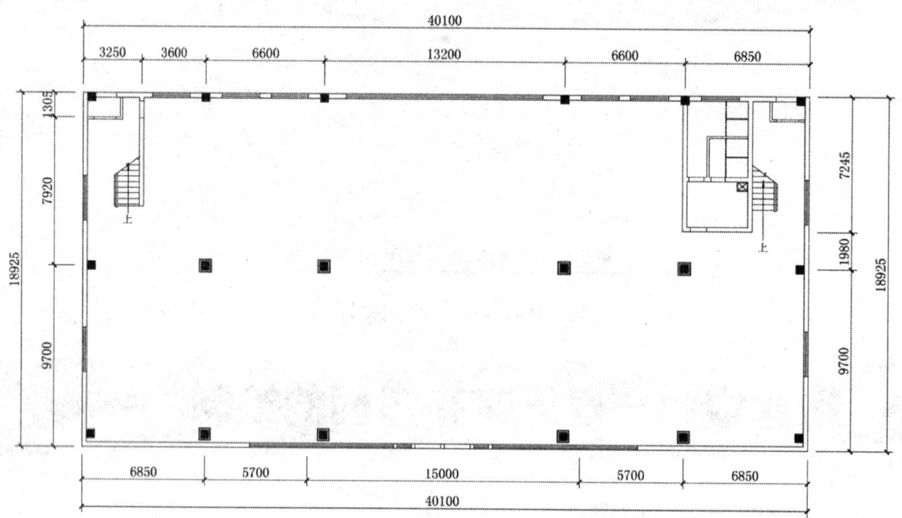

销售中心一层天花布置图

图 11-34　整理图形

11.3.2 绘制吊顶轮廓

步骤 1 切换至“DD-吊顶”图层，执行“直线（L）”命令，捕捉柱子绘制出镂空楼板，如图 11-35 所示。

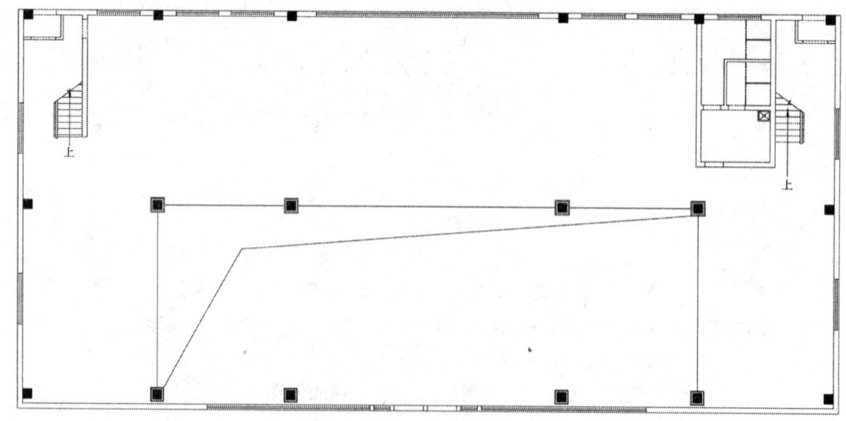

图 11-35　绘制镂空楼板

步骤2 执行“直线（L）”命令，在上侧绘制出展示区的展台位置；再执行“直线（L）”命令和“删除（E）”命令，将两侧楼梯封闭起来，如图 11-36 所示。

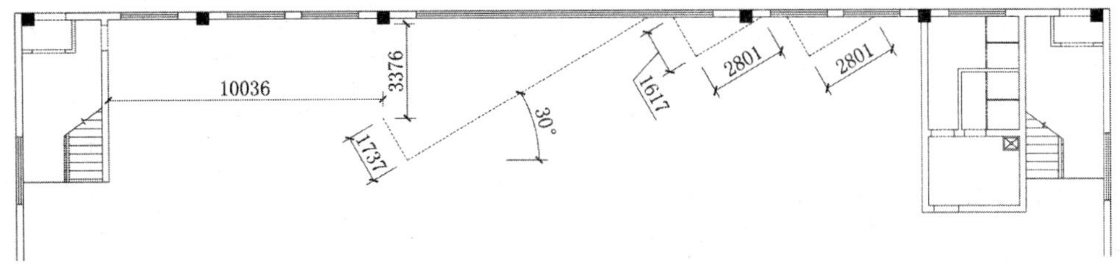

图 11-36 绘制展台

11.3.3 布置顶棚灯具

步骤1 将“DJ-灯具”图层置为当前图层。执行“插入块（I）”命令，将“案例文件\11”文件下的“射灯”插入图形中，并通过复制命令将其放置到前面展台位置，如图 11-37 所示。

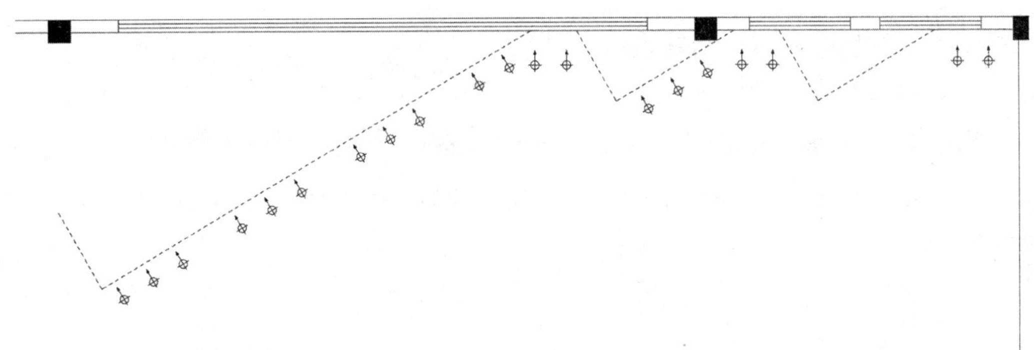

图 11-37 放置射灯

步骤2 执行“插入块（I）”命令，将“案例文件\11”文件下的“筒灯”插入图形中，并通过复制命令将其放置到左下角位置，如图 11-38 所示。

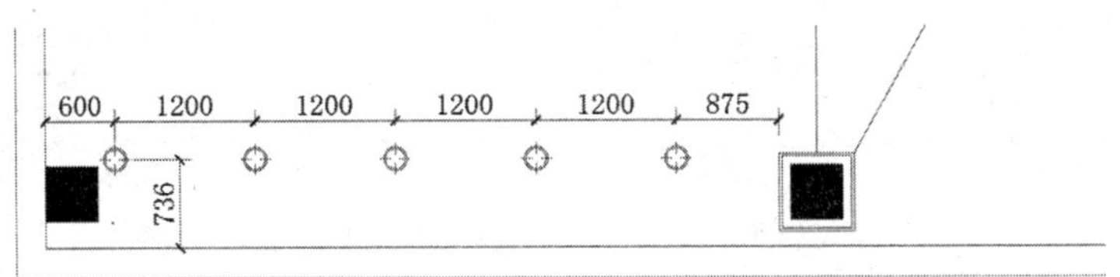

图 11-38 放置筒灯

步骤3 执行“复制（CO）”命令，将筒灯复制到右下角相应的位置，如图 11-39 所示。

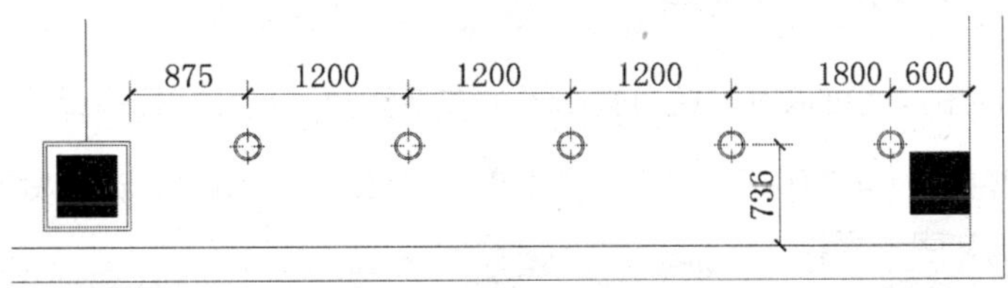

图 11-39 复制筒灯

步骤 4 执行“陈列（AR）”命令，将上一步放置的两组筒灯各向上以 1200 的距离进行矩形陈列，并通过分解、删除命令将陈列后的多余筒灯删除，效果如图 11-40 所示。

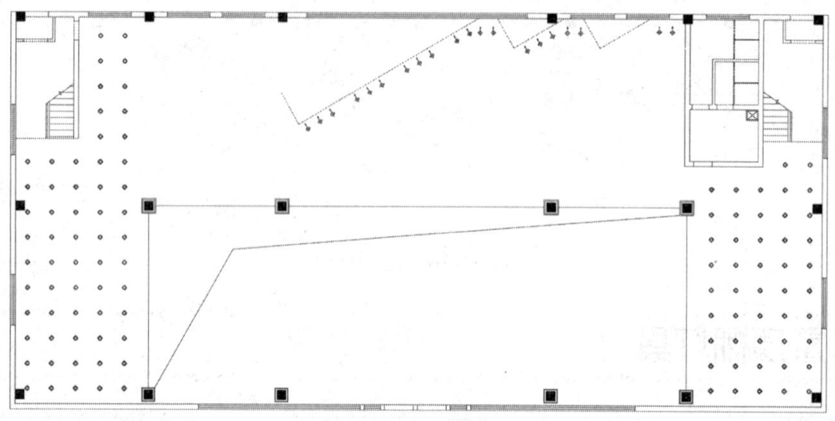

图 11-40　绘制筒灯

提示——陈列筒灯操作

在上一步陈列操作中，其陈列的间距为 1200，在不知道陈列的行数时，可以先随意输入一个数据，例如 10，结束命令后，可以通过陈列的夹点来拖动到最顶端，即可自动排列出陈列的图形。

步骤 5 继续执行“陈列（AR）”命令，将上侧相应的筒灯同样以 1200 的距离向右进行矩形陈列，效果如图 11-41 所示。

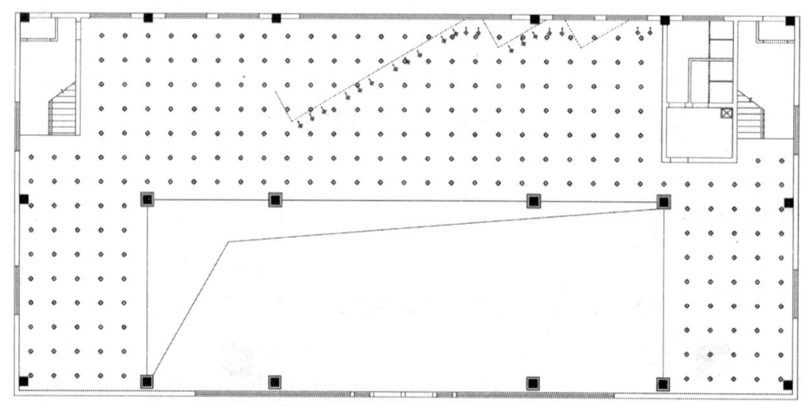

图 11-41　陈列筒灯

11.3.4　文字标注与标高说明

在灯具布置好以后，用户就可以对天花布置图添加文字注释、尺寸和标高说明了。

步骤 1 将“WZ-文字”图层置为当前图层，执行“多重引线（MLD）”命令，设置文字“字体”为宋体、“大小”为 500，对吊顶添加文字注释。

步骤 2 将“FH-符号”图层置为当前图层。执行“插入块（I）”命令，将“案例文件\11”文件夹下的“标高符号”图块插入图形中，并修改不同的标高值，如图 11-42 所示。

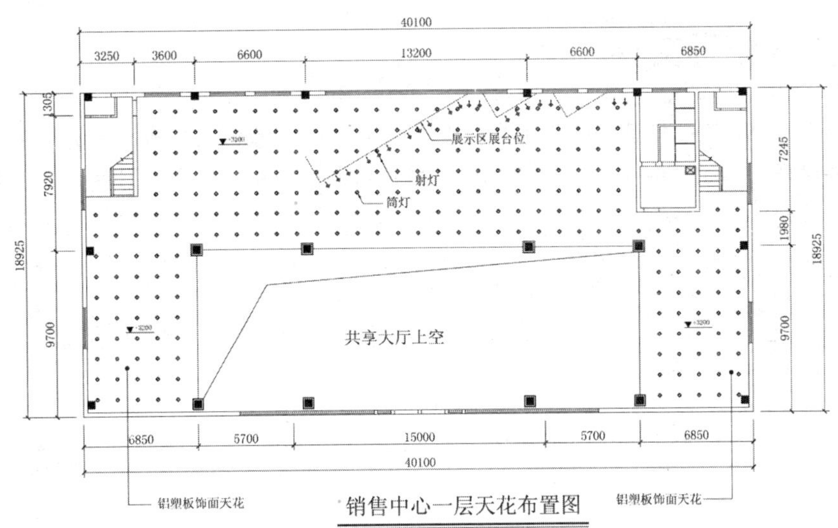

图 11-42　文字、标高标注

步骤 3 至此，天花布置图已经绘制完成，按Ctrl+S组合键进行保存。

11.4 销售中心二层平面布置图的绘制

案例文件：11\销售中心二层平面布置图.dwg
视频文件：11\销售中心二层平面布置图.avi

与销售中心一层平面布置图的绘制方法一样，同样借用销售中心二层建筑图，根据房间的功能进行布置，效果如图 11-43 所示。

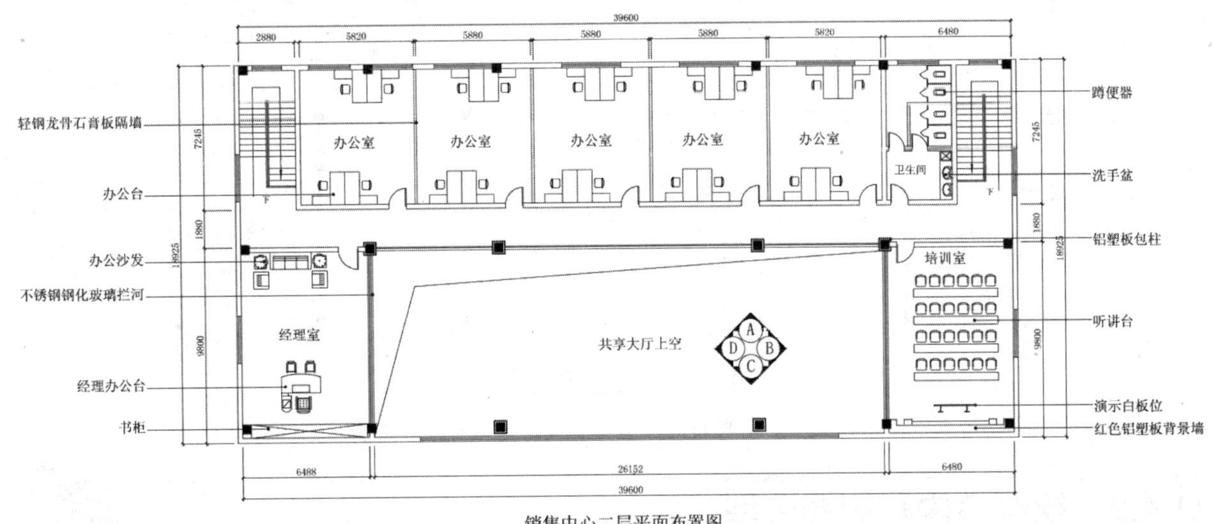

图 11-43　平面布置效果

11.4.1 调用并整理文件

步骤 1 启动AutoCAD 2018，在“快速访问”工具栏中单击“打开”按钮，将“案例文件\11\销售中心二层建筑图.dwg”文件打开，如图 11-44 所示；再单击“另存为”按钮，将文件另存为“案例文件\11\销售中心二层平面布置图.dwg”。

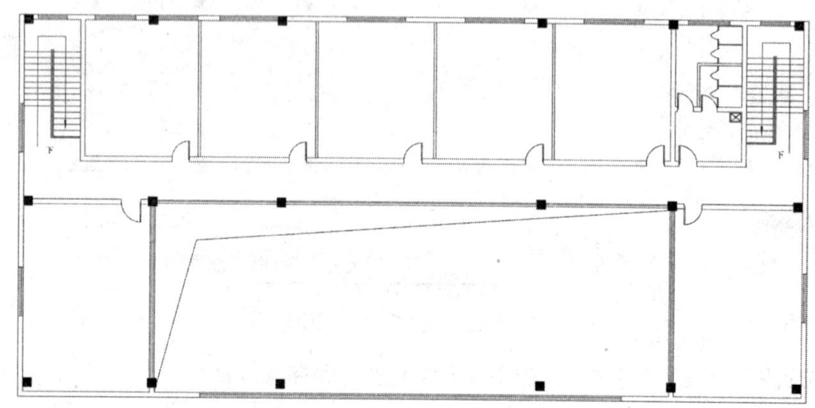

图 11-44 打开的图形

步骤 2 将“文字”图层置为当前图层。执行“多行文字（MT）”命令，设置文字“字体”为宋体、“大小”为 650，在图形下方输入图名并设置字体“大小”为 500，在房间内标注房间名称。

步骤 3 执行“多段线（PL）”命令，设置宽度为 50，在图名下方绘制一条多段线；再执行“直线（L）”命令，绘制一条与多段线同长度的直线段，如图 11-45 所示。

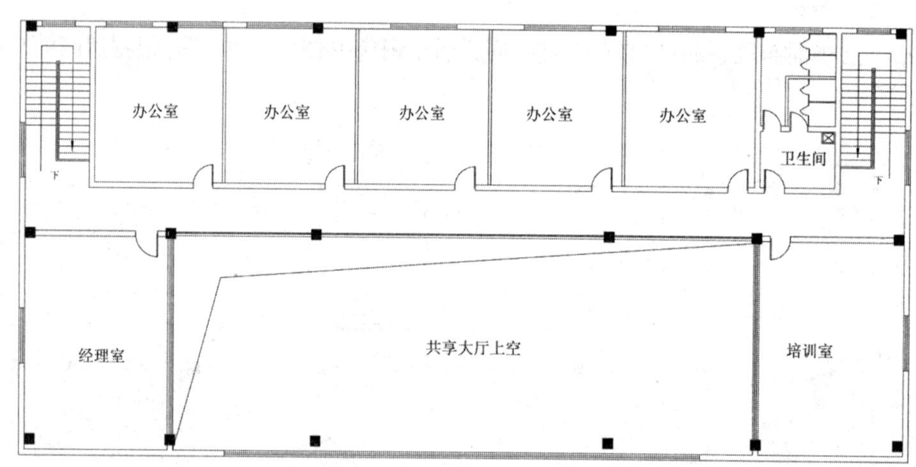

图 11-45 文字图名标注

11.4.2 绘制室内布置图造型

在绘制室内布置图时，应该先绘制出室内各个展厅家具造型的轮廓，如柱子装饰等，然后通过插入块的方式将成品家具插入相应位置。

步骤1 切换至“家具”图层，执行“矩形（REC）”命令，同前面一样捕捉展示区内部柱子轮廓绘制矩形；再执行“偏移（O）”命令，将矩形分别向外偏移75和50，将柱子包裹起来，并修剪多余的线条，如图11-46所示。

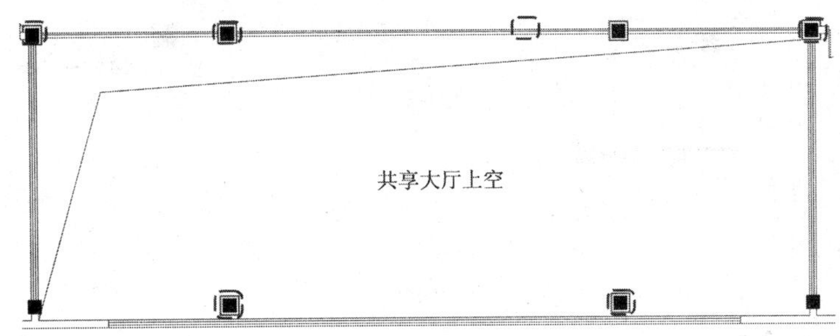

图11-46 包裹柱子

步骤2 执行“矩形（REC）”命令和“直线（L）”命令，在经理室捕捉墙体以绘制书柜，如图11-47所示。

步骤3 执行“插入块（I）”命令，将“最终文件/11”文件下的“办公沙发”和“经理办公台”插入图形相应位置，如图11-48所示。

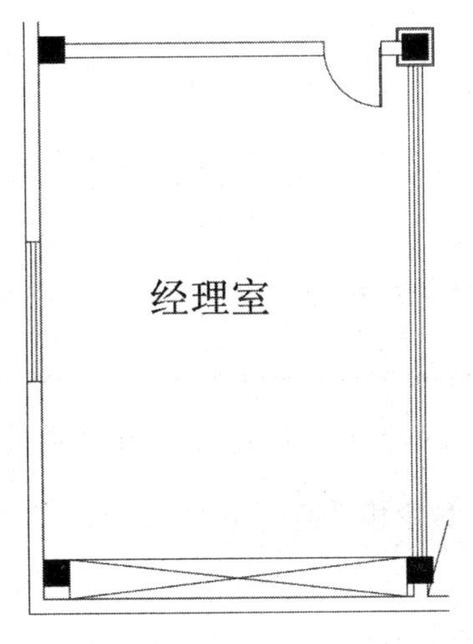

图11-47 绘制书柜

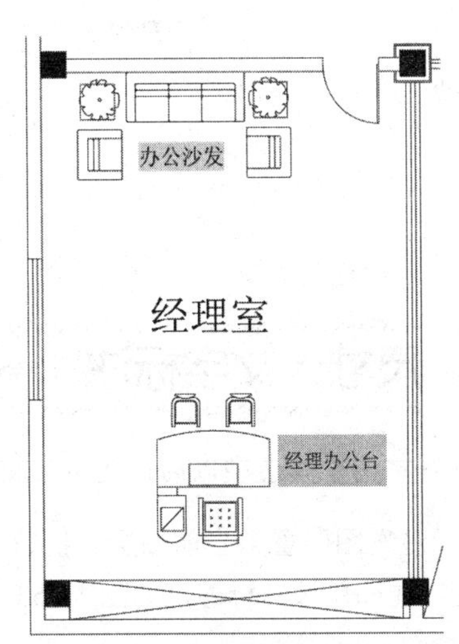

图11-48 布置经理室

步骤4 执行“偏移（O）”命令和“修剪（TR）”命令，在培训室绘制出背景墙轮廓，如图11-49所示。

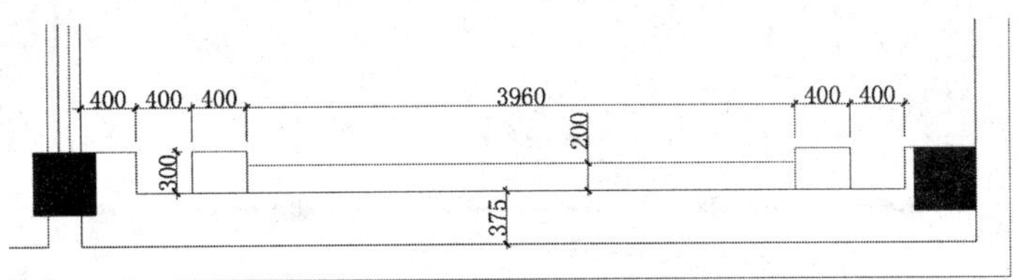

图11-49 绘制背景墙

步骤5 执行“插入块（I）”命令，将“案例文件\11”文件下的“听讲台”和“演示板”插入图形相应的位置，如图11-50所示。

步骤6 执行“直线（L）”命令，在卫生间内捕捉管道绘制出洗手台；再执行“插入块（I）”命令，将“案例文件\11”文件下的“蹲便”和“洗手盆”插入图形中，并通过复制等命令将其放置到相应的位置，如图11-51所示。

步骤 7 再执行“插入块（I）”命令，将“案例文件\11”文件下的“办公台”插入图形中，并通过镜像、复制命令将其放置到办公室相应的位置，效果如图 11-52 所示。

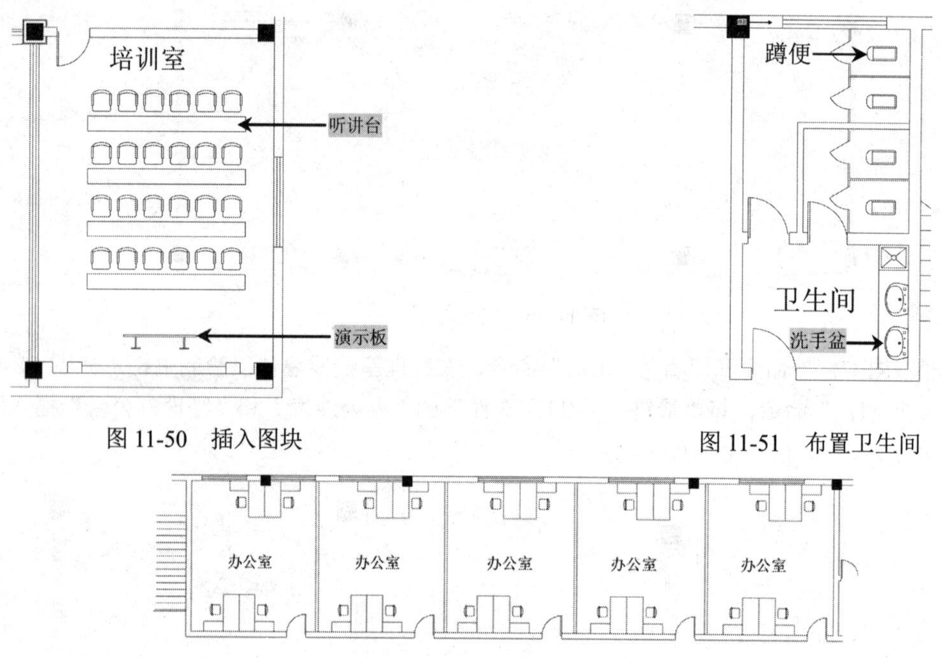

图 11-50　插入图块

图 11-51　布置卫生间

图 11-52　布置办公室

11.4.3　尺寸、文字标注

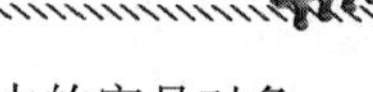

在布置好室内家具造型以后，接下来将进行尺寸标注，并利用文字注释来标注图形中的家具对象。

步骤 1 将“标注”图层置为当前图层。执行“线性标注（DLI）”命令和“连续标注（DCO）”命令，对图形进行对象标注和总尺寸标注，如图 11-53 所示。

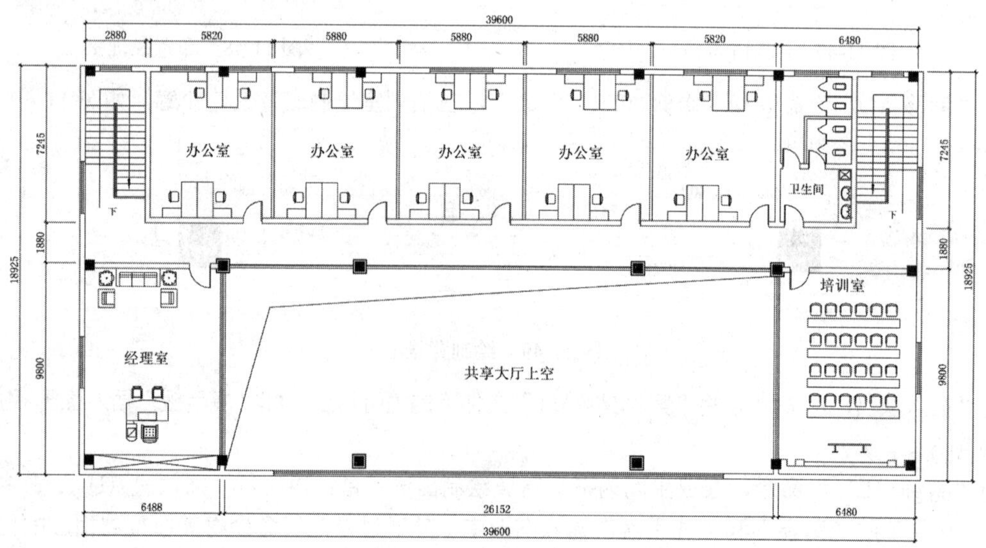

图 11-53　尺寸标注

步骤 2 将“文字”图层置为当前图层。执行“多重引线（MLD）”命令，在拉出一条直线以后，弹出“文字格式”对话框，设置文字“字体”为仿宋、“大小”为500，根据要求对室内布置图添加文字注释，如图 11-54 所示。

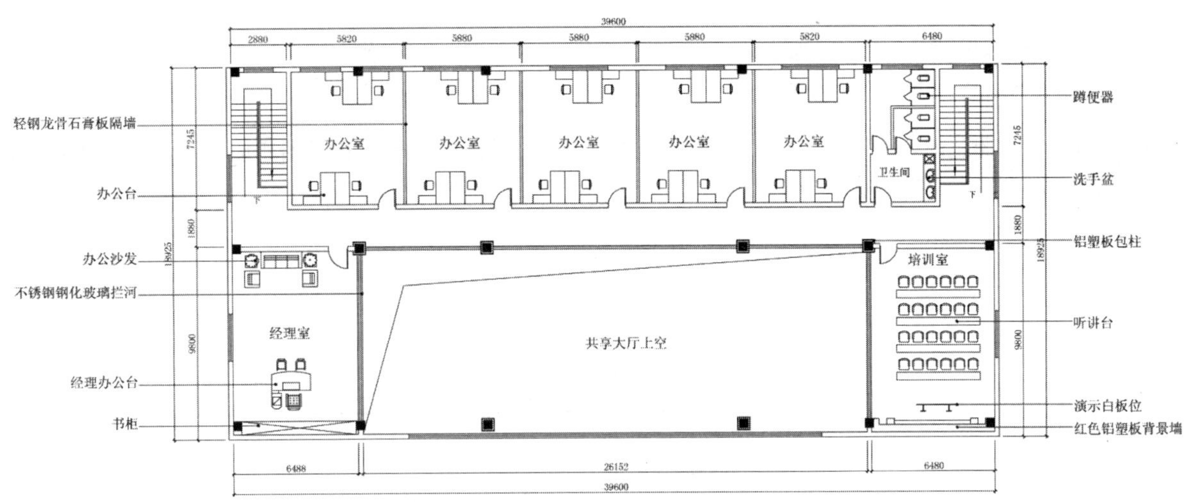

图 11-54 文字标注

步骤 3 将“FH-符号”图层置为当前图层。执行“插入块（I）”命令，将“案例文件\11”文件夹下的“索引符号”插入图形中，如图 11-55 所示。

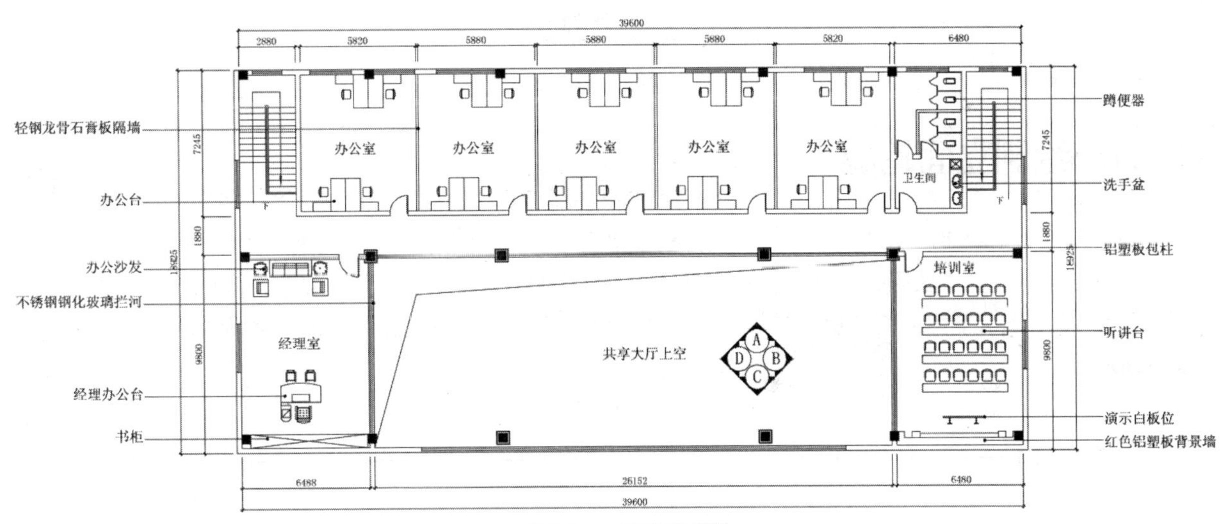

图 11-55 插入索引符号

步骤 4 至此，二层平面布置图已经绘制完成，按Ctrl+S组合键进行保存。

11.5 销售中心大门外立面图的绘制

案例文件：11\销售中心大门外立面图.dwg
视频文件：11\销售中心大门外立面图.avi

在绘制外立面图之前，可以将案例文件下的绘图模板打开，再根据平面布置图相应位置测量出的长度直接绘制，使绘制立面图更为简便，效果如图 11-56 所示。

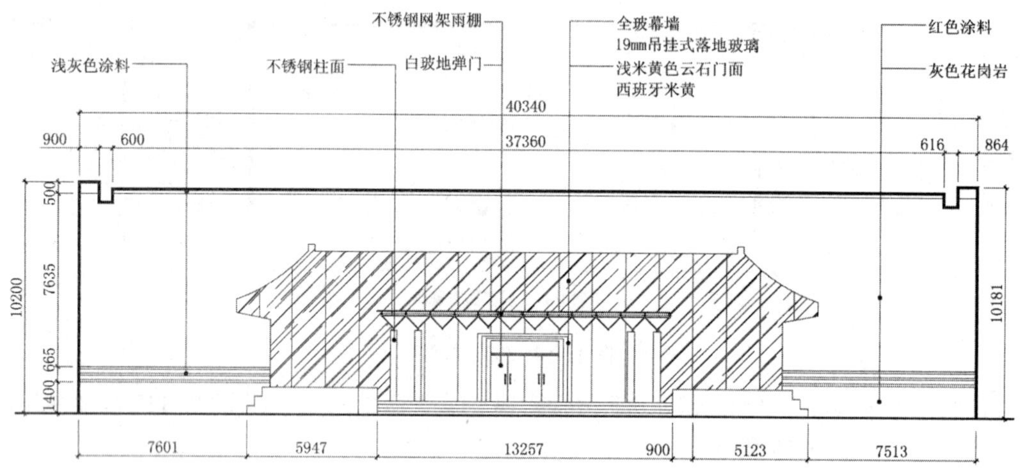

图 11-56　立面效果

11.5.1 绘制立面轮廓

步骤 1 启动AutoCAD 2018，在“快速访问”工具栏中单击“打开”按钮，将前面的“绘图模板.dwt”文件打开；再单击“另存为”按钮，将文件另存为“案例文件\11\销售中心大门外立面图.dwg”。

步骤 2 将“立面”图层置为当前图层。执行“多段线（PL）”命令，设置宽度为 60，绘制如图 11-57 所示的多段线图形。

图 11-57　绘制多段线

步骤 3 执行“直线（L）”命令，在上一步绘制的多段线向下 200 距离处绘制一条水平线段，并结合修剪命令绘制如图 11-58 所示的效果。

图 11-58 绘制水平线

步骤 4 执行“直线（L）”命令，在如图 11-59 所示的相应位置绘制图形。

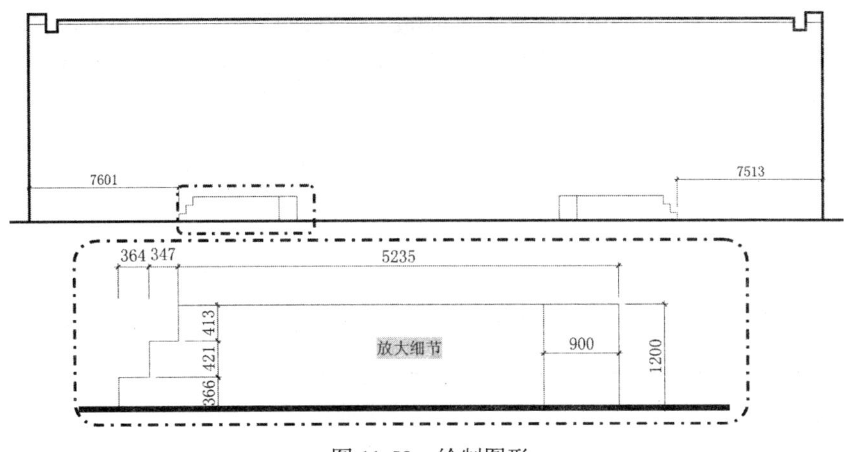

图 11-59 绘制图形

步骤 5 执行“直线（L）”命令、“圆弧（A）”命令和“镜像（MI）”命令，在相应位置绘制出如图 11-60 所示的轮廓。

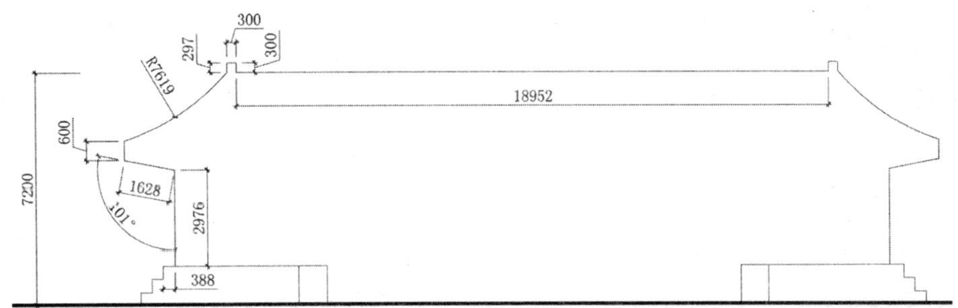

图 11-60 绘制轮廓

步骤 6 执行“直线（L）”命令和“偏移（O）”命令，在离地面 1400 处绘制水平线，再将水平线向上偏移 101、180、101、180、101，如图 11-61 所示。

图 11-61 绘制线段

步骤 7 同样执行“直线（L）”命令，在中间位置绘制间距均为 150 的 4 条水平线段，如图 11-62 所示。

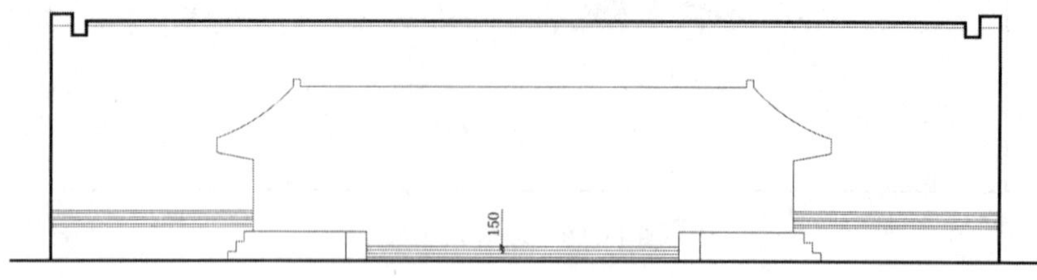

图 11-62　绘制线段

步骤 8 执行“矩形（REC）”命令，在中间位置绘制 4200×3000 的矩形，并通过分解、偏移命令将上侧水平线向下以 100 的距离偏移 3 次，将左、右垂直线段按照 200 的距离向内各偏移 3 次，最后将多余的线条修剪掉，效果如图 11-63 所示。

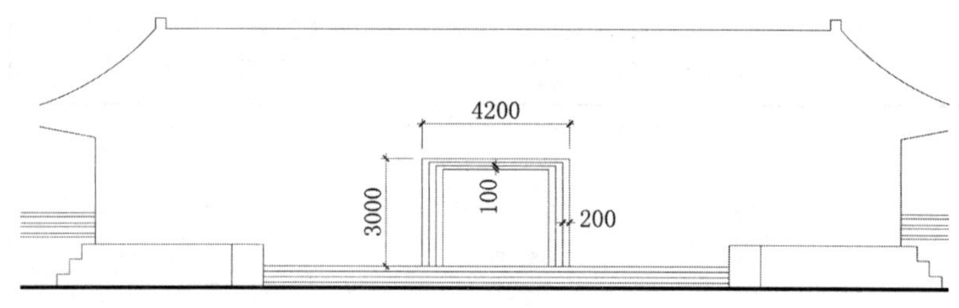

图 11-63　绘制门框

步骤 9 执行“直线（L）”命令、“偏移（O）”命令和“修剪（TR）”命令，绘制出门的效果，如图 11-64 所示。

步骤 10 执行“插入块（I）”命令，将“案例文件\11”文件下的“门把手”插入图形相应位置，如图 11-65 所示。

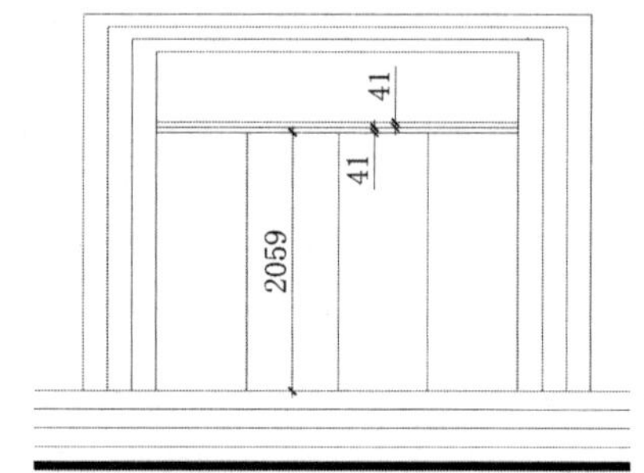

图 11-64　绘制门

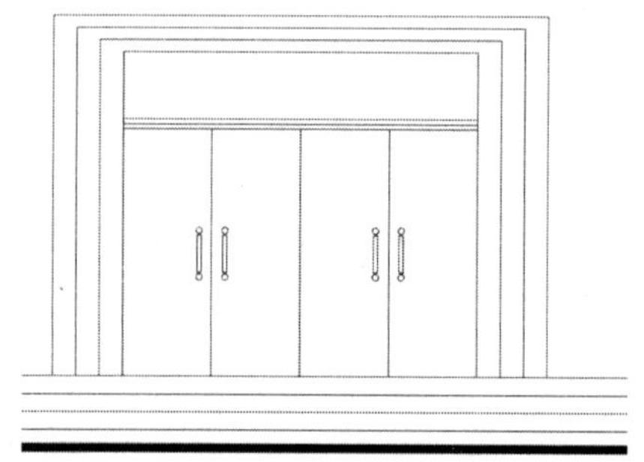

图 11-65　插入门把手

步骤 11 执行“矩形（REC）”命令，绘制 3125×286 的矩形；再执行“复制（CO）”命令，按照如图 11-66 所示的尺寸进行复制操作，形成柱子效果。

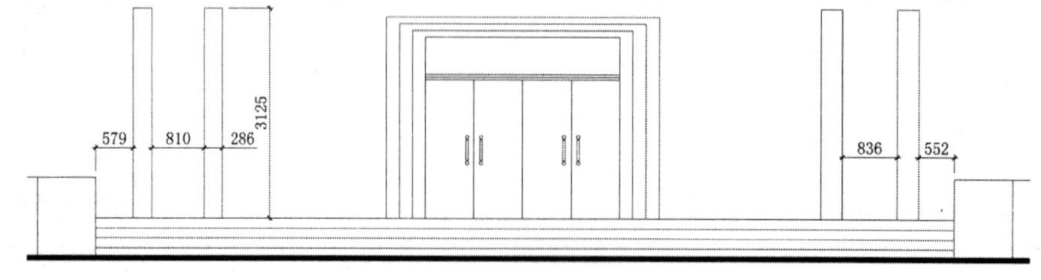

图 11-66　绘制柱子

步骤12 执行“插入块（I）”命令，将“案例文件\11”文件下的“雨棚”插入图形相应位置，如图 11-67 所示。

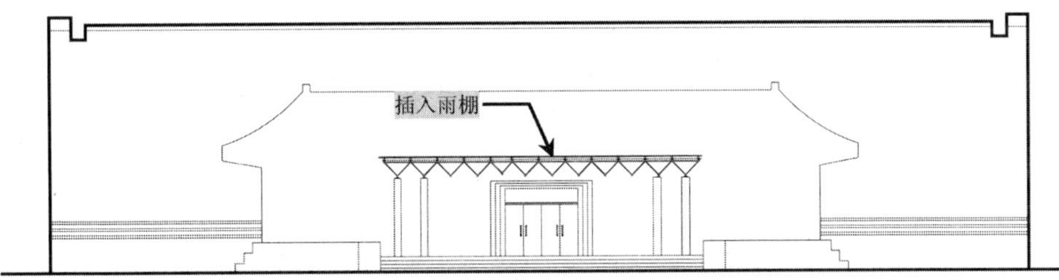

图 11-67　插入雨棚

步骤13 切换至“填充”图层，执行“图案填充（H）”命令，在弹出的对话框中选择“类型”为“用户定义”、“角度”为 90、“间距”为 1500，在相应位置进行填充，效果如图 11-68 所示。

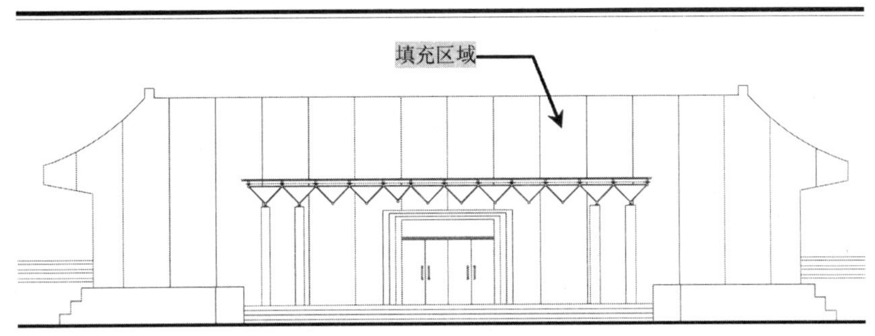

图 11-68　填充图形

步骤14 同样执行“图案填充（H）”命令，在弹出的对话框中选择“样例”为AR-RROOF、“比例”为 30、“角度”为 45，对前面填充的图形再填充玻璃效果，如图 11-69 所示。

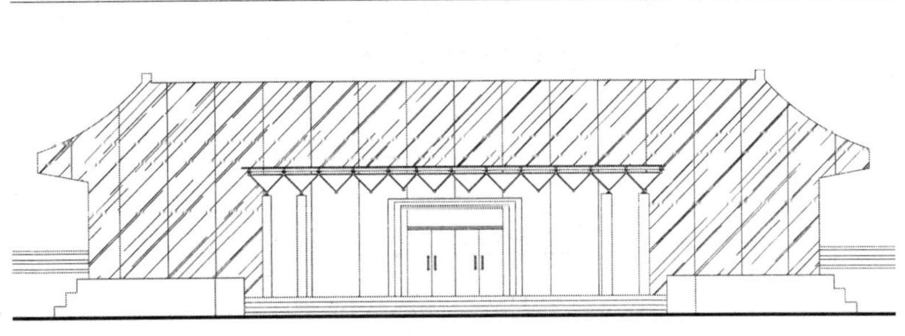

图 11-69　填充图形

步骤15 再执行“图案填充（H）”命令，在弹出的对话框中选择“样例”为DOTS、“比例”为 200，对外轮廓填充涂料效果，如图 11-70 所示。

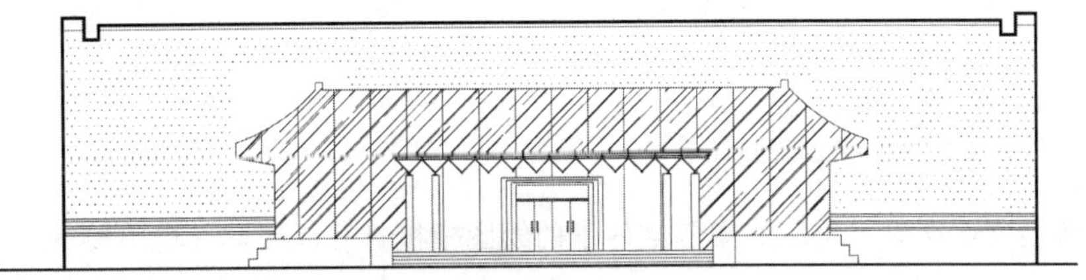

图 11-70　填充外轮廓

11.5.2 文字、尺寸和图名标注

步骤 1 将“标注”图层置为当前图层。执行“线性标注（DLI）”命令、“连续标注（DCO）”命令等，对立面图进行标注，效果如图 11-71 所示。

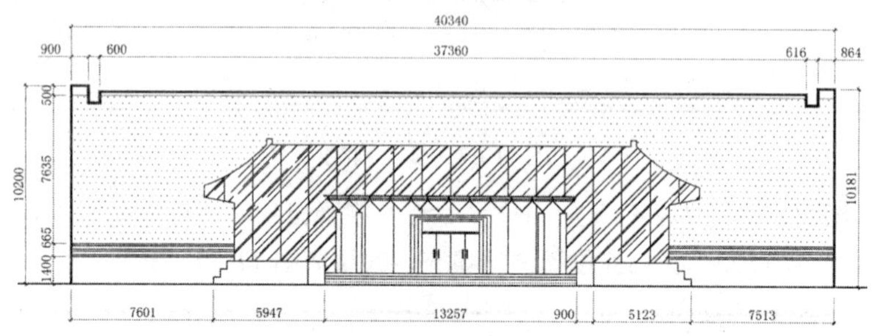

图 11-71 尺寸标注

步骤 2 将“文字”图层置为当前图层。执行“多重引线（MLD）”命令，设置文字“字体”为宋体、“大小”为 500，对立面图添加文字注释。

步骤 3 执行“多行文字（MT）”命令，设置文字“字体”为宋体、“大小”为 700，对立面图进行图名标注；再执行“多段线（PL）”命令和“直线（L）”命令，在图名下方绘制与图名同长度的线段，如图 11-72 所示。

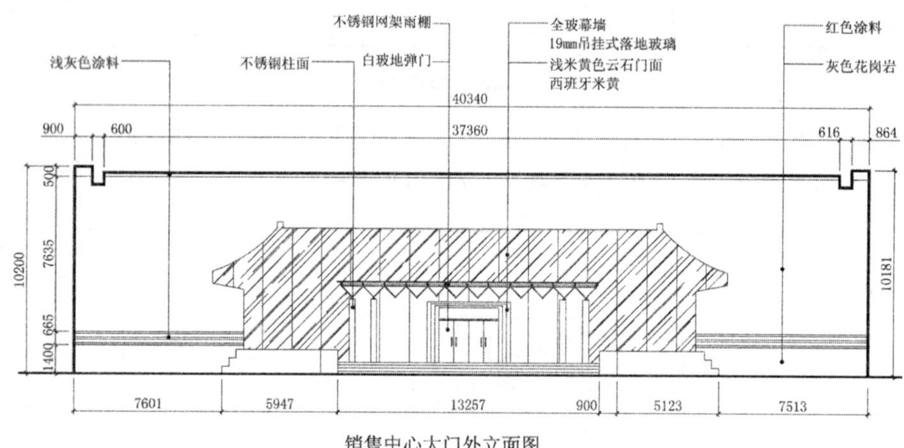

图 11-72 立面效果

步骤 4 至此，大门外立面图已经绘制完成，按Ctrl+S组合键进行保存。

11.6 营业区电视幕墙立面图的绘制

案例文件：11\营业区电视幕墙立面图.dwg
视频文件：11\营业区电视幕墙立面图.avi

在绘制电视幕墙立面图时，可以将案例文件下的绘图模板打开，在此环境下绘制该立面图，效果如图 11-73 所示。

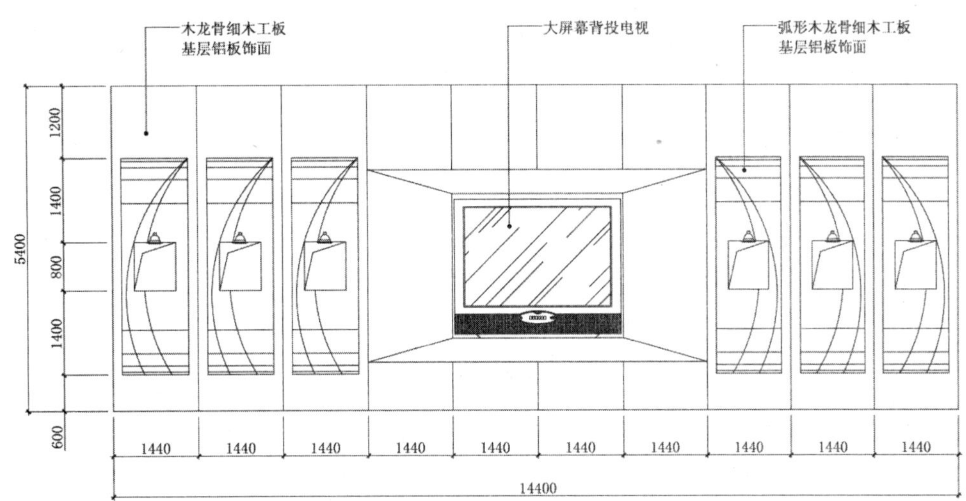

图 11-73 立面效果

11.6.1 绘制立面轮廓

步骤1 启动AutoCAD 2018，在“快速访问”工具栏中单击“打开”按钮，将前面的“绘图模板.dwt”文件打开；再单击“另存为”按钮，将文件另存为“案例文件\11\营业区电视幕墙立面图.dwg”。

步骤2 将“立面”图层置为当前图层。执行“直线（L）”命令和“偏移（O）”命令，绘制如图 11-74 所示的图形。

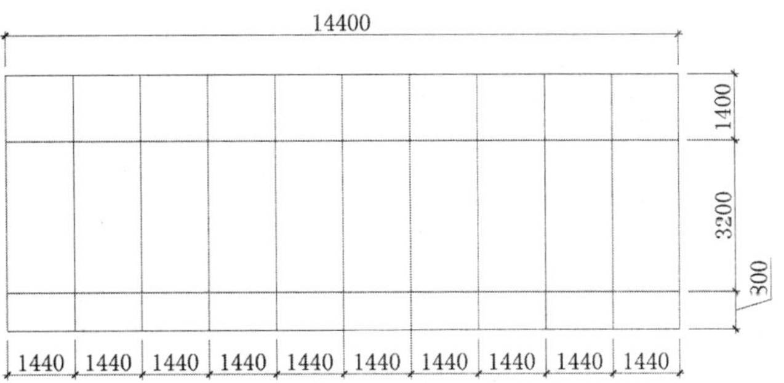

图 11-74 绘制线段

步骤3 执行“修剪（TR）”命令，对相应的线条进行修剪，效果如图 11-75 所示。

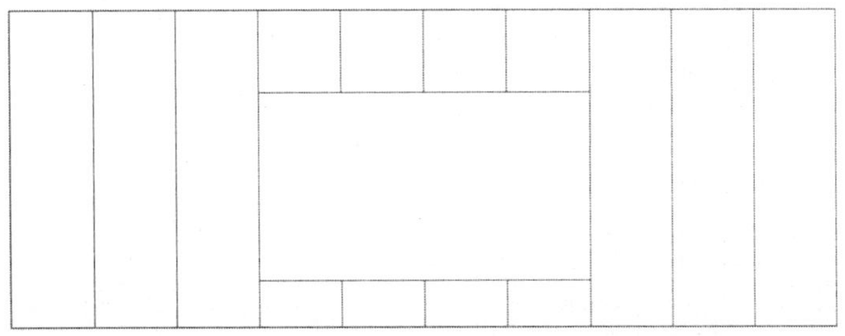

图 11-75 修剪效果

步骤4 执行“矩形（REC）”命令，绘制 1120×3600 的矩形，并放置在如图 11-76 所示的中间位置。

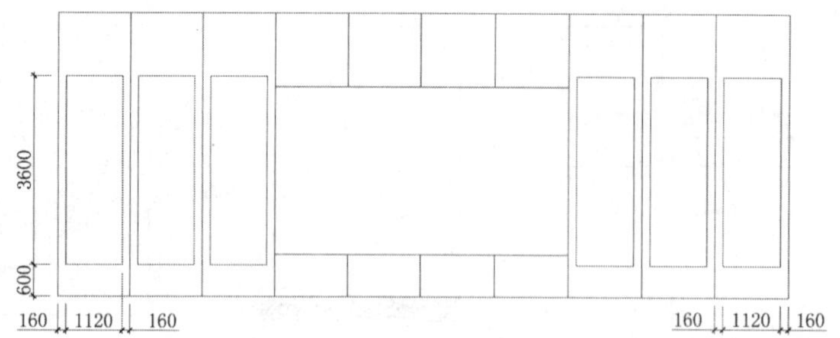

图 11-76　绘制矩形

步骤5 执行“分解（X）”命令，对各个矩形进行打散操作；再执行“偏移（O）”命令，将矩形上、下水平线段分别向内偏移 50、100、200、400 的距离，形成弧形曲面效果，如图 11-77 所示。

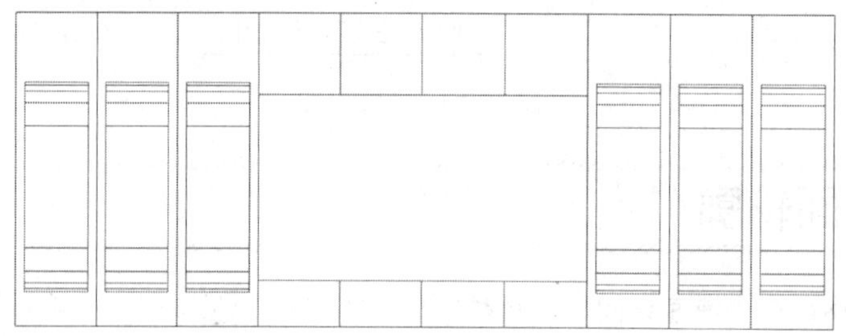

图 11-77　偏移操作

步骤6 执行“圆弧（A）”命令，在矩形框内绘制圆弧，并通过复制、镜像等命令完成如图 11-78 所示的图形效果。

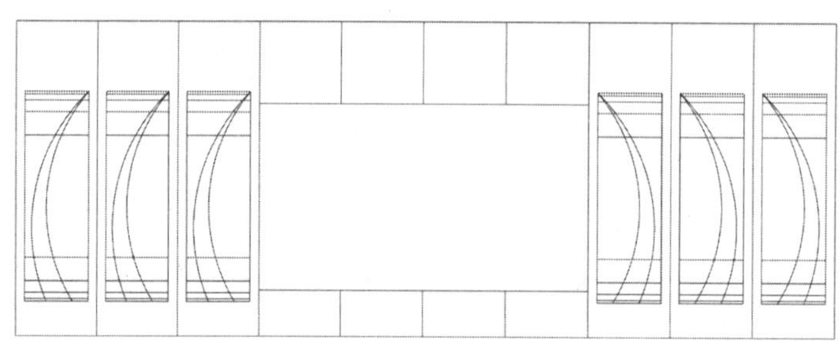

图 11-78　绘制圆弧

步骤7 执行“矩形（REC）”命令和“直线（L）”命令，绘制 700×800 的矩形镂空效果，再通过移动、复制、修剪等命令将其放置到大矩形的中部位置，并对将圆弧进行修剪，效果如图 11-79 所示。

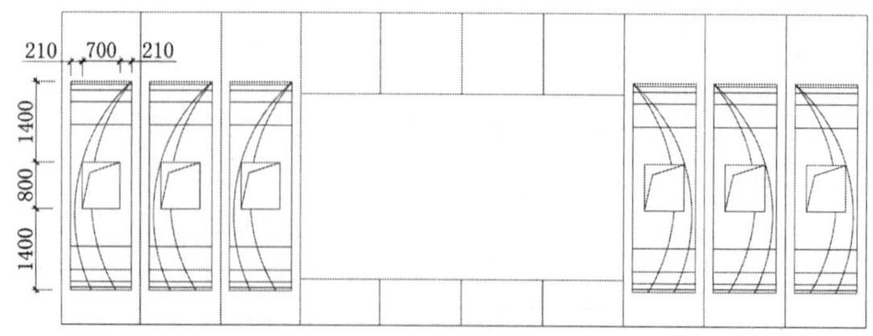

图 11-79　绘制镂空图形

步骤8 切换至“家具”图层，执行“插入块（I）”命令，将“案例文件\11”文件下的“背投电视机”和“立面射灯”插入图形中，并通过复制命令将其放置在相应的位置，如图 11-80 所示。

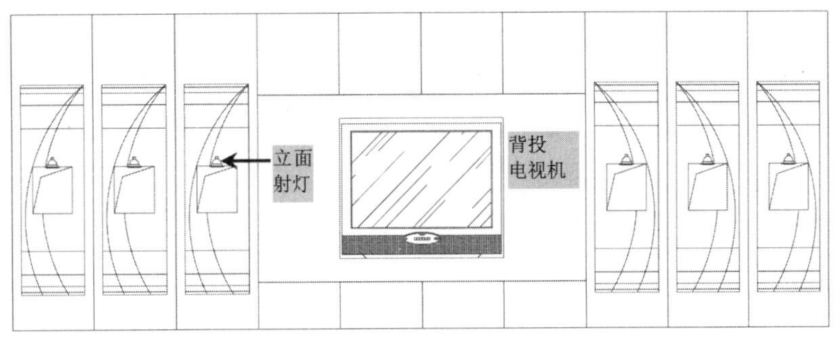

图 11-80　插入家具

步骤9 执行“直线（L）”命令，连接电视机的角点，绘制出凹凸效果，如图 11-81 所示。

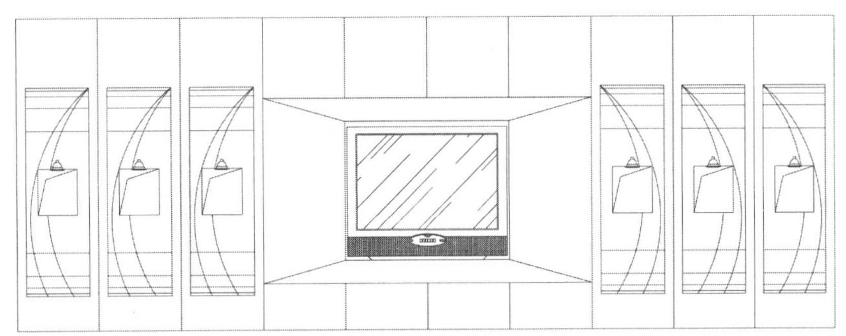

图 11-81　绘制线段

步骤10 切换至“填充”图层，执行“图案填充（H）”命令，在弹出的对话框中选择“样例”为DOTS、“比例”为 30，对相应位置进行填充，效果如图 11-82 所示。

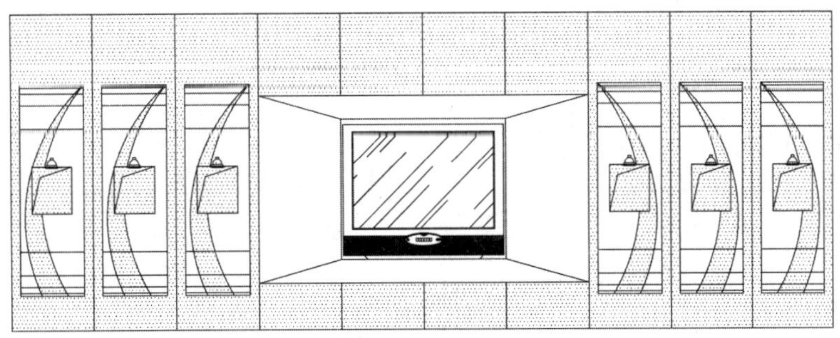

图 11-82　填充图形

11.6.2　文字、尺寸和图名标注

步骤1 将“标注”图层置为当前图层。执行“线性标注（DLI）”命令和“连续标注（DCO）”命令等，对立面图进行标注，效果如图 11-83 所示。

步骤2 将“文字”图层置为当前图层。执行“多重引线（MLD）”命令，设置文字“字体”为宋体、“大小”为 180，对立面图添加文字注释，如图 11-84 所示。

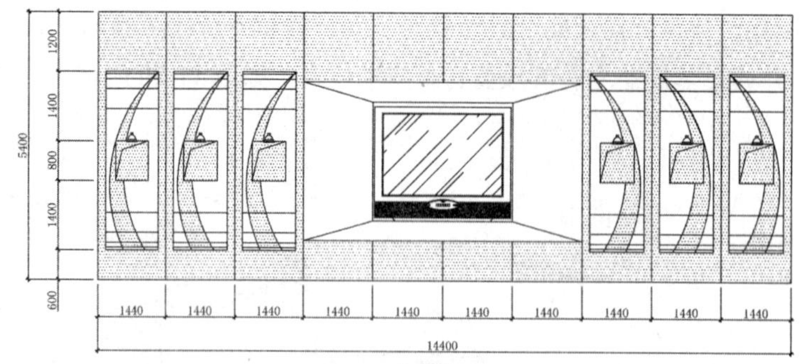

图 11-83　尺寸标注

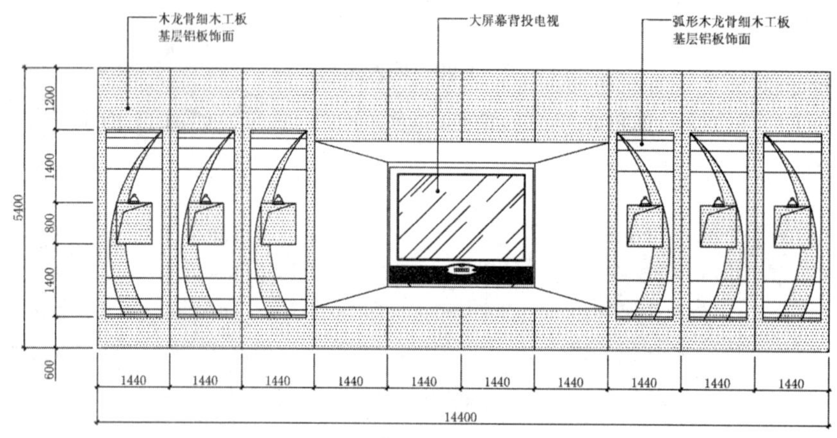

图 11-84　文字注释

步骤 3 执行“多行文字（MT）”命令，设置文字“字体”为宋体、“大小”为 250，对立面图进行图名标注；再执行“多段线（PL）”命令和“直线（L）”命令，在图名下方绘制与图名同长度的线段；同样在相应位置绘制竖直剖切线，并注释剖面标号A，如图 11-85 所示。

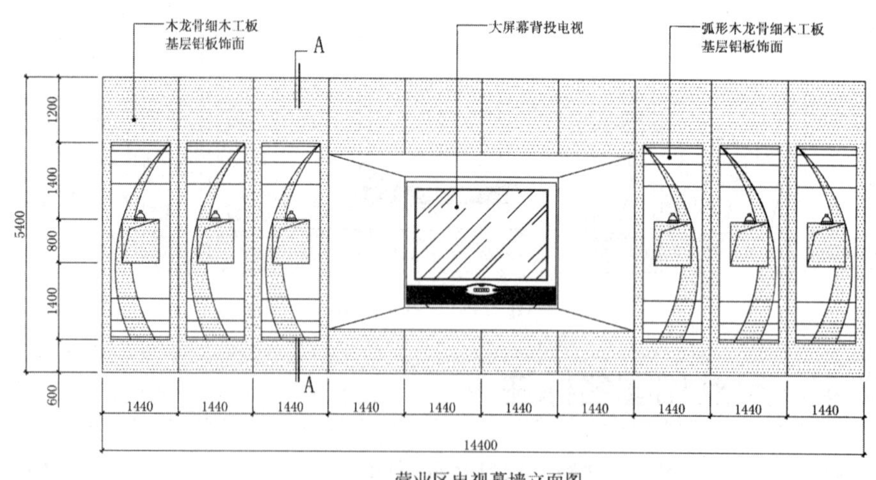

图 11-85　立面效果

步骤 4 至此，立面图已经绘制完成，按Ctrl+S组合键进行保存。

11.7 电视幕墙 A-A 剖面图的绘制 

案例文件：11\电视幕墙 A-A 剖面图.dwg
视频文件：11\电视幕墙 A-A 剖面图.avi

在前面绘制好的“营业区电视幕墙立面图”中有一个A-A剖面符号，下面将讲解该剖面的绘制方法，效果如图 11-86 所示。

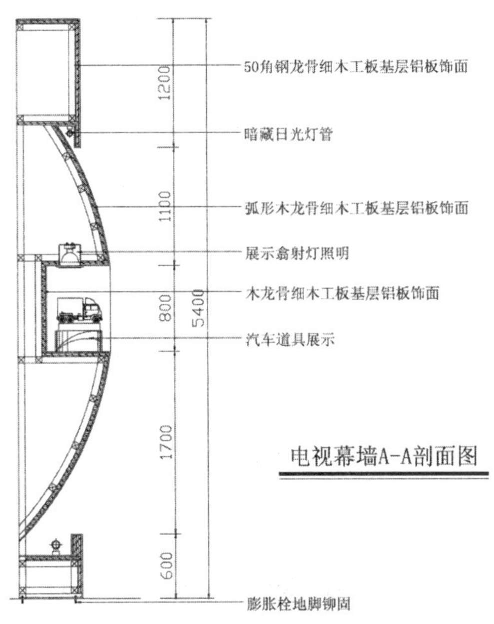

图 11-86 剖面图效果

步骤 1 启动AutoCAD 2018，系统将自动创建空白文件，在“快速访问”工具栏中单击“保存”按钮，将其保存为“案例文件\11\电视幕墙A-A剖面图.dwg”文件。

步骤 2 执行“图层管理（LA）”命令，新建“详图”“文字”“填充”和“标注”图层，并将“详图”图层置为当前图层，如图 11-87 所示。

标注				蓝	Contin...	—— 默认	0
填充				251	Contin...	—— 默认	0
✓ 详图				白	Contin...	—— 默认	0
文字				白	Contin...	—— 默认	0

图 11-87 新建图层

步骤 3 执行“圆（C）”命令，绘制半径为 3073 的圆；再执行“偏移（O）”命令，将圆向内偏移 10、36、60，如图 11-88 所示。

步骤 4 执行“直线（L）”命令、“偏移（O）”命令和“修剪（TR）”命令，修剪多余的圆弧，效果如图 11-89 所示。

步骤 5 执行“直线（L）”命令和“偏移（O）”命令，绘制线段，并按照如图 11-90 所示的尺寸进行偏移。

步骤 6 再执行“修剪（TR）”命令，修剪出如图 11-91 所示的图形效果。

步骤 7 执行“直线（L）”命令和“偏移（O）”命令，绘制垂直线段，并按照如图 11-92 所示的尺寸进行偏移。

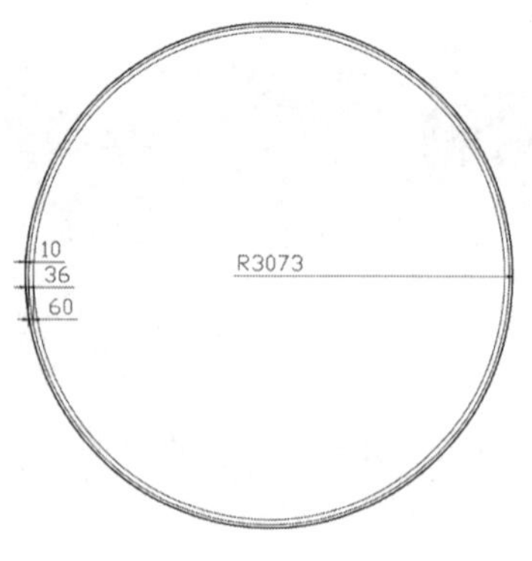

图 11-88 绘制圆

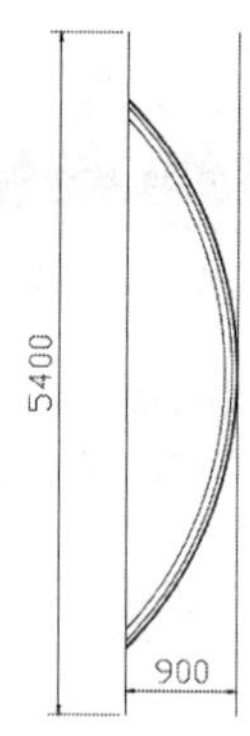

图 11-89 修剪图形

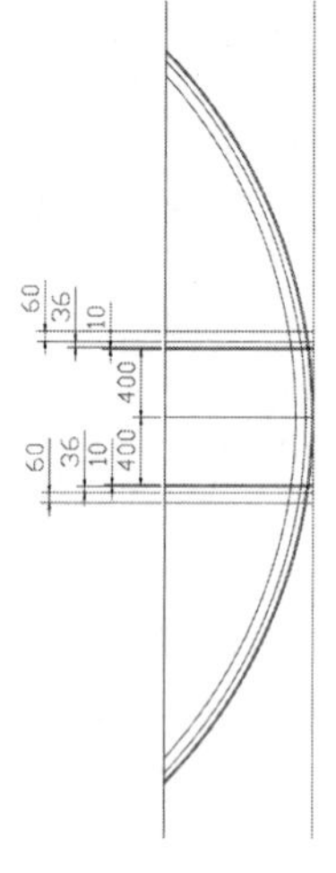

图 11-90 偏移线段

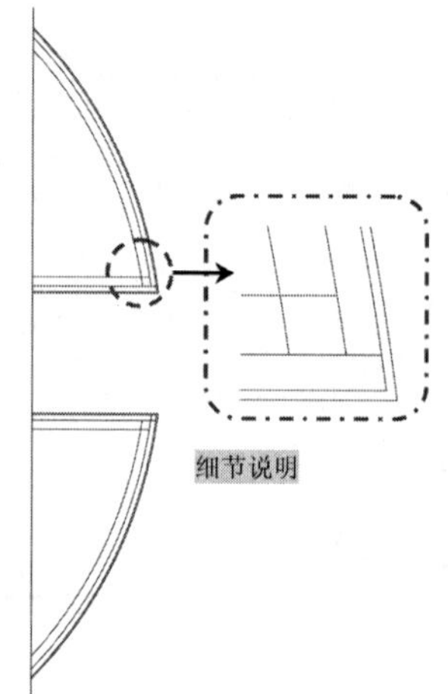

图 11-91 修剪图形

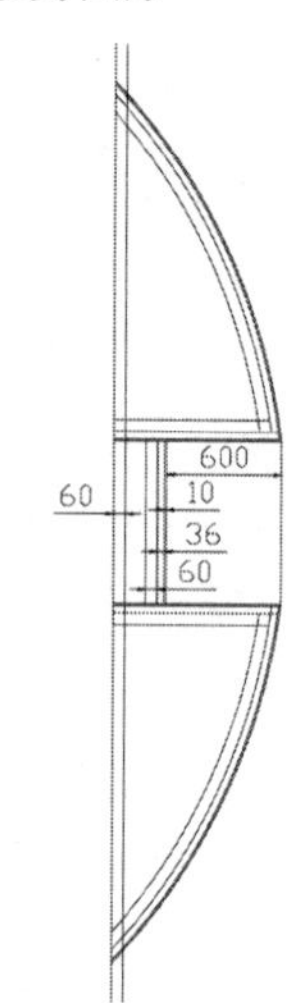

图 11-92 偏移线段

步骤 8 执行“延伸（EX）”命令和“修剪（TR）”命令，修剪出如图 11-93 所示的效果。

步骤 9 执行“直线（L）”命令和“偏移（O）”命令，在垂直线段上侧绘制如图 11-94 所示的图形效果。

步骤 10 执行“修剪（TR）”命令，修剪多余的线条，效果如图 11-95 所示。

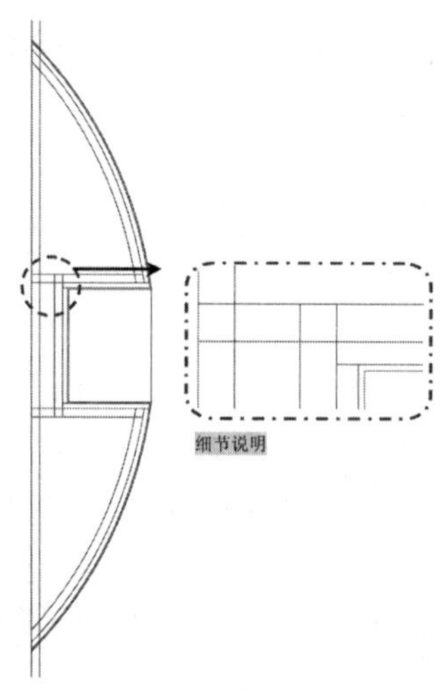

图 11-93 延伸并修剪

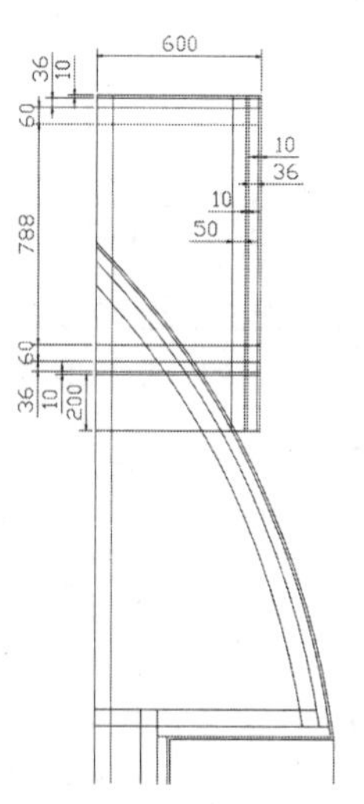

图 11-94 绘制线段

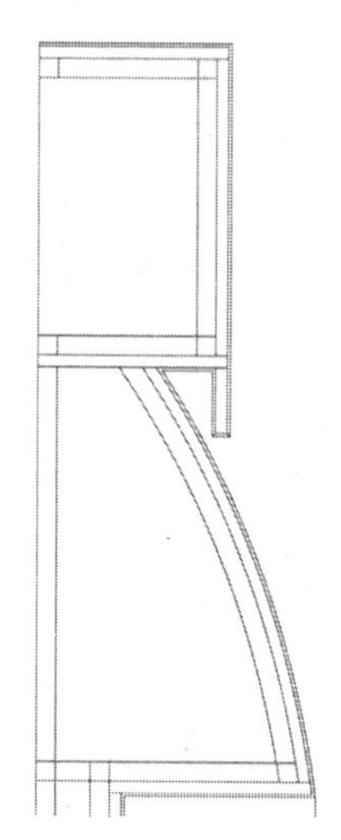

图 11-95 修剪效果

步骤11 执行“直线（L）”命令和“偏移（O）”命令，在图形下侧绘制如图 11-96 所示的线段。

步骤12 执行“修剪（TR）”命令，修剪图形，效果如图 11-97 所示。

步骤13 执行“直线（L）”命令，在图形偏移 60 的小格子里绘制连接线，如图 11-98 所示。

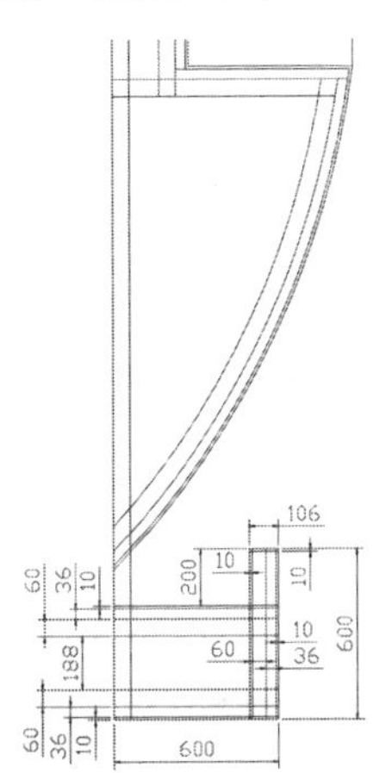

图 11-96　绘制线段

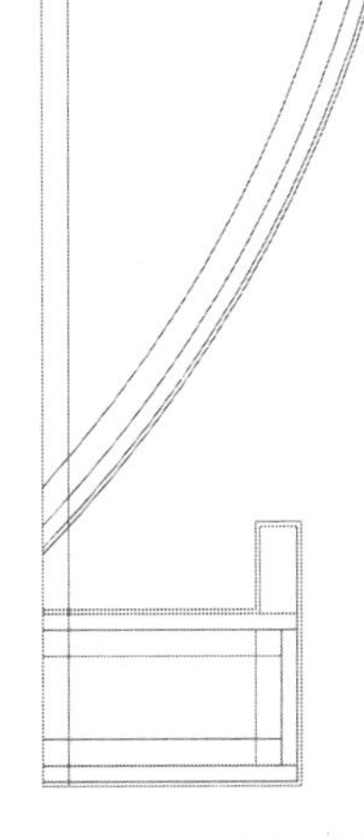

图 11-97　修剪结果

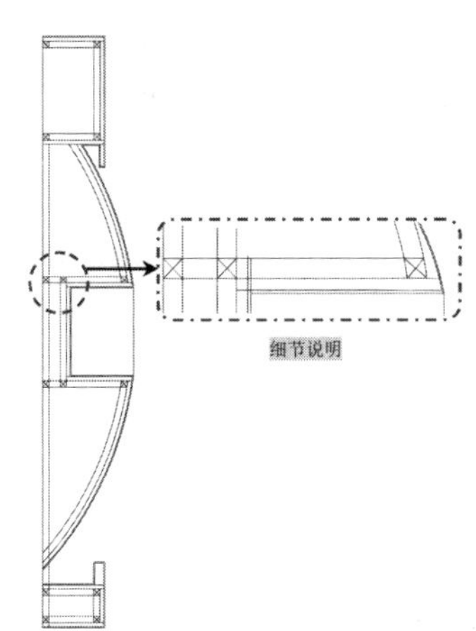

图 11-98　绘制连接线

步骤14 执行“直线（L）”命令，在圆弧上绘制垂直于两圆弧的斜线段；执行“偏移（O）”命令，将线段偏移 60，并连接对角点形成龙骨效果，如图 11-99 所示。

步骤15 执行“图案填充（H）”命令，在弹出的对话框中选择“样例”为CORK、“比例”为 5，在“间距”为 36 的线段内部单击拾取，并设置垂直区域角度为 90、水平区域角度为 0，填充基材效果如图 11-100 所示。

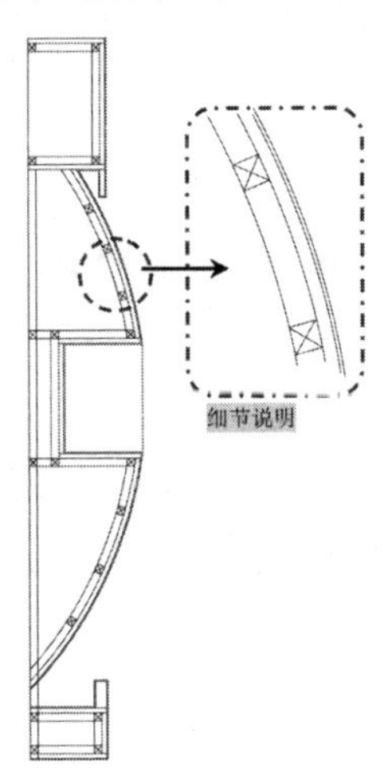

图 11-99　绘制龙骨

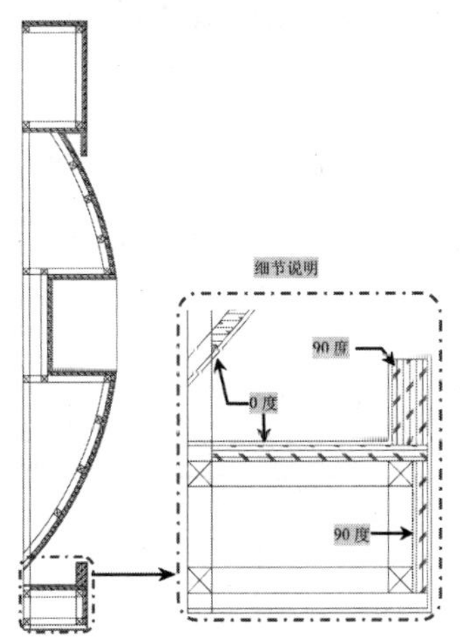

图 11-100　填充图例

步骤16 执行“插入块（I）”命令，将“案例文件\11”文件下的“剖面射灯”“日光灯”“膨胀螺栓”和“汽车道具”插入图形中并调整至相应的位置；再将地面线拉长，完成如图 11-101 所示的效果。

步骤17 切换至“标注”图层，执行“线性标注（DLI）”命令，对剖面图进行标注。

步骤18 将“文字”图层置为当前图层。执行“多重引线（MLD）”命令，设置文字“字体”为宋体、“大小”为 100，对立面图添加文字注释。

步骤19 执行“多行文字（MT）”命令，设置文字“字体”为宋体、“大小”为 150，对立面图进行图名标注；再执行“多段线（PL）”命令和“直线（L）”命令，在图名下方绘制与图名同长度的线段，如图 11-102 所示。

步骤20 至此，该剖面图已经绘制完成，按Ctrl+S组合键进行保存。

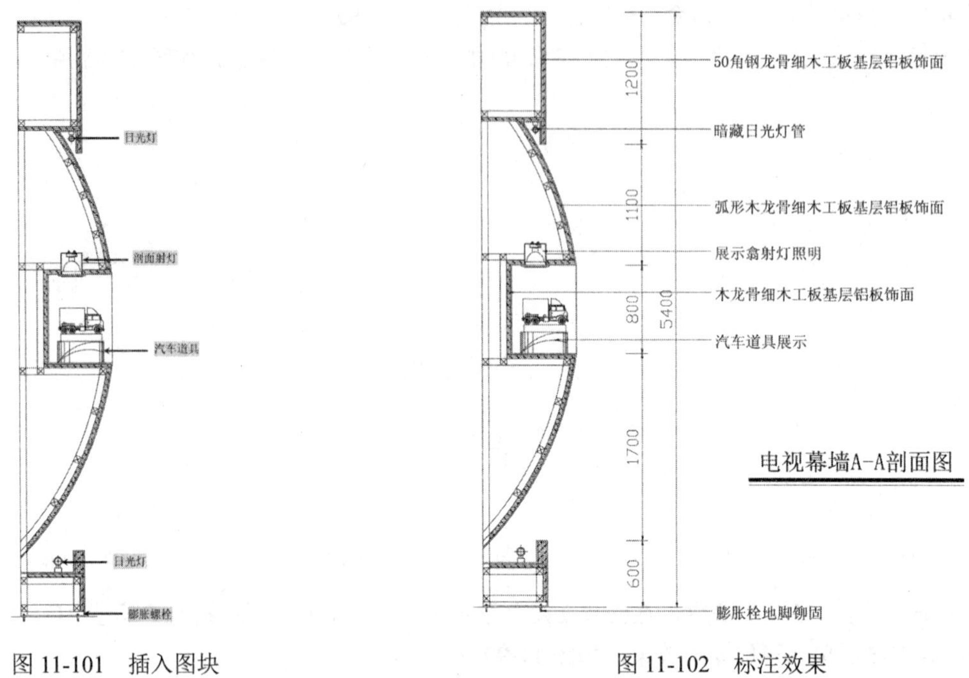

图 11-101　插入图块　　　　图 11-102　标注效果

11.8 二层培训室立面图的演练

案例文件：11\培训室立面图.dwg

在绘制二层培训室立面图之前，可以将绘图模板打开，根据该绘制环境来绘制图形，效果如图 11-103 所示。

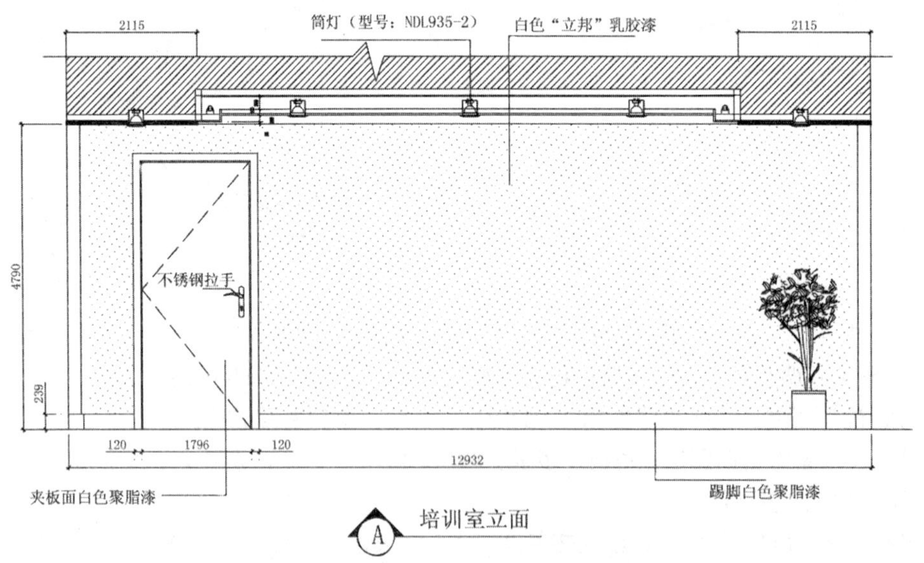

图 11-103　培训室各立面效果

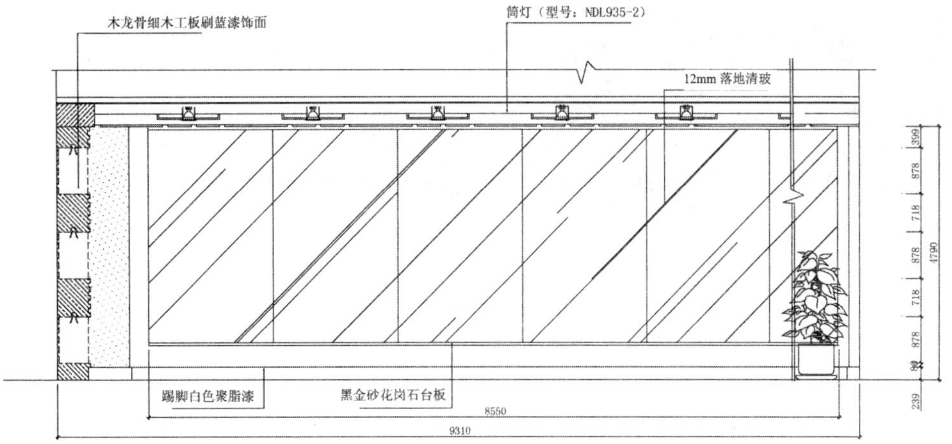

图 11-103　培训室各立面效果（续）

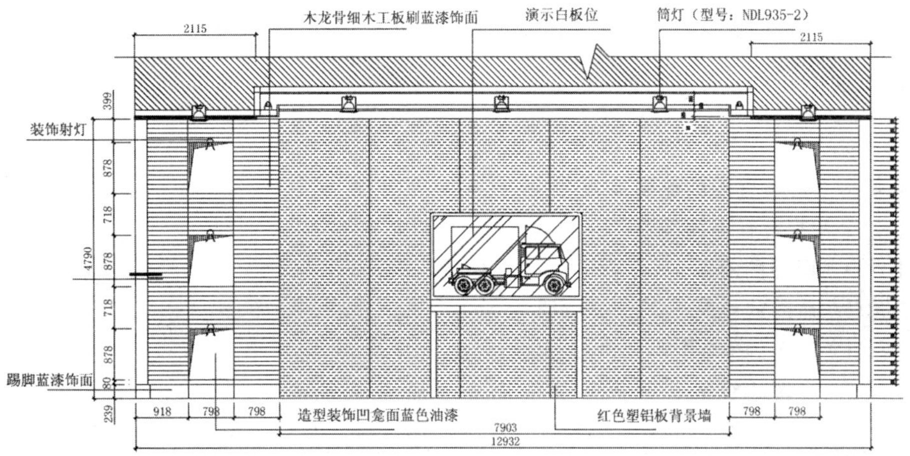

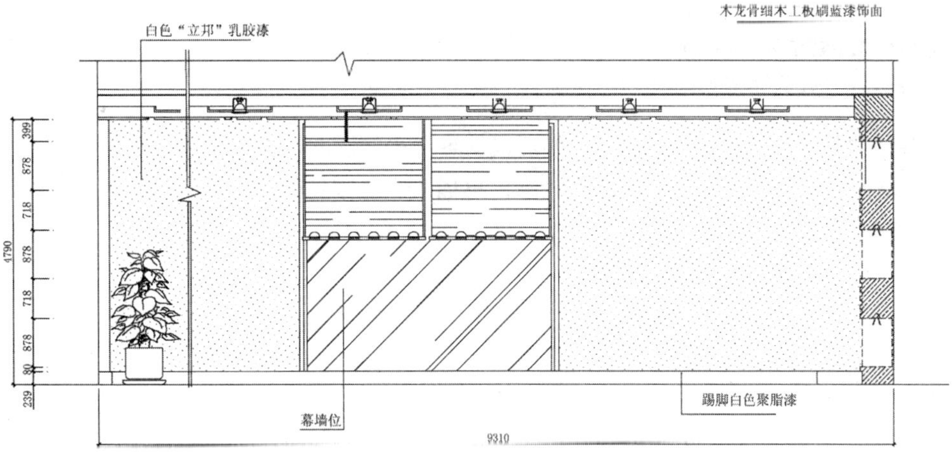

第 12 章 茶餐厅装修施工图的绘制

茶餐厅是一个相对高级的餐饮场所，其中中餐包括粥、粉、面、饭、点心、小食、炖品、烧烤、卤菜、小炒、火锅等，西餐包括韩国料理、日本料理、法国料理等，适合追求生活品位的年轻人、情侣、商务人士、大学生等。优质多元的菜品搭配加上会员管理制度和一定的营销、推广活动，是一个利润空间高、投资回报快的项目，目前已受到许多有意进军餐饮业的投资者的高度关注。

本章以某茶餐厅为例讲解其平面布置图、天花布置图及立面图的绘制。

主要内容

- 掌握茶餐厅平面布置图的绘制
- 掌握茶餐厅天花布置图的绘制
- 掌握 1 厅D立面图的绘制
- 掌握 2 厅C立面图的绘制
- 掌握 3 厅B立面图的绘制
- 掌握包厢C立面图的绘制

12.1 茶餐厅平面布置图的绘制

案例文件：12\茶餐厅平面布置图.dwg

视频文件：12\茶餐厅平面布置图.avi

首先将准备好的茶餐厅建筑平面图打开，然后根据各个平面图的功能分别进行平面布置图的设计。在摆放家具之前，根据需要先绘制固定家具的造型轮廓，再插入一些家具图块，最后进行尺寸标注、文字标注、图名标注等，布置结果如图 12-1 所示。

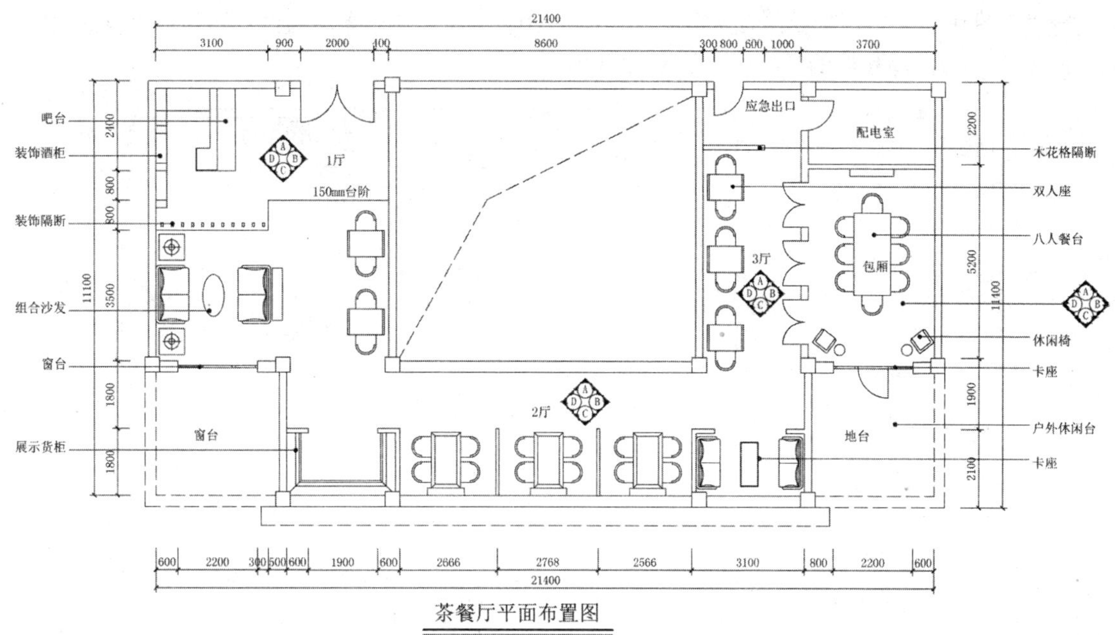

图 12-1　平面布置效果

12.1.1　打开建筑平面图

在绘制茶餐厅室内平面布置图之前，首先要绘制相应的建筑平面图。如果有相应的原始建筑平面图，可将其借调并加以修改，将其另存为符合要求的文件。在本实例中已有准备好的“茶餐厅建筑平面图.dwg”文件，将其打开并另存为新的文件即可。

步骤 1　启动AutoCAD 2018，在“快速访问”工具栏中单击“打开”按钮，将“案例文件\12\茶餐厅建筑平面图.dwg”文件打开，如图 12-2 所示；再单击“另存为”按钮，将文件另存为“案例文件\12\茶餐厅平面布置图.dwg”文件。

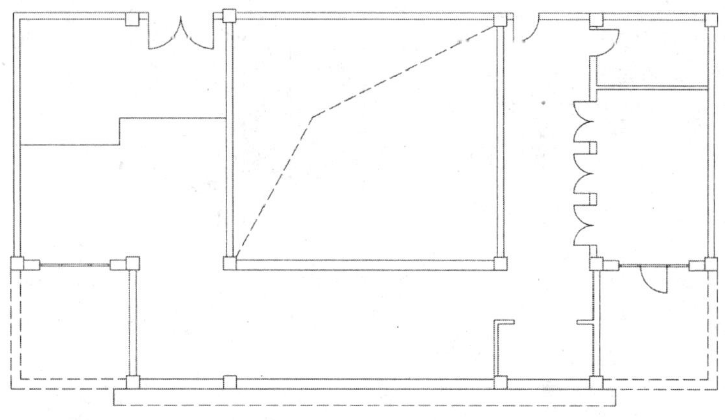

图 12-2　打开的图形

步骤 2　将“文字”图层置为当前图层。执行“多行文字（MT）”命令，设置文字“字体”为宋体、“大小”为 400，在图形下方输入图名；再设置字体“大小”为 250，在各区域标注名称。

步骤 3 执行“多段线（PL）”命令，设置宽度为 30，在图名下方绘制一条多段线；再执行“直线（L）”命令，绘制一条与多段线同长度的直线段，如图 12-3 所示。

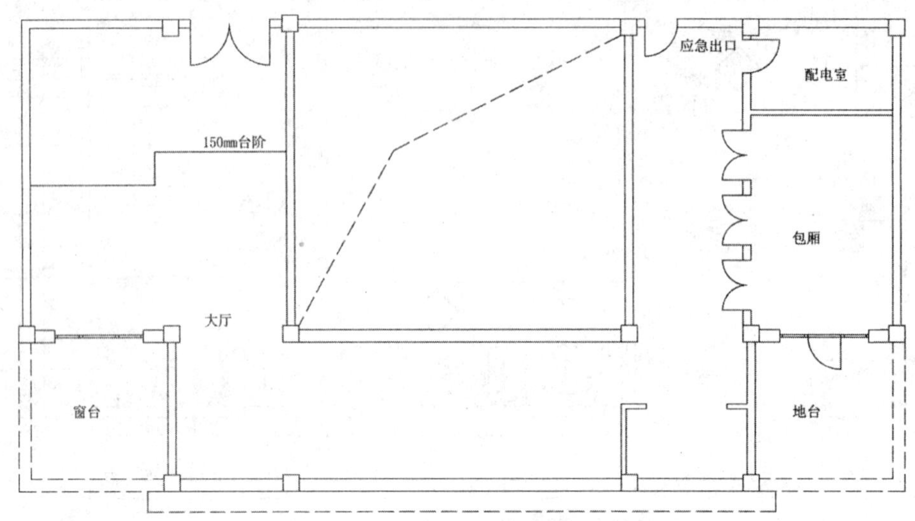

图 12-3 绘制图名效果

12.1.2 绘制室内布置图造型

在绘制室内布置图时，应该先绘制出室内家具造型的轮廓，然后通过插入块的方式将成品家具插入相应位置。

步骤 1 切换到“家具”图层，执行“偏移（O）”命令和“修剪（TR）”命令，在入口左侧绘制如图 12-4 所示的吧台柜图形。

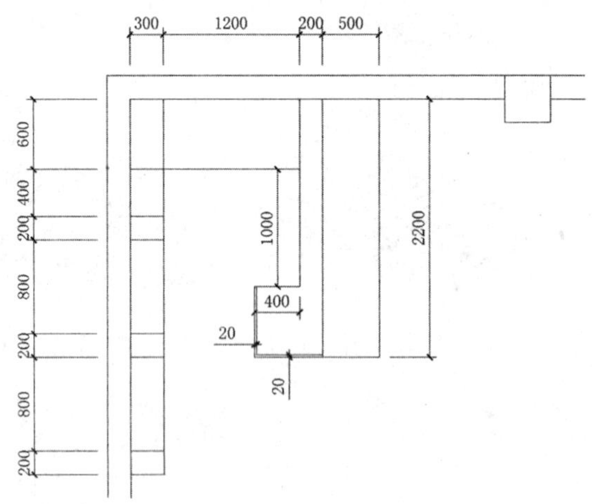

图 12-4 绘制吧台

步骤 2 执行“矩形（REC）”命令，绘制 60×100 的矩形作为装饰隔断；执行“复制（CO）”命令，将其移动、复制到吧台柜下侧的地台边缘处，如图 12-5 所示。

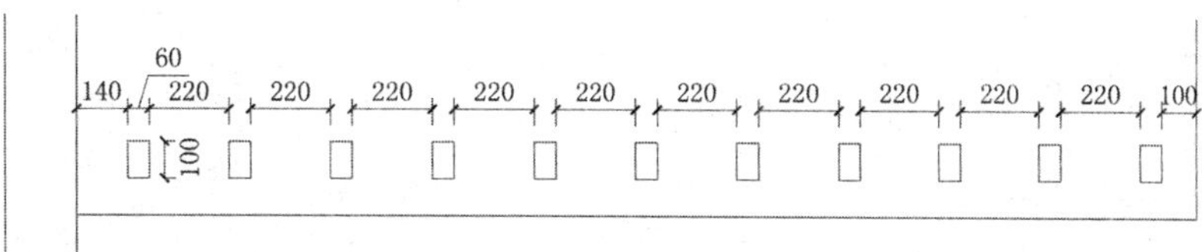

图 12-5　复制装饰柱子

步骤 3 执行“插入块（I）”命令，将“案例文件\12”文件下的“组合沙发”和“双人座”插入并复制到图形相应的位置，如图 12-6 所示。

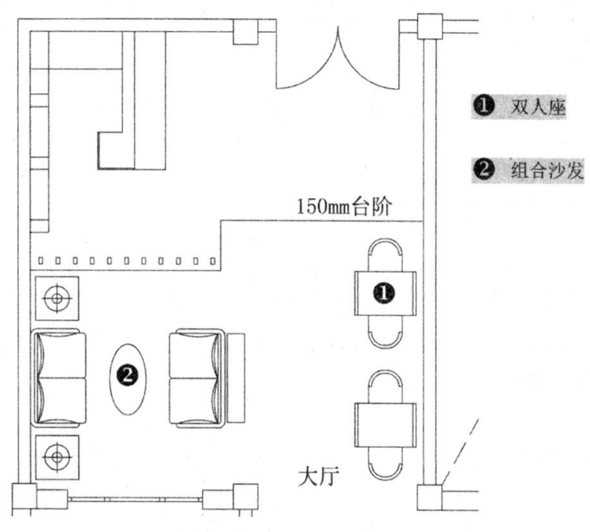

图 12-6　插入图块

步骤 4 执行“直线（L）”命令、“矩形（REC）”命令和“复制（CO）”命令，在下方绘制隔断，如图 12-7 所示。

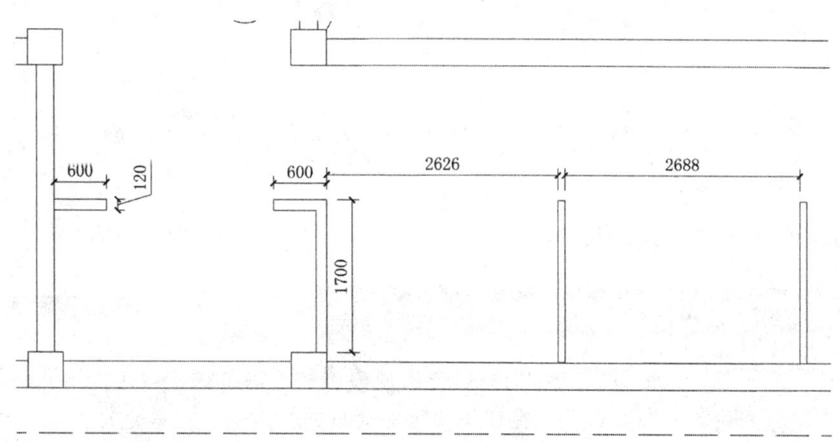

图 12-7　绘制隔断

步骤 5 执行“偏移（O）”命令和“修剪（TR）”命令，绘制出展示货柜效果；再执行“矩形（REC）”命令，绘制 1000×200 的矩形作为置物架，并通过执行“复制（CO）”命令复制到其他隔断间处，如图 12-8 所示。

步骤 6 再执行“插入块（I）”命令，将“案例文件\12”文件下的“四人座”和“卡座”插入并复制到图形相应的位置，如图 12-9 所示。

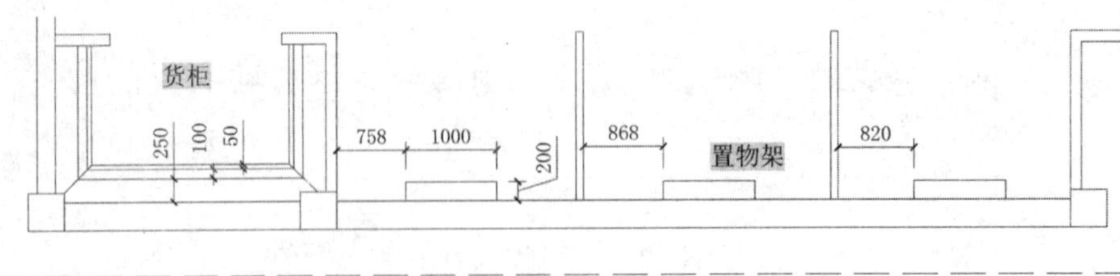

图 12-8　绘制货柜与置物架

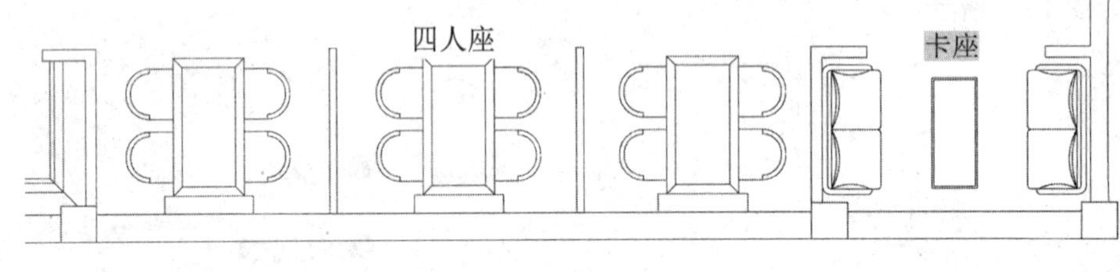

图 12-9　插入图块

步骤 7 执行“矩形（REC）”命令，在相应位置绘制隔断与收银台，如图 12-10 所示。

步骤 8 再执行“插入块（I）”命令，将“案例文件\12”文件下的“八人餐桌”“休闲椅”和“双人座”插入图形中，并通过复制、镜像操作旋转到相应位置，如图 12-11 所示。

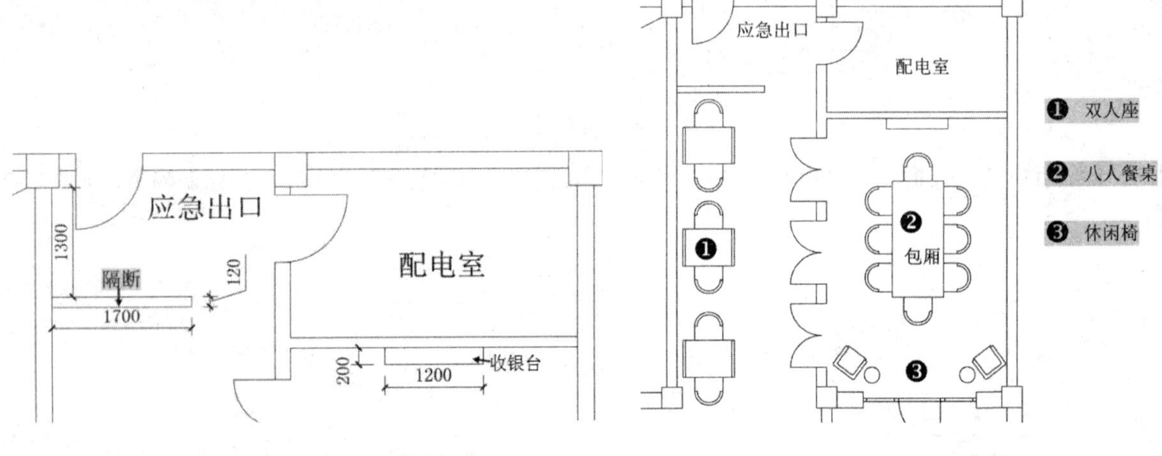

图 12-10　绘制隔断与收银台　　　　图 12-11　插入图块

技巧——内部块的保存

AutoCAD图形中可以插入外部图块，还可以将内部的图形转换为独立的文件保存到计算机中。

可执行创建外部图块的命令（W），在“写块”对话框的“对象”栏中选择内部图块为写块对象，然后设置图块保存名称及位置，即可将内部图块保存到计算机中。

12.1.3　尺寸、文字标注

在布置好室内家具造型以后，接下来将进行尺寸标注，并利用文字注释来标注图形中的家具对象。

步骤 1 将“标注”图层置为当前图层。执行“线性标注（DLI）”命令和“连续标注（DCO）”命令，对图形进行对象标注和总尺寸标注，如图 12-12 所示。

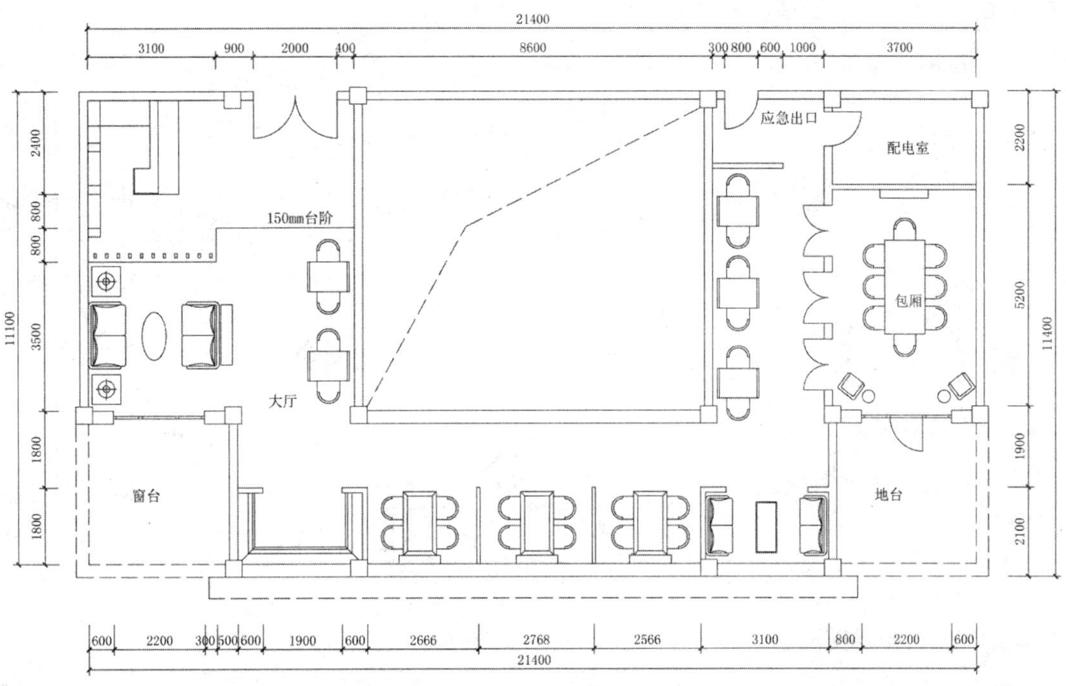

图 12-12　尺寸标注

步骤 2 将“文字”图层置为当前图层。执行“多重引线（MLD）”命令，在拉出一条直线以后，弹出“文字格式”对话框，设置文字“字体”为仿宋、“大小”为 250，根据要求对室内图形对象添加文字注释，如图 12-13 所示。

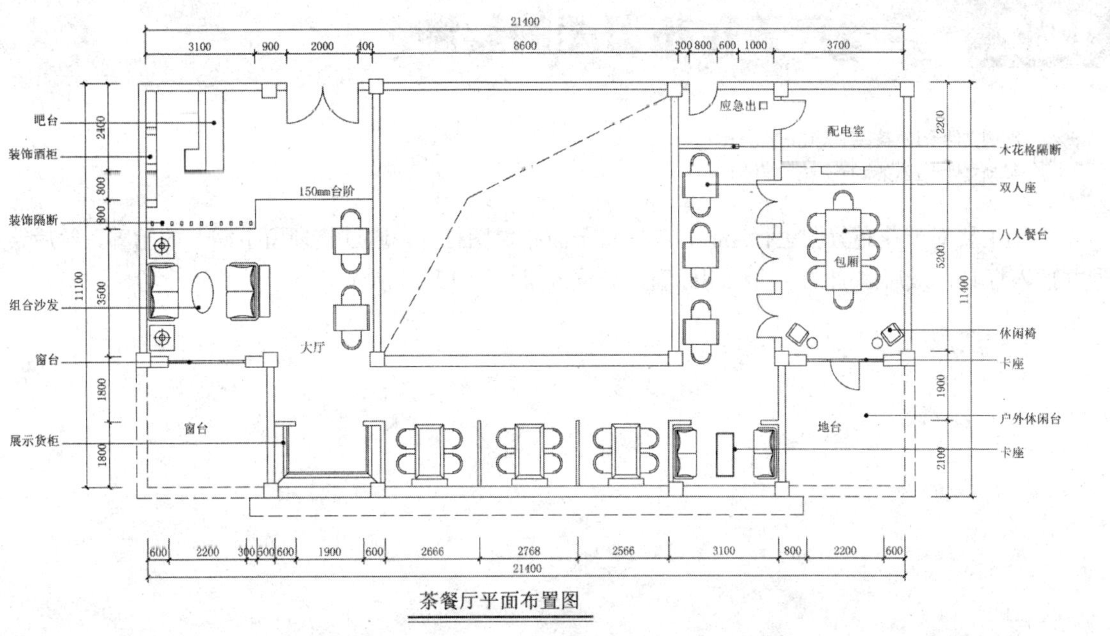

图 12-13　文字标注

步骤 3 执行“多行文字（MT）”命令，设置文字高度为 250，分别在相应位置注写“1 厅、2 厅、3 厅”。

步骤 4 将“FH-符号”图层置为当前图层。执行“插入块（I）”命令，将“案例文件\12”文件夹下的“索引符号”插入图形中，并复制出多份来指定各个区域，如图 12-14 所示。

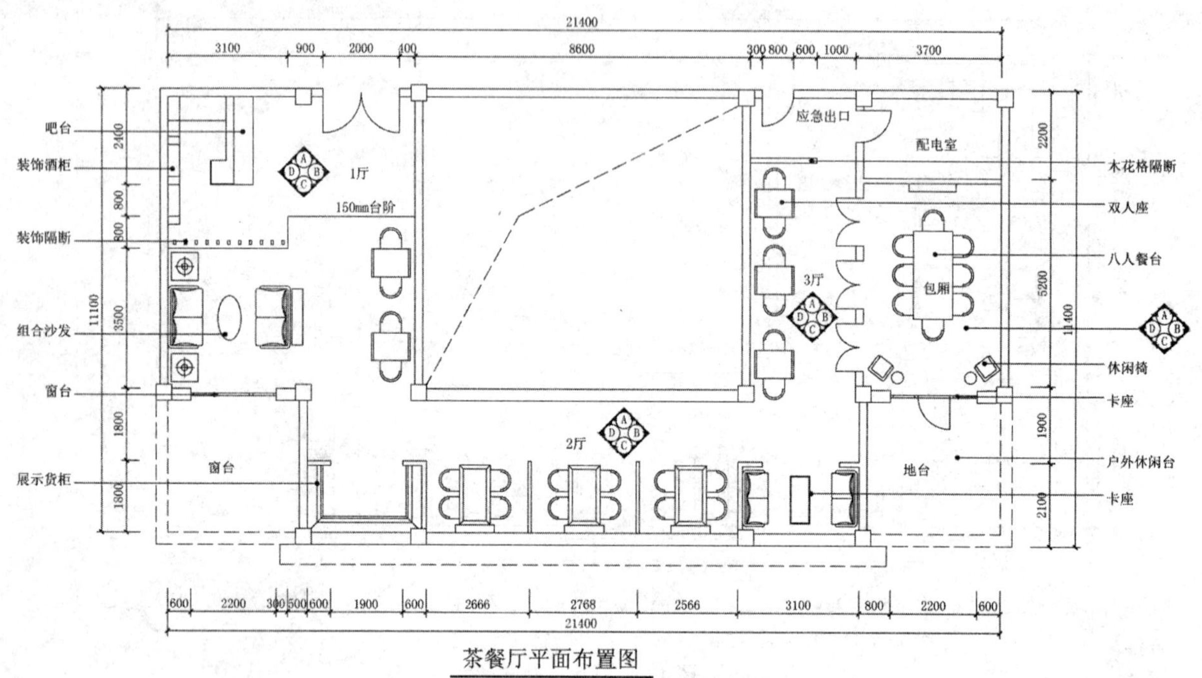

图 12-14　插入索引符号

步骤 5 至此，平面布置图已经绘制完成，按Ctrl+S组合键进行保存。

12.2 茶餐厅天花布置图的绘制

案例文件：12\茶餐厅天花布置图.dwg
视频文件：12\茶餐厅天花布置图.avi

本实例主要对天花布置图进行绘制，首先将平面布置图打开，通过整理留下需要的轮廓，然后绘制顶棚造型并插入灯具，最后添加文字注释和标高，布置效果如图 12-15 所示。

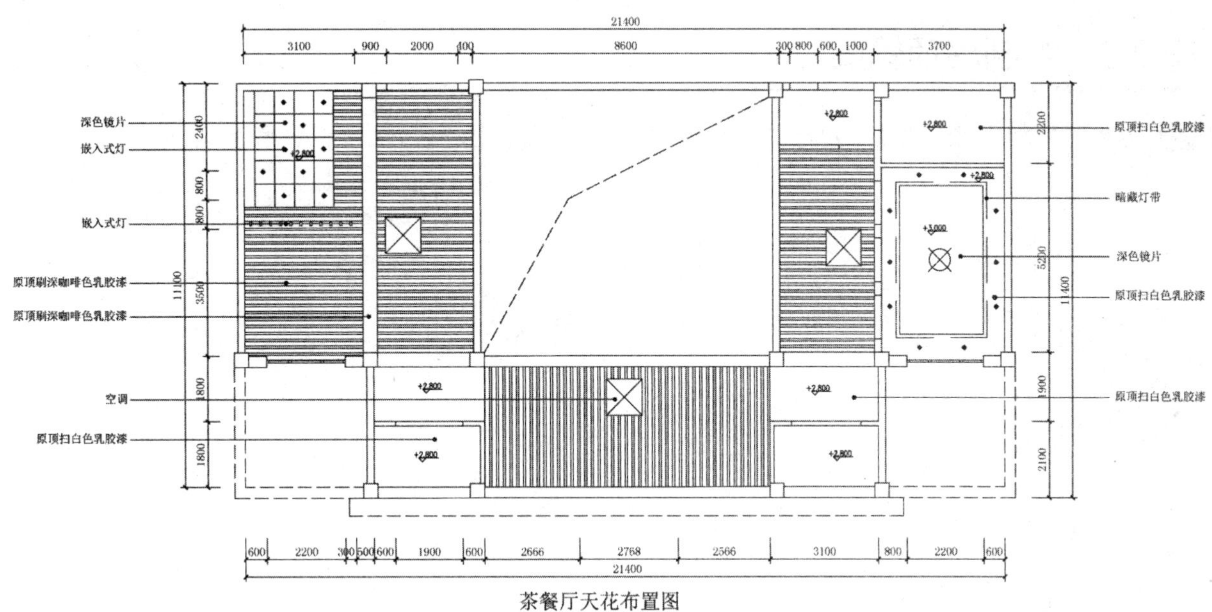

图 12-15　天花布置效果

12.2.1　调用并整理文件

借用前面绘制好的平面布置图可以更方便地进行天花布置图的绘制。

步骤 1 启动AutoCAD 2018，在“快速访问”工具栏中单击“打开”按钮，将前面绘制好的“案例文件\12\茶餐厅平面布置图.dwg”文件打开；再单击“另存为”按钮，将文件另存为“案例文件\12\茶餐厅天花布置图.dwg”。

步骤 2 根据绘图要求执行“删除（E）”命令，将图形中的文字注释、门对象、家具对象删除。

步骤 3 执行“直线（L）”命令，将门洞封闭起来，并将门洞线转换为“DD-吊顶”图层；在下方修改图名为“茶餐厅天花布置图”，修改结果如图 12-16 所示。

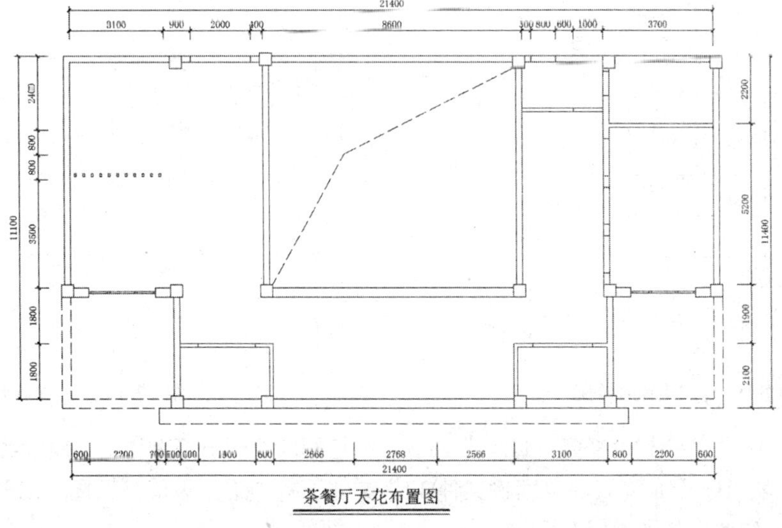

图 12-16　整理图形

12.2.2 绘制吊顶轮廓

步骤 1 切换至“DD-吊顶”图层，执行“直线（L）”命令，捕捉柱子区分各个区域吊顶，如图 12-17 所示。

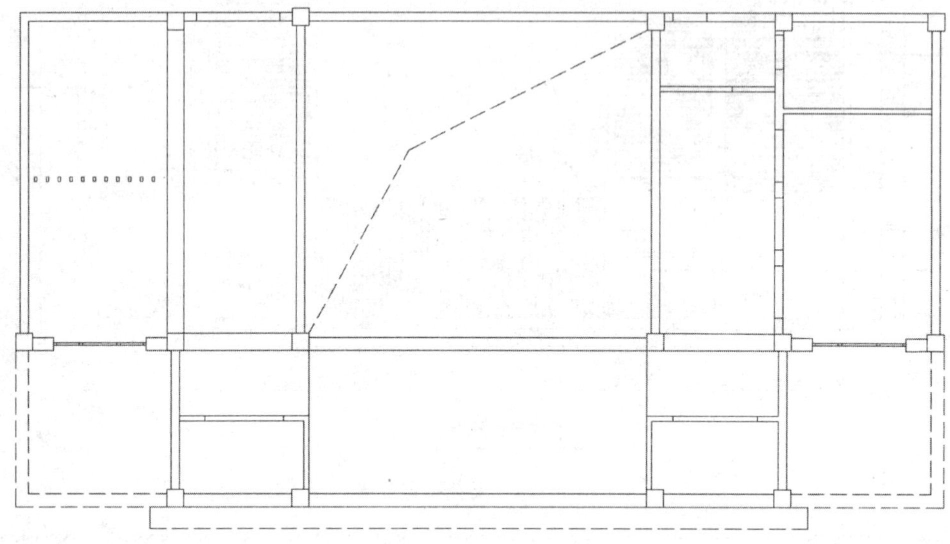

图 12-17 绘制线段

步骤 2 执行“偏移（O）”命令和“修剪（TR）”命令，在装饰柱子上方绘制出如图 12-18 所示的吊顶轮廓。

步骤 3 执行“插入块（I）”命令，将“案例文件\12”文件下的“筒灯”插入并复制到吊顶相应位置，如图 12-19 所示。

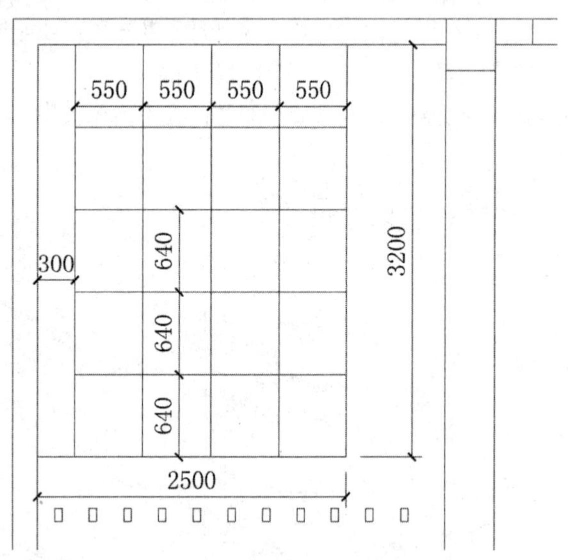

图 12-18 绘制吊顶轮廓

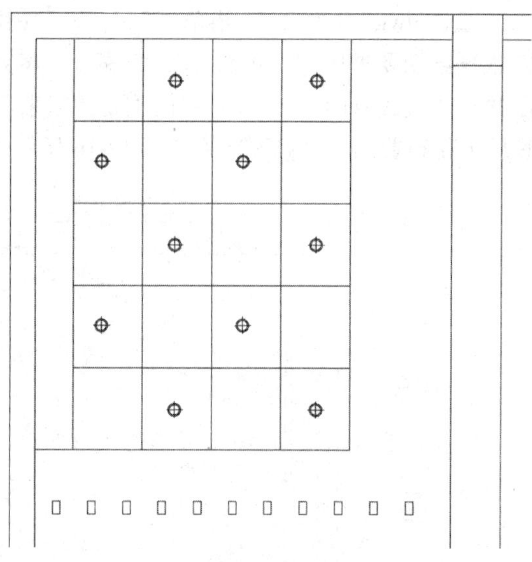

图 12-19 布置筒灯

步骤 4 执行“偏移（O）”命令和“修剪（TR）”命令，在包间内绘制出灯带与吊顶轮廓线，如图 12-20 所示。

步骤 5 再执行“插入块（I）”命令，将“案例文件\12”文件下的“工艺吸顶灯”插入图形中，并通过复制命令将筒灯复制到相应位置，如图 12-21 所示。

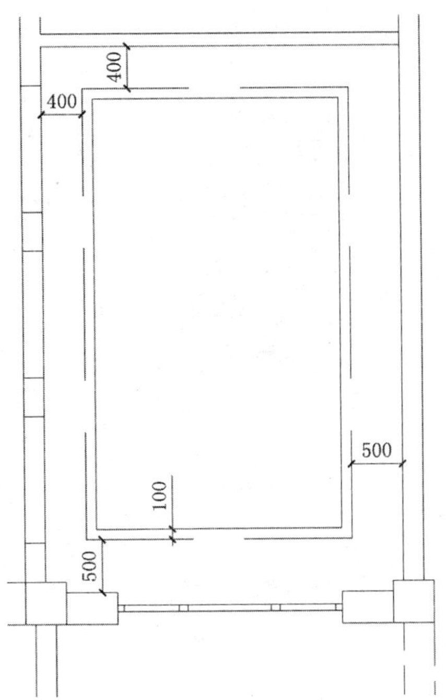

图 12-20 绘制灯带

图 12-21 放置灯具

步骤6 执行"插入块（I）"命令，将"案例文件\12"文件下的"空调"插入图形中，并通过复制命令将其复制到相应位置，如图 12-22 所示。

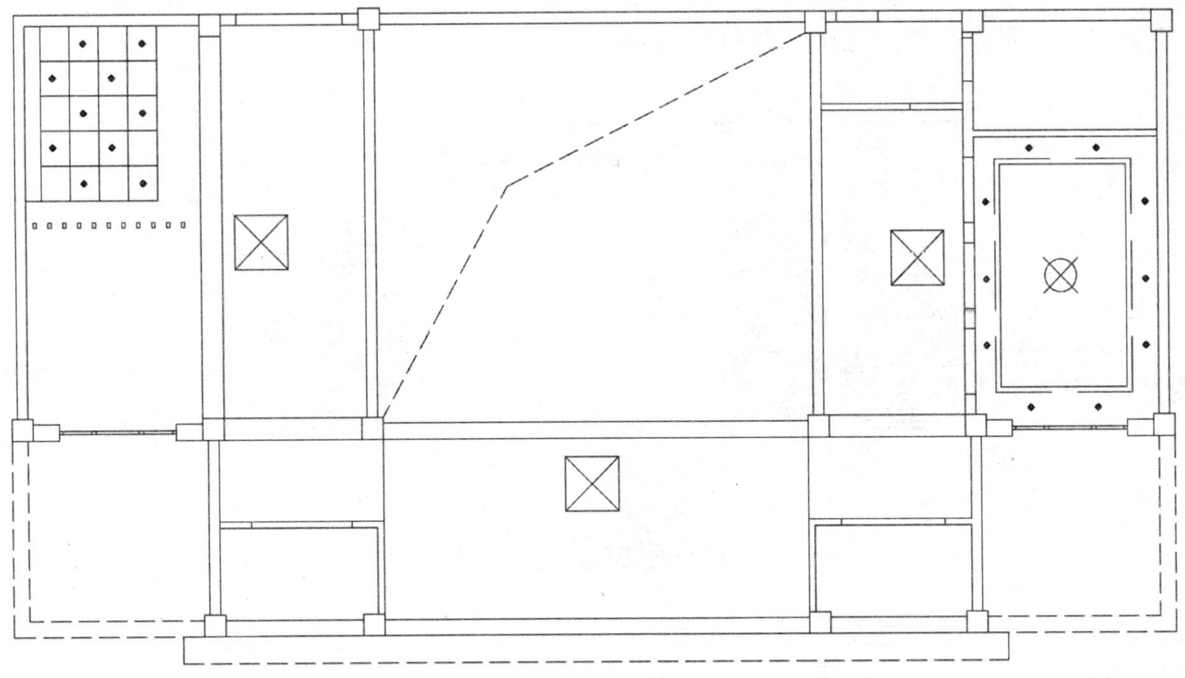

图 12-22 布置空调

步骤7 切换至"填充"图层，执行"图案填充（H）"命令，在弹出的对话框中选择"样例"为ANSI32、"比例"为 20，再设置不同的角度值，对吊顶进行填充，如图 12-23 所示。

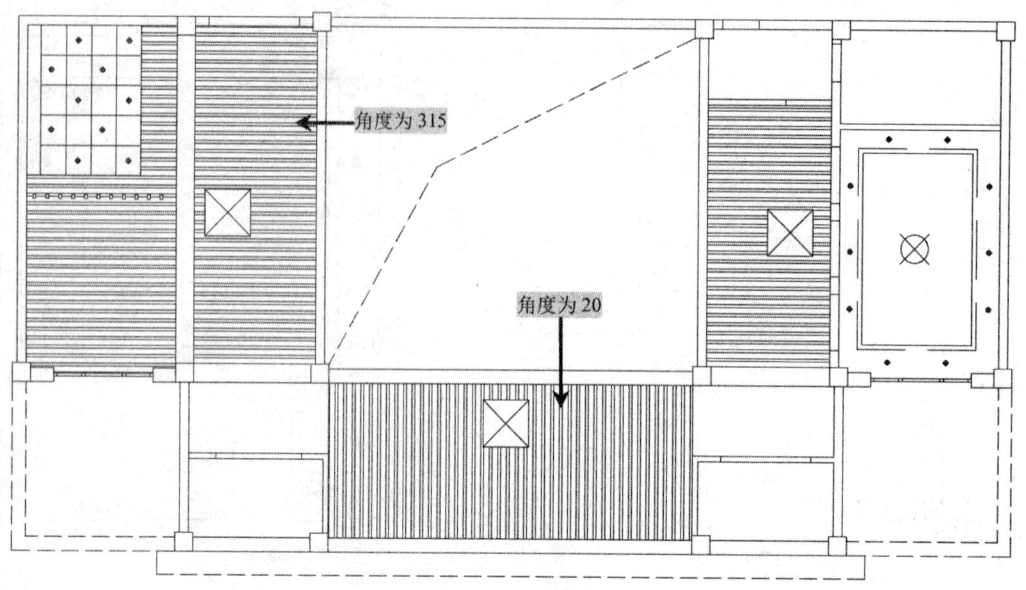

图 12-23　填充图形

12.2.3　文字标注与标高说明

在布置好灯具以后，用户就可以对天花布置图添加文字注释、尺寸和标高说明了。

步骤 1　将“WZ-文字”图层置为当前图层。执行“多重引线（MLD）”命令，设置文字“字体”为宋体、“大小”为 250，对吊顶添加文字注释，如图 12-24 所示。

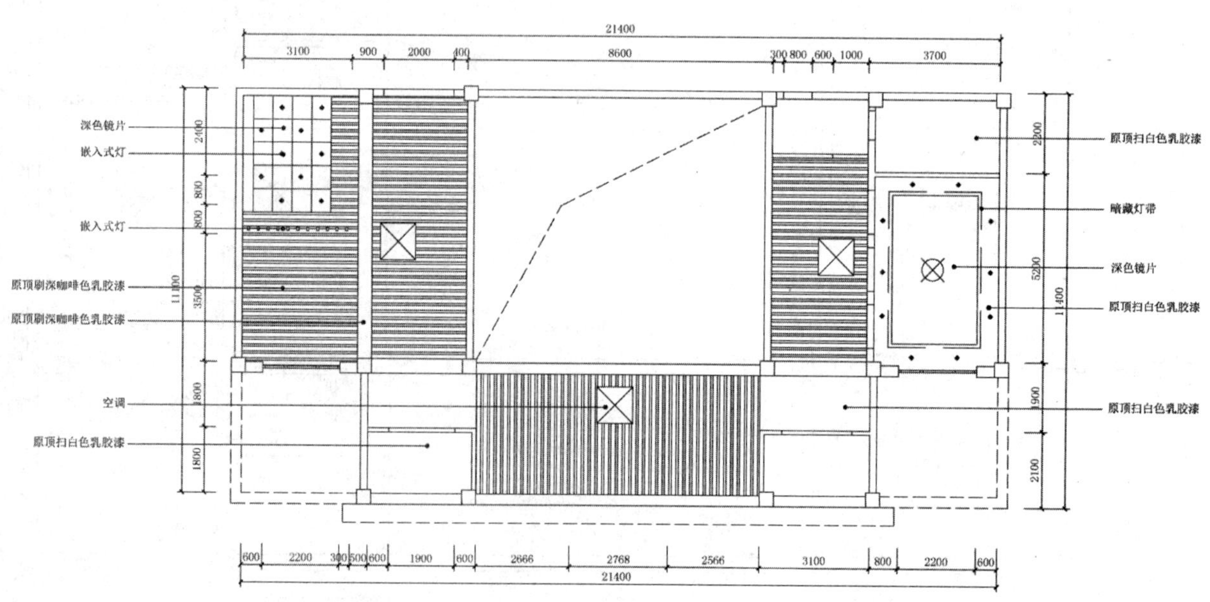

图 12-24　文字注释

步骤 2　将“FH-符号”图层置为当前图层。执行“插入块（I）”命令，将“案例文件\12”文件夹下的“标高符号”图块插入图形中，通过复制命令复制到不同的位置并修改不同的标高值，如图 12-25 所示。

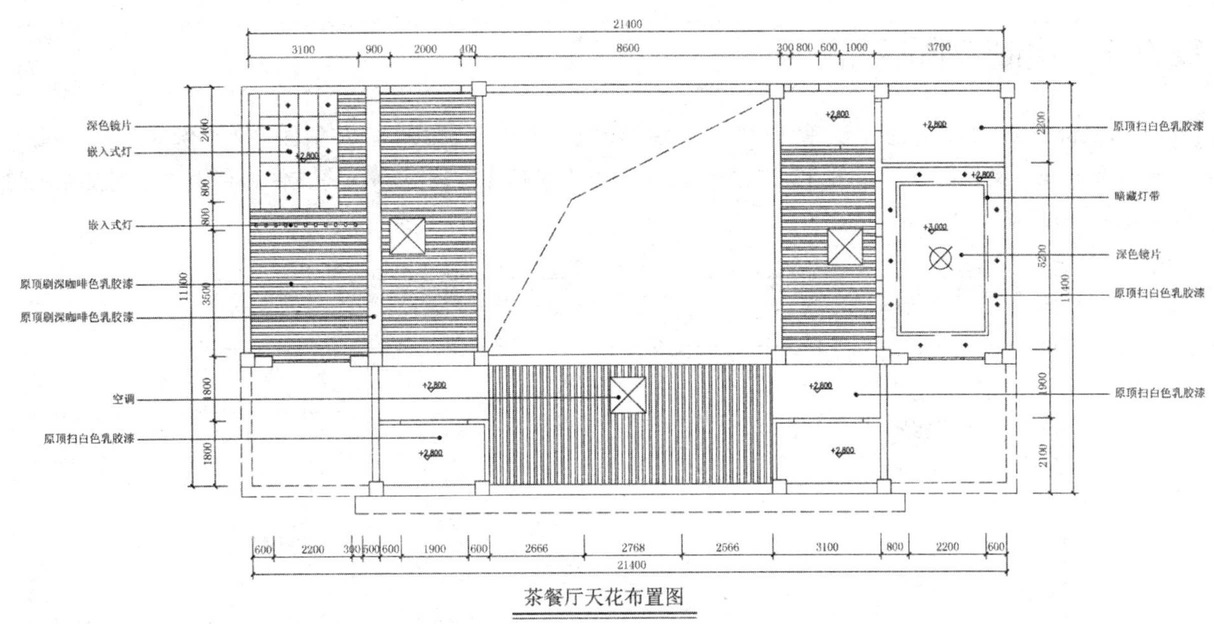

图 12-25 标高标注

步骤 3 至此，天花布置图已经绘制完成，按Ctrl+S组合键进行保存。

12.3 1厅D立面图的绘制

案例文件：12\1厅D立面图.dwg

视频文件：12\1厅D立面图.avi

在绘制茶餐厅 1 厅D立面图之前，可以将平面布置图打开，根据需要留下相应的D平面轮廓，再根据平面轮廓来绘制立面，效果如图 12-26 所示。

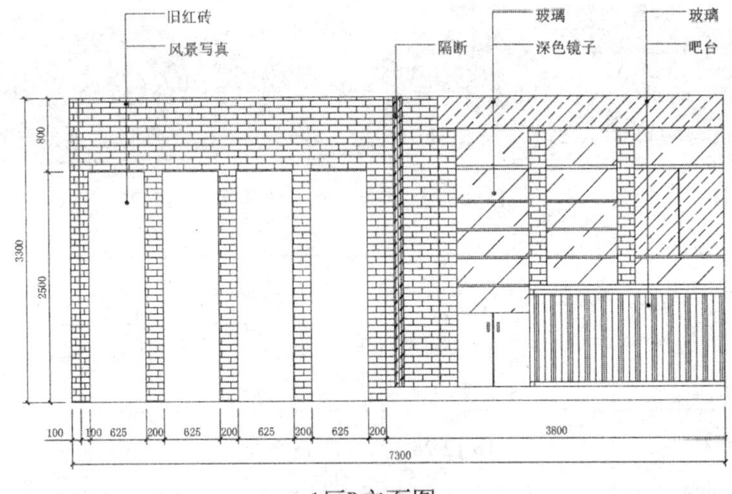

图 12-26 立面效果

12.3.1 绘制立面轮廓

步骤 1 启动AutoCAD 2018，在“快速访问”工具栏中单击“打开”按钮，将前面的“案例文件\12\茶餐厅平面布置图.dwg”文件打开，如图 12-27 所示；再单击“另存为”按钮，将文件另存为“案例文件\12\1厅D立面图.dwg”。

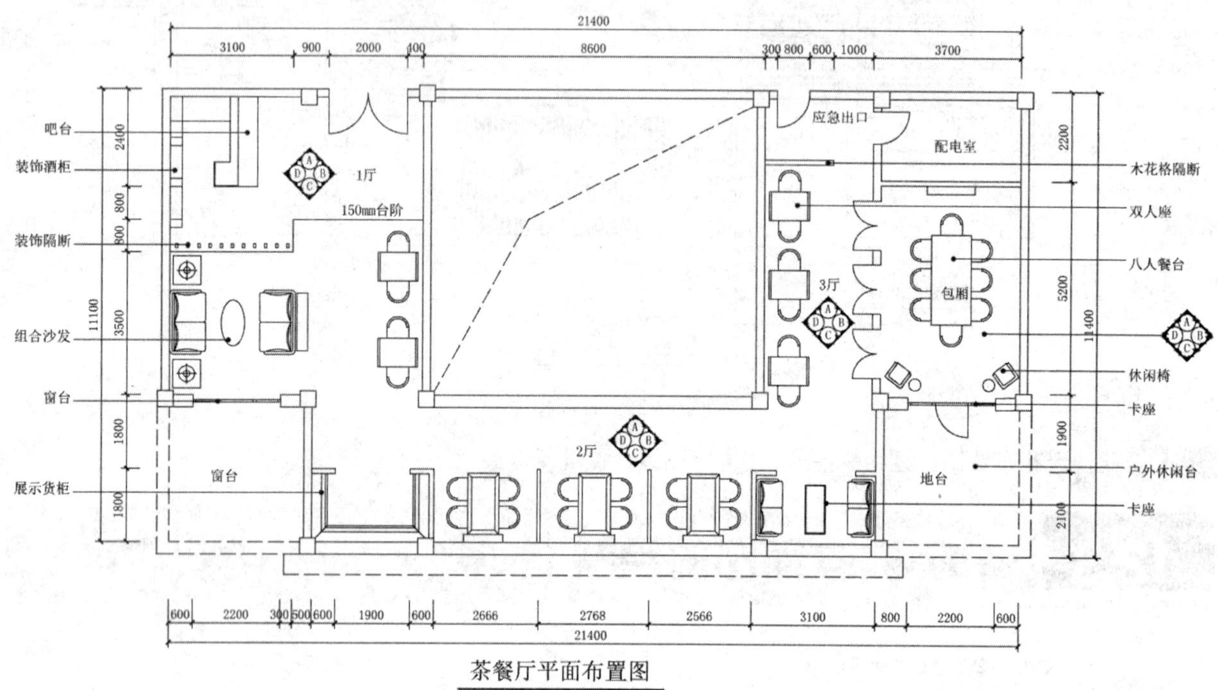

图 12-27 立面效果

步骤 2 执行“修剪（TR）”命令和“删除（E）”命令，将除 1 厅D平面图以外的图形删除。

技巧——修剪命令中的延伸操作

在执行TRIM命令的过程中按住Shift键可转换为执行延伸（EXTEND）命令。例如，在选择要修剪的对象时，某线段未与修剪边界相交，按住Shift键后，单击该线段，可将其延伸到最近的边界。

步骤 3 执行“旋转（RO）”命令，将 1 厅D平面图旋转-90°，效果如图 12-28 所示。

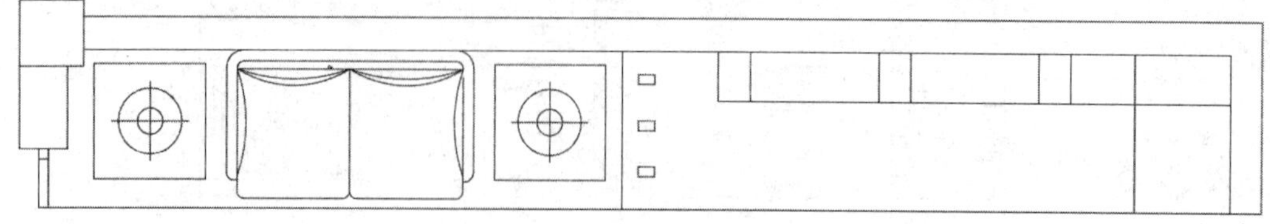

图 12-28 截取的 D 平面

步骤 4 将“立面”图层置为当前图层。执行“构造线（XL）”命令，捕捉相应的角点来绘制垂直的构造线。再执行“直线（L）”命令，在构造线上绘制两条相距 3300 的水平线段，如图 12-29 所示。

步骤 5 执行“修剪（TR）”命令，修剪掉多余的线条，结果如图 12-30 所示。

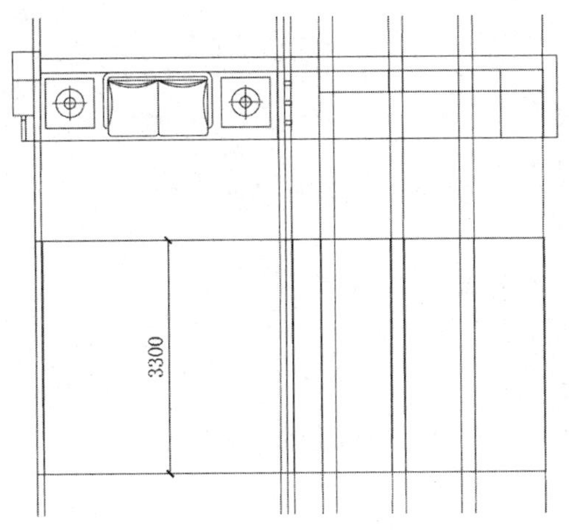

图 12-29 绘制延长线

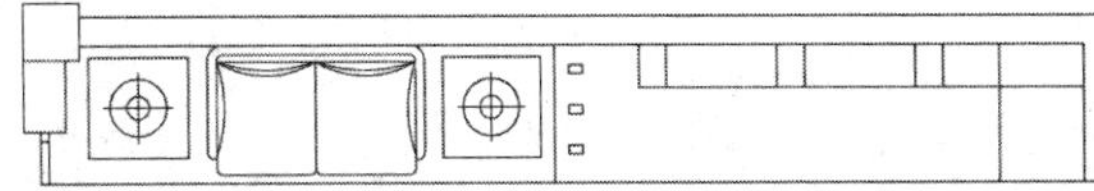

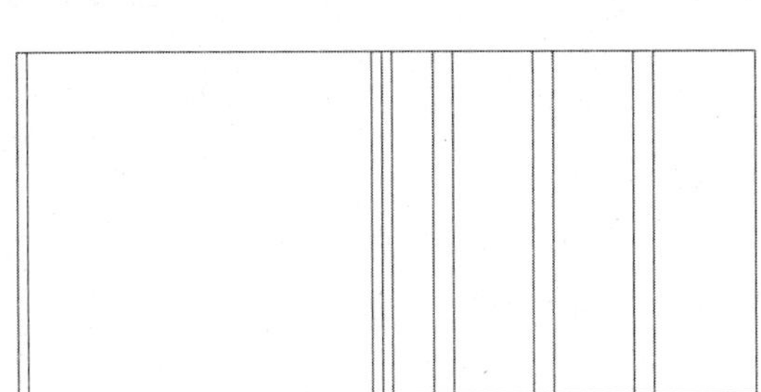

图 12-30 修剪结果

步骤 6 执行“矩形（REC）”命令，绘制 625×2500 的矩形，并通过“复制（CO）”命令将其复制到如图 12-31 所示的相应位置。

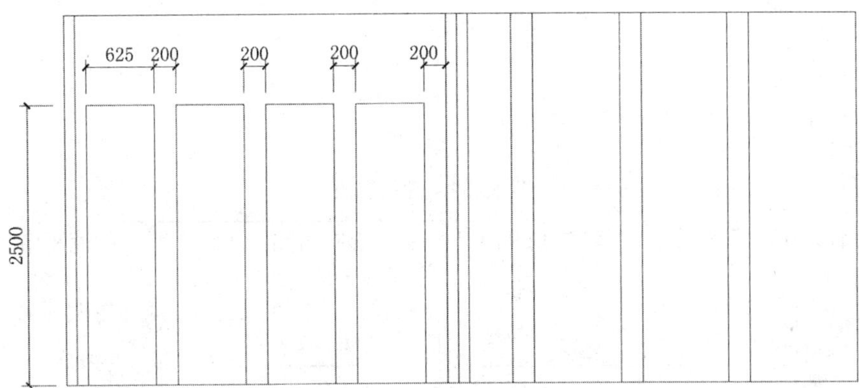

图 12-31 绘制矩形

步骤 7 执行“偏移（O）”命令，将线段按照如图 12-32 所示的尺寸进行偏移。

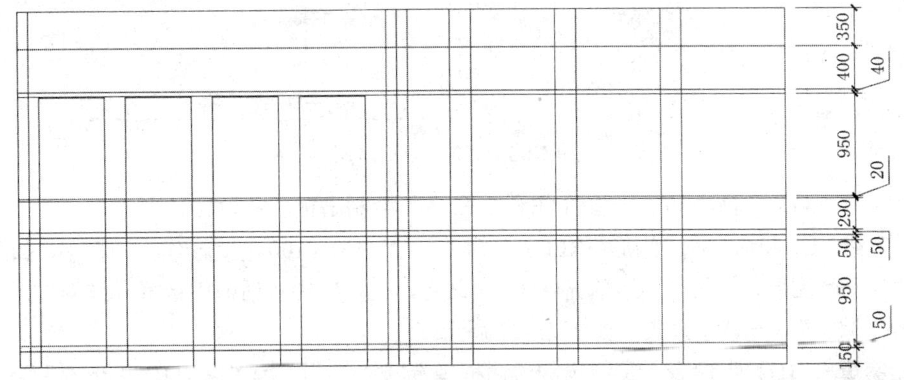

图 12-32 偏移线段

步骤 8 执行“修剪（TR）”命令，修剪出如图 12-33 所示的效果。

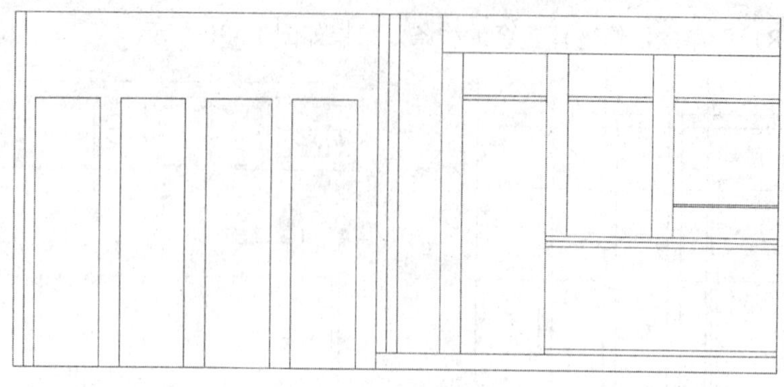
图 12-33　修剪结果

步骤 9 执行“偏移（O）”命令和“修剪（TR）”命令，绘制出如图 12-34 所示的轮廓。

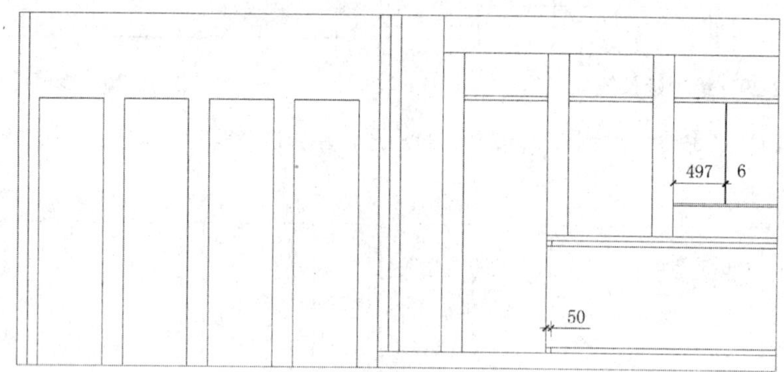

图 12-34　绘制线段

步骤 10 再执行“偏移（O）”命令和“修剪（TR）”命令，绘制出如图 12-35 所示的酒柜隔层效果。

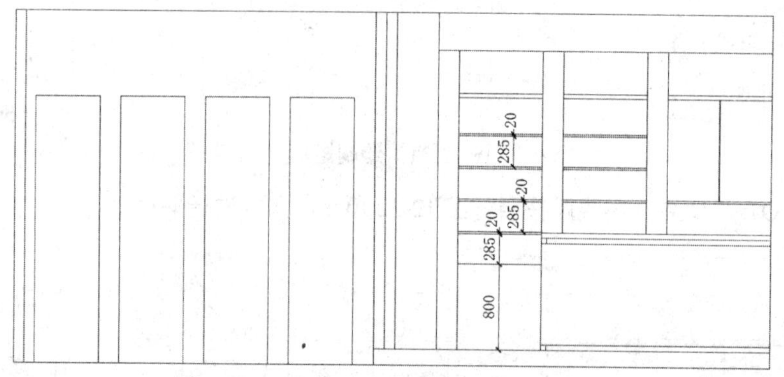

图 12-35　绘制酒柜隔层

步骤 11 再执行“偏移（O）”命令和“修剪（TR）”命令，绘制出柜门的效果。

步骤 12 再执行“直线（L）”命令和“矩形（REC）”命令，绘制 20×100 的矩形作为门把手，如图 12-36 所示。

步骤 13 切换至“填充”图层，执行“图案填充（H）”命令，在弹出的对话框中选择“样例”为ANSI31、“比例”为 30，对相应位置填充玻璃效果，如图 12-37 所示。

步骤 14 执行“图案填充（H）”命令，在弹出的对话框中选择“样例”为PLASTI、“比例”为 30、“角度”为 90，对吧台填充木线条效果；再选择“样例”为CORK、“角度”为 90、“比例”为 10，对装饰隔断进行填充，如图 12-38 所示。

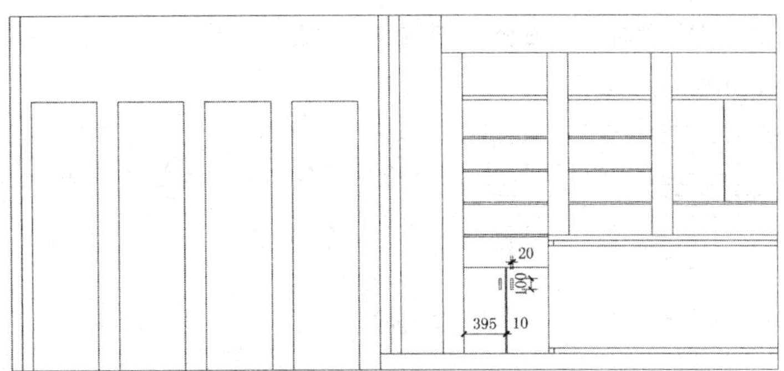

图 12-36 绘制柜门和门把手

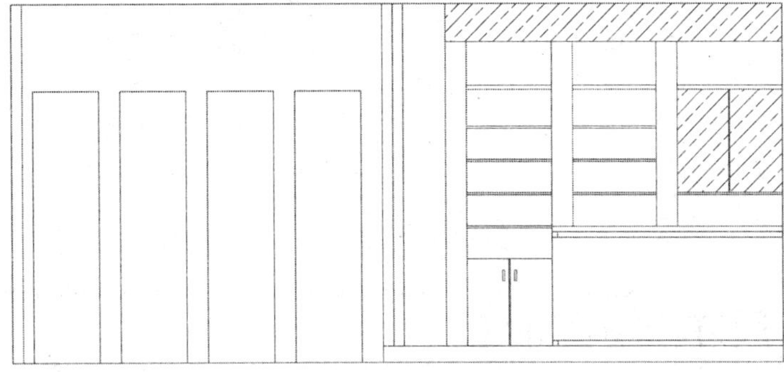
图 12-37 填充玻璃

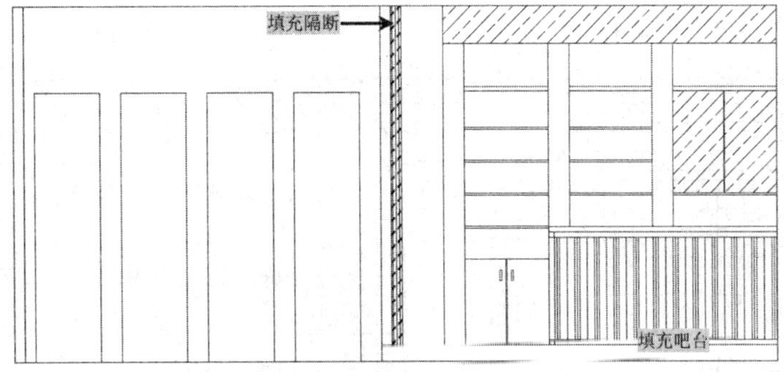

图 12-38 填充吧台、隔断

步骤15 执行“图案填充（H）”命令，在弹出的对话框中选择“样例”为ANSI33、“比例”为 100，在图中填充镜子效果，如图 12-39 所示。

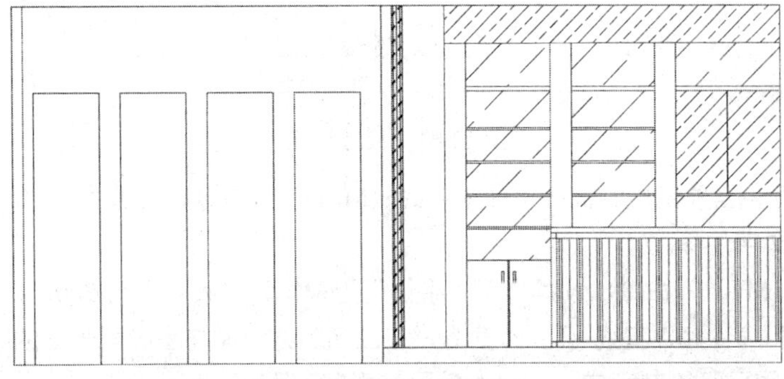
图 12-39 填充镜面

步骤16 同样执行“图案填充（H）”命令，在弹出的对话框中选择“样例”为AR-BRSTD、“比例”为 1，对其他区域填充红砖效果，如图 12-40 所示。

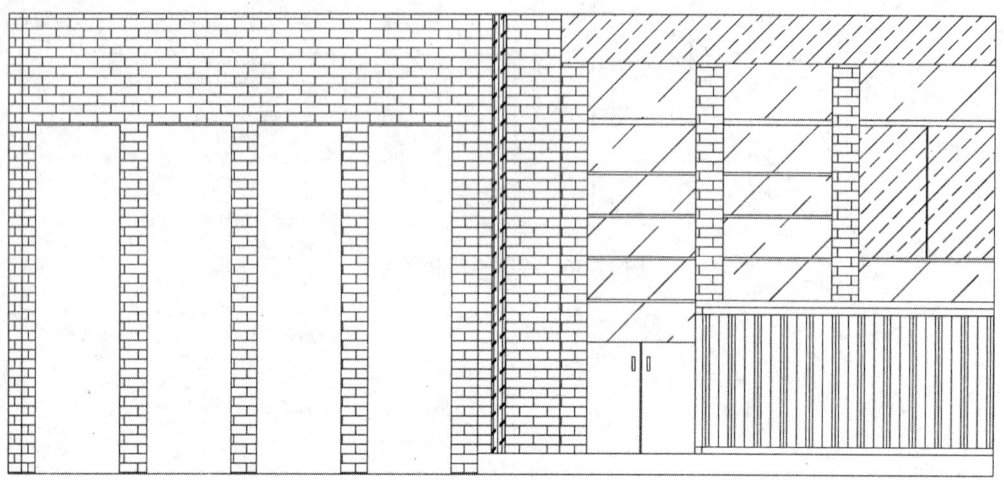

图 12-40 填充红砖

12.3.2 文字、尺寸和图名标注

步骤1 将“标注”图层置为当前图层。执行“线性标注（DLI）”命令、“连续标注（DCO）”命令等，对立面图进行尺寸标注，效果如图 12-41 所示。

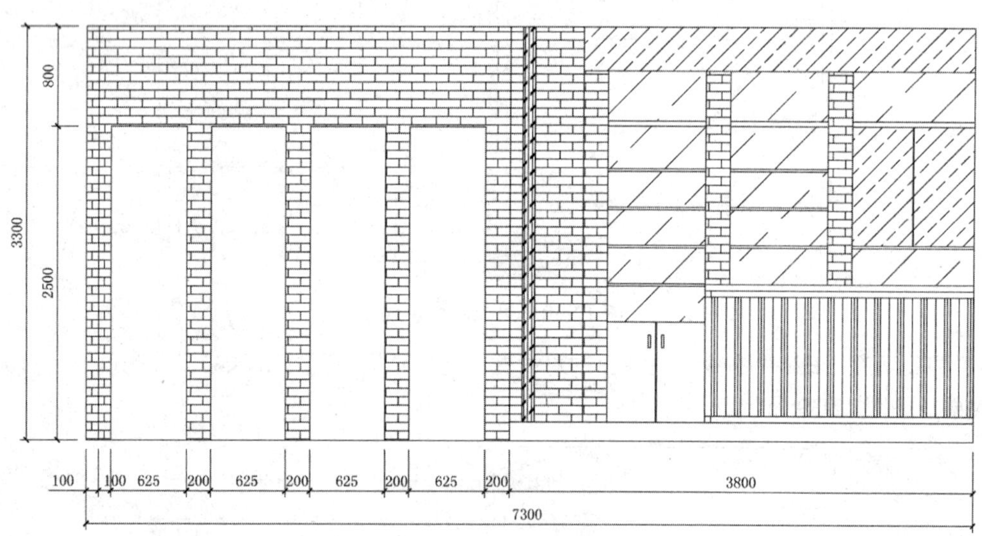

图 12-41 尺寸标注

步骤2 将“文字”图层置为当前图层。执行“多重引线（MLD）”命令，设置文字“字体”为宋体、“大小”为 120，对立面图添加文字注释。

步骤3 执行“多行文字（MT）”命令，设置文字“字体”为宋体、“大小”为 200，对立面图进行图名标注；再执行“多段线（PL）”命令和“直线（L）”命令，在图名下方绘制与图名同长度的线段，如图 12-42 所示。

步骤4 至此，1 厅D立面图已经绘制完成，按Ctrl+S组合键进行保存。

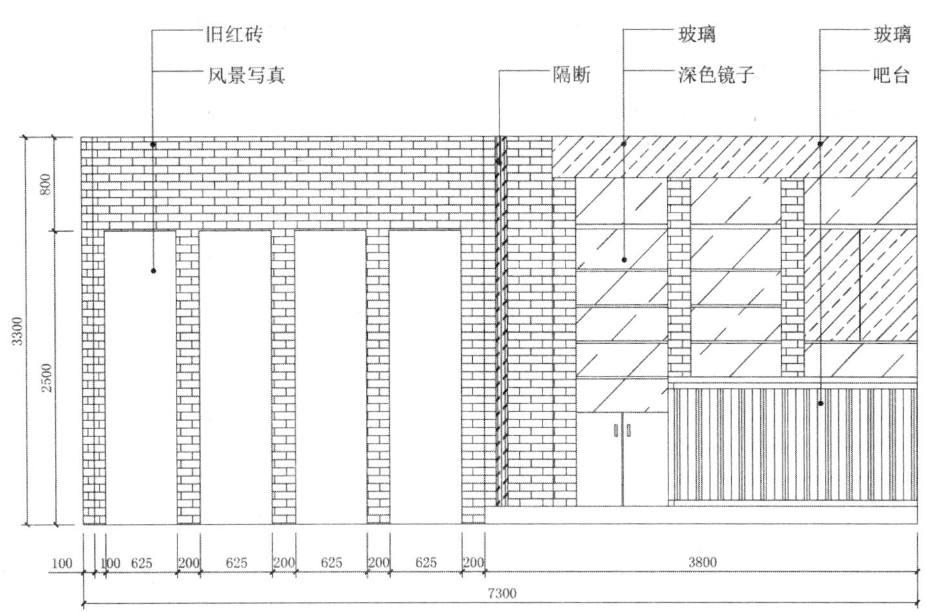

图 12-42　立面效果

12.4 2 厅 C 立面图的绘制

案例文件：12\2 厅 C 立面图.dwg
视频文件：12\2 厅 C 立面图.avi

在绘制茶餐厅 2 厅C立面图之前，可以将平面布置图打开，根据需要留下相应的C平面轮廓，再根据平面轮廓来绘制立面，效果如图 12-43 所示。

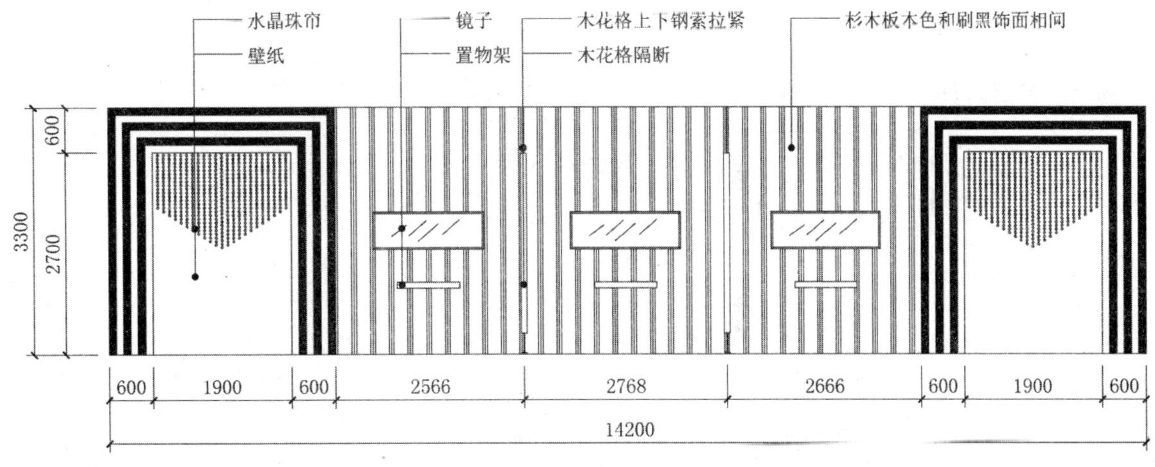

图 12-43　立面效果

12.4.1 绘制立面轮廓

步骤 1 启动AutoCAD 2018，在“快速访问”工具栏中单击“打开”按钮，将前面的“案例文件\12\茶餐厅平面布置图.dwg”文件打开；再单击“另存为”按钮，将文件另存为“案例文件\12\2 厅C立面图.dwg”。

步骤 2 执行“删除（E）”命令，将除 2 厅C平面图以外的图形删除。

步骤 3 执行“旋转（RO）”命令，将其旋转 180°，效果如图 12-44 所示。

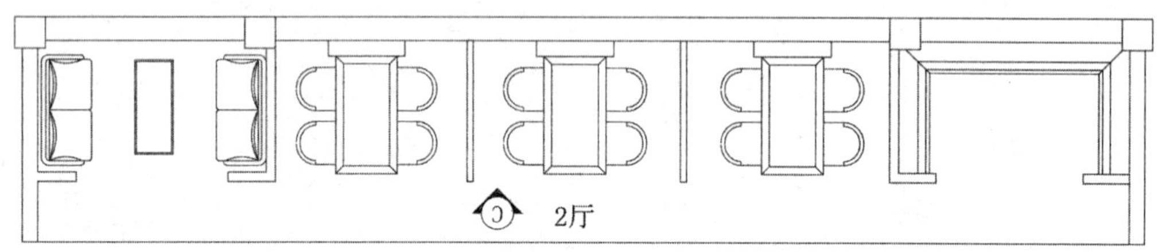

图 12-44 截取的 C 平面

步骤 4 将“立面”图层置为当前图层。执行“直线（L）”命令，捕捉点向下绘制延伸线，然后在延伸线上绘制两条相距 3300 的水平线，如图 12-45 所示。

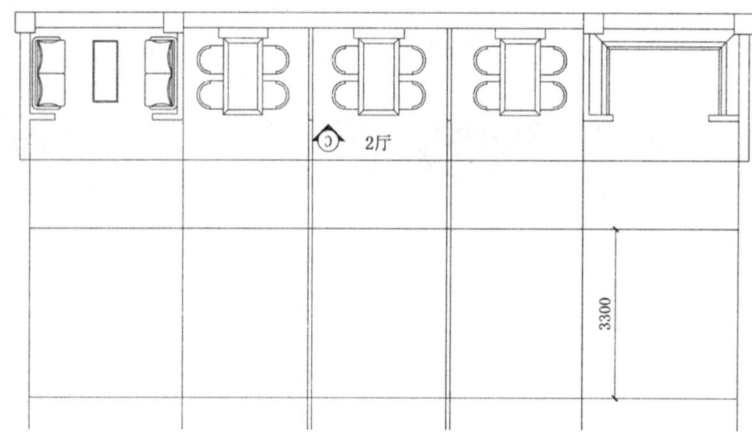

图 12-45 绘制线段

步骤 5 执行“修剪（TR）”命令，修剪多余线条，结果如图 12-46 所示。

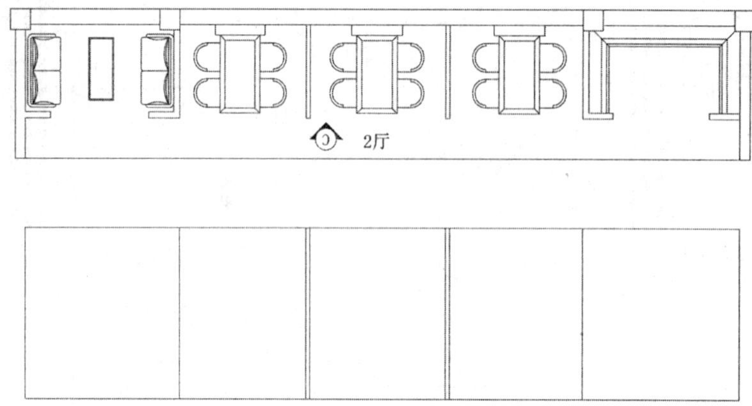

图 12-46 修剪线段

步骤6 执行“偏移（O）”命令，将两侧三条边分别向内偏移 100，偏移 6 次，并通过修剪命令修剪出如图 12-47 所示的轮廓。

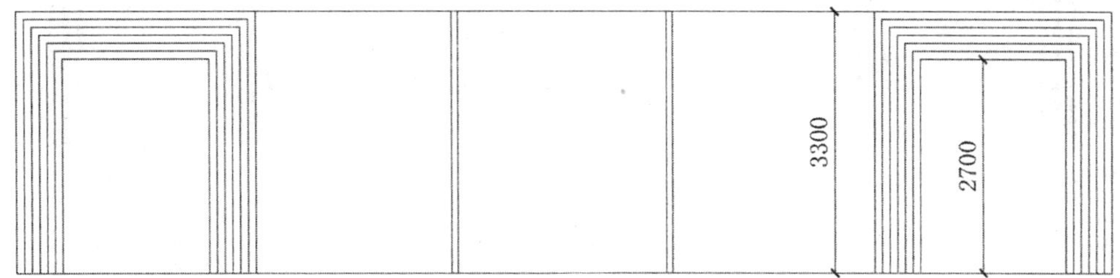

图 12-47 偏移并修剪

步骤7 执行“图案填充（H）”命令，在弹出的对话框中选择“样例”为SOLTD，对偏移的框内进行间隔填充，效果如图 12-48 所示。

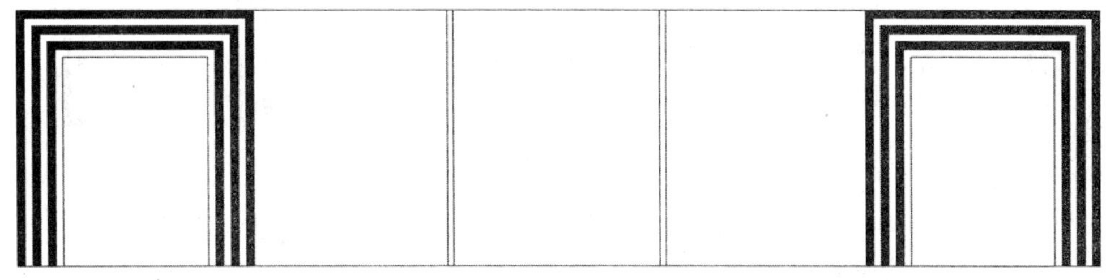

图 12-48 填充效果

步骤8 执行“偏移（O）”命令，将线段按照如图 12-49 所示进行偏移。

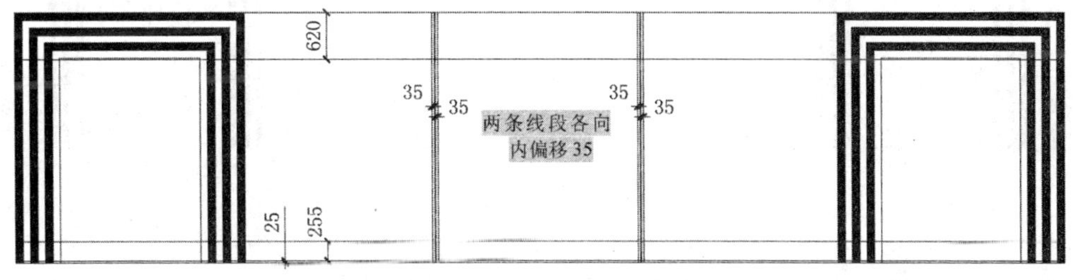

图 12-49 偏移线段

步骤9 执行“修剪（TR）”命令，对多余的线条进行修剪，结果如图 12-50 所示。

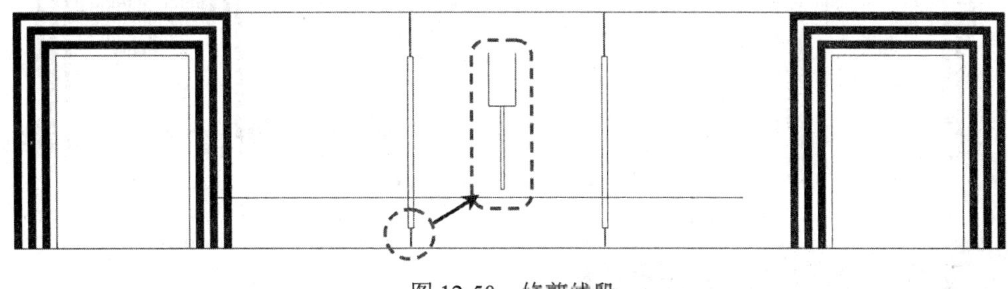

图 12-50 修剪线段

步骤10 执行“矩形（REC）”命令，绘制 80×15 的矩形，放置在修剪图形的下方，并以直线连接对角点，如图 12-51 所示。

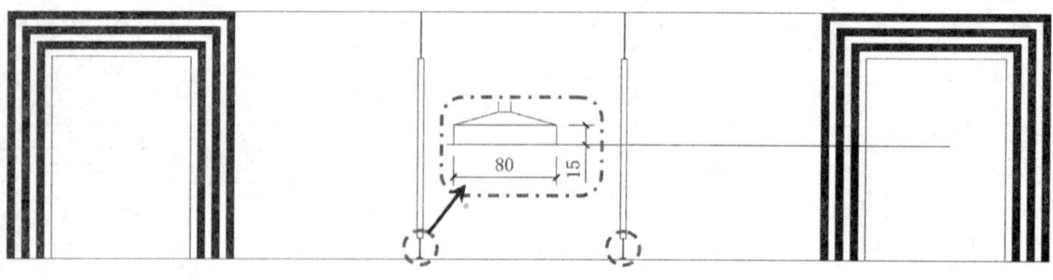

图 12-51　绘制线段

步骤 11 执行“矩形（REC）”命令，绘制 850×80 的矩形，并通过复制命令将其放置到相应位置形成置物架效果，如图 12-52 所示。

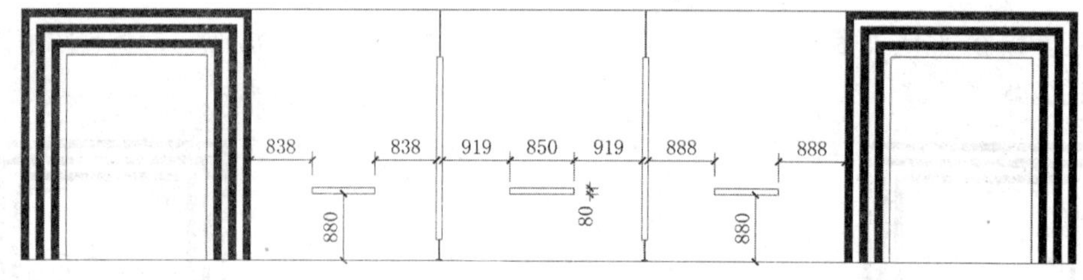

图 12-52　绘制置物架

步骤 12 再执行“插入块（I）”命令，将“案例文件\12”文件下的“镜子”和“水晶珠帘”插入图形中，并通过复制命令将其放置在相应的位置，如图 12-53 所示。

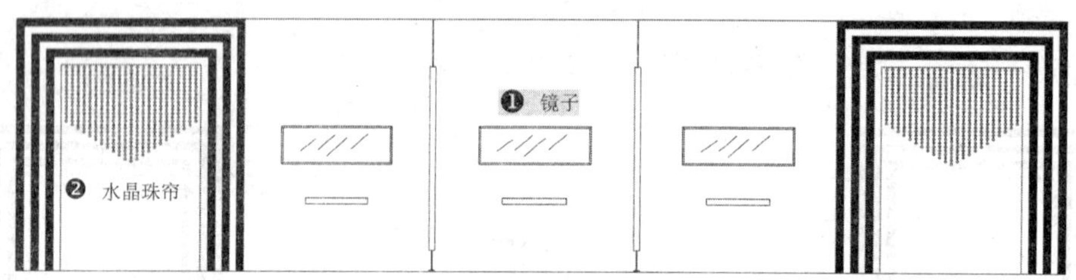

图 12-53　插入图块

步骤 13 切换至“填充”图层，执行“图案填充（H）”命令，在弹出的对话框中选择“样例”为PLASTI、“比例”为 40，在相应位置进行填充，如图 12-54 所示。

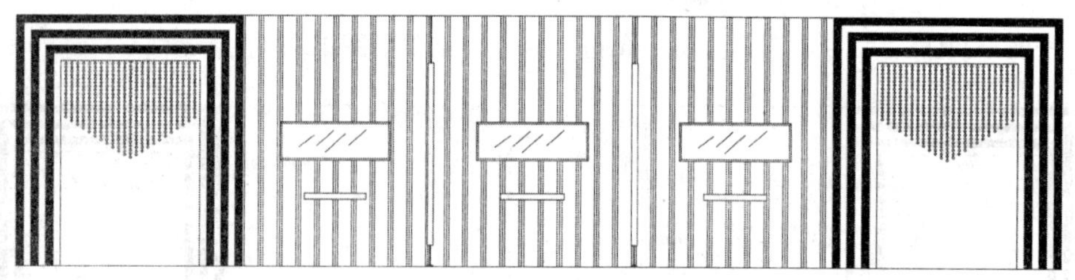

图 12-54　填充图形

12.4.2　文字、尺寸和图名标注

步骤 1 将“标注”图层置为当前图层。执行“线性标注（DLI）”命令、“连续标注（DCO）”命令等，对立面图进行尺寸标注，效果如图 12-55 所示。

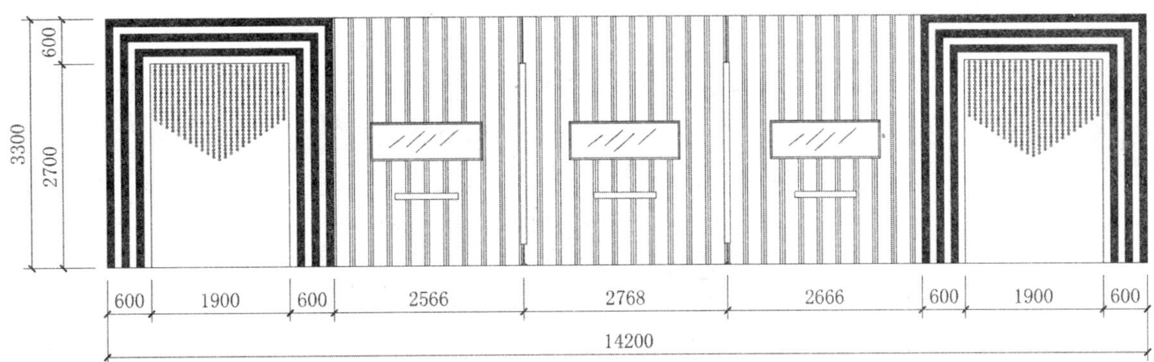

图 12-55　尺寸标注

步骤 2 将“文字”图层置为当前图层。执行“多重引线（MLD）”命令，设置文字“字体”为宋体、“大小”为 180，对立面图添加文字注释。

步骤 3 执行“多行文字（MT）”命令，设置文字“字体”为宋体、“大小”为 300，对立面图进行图名标注；再执行“多段线（PL）”命令和“直线（L）”命令，在图名下方绘制与图名同长度的线段，如图 12-56 所示。

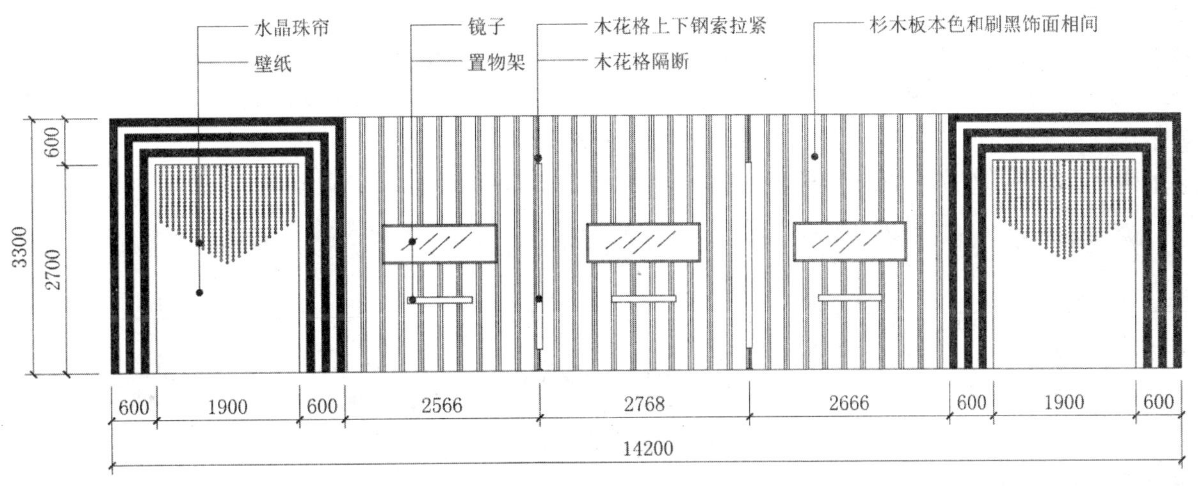

图 12-56　立面效果

步骤 4 至此，2 厅C立面图已经绘制完成，按Ctrl+S组合键进行保存。

12.5 3 厅 B 立面图的绘制

案例文件：12\3 厅 B 立面图.dwg
视频文件：12\3 厅 B 立面图.avi

绘制茶餐厅 3 厅B立面图与前面绘制立面图的方法大致相同，其绘制效果如图 12-57 所示。

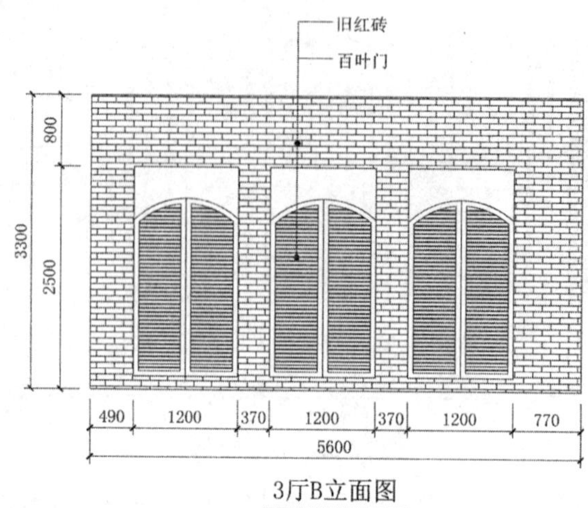

图 12-57 立面效果

12.5.1 绘制立面轮廓

步骤 1 启动AutoCAD 2018，在“快速访问”工具栏中单击“打开”按钮，将前面的“案例文件\12\茶餐厅平面布置图.dwg”文件打开；再单击“另存为”按钮，将文件另存为“案例文件\12\3 厅B立面图.dwg”。

步骤 2 执行“删除（E）”命令，将除 3 厅B平面图以外的图形删除。

步骤 3 执行“旋转（RO）”命令，将其旋转 180°，效果如图 12-58 所示。

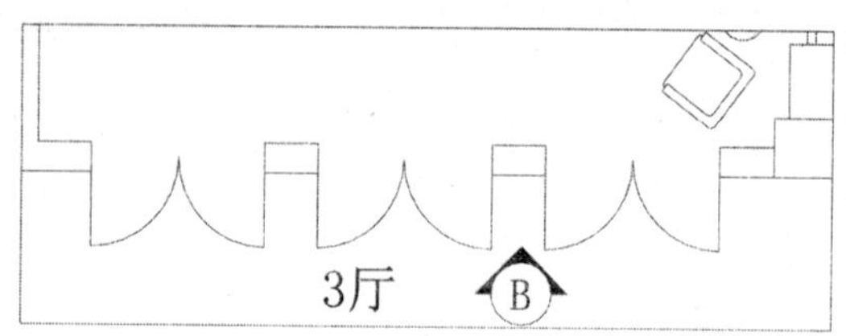

图 12-58 截取的 B 平面

步骤 4 将“立面”图层置为当前图层。执行“直线（L）”命令，捕捉点向下绘制延伸线，然后在延伸线上绘制两条相距 3300 的水平线，如图 12-59 所示。

步骤 5 执行“修剪（TR）”命令，将多余线条修剪掉，效果如图 12-60 所示。

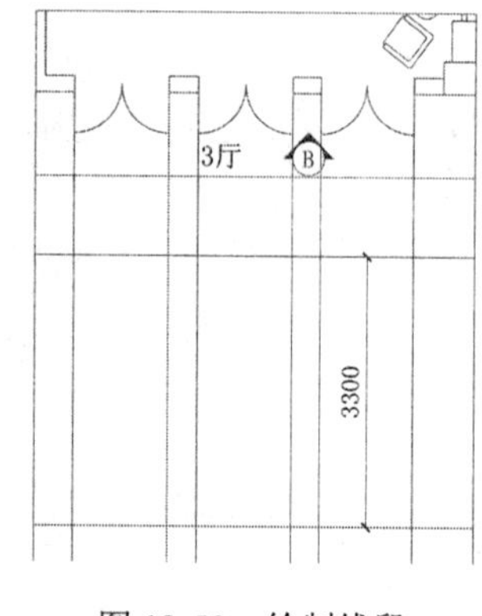

图 12-59 绘制线段

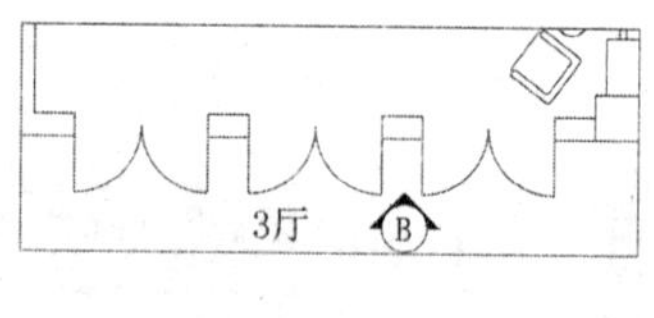

图 12-60 修剪结果

步骤6 执行“偏移（O）”命令，对线段进行偏移，效果如图 12-61 所示。

步骤7 执行“修剪（TR）”命令，修剪多余线条，效果如图 12-62 所示。

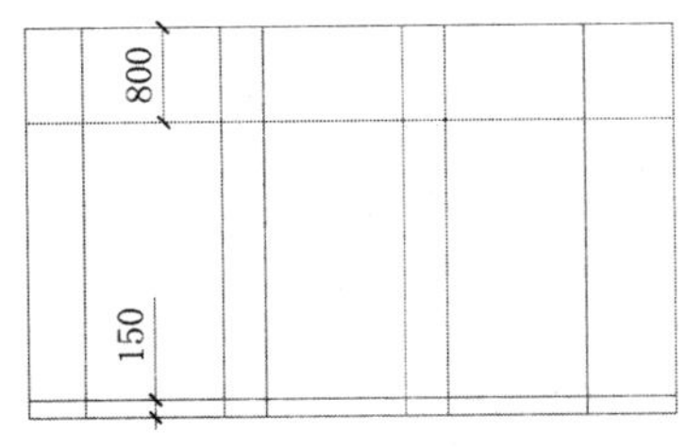

图 12-61 偏移线段

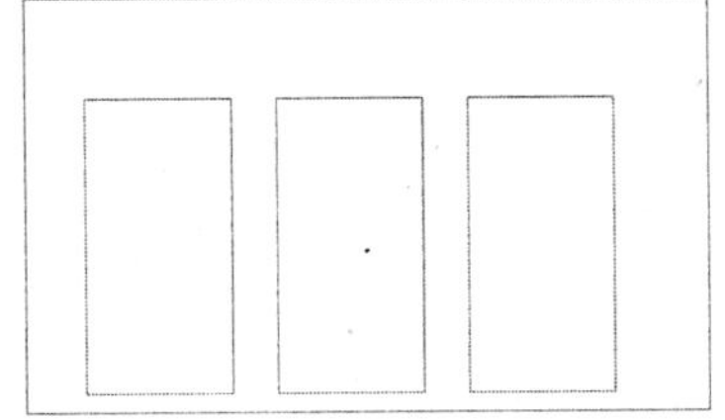

图 12-62 修剪结果

步骤8 执行“插入块（I）”命令，将“案例文件\12”文件下的“百叶门”插入图形并复制到相应位置，如图 12-63 所示。

步骤9 切换至“填充”图层，执行“图案填充（H）”命令，在弹出的对话框中选择“样例”为AR-BRSTD、“比例”为 1，对区域填充红砖效果，如图 12-64 所示。

图 12-63 插入图块

图 12-64 填充红砖

12.5.2 文字、尺寸和图名标注

步骤1 将“标注”图层置为当前图层。执行“线性标注（DLI）”命令和“连续标注（DCO）”命令，对立面图进行尺寸标注，效果如图 12-65 所示。

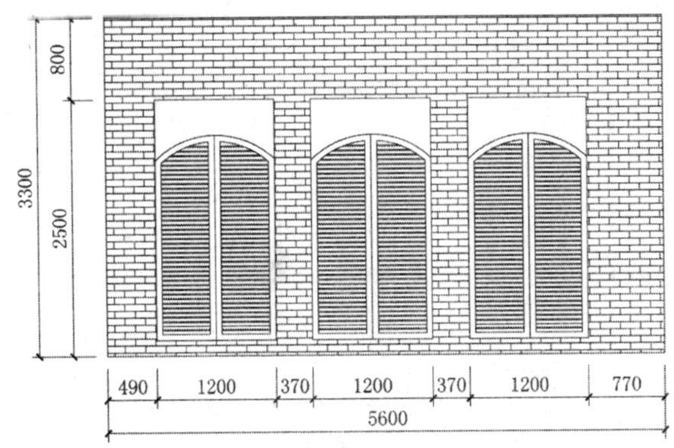

图 12-65 尺寸标注

步骤2 将“文字”图层置为当前图层。执行“多重引线（MLD）”命令，设置文字“字体”为宋体、“大小”为 130，对立面图添加文字注释。

步骤3 执行“多行文字（MT）”命令，设置文字“字体”为宋体、“大小”为200，对立面图进行图名标注；再执行“多段线（PL）”命令和“直线（L）”命令，在图名下方绘制与图名同长度的线段，如图12-66所示。

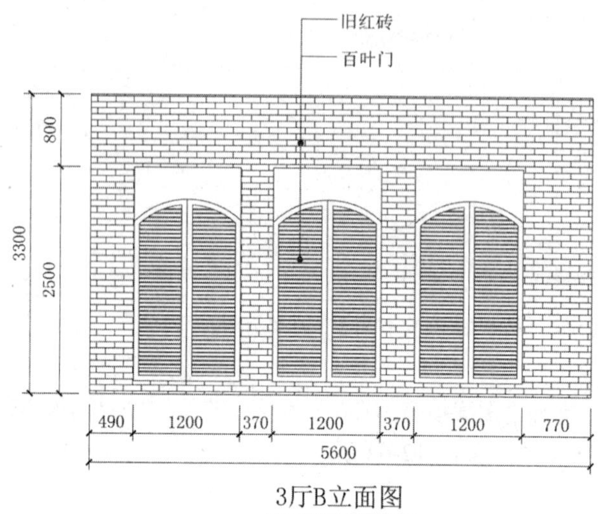

图12-66 立面效果

步骤4 至此，3厅B立面图已经绘制完成，按Ctrl+S组合键进行保存。

12.6 包厢C立面图的绘制

案例文件：12\包厢C立面图.dwg
视频文件：12\包厢C立面图.avi

绘制茶餐厅包厢C立面图与前面绘制立面图的方法大致相同，其绘制效果如图12-67所示。

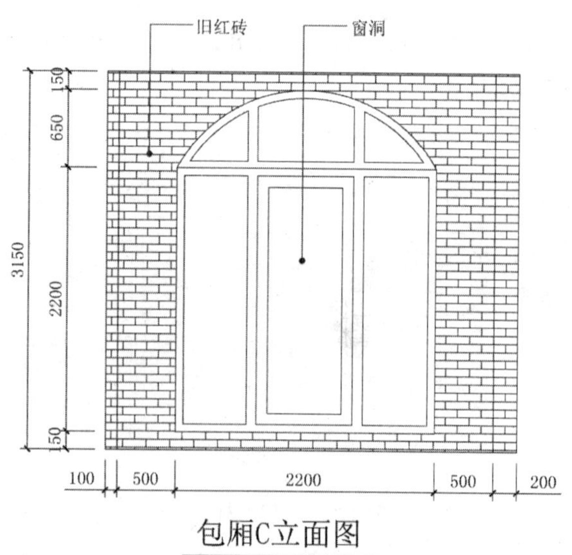

图12-67 立面效果

12.6.1 绘制立面轮廓

步骤 1 启动AutoCAD 2018，在“快速访问”工具栏中单击“打开”按钮，将前面的“案例文件\12\茶餐厅平面布置图.dwg”文件打开；再单击“另存为”按钮，将文件另存为“案例文件\12\包厢C立面图.dwg”。

步骤 2 执行“删除（E）”命令，将除包厢C平面图以外的图形删除。

步骤 3 执行“旋转（RO）”命令，将该平面旋转180°，效果如图12-68所示。

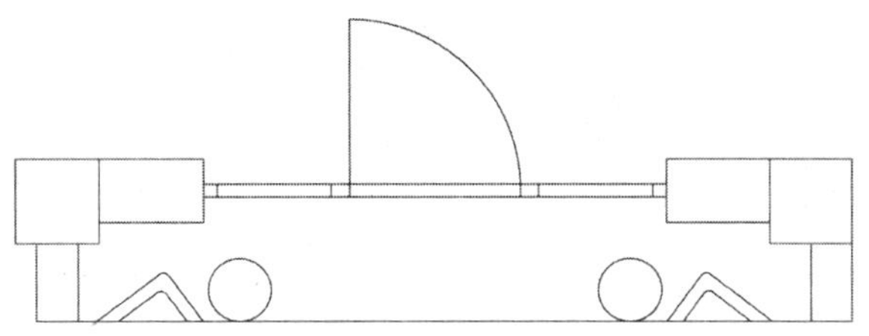

图12-68 C立面效果

步骤 4 将“立面”图层置为当前图层。执行“直线（L）”命令，捕捉点向下绘制延伸线，然后在延伸线上绘制两条相距3150的水平线，如图12-69所示。

步骤 5 执行“修剪（TR）”命令，修剪多余线条，如图12-70所示。

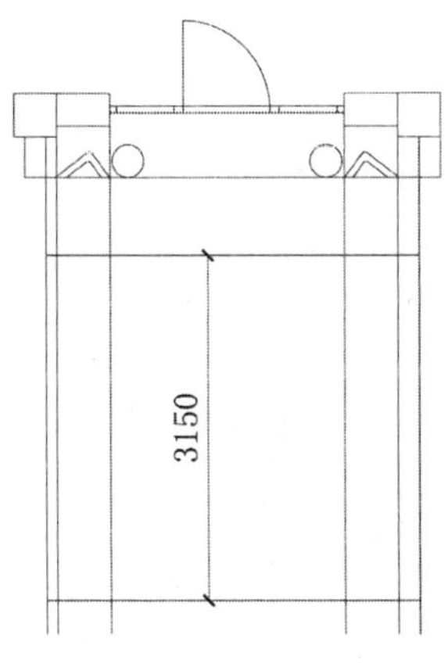

图12-69 绘制线段

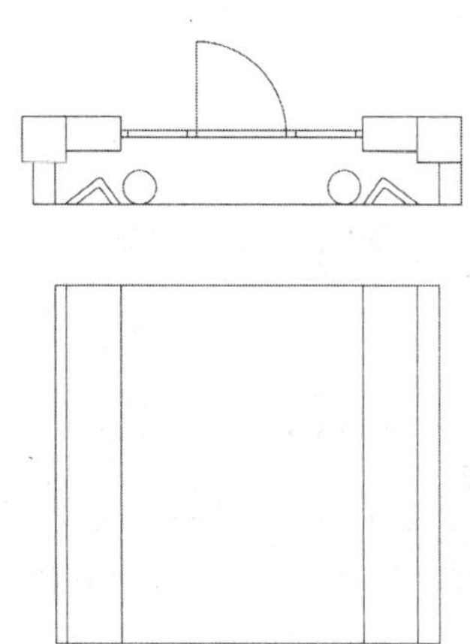

图12-70 修剪结果

步骤 6 执行“偏移（O）”命令，对线段进行偏移，如图12-71所示。

步骤 7 执行“修剪（TR）”命令，修剪多余线条，如图12-72所示。

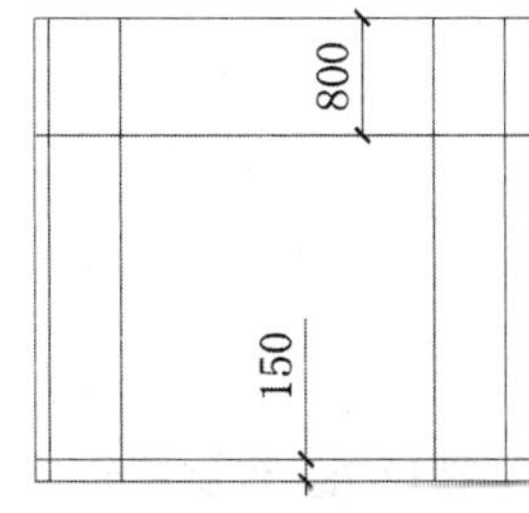

图12-71 偏移线段

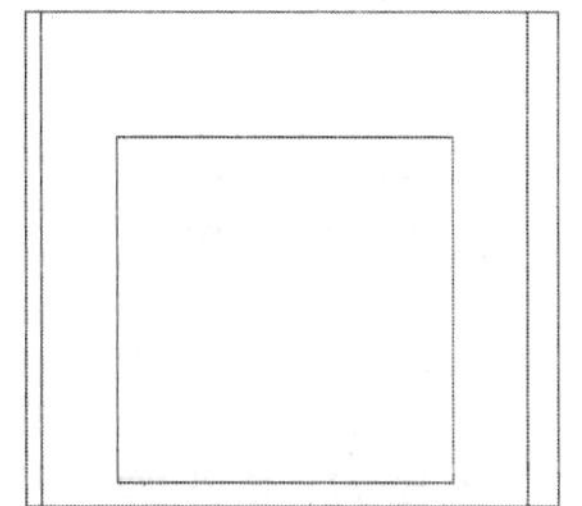

图12-72 修剪结果

步骤 8 执行“圆弧（A）”命令，根据“起点、端点、半径”绘制出圆弧，效果如图12-73所示。

步骤 9 执行“偏移（O）”命令和“修剪（TR）”命令，按照如图 12-74 所示进行偏移，并修剪相应线段。

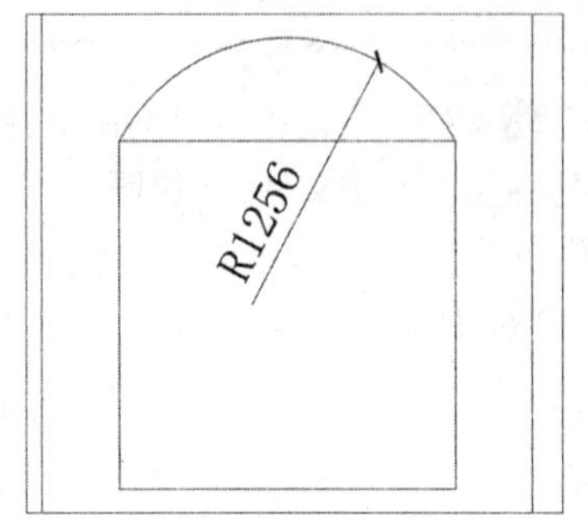

图 12-73 绘制圆弧

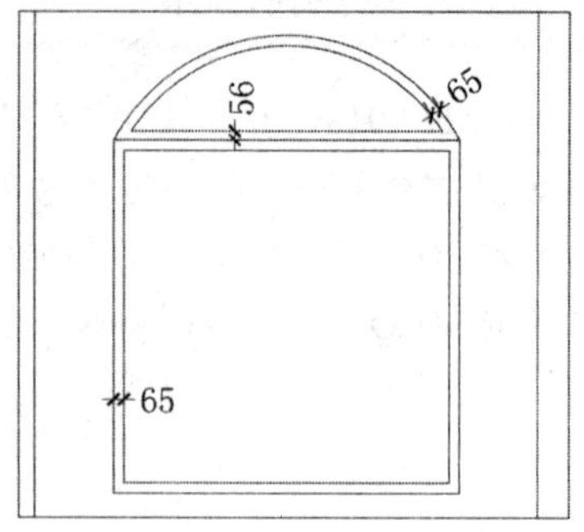

图 12-74 偏移并修剪

步骤 10 执行“偏移（O）”命令，对线段进行偏移，如图 12-75 所示。

步骤 11 再重复偏移命令，将上一步绘制的线段分别向外偏移 43.5；再执行“删除（E）”命令，将原对象删除，结果如图 12-76 所示。

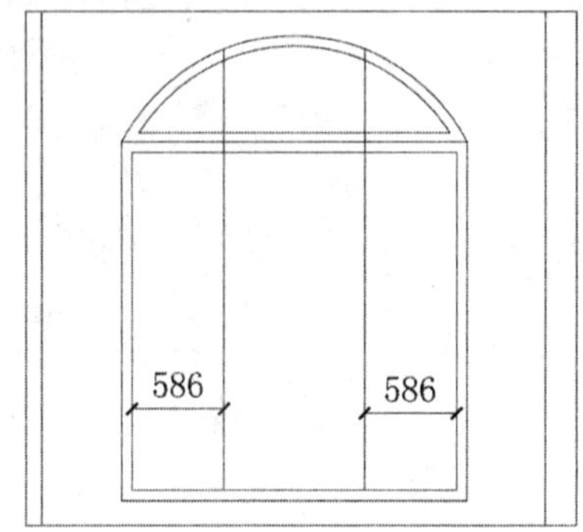

图 12-75 偏移线段

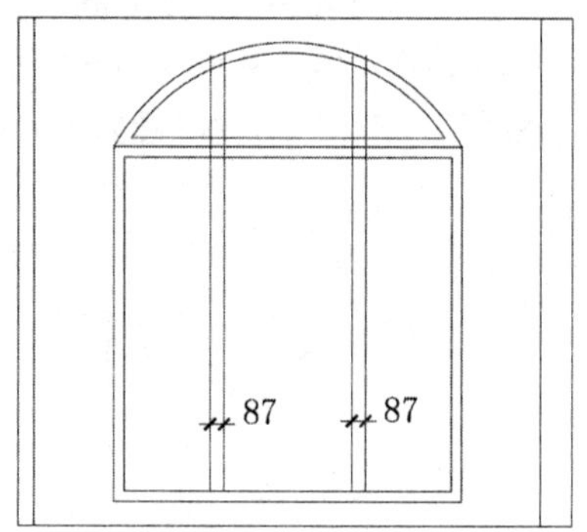

图 12-76 偏移并删除原对象

步骤 12 执行“修剪（TR）”命令，将多余线条修剪掉，结果如图 12-77 所示。

步骤 13 执行“偏移（O）”命令和“修剪（TR）”命令，将内矩形向内偏移 94，形成窗台效果，如图 12-78 所示。

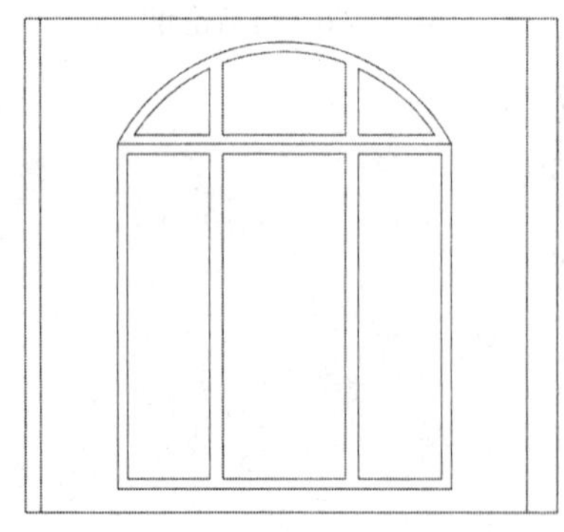

图 12-77 修剪效果

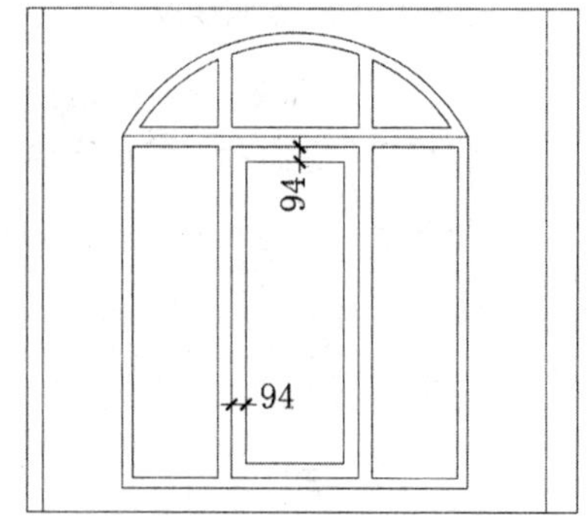

图 12-78 绘制窗台

步骤 14 切换至“填充”图层，执行“图案填充（H）”命令，在弹出的对话框中选择“样例”为AR-BRSTD，“比例”为 1，对区域填充红砖效果，如图 12-79 所示。

图 12-79　填充效果

12.6.2　文字、尺寸和图名标注

步骤 1 将“标注”图层置为当前图层。执行“线性标注（DLI）”命令和“连续标注（DCO）”命令，对立面图进行尺寸标注，效果如图 12-80 所示。

步骤 2 将“文字”图层置为当前图层。执行“多重引线（MLD）”命令，设置文字“字体”为宋体、“大小”为 100，对立面图添加文字注释。

步骤 3 执行“多行文字（MT）”命令，设置文字“字体”为宋体、“大小”为 180，对立面图进行图名标注；再执行“多段线（PL）”命令和“直线（L）”命令，在图名下方绘制与图名同长度的线段，如图 12-81 所示。

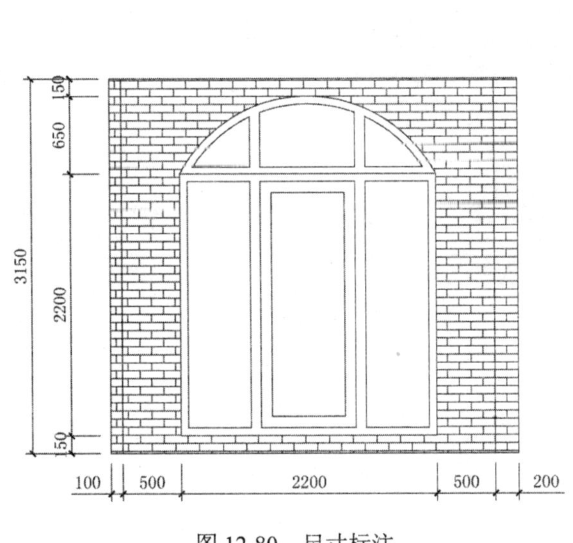

图 12-80　尺寸标注

旧红砖
窗洞
3_50
150
650
2200
50
100
500
2200
500
200

包厢C立面图

图 12-81　包厢 C 立面效果

步骤 4 至此，包厢C立面图已经绘制完成，按Ctrl+S组合键进行保存。

12.7 包厢 A 立面图的演练

案例文件：12\包厢 A 立面图.dwg
视频文件：12\包厢 A 立面图.avi

根据以上绘制立面图的方法，在绘制如图 12-82 所示的包厢A立面图时，可以先截取包厢A平面轮廓，再绘制延伸线轮廓，然后将“镜子”“柜子”插入相应位置，最后进行填充、尺寸标注、文字标注、图名标注等操作，来完成该立面图的绘制。

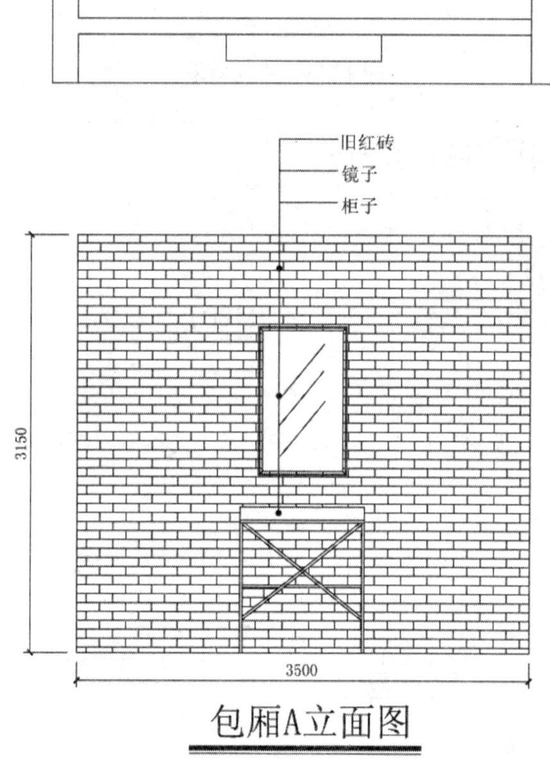

图 12-82　包厢 A 立面效果

第 13 章

面包店装修施工图的绘制

最近几年，国内烘焙行业运营绩效普遍成长迅猛，而面包、蛋糕店随之遍地开花的发展势头也直接带动各地面包店投资经营者不断提升店铺装修风格与经营水平。

本章以某面包店为例讲解其平面布置图、天花布置图、插座平面图、插座电箱系统图及A立面图的绘制。

主要内容

- 掌握面包店平面布置图的绘制
- 掌握面包店天花布置图的绘制
- 掌握面包店插座平面图的绘制
- 掌握插座电箱系统图的绘制
- 掌握面包店A立面图的绘制

13.1 面包店平面布置图的绘制

案例文件：13\面包店平面布置图.dwg
视频文件：13\面包店平面布置图.avi

首先将准备好的面包店建筑平面图打开，然后根据各个平面图的功能分别进行平面布置图的设计。在摆放家具之前，根据需要先绘制固定家具的造型轮廓，再插入一些家具图块，最后进行尺寸标注、文字标注、图名标注等，布置结果如图 13-1 所示。

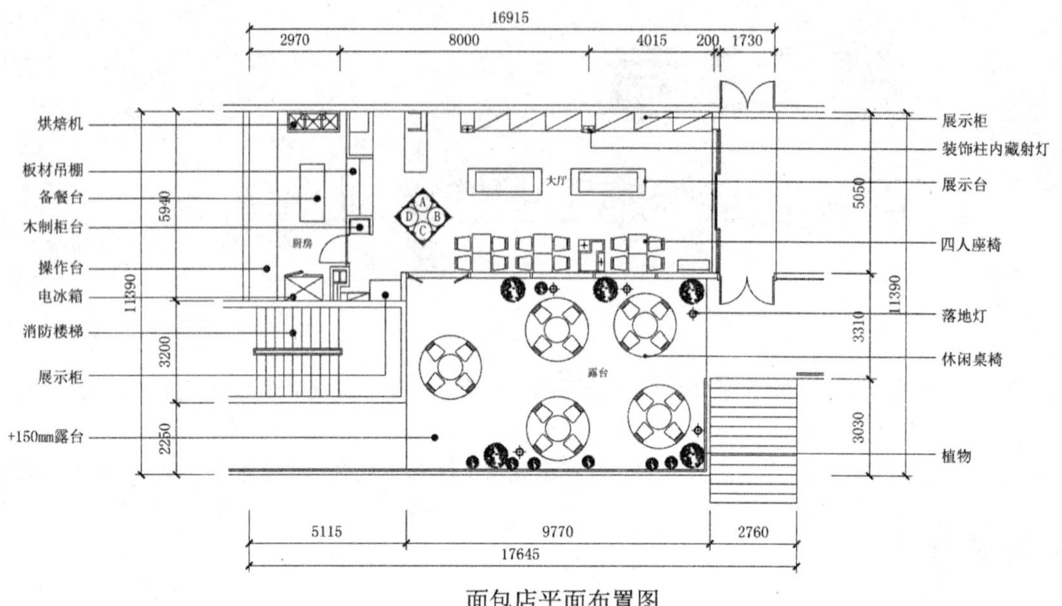

图 13-1　平面布置效果

13.1.1　打开建筑平面图

在进行室内平面布置设计之前，首先要绘制相应的建筑平面图。如果有相应的原始建筑平面图，那么可将其借调并加以修改，另存为符合要求的文件。在本实例中已有准备好的“面包店建筑平面图.dwg”文件，将其打开并另存为新的文件即可。

步骤 1 启动AutoCAD 2018，在“快速访问”工具栏中单击“打开”按钮，将“案例文件\13\面包店建筑平面图.dwg”文件打开，如图 13-2 所示；再单击“另存为”按钮，将文件另存为“案例文件\13\面包店平面布置图.dwg”。

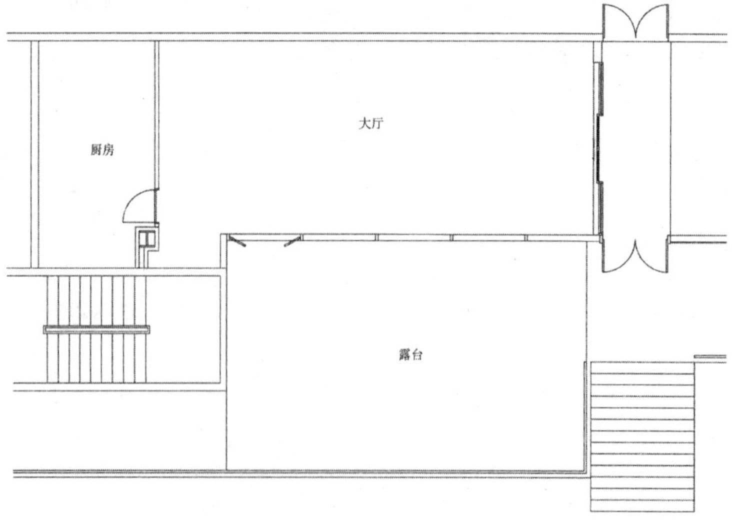

图 13-2　打开的图形

步骤2 将“文字”图层置为当前图层。执行“多行文字（MT）”命令，设置“字体”为宋体、“大小”为400，在图形下方输入图名。

步骤3 执行“多段线（PL）”命令，设置宽度为30，在图名下方绘制一条多段线；再执行“直线（L）”命令，绘制一条与多段线同长度的直线段，如图13-3所示。

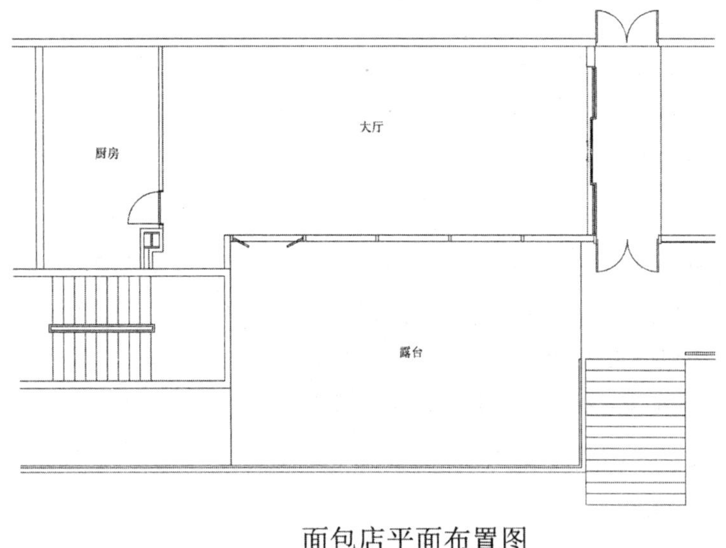

面包店平面布置图

图13-3 绘制图名效果

13.1.2 绘制室内布置图造型

在绘制室内布置图时，应该先绘制出室内家具造型的轮廓，然后通过插入块的方式将成品家具插入相应位置。

步骤1 执行“偏移（O）”命令和“修剪（TR）”命令，在大厅和厨房中间的墙体位置绘制如图13-4所示的图形。

步骤2 切换到“家具”图层，执行“矩形（REC）”命令，绘制600×650和600×450的两个矩形，分别放置到相应位置，形成咖啡机与柜子效果，如图13-5所示。

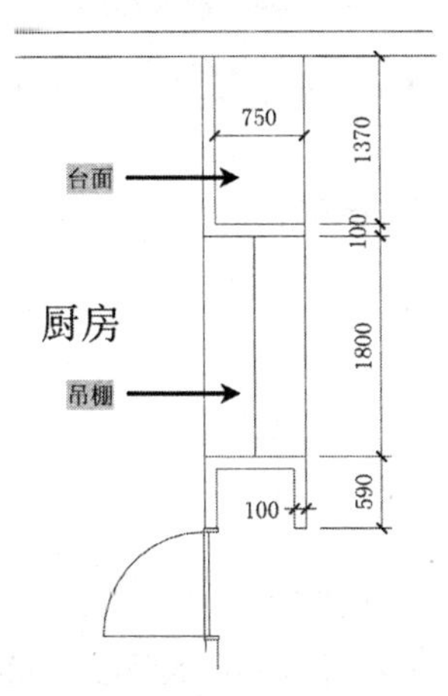

图13-4 绘制造型

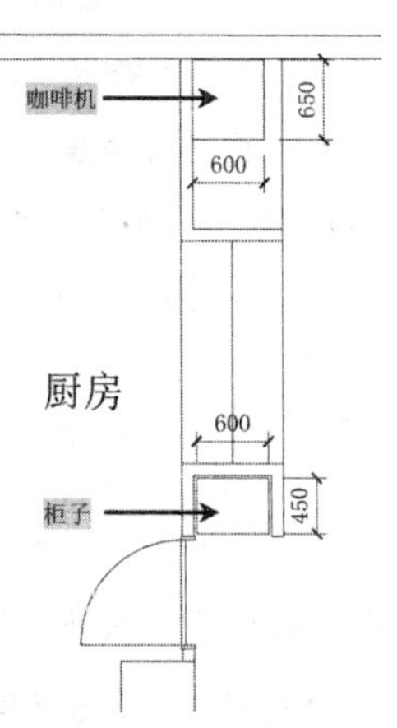

图13-5 绘制家具

步骤 3 执行“偏移（O）”命令和“修剪（TR）”命令，在如图 13-6 所示的墙体位置进行偏移和修剪操作，并转换到“家具”图层，完成柜子的绘制。

步骤 4 执行“矩形（REC）”命令和“直线（L）”命令，绘制 700×252 的矩形作为消防栓，再移动到吊柜处，如图 13-7 所示。

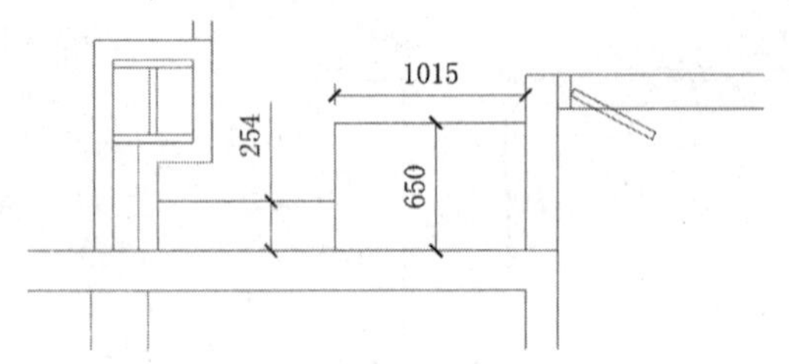

图 13-6 绘制柜子

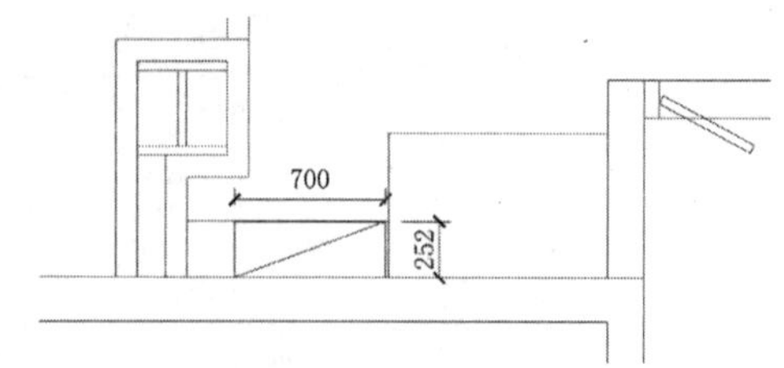

图 13-7 绘制消防栓

步骤 5 执行“矩形（REC）”命令，绘制 800×1800 的矩形作为备餐台，放置到厨房内部；再执行“偏移（O）”命令，将左侧内墙体向内偏移 920，作为操作台，如图 13-8 所示。

步骤 6 执行“插入块（I）”命令，将“案例/13”文件下的“烘焙机”和“冰箱”插入图形相应位置，如图 13-9 所示。

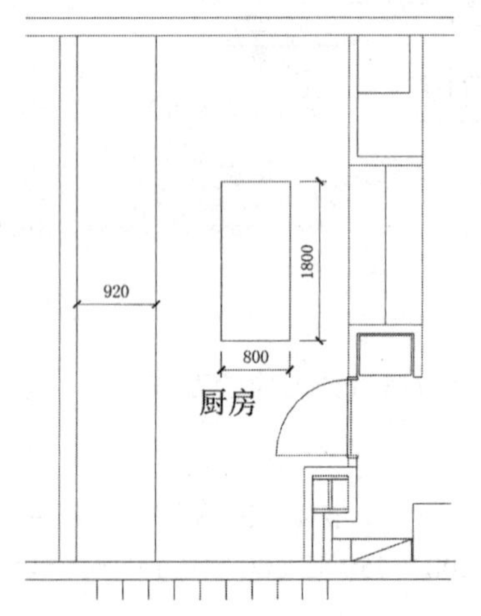

图 13-8 绘制台面

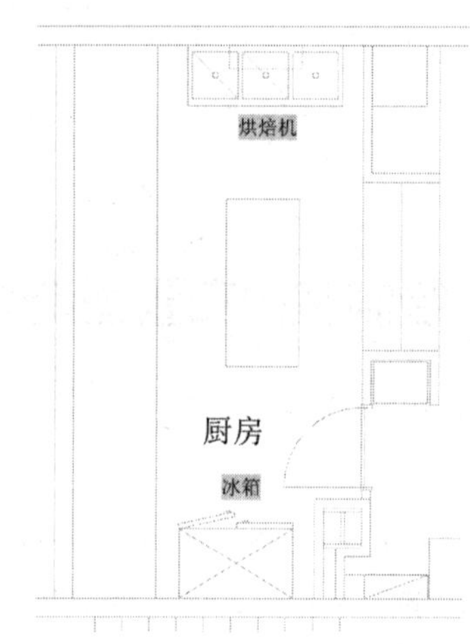

图 13-9 插入图块

步骤 7 执行“矩形（REC）”命令、“分解（X）”命令、“偏移（O）”命令和“修剪（TR）”命令，绘制出如图 13-10 所示的装饰柱效果。

步骤 8 执行“插入块（I）”命令，将“案例/13”文件下的“射灯”插入图形相应位置，如图 13-11 所示。

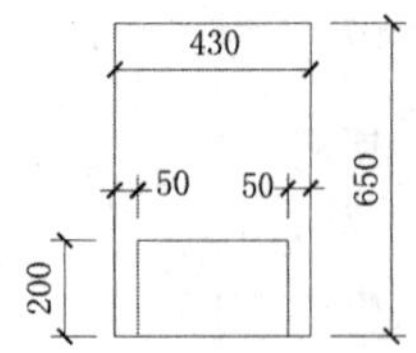

图 13-10 绘制装饰柱子

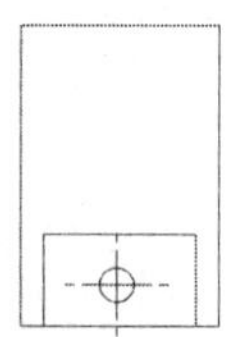

图 13-11 插入图块

步骤 9 执行“移动（M）”命令和“复制（CO）”命令，将装饰柱子移动并复制到大厅上方墙体位置，如图 13-12 所示。

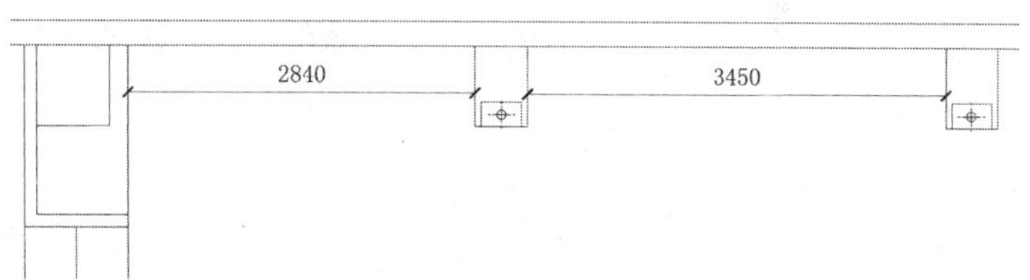

图 13-12　移动并复制装饰柱子

步骤10 执行"矩形（REC）"命令和"直线（L）"命令，分别绘制 1150×600 和 1250×600 的展示柜，并通过复制命令放置到图形中的相应位置，如图 13-13 所示。

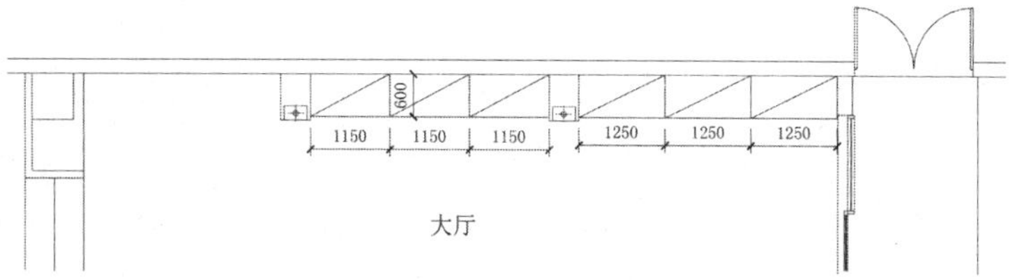

图 13-13　绘制展示柜

步骤11 执行"矩形（REC）"命令、"分解（X）"命令、"偏移（O）"命令和"修剪（TR）"命令，绘制出如图 13-14 所示的展示台，并通过执行"移动（M）"命令和"复制（CO）"命令将展示台放置到适当的位置。

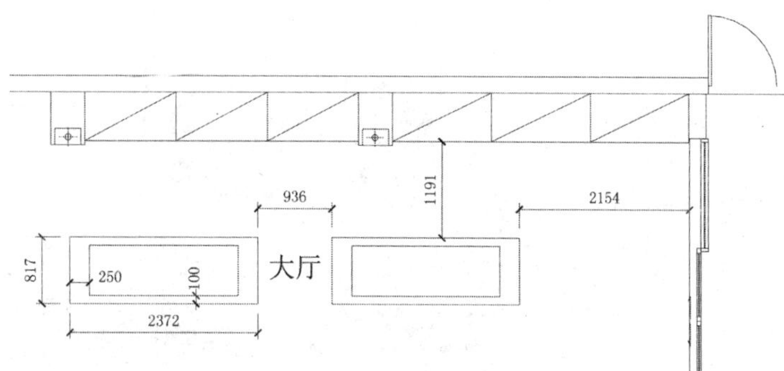

图 13-14　绘制展示台

步骤12 同样执行"矩形（REC）"命令、"分解（X）"命令、"偏移（O）"命令和"修剪（TR）"命令，绘制出如图 13-15 所示的装饰柱子。

步骤13 执行"复制（CO）"命令，将前面的射灯复制到相应的位置，如图 13-16 所示。

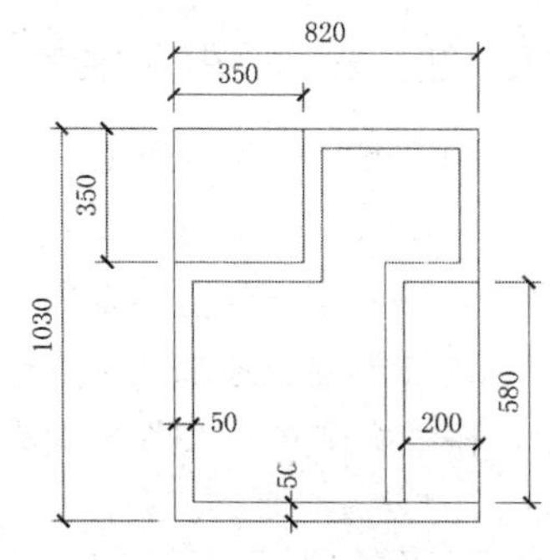

图 13-15　绘制装饰柱子

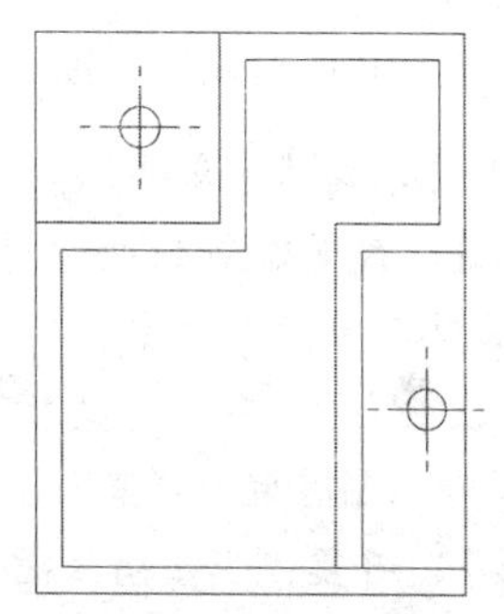

图 13-16　复制射灯

步骤 14 执行“移动（M）”命令，将图形移动至入口推拉门左侧相应位置；再通过矩形、分解、偏移命令绘制出展示柜效果，如图 13-17 所示。

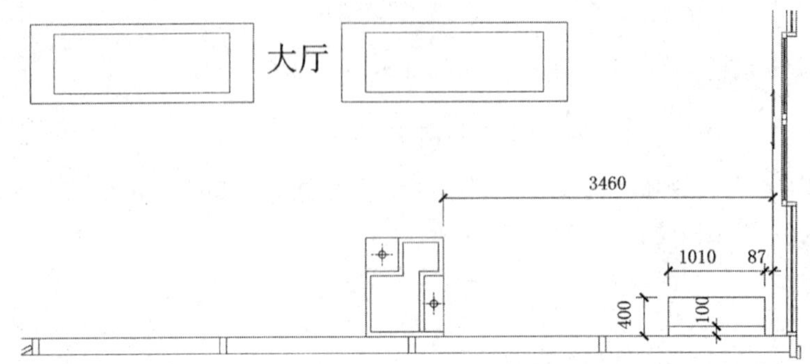

图 13-17　移动柱子并绘制展示柜

步骤 15 执行“插入块（I）”命令，将“案例/13”文件下的“四人座”“收银台”“休闲桌椅”“落地灯”和“植物”插入图形中，并通过复制、移动、缩放命令将其放置到相应的位置，如图 13-18 所示。

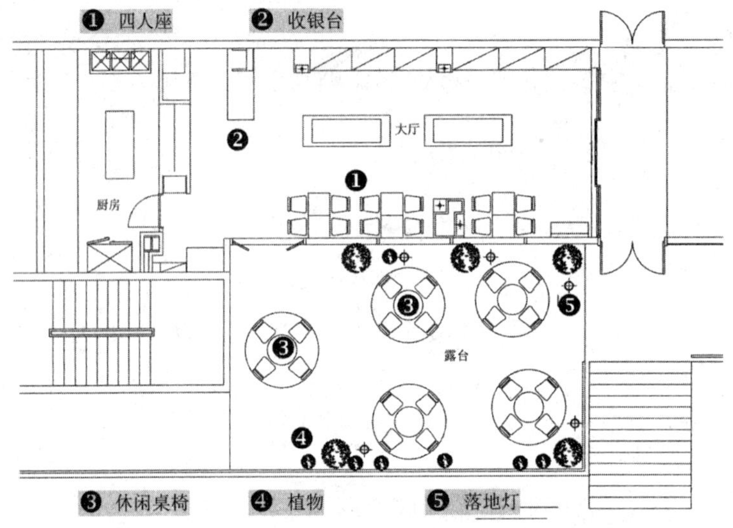

图 13-18　插入图块

13.1.3　尺寸、文字标注

在布置好室内家具造型以后，接下来将进行尺寸标注，并利用文字注释来标注图形中的家具对象。

步骤 1 将“标注”图层置为当前图层。执行“线性标注（DLI）”命令和“连续标注（DCO）”命令，对立面图进行尺寸标注，效果如图 13-19 所示。

步骤 2 将“文字”图层置为当前图层。执行“多重引线（MLD）”命令，在拉出一条直线以后，弹出“文字格式”对话框，设置文字“字体”为仿宋、“大小”为 350，根据要求对图形对象添加文字注释。

步骤 3 将“FH-符号”图层置为当前图层。执行“插入块（I）”命令，将“案例文件\13”文件夹下的“索引符号”插入图形中，并复制出多份来指定各个区域，如图 13-20 所示。

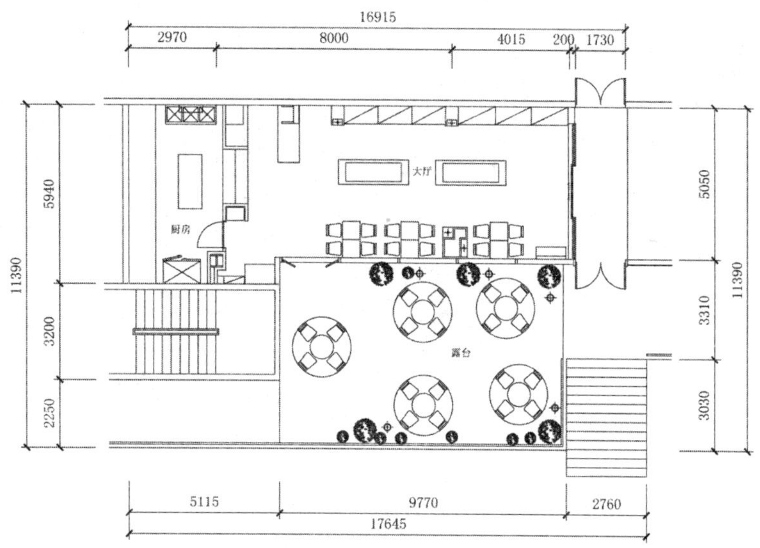

图 13-19　尺寸标注

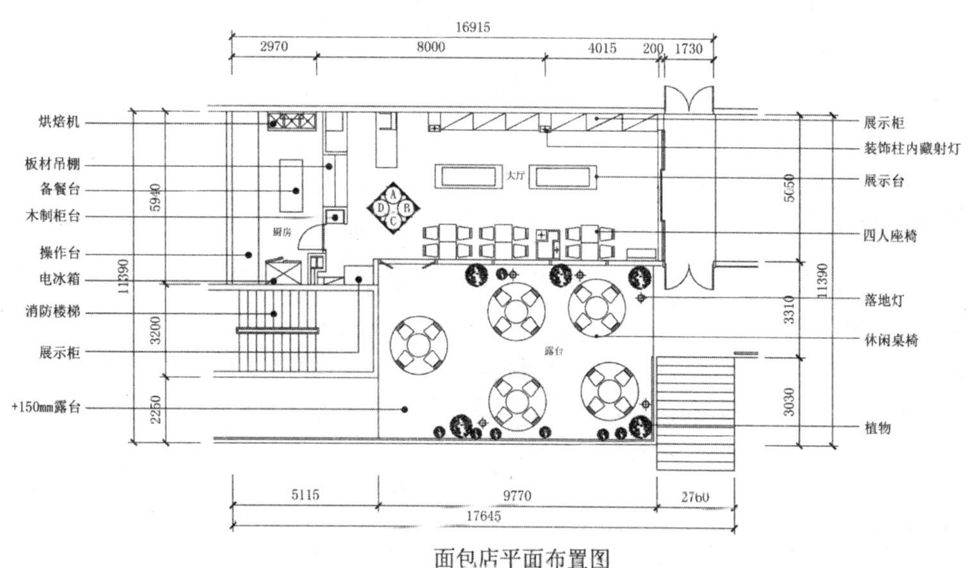

图 13-20　插入索引符号

步骤 4　至此，平面布置图已经绘制完成，按Ctrl+S组合键进行保存。

13.2 面包店天花布置图的绘制

案例文件：13\面包店天花布置图.dwg

视频文件：13\面包店天花布置图.avi

本实例主要对天花布置图进行绘制，首先将平面布置图打开，通过整理留下需要的轮廓，然后绘制顶棚造型并插入灯具，最后添加文字注释和标高，布置效果如图 13-21 所示。

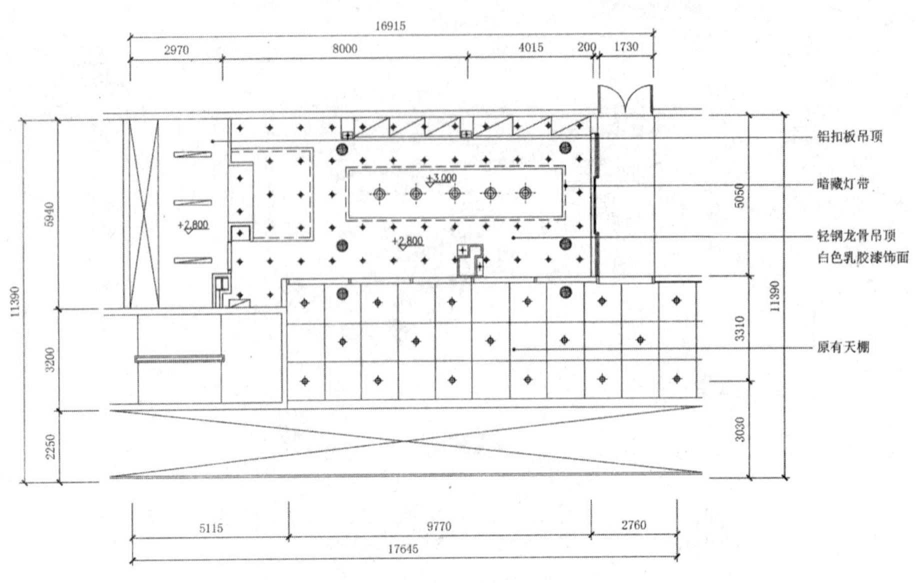

图 13-21　天花布置效果

13.2.1　调用并整理文件

借用前面绘制好的平面布置图可以更方便地进行天花布置图的绘制。

步骤 1 启动AutoCAD 2018，在“快速访问”工具栏中单击“打开”按钮，将前面绘制好的“案例文件\13\面包店平面布置图.dwg”文件打开；再单击“另存为”按钮，将文件另存为“案例文件\13\面包店天花布置图.dwg”。

步骤 2 根据绘图要求执行“删除（E）”命令，将图形中的文字注释、门对象、家具对象删除。

步骤 3 再执行“直线（L）”命令，将门洞封闭起来，并将门洞线转换为“DD-吊顶”图层，在下方修改图名为“面包店天花布置图”，修改结果如图 13-22 所示。

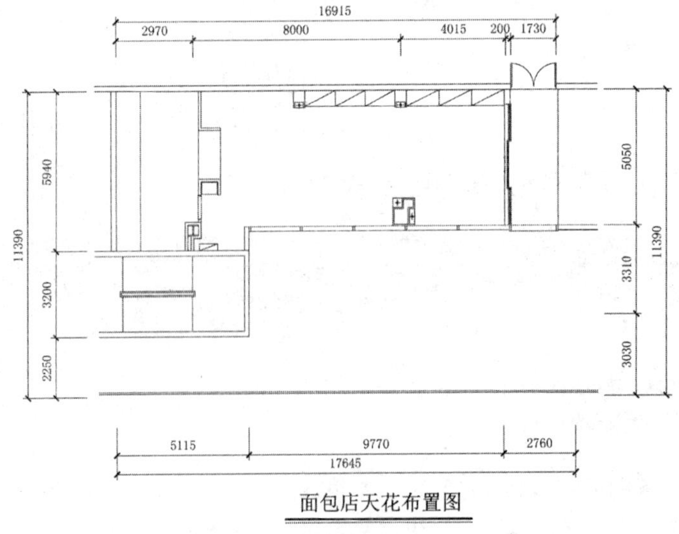

图 13-22　整理图形

13.2.2 绘制吊顶轮廓

步骤 1 切换至“DD-吊顶”图层，执行“直线（L）”命令，捕捉柱子来绘制吊顶轮廓，如图 13-23 所示。

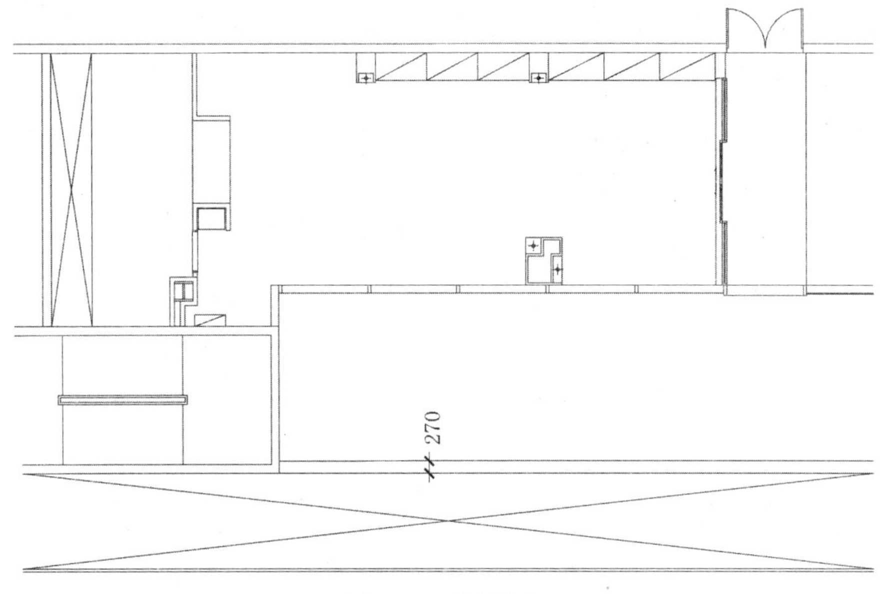

图 13-23 绘制线段

步骤 2 执行“偏移（O）”命令，将线段偏移成为 1200 的小方格吊顶，如图 13-24 所示。

步骤 3 再执行“插入块（I）”命令，将“案例文件\13”文件下的“灯具图例”插入图形中，并对其进行分解操作，如图 13-25 所示。

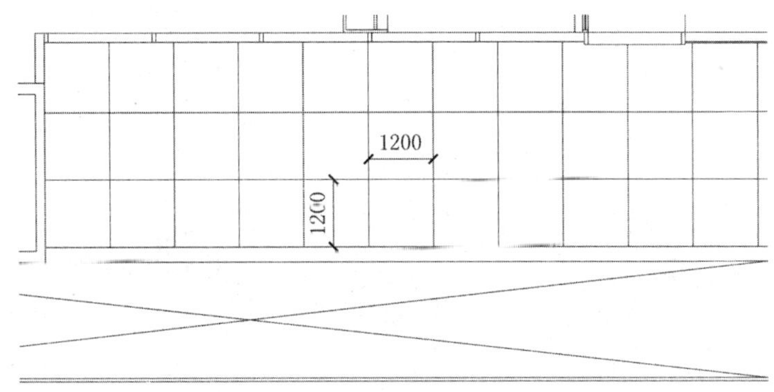

图 13-24 绘制吊顶

图 例	名 称
	装饰吊灯
	筒灯
	射灯
	日光灯光沿
	2X40W日光灯
	应急充电池
	扬声器背景音乐

图 13-25 插入的图块

步骤 4 执行“复制（CO）”命令和“缩放（SC）”命令，将筒灯放大至 1.5 倍，然后将筒灯和扬声器复制到方格内，如图 13-26 所示。

步骤 5 执行“偏移（O）”命令和“修剪（TR）”命令，在大厅绘制吊顶并转换相应的图层，如图 13-27 所示。

步骤 6 执行“复制（CO）”命令、“阵列（AR）”命令和“删除（E）”命令，将筒灯进行相应的陈列，再将扬声器、日光灯图形复制到相应位置，如图 13-28 所示。

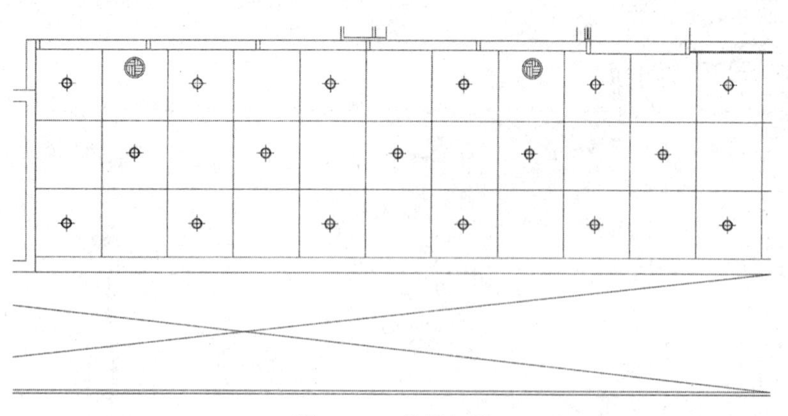

图 13-26　放置灯具

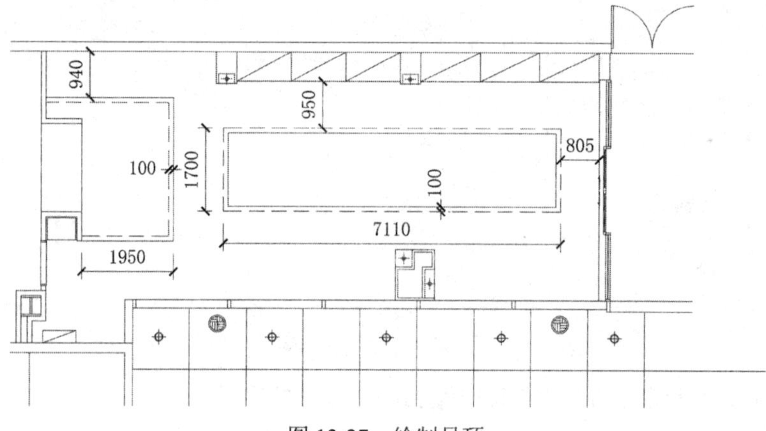

图 13-27　绘制吊顶

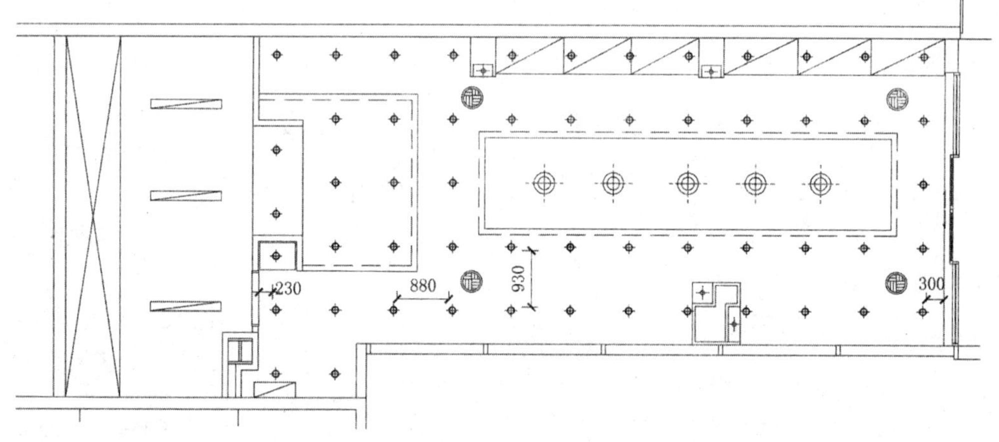

图 13-28　放置灯具

13.2.3　文字标注与标高说明

在灯具布置好以后，用户就可以对天花布置图添加文字注释、尺寸和标高说明了。

步骤 1 将“WZ-文字”图层置为当前图层。执行“多重引线（MLD）”命令，设置文字“字体”为宋体、“大小”为 250，对吊顶添加文字注释，如图 13-29 所示。

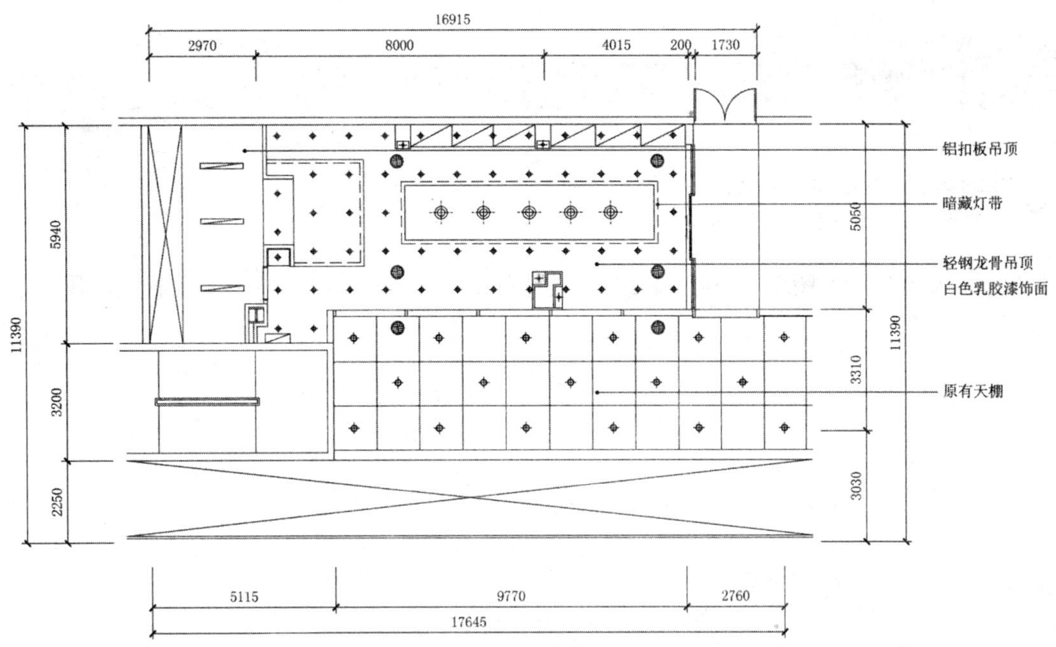

图 13-29 文字注释

步骤2 将“FH-符号”图层置为当前图层。执行“插入块（I）”命令，将“案例文件\13”文件夹下的“标高符号”图块插入图形中，通过复制命令复制到不同的位置并修改不同的标高值，如图 13-30 所示。

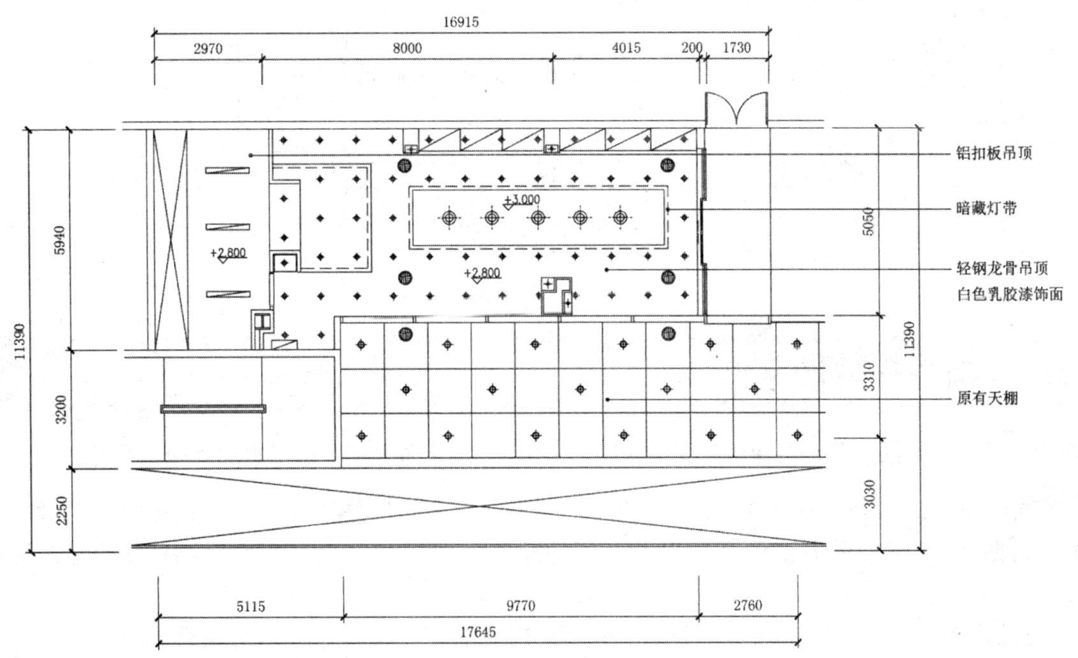

图 13-30 标高标注

步骤3 至此，天花布置图已经绘制完成，按Ctrl+S组合键进行保存。

13.3 面包店插座平面图的绘制

案例文件：13\面包店插座平面图.dwg
视频文件：13\面包店插座平面图.avi

在绘制面包店插座平面图之前，可以将平面布置图打开，根据家具的位置来布置插座，效果如图 13-31 所示。

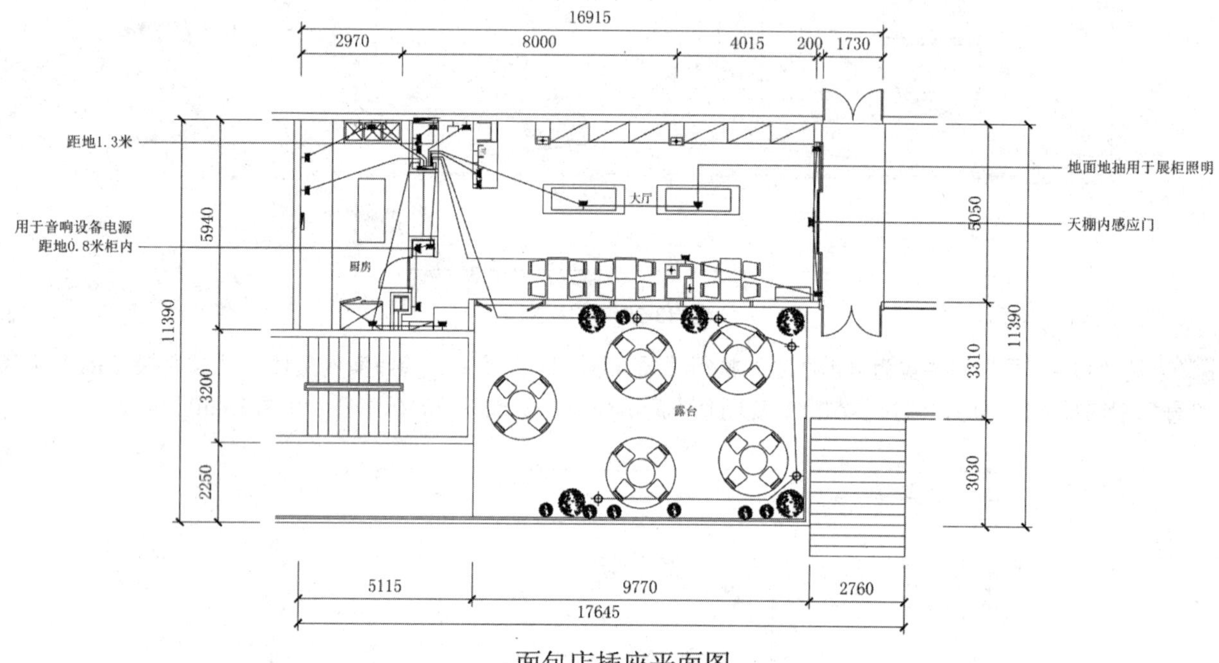

图 13-31　插座图效果

13.3.1　调用并整理文件

在绘制插座布置图之前，将调用前面绘制的“案例文件\13\面包店平面布置图.dwg”文件。

步骤 1　启动AutoCAD 2018，在“快速访问”工具栏中单击“打开”按钮，将前面的“案例文件\13\面包店平面布置图.dwg”文件打开；再单击“另存为”按钮，将文件另存为“案例文件\13\面包店插座平面图.dwg”。

步骤 2　根据绘图要求执行“删除（E）”命令，将图形中的文字注释、索引符号对象删除。

步骤 3　双击图名，将其修改为“面包店插座平面图”，并将所有图形颜色都转换为“索引 8”，修改结果如图 13-32 所示。

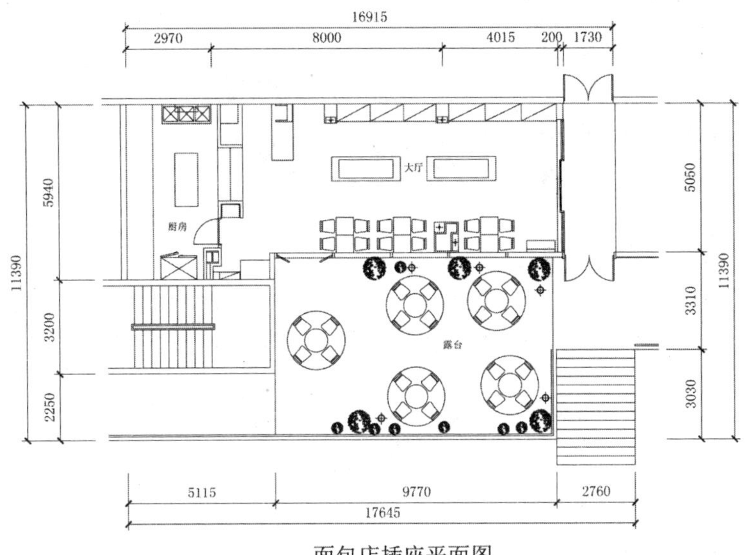

图 13-32　修改效果

13.3.2　插入电器符号

步骤 1　将“FH-符号”图层置为当前图层。执行“插入块（I）”命令，将“案例文件\13”文件夹下的“电器符号”插入图形中，如图 13-33 所示。

步骤 2　执行“分解（X）”命令，对插入的电器符号图块进行分解。

步骤 3　执行“编组（G）”命令，分别对指定的电器符号进行编组，使其一个符号中的多个对象组成一个对象。

符号	名 称
TP	电话
	网络信息口
	配电箱
	五孔插座

图 13-33　插入符号

13.3.3　布置开关插座

步骤 1　执行“复制（CO）”命令、“镜像（MI）”命令、“旋转（RO）”命令和“移动（M）”命令，将电器符号复制并移动到相应位置，如图 13-34 所示。

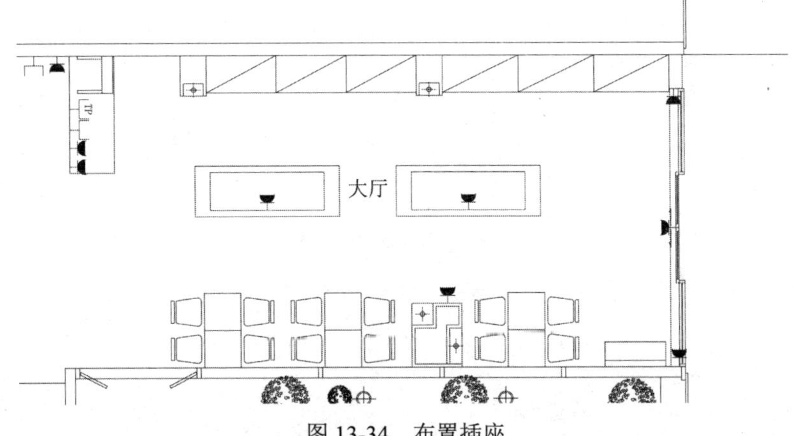

图 13-34　布置插座

步骤 2 将符号复制到厨房相应位置，如图 13-35 所示。

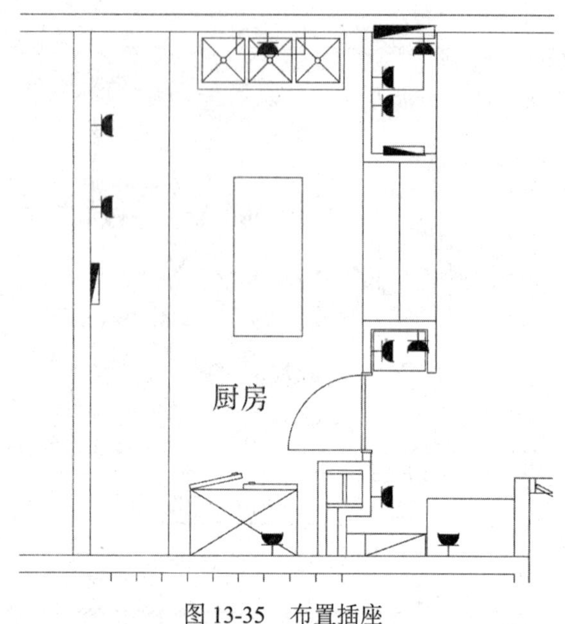

图 13-35 布置插座

13.3.4 绘制控制线路

步骤 1 执行“图层管理（LA）”命令，新建一个“开关线路”图层，并将图层置为当前图层，如图 13-36 所示。

图 13-36 新建图层

步骤 2 执行“多段线（PL）”命令，打开“对象捕捉”和“对象追踪”模式，将大厅两个五孔开关和配电箱连接起来，如图 13-37 所示。

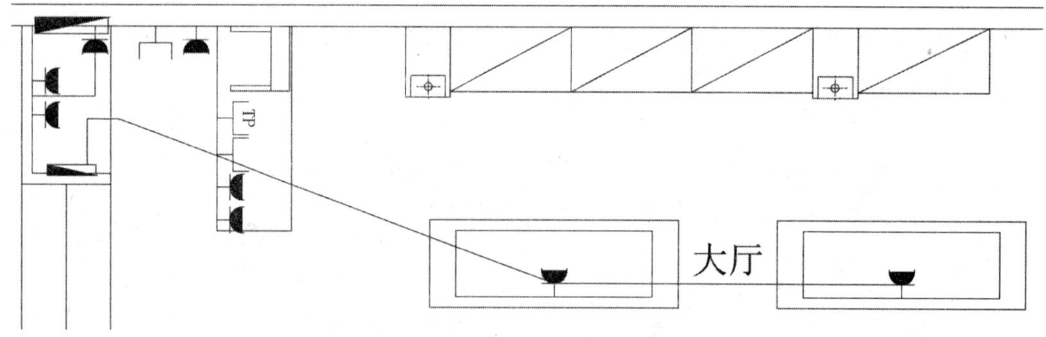

图 13-37 绘制线路

步骤 3 根据同样的方法，将其他电器符号连接起来，效果如图 13-38 所示。

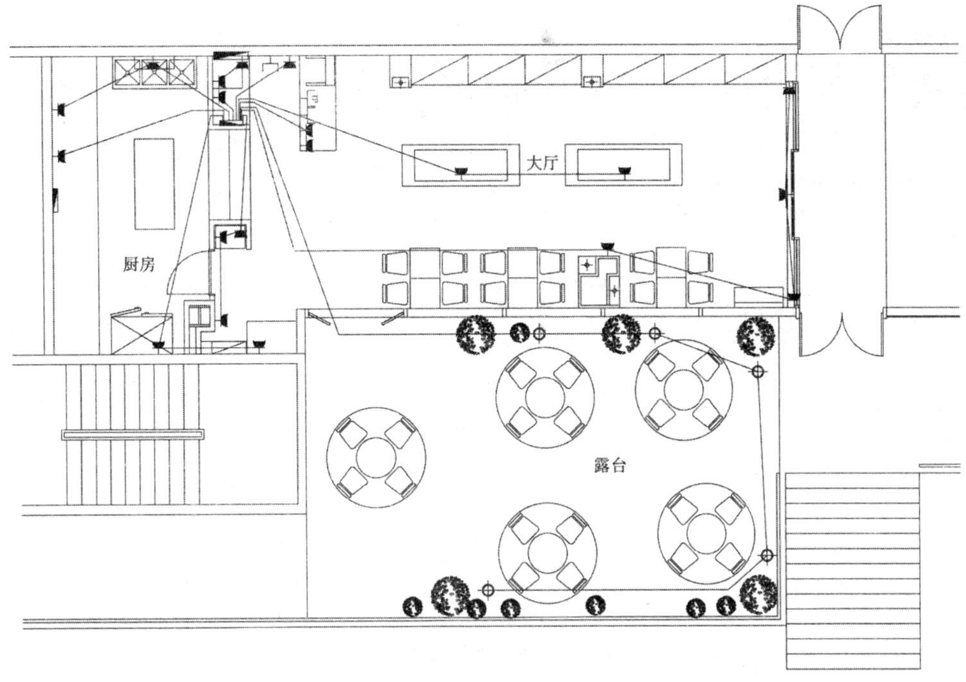

图 13-38　绘制开关线路

13.3.5　文字标注

步骤 1 将“文字”图层置为当前图层。执行“多重引线（MLD）”命令，设置文字“字体”为宋体、“大小”为 300，对图形添加文字注释，效果如图 13-39 所示。

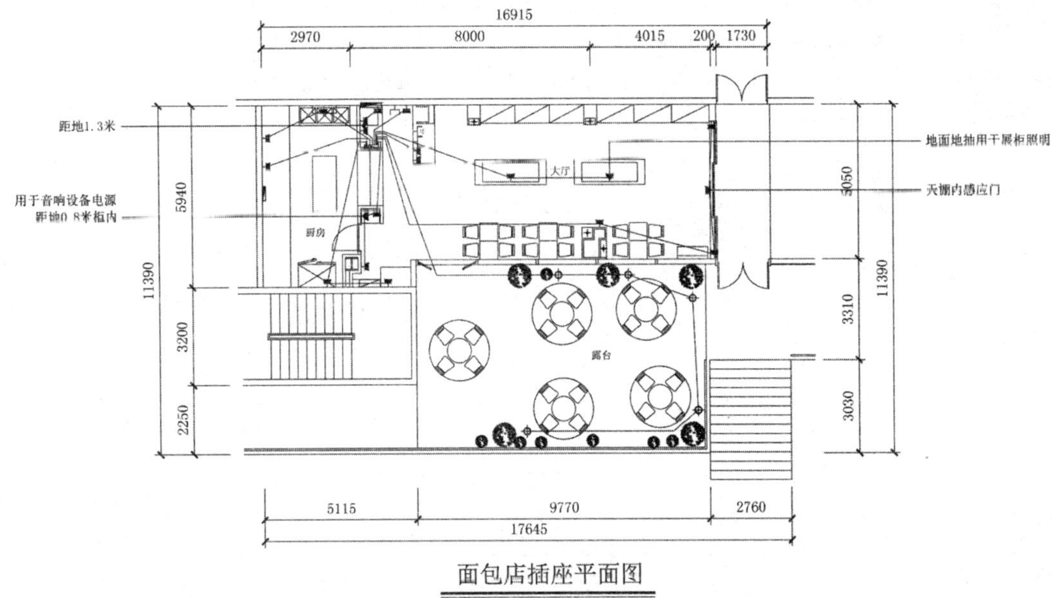

图 13-39　插座平面图

步骤 2 至此，插座平面图已经绘制完成，按Ctrl+S组合键进行保存。

13.4 插座电箱系统图的绘制

案例文件：13\插座电箱系统图.dwg
视频文件：13\插座电箱系统图.avi

由前面绘制的插座平面图可以看出，该面包店有三个电箱：照明配电箱、插座电箱和动力电箱。下面以插座电箱来进行讲解，绘制效果如图 13-40 所示。

AL-2
19420W
C45N/3P/63A
插座电箱

A C45NL 2P/16A-30mA WLM 1 2RBV3x4 TC20 ACC 消毒柜插座 240W
B C45NL 2P/16A-30mA WLM 2 2RBV3x4 TC20 ACC 四门冰箱插座等 2000W
C C45NL 2P/16A-30mA WLM 3 2RBV3x4 TC20 ACC 两门冰柜插座 3000W
A C45NL 2P/16A-30mA WLM 4 2RBV3x4 TC20 ACC 发酵箱插座 4000W
B C45NL 2P/16A-30mA WLM 5 2RBV3x4 TC20 ACC 咖啡机、制冰机插座 4000W
C C45NL 2P/16A-30mA WLM 6 2RBV3x4 TC20 ACC 厨房打蛋机插座 1000W
A C45NL 2P/16A-30mA WLM 7 2RBV3x4 TC20 ACC 收款机、前台插座等 2000W
B C45NL 2P/16A-30mA WLM 8 2RBV3x4 TC20 ACC 大厅面包柜地插座 1000W
C C45NL 2P/16A-30mA WLM 9 2RBV3x4 TC20 ACC 大厅墙、地插座 2000W
A C45NL 2P/16A-30mA 备用插座
B C45NL 2P/16A-30mA 备用插座

插座电箱系统图

图 13-40　插座电箱系统图效果

步骤 1 启动AutoCAD 2018，系统自动创建空白文档，在“快速访问”工具栏中单击“另存为”按钮，将其另存为“案例文件\13\插座电箱系统图.dwg”文件。

步骤 2 执行“直线（L）”命令，绘制长度为 8859 的水平线段；再执行“偏移（O）”命令，将其向下以 697 的距离偏移 10 次，如图 13-41 所示。

8859
697 697 697 697 697 697 697 697 697 697

图 13-41　绘制线段

步骤3 执行“直线（L）”命令，连接左侧上、下端点绘制出一条垂直线段，再捕捉垂直线段中点向左绘制长4642的水平线段，如图13-42所示。

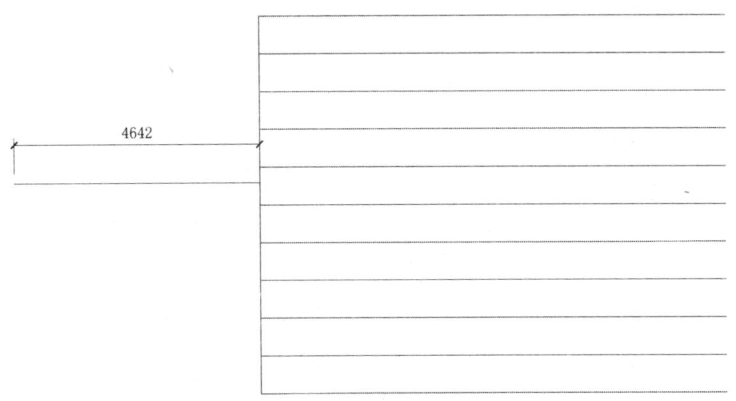

图13-42　绘制线段

步骤4 执行“直线（L）”命令，绘制三条连续的线段；再执行“旋转（RO）”命令，将中间线段以右端点旋转25°，形成开关效果，如图13-43所示。

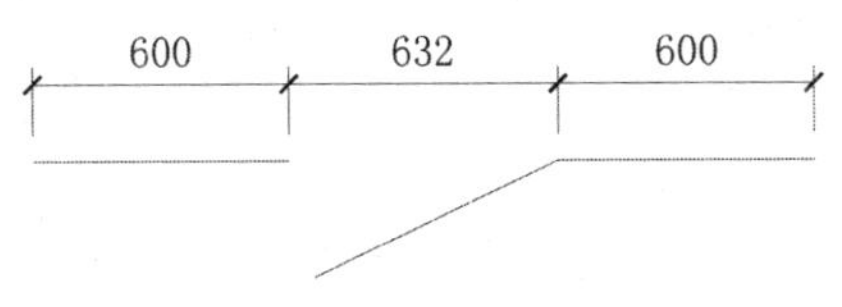

图13-43　绘制开关

步骤5 通过执行“复制（CO）”命令和“移动（M）”命令将开关复制到如图13-44所示的位置，并进行相应的修剪操作。

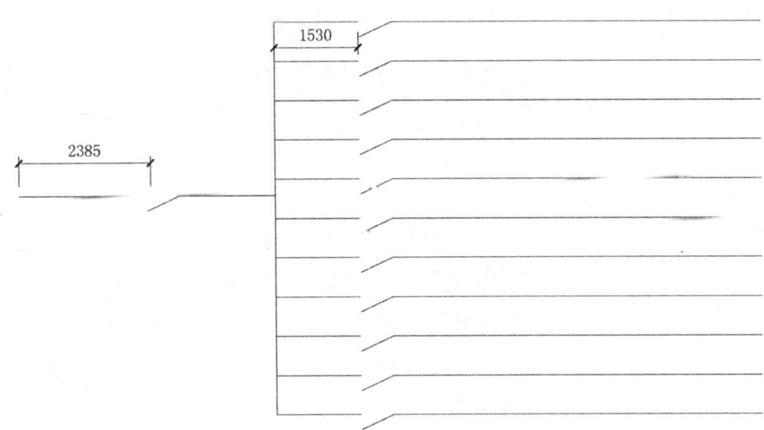

图13-44　复制开关

步骤6 执行“多行文字（MT）”命令，设置字体“大小”为250，在左侧输入插座主线路属性，如图13-45所示。

步骤7 在支路上添加分支线路属性的文字注释，如图13-46所示。

步骤8 重复执行“多行文字（MT）”命令，继续在后侧输入各支路对应的电器插座名称，如图13-47所示。

步骤9 在后侧注释电器所用的功率，如图13-48所示。

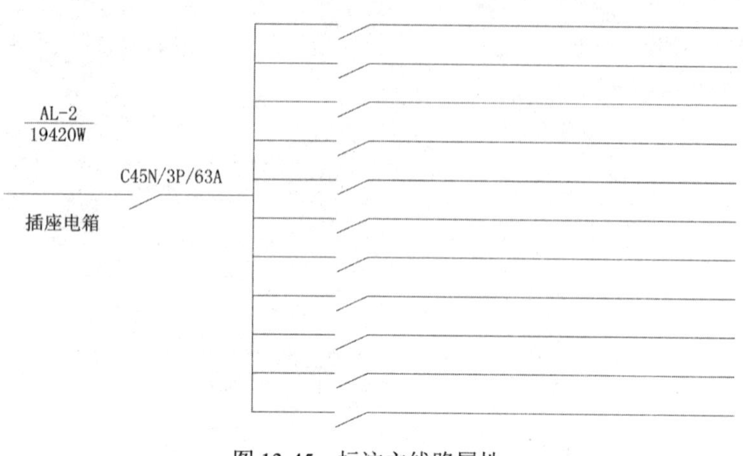

图 13-45　标注主线路属性

AL-2
19420W
C45N/3P/63A
插座电箱
A C45NL 2P/16A-30mA WLM 1 2RBV3x4 TC20 ACC
B C45NL 2P/16A-30mA WLM 2 2RBV3x4 TC20 ACC
C C45NL 2P/16A-30mA WLM 3 2RBV3x4 TC20 ACC
A C45NL 2P/16A-30mA WLM 4 2RBV3x4 TC20 ACC
B C45NL 2P/16A-30mA WLM 5 2RBV3x4 TC20 ACC
C C45NL 2P/16A-30mA WLM 6 2RBV3x4 TC20 ACC
A C45NL 2P/16A-30mA WLM 7 2RBV3x4 TC20 ACC
B C45NL 2P/16A-30mA WLM 8 2RBV3x4 TC20 ACC
C C45NL 2P/16A-30mA WLM 9 2RBV3x4 TC20 ACC
A C45NL 2P/16A-30mA
B C45NL 2P/16A-30mA

图 13-46　标注分支线路属性

AL-2
19420W
C45N/3P/63A
插座电箱
A C45NL 2P/16A-30mA WLM 1 2RBV3x4 TC20 ACC 消毒柜插座
B C45NL 2P/16A-30mA WLM 2 2RBV3x4 TC20 ACC 四门冰箱插座等
C C45NL 2P/16A-30mA WLM 3 2RBV3x4 TC20 ACC 两门冰柜插座
A C45NL 2P/16A-30mA WLM 4 2RBV3x4 TC20 ACC 发酵箱插座
B C45NL 2P/16A-30mA WLM 5 2RBV3x4 TC20 ACC 咖啡机、制冰机插座
C C45NL 2P/16A-30mA WLM 6 2RBV3x4 TC20 ACC 厨房打蛋机插座
A C45NL 2P/16A-30mA WLM 7 2RBV3x4 TC20 ACC 收款机、前台插座等
B C45NL 2P/16A-30mA WLM 8 2RBV3x4 TC20 ACC 大厅面包柜地插座
C C45NL 2P/16A-30mA WLM 9 2RBV3x4 TC20 ACC 大厅墙、地插座
A C45NL 2P/16A-30mA 备用插座
B C45NL 2P/16A-30mA 备用插座

图 13-47　标注电器插座

步骤10 执行“多行文字（MT）”命令，设置文字“字体”为宋体、“大小”为 450，对图形进行图名标注；再执行“多段线（PL）”命令和“直线（L）”命令，在图名下方绘制与图名同长度的线段，如图 13-49 所示。

步骤11 至此，插座电箱系统图已经绘制完成，按Ctrl+S组合键进行保存。

AL-2
19420W
C45N/3P/63A
插座电箱

相	断路器	回路	导线	敷设	用途	功率
A	C45NL 2P/16A-30mA	WLM 1	2RBV3x4	TC20 ACC	消毒柜插座	240W
B	C45NL 2P/16A-30mA	WLM 2	2RBV3x4	TC20 ACC	四门冰箱插座等	2000W
C	C45NL 2P/16A-30mA	WLM 3	2RBV3x4	TC20 ACC	两门冰柜插座	3000W
A	C45NL 2P/16A-30mA	WLM 4	2RBV3x4	TC20 ACC	发酵箱插座	4000W
B	C45NL 2P/16A-30mA	WLM 5	2RBV3x4	TC20 ACC	咖啡机、制冰机插座	4000W
C	C45NL 2P/16A-30mA	WLM 6	2RBV3x4	TC20 ACC	厨房打蛋机插座	1000W
A	C45NL 2P/16A-30mA	WLM 7	2RBV3x4	TC20 ACC	收款机、前台插座等	2000W
B	C45NL 2P/16A-30mA	WLM 8	2RBV3x4	TC20 ACC	大厅面包柜地插座	1000W
C	C45NL 2P/16A-30mA	WLM 9	2RBV3x4	TC20 ACC	大厅墙、地插座	2000W
A	C45NL 2P/16A-30mA				备用插座	
B	C45NL 2P/16A-30mA				备用插座	

图 13-48　标注功率

AL-2
19420W
C45N/3P/63A
插座电箱

相	断路器	回路	导线	敷设	用途	功率
A	C45NL 2P/16A-30mA	WLM 1	2RBV3x4	TC20 ACC	消毒柜插座	240W
B	C45NL 2P/16A-30mA	WLM 2	2RBV3x4	TC20 ACC	四门冰箱插座等	2000W
C	C45NL 2P/16A-30mA	WLM 3	2RBV3x4	TC20 ACC	两门冰柜插座	3000W
A	C45NL 2P/16A-30mA	WLM 4	2RBV3x4	TC20 ACC	发酵箱插座	4000W
B	C45NL 2P/16A-30mA	WLM 5	2RBV3x4	TC20 ACC	咖啡机、制冰机插座	4000W
C	C45NL 2P/16A-30mA	WLM 6	2RBV3x4	TC20 ACC	厨房打蛋机插座	1000W
A	C45NL 2P/16A-30mA	WLM 7	2RBV3x4	TC20 ACC	收款机、前台插座等	2000W
B	C45NL 2P/16A-30mA	WLM 8	2RBV3x4	TC20 ACC	大厅面包柜地插座	1000W
C	C45NL 2P/16A-30mA	WLM 9	2RBV3x4	TC20 ACC	大厅墙、地插座	2000W
A	C45NL 2P/16A-30mA				备用插座	
B	C45NL 2P/16A-30mA				备用插座	

插座电箱系统图

图 13-49　标注图名效果

提示——专业技能

- 插座的分类：
  - 插座的形状大致有三极扁插（见图 13-50）、三极方插（见图 13-51）、三极扁圆插（见图 13-52）、五孔等。

图 13-50　扁插

图 13-51　方插

图 13-52　圆插

  - 按照负载来分大致有 10A 二极圆扁插座、16A 三极插座、13A 带开关方脚插座、16A 带开关三极插座等。
- 强电、弱电的概念：强弱电是以人体的安全电压来区分的，36V以上的电压称为强电，36V以下的电压称为弱电。电话插、电脑插、网络数据插属于弱电类。
- 安装底盒：分为明装和暗装，材料有金属和塑料两种。
- 底盒的深度：一般有 35mm、40mm、50mm几种规格。

13.5 其他配电箱系统图的演练

案例文件：13\照明配电箱系统图.dwg、动力电箱系统图.dwg
视频文件：13\其他配电箱系统图的演练.avi

绘制其他两组配电箱系统图的方法与插座系统图的绘制方法大致相同，其绘制效果如图 13-53 所示。

AL-1
5910W
C45N/3P/40A
照明配电箱

相	断路器	回路	导线	穿管	用途	功率
A	C45N 1P/16A	WLM 1	2RBV3x2.5	TC20 ACC	大厅装饰吊灯	500W
B	C45N 1P/16A	WLM 2	2RBV2x2.5	TC20 ACC	大厅日光灯光沿	540W
C	C45N 1P/16A	WLM 3	2RBV2x2.5	TC20 ACC	筒灯	210W
A	C45N 1P/16A	WLM 4	2RBV2x2.5	TC20 ACC	筒灯	210W
B	C45N 1P/16A	WLM 5	2RBV2x2.5	TC20 ACC	筒灯	300W
C	C45N 1P/16A	WLM 6	2RBV2x2.5	TC20 ACC	射灯	100W
A	C45N 1P/16A	WLM 7	2RBV2x2.5	TC20 ACC	筒灯	260W
B	C45N 1P/16A	WLM 8	2RBV2x2.5	TC20 ACC	日光灯照明	630w
C	C45N 1P/16A	WLM 9	2RBV2x2.5	TC20 ACC	日光灯光沿照明	240w
A	C45N 1P/16A	WLM 10	2RBV2x2.5	TC20 ACC	筒灯	180W
B	C45N 1P/16A	WLM 11	2RBV2x2.5	TC20 ACC	日光灯照明	240w
C	C45N 1P/16A	WLM 12	2RBV2x4	TC20 ACC	广告照明及地台灯	1500W
A	C45N 1P/16A	WLM 13	2RBV2x2.5	TC20 ACC	室外广告灯箱	1000W
B	C45N 1P/16A				备用照明	
C	C45N 1P/16A				备用照明	

照明配电箱系统图

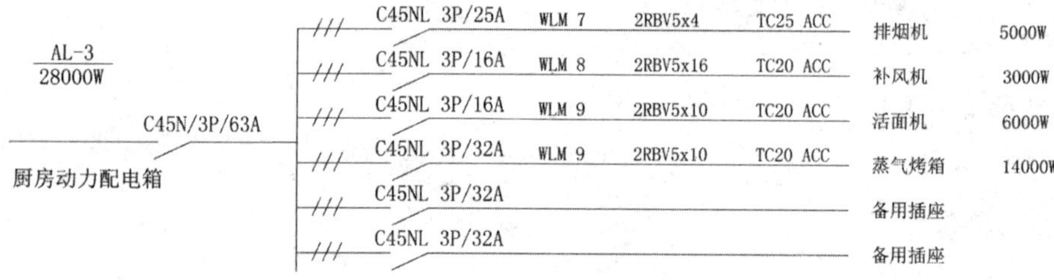

动力电箱系统图

图 13-53 其他配电箱系统图效果

13.6 面包店 A 立面图的绘制

案例文件：13\面包店 A 立面图.dwg
视频文件：13\面包店 A 立面图.avi

在绘制面包店A立面图之前，可以将平面布置图打开，根据需要留下相应的A平面轮廓，再根据平面轮廓来绘制立面，效果如图 13-54 所示。

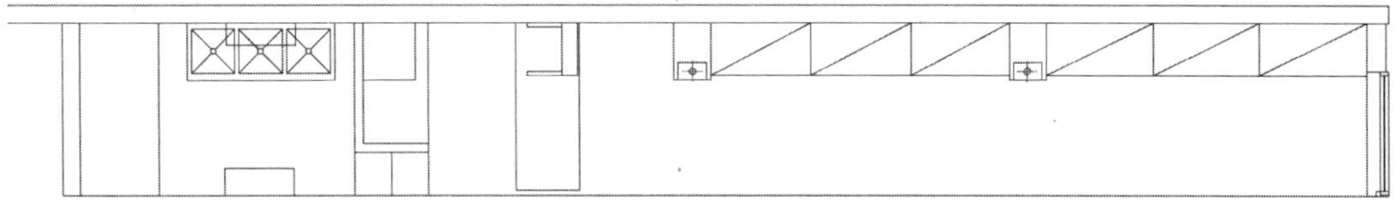

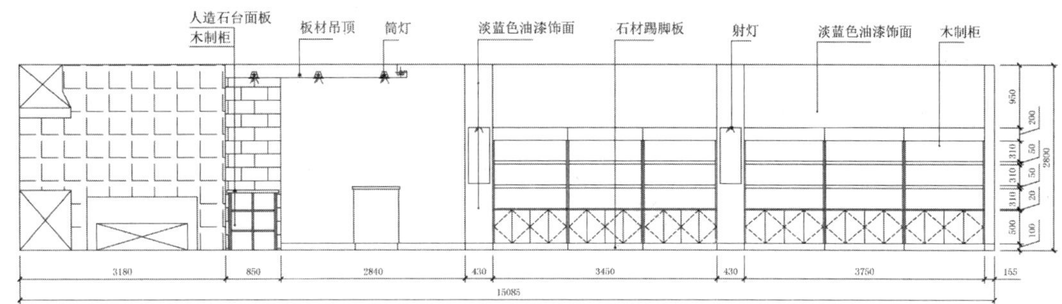

面包店A立面图

图 13-54 立面效果

13.6.1 绘制立面轮廓

步骤 1 启动AutoCAD 2018，在“快速访问”工具栏中单击“打开”按钮，将前面的“案例文件\13\面包店平面布置图.dwg”文件打开，如图 13-55 所示；再单击“另存为”按钮，将文件另存为“案例文件\13\面包店A立面图.dwg”。

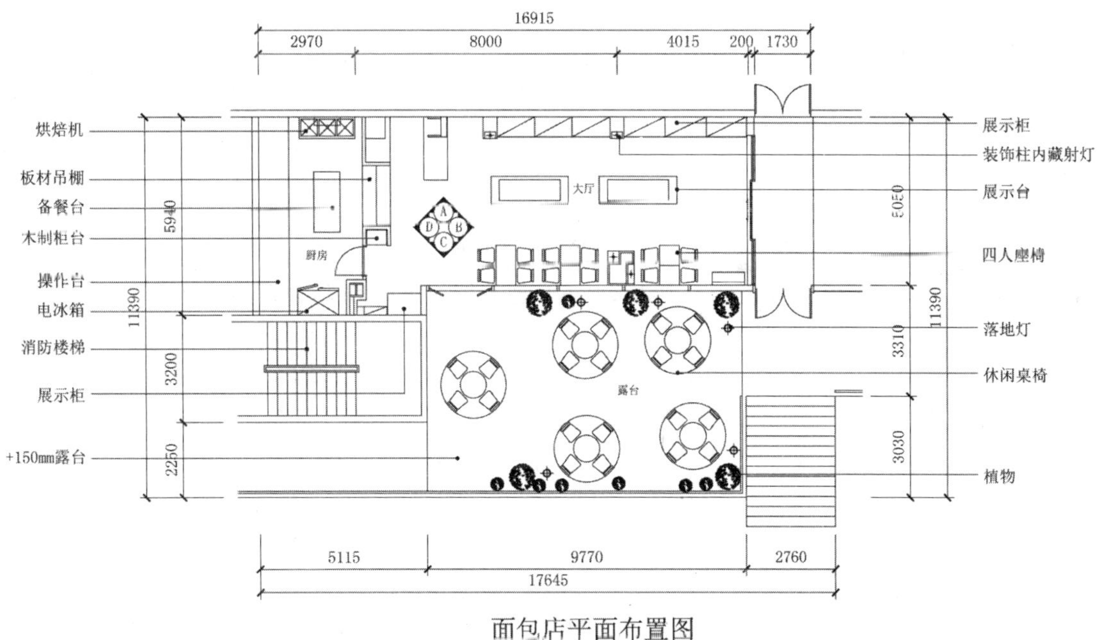

图 13-55 打开的图形

步骤 2 执行“删除（E）”命令，将除A平面图以外的图形删除，效果如图 13-56 所示。

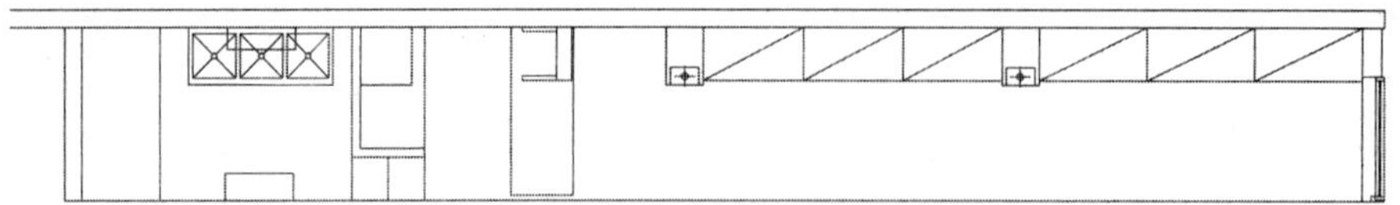

图 13-56　截取的 A 平面

步骤 3 将“立面”图层置为当前图层。执行“直线（L）”命令，捕捉点向下绘制延伸线，然后在延伸线上绘制两条相距 2800 的水平线，如图 13-57 所示。

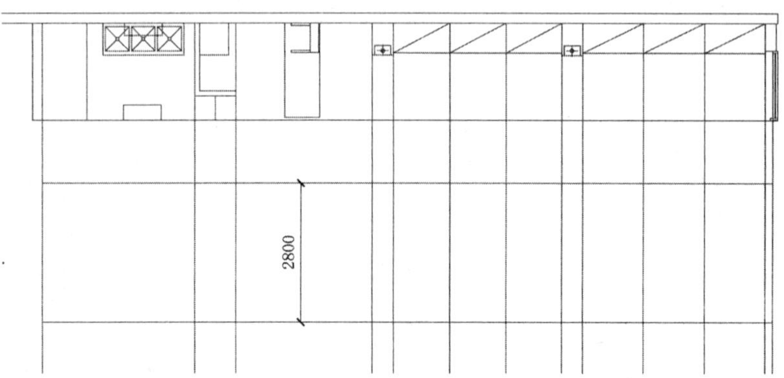

图 13-57　绘制线段

步骤 4 执行“修剪（TR）”命令，将多余的线条修剪掉，效果如图 13-58 所示。

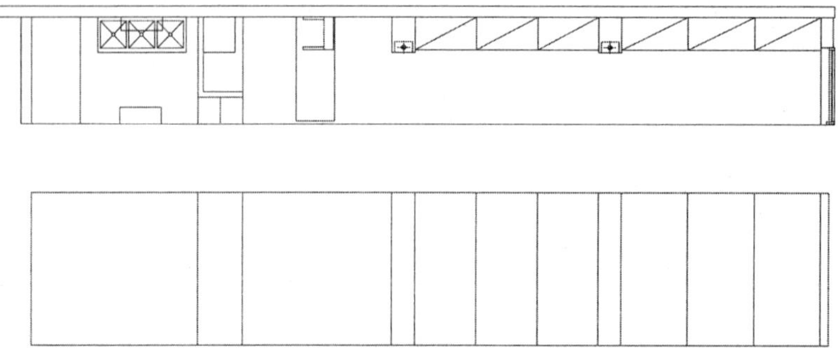

图 13-58　修剪结果

步骤 5 执行“偏移（O）”命令，将下侧水平线段和右侧垂直线段进行偏移，如图 13-59 所示。

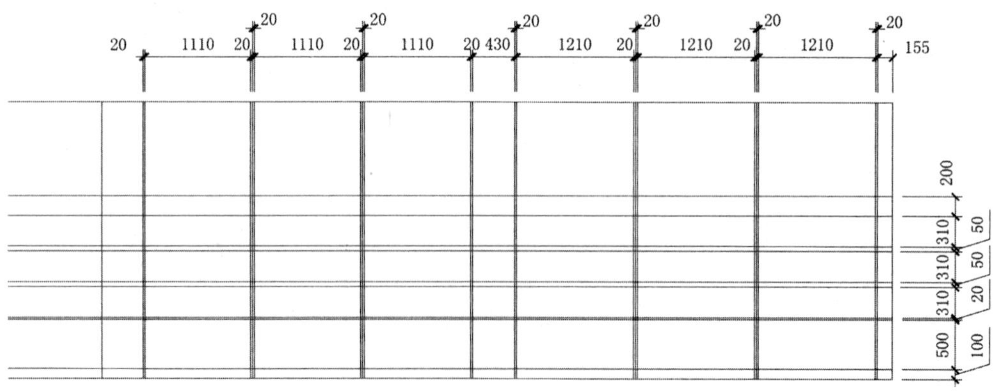

图 13-59　偏移线段

步骤6 执行“修剪（TR）”命令，修剪多余线条，效果如图13-60所示。

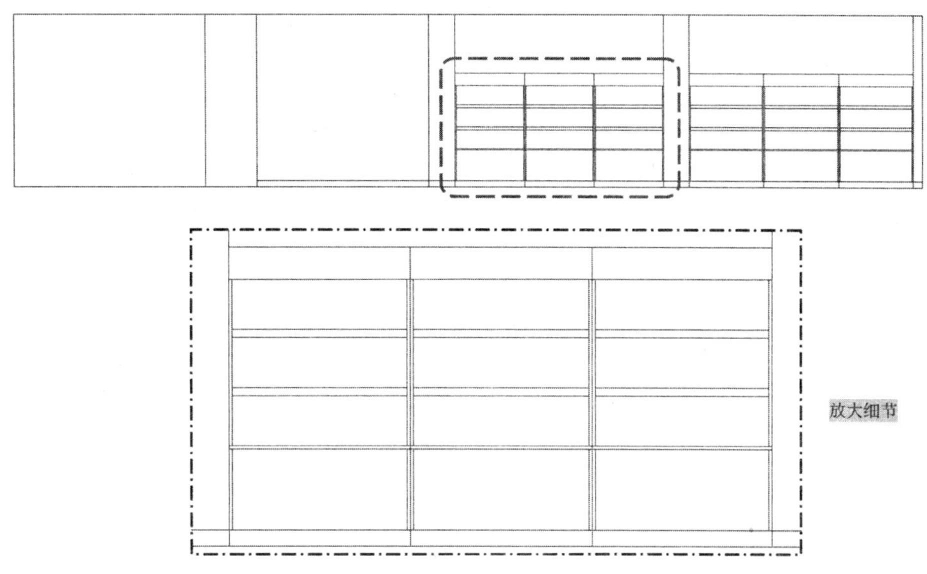

图13-60　修剪结果

步骤7 执行“矩形（REC）”命令，绘制330×850的矩形，通过移动、复制操作将矩形放置到柱体中形成镂空效果，如图13-61所示。

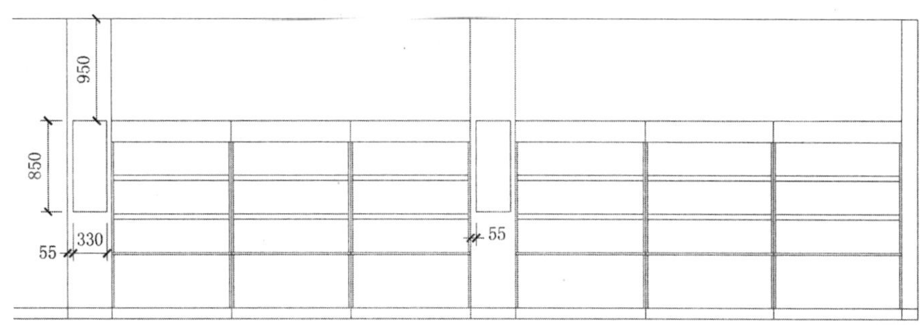

图13-61　绘制矩形

步骤8 执行“直线（L）”命令，在矩形内部绘制出3条斜线，形成射灯光照效果，如图13-62所示。

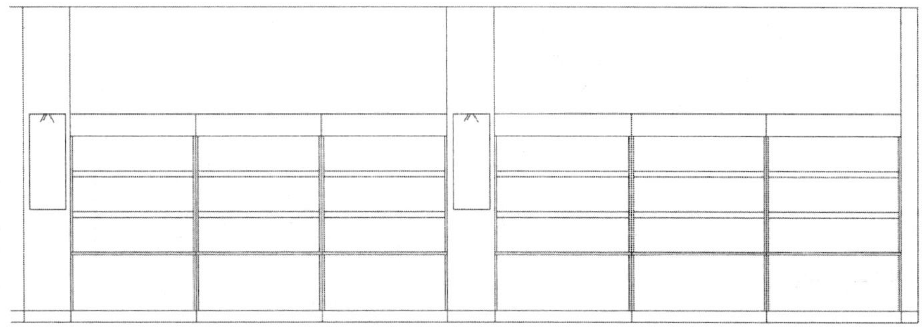

图13-62　绘制线段

步骤9 执行“定数等分（DIV）”命令和“直线（L）”命令，以找到等分点的方法来绘制垂直线段，形成柜门效果，如图13-63所示。

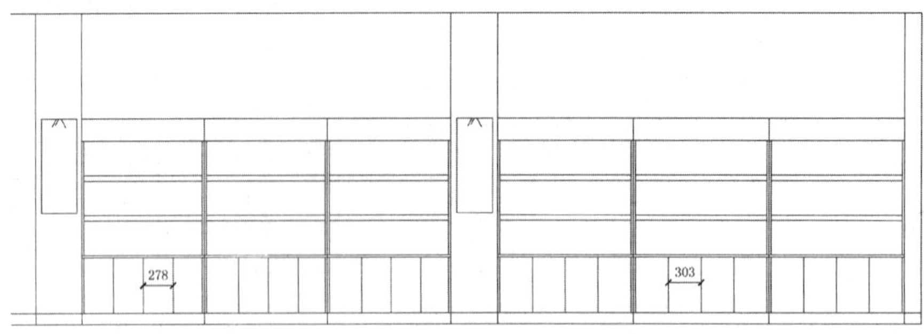

图 13-63 绘制柜门

步骤 10 执行“直线（L）”命令，捕捉点来绘制如图 13-64 所示的虚线门扇效果。

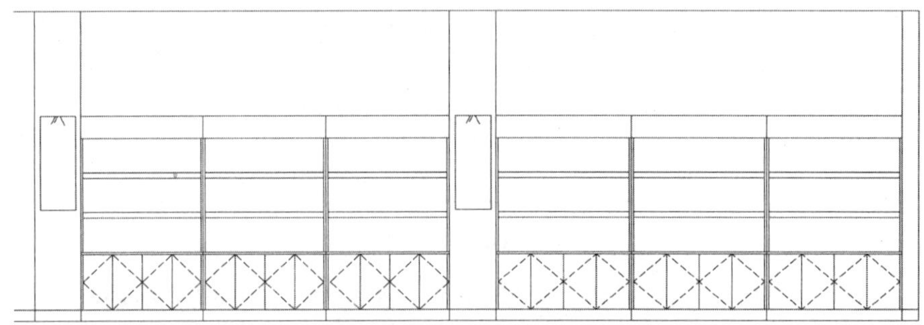
图 13-64 绘制虚线

步骤 11 执行“直线（L）”命令，绘制如图 13-65 所示的木制吊顶图形。

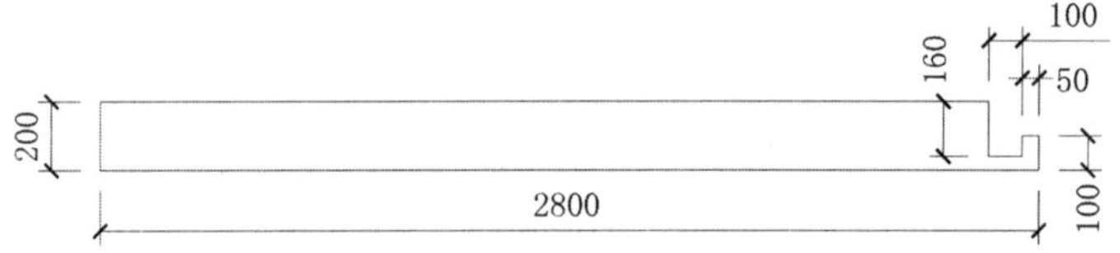

图 13-65 绘制图形

步骤 12 执行“移动（M）”命令和“修剪（TR）”命令，将吊顶放置到如图 13-66 所示的位置；再执行“插入块（I）”命令，将“案例/13”文件下的“木制柜”“立面筒灯”“射灯”和“收银台侧面”插入图形中，并通过复制命令复制到相应位置。

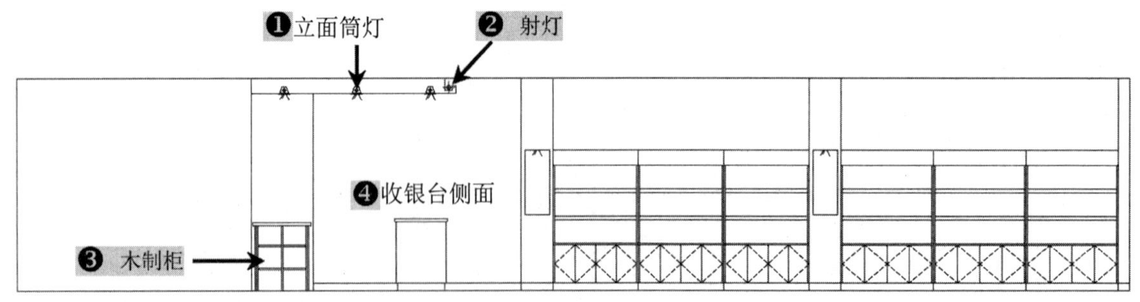

图 13-66 插入图块

步骤 13 通过执行“矩形（REC）”命令和“直线（L）”命令，在左侧厨房位置绘制出如图 13-67 所示的图形。

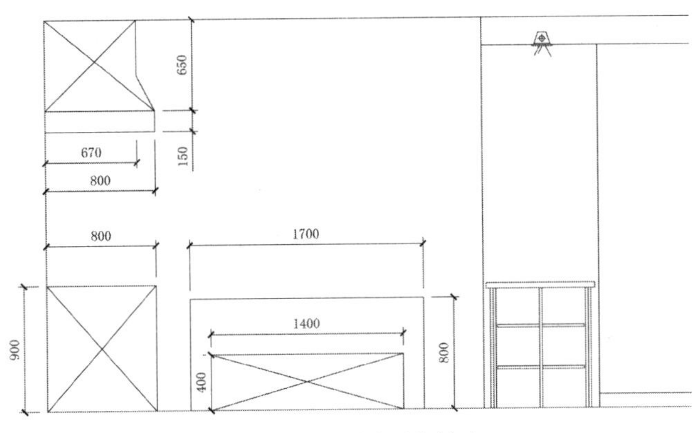

图 13-67　绘制厨房轮廓

步骤14 执行“图案填充（H）”命令，在弹出的对话框中选择“样例”为AR-B816、“比例”为 1，对相应位置填充红砖效果，如图 13-68 所示。

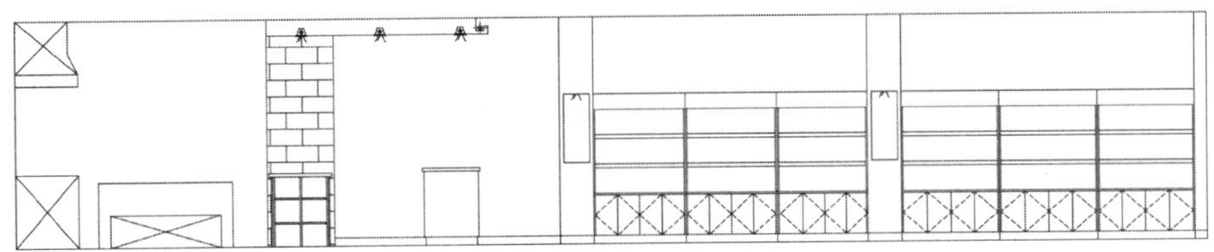

图 13-68　填充图形

步骤15 执行“图案填充（H）”命令，在弹出的对话框中选择“样例”为ANGLE、“比例”为 50，对厨房墙体填充瓷砖效果，如图 13-69 所示。

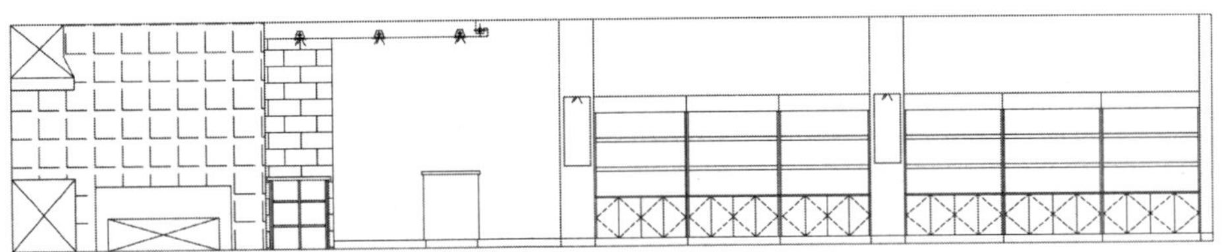

图 13-69　填充瓷砖

13.6.2　文字、尺寸和图名标注

步骤1 将“标注”图层置为当前图层。执行“线性标注（DLI）”命令和“连续标注（DCO）”命令，对立面图进行尺寸标注，效果如图 13-70 所示。

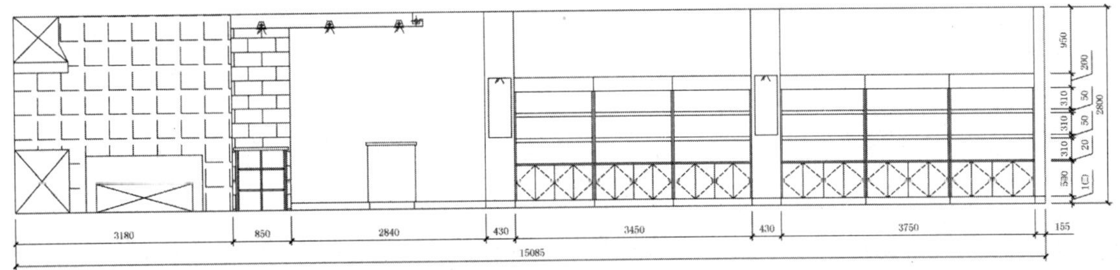

图 13-70　尺寸标注

步骤 2 将“文字”图层置为当前图层。执行“多重引线（MLD）”命令，设置文字“字体”为宋体、“大小”为 150，对立面图添加文字注释。

步骤 3 执行“多行文字（MT）”命令，设置文字“字体”为宋体、“大小”为 300，对立面图进行图名标注；再执行“多段线（PL）”命令和“直线（L）”命令，在图名下方绘制与图名同长度的线段，如图 13-71 所示。

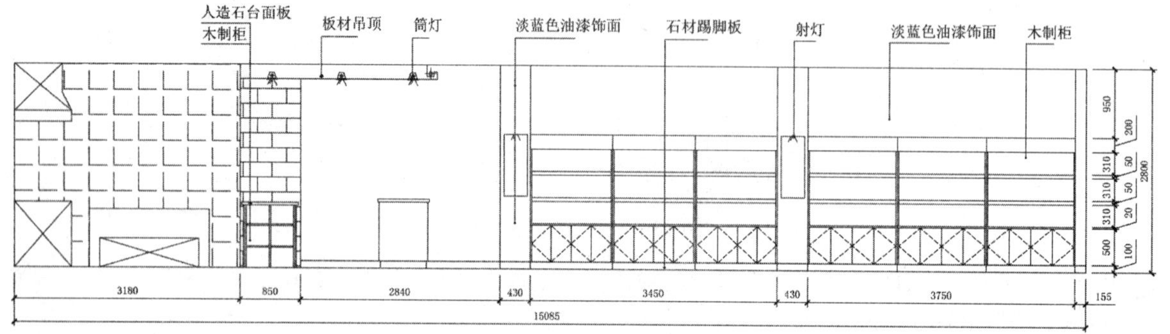

图 13-71 立面效果

步骤 4 至此，A立面图已经绘制完成，按Ctrl+S组合键进行保存。

13.7 其他立面图的演练

案例文件：13\面包店 B、C、D 立面图.dwg

除了面包店A立面图外，还有B、C、D立面图供读者自行绘制，其效果如图 13-72 所示。

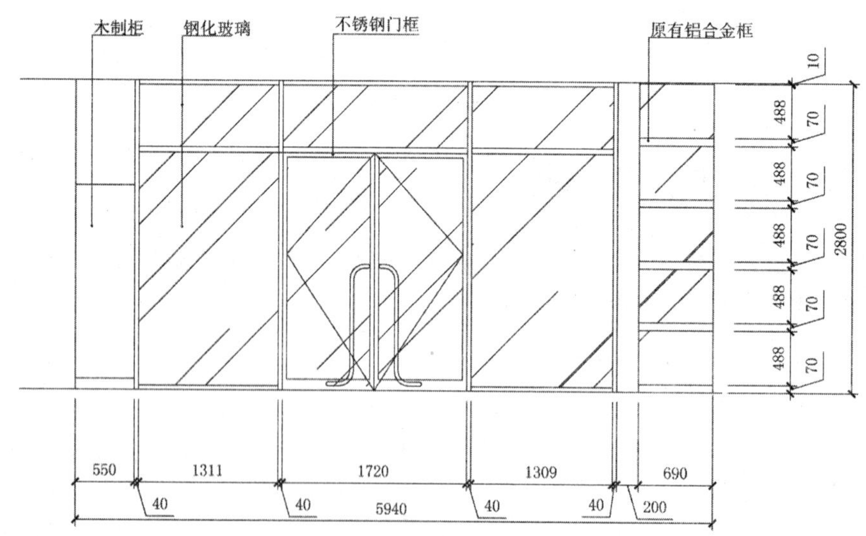

图 13-72 面包店 B、C、D 立面效果

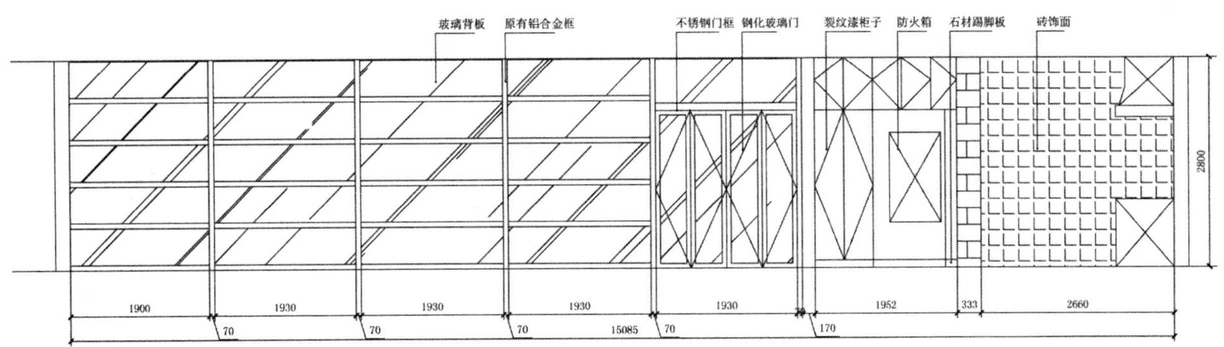

面包店C立面图

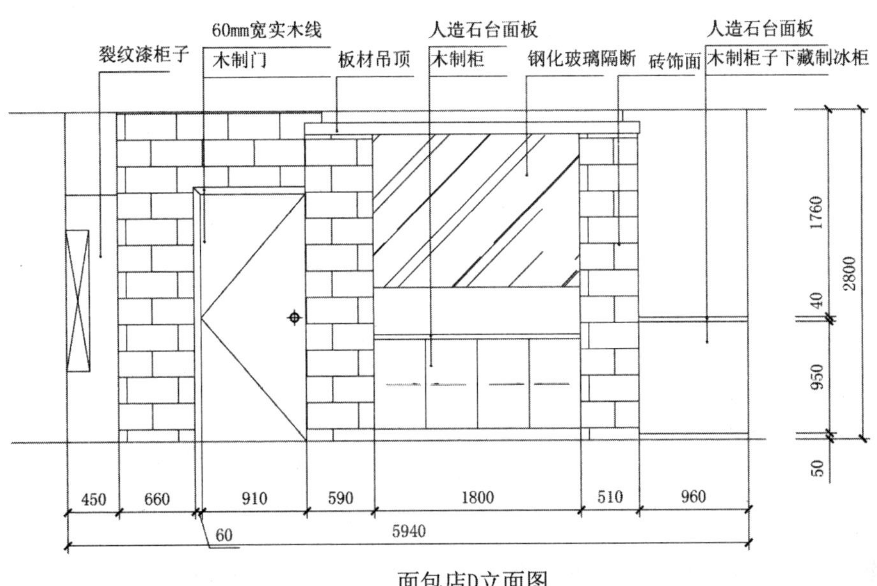

面包店D立面图

图 13-72 面包店 B、C、D 立面效果（续）

第 14 章 火锅店装修施工图的绘制

火锅店的装修设计要从消费者的角度出发，利用美学的理论精心设计、构思，为客人创造一个美观雅致、柔和舒适的环境，形成令客人留连忘返的意境和格局。

本章以某火锅店为例讲解其平面布置图、地面布置图、建筑立面图、大厅C立面图、一层明档区F立面图、二层柱子立面图及二层包房六装修图的绘制。

主要内容

- 掌握火锅店一层、二层平面布置图的绘制
- 掌握火锅店一层、二层地面布置图的绘制
- 掌握火锅店建筑立面图的绘制
- 掌握大厅C立面图的绘制
- 掌握一层明档区F立面图的绘制
- 掌握二层柱子立面图的绘制
- 掌握二层包房六装修图的绘制

14.1 火锅店一层平面布置图的绘制

案例文件：14\火锅店一层平面布置图.dwg
视频文件：14\火锅店一层平面布置图.avi

首先将准备好的火锅店一层建筑平面图打开，然后根据各个平面图的功能分别进行平面布置图的设计。在摆放家具之前，根据需要先绘制固定家具的造型轮廓，再插入一些家具图块，最后进行尺寸标注、文字标注、图名标注等，布置结果如图 14-1 所示。

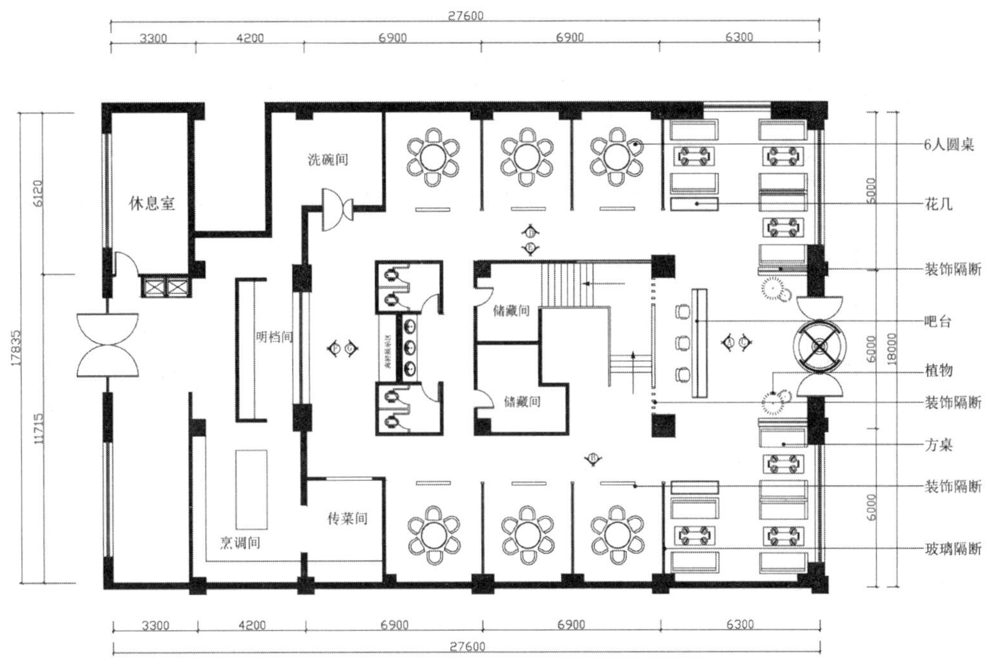

图 14-1　平面布置效果

14.1.1　打开建筑平面图

在进行室内平面布置设计之前，首先要绘制相应的建筑平面图。如果有相应的原始建筑平面图，那么可将其借调并加以修改，另存为符合要求的文件。在本实例中已有准备好的“火锅店一层建筑平面图.dwg”文件，将其打开并另存为新的文件即可。

步骤 1　启动AutoCAD 2018，在“快速访问”工具栏中单击“打开”按钮，将“案例文件\14\火锅店一层建筑平面图.dwg”文件打开，如图 14-2 所示；再单击“另存为”按钮，将文件另存为“案例文件\14\火锅店一层平面布置图.dwg”。

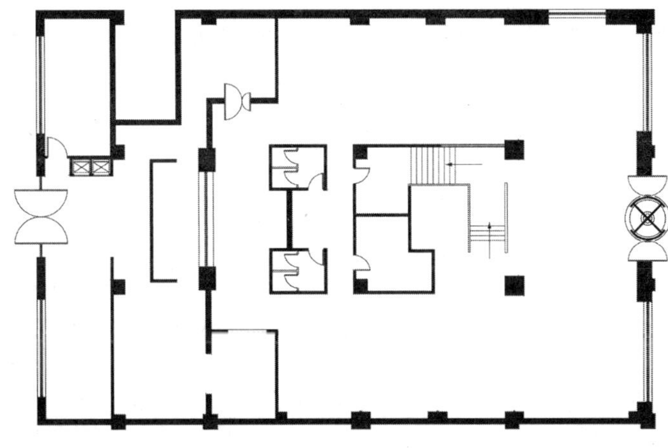

图 14-2　打开的图形

步骤 2 将“文字”图层置为当前图层。执行“多行文字（MT）”命令，设置文字“字体”为宋体、“大小”为 350，在每个区域标注名称。再设置字体“大小”为 550，在图形下方输入图名。

步骤 3 执行“多段线（PL）”命令，设置宽度为 30，在图名下方绘制一条多段线；再执行“直线（L）”命令，绘制一条与多段线同长度的直线段，如图 14-3 所示。

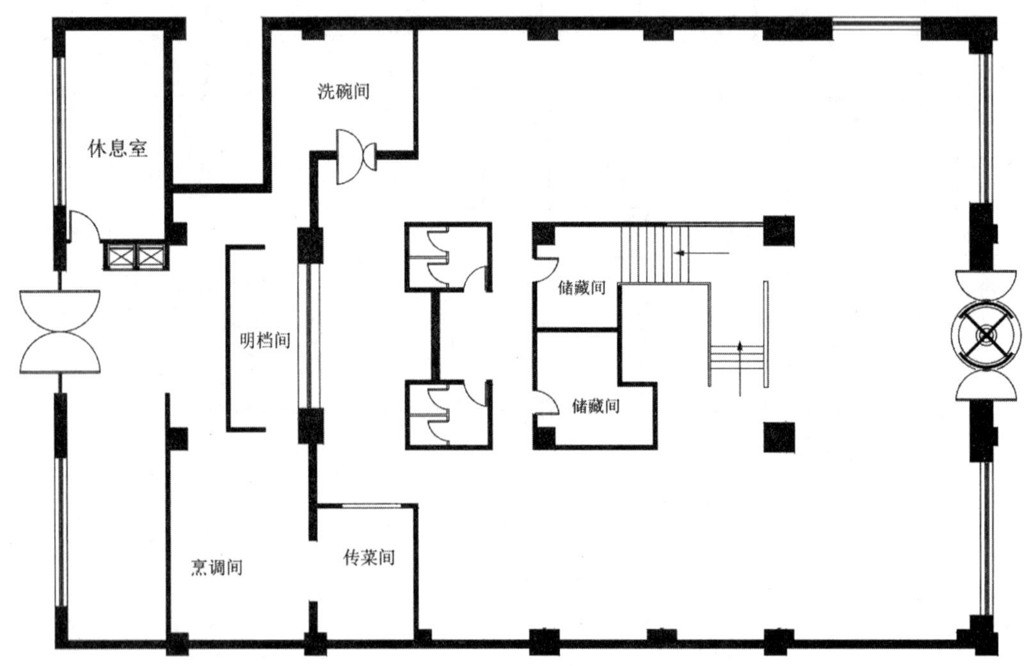

图 14-3　绘制图名效果

14.1.2　绘制室内布置图造型

在绘制室内布置图时，应该先绘制出室内家具造型的轮廓，然后通过插入块的方式将成品家具插入相应位置。

步骤 1 切换到“家具”图层，执行“矩形（REC）”命令，绘制 120×60 的矩形，并通过复制、移动命令将其放置到楼梯右侧墙体处，形成装饰隔断效果，如图 14-4 所示。

步骤 2 执行“矩形（REC）”命令，在入口大门相应位置绘制 1943×300 和 1893×40 的两个矩形作为装饰隔断，如图 14-5 所示。

步骤 3 执行“插入块（I）”命令，将“案例\14”文件下的“玻璃隔断”插入并复制到下侧墙体的中间位置，如图 14-6 所示。

步骤 4 执行“矩形（REC）”命令，绘制 1900×500 的矩形，再将其向内偏移 30 作为花几放置到相应位置；再绘制 1330×120 的矩形作为隔断，通过复制、移动操作将其放置到如图 14-7 所示的指定位置。

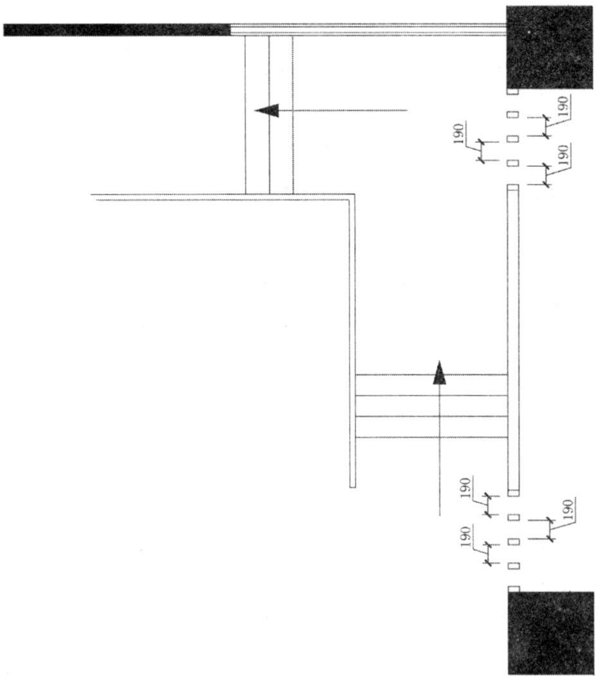

图 14-4　绘制隔断

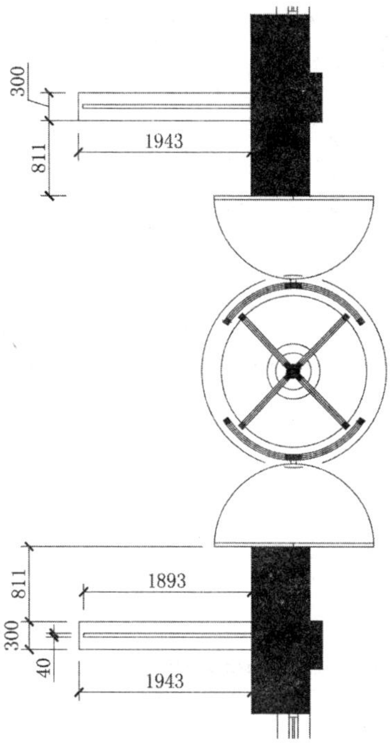

图 14-5　绘制隔断

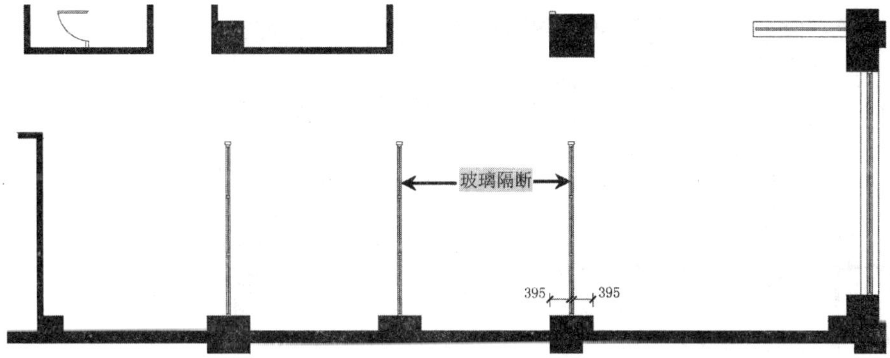

图 14-6　插入玻璃隔断

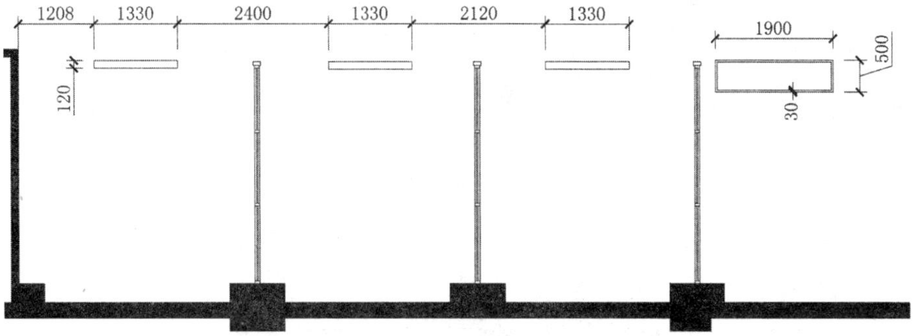

图 14-7　绘制花几、隔断

步骤 5 执行“插入块（I）”命令，将“案例\14”文件下的“吧台”“植物”“方桌”“6 人圆桌”插入并复制到图形相应位置，如图 14-8 所示。

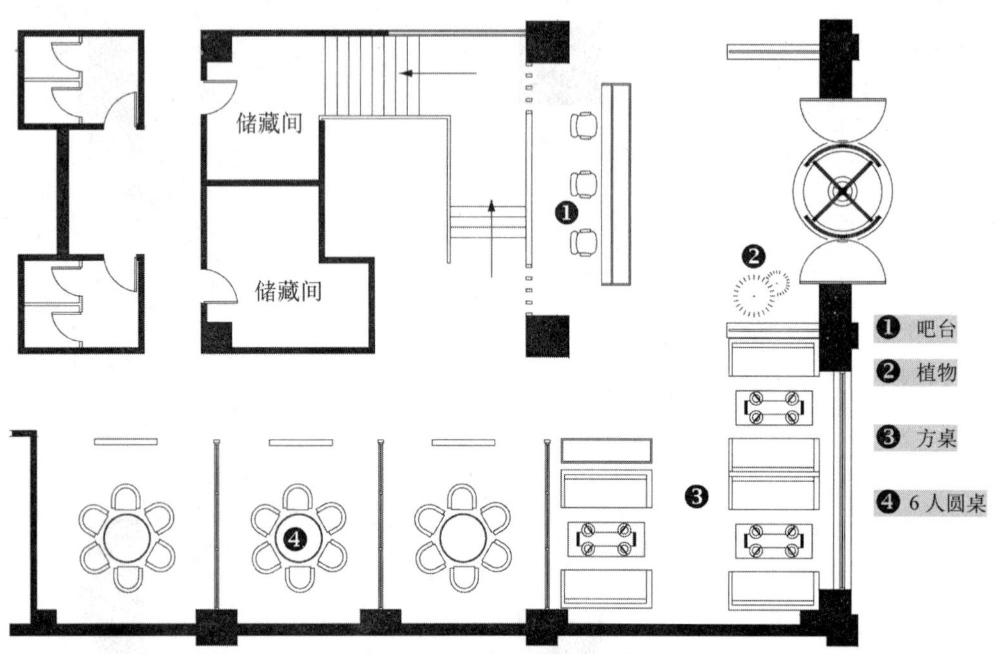

图 14-8　插入并复制图块

步骤 6 执行“镜像（MI）”命令，将上一步相应的家具图形镜像到上方，结果如图 14-9 所示。

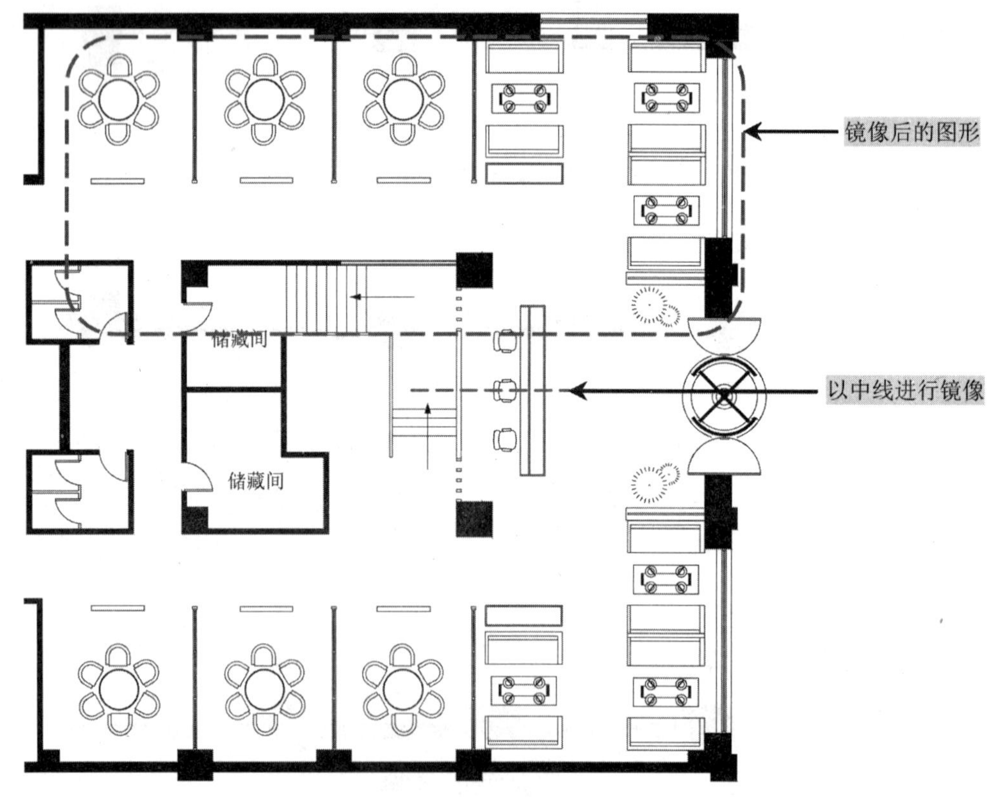

图 14-9　镜像家具

步骤 7 执行“偏移（O）”命令，在卫生间的墙体处绘制如图 14-10 所示的线段，形成台面效果。

步骤8 执行“单行文字（DT）”命令，设置字高为180、旋转角度为90，在台面上输入文字“海鲜展示区”。

步骤9 执行“插入块（I）”命令，将“案例\14”文件下的“蹲便”和“洗手盆”插入并复制到图形相应位置，如图14-11所示。

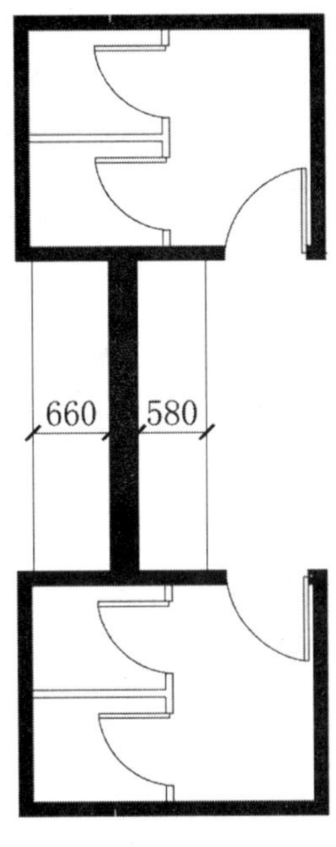

图14-10 偏移线段

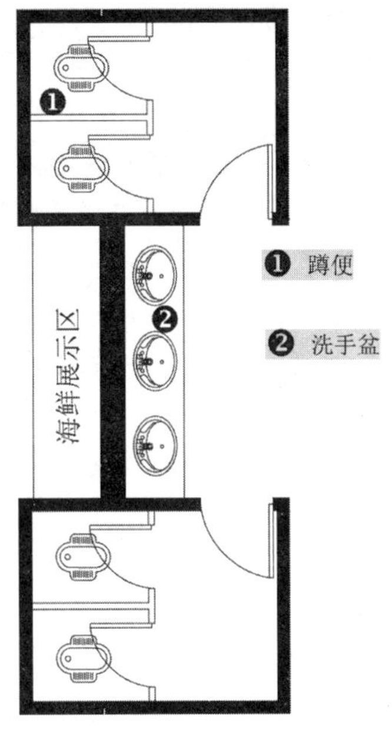

图14-11 插入图块

步骤10 执行“直线（L）”命令，在明档间绘制宽度为600的摆台，如图14-12所示。

步骤11 执行“直线（L）”命令和“矩形（REC）”命令，在烹调间和传菜间绘制操作台和备餐台，如图14-13所示。

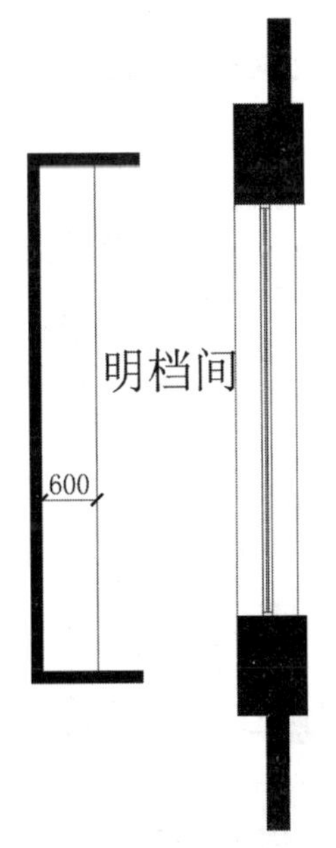

图14-12 绘制摆台

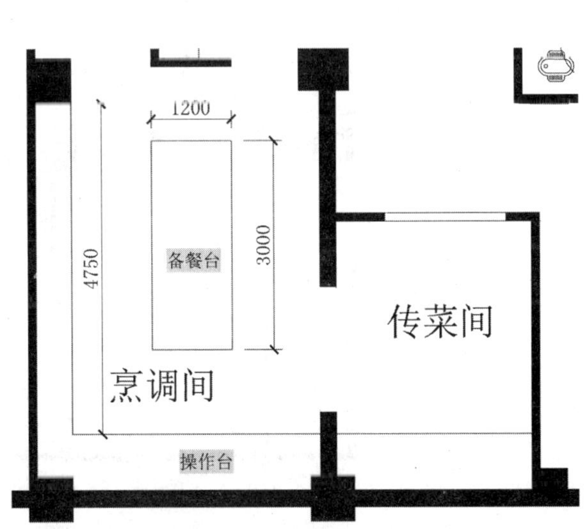

图14-13 绘制备餐台、操作台

技巧——明档的含义

在建筑装饰中，明档是一种自助餐的方式，以厨师现场制作为特点，是厨师在明档间（或者叫名档区域）进行扒、烤、煎、炸、煮等烹饪的工作空间。

名档实际上代表餐饮业的一种改革模式的尝试，以前饭店的厨房都是设在后台，客人到店就餐是看不到厨房（或者操作间）的。现在为了增加亲和力和亲切感，很多高档次的饭店已经设有开放式操作间，客人与厨师近在咫尺，现点现做。

过去的菜谱都是文字的，点菜的时候只知道名字，顾客并不知道菜的成品是什么样的。比如点的是“芹菜肉丝”还好理解，但是如果菜单上有道菜叫“芙蓉天仙”，就很难理解了。后来出现了带有照片的菜单，就解决了这个问题，成品菜的效果一目了然。

现在有一种方法，就是在点菜柜、风幕柜、熟食柜展示实物菜谱，顾客可以亲眼看到可以做的菜，这就是“名档菜单”。

明档的好处是让人一目了然，顾客喜欢的菜会多点，而且店家有了新菜可以及时展示，所以如今大店、小店都做起了明档。

14.1.3 尺寸、文字标注

在布置好室内家具造型以后，接下来将进行尺寸标注，并利用文字注释来标注图形中的家具对象。

步骤 1 将“标注”图层置为当前图层。执行“线性标注（DLI）”命令和“连续标注（DCO）”命令，对立面图进行尺寸标注，效果如图14-14所示。

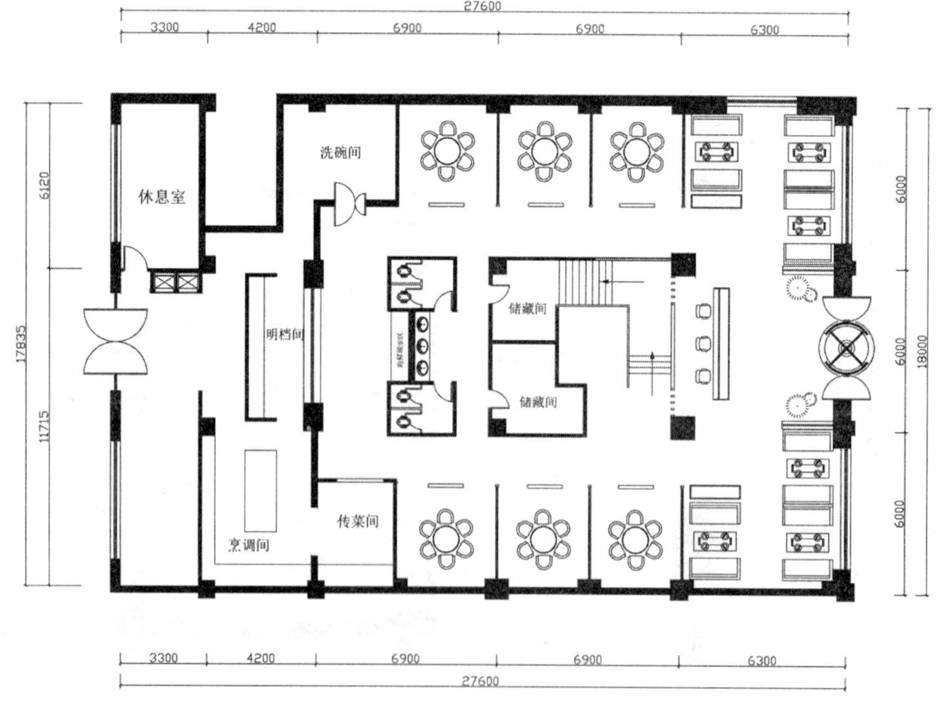

图14-14　尺寸标注

步骤 2 将“WZ-文字”图层置为当前图层，执行“多重引线（MLD）”命令，设置文字“字体”为宋体、“大小”为 400，对平面图添加文字注释。

步骤 3 将“FH-符号”图层置为当前图层，执行“插入块（I）”命令，将“案例文件\14”文件夹下的“索引符号”插入图形中，通过分解、复制命令将其复制出多份来指定各个区域，并修改符号内的文字，如图 14-15 所示。

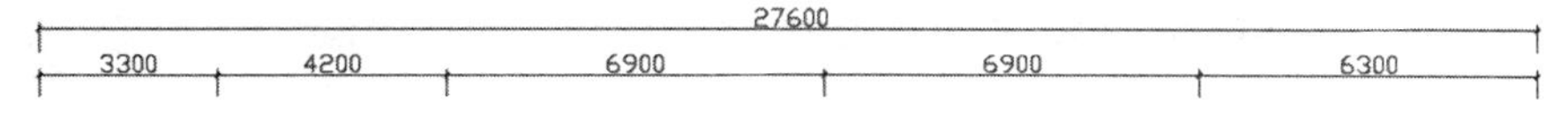

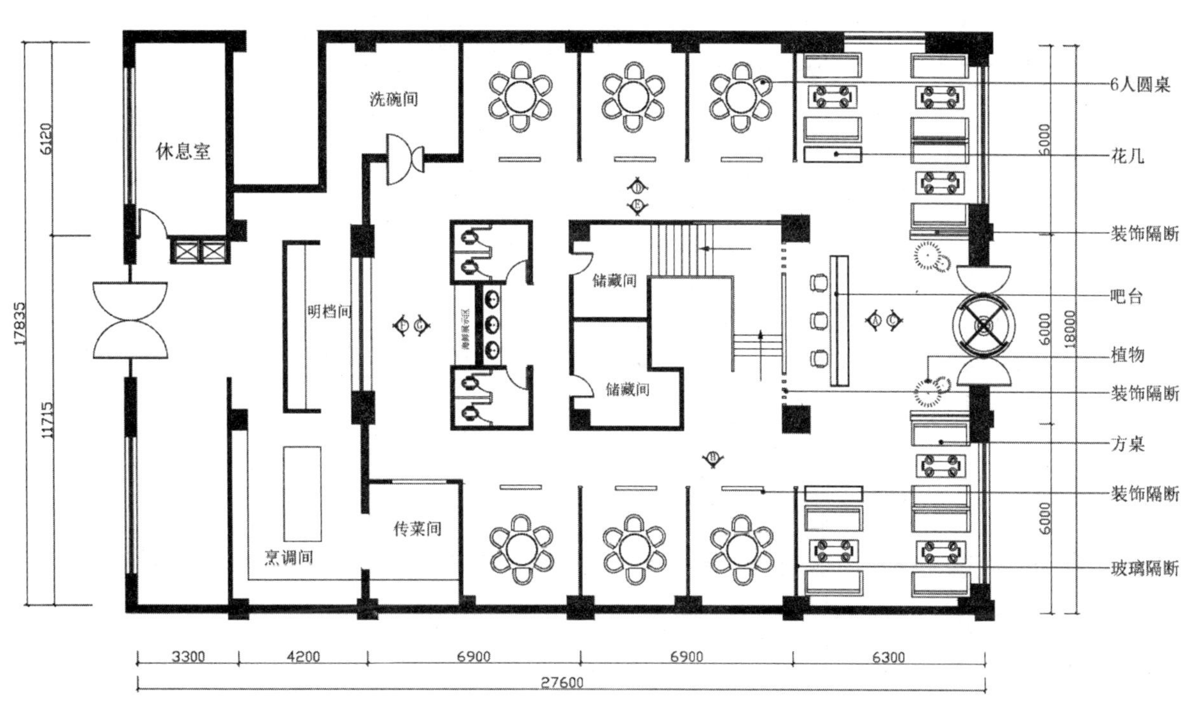

图 14-15　文字标注

步骤 4 至此，平面布置图已经绘制完成，按Ctrl+S组合键进行保存。

14.2 火锅店一层地面布置图的绘制

案例文件：14\火锅店一层地面布置图.dwg
视频文件：14\火锅店一层地面布置图.avi

本实例主要对地面布置图进行绘制，首先将平面布置图打开，将多余的图形对象删除，并另存为地面布置图文件，根据绘制地面布置图的要求来绘制地面轮廓，再进行图案填充和文字注释，布置效果如图 14-16 所示。

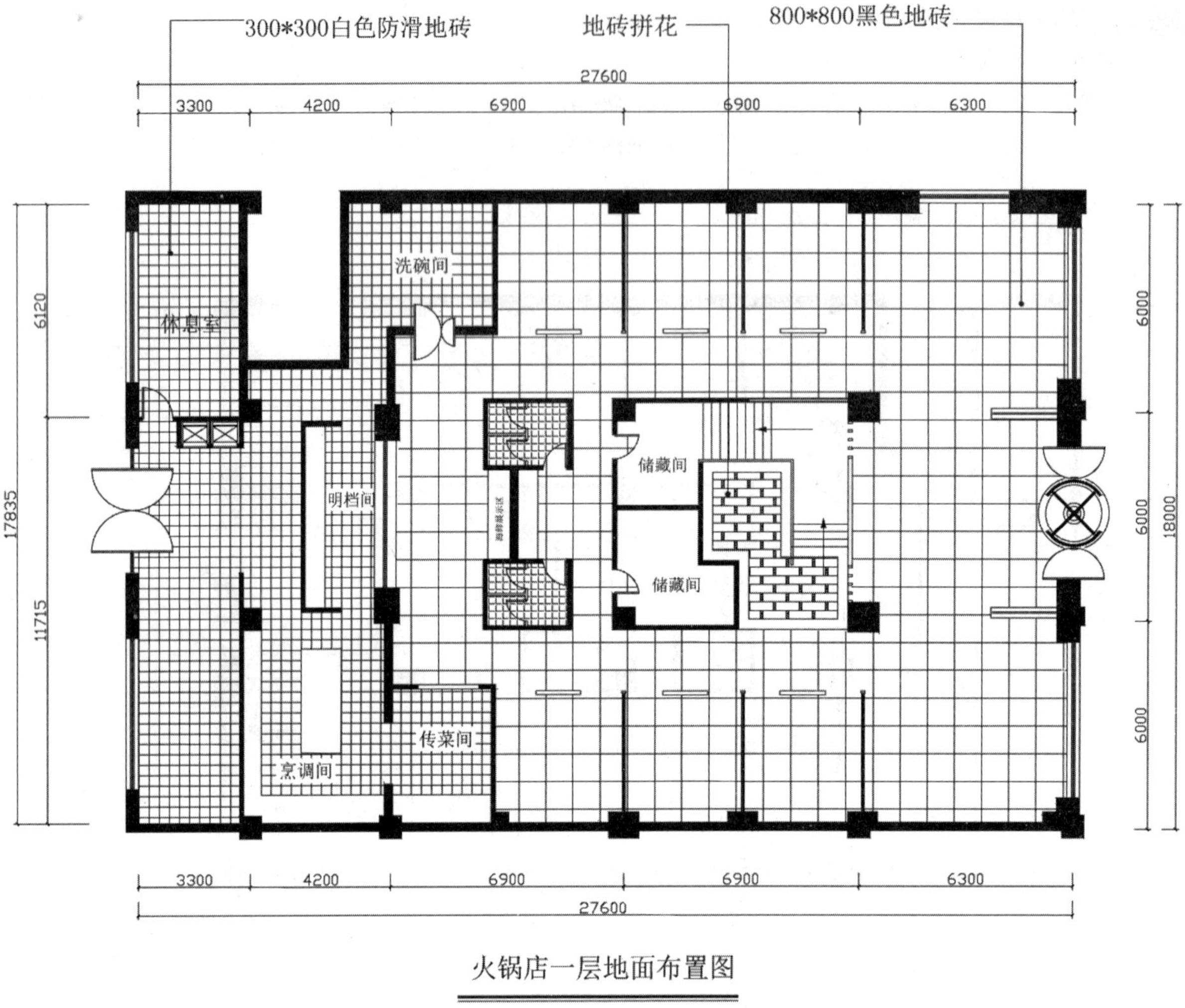

火锅店一层地面布置图

图 14-16　地面布置效果

14.2.1　调用并整理文件

借用前面绘制好的平面布置图可以更加方便地进行地面布置图的绘制。

步骤 1　启动AutoCAD 2018，在“快速访问”工具栏中单击“打开”按钮，将前面绘制好的“案例文件\14\火锅店一层平面布置图.dwg”文件打开；再单击“另存为”按钮，将文件另存为“案例文件\14\火锅店一层地面布置图.dwg”。

步骤 2　根据绘图要求执行“删除（E）”命令，将图形中的文字注释、家具对象和内视符号删除，并修改图名为“火锅店一层地面布置图”，修改结果如图 14-17 所示。

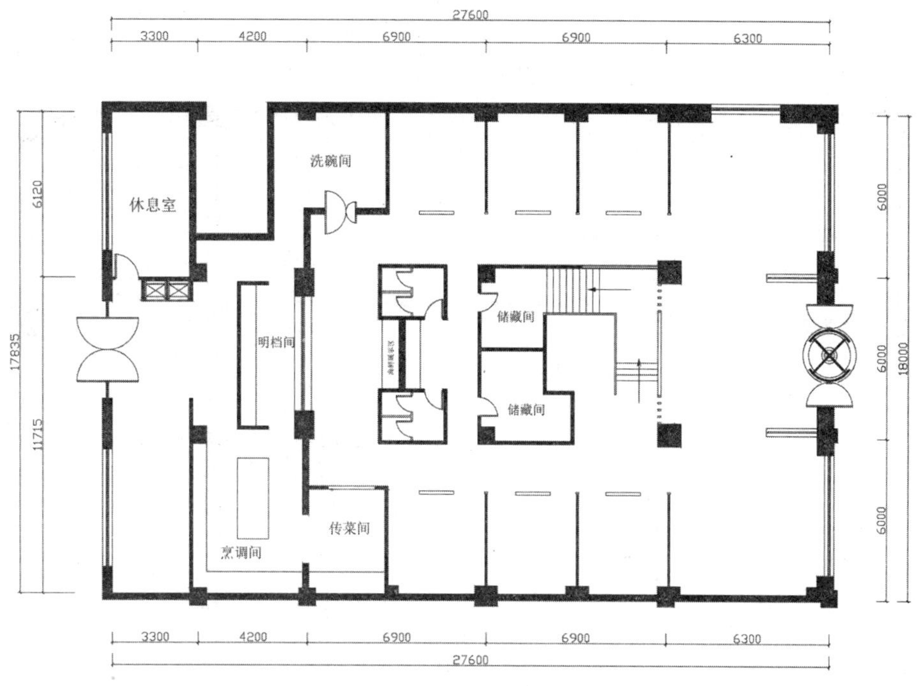

图 14-17　整理图形

14.2.2　绘制地面轮廓

步骤 1 切换至“DM－地面”图层，执行“多段线（PL）”命令，捕捉楼梯、柱子、墙体轮廓来绘制一条多段线，再执行“偏移（O）”命令，将多段线向内偏移300，如图 14-18 所示。

步骤 2 切换至“填充”图层，执行“图案填充（H）”命令，在弹出的对话框中选择“样例”为BRSTONE、“比例”为 30，对多段线填充地砖拼花效果，如图 14-19 所示。

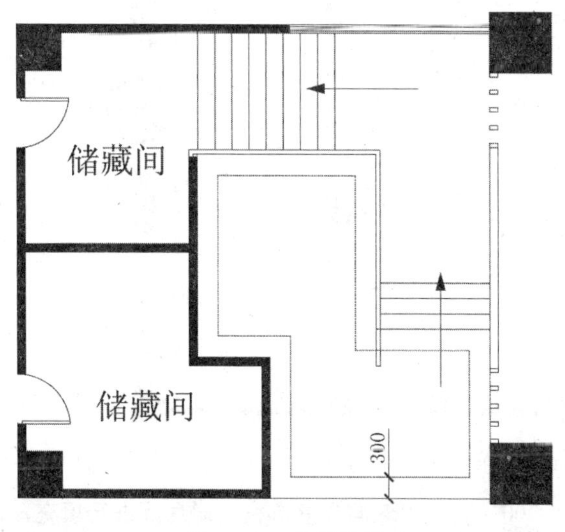

图 14-18　绘制线段

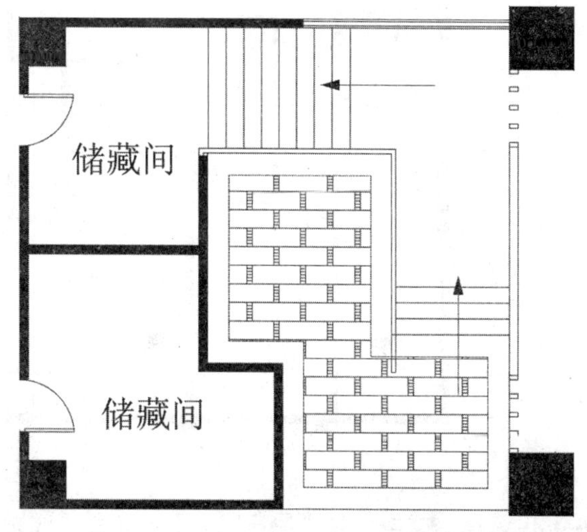

图 14-19　填充地砖拼花效果

步骤 3 执行“图案填充（H）”命令，在弹出的对话框中选择“类型”为“用户定义”、设置“间距”为 800、选中“双向”复选框，对大厅进行填充，如图 14-20 所示。

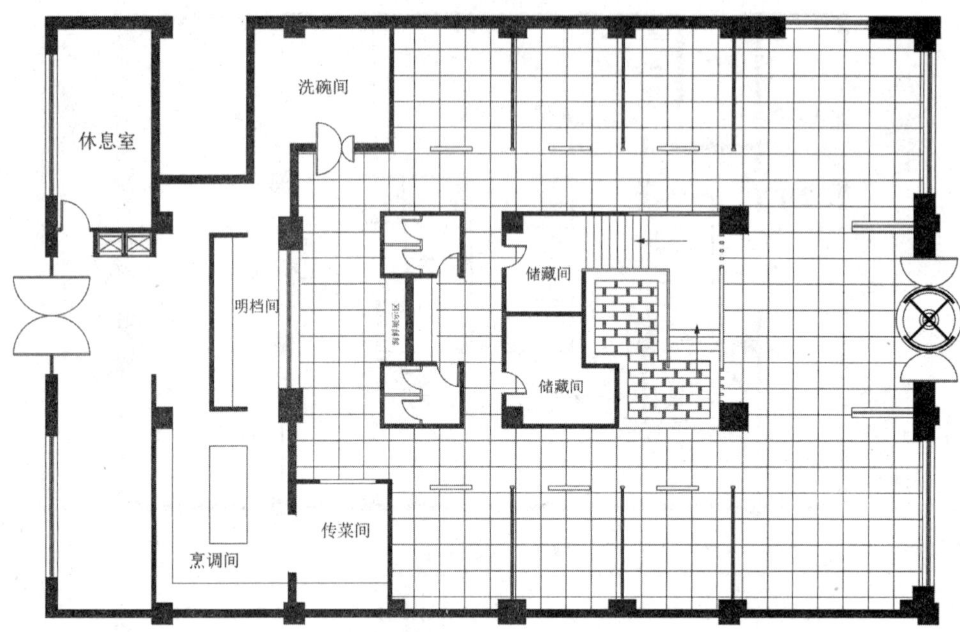

图 14-20　填充大厅

步骤 4 再执行“图案填充（H）”命令，在弹出的对话框中选择“样例”为ANGLE、“比例”为 30，对卫生间填充防滑砖效果，如图 14-21 所示。

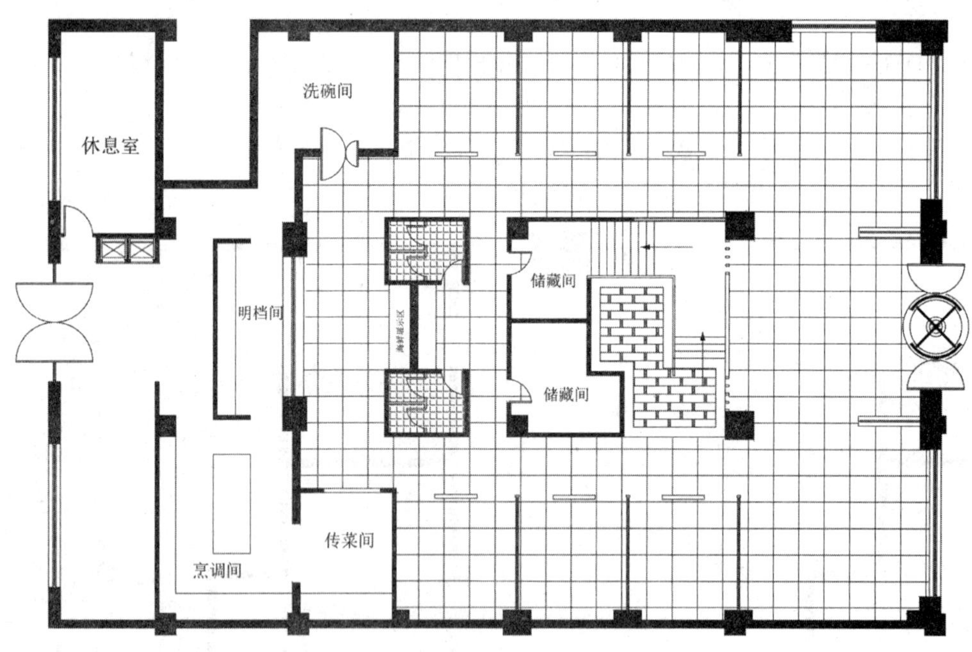

图 14-21　填充卫生间

步骤 5 再选择“类型”为“用户定义”，设置“间距”为 300，选中“双向”复选框，对后厅进行填充，如图 14-22 所示。

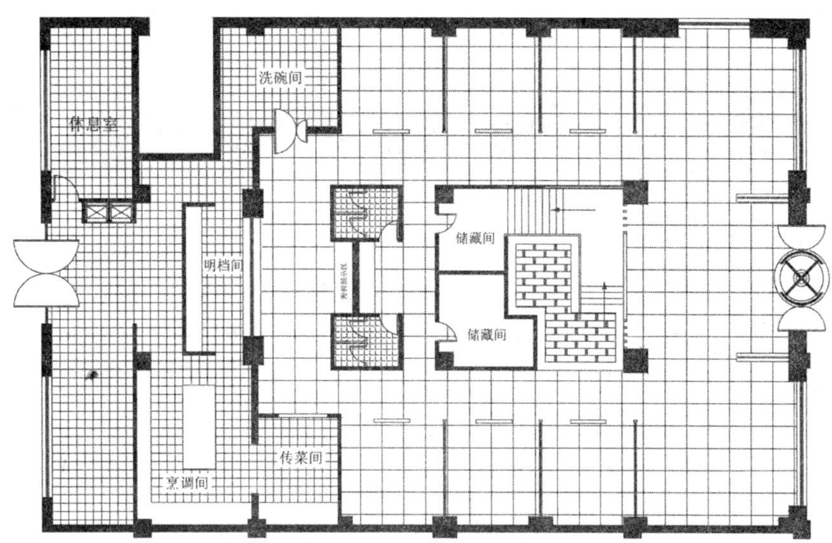

图 14-22　填充后厅

14.2.3　文字标注

前面对各展区进行了相应样例的填充，接下来将对这些填充的图案进行材质说明，以清楚地表达出真实效果。

步骤 1 将“WZ-文字”图层置为当前图层。执行“多行文字（MT）”命令，设置“字体”为宋体、“大小”为 500，对填充材质添加文字注释，效果如图 14-23 所示。

图 14-23　文字注释

 至此，一层地面布置图已经绘制完成，按Ctrl+S组合键进行保存。

14.3 火锅店二层平面布置图的绘制

案例文件：15\火锅店二层平面布置图.dwg
视频文件：14\火锅店二层平面布置图.avi

首先将准备好的火锅店二层建筑平面图打开，然后根据各个平面图的功能分别进行平面布置图的设计。在摆放家具之前，根据需要先绘制固定家具的造型轮廓，再插入一些家具图块，最后进行尺寸标注、文字标注、图名标注等，布置结果如图 14-24 所示。

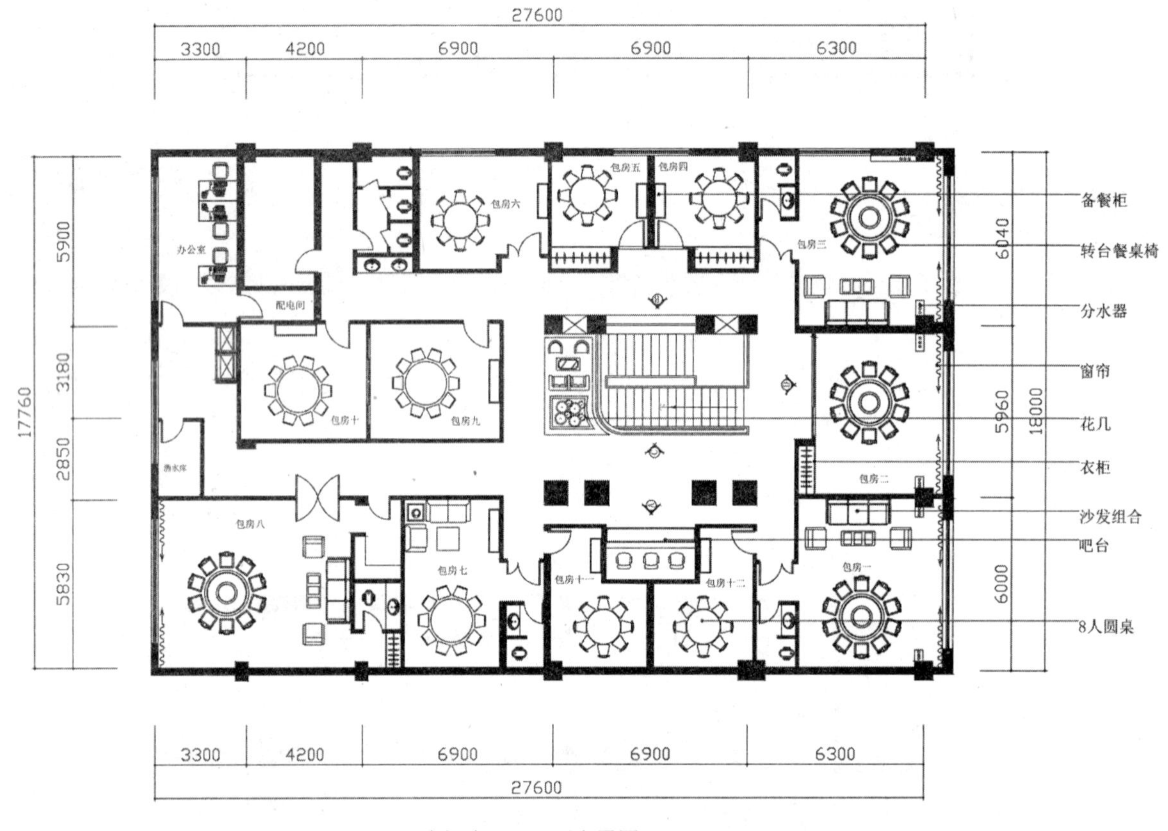

图 14-24　平面布置效果

14.3.1　打开建筑平面图

在进行室内平面布置设计之前，首先要绘制相应的建筑平面图。如果有相应的原始建筑平面图，那么可将其借调并加以修改，另存为符合要求的文件。在本实例中已有准备好的“火锅店二层建筑平面图.dwg”文件，将其打开并另存为新的文件即可。

步骤 1 启动AutoCAD 2018，在“快速访问”工具栏中单击“打开”按钮，将“案例文件\14\火锅店二层建筑平面图.dwg”文件打开，如图 14-25 所示；再单击“另存为”按钮，将文件另存为“案例文件\14\火锅店二层平面布置图.dwg”。

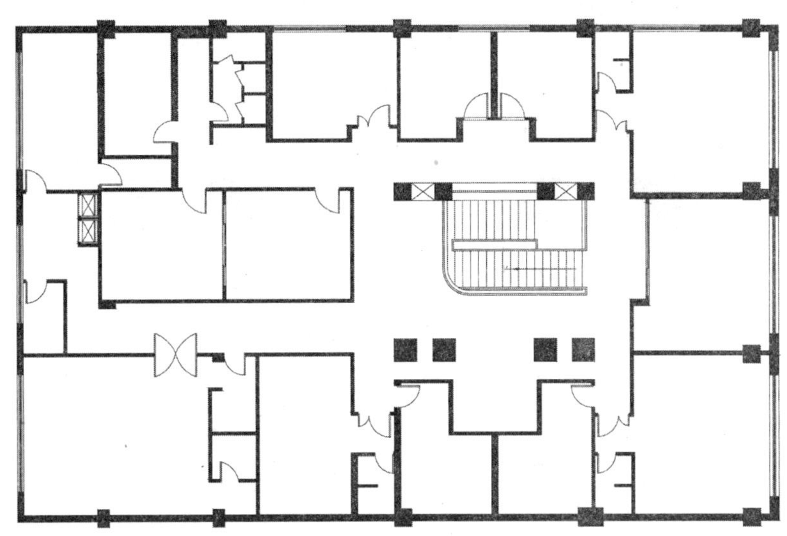

图 14-25　打开的图形

步骤 2 将“文字”图层置为当前图层。执行“多行文字（MT）”命令，设置文字“字体”为宋体、“大小”为 350，在每个区域标注名称；再设置字体“大小”为 550，在图形下侧输入图名。

步骤 3 执行“多段线（PL）”命令，设置宽度为 30，在图名下方绘制一条多段线；再执行“直线（L）”命令，绘制一条与多段线同长度的直线段，如图 14-26 所示。

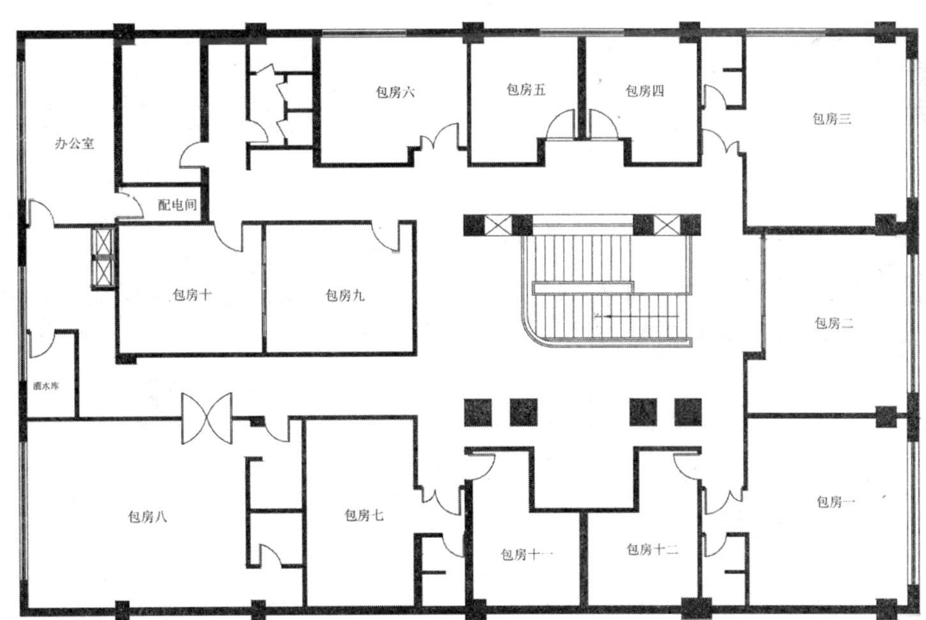

火锅店二层平面布置图

图 14-26　绘制图名效果

14.3.2 绘制室内布置图造型

在绘制室内布置图时，应该先绘制出室内家具造型的轮廓，然后通过插入块的方式将成品家具插入相应位置。

步骤 1 切换到“家具”图层，执行“偏移（O）”命令和“直线（L）”命令，在二楼楼梯左侧绘制出如图 14-27 所示的轮廓，并将偏移线段转换为“家具”图层。

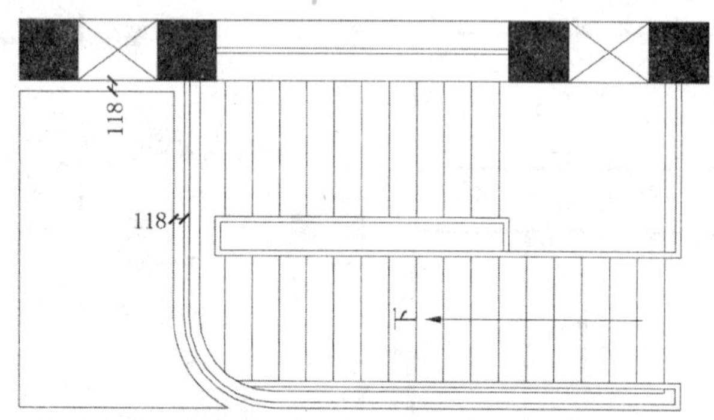

图 14-27 绘制地台轮廓

步骤 2 通过偏移、修剪、圆弧等命令绘制出花几效果，如图 14-28 所示。

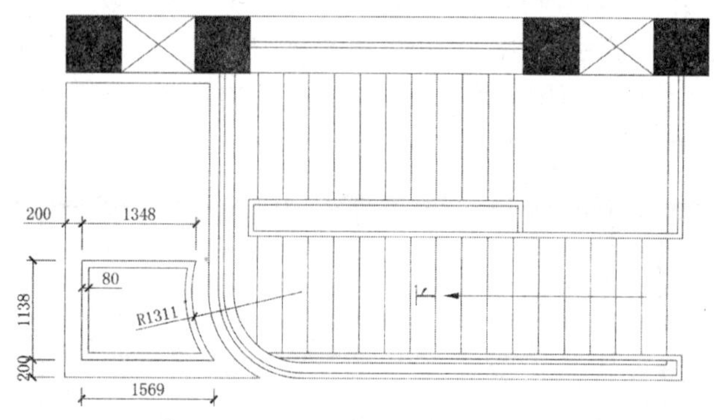

图 14-28 绘制花几

步骤 3 执行“插入块（I）”命令，将“案例\14”文件下的“休闲座”和“植物”插入图形中相应的位置，并通过缩放、复制命令将植物放置到花几内，如图 14-29 所示。

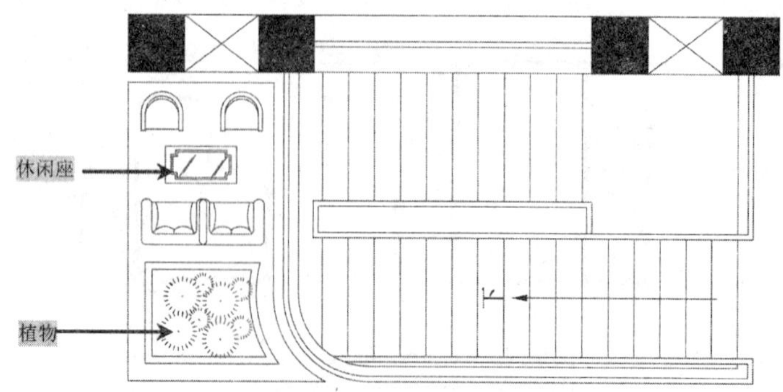

图 14-29 插入图块

步骤 4 通过执行“矩形（REC）”命令和“偏移（O）”命令，按照如图 14-30 所示的尺寸绘制吧台和包房餐柜。

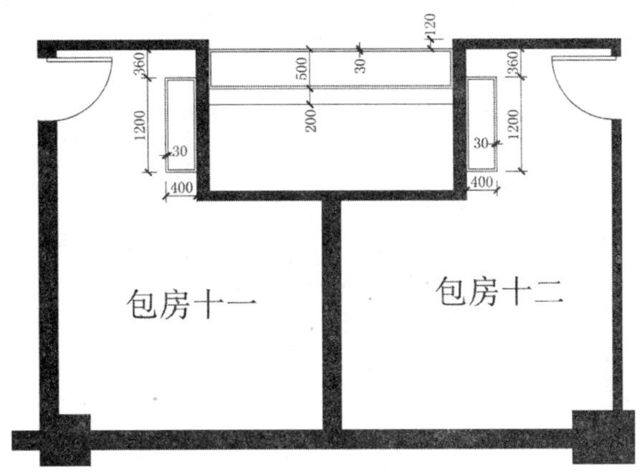

图 14-30 绘制吧台和包房餐柜

步骤 5 执行“插入块（I）”命令，将“案例\14”文件下的“吧台椅”和“8 人圆桌”插入并复制到图形中相应的位置，如图 14-31 所示。

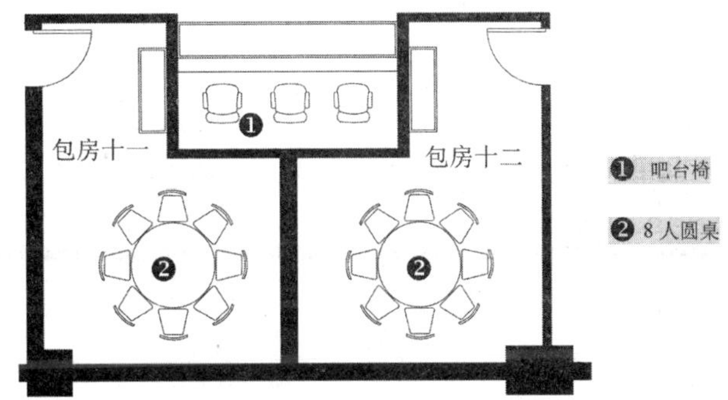

图 14-31 布置包房十一、十二

步骤 6 通过执行“矩形（REC）”命令、“直线（L）”命令和“偏移（O）”命令，在包房七、包房八中绘制出洗手台、餐柜台和衣柜轮廓，如图 14-32 所示。

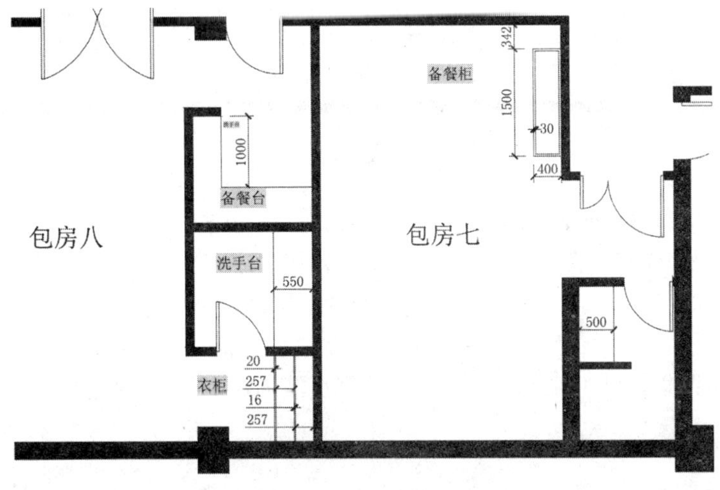

图 14-32 绘制家具

步骤 7 执行“插入块（I）”命令，将“案例\14”文件下的相应图块插入图形中，并通过移动、复制、旋转等命令将前面卫生间的“蹲便”和“洗手盆”复制到此处卫生间内，如图 14-33 所示。

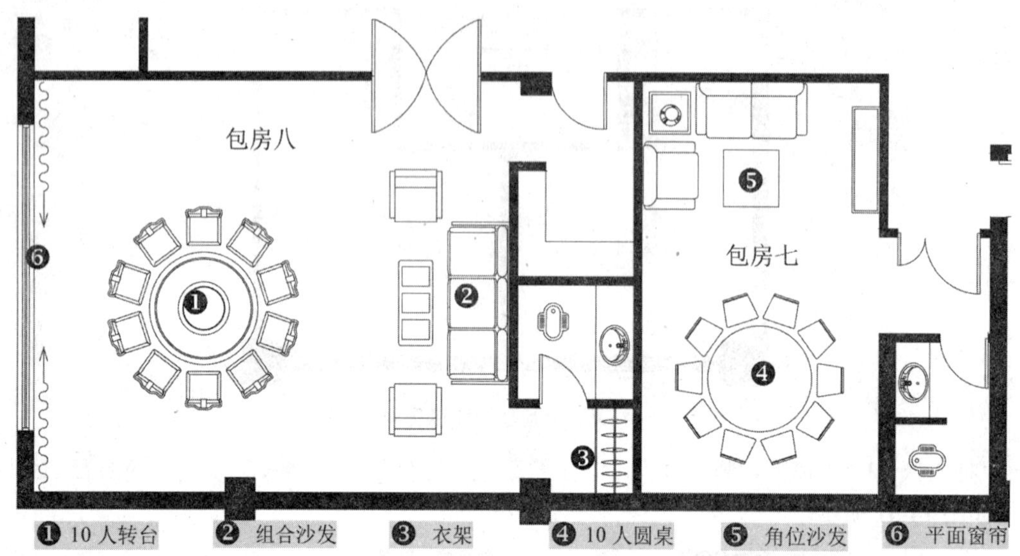

图 14-33 布置包房七和包房八

步骤 8 执行“矩形（REC）”命令和“偏移（O）”命令，在包房九和包房十内绘制餐柜；再执行“复制（CO）”命令，将前面包房内的“10 人圆桌”复制过来，效果如图 14-34 所示。

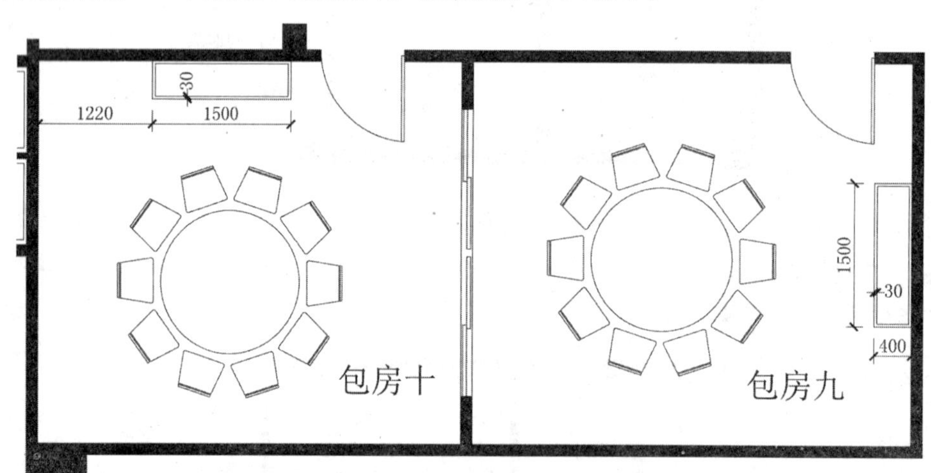

图 14-34 布置包房九和包房十

步骤 9 执行“直线（L）”命令，捕捉墙体在公卫处绘制洗手台；再执行“插入块（I）”命令，将“案例\14”文件下的“办公桌”插入图形中，并通过复制、镜像、移动等命令布置办公室和公卫效果，如图 14-35 所示。

步骤 10 执行“矩形（REC）”命令，绘制 400×1200 的矩形作为餐柜，并通过移动、复制命令将其摆放到包房四~包房六相应的位置。

步骤 11 执行“直线（L）”命令和“偏移（O）”命令，捕捉墙体绘制线段，并按照如图 14-36 所示进行偏移，形成衣柜轮廓。

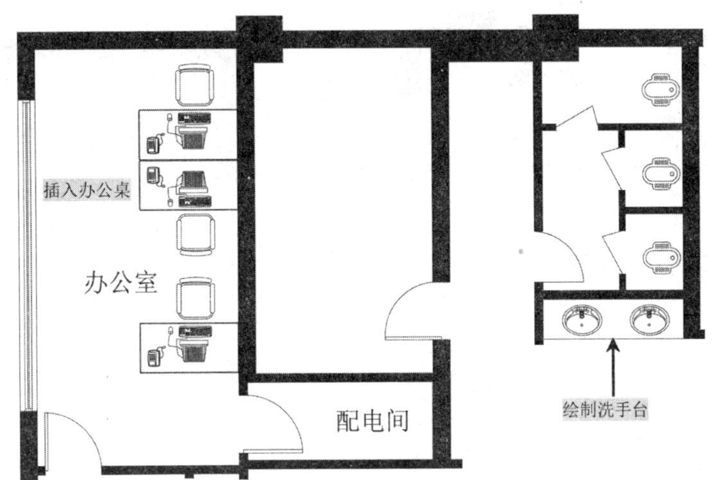

图 14-35　布置办公室和公卫

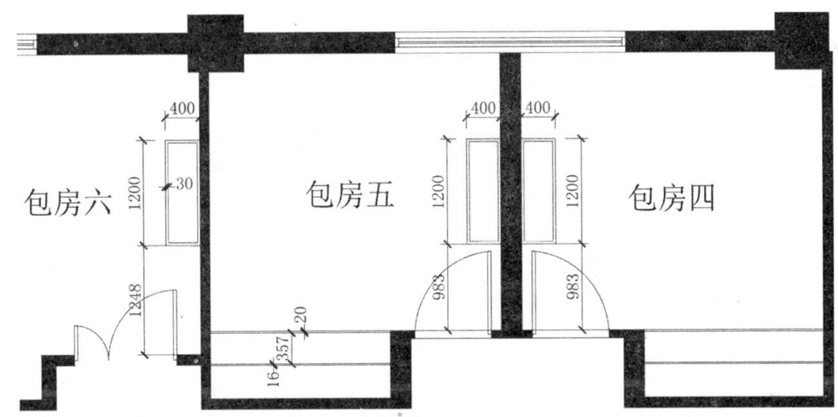

图 14-36　绘制衣柜

步骤 12 通过执行“复制（CO）”命令和“旋转（RO）”命令将 8 人圆桌和衣架复制过来，如图 14-37 所示。

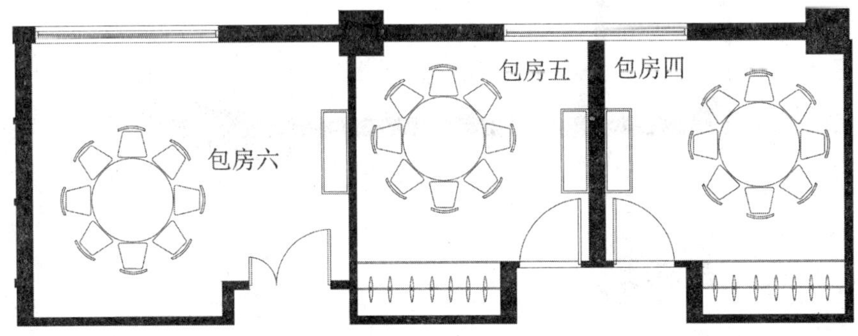

图 14-37　布置包房四~包房六

步骤 13 执行“直线（L）”命令和“圆（C）”命令，在包房三内捕捉墙体以绘制分水器和洗手台；再执行“复制（CO）”命令，将“10 人转台”“组合沙发”“平面窗帘”“洗手盆”“蹲便”复制到该房间内，效果如图 14-38 所示。

步骤 14 同样通过直线、圆、偏移命令绘制分水器，再将“10 人转台”“平面窗帘”和“衣架”复制到包房二，效果如图 14-39 所示。

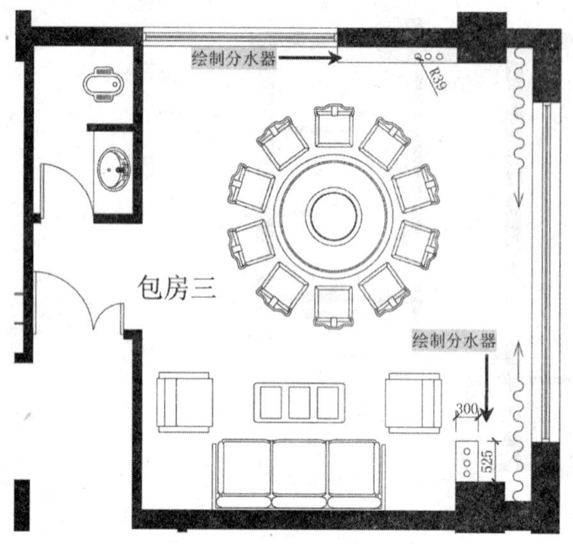

图 14-38　布置包房三

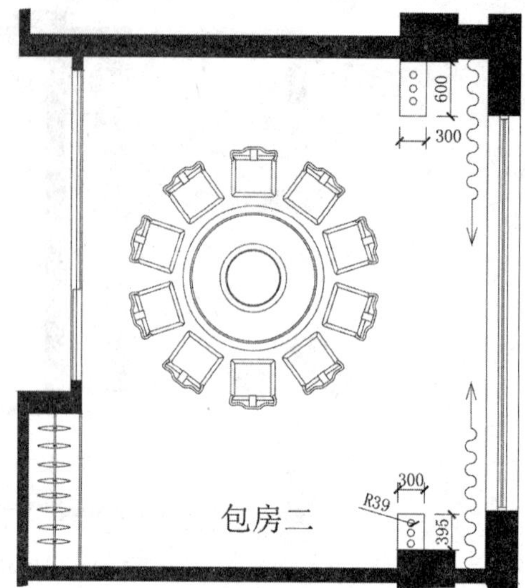

图 14-39　布置包房二

步骤 15 根据同样的方法，通过直线、圆、复制等命令来布置包房一，效果如图 14-40 所示。

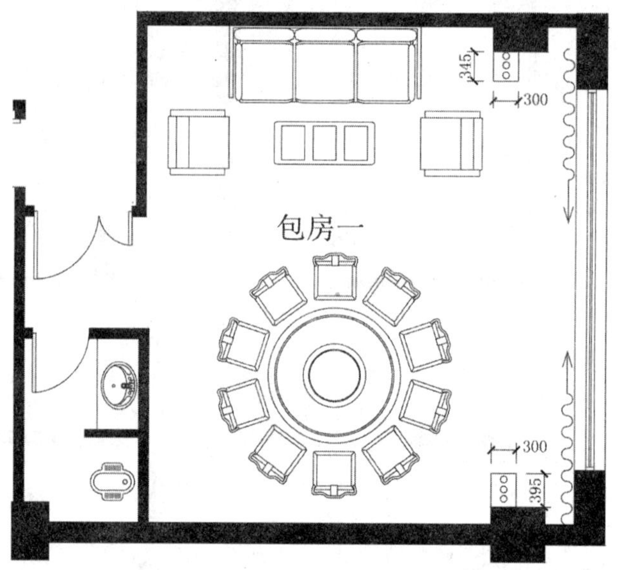

图 14-40　布置包房一

14.3.3　尺寸、文字标注

在布置好室内家具造型以后，接下来将利用尺寸标注及文字注释来标注图形中的家具对象。

步骤 1 将“标注”图层置为当前图层。执行“线性标注（DLI）”命令和“连续标注（DCO）”命令，对立面图进行尺寸标注，效果如图 14-41 所示。

步骤 2 将“WZ-文字”图层置为当前图层。执行“多重引线（MLD）”命令，设置文字“字体”为宋体、“大小”为 400，对平面图进行文字注释。

步骤 3 将“FH-符号”图层置为当前图层。执行“插入块（I）”命令，将“案例文件\14”文件夹下的“索引符号”插入图形中，通过分解、旋转、移动命令将其移动至各个指定区域，并修改符号内文字，如图 14-42 所示。

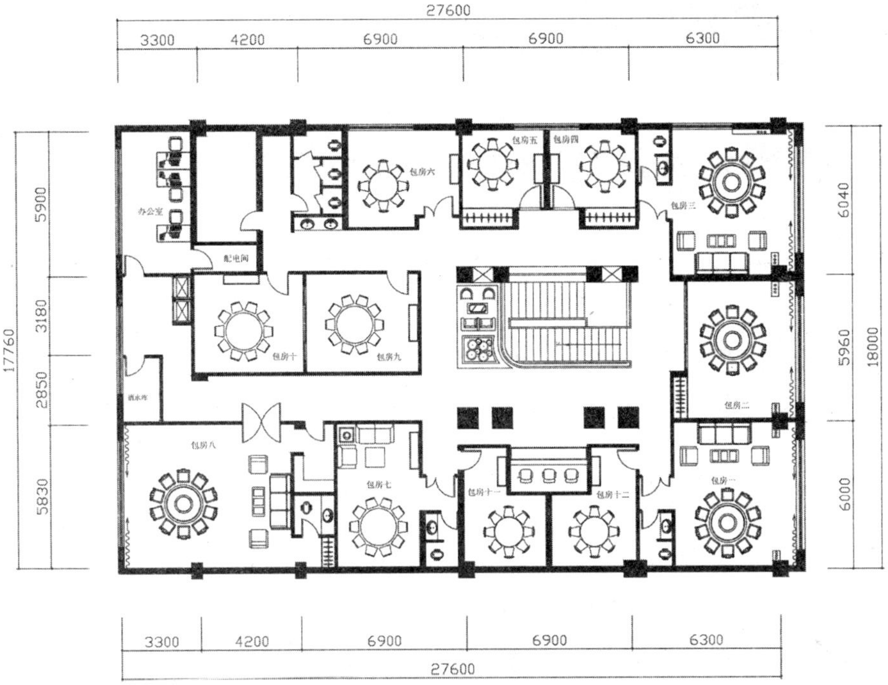

图 14-41　尺寸标注

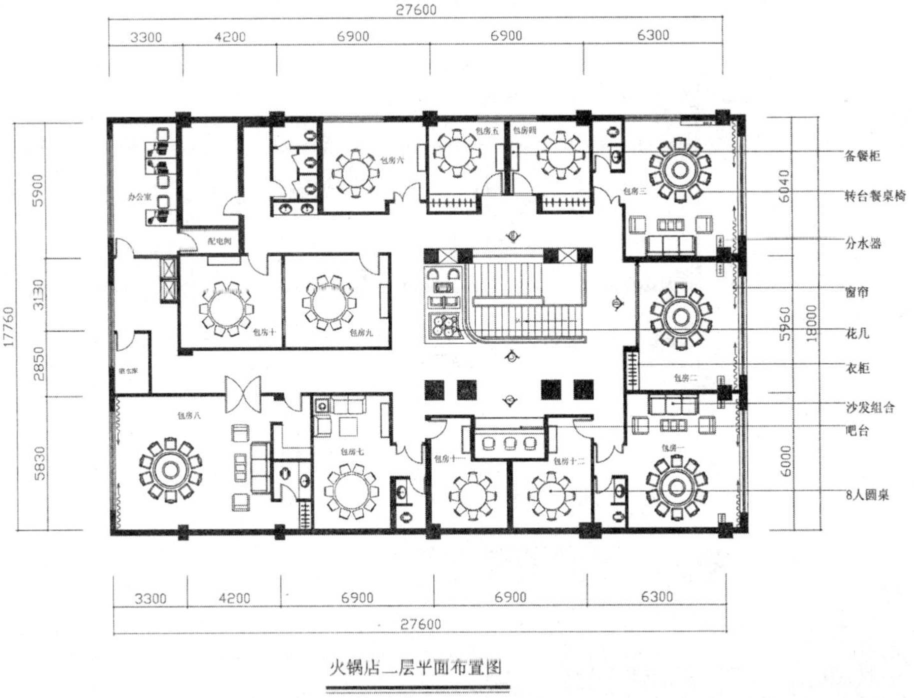

火锅店二层平面布置图

图 14-42　插入内视符号

步骤 4　至此，二层平面布置图已经绘制完成，按Ctrl+S组合键进行保存。

技巧——餐桌间距

在餐厅的布局中，既要考虑充分利用营业面积，又要考虑方便客人进入和离开，还要避免打扰其他客人。餐桌间客人入座尺寸为50cm左右，行走通道的最基本尺寸为100cm。

14.4 火锅店二层地面布置图的绘制

案例文件：14\火锅店二层地面布置图.dwg
视频文件：14\火锅店二层地面布置图.avi

本实例主要对地面布置图进行绘制，首先将平面布置图打开，将多余的图形对象删除，并另存为地面布置图文件，根据绘制地面布置图的要求来绘制地面轮廓，再进行图案填充和文字注释，布置效果如图 14-43 所示。

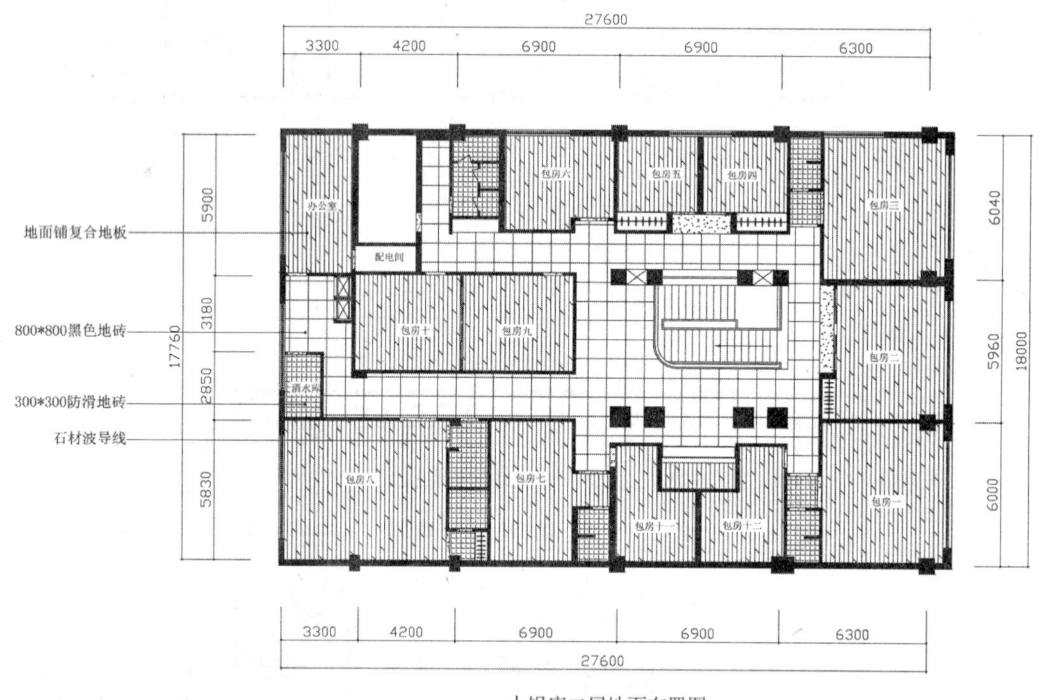

图 14-43　地面布置效果

技巧——厨房配置

厨房的设备和布局是否符合火锅的生产特点是影响火锅生产的重要因素。在设计厨房的设备和布局时，要考虑厨房的面积、安全及便于操作。

厨房是用电比较集中的地方，因而要有单独的控制装置和超荷保护装置。经过厨房的电线应防潮、防腐、防热、防机械磨损。每台设备都应有可靠的接地线路，并在附近安装断路装置。

14.4.1 调用并整理文件

借用前面绘制好的平面布置图可以更加方便地进行地面布置图的绘制。

步骤 1 启动AutoCAD 2018，在“快速访问”工具栏中单击“打开”按钮，将前面绘制好的“案例文件\14\火锅店二层平面布置图.dwg”文件打开；再单击“另存为”按钮，将文件另存为“案例文件\14\火锅店二层地面布置图.dwg”。

步骤 2 根据绘图要求执行“删除（E）”命令，将图形中的文字注释、家具对象和内视符号删除，并修改图名为“火锅店二层地面布置图”。

步骤 3 将“地面”图层置为当前层。执行“直线（L）”命令，将门洞封闭起来，修改结果如图 14-44 所示。

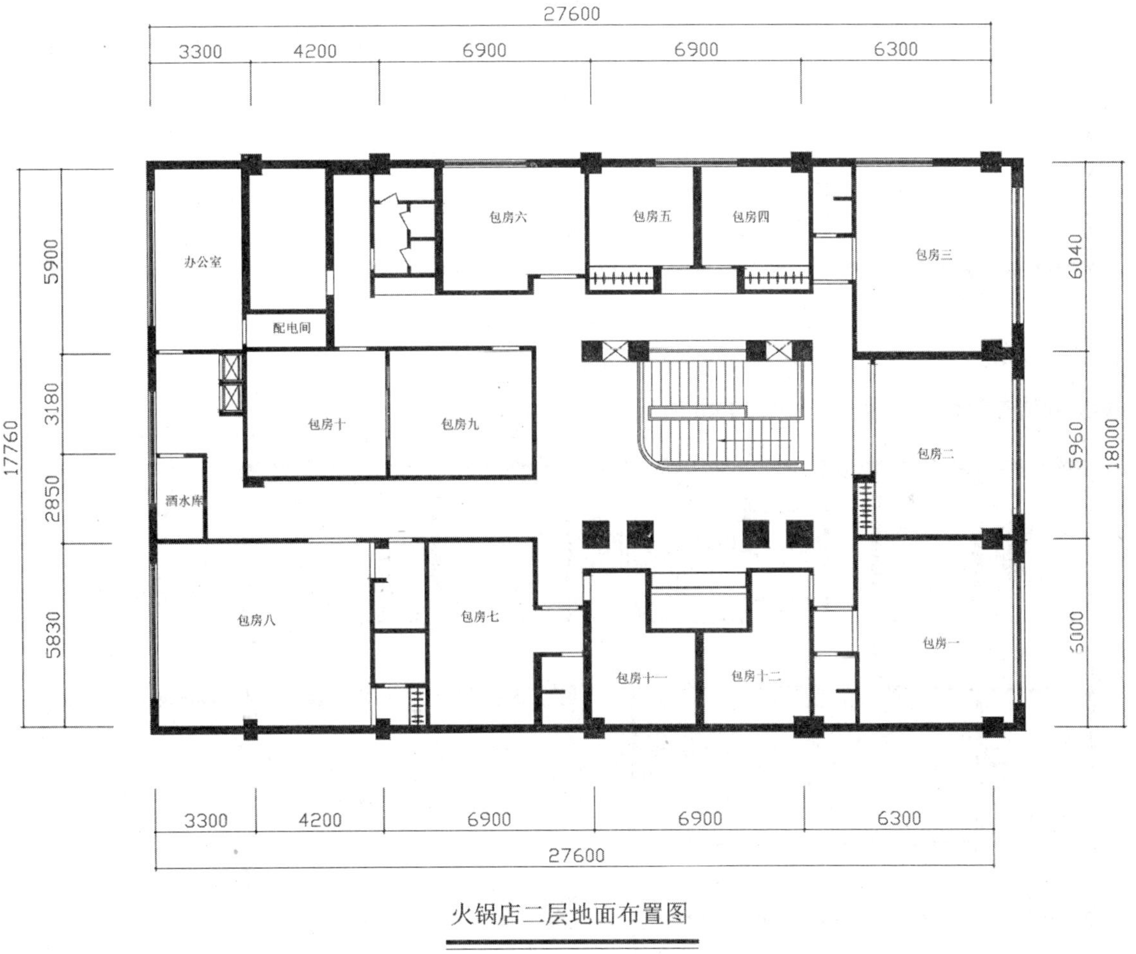

火锅店二层地面布置图

图 14-44 整理图形

14.4.2 填充地面材质

步骤 1 切换至“填充”图层，执行“图案填充（H）”命令，在弹出的对话框中选择“样例”为AR-CONC、“比例”为 1.5，对封闭的门洞填充石材波导线效果，如图 14-45 所示。

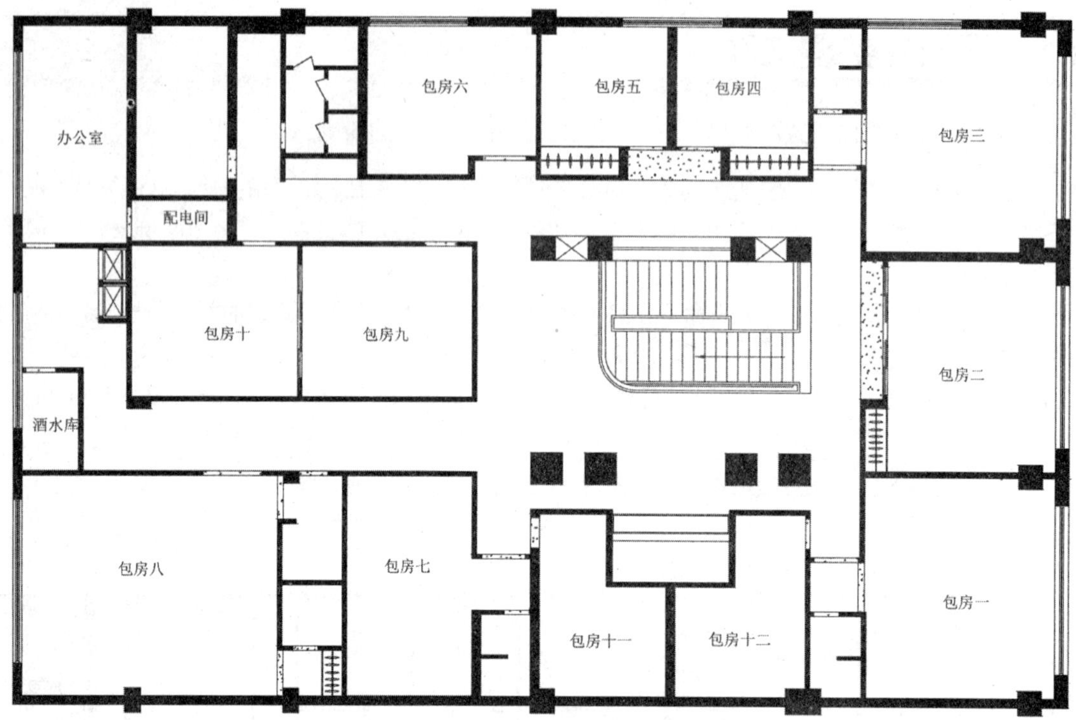

图 14-45　填充波导线

步骤 2　执行“图案填充（H）”命令，在弹出的对话框中选择“样例”为DOLMIT、“比例”为 30、角度为 90，对房间填充复合地板效果，如图 14-46 所示。

图 14-46　填充复合地板

步骤 3 选择“样例”为ANGLE、“比例”为 30，对卫生间填充防滑砖效果，如图 14-47 所示。

图 14-47　填充防滑砖效果

步骤 4 再选择“类型”为“用户定义”，设置“间距”为 800，选中“双向”复选框，对大厅进行填充，如图 14-48 所示。

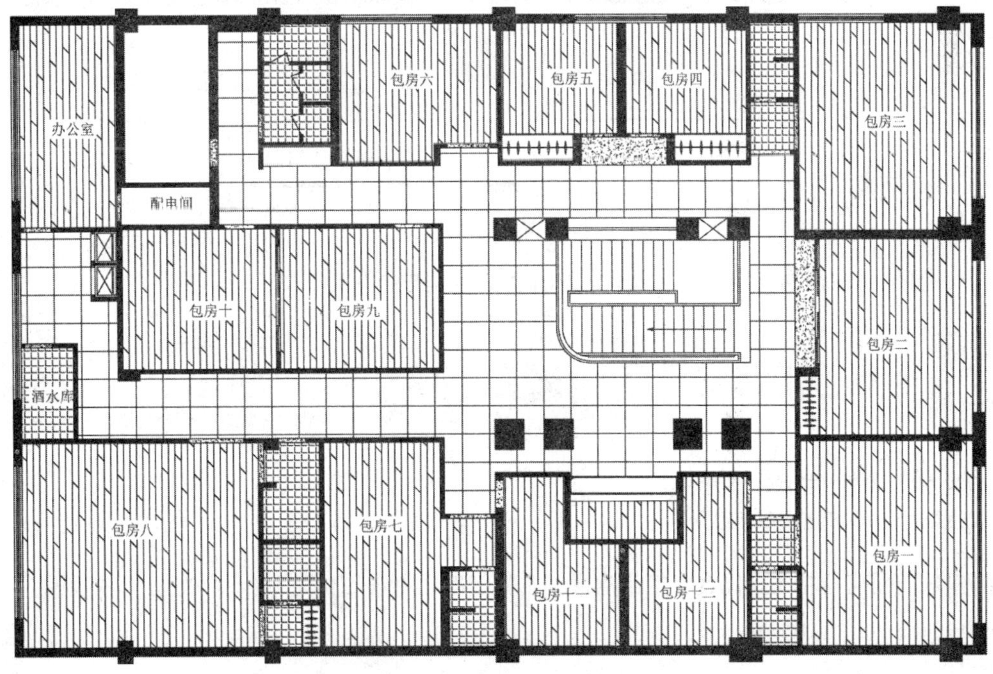

图 14-48　填充大厅效果

14.4.3 文字标注

前面对各展区进行了相应样例的填充，接下来将对这些填充的图案进行材质说明，以清楚地表达出真实效果。

步骤1 将“WZ-文字”图层置为当前图层。执行“多行文字（MT）”命令，设置文字“字体”为宋体、“大小”为500，填充材质进行文字注释，效果如图14-49所示。

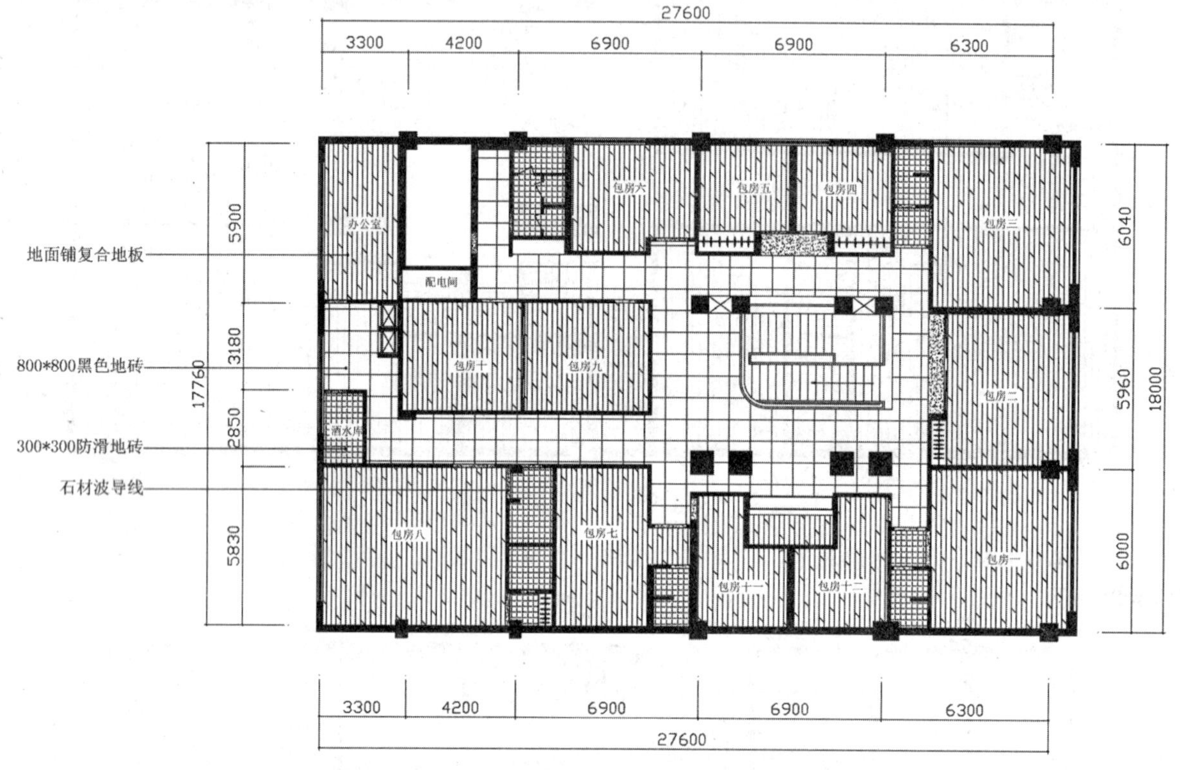

图14-49　文字注释

步骤2 至此，二层地面布置图已经绘制完成，按Ctrl+S组合键进行保存。

14.5 火锅店建筑立面图的绘制

案例文件：14\火锅店建筑立面图.dwg
视频文件：14\火锅店建筑立面图.avi

外立面图是门面店招标志，代表着整个店面的形象，下面将详细讲解其绘制方法，效果如图14-50所示。

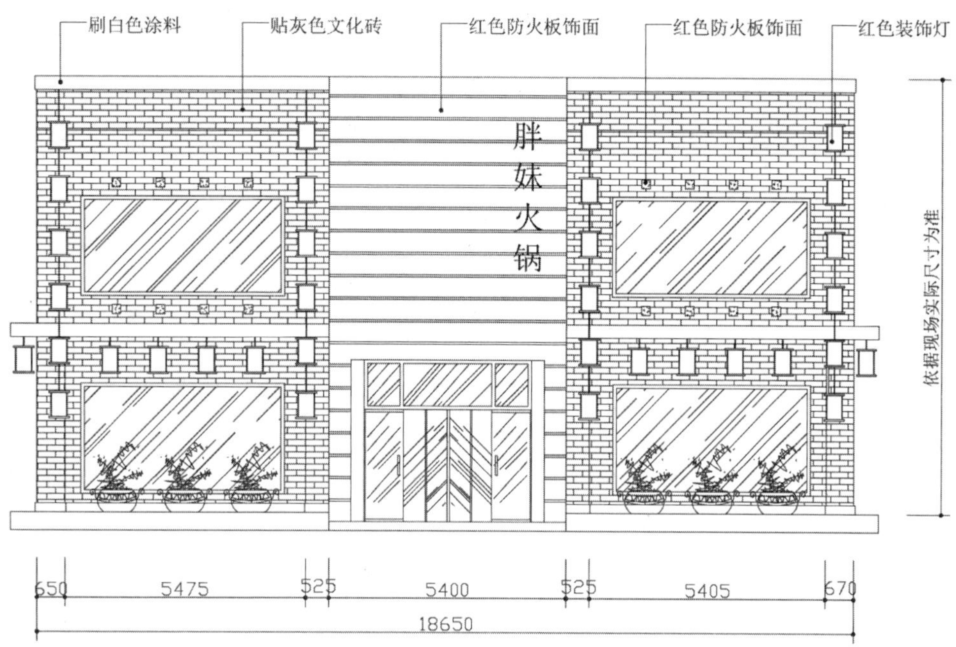

图 14-50　立面效果

14.5.1　绘制立面轮廓

步骤 1 启动AutoCAD 2018，在“快速访问”工具栏中单击“打开”按钮，将前面的“绘图模板.dwt”文件打开；再单击“另存为”按钮，将文件另存为“案例文件\14\火锅店建筑立面图.dwg”。

步骤 2 将“立面”图层置为当前图层。执行“直线（L）”命令和“偏移（O）”命令，绘制出如图 14-51 所示的线段。

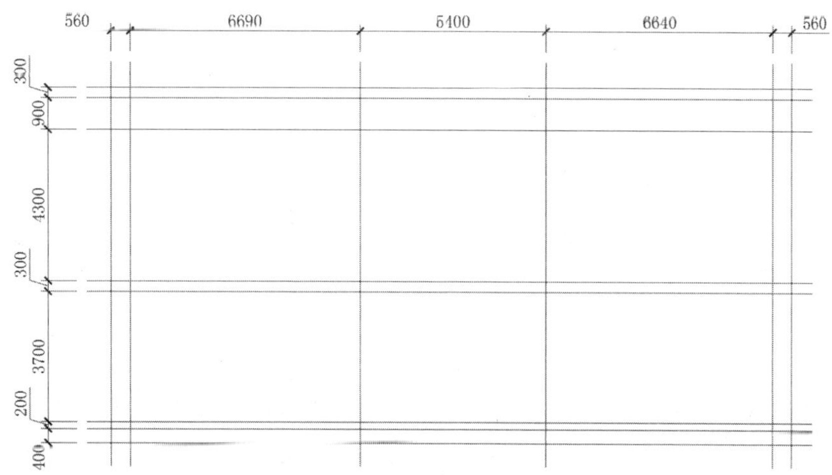

图 14-51　绘制线段

步骤 3 执行“修剪（TR）”命令，将多余线条修剪掉，效果如图 14-52 所示。

图 14-52　修剪结果

步骤 4 再执行“偏移（O）”命令，将两侧垂直线段分别向内按照如图 14-53 所示的尺寸进行偏移。

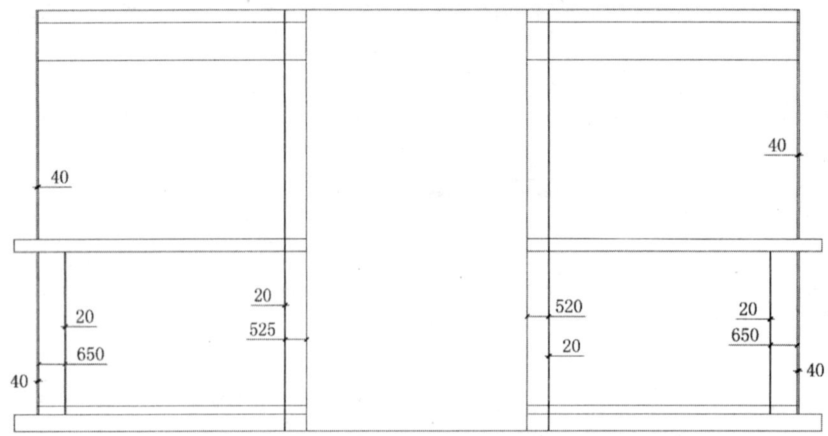

图 14-53　偏移线段

步骤 5 执行“修剪（TR）”命令，修剪多余线条，效果如图 14-54 所示。

图 14-54　修剪结果

步骤 6 执行“矩形（REC）”命令和“偏移（O）”命令，在两侧相应位置绘制矩形玻璃落地窗，如图 14-55 所示。

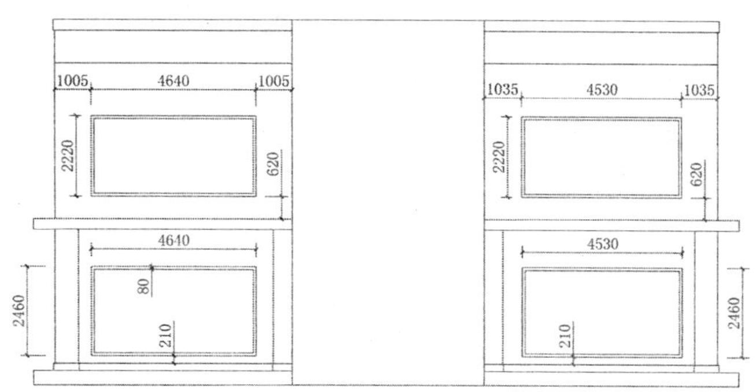

图 14-55 绘制窗

步骤 7 执行“矩形（REC）”命令，绘制 200×200 的矩形作为防火板饰面，通过移动、复制、镜像等命令将其放置到二层玻璃窗位置，如图 14-56 所示。

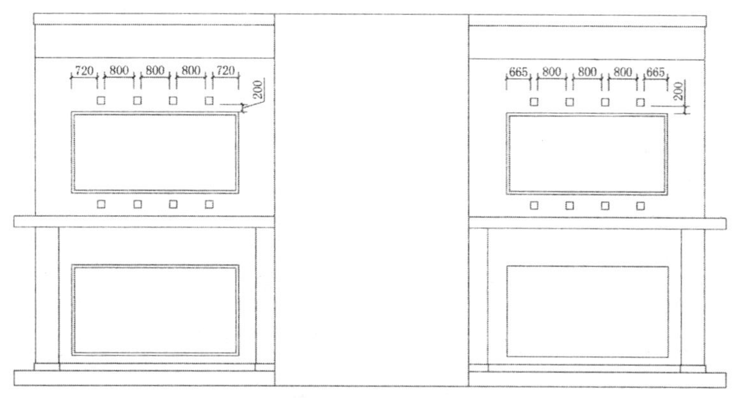

图 14-56 绘制防火板

步骤 8 执行“直线（L）”命令，在中间位置绘制一条与水平地线相距 200 的水平线段形成入口台阶，执行“偏移（O）”命令，将此线段向上偏移 450、50，以这组偏移值一直向上偏移，如图 14-57 所示。

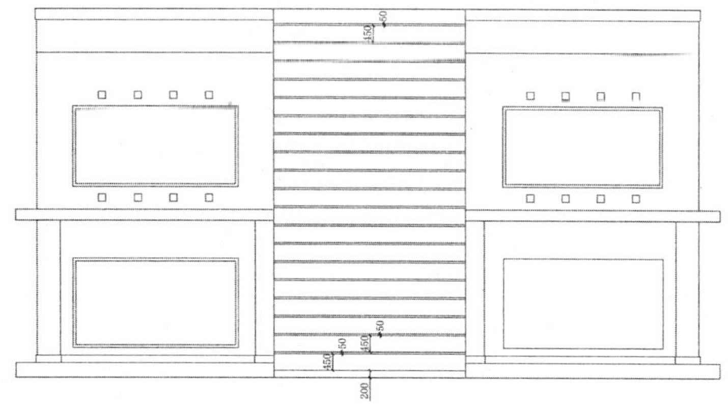

图 14-57 绘制线段

步骤 9 执行“偏移（O）”命令和“修剪（TR）”命令，在中间位置绘制出门洞，如图 14-58 所示。

步骤 10 执行“多行文字（MT）”命令，设置字高为 500，在相应位置输入店招标志，如图 14-59 所示。

步骤 11 执行“矩形（REC）”命令、“复制（CO）”命令和“直线（L）”命令，绘制出装饰灯效果，并转换中间线段的线型为虚线，如图 14-60 所示。

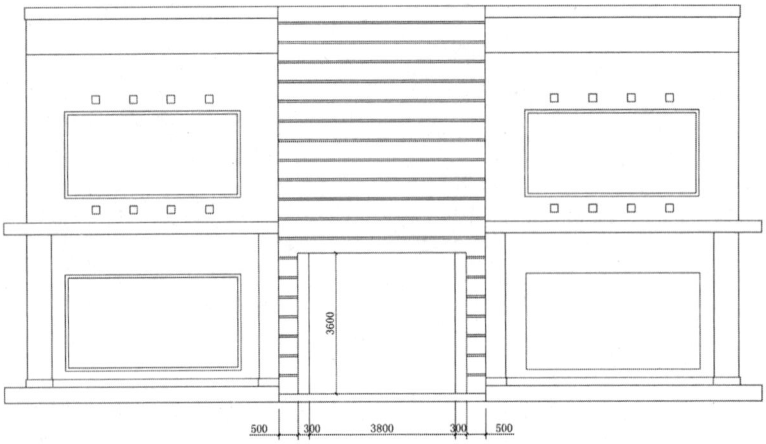

500 300 3800 300 500 3600

图 14-58　绘制门洞

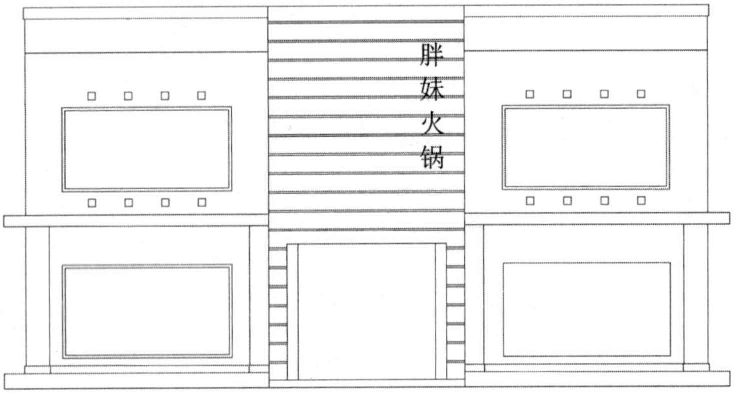

胖妹火锅

图 14-59　输入文字

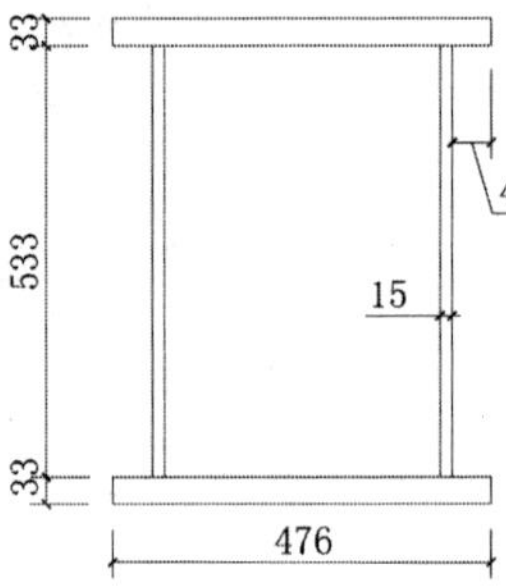

33 533 33 49 15 476

图 14-60　绘制灯

步骤 12 执行“复制（CO）”命令和“直线（L）”命令，将装饰灯复制到如图 14-61 所示的相应位置，并以间距为 15 的两个垂直线段在中间处向上连接。

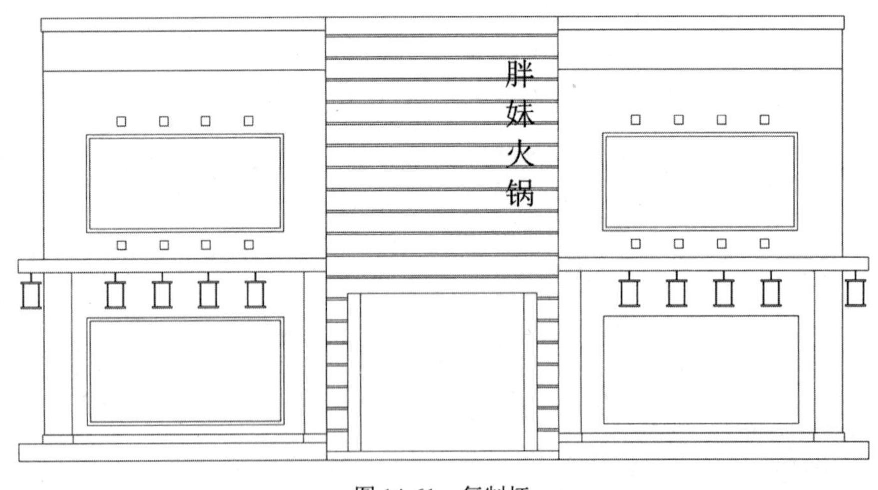

图 14-61　复制灯

步骤 13 同样执行“复制（CO）”命令、“直线（L）”命令、“修剪（TR）”命令和“镜像（MI）”命令，将灯复制到其他相应位置，如图 14-62 所示。

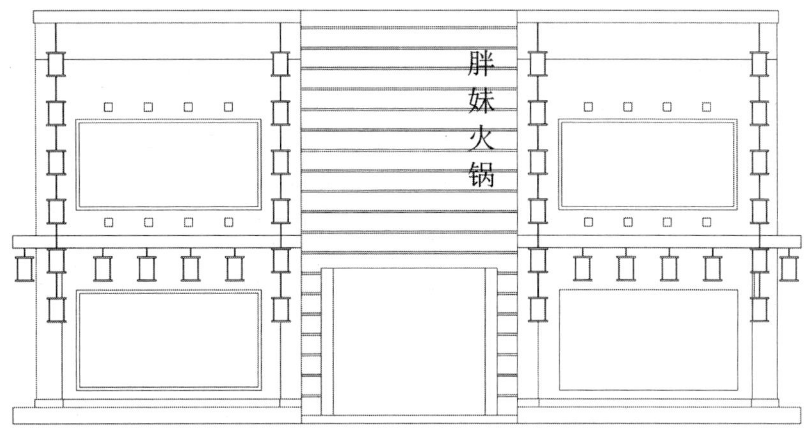

图 14-62　复制灯

步骤14 切换至“填充”图层，执行“图案填充（H）”命令，在弹出的对话框中选择“样例”为“AR-CONC”、“比例”为 0.5，对 200×200 的小矩形防火板进行填充，如图 14-63 所示。

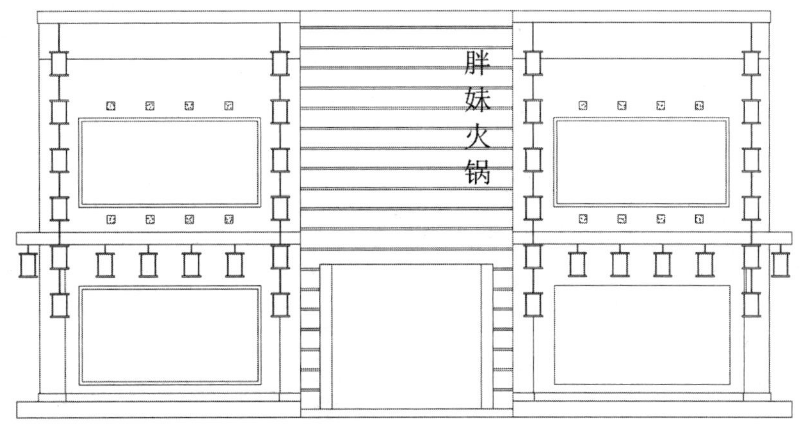

图 14-63　填充图形

步骤15 执行“图案填充（H）”命令，在弹出的对话框中选择“样例”为AR-RROOF、比例”为 30、“角度”为 45，对落地玻璃进行填充，如图 14-64 所示。

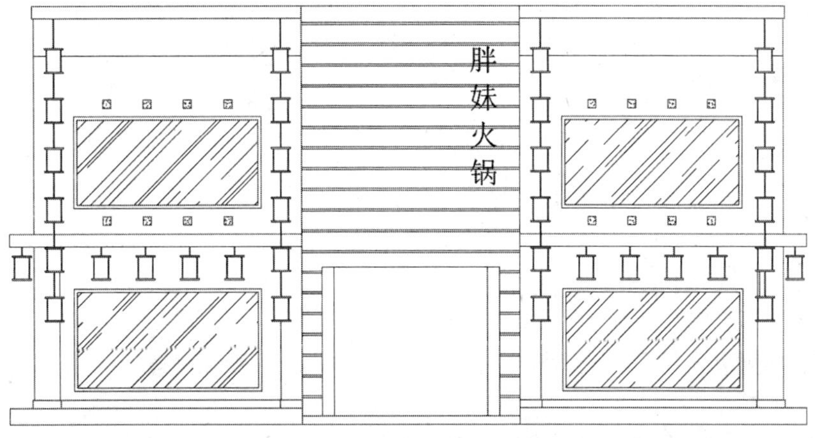

图 14-64　填充图形

步骤 16 执行“图案填充（H）”命令，在弹出的对话框中选择“样例”为AR-BRSTD、“比例”为 2，对墙体填充文化砖效果，如图 14-65 所示。

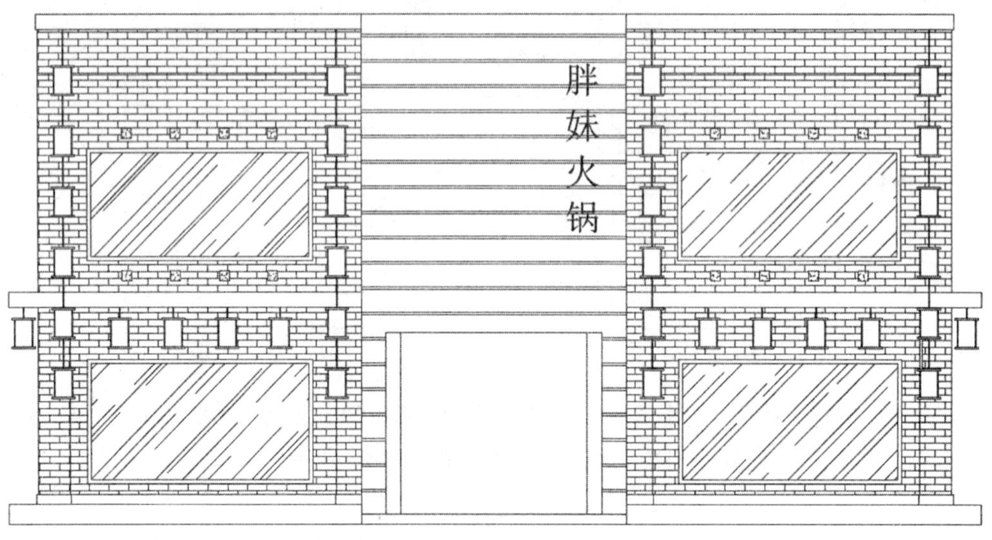

图 14-65 填充图形

步骤 17 再执行“插入块（I）”命令，将“案例\14”文件下的“立面花”和“地弹门”插入并复制到图形相应位置，如图 14-66 所示。

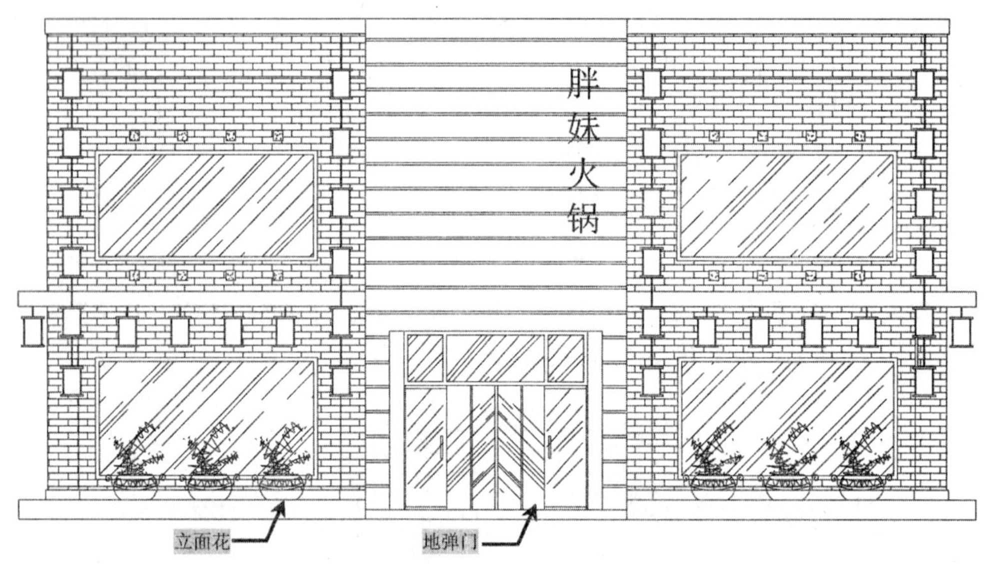

图 14-66 填充图形

14.5.2 文字、尺寸和图名标注

步骤 1 将“标注”图层置为当前图层。执行“线性标注（DLI）”命令和“连续标注（DCO）”命令，对立面图进行尺寸标注。

步骤 2 通过“编辑标注（ED）”命令修改标注文字，效果如图 14-67 所示。

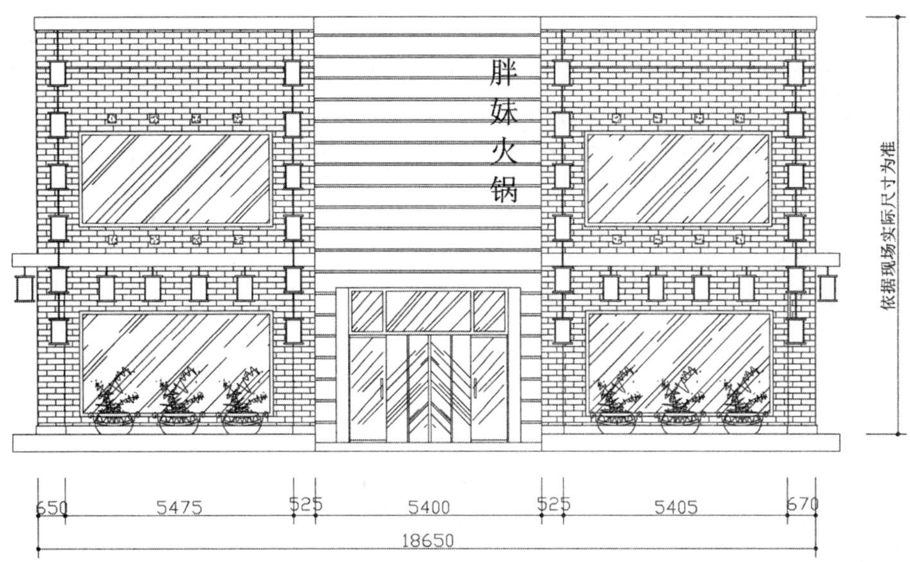

图 14-67　修改标注文字

步骤 3 将“文字”图层置为当前图层。执行“多重引线（MLD）”命令，设置文字“字体”为宋体、“大小”为 300，对立面图进行文字注释。

步骤 4 执行“多行文字（MT）”命令，设置文字“字体”为宋体、“大小”为 500，对立面图进行图名标注；再执行“多段线（PL）”命令和“直线（L）”命令，在图名下方绘制与图名同长度的线段，如图 14-68 所示。

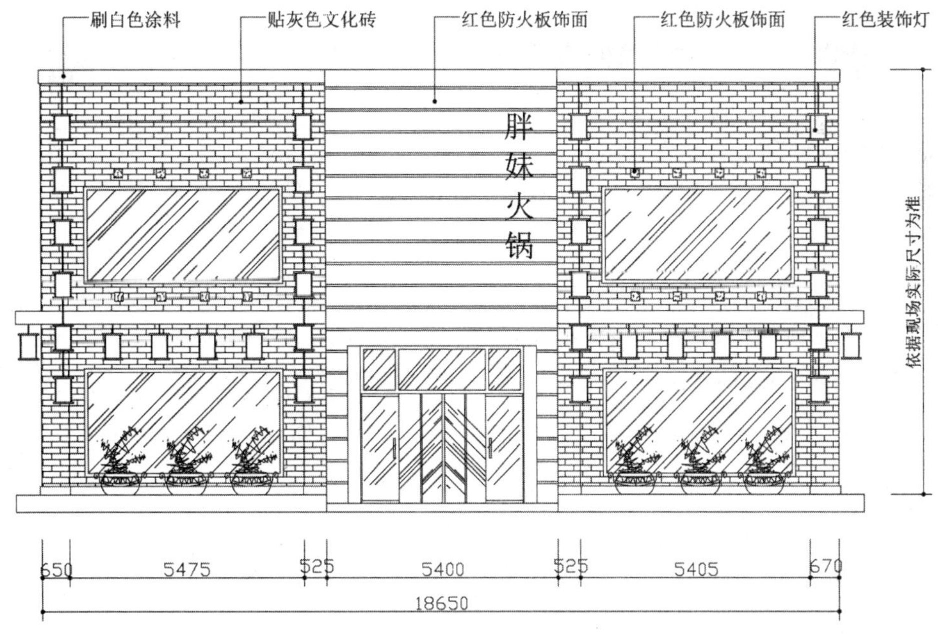

图 14-68　立面效果

步骤 5 至此，立面图已经绘制完成，按Ctrl+S组合键进行保存。

技巧——餐厅警示标志

作为餐厅的经营者，应在各个方面为顾客着想，设立警示牌不但可以提高餐厅的亲和力，也可以免去不必要的麻烦。制作的警示牌材料视餐厅装饰格调而定，大小为 34cm × 19cm，警示语主要有：

- 请照看好自己的孩子，不要在餐厅里跑跳、嬉戏。
- 打火机请勿放在桌上，以免发生危险。
- 为保证菜品质量，请按量点菜，恕不换菜、退菜。
- 请保管好您随身携带的物品。
- 吃好，请勿浪费。
- 地滑，小心摔跤。

14.6 一层大厅 C 立面图的绘制

案例文件：14\一层大厅 C 立面图.dwg
视频文件：14\一层大厅 C 立面图.avi

在绘制大厅立面图之前，可以将平面布置图打开，根据需要留下相应的C平面轮廓，再根据平面轮廓来绘制立面图，效果如图 14-69 所示。

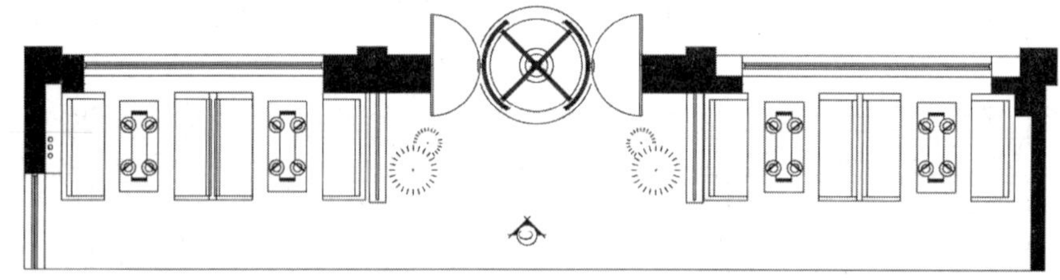

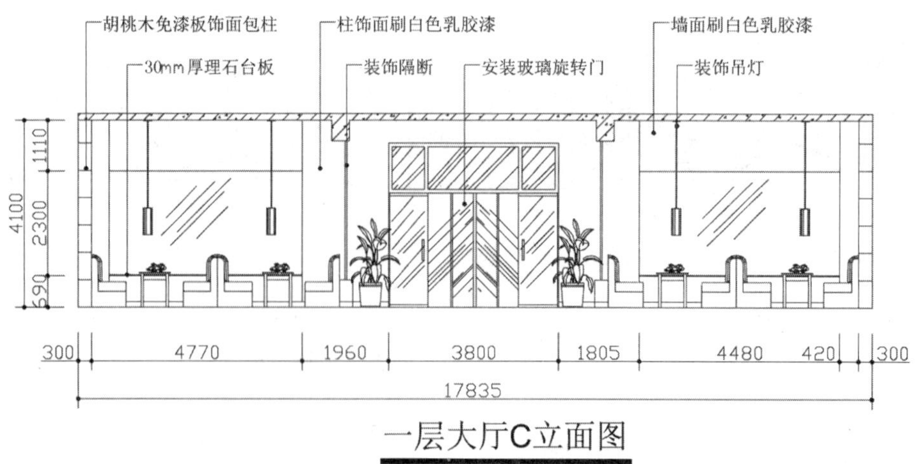

图 14-69　立面效果

14.6.1 绘制立面轮廓

步骤 1 启动AutoCAD 2018，在“快速访问”工具栏中单击“打开”按钮，将前面的“案例文件\14\火锅店一层平面布置图.dwg”文件打开，如图 14-70 所示；再单击“另存为”按钮，将文件另存为“案例文件\14\一层大厅C立面图.dwg”。

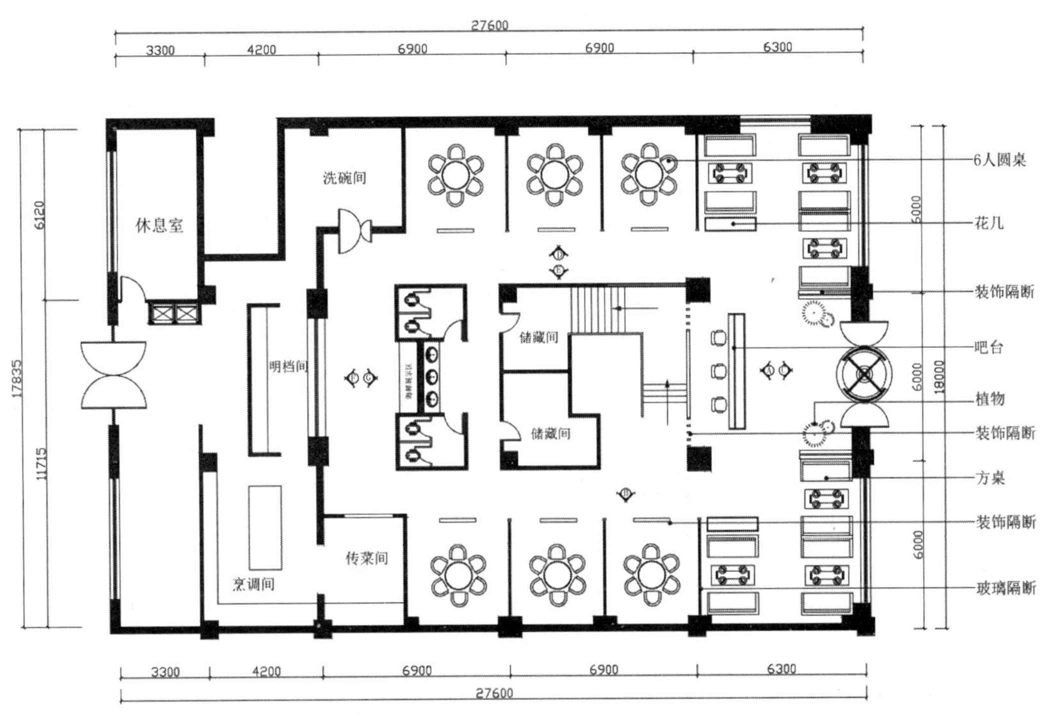

图 14-70 打开的图形

步骤 2 执行“删除（E）”命令，根据索引符号指示，将除C平面图以外的图形删除，再执行“旋转（RO）”命令，将其旋转 90°，效果如图 14-71 所示。

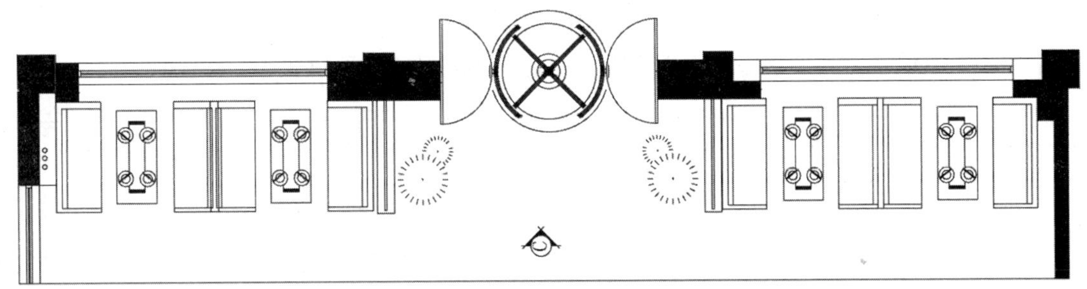

图 14-71 C 平面

步骤 3 将“立面”图层置为当前图层。执行“直线（L）”命令，捕捉平面角点向下绘制延伸线。

步骤 4 执行“直线（L）”命令，然后在延伸线上绘制两条相距 4250 的水平线，执行“偏移（O）”命令，将线段分别向内偏移，如图 14-72 所示。

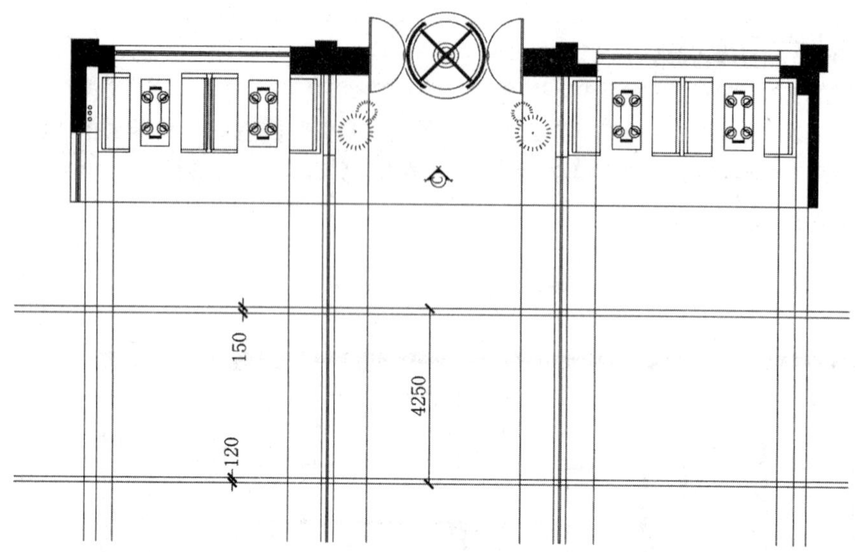

图 14-72　绘制线段

步骤 5 执行“修剪（TR）”命令，将多余的线条修剪掉，形成上楼板与下踢脚线效果，如图 14-73 所示。

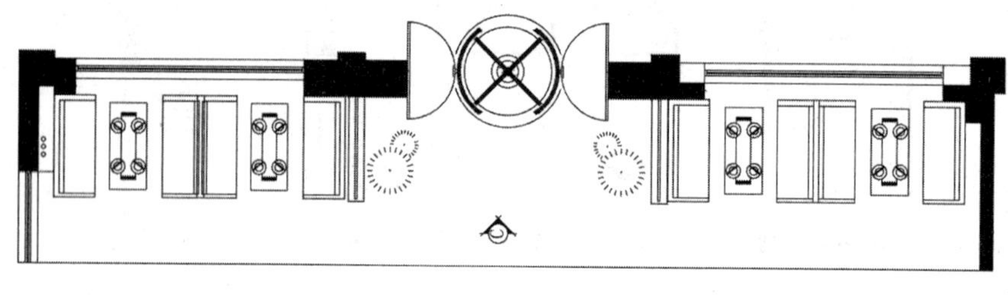

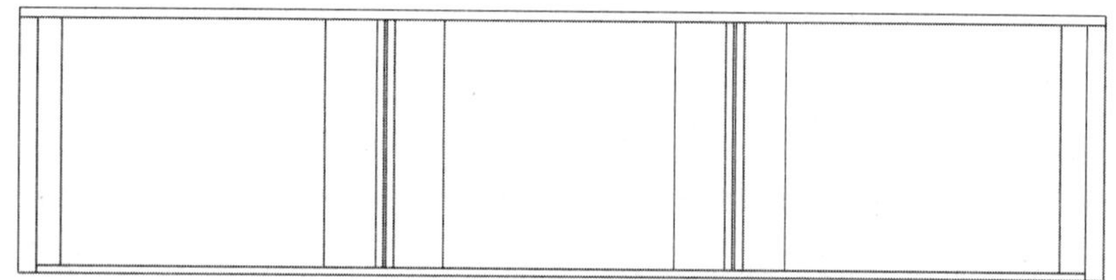

图 14-73　修剪结果

步骤 6 执行“偏移（O）”命令，将下侧水平线段向上偏移 600，如图 14-74 所示。

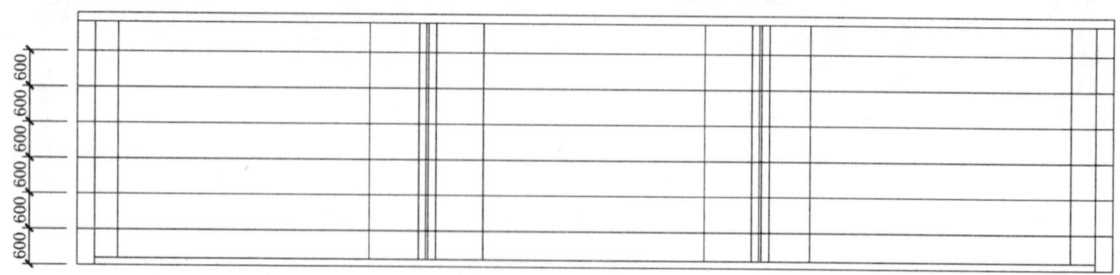

图 14-74　偏移线段

步骤 7 执行“修剪（TR）”命令，将多余线条修剪掉，如图 14-75 所示。

图 14-75　修剪线段

步骤 8　执行“偏移（O）”命令，将地坪线向上分别偏移 690、20 和 2280，如图 14-76 所示。

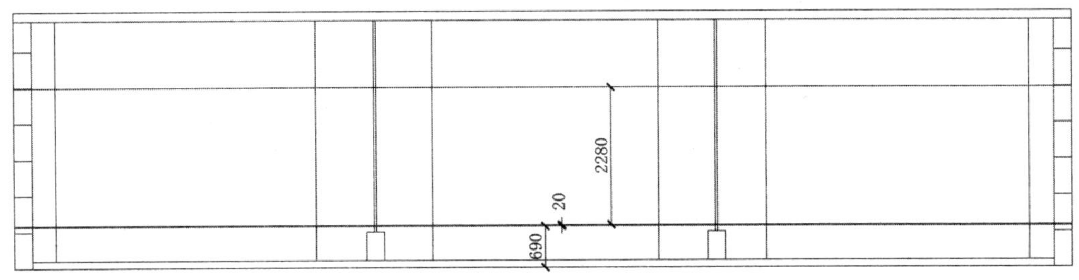

图 14-76　偏移线段

步骤 9　执行“修剪（TR）”命令，将多余线条修剪掉；再执行“直线（L）”命令，绘制几条斜线，形成落地窗镜面玻璃效果，如图 14-77 所示。

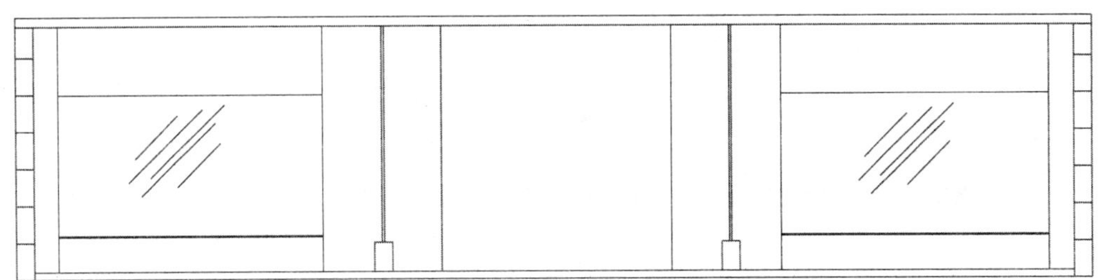

图 14-77　修剪线段

步骤 10　再执行“偏移（O）”命令，将上侧水平线和左侧垂直线段按照如图 14-78 所示的尺寸进行偏移。

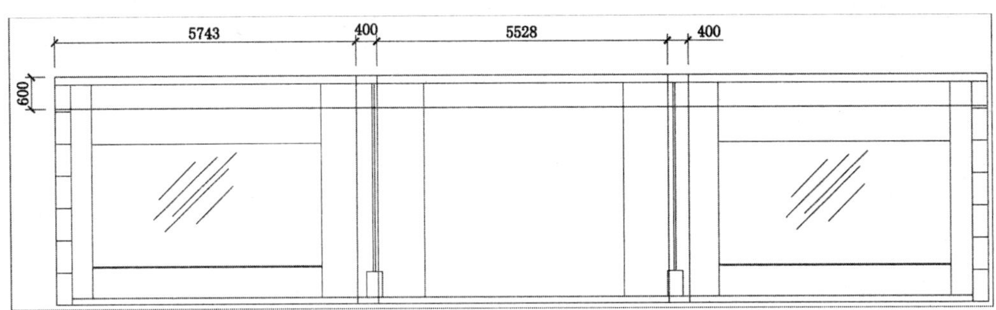

图 14-78　偏移操作

步骤 11　执行“修剪（TR）”命令，修剪出下吊梁柱效果，如图 14-79 所示。

步骤 12　执行“偏移（O）”命令和“修剪（TR）”命令，将线段向下偏移 500，并修剪成门洞效果，如图 14-80 所示。

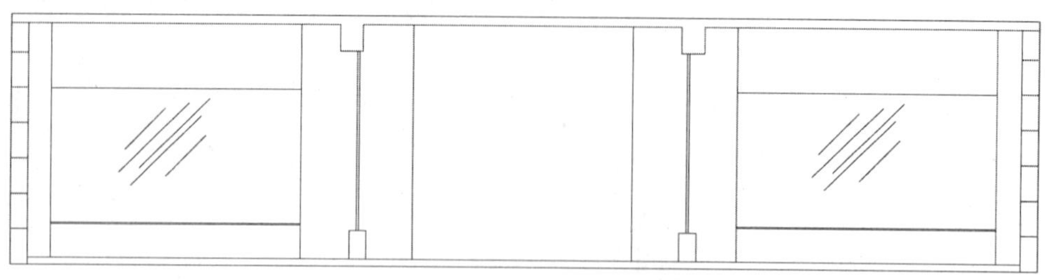

图 14-79　修剪效果

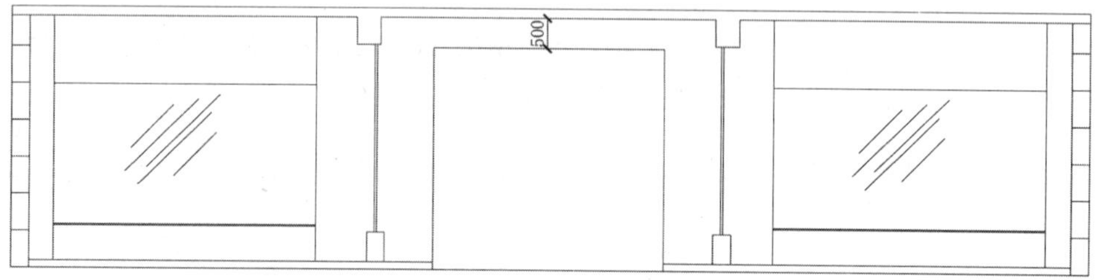

图 14-80　绘制门洞

步骤 13 执行“插入块（I）”命令，将“案例\14”文件下的“吊灯”“立面方桌”“立面花盆”和“地弹门”插入图形中，并通过复制、移动、修剪等命令完成如图 14-81 所示的图形效果。

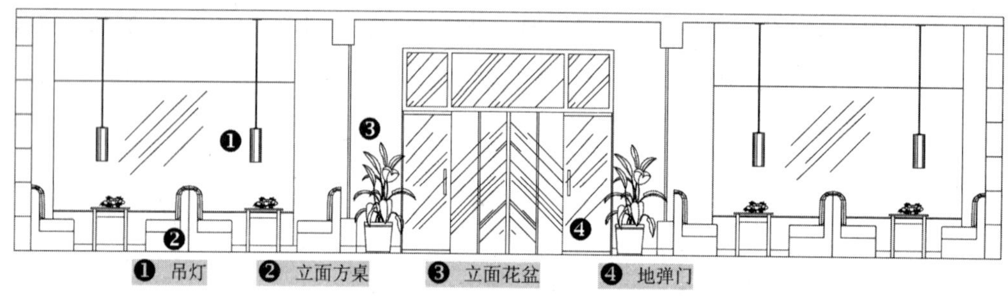

图 14-81　插入图块

步骤 14 执行“图案填充（H）”命令，在弹出的对话框中选择“样例”为AR-CONC、“比例”为 2 及“样例”为ANSI31、“比例”为 70，对楼板填充钢筋混凝土效果，如图 14-82 所示。

图 14-82　填充图形

14.6.2　文字、尺寸和图名标注

步骤 1 将“标注”图层置为当前图层。执行“线性标注（DLI）”命令和“连续标注（DCO）”命令，对立面图进行尺寸标注，如图 14-83 所示。

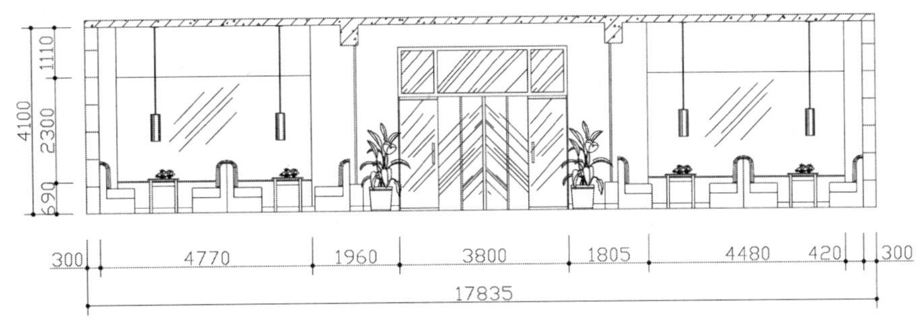

图 14-83 尺寸标注

步骤 2 将"文字"图层置为当前图层。执行"多重引线（MLD）"命令，设置文字"字体"为宋体、"大小"为300，对立面图进行文字注释。

步骤 3 执行"多行文字（MT）"命令，设置文字"字体"为宋体、"大小"为500，对立面图进行图名标注；再执行"多段线（PL）"命令和"直线（L）"命令，在图名下方绘制与图名同长度的线段，如图 14-84 所示。

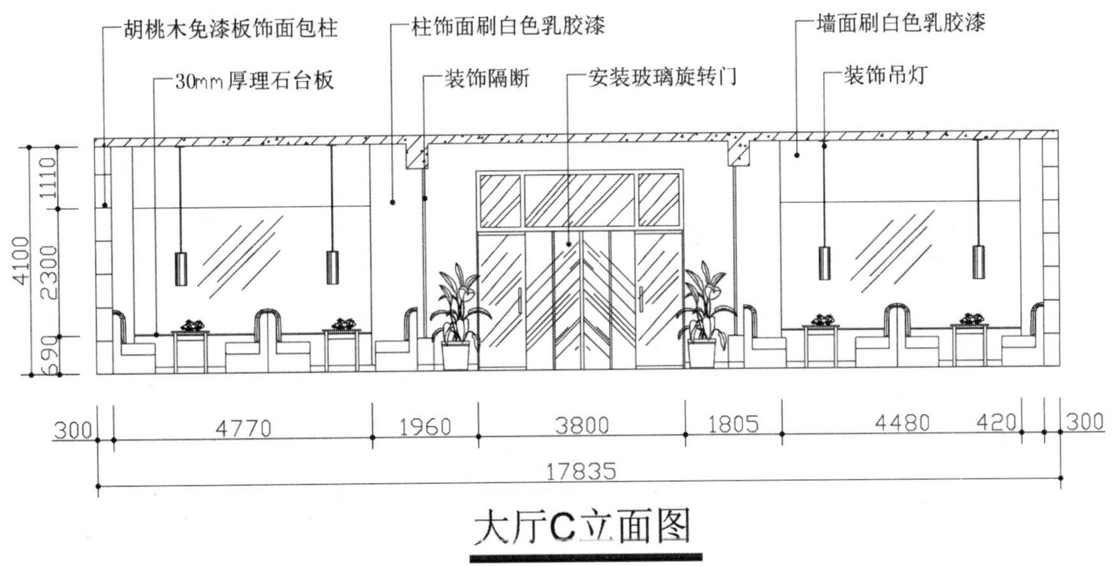

图 14-84 立面效果

步骤 4 至此，C立面图已经绘制完成，按Ctrl+S组合键进行保存。

14.7 大厅其他立面图的演练

案例文件：14\一层大厅其他立面图.dwg

根据一层平面布置图的索引符号指示，本章还列出了一层大厅中其他立面的效果，如图 14-85 所示。

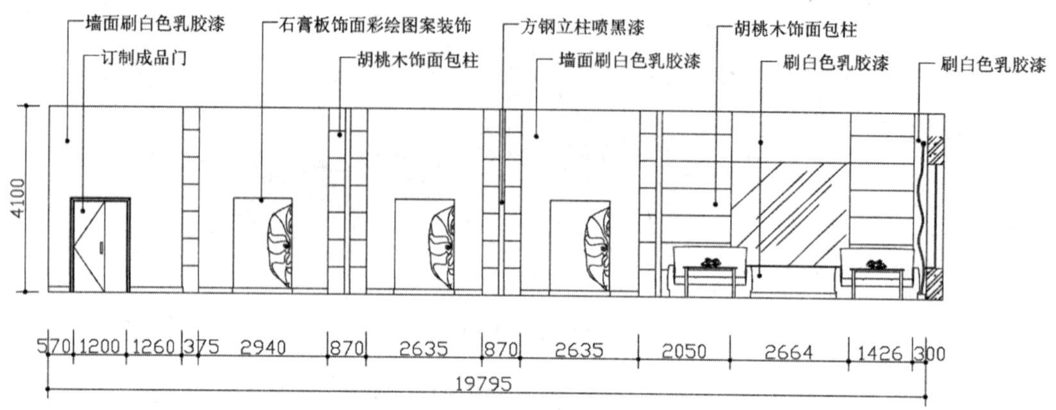

大厅D立面图

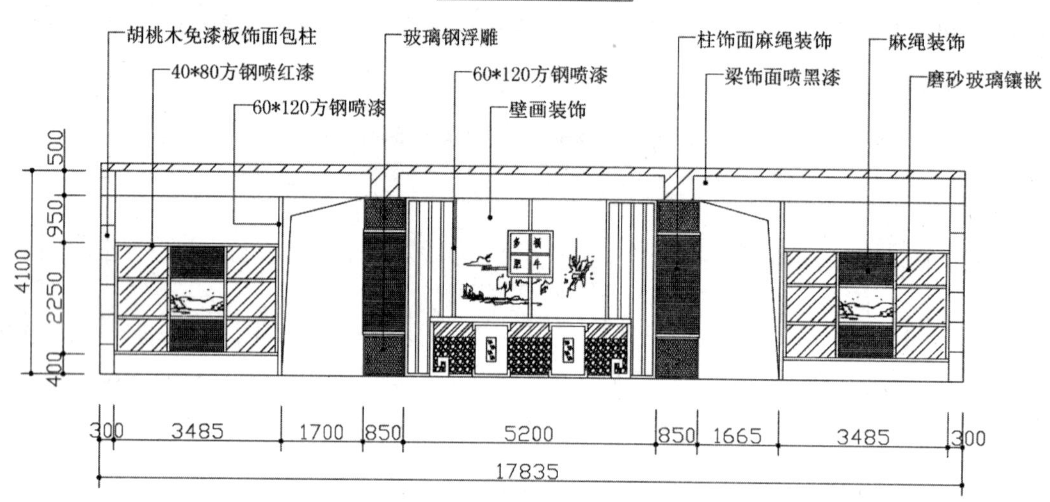

大厅A立面图

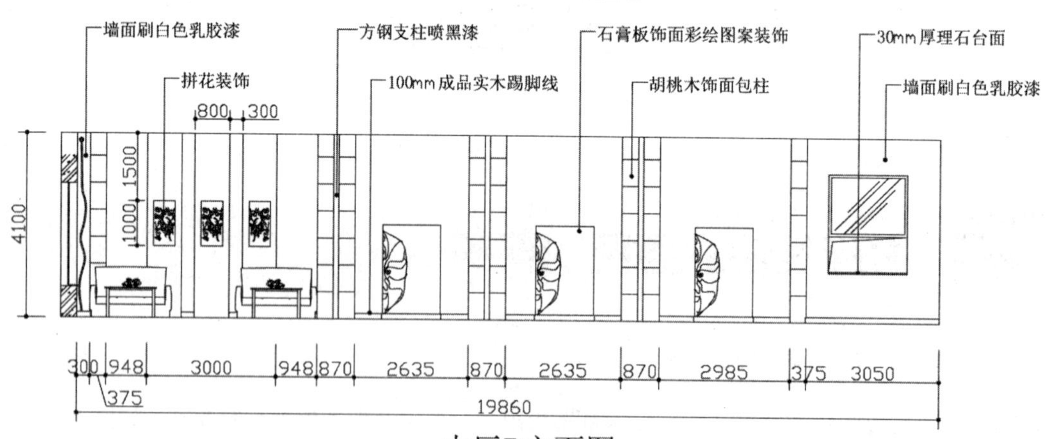

大厅B立面图

图 14-85　大厅其他立面效果

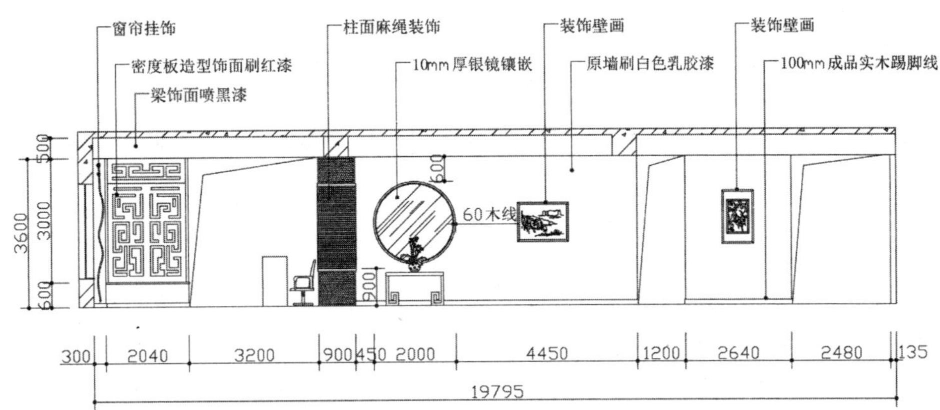

图 14-85　大厅其他立面效果（续）

14.8 一层明档区 F 立面图的绘制

案例文件：14\一层明档区 F 立面图.dwg
视频文件：14\一层明档区 F 立面图.avi

明档间有厨师现场制作的特点，是厨师在明档间（或者叫名档区域）进行扒、烤、煎、炸、煮等烹饪的工作空间，其效果如图 14-86 所示。

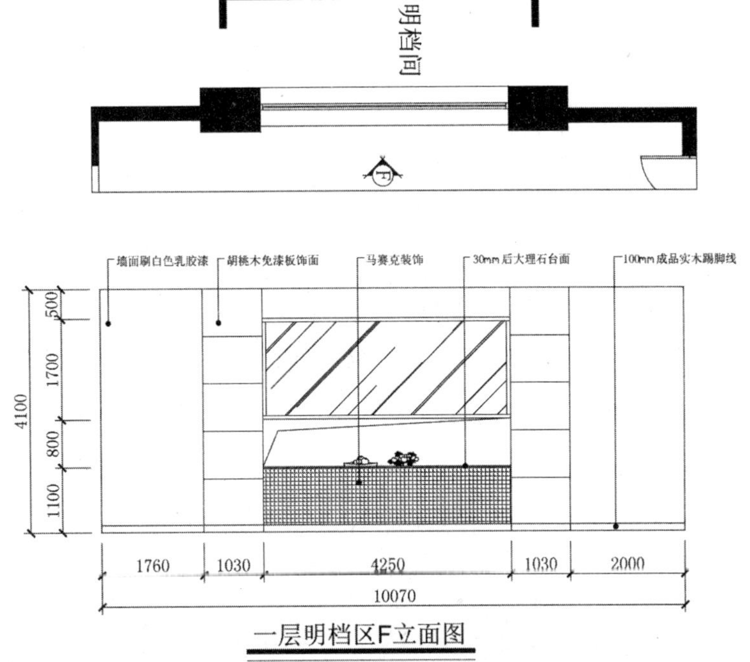

图 14-86　立面效果

14.8.1 绘制立面轮廓

步骤 1 启动AutoCAD 2018，在“快速访问”工具栏中单击“打开”按钮，将前面的“案例文件\14\火锅店一层平面布置图.dwg”文件打开；再单击“另存为”按钮，将文件另存为“案例文件\14\一层明档区F立面图.dwg”。

步骤 2 执行“删除（E）”命令，根据索引符号指示，将除F平面图以外的图形删除，再执行“旋转（RO）”命令，将其旋转-90°，效果如图 14-87 所示。

步骤 3 将“立面”图层置为当前图层。执行“直线（L）”命令，捕捉平面角点向下绘制延伸线。

步骤 4 执行“直线（L）”命令，在延伸线上绘制一条水平线，执行“偏移（O）”命令，对线段进行偏移，如图 14-88 所示。

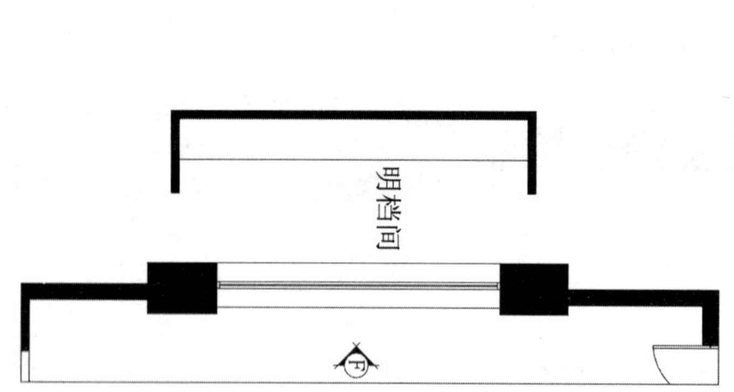

图 14-87 F 平面

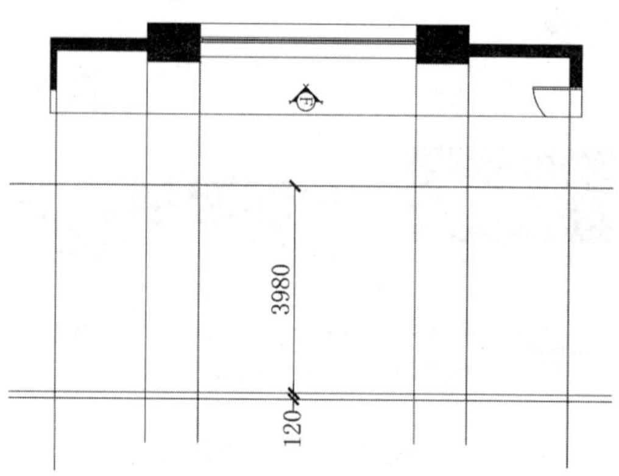

图 14-88 绘制线段并偏移

步骤 5 执行“修剪（TR）”命令，修剪多余线条，结果如图 14-89 所示。

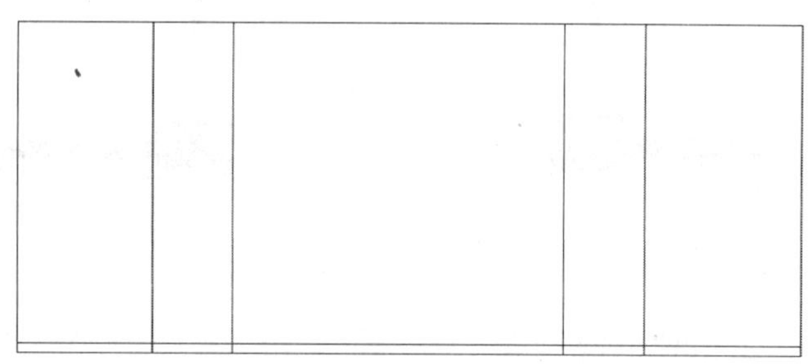

图 14-89 修剪线段

步骤 6 执行“偏移（O）”命令，将上水平线向下偏移 800，偏移 4 次，如图 14-90 所示。

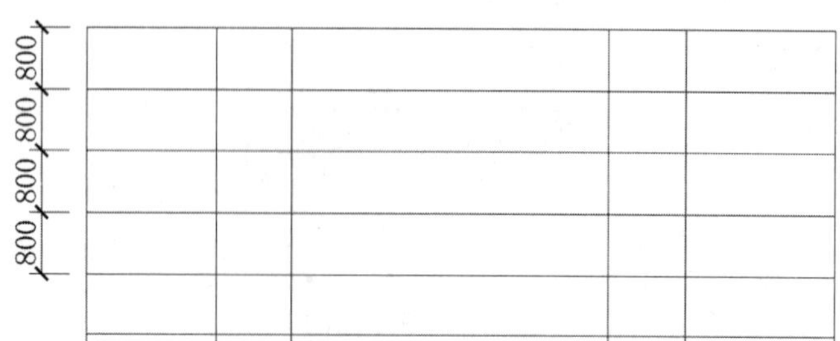

图 14-90 偏移线段

步骤 7 执行“修剪（TR）”命令，修剪多余线条，结果如图 14-91 所示。

图 14-91　修剪线段

步骤 8 执行“偏移（O）”命令，将线段按照如图 14-92 所示的尺寸进行偏移。

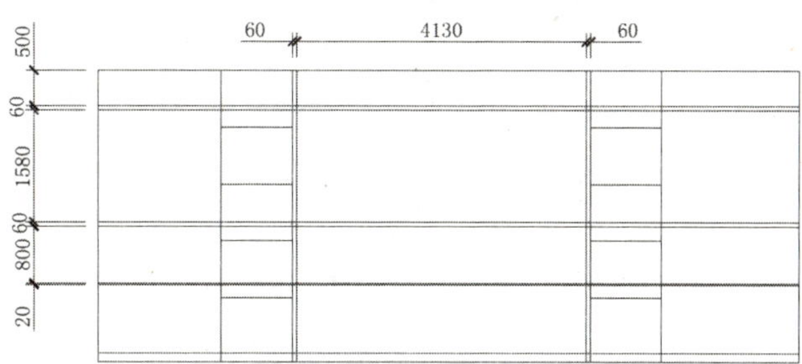

图 14-92　偏移线段

步骤 9 执行“修剪（TR）”命令，修剪多余线条，结果如图 14-93 所示。

图 14-93　修剪线段

步骤 10 执行“直线（L）”命令，在中间位置绘制镂空效果，如图 14-94 所示。

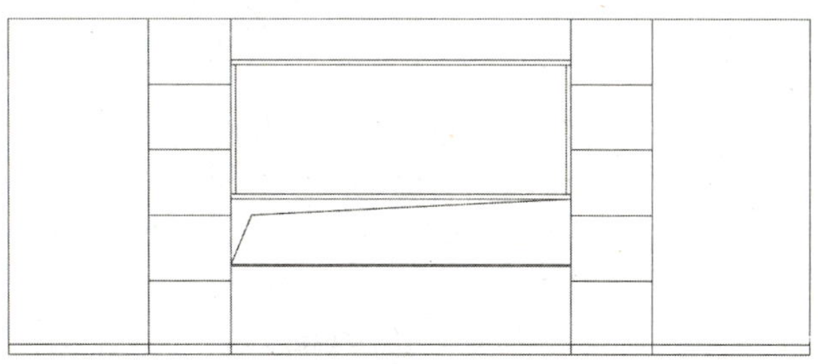

图 14-94　绘制线段

步骤 11 执行“图案填充（H）”命令，在弹出的对话框中选择“样例”为AR-RROOF、“比例”为 30、“角度”为 45，在相应位置填充玻璃效果；再选择“样例”为ANGLE、“比例”为 10，填充马赛克效果，如图 14-95 所示。

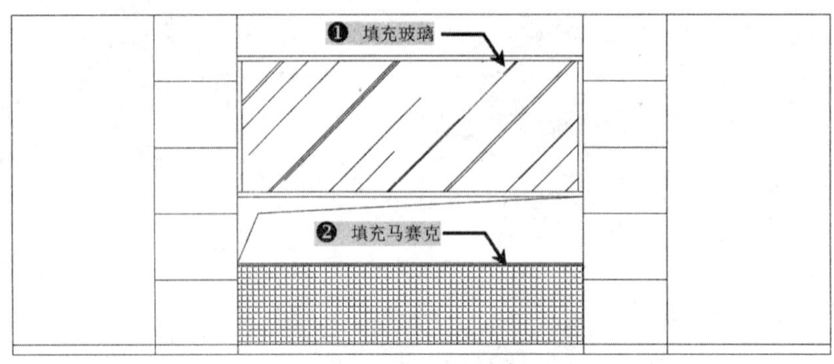

图 14-95 填充图形

步骤 12 执行“插入块（I）”命令，将“案例\14”文件下的“果盘”插入图形相应位置，如图 14-96 所示。

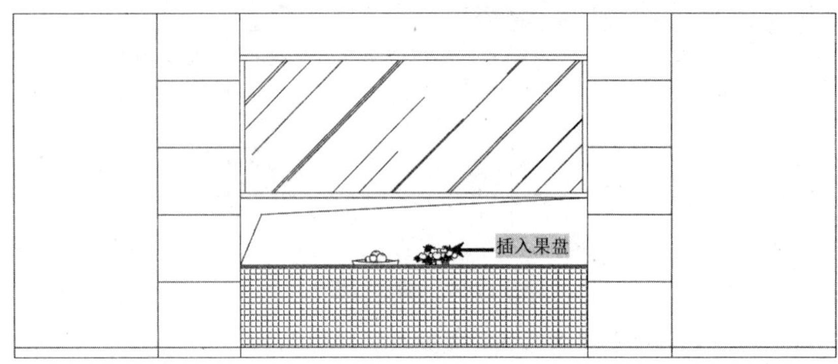

图 14-96 插入图块

14.8.2 文字、尺寸和图名标注

步骤 1 将“标注”图层置为当前图层。执行“线性标注（DLI）”命令和“连续标注（DCO）”命令，对立面图进行尺寸标注，如图 14-97 所示。

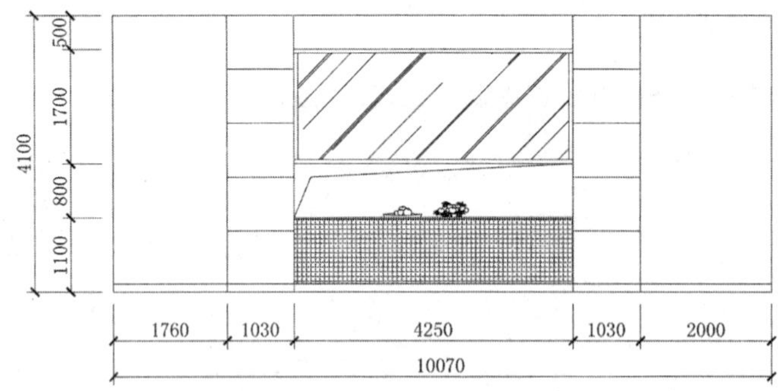

图 14-97 尺寸标注

步骤 2 将“文字”图层置为当前图层。执行“多重引线（MLD）”命令，设置文字“字体”为宋体、“大小”为 150，对立面图进行文字注释。

步骤 3 执行“多行文字（MT）”命令，设置文字“字体”为宋体、“大小”为 300，对立面图进行图名标注；再执行“多段线（PL）”命令和“直线（L）”命令，在图名下方绘制与图名同长度的线段，如图 14-98 所示。

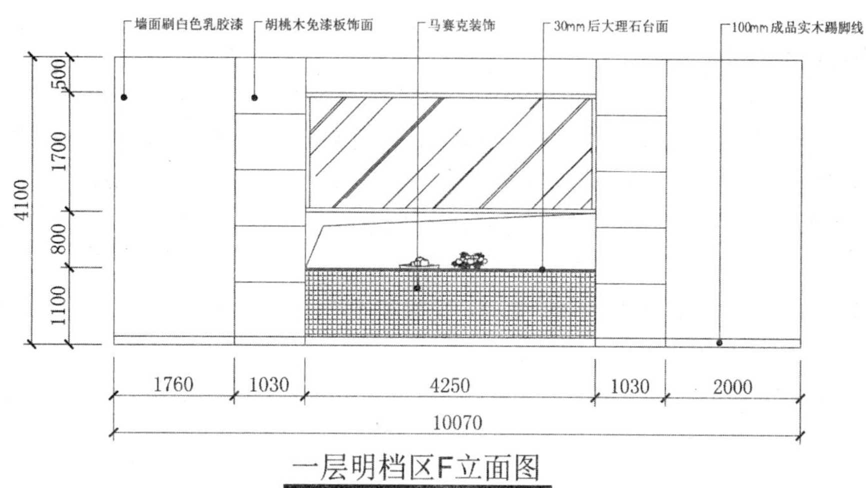

图 14-98 立面效果

 至此，F立面图已经绘制完成，按Ctrl+S组合键进行保存。

14.9 二层柱子立面图的绘制

案例文件：14\二层柱子立面图.dwg

视频文件：14\二层柱子立面图.avi

由二层平面图可知，吧台前有4个顶梁柱子，为了使其美观且方便行人识别，在这里将柱子装饰起来，效果如图14-99所示。

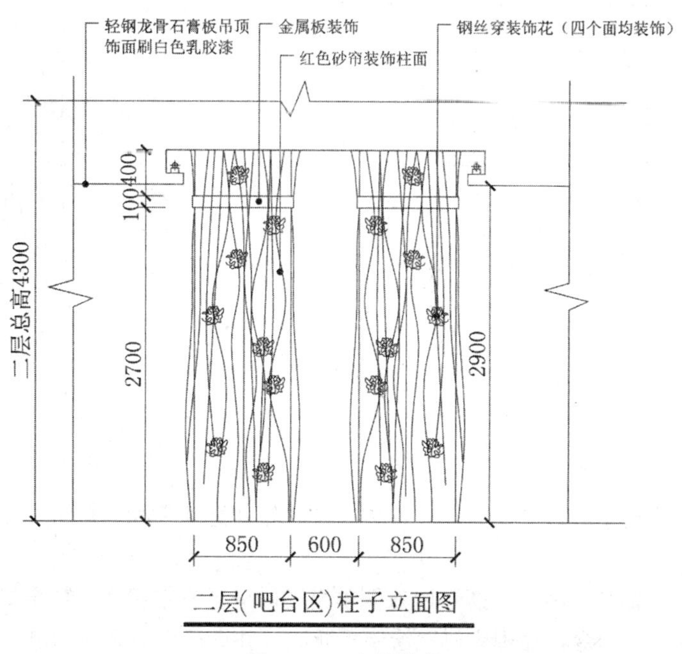

图 14-99 立面效果

14.9.1 绘制立面轮廓

步骤 1 启动AutoCAD 2018，在“快速访问”工具栏中单击“打开”按钮，将前面的“绘图模板.dwt”文件打开；再单击“另存为”按钮，将文件另存为“案例文件\14\二层柱子立面图.dwg”文件。

步骤 2 将“立面”图层置为当前图层。执行“直线（L）”命令和“偏移（O）”命令，绘制如图 14-100 所示的线段。

步骤 3 执行“修剪（TR）”命令，修剪多余的线条，结果如图 14-101 所示。

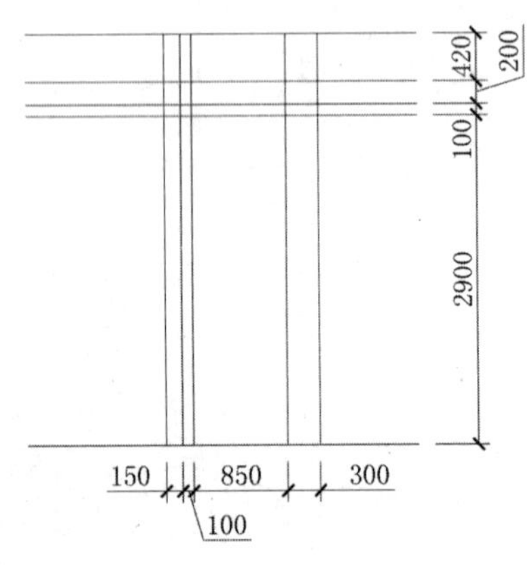

图 14-100　绘制线段

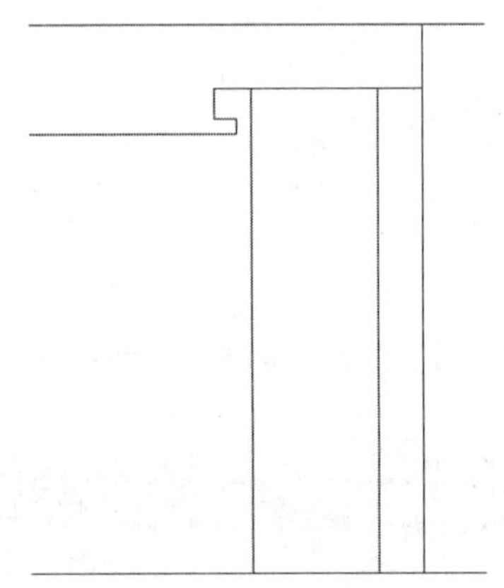

图 14-101　修剪效果

步骤 4 执行“矩形（REC）”命令，绘制 890×100 的矩形，并通过移动、修剪命令完成如图 14-102 所示的图形效果。

步骤 5 执行“样条曲线（SPL）”命令，在柱体上绘制多条不规则样条曲线，如图 14-103 所示。

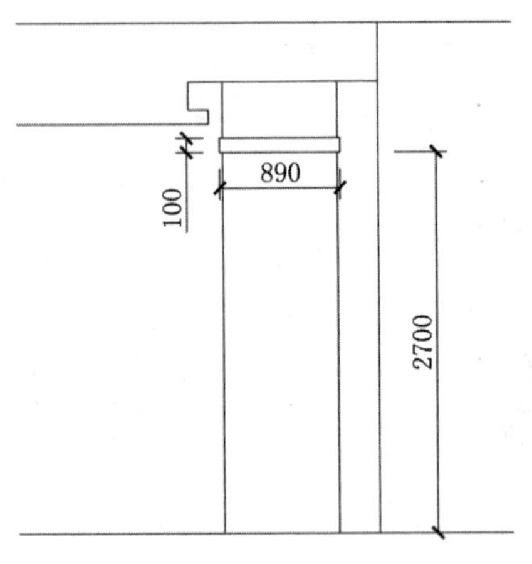

图 14-102　绘制矩形

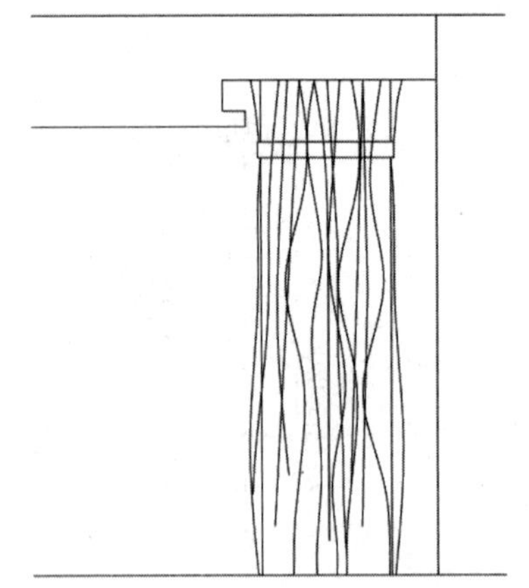

图 14-103　绘制样条曲线

步骤 6 执行“插入块（I）”命令，将“案例\14”文件下的“钢丝穿花”和“灯管”插入并复制到图形相应位置，如图 14-104 所示。

步骤 7 执行“镜像（MI）”命令，将左侧图形以右侧垂直线段进行左右镜像，效果如图 14-105 所示。

步骤 8 执行“多段线（PL）”命令，在相应位置绘制折断线，并进行相应修剪和删除操作，效果如图 14-106 所示。

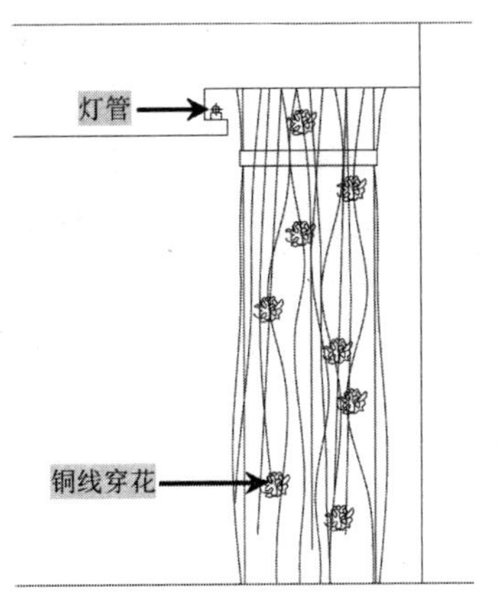

图 14-104　插入图块

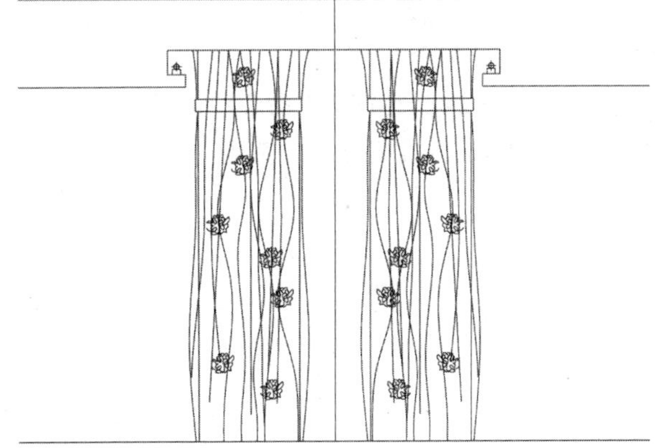

图 14-105　镜像操作

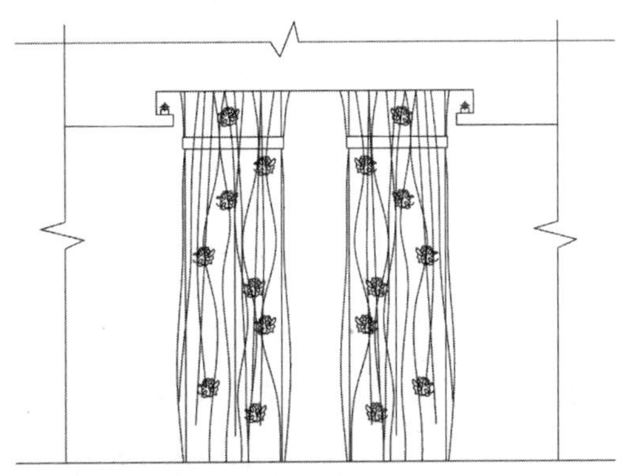

图 14-106　绘制折断线

14.9.2　文字、尺寸和图名标注

步骤 1　将“标注”图层置为当前图层。执行“线性标注（DLI）”命令和“连续标注（DCO）”命令，对立面图进行尺寸标注。

步骤 2　执行“编辑标注（ED）”命令，修改相应的标注内容，如图 14-107 所示。

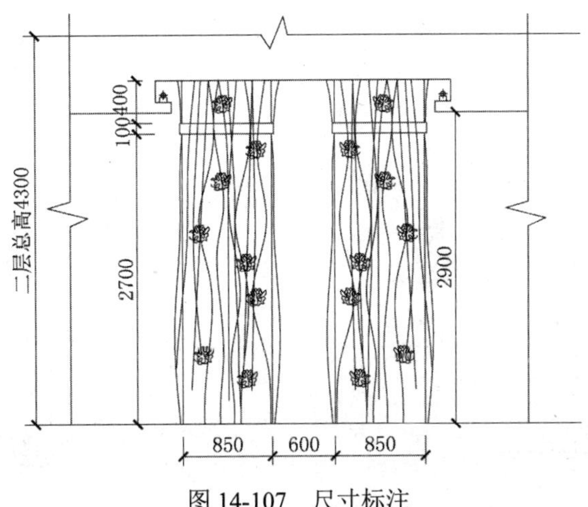

图 14-107　尺寸标注

步骤 3 将“文字”图层置为当前图层。执行“多重引线（MLD）”命令，设置文字“字体”为宋体、“大小”为 100，对立面图进行文字注释。

步骤 4 执行“多行文字（MT）”命令，设置文字“字体”为宋体、“大小”为 150，对立面图进行图名标注；再执行“多段线（PL）”命令和“直线（L）”命令，在图名下方绘制与图名同长度的线段，如图 14-108 所示。

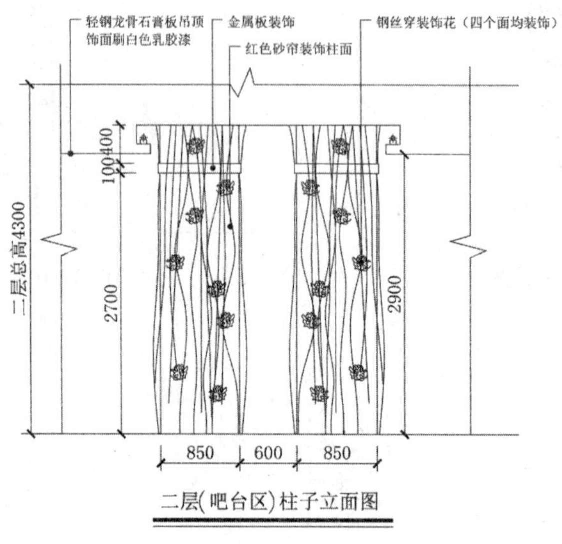

图 14-108 立面效果

步骤 5 至此，柱子立面图已经绘制完成，按Ctrl+S组合键进行保存。

14.10 二层包房六装修图的绘制

案例文件：14\二层包房六装修图.dwg
视频文件：14\二层包房六装修图.avi

下面以二层包房六为例来讲解其平面布置图、天花布置图、各立面装修图的绘制方法，效果如图 14-109 所示。

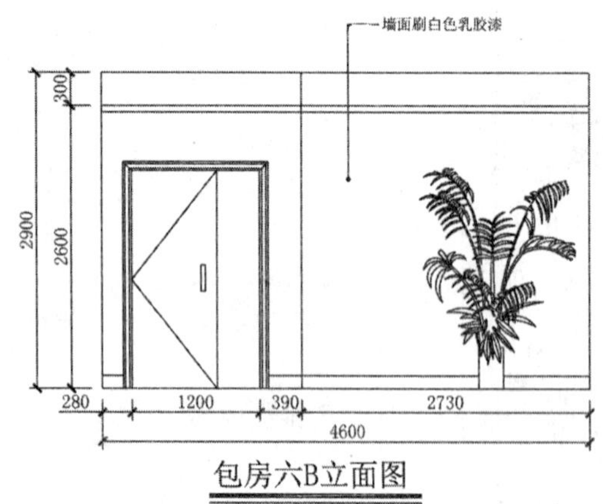

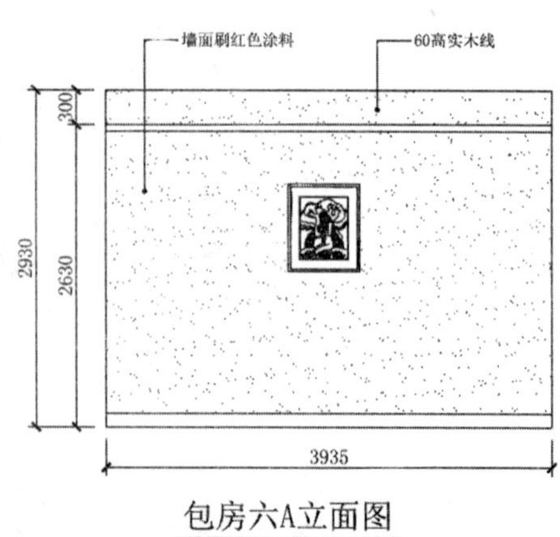

图 14-109 立面效果

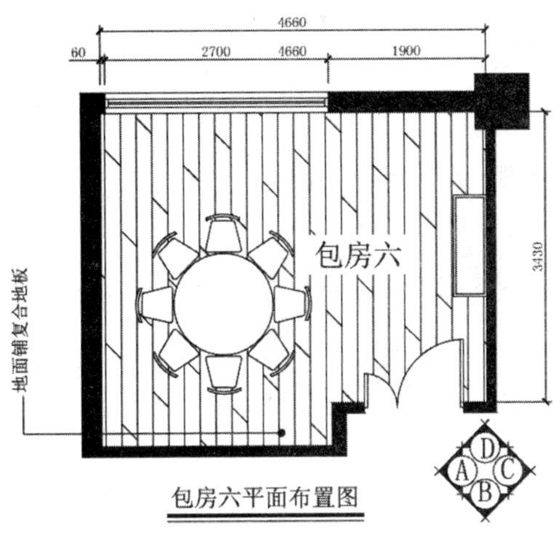

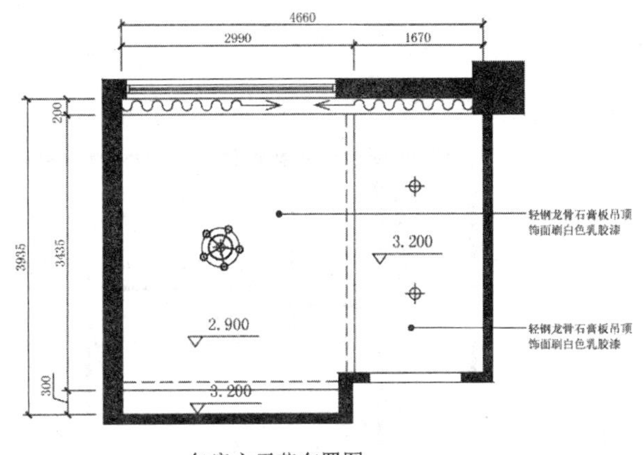

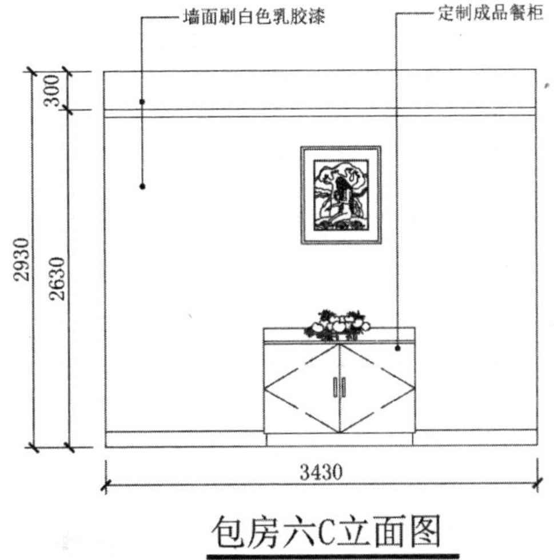

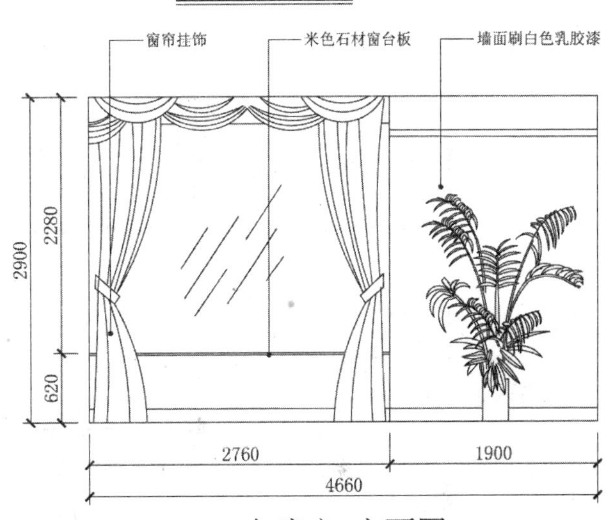

图 14-109　立面效果（续）

14.10.1　绘制平面布置图

步骤 1 启动AutoCAD 2018，在“快速访问”工具栏中单击“打开”按钮，将前面的“案例文件\14\火锅店二层平面布置图.dwg”文件打开，如图 14-110 所示；再单击“另存为”按钮，将文件另存为“案例文件\14\二层包房六装修图.dwg”。

步骤 2 执行“修剪（TR）”命令和“删除（E）”命令，将除包房六外的所有图形修剪并删除，结果如图 14-111 所示。

步骤 3 切换至“填充”图层，执行“图案填充（H）”命令，在弹出的对话框中选择“样例”为DOLMIT、“比例”为 30、“角度”为 90，对房间填充复合地板效果，如图 14-112 所示。

步骤 4 将“标注”图层置为当前图层。执行“线性标注（DLI）”命令和“连续标注（DCO）”命令，对图形进行标注。

步骤 5 将“文字”图层置为当前图层。执行“多重引线（MLD）”命令，设置文字“字体”为宋体、“大小”为 100，对立面图进行文字注释，如图 14-113 所示。

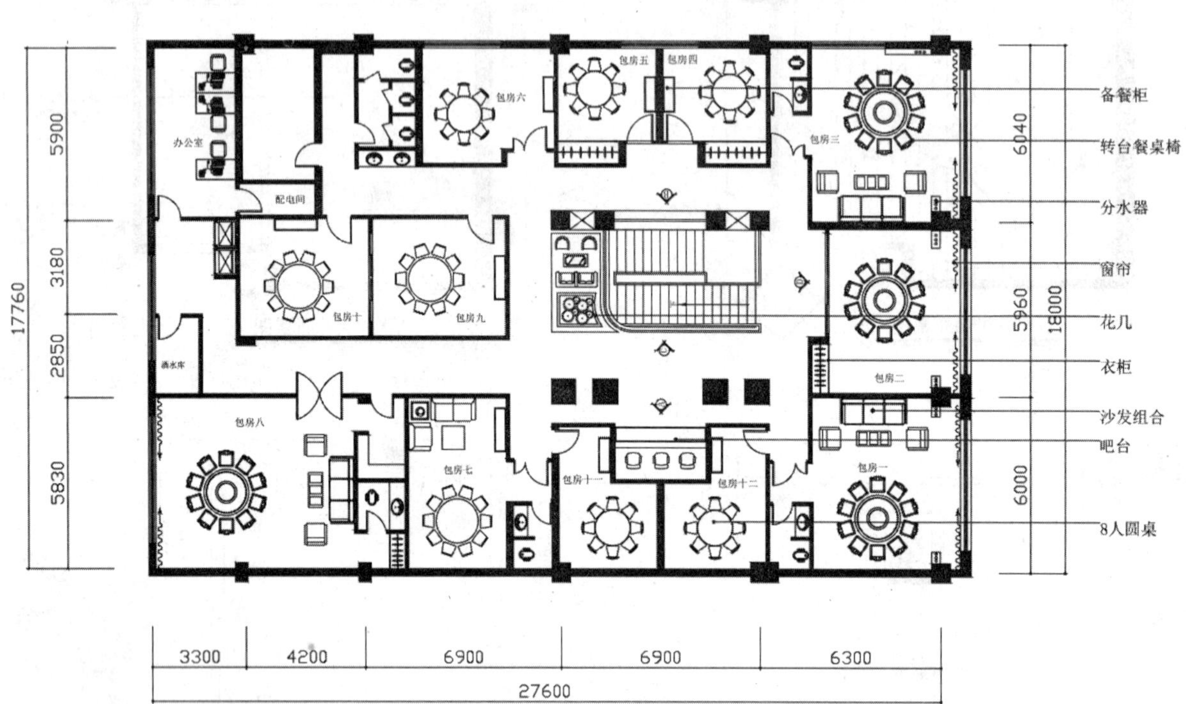

火锅店二层平面布置图

图 14-110　打开的图形

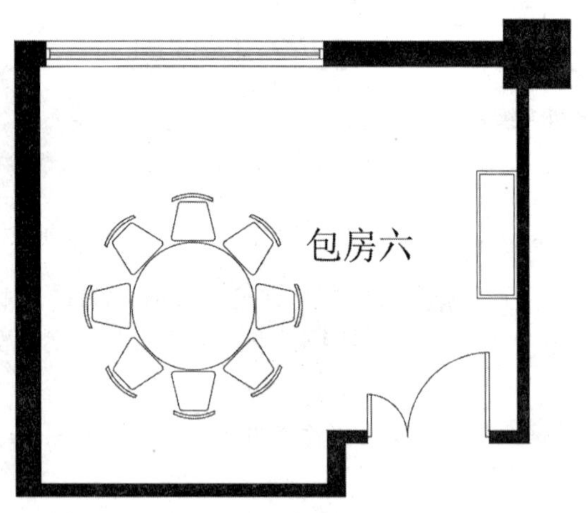

图 14-111　修剪并删除

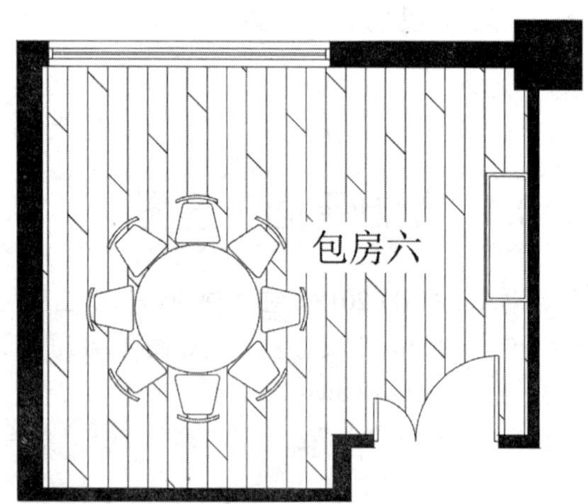

图 14-112　填充地板

步骤 6 执行“多行文字（MT）”命令，设置文字“字体”为宋体，大小为 200，进行图名标注；再执行“多段线（PL）”命令和“直线（L）”命令，在图名下方绘制与图名同长度的线段。

步骤 7 将“FH-符号”图层置为当前图层，执行“插入块（I）”命令，再将“案例文件\14”文件夹下的“索引符号”插入图形中，如图 14-114 所示。

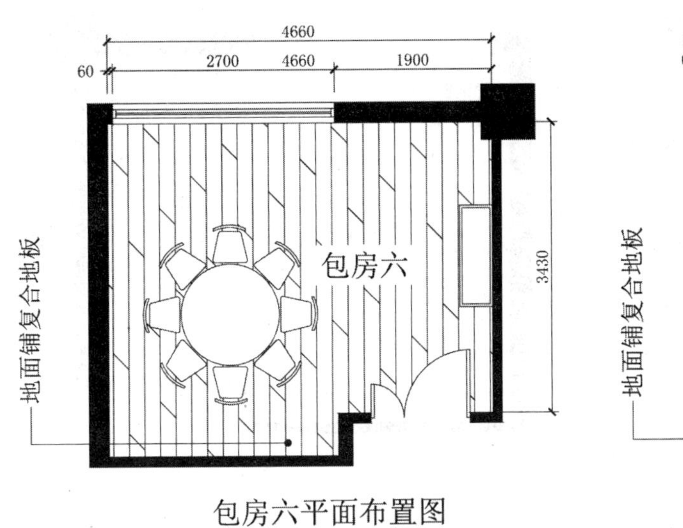

图 14-113　文字、尺寸标注

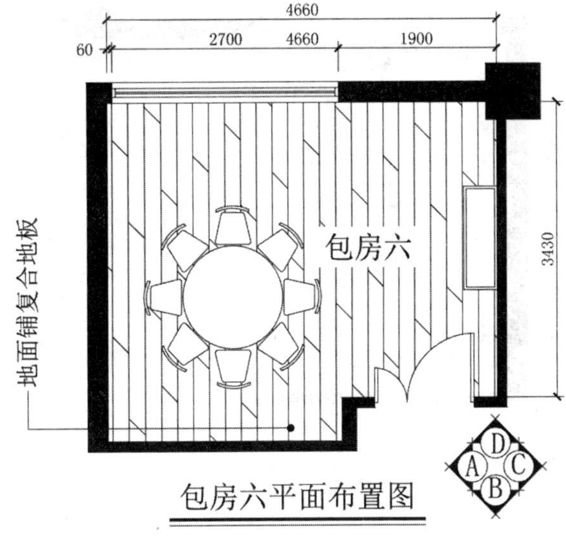

图 14-114　图名、符号标注

14.10.2　绘制天花布置图

步骤 1 执行“复制（CO）”命令，将平面布置图复制出一份；再执行“删除（E）”命令，将多余的图案删除，并修改图名为“天花布置图”，效果如图 14-115 所示。

步骤 2 切换至“吊顶”图层，执行“直线（L）”命令和“偏移（O）”命令，封闭门洞且偏移出吊顶轮廓，并将线段转换为相应线型，如图 14-116 所示。

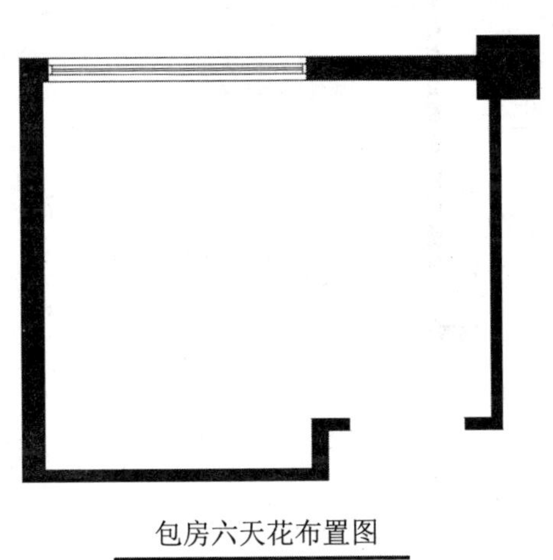

图 14-115　修改图形

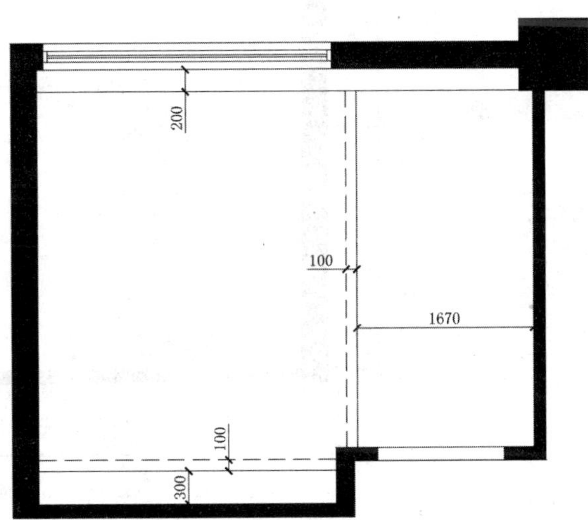

图 14-116　绘制吊顶

步骤 3 执行“插入块（I）”命令，将“案例\14”文件下的“艺术吊灯”“筒灯”和“平面窗帘”插入图形中，并通过复制、镜像命令将其放置到相应的位置，如图 14-117 所示。

步骤 4 执行“插入块（I）”命令，将“案例\14”文件下的“标高符号”插入图形中，并通过缩放、复制、分解等命令来修改不同的标高值，如图 14-118 所示。

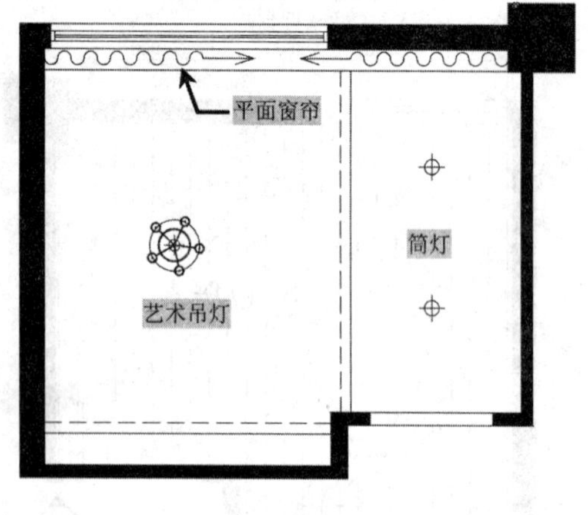

图 14-117　插入图块

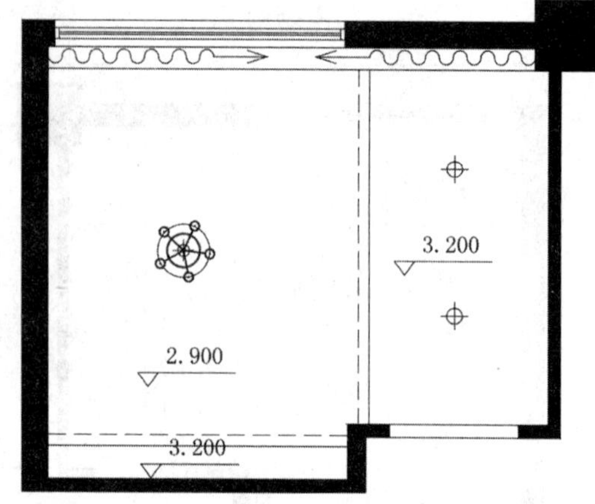

图 14-118　标高效果

步骤 5 将"标注"图层置为当前图层。执行"线性标注（DLI）"命令和"连续标注（DCO）"命令，对图形进行尺寸标注。

步骤 6 将"文字"图层置为当前图层。执行"多重引线（MLD）"命令，设置文字"字体"为宋体、"大小"为 100，对立面图进行文字注释，如图 14-119 所示。

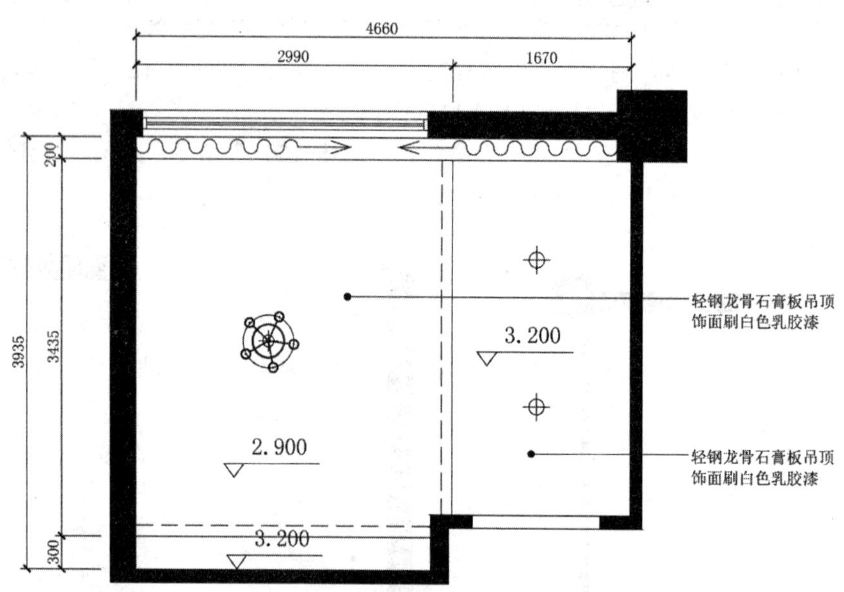

图 14-119　顶棚布置效果

14.10.3　绘制包房六 A 立面图

绘制立面图之前，可以对索引A符号指引的内墙体进行测量，以测量值为长度来进行绘制。

步骤 1 切换至"立面"图层，执行"矩形（REC）"命令、"分解（X）"命令和"偏移（O）"命令，绘制出立面轮廓，如图 14-120 所示。

步骤 2 执行“插入块（I）”命令，将“案例\14”文件下的“装饰画”插入图形相应位置。

步骤 3 执行“图案填充（H）”命令，在弹出的对话框中选择“样例”为AR-SAND、“比例”为 5，在相应位置进行填充，如图 14-121 所示。

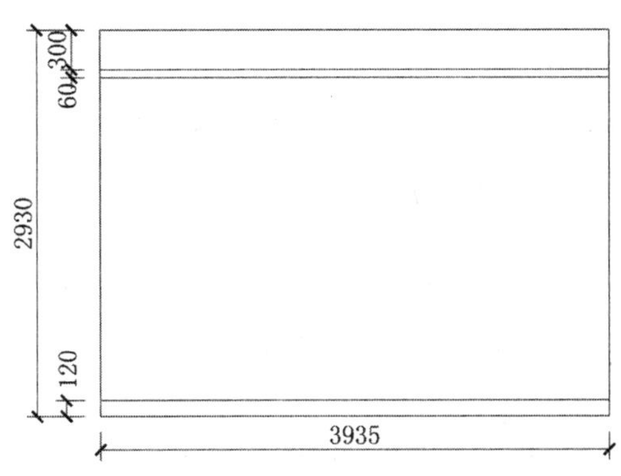

图 14-120　绘制轮廓线

图 14-121　插入图块、填充

步骤 4 将“标注”图层置为当前图层。执行“线性标注（DLI）”命令和“连续标注（DCO）”命令，对图形进行标注。

步骤 5 将“文字”图层置为当前图层。执行“多重引线（MLD）”命令，设置文字“字体”为宋体、“大小”为 100，对立面图进行文字注释。

步骤 6 执行“复制（CO）”命令，将前面顶棚图的图名复制过来，双击修改为“包房六A立面图”，如图 14-122 所示。

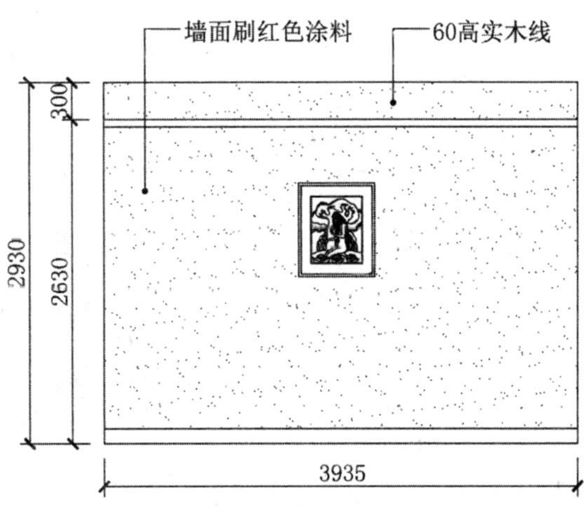

包房六A立面图

图 14-122　文字、尺寸标注

14.10.4　绘制包房六 B 立面图

步骤 1 切换至“立面”图层，执行“矩形（REC）”命令、“分解（X）”命令和“偏移（O）”命令，绘制出立面轮廓，如图 14-123 所示。

图 14-123　绘制立面轮廓线

步骤 2 执行“多段线（PL）”命令，以相应位置为起点绘制多段线，再执行“偏移（O）”命令，将其向内偏移 20、40、20 的距离，并以直线连接对角点形成门套效果，如图 14-124 所示。

步骤 3 执行“直线（L）”命令，捕捉点在相应位置绘制线段；再执行“矩形（REC）”命令，绘制 40×240 的矩形作为拉手，如图 14-125 所示。

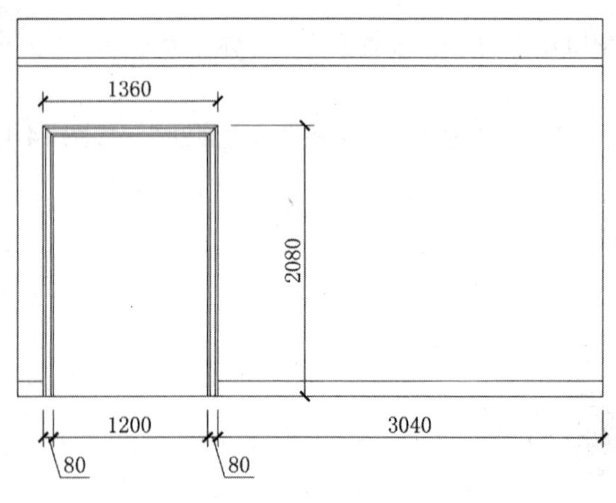

图 14-124　绘制门套

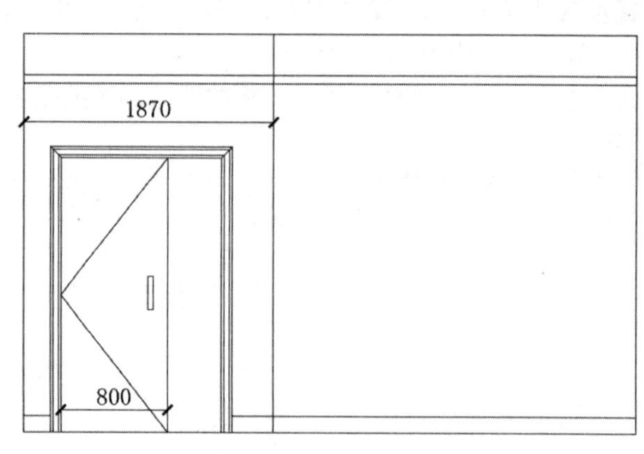

图 14-125　绘制拉手

步骤 4 执行“插入块（I）”命令，将“案例\14”文件下的“立面植物”插入图形相应位置，如图 14-126 所示。

步骤 5 将“标注”图层置为当前图层。执行“线性标注（DLI）”命令和“连续标注（DCO）”命令，对图形进行尺寸标注。

步骤 6 将“文字”图层置为当前图层。执行“多重引线（MLD）”命令，设置文字“字体”为宋体、“大小”为 100，对立面图进行文字注释。

步骤 7 执行“复制（CO）”命令，将前面图形的图名复制过来，双击修改为“包房六B立面图”，如图 14-127 所示。

图 14-126　插入图块

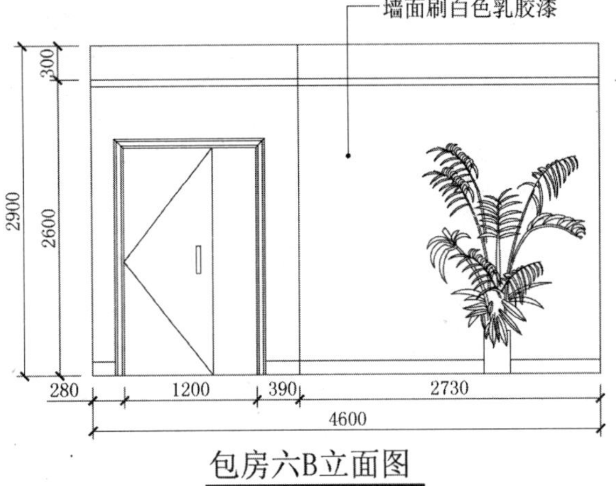

图 14-127　B 立面效果

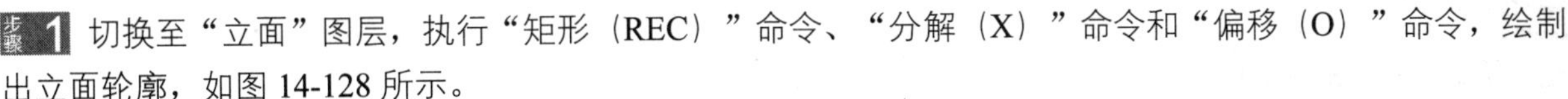

14.10.5　绘制包房六 C 立面图

步骤 1 切换至“立面”图层，执行“矩形（REC）”命令、“分解（X）”命令和“偏移（O）”命令，绘制出立面轮廓，如图 14-128 所示。

步骤 2 执行“插入块（I）”命令，将“案例\14”文件下的“餐柜”插入图形中，并执行“缩放（SC）”命令，将其缩小 0.5 倍，放置到相应位置。

步骤 3 执行“复制（CO）”命令，将前面的“装饰画”复制过来，结果如图 14-129 所示。

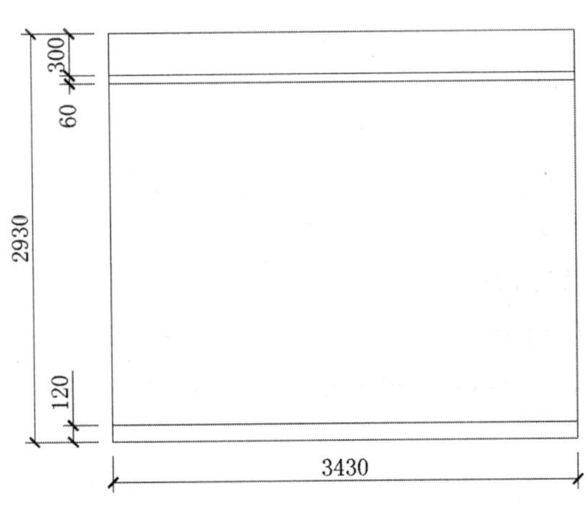

图 14-128　绘制轮廓

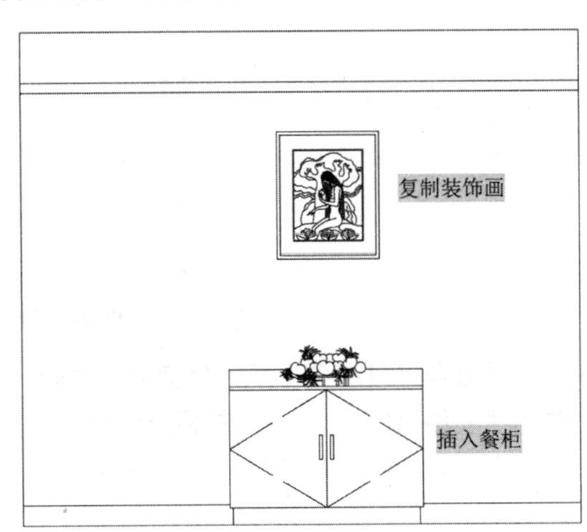

图 14-129　插入图块

步骤 4 将“标注”图层置为当前图层。执行“线性标注（DLI）”命令和“连续标注（DCO）”命令，对图形进行尺寸标注。

步骤 5 将“文字”图层置为当前图层。执行“多重引线（MLD）”命令，设置文字“字体”为宋体、“大小”为 100，对立面图进行文字注释。

步骤 6 执行“复制（CO）”命令，将前面图形的图名复制过来，双击修改为“包房六C立面图”，如图 14-130 所示。

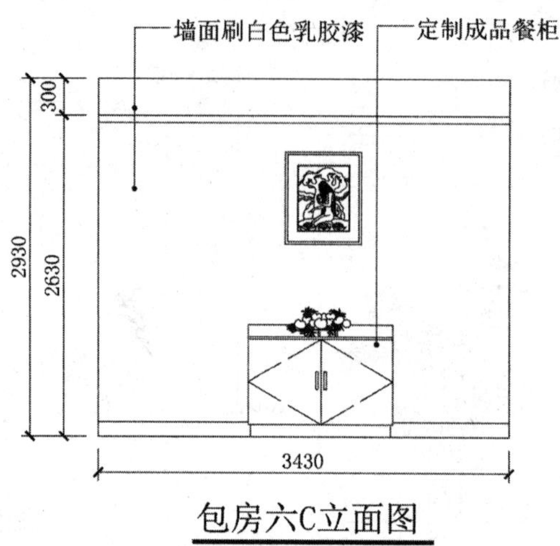

图 14-130　C 立面效果

14.10.6　绘制包房六 D 立面图

步骤 1 切换至“立面”图层，执行“矩形（REC）”命令、“分解（X）”命令和“偏移（O）”命令，绘制出立面轮廓，如图 14-131 所示。

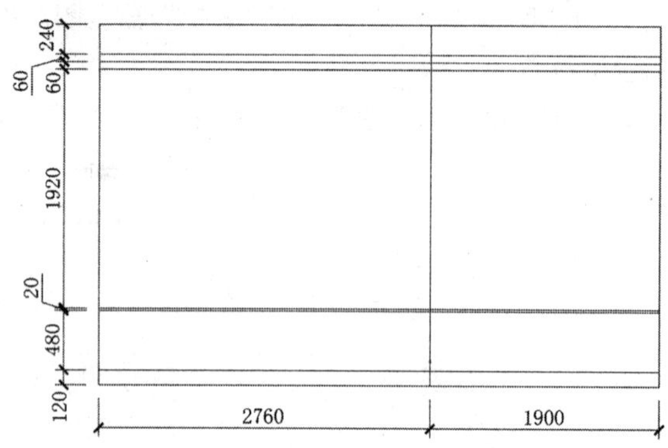

图 14-131　绘制立面轮廓线

步骤 2 执行“修剪（TR）”命令，修剪多余线段，效果如图 14-132 所示。

步骤 3 执行“直线（L）”命令，在相应位置绘制多条斜线，形成镜面玻璃效果，如图 14-133 所示。

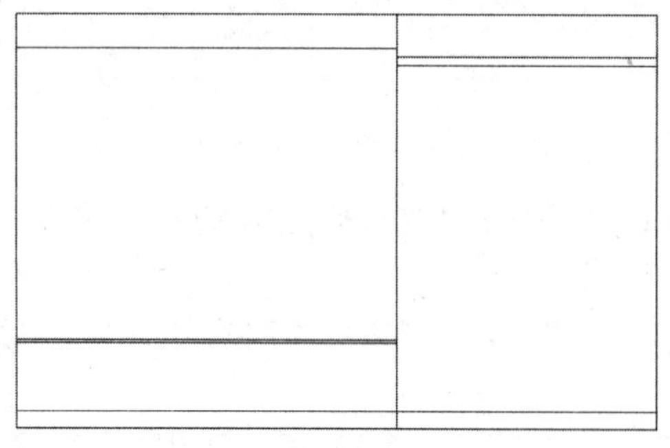

图 14-132　修剪效果

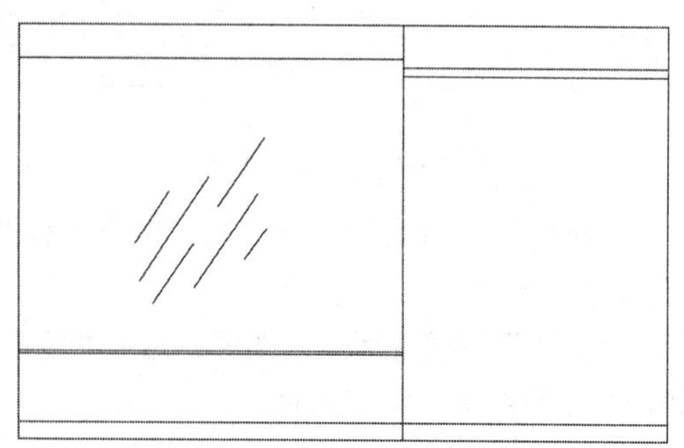

图 14-133　绘制斜线

步骤 4 执行“插入块（I）”命令，将“案例\14”文件下的“立面窗帘”插入图形相应位置；再执行“复制（CO）”命令，将前面的“立面植物”复制过来并修剪相应线段，效果如图 14-134 所示。

图 14-134　插入图块

步骤 5 将“标注”图层置为当前图层。执行“线性标注（DLI）”命令和“连续标注（DCO）”命令，对图形进行尺寸标注。

步骤 6 将“文字”图层置为当前图层。执行“多重引线（MLD）”命令，设置文字“字体”为宋体、“大小”为 100，对立面图进行文字注释。

步骤 7 执行“复制（CO）”命令，将前面图形的图名复制过来，双击修改为“包房六D立面图”，如图 14-135 所示。

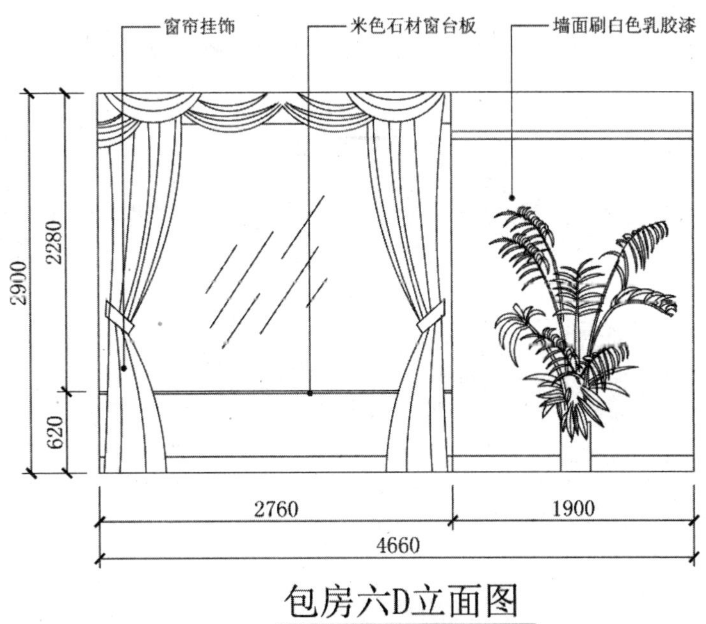

图 14-135　D 立面效果